Maschinenelemente

Leitfaden zur Berechnung und Konstruktion
für Maschinenbauschulen und für die Praxis
mittlerer Techniker

Von

Dipl. Ing. **W. Tochtermann**

Professor a. d. Höheren Maschinenbauschule Eßlingen

Fünfte, völlig neubearbeitete Auflage
der
Maschinenelemente von Ing. H. Krause

Mit 511 Textabbildungen

Berlin
Verlag von Julius Springer
1930

ISBN-13:978-3-642-90472-1 e-ISBN-13:978-3-642-92329-6
DOI: 10.1007/978-3-642-92329-6

Softcover reprint of the hardcover 5th edition 1930

Vorwort.

Das vorliegende Buch ist als Lehrbuch für mittlere technische Lehranstalten und als Handbuch für den in der Praxis stehenden Techniker bestimmt. Die seither erschienenen vier Ausgaben von Ing. H. Krause setzten nur die elementarsten Kenntnisse in Mathematik, Mechanik und Festigkeitslehre voraus und waren vor allem für den Gebrauch an niederen technischen Schulen geschrieben. Sie lehnten sich bezüglich Aufbau des Stoffes, der Berechnungen und der Textabbildungen eng an die Bachschen Maschinenelemente an.

Unter Wahrung des Grundcharakters des Buches — ein möglichst elementarer Leitfaden zu sein — habe ich nun versucht, den behandelten Stoff der Maschinenelemente so darzulegen, daß er für die Bedürfnisse des mittleren Technikers in der Schule und in der Praxis als grundlegend und hinreichend erachtet werden darf. Es ist deshalb notwendig gewesen, die meisten Abschnitte des bisherigen Buches ganz wesentlich zu erweitern und umzugestalten, denn eine genügende Klarheit verlangt auch immer eine genügende Gründlichkeit, vor allem aber einen streng durchgeführten logischen Entwicklungsgang in der Darbietung, der mir Grundsatz gewesen ist. Hinwiederum konnten einige Maschinenelemente, die heute als Spezialelemente zu gelten haben, wie z. B. verschiedene typische Bauteile des Hebe- und Kraftmaschinenbaues ohne Not in ihrer Behandlung gekürzt oder weggelassen werden, um das Buch nicht zu umfangreich und damit zu teuer werden zu lassen. Aus demselben Grund wurden alle die Konstruktionen entfernt, die heute durch zweckmäßigere Modelle ersetzt sind.

In Würdigung der Tatsache, daß die Erzeugnisse des heutigen Maschinenbaues in ihrer Gestaltung einen Kompromiß darstellen zwischen rechnerischer Sicherheit und wirtschaftlicher Fertigung, wäre es für ein Buch wie das vorliegende, das für den Konstrukteur bestimmt ist, und dies ist heute noch in der überwiegenden Mehrheit der auf Maschinenbauschulen ausgebildete mittlere Techniker, das Gegebene, die Behandlung der Maschinenelemente auch aufs Gründlichste vom Gesichtspunkt der rationellen Herstellung aus zu betreiben. In dem engen Rahmen des vorliegenden Buches war dies aber vollständig unmöglich, denn eine erfolgreiche Durchführung der genannten Methode hätte für jeden bedeutenderen Maschinenteil eine diesbezüglich vergleichende Gegenüberstellung der einzelnen Gestaltungsmöglichkeiten notwendig gemacht, desgl. eine anschauliche Erläuterung der in Frage kommenden Herstellungsoperationen erfordert. Immerhin wurde versucht, wenigstens an einigen Beispielen diesen

Gedankengängen gerecht zu werden, im übrigen aber mußte sich die Darstellung in dieser Beziehung auf allgemeine Hinweise beschränken. Ebenso konnten, im Interesse der Deutlichkeit, auf die besonderer Wert gelegt wurde, nicht alle Textabbildungen als werkstattgerechte Zeichnungen, d. h. mit allen erforderlichen Passungs- und Bearbeitungsangaben versehen, ausgebildet werden. Auch an den technischen Schulen wird das heute so sehr wichtige Gebiet der Fabrikation ja wohl zweckmäßig nicht ausschließlich mit der allgemeinen Erörterung der Maschinenelemente verquickt, sondern ausgiebig und nutzbringend nur gesondert behandelt werden können.

Die Arbeiten des Normenausschusses der deutschen Industrie, die jetzt für das Gebiet der Maschinenelemente so ziemlich abgeschlossen sind, wurden alle berücksichtigt. Die Dinormen bedeuten in jeder Hinsicht eine ziemliche und willkommene Erleichterung für den Konstrukteur, dürfen aber natürlich nicht schablonenmäßig angewendet werden, sonst bergen sie die Gefahr in sich, namentlich den jungen Anfänger vom eigenen Nachdenken abzubringen. Gerade die studierende Jugend aber muß sich darüber immer klar sein, daß nicht mit Schablonen und Rezepten Ingenieurarbeit geleistet wird, sondern nur durch hingebendes und gründliches Vertiefen in die sich bietenden Probleme. Gediegenheit in Theorie und Praxis ist gottlob noch immer die Wesensart des deutschen Technikers, möchte dies immer so bleiben!

Mein verbindlichster Dank gebührt dem seitherigen Verfasser des Buches, Herrn Ing. H. Krause, Gmünd, desgleichen der Verlagsbuchhandlung Julius Springer, Berlin für die Übertragung der vorliegenden Bearbeitung, die der Verlag in jeder Hinsicht gefördert hat. Weiter danke ich dem früheren Assistenten der Höheren Maschinenbauschule Eßlingen, Herrn Ing. A. Dürr für die hilfreiche Unterstützung durch Anfertigung zahlreicher Figuren und nicht zuletzt dem Normenausschuß der deutschen Industrie und all den Firmen, die mir durch Überlassung von Zeichnungen, Klischees und sonstigen Unterlagen sehr förderlich entgegenkamen.

Möge das Buch auch in seiner jetzigen Gestalt eine freundliche Aufnahme finden!

Eßlingen a. N., im Mai 1930.

W. Tochtermann.

Inhaltsverzeichnis.

Seite

IV. Maschinenelemente zur Umwandlung von Bewegungen.

V. Maschinenelemente zur Aufnahme und zur Fortleitung von Flüssigkeiten, Dämpfen und Gasen.

Anhang.

Berichtigungen und Ergänzungen.

Seite 2, Zeile 19 von oben lies „und“ statt „uns“.

Seite 46, richtiger Seitenriß zu Abb. 37:

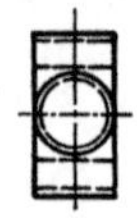

Seite 137, richtiger Grundriß zu Abb. 160:

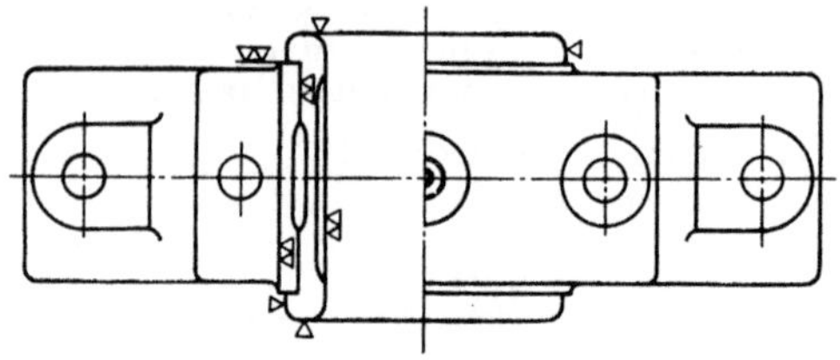

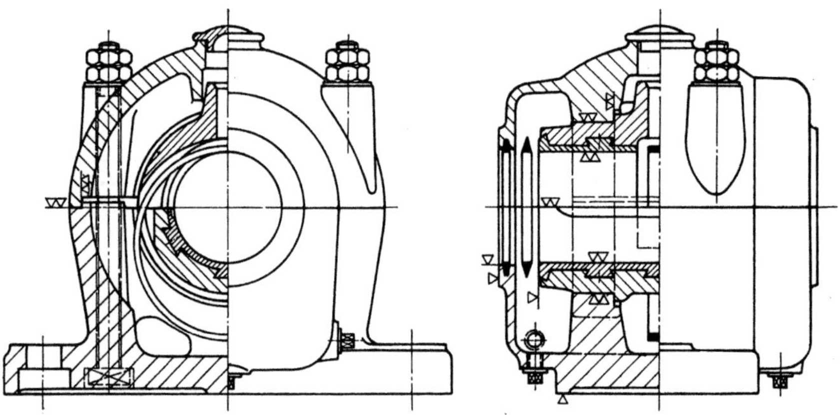

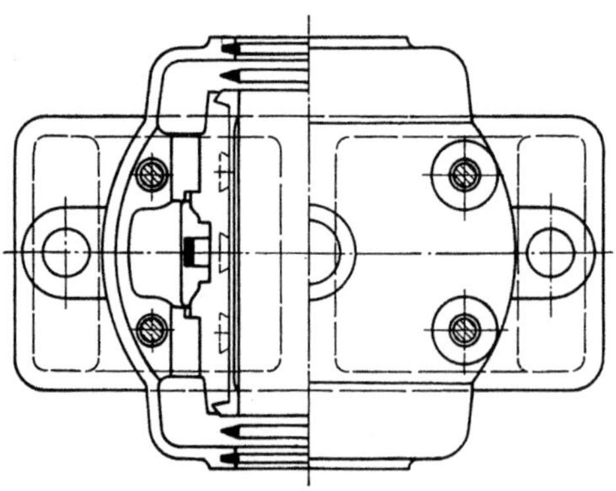

Seite 145, richtige Abb. 167.

Seite 315, richtige Abb. 331.

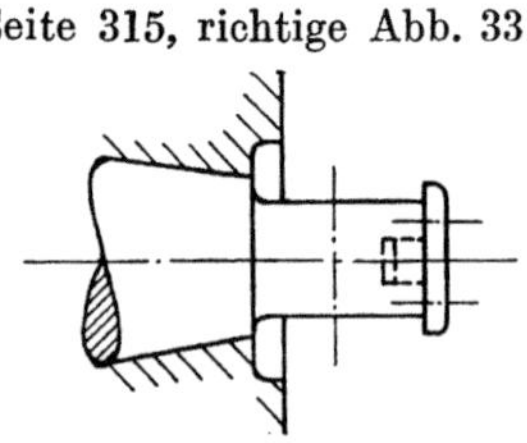

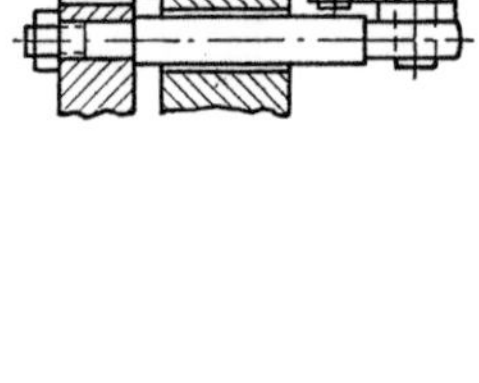

Zu Abb. 145, S. 119.
Horizontalschnitt durch die Einstellschrauben mit Lagerung der Winkelhebel.

Unter Maschinenelementen versteht man solche Maschinenteile, welche in derselben oder ähnlichen Form bei einer größeren Anzahl verschiedenartiger Maschinen vorkommen. Sie haben ihrem Zweck entsprechend eine typische Ausbildungsform erfahren, die sich unter dem Gesichtspunkt mechanischer Sicherheit und Wirtschaftlichkeit herausgebildet hat.

Normalisierung.

Die Notwendigkeit, die Wirtschaftlichkeit unserer Fabriken aufs höchste zu steigern, hat während des Krieges dazu geführt, daß man den Bestrebungen, die Betriebe zu spezialisieren und die Bauweisen der Maschinen zu typisieren, das heißt aus der Vielheit der Bauweisen bestimmte, sich gleichbleibende Ausführungsformen herauszubilden, erhöhte Beachtung geschenkt hat, da sie die Grundlage bilden für wirtschaftliche Massenherstellung.

Maschinenteile können aber nicht nur für eine typisierte Maschine verwendet werden, sondern sie können für eine große Zahl verschiedener Maschinen in gleicher Gestaltung Anwendung finden. Einigt man sich über die Gestaltung und Ausführung solcher häufig wiederkehrender Teile dahin, daß man sie überall nur in einer beschränkten Zahl von gleichbleibenden Größen und Ausführungsformen verwendet, so kann an Stelle der Anfertigung dieser Teile in geringer Zahl die Massenanfertigung treten, was neben der Verbesserung der Erzeugung eine bessere Ausnützung aller uns zur Verfügung stehenden Arbeitskräfte und Arbeitsmittel und eine Einschränkung des übermäßigen, unfruchtbaren, nicht dem technischen Fortschritt dienenden Wettbewerbs ermöglicht.

Diese übereinstimmende Gestaltung und Ausführung eines Maschinenteils für verschiedene Verwendungszwecke, z. B. eines Handrades für den Support einer Drehbank, ein Ventil, einen elektrischen Schaltapparat, nennt man Normalisierung. Die Normalisierung braucht sich also durchaus nicht auf Maschinenteile, die in derselben Fabrik verwendet werden, zu beschränken, sondern die verschiedensten Fabriken können dieselben Normalteile verwenden. Normalisiert hat man zuerst Schraubengewinde, Niete und Profileisen, im übrigen war eine Normalisierung meist nur innerhalb größerer Fabriken oder auch Fachverbände zu finden.

Mit der Gründung des Normenausschusses der deutschen Industrie (NDI) im Dezember 1917 ist die Normalisierung auf die breiteste Basis gestellt worden. Die von diesem Ausschuß bis heute herausgegebenen

Normen (Dinormen), soweit sie für unsere Zwecke Bedeutung haben, sind im Anhang verzeichnet.

Neben diesen allgemeinen Normalien, die in verschiedenen Industriezweigen verwendet werden, hat man zur Vereinheitlichung von Erzeugnissen eines bestimmten Industriezweiges, z. B. elektrischer Maschinen, Hebezeuge, optischer Apparate, noch Sondernormen aufgestellt.

In vorliegendem Buch sind die Arbeiten des Normenausschusses, soweit fertige Normen vorliegen, berücksichtigt. Die Normalisierung hat natürlich, wie schon im Vorwort erwähnt, nicht die Aufgabe, dem Lernenden selbständiges Nachdenken über die zweckmäßigste Gestaltung eines Maschinenteiles abzunehmen und ihn in ähnlicher Weise zu gedankenlosem Arbeiten zu verleiten, wie es die früher üblichen Faustformeln und Bezugseinheiten taten. Jeder Konstrukteur muß aber die Arbeiten des Normenausschusses der deutschen Industrie (der seine Mitteilungen in der Zeitschrift „Der Maschinenbau" veröffentlicht) verfolgen und die zum Beschluß erhobenen Normblätter immer zur Hand haben und bei seiner Arbeit sorgfältig beachten, denn die Normung bewirkt eine Verringerung des Lagerbestandes an Maschinenteilen uns insbesondere an Werkzeugen, erweitert die Austauschbarkeit, entlastet den Konstrukteur von Nebenarbeiten und erspart Rohstoffe, gibt vor allen Dingen aber die Grundlage für wirtschaftliche Herstellung, zu deren Förderung der Ausschuß für wirtschaftliche Fertigung, dessen Organ gleichfalls die obengenannte Zeitschrift „Der Maschinenbau" ist, gegründet wurde. Voraussetzung für die Normung eines Maschinenteils ist allerdings, daß dessen konstruktive Entwicklung abgeschlossen ist; ist dies nicht der Fall, so ist eine allgemeine Normung nicht statthaft, es kommt dann höchstens die Aufstellung sog. Werknormen für jeden einzelnen Betrieb in Betracht, die leichter als allgemeine Normen nach Bedarf geändert werden können.

Soweit die laufenden Arbeiten des Normenausschusses der deutschen Industrie und des Ausschusses für wirtschaftliche Fertigung in vorliegendem Buche noch keine Berücksichtigung finden konnten, muß auf obengenannte Veröffentlichungen verwiesen werden, die fertigen D. I.-Normblätter können von der Geschäftsstelle des Normenausschusses der deutschen Industrie, Berlin NW 7, Dorotheenstr. 47, bezogen werden.

Kurze Bemerkungen über die wichtigsten Werkstoffe.

Im folgenden sind in Anlehnung an die diesbez. Dinormen die wichtigsten Werkstoffe und ihre Haupteigenschaften ganz kurz zusammengestellt. Diese kurze Aufstellung kann natürlich eine eingehende Beschäftigung mit der Materiallehre nicht ersetzen, soll vielmehr nur ein Hilfsmittel bei der Aufstellung der Stücklisten und der Materialangabe auf den Zeichnungen sein.

Gußeisen, kohlenstoffreich (bis 6%), durch ein- oder mehrmaliges Umschmelzen aus grauem oder halbiertem Roheisen unter Zusatz von Altguß, manchmal von Stahlspänen oder -abfällen mit Koks im

Kupolofen, seltener im Flamm- oder Tiegelofen hergestellt. Um die für den Sonderzweck erforderlichen Eigenschaften zu erzielen, mischt man verschiedene Gießereiroheisensorten mit anderen Zusätzen (Gattierung). Im gewöhnlichen Gußeisen ist der Kohlenstoff vorwiegend als Graphit enthalten, solches Gußeisen ist verhältnismäßig weich und mit Schneidwerkzeugen leicht bearbeitbar, es dehnt sich im Moment des Erstarrens aus und füllt deshalb die Form gut aus, gibt also scharfe Abgüsse; seine Farbe ist grau: Grauguß. Ein wesentlicher Bestandteil ist Silizium, schädliche Bestandteile sind Schwefel und Phosphor; letzterer macht das Gußeisen zwar leichtflüssig, vermindert aber die Festigkeit erheblich.

Wenn siliziumarmes Gußeisen mit höherem Mangan- oder Chromgehalt rasch abgekühlt wird (Kokillenguß), scheidet sich der Kohlenstoff nicht als Graphit aus, es entsteht das weiße Roheisen, das hart und spröde (Hartguß), schwer bearbeitbar ist und stark schwindet. Formt man in Sand, stellt aber einzelne Teile der Form, an denen das Gußstück hart werden soll, aus Kokillen her, so erhält man bei geeigneter Gattierung Gußstücke, die in der Hauptsache aus dem weichen Grauguß bestehen, an einzelnen Stellen, wie Laufflächen u. dgl., aber aus dem harten Weißguß.

Gußeisen ist leicht schmelz- und gießbar, aber nicht schmiedbar.

Schmelzpunkt der meisten Gußeisensorten etwa 1200° C, Zugfestigkeit 1200—2400 kg/qcm, Druckfestigkeit 7000—8500 kg/qcm, spez. Gewicht 7,1—7,3 (flüssig etwa 6,9), Schwindmaß 0,9—1,35%.

Verwendung für alle schwieriger gestalteten, namentlich hohlen Teile, Lager, Kupplungen, Zahnräder, Riemen- und Seilscheiben, Kolben, Zylinder, Rohre, Ventile usw. Für Teile, die im Betriebe starke Zugspannungen oder stoßweise auftretende Beanspruchungen auszuhalten haben, ist Gußeisen möglichst nicht zu verwenden.

Temperguß — schmiedbarer Guß, entsteht aus geeignetem Gußeisen durch längeres Glühen der fertigen Gußstücke in sauerstoffhaltigen Stoffen (Roteisenstein), wobei der als Eisenkarbid vorhandene Kohlenstoff in Temperkohle verwandelt und teilweise, namentlich an der Oberfläche, verbrannt wird. Dadurch wird das Eisen schmiedbar. Zugfestigkeit 3200—3600 kg/qcm.

Verwendung für kleine Massenartikel, Hebel, Riegel, Flügelmuttern u. dgl., soweit diese nicht durch Schmieden im Gesenk hergestellt werden.

Stahl. Unter Stahl versteht man heute nach der Festlegung des Normenausschusses alles ohne Nachbehandlung schmiedbare Eisen, damit also alle Eisensorten, die einen Kohlenstoffgehalt von weniger als 1,7% haben. Wurde dabei der Stahl in flüssigem Zustand gewonnen, dann heißt er Flußstahl und bei Herstellung in teigigem Zustand Schweißstahl. Der Begriff Stahl wird somit unabhängig vom Kohlenstoffgehalt des Werkstoffs in seiner Härte (Festigkeit) gebraucht, während man früher unter Stahl ein Eisen verstand von mehr als 5000 kg/qcm Festigkeit. Die Bezeichnungen Schmiedeeisen, Schweißeisen und Flußeisen sind fortgefallen. Allerdings ist die Bezeichnung

Flußeisen für weichen Flußstahl noch sehr üblich und nach den Dinormen auch noch zugelassen, deshalb in vorliegendem Buch noch gelegentlich gebraucht. Man spricht auch noch allgemein von Formeisen (U-Eisen, T- und I-Eisen, ∠-Eisen), Stabeisen, Schrauben- und Nieteisen, Eisenblech usw., aber der Werkstoff selbst heißt Flußstahl oder Schweißstahl.

Enthält der Stahl an Beimengungen in der Hauptsache nur Kohlenstoff, so nennt man ihn Kohlenstoffstahl oder unlegierten Stahl, enthält er aber zwecks Verbesserung seiner Eigenschaften Zusätze von Nickel, Chrom, Wolfram, Molybdän, Vanadium usw. so heißt er legierter Stahl.

Schweißstahl, schweißbar und härtbar, wird als sogenannter Paketstahl in Puddelofen hergestellt und nur noch wenig benützt, zum Teil für Schrauben, Niete, Ketten, Haken u. dgl. Er ist verhältnismäßig weich und zäh, Kohlenstoffgehalt 0,02—0,15%, Schmelzpunkt 1300—1400° C.

Die weitaus meisten der heute verwendeten Stähle sind Flußstähle, die je nach ihrer Herstellung als Bessemer Stahl, Siemens-Martinstahl, Thomasstahl, Tiegelstahl, Elektrostahl in den Handel kommen. Der flüssig gewonnene Stahl wird entweder direkt zu Werkstücken vergossen und wird so zum gegossenen Flußstahl, kurz Stahlguß, oder erst in besondere Blöcke ausgegossen, die dann ihrerseits durch Schmieden oder Walzen weiter verarbeitet werden, so daß man geschmiedeten bzw. gewalzten Stahl vor sich hat.

Stahlguß (Stahlformguß), nicht zu verwechseln mit Gußstahl, wird, wie erwähnt, aus schmiedbarem, nicht immer merklich härtbarem Material, im Tiegelofen, Kleinkonverter, sauren oder basischen Martinofen oder Elektroofen geschmolzen und in Formen gegossen. Die Festigkeitseigenschaften schwanken in weiten Grenzen, die Zugfestigkeit etwa zwischen 3800 und 6000 kg/qcm und mehr, für die Druckfestigkeit ist bei weichem Material die Quetschgrenze 2100 kg/qcm und mehr maßgebend, bei härterem Material steigt die Druckfestigkeit mit dem Härtegrad bis über die Zugfestigkeit. Die Festigkeit läßt sich durch Überschmieden noch erhöhen.

Stahlguß schwindet beim Gießen verhältnismäßig stark (ca. 2%), was möglichst gleichmäßige Wandstärke und Vermeidung von Massenanhäufung erfordert. Spez. Gewicht 7,85.

Verwendung für Ventilgehäuse für hohen Druck, Dampfturbinengehäuse, Laufräderscheiben, höher beanspruchte Zahnräder usw.

Zuweilen wird auch Guß aus reinem Gußeisen mit Zusatz von Stahlschrott als Stahlguß bezeichnet.

Mitisguß (Weichguß), schmiedbar und schweißbar, durch Umschmelzen von weichen Stahlabfällen unter Zusatz von Aluminium im Tiegelofen mit Ölfeuerung hergestellt, gibt beim Gießen scharfe Formen und erreicht nahezu die Festigkeit des Stahles.

Geschmiedeter Stahl, unlegiert, als Bessemer-Martin- oder Thomasstahl hergestellt. Er bildet den allgemeinen Baustahl (Regelstahl) für Maschinenkonstruktionen, soweit keine hohen Ansprüche an Einsetzbarkeit gestellt werden. Spez. Gewicht 7,85. Schmelzpunkt 1350—1450° C. Die Härtbarkeit und Schweißbarkeit hängt mit der Festigkeit des Stahls zusammen. Stähle mit 3400—4500 kg/qcm Festigkeit sind noch schweißbar, aber nicht härtbar, wohl aber durch längeres Glühen in kohlenstoffhaltigen Stoffen äußerlich verstählbar (Einsatzhärtung). Verwendung für Schrauben, Gestänge, Hebel, sodann für einzusetzende Teile, wie Zapfen, Buchsen u. dgl., ferner für Teile mit wechselnder Beanspruchung.

Form- und Stabeisen, ferner Schrauben- und Nieteisen und Eisenbleche werden aus gewalztem Stahl hergestellt. Festigkeit 3700 bis 4500 kg/qcm, für Kesselbleche bis 5000 kg/qcm.

Stähle über 5000 kg/qcm Festigkeit sind nicht mehr schweißbar, aber härtbar (mit steigender Festigkeit immer besser) und vergütbar (Härten mit darauffolgendem Wiedererwärmen — Anlassen — des Stahls, wodurch die Zähigkeit, vor allem die Kerbzähigkeit, infolge Kornverfeinerung zunimmt). Es werden heute Stähle bis 12 000 kg/qcm und mehr Festigkeit verwendet. Verwendung für hochbeanspruchte Teile und solche, die infolge ihrer Gangart starkem Verschleiß ausgesetzt sind.

Eine Zusammenstellung der wichtigen Baustähle (Normalstähle) findet sich in Tabelle 1 des Anhangs

Legierte Stähle werden ebenfalls als Baustähle, sodann aber auch als Werkzeugstähle benützt. Als Baustähle hat man besonders Nickel- und Chromnickelstähle, entweder als Einsatz- oder als Vergütungsstähle. Ihre Festigkeit beträgt bis zu 25 000 kg/qcm. Sie sind nicht rostend, d. h. luft- und säurebeständig

Zu den legierten Sonderbaustählen gehört der Federstahl, der ungehärtet bis 10 000 kg/qcm Festigkeit, gehärtet bis 17 000 kg/qcm und mehr Festigkeit aufweist. Als Werkzeugstähle hat man in der Hauptsache Chromstahl, Chromnickelstahl, Mangan- und Wolframstahl.

Von den zahlreichen anderen im Maschinenbau noch verwendeten Werkstoffen können nur die wichtigsten angeführt werden:

Das **Kupfer,** rotes, weiches, sehr geschmeidiges, die Elektrizität und die Wärme gut leitendes Metall, Schmelzpunkt 1084° C, spez. Gewicht gegossen 8,7—8,8, gehämmert, gewalzt oder elektrolytisch niedergeschlagen 8,9—8,96, Festigkeit 2200—2700 kg/qcm, nimmt bei stärkerer Erwärmung rasch ab. Es ist ziemlich widerstandsfähig gegen chemische Einwirkungen.

Verwendung: Als Blech für Teile von Kesselwänden (Feuerbüchsen), für Rohre, Stehbolzen, Niete usw., namentlich aber für elektrische Leitungen und Teile elektrischer Maschinen.

Noch größere Bedeutung als das reine Kupfer haben die Kupferlegierungen, besonders das Messing und die Bronzen.

Messing, gelbe Legierung von Kupfer und Zink, bestehend aus zwei Mischkristallen: α-Kristalle mit ungefähr 62,5% Kupfer und β-Kristalle mit $53\frac{1}{3}$% Kupfer. Im Schrauben-Preßteil- und Profilmessing überwiegt der β-Kristall, in der Glühhitze bildsam, bei gewöhnlicher Temperatur spröde, daher mit Schneidwerkzeugen gut bearbeitbar, da die Späne brechen und sich nicht zu langen Spiralen aufwinden, im Präge-, Stanz- und Nietmessing überwiegt der α-Kristall, in der Glühhitze spröde, dagegen bei gewöhnlicher Temperatur weich und bildsam, allerdings auch weniger fest als β-Messing. Schmelzpunkt 880—915° C.

Durchschnittliche Zerreißfestigkeit von gegossenem Messing 1500 kg/qcm, spez. Gewicht 8,4—8,7, bei gewalztem und gezogenem Material steigt das spezifische Gewicht bis 8,73, die Zerreißfestigkeit bis 7000 kg/qcm und mehr, durchschnittlich kann sie gleich 5000 kg/qcm gesetzt werden.

Dinorm 1709 unterscheidet: „Guß-Messing" (Gelbguß) und „Walz- und Schmiedemessing", bezeichnet als „GMs" und „Ms" mit einer dahintergesetzten Ziffer, die den Kupfergehalt angibt, z. B. Schaufelmessing (für Turbinenschaufeln) „Ms 72", Gußmessing 67 wird „GMs 67" genannt zum Unterschiede von dem Patronenmessing „Ms 67", Druck-Messing „Ms 63", Schmiedemessing (Muntzmetall) „Ms 60", Schraubenmessing „Ms 58" (mit 2% Bleigehalt).

Für Sondermessing „So GMs" und „So Ms" (gewalzt) ist als Zusammensetzung festgelegt: 55—60% Kupfer, 0—0,3% Blei, 0—2% Mangan, 0—0,5% Zinn, 0—0,5% Aluminium, 0—0,5% Nickel, Rest Zink. Kondensatormessing mit 29% Zink, 1% Zinn. Als besondere Arten von Sondermessing sind bekannt: Deltametall, Duranametall, Rübelbronze, Stahlbronze, Manganbronze.

Verwendung: Hähne, Ventile, Rohre, Schmierbüchsen, Schrauben, Stangen, Drähte, Bleche, Turbinenschaufeln usw.

Rotguß, Maschinenbronzen. Reine Bronze ist eine Legierung des Kupfers mit Zinn, die Maschinenbronzen enthalten aber neben diesen beiden Bestandteilen noch Zink und Blei. Zur Verbesserung der Eigenschaften setzt man noch Phosphor, Silizium, Mangan, Vanadium u. dgl. zu, die den als Kupferoxydul gelösten Sauerstoff entfernen, in der nach ihnen genannten Bronze aber meist nur in Spuren enthalten sind, nur die Aluminiumbronze enthält Aluminium als wesentlichen Bestandteil.

Die Zusammensetzung der Maschinenbronzen ist sehr verschieden, einige Zusammensetzungen siehe unter Lager. Es ist deshalb auch nötig, in den Stücklisten genauere Angaben zu machen, die Angabe „Bronze" ist zu unbestimmt.

Schmelzpunkt etwa 750—920° C, spez. Gewicht 7,4—8,9.

Die Dinorm 1705 unterscheidet „Zinnbronzen" und zwar Gußbronze mit 10—20% Zinn, einem spez. Gewicht von 8,86, zu der auch die Phosphorbronze gehört, die eine Zinnbronze mit Phosphorzusatz ist (weniger als 0,1%), der härtesteigernd wirkt und Walzbronze mit 6% Zinn und einem spez. Gewicht von 8,37. „Rotguß" (Maschinenbronze) als Kupfer-, Zinn-, Zink-Legierungen mit einem spez. Gewicht von 8,56 bis 8,9. Etwas Bleizusatz von 2—8% verbessert die Gießbarkeit und Bearbeitbarkeit. Der im allgemeinen Maschinenbau verwendete Rotguß setzt sich aus 86% Kupfer, 10% Zinn, und 4% Zink zusammen. An „Sonderbronzen" führt Dinorm 1705 auf: Bleizinnbronze mit 4—13% Blei, 8—10% Zinn, Rest Kupfer und 8,85—9,1 spez. Gewicht. Aluminiumbronze (sehr hart, fest und widerstandsfähig gegen Säuren), 7,75 spez. Gewicht mit 5—10% Aluminium, Rest Kupfer.

Verwendung für Lagerschalen, Hähne, Ventile und solche Maschinenteile, die chemischen Einwirkungen ausgesetzt sind.

Die Kupfer-Nickel- (Monelmetall) und Kupfer-Nickel-Zink-Legierungen (Neusilber) haben für uns weniger Bedeutung; in der Elektrotechnik werden ähnliche Legierungen als Widerstandsmaterialien gebraucht.

Das **Nickel,** ein weißes, ziemlich hartes, festes und dabei dehnbares Metall von 8,9 spez. Gewicht und etwa 1465° C Schmelzpunkt, wird für Ventilsitze verarbeitet, vereinzelt auch für andere Maschinenteile, die eine hohe chemische Widerstandsfähigkeit besitzen sollen, in letzterem Falle findet auch Anwendung:

das **Blei,** ein sehr weiches, geschmeidiges, wenig festes Metall, Schmelzpunkt 325° C, spez. Gewicht 11,45. Außer zu Röhren dient es namentlich zur Verkleidung von Teilen aus anderen Metallen, da seine geringe Festigkeit der Verwendung zur Herstellung selbständiger Teile Grenzen setzt. Durch Legieren mit Kupfer, Antimon, neuerdings auch Calcium Natrium und Magnesium wird es zwar härter, verliert aber an chemischer Widerstandsfähigkeit.

Das **Zinn,** ein weißes Metall, von 230° C Schmelzpunkt, einem spez. Gewicht von 7,28—7,33, ist der Grundbestandteil der als Weißmetall bekannten Legierungen, die zum Ausgießen von Lagerschalen, Exzenterbügeln usw. dienen, einige Zusammensetzungen siehe unter „Lager", ähnliche Legierungen werden auch mit dem Hauptbestandteil Blei hergestellt (siehe gleichfalls unter „Lager"), schließlich auch mit dem Hauptbestandteil Zink. Die Zusammensetzungen aller dieser Legierungen sind sehr verschieden.

Das **Zink,** weiß mit einem Stich ins Blaugraue, Schmelzpunkt 420° C, bei 950° siedet und verdampft es, spez. Gewicht des gegossenen Zinks etwa 7, des gewalzten etwa 7,2. Gegossenes Zink ist spröde und brüchig und meist von grobkristallinischem Gefüge. Das Gefüge läßt sich verfeinern, wenn man das Zink bei einer nur wenig über seinem Schmelzpunkt liegenden Temperatur gießt. Schwindmaß sehr hoch 1,6%, deshalb zeigen Vollgüsse leicht Senkungen an der Oberfläche und Sauglöcher, Hohlgüsse reißen leicht, wenn der Kern nicht weich und nachgiebig gemacht und die Form nicht sofort nach dem Erkalten geöffnet wird. Reines Zink verschmiert die Feile, man legiert es deshalb mit 1—10% Kupfer durch Zusetzen von Messingblechschnitzeln.

Zwischen etwa 90 und 160° C wird das im gegossenen Zustande so spröde Zink, das nur eine Zerreißfestigkeit von 200—300 kg/qcm und fast gar keine Dehnung zeigt, so dehnbar, daß man es hämmern, walzen, ziehen usw. kann. Die Erfahrung lehrt, daß für das Walzen namentlich die Temperaturen 90—110° und 135—160° evtl. 170° geeignet sind. Nach dieser Bearbeitung bleibt das Zink auch bei gewöhnlicher Temperatur viel zäher als gegossenes Zink, es nimmt Festigkeiten von 1600 bis 2500 kg/qcm an und zeigt Dehnungen von 15—18%. Beim Erhitzen über die oben gegebene Temperaturgrenze tritt eine Rückkristallisation ein, und das Zink wird wieder grobkristallinisch und spröde.

Der Mangel an Kupfer und Kupferlegierungen zwang während des Krieges zu umfangreicher Anwendung von Zink und Zinklegierungen als Ersatzmaterialien, und diese Anwendung wird auch nach dem Kriege noch eine gewisse Bedeutung behalten, wobei die auf dem Gebiete der Veredlung des Zinkes gemachten Erfahrungen zu beachten sind. Von den zahlreichen „Kriegsbronzen", die von einzelnen Firmen in den Handel gebracht wurden, abgesehen, handelt es sich in der Hauptsache um folgende zwei Wege:

1. Legieren mit 3% Aluminium und bis zu 6% Kupfer, langsames Gießen bei niedriger Temperatur, Vermeidung starker Einschnürungen am Gußstück und Anwendung eines großen verlorenen Kopfes, gutes Legieren durch Bildung von Vorlegierungen aus dem Kupfer mit einer kleineren Menge Zink und dem Aluminium mit einer kleineren Menge Zink. Man erhält dabei ohne Festigkeit und Härte, gute Verarbeitbarkeit durch Schneidwerkzeuge und feinkörnigen, lunkerfreien Guß. Einige Sonderlegierungen siehe unter „Lager".

2. Dadurch, daß man reines oder legiertes Zink bei den oben für das Walzen angegebenen Temperaturen aus einem Zylinder durch eine Lochmatrize in Gestalt eines Stangenmaterials von entsprechend geringerem Durchmesser herauspreßt. Man erhält dabei ein außerordentlich feinkörniges Preßzink von im Mittel etwa 1700 kg/qcm Festigkeit und 30% Dehnung, das verhältnismäßig weich, sehr biegsam und geschmeidig ist und sich zu feinstem Draht ausziehen läßt.

Aluminium und Aluminiumlegierungen haben ihrer Leichtigkeit wegen große Bedeutung für den Automobil- und Luftschiff- bzw. Flugzeugbau erlangt, auch als Lagermetalle sind Aluminiumlegierungen verwendet worden.

Aluminium ist ein grauweißes Metall vom spez. Gewicht 2,6—2,7, Schmelzpunkt 658° C, guter Elektrizitätsleiter, Schwindmaß 1,6%, Zerreißfestigkeit im gegossenen Zustande 1000—1200 kg/qcm, gewalzt 1475 kg/qcm, kalt bearbeitet bis 2700 kg/qcm. Es ist aber sehr weich, verschmiert die Feile und läßt sich mit Schneidwerkzeugen schlecht bearbeiten. Besser bearbeitbar sind die Aluminium-Magnesiumlegierungen (Magnalium), meist wird aber das Aluminium mit Zink und Kupfer legiert, z. B. 90% Aluminium, 7% Kupfer, 3% Zink oder 92% Aluminium, 8% Kupfer; 82% Aluminium, 15% Zink, 3% Kupfer; 65% Aluminium, 35% Zink usw.

Bei zu hohem Zinkzusatz wird die Dehnung zu gering, bewährt haben sich Legierungen mit 12% Zink, 1,5% Kupfer, 0,5% Mangankupfer, Rest Aluminium, Bruchfestigkeit 1600—2000 kg/qcm, Dehnung 2—4% und 15% Zink, 1% Siliziumkupfer, Rest Aluminium, Festigkeit 1800—2200 kg/qcm, Dehnung 1—1,8%.

Von den zahlreichen Sonderlegierungen ist besonders das Duralumin der Dürener Metallwerke zu erwähnen, das im Luftschiff- und Flugzeugbau heute eine vorherrschende Stellung einnimmt. Ferner gehört hierher das Elektron, das bei Fahrzeugmotoren (Automobilkolben) eine führende Rolle spielt. Es ist ein dem Aluminium ähnliches Leichtmetall und besteht in der Hauptsache aus Magnesium mit geringem Kupferzusatz und 4—5% Zink und eignet sich zum Gießen und Pressen solcher Maschinenteile, die bei geringem Gewicht große Festigkeit haben sollen. Spez. Gewicht 1,75—1,88, Festigkeit 25—29 kg/qmm, Dehnung 14—20%, Schmelzpunkt 630° C. Zu beachten ist, daß bei vielen dieser Sonderlegierungen die günstigen Festigkeitseigenschaften durch eine besondere Wärmebehandlung, ein Vergüten erreicht werden. (Näheres siehe Krause: Das Aluminium und seine Legierungen, Eigenschaften, Gewinnung, Verarbeitung und Verwendung.)

Was die Darstellung der Materialien auf Zeichnungen betrifft, geht schon aus den vorstehenden äußerst knappen Angaben hervor, daß man nicht jedes Material durch eine besondere Schraffur oder Farbe kennzeichnen kann, es ist deshalb neuerdings (s. Herstellung der Zeichnungen) üblich, die Schnitte gleichartig zu schraffieren und die genaue Materialangabe der Stückliste zuzuweisen.

Allgemeine Konstruktionsgrundsätze.

Alle Konstruktionszeichnungen sind vor der Ausführung auf lückenlose Anwendung der Dinormen zu prüfen und darüber hinaus Vereinheitlichungen in weitgehendstem Maße einzuführen. So ermöglicht eine Normalisierung der Hohlkehlenmaße die Beschaffung von Schablonen und Sonderdrehstählen, eine Normalisierung der Flaschenstärken eine Beschränkung der Schraubenbolzenlängen, eine Normalisierung der Kegelbohrungen und die Verwendung gleicher Kegel bei Gabelstangen, Kreuzköpfen usw. erleichtert die Herstellung usw.

Aber auch sonst muß der Konstrukteur die Herstellung immer im Auge haben. Alles Überflüssige ist zu vermeiden, nur das Notwendige konstruktiv durchzuführen. Große Stücke sollen nur möglichst einfachen Arbeitsvorgängen unterworfen werden, Handarbeit soll vermieden oder doch auf ein Mindestmaß beschränkt werden.

Alle Stücke müssen sich gut und bequem formen lassen, die Modelle müssen einfach und handlich sein und möglichst vielseitige Verwendung zulassen. Die Massen müssen richtig verteilt sein, so daß Lunker und Saugstellen vermieden werden. Kerne müssen gut entlüftet werden können.

Der Guß muß möglichst spannungsfrei herstellbar sein, sperrige Auswüchse sind zu vermeiden, wenn nötig zum Teile abzutrennen und besonders zu formen, namentlich größere Gußstücke sind zwecks Anpassung an den Formplatz und zwecks billiger zweckmäßiger Herstellung in mehrere Teile zu zerlegen. Symmetrische Gestaltung, die die Verwendung desselben Modells für Rechts- und Linksausführung zuläßt und weitgehende Verwendung von Kernbüchsen sind anzustreben, für die Möglichkeit leichter Entfernung des Kernes ist Sorge zu tragen.

Bei größeren Schmiedestücken ist die Lunkerbildung im oberen Teile des Blockes zu berücksichtigen, wenn nötig sind die Teile zu zerlegen, um sie durchbohren zu können. Große plötzliche Querschnittsänderungen sind zu vermeiden, da sie leicht zu unzulässigen Spannungen führen und auch die Ursache geringerer Durcharbeitung der weniger herabgeschmiedeten Teile bilden.

Vor allem ist aber auch auf die weitere Bearbeitung und den Zusammenbau von vornherein Rücksicht zu nehmen. Alle Stücke müssen sich bequem aufspannen lassen, die Zahl der zur Bearbeitung erforderlichen Aufspannungen soll so klein wie möglich sein. Die Teile sind also so zu gestalten, daß die Bearbeitung möglichst ohne nochmaliges Umspannen ausführbar ist.

Schmierfänger, Tropfnasen u. dgl. dürfen die Bearbeitung und die Aufstellung bzw. den Zusammenbau nicht erschweren.

Arbeitsflächen, welche gehobelt werden, sind ungeteilt auszuführen, soweit sie gefräst oder von Hand nachgearbeitet werden, sind sie in schmale Einzelflächen aufzulösen. Arbeitsleisten sollen nicht breiter als notwendig sein. Zwischen zusammenarbeitenden Teilen ist in den äußersten Stellungen genügend Spielraum zu geben, damit Nacharbeiten nicht notwendig ist.

Der Zusammenbau aller Teile ist leicht und sicher zu gestalten, Keilnuten, Schraubenlöcher usw. sind so anzuordnen, daß die Keile und Schrauben leicht eingezogen werden können. Nachzubearbeitende Teile müssen leicht auswechselbar sein.

Neben diesen allgemeinen Grundsätzen hat der Konstrukteur noch im Speziellen zu berücksichtigen: Die Spannungen, Pressungen und Formänderungen dürfen den für den jeweiligen Fall als höchstzulässig erachteten Wert nicht übersteigen. In Tabelle 2 des Anhangs sind die üblichen zulässigen Spannungen im Maschinenbau aufgeführt.

Die Art der Belastung eines Maschinenteils (ruhend, schwellend oder wechselnd), seine Betriebsart (kurzzeitig oder Dauerbetrieb), desgl. seine Gangart (langsam oder schnell laufend), ferner die Art der Bedienung (unsachgemäß oder fachmännisch) und schließlich bezüglich der Wahl des richtigen Werkstoffs eventuelle Witterungs- und Temperatureinflüsse, Platz-, Gewichts- und Preisfragen.

Über die Herstellung von Zeichnungen.

Für die Herstellung von Zeichnungen sind vom Normenausschuß Grundlinien aufgestellt worden, die nachstehend im Auszuge wiedergegeben werden. Die Abbildungen des Buches entsprechen zum größten Teil diesen Regeln.

Dinorm 823 macht über die Blattgröße und Maßstäbe der Darstellung in den Zeichnungen folgende Angaben:

Maße in mm.

Zeichenblatt unbeschnitten . . .	880 × 1230	625 × 880	450 × 625	330 × 450	240 × 330	165 × 240	120 × 165
Lichtpause beschnitten . . .	841 × 1189	594 × 841	420 × 594	297 × 420	210 × 297	148 × 210	105 × 148
Dabei verbleibt ein Rand um die Zeichenfläche . .	10	10	10	10	5	5	5

Die Blätter können in Hoch- und Querlage verwendet werden.

Als Maßstäbe sind zu benutzen:

1 : 1,

1 : 2,5, 1 : 5, 1 : 10, 1 : 20, 1 : 50, 1 : 100 für Verkleinerungen,

2 : 1, 5 : 1, 10 : 1 für Vergrößerungen.

Alle Gegenstände sind maßstäblich darzustellen, Abweichungen sind durch Unterstreichen der Maßzahlen kenntlich zu machen.

Der Maßstab der Zeichnung ist im Schriftfeld anzugeben, alle hiervon abweichenden Maßstäbe sind daneben in kleinerer Schrift aufzuführen und bei den zugehörigen Darstellungen zu wiederholen.

Die Stammpausen sind in schwarzen Linien und in schwarzer Schrift auszuführen, sie müssen in jeder Beziehung so vollständig sein, daß in den Vervielfältigungen (Blaupausen, Weißpausen, Drucken usw.) besondere Farben entbehrt werden können. Ausnahmen sind nur zur Angabe von Farbanstrichen und für Zeichnungen, die in einer Farbe nicht klar und übersichtlich wirken, zulässig, z. B. Rohr- und Leitungspläne.

Dinorm 15 sieht folgende Linienstärken vor: 1,2, 1, 0,8, 0,6, 0,4, 0,3, 0,2 und 0,1 mm. Die zu diesen Vollinien gehörenden Strichlinien, Strichpunktlinien und Maßlinien sind in der genannten Reihenfolge schwächer. Es sind zu verwenden:

Vollinien. 1. Für sichtbare Kanten und Umrisse, und zwar 1,2 bis 0,3 mm stark. Sie sind — besonders bei Werkzeichnungen — so stark auszuziehen, wie es die Größe oder die Art der Zeichnung zuläßt, und zwar einheitlich bei allen im gleichen Maßstab gezeichneten Darstellungen eines Gegenstandes. 2. Für die Umrisse benachbarter Teile zur Andeutung des Zusammenhanges, für Grenzstellungen bei Hebeln, Kolben, Griffen usw. und bei Ansichten zur Angabe von Querschnitten, die in die Zeichenfläche gedreht sind, z. B. von Armquerschnitten bei Rädern, und zwar in der Stärke der Strichpunktlinien. 3. Als Maß- und Maßhilfslinien in der Stärke der untersten Linien der Gruppen. 4. Zum Schraffieren von Schnittflächen in der Stärke der Maßlinien.

Strichlinien. 5. Für unsichtbare (verdeckte) Kanten und Umrisse. Die Striche sind nicht zu kurz zu ziehen, ihre Länge hängt von der Gesamtlänge der zu strichelnden Linie ab. 6. Bei Sinnbildern z. B. für Kernlinien bei Schrauben (s. Dinorm 27) und für Grundkreise bei Zahnrädern (s. Dinorm 37).

Strichpunktlinien. 7. Für Mittellinien, und zwar etwas stärker als die Maßlinien. 8. Für Sinnbilder, z. B. für Teilkreise bei Zahnrädern (s. Dinorm 37). 9. Für Bearbeitungszugaben, z. B. bei Schmiedestücken. 10. Für Teile, die vor dem dargestellten Gegenstand liegen. 11. Zur Angabe von Schnittebenen. Hierbei sind die Striche etwas stärker als die sichtbaren Kanten auszuziehen. Bei den unter 9, 10 und 11 aufgeführten Linien sind die Striche kürzer als bei der Mittellinien zu halten.

Freihandlinien. 12. Für Sprengfugen und für Bruchkanten bei Metallen, Isolierstoffe, Steinen u. a. m. als Linien mit schwachen Krümmungen in der Stärke der Strichlinien; ebenso für Bruchkanten bei Holz als Zickzacklinien in der Stärke der Mittellinien. 13. Für Holzquerschnitte und für Holzoberflächen zur Kennzeichnung von Hirnholz und Langholz in der Stärke der Maßlinien.

Die Anordnung der Ansichten und Schnitte behandelt Dinorm 6:

Die Gegenstände sind im allgemeinen in der Gebrauchslage zu zeichnen, d. h. stehende nicht liegend für den Beschauer der Zeichnung und umgekehrt. In Teilzeichnungen kann bei Gegenständen, die in senkrechter oder wagerechter Achslage verwendet werden, wie Schrauben, Lager, Zahnräder, Bolzen usw., von dieser Regel abgewichen werden. Teile mit schräg im Raume liegenden Achsen sind in Einzeldarstellungen so anzuordnen, daß die Achsen wagerecht oder senkrecht gerichtet sind, wenn nicht besondere Gründe für die Beibehaltung der schrägen Achslage sprechen. Die einmal gewählte Blattlage (lange oder kurze Blattkante unten) ist beim Aufzeichnen weiterer Teile beizubehalten. Für die Anordnung der Draufsicht (Grundriß), der Untersicht, der Seitenansichten gilt die Sehrichtung, die Rückansicht wird neben die rechte Seitenansicht gelegt. Ist es nötig oder gerechtfertigt, hiervon abzuweichen, wie es bei Zeichnungsänderungen mit Nachträgen wegen Platzmangel oder bei Gegenständen mit schrägen Flächen (Dachbinder u. a. m.) oder bei sehr langen Körpern vorkommen kann, so ist die Sehrichtung durch einen Pfeil mit großen Buchstaben anzugeben, z. B. Ansicht in Richtung *A* oder Schnitt *A*—*B*, gesehen in der Richtung *C*. — Im allgemeinen ist für die Darstellung die Hauptansicht (Aufriß, Vorderansicht) die Draufsicht und die Seitenansicht zu wählen. Es können eine oder die beiden letztgenannten Ansichten weggelassen werden, wenn der Gegenstand durch zwei Ansichten oder durch die Hauptansicht ausreichend festgelegt ist. Um eine weitere Ansicht oder einen Schnitt zu sparen, können in die Darstellungen einfache zeichnerische Angaben aus einer zur Zeichenfläche senkrechten Ebene in feinen Linien eingetragen werden, z. B. Armquerschnitte, Flanschformen usw. — Als Hauptansicht ist diejenige (der Schnitt) zu wählen, die beim Beschauen des Gegenstandes in wagerechter Richtung an Form und Abmessungen möglichst viel ausdrückt, oder die eine vorteilhafte Lage der Draufsicht oder der Seitenansicht für die Ausnutzung des Zeichenraumes ergibt. Es ist vorzuziehen, Gegenstände um schräglaufende Kanten umzulegen, wenn hierdurch ungünstige Verkürzungen der Darstellung vermieden werden.

Bruchlinien für Teile, die abgebrochen dargestellt werden, sind freihändig, nicht übertrieben unregelmäßig zu zeichnen, und zwar schwächer als die Vollinien der sichtbaren Kanten. Bei Rundkörpern ist eine Schleifenlinie mit schraffierter Bruchfläche zu verwenden; in ähnlicher Weise kann bei Flach- und Profileisen die Querschnittform an der Bruchstelle angedeutet werden. Bei Holz ist eine dem Bruche entsprechende Zackenlinie zu zeichnen. Schnittflächen können durch die nach der Bruchseite hin offene Schraffur als abgebrochen gekennzeichnet werden.

Die Schnittflächen eines Teiles sind unter 45° zur Achse der Grundlinie gleichartig mit feinen Linien ohne Rücksicht auf den Werkstoff zu schraffieren. Nur wenn eine besondere Notwendigkeit vorliegt, können verschiedene Schraffuren oder Farben zur Kenntlichmachung benützt werden, die in Dinorm 201 festgelegt sind. Eine genaue Werkstoffangabe in der Stückliste ist aber trotzdem noch notwendig. Der Abstand der Schraffurlinien ist entsprechend der Größe der Fläche zu wählen. Holz, Flüssigkeiten, Erdreich und körnige Massen können besonders gekennzeichnet werden; doch ist für Mauerwerk oder Beton auch die Linienschraffur zulässig. Schnittflächen verschiedener aneinanderstoßender Teile sind durch verschieden gerichtete oder verschieden weite Schraffur zu kennzeichnen. Schmale Flächen werden voll geschwärzt. Bei aneinander stoßenden geschwärzten Flächen ist die Fuge als weißer Streifen anzudeuten. Die Oberflächenart kann zeichnerisch bei Holz zur Angabe der Faserrichtung oder entsprechend, wenn es sich um Hirnholz handelt, gekennzeichnet werden. Gekordelte Flächen können, je nach der Art der Kordelung, wiedergegeben werden, bei schräger Kordelung ohne Verkürzung. — Zur Kennzeichnung des Verlaufes der Schnittebenen sind kurze, kräftige Strichpunktlinien zu verwenden. Die Enden und die Knickpunkte sind mit großen Buchstaben in alphabetischer Folge zu bezeichnen. Die Lage der Buchstaben soll der Stellung der Maßzahlen in den wagerechten Maßlinien entsprechen.

Dinorm 140 „Bearbeitungsangaben" sieht für Schruppen ein mit der Spitze die Linie, die die zu bearbeitende Fläche darstellt, berührendes gleichseitiges Dreieck vor, für Schlichten 2, für Feinschlichten 3 solcher Dreiecke, für Kratzen ein ~. Sonderbearbeitung (einschleifen, schaben, aufreiben) und Sonderbehandlung (härten, vergüten, vernickeln) ist durch wörtliche Zusätze anzugeben. Ist die Fläche zu kurz, so ist das Bearbeitungszeichen auf eine Hilfslinie, die Verlängerung der Flächenlinie, zu schreiben.

Sinnbilder für Niete und Schrauben bei Eisenkonstruktionen gibt Dinorm 139. Die Darstellung der Schrauben und Muttern, des Gewindes usw. ist im Abschnitt „Schrauben" erläutert. Dinorm 16 gibt Schriftvorlagen.

Dinorm 37 gibt Sinnbilder für Zahnräder, Dinorm 2429 solche für Rohrleitungen und Dinorm 29 Sinnbilder für die verschiedenartigen Federn.

Dinorm 28 gibt Richtlinien für die Anwendung von Schriftfeld und Stückliste.

Schriftfeld und Stückliste sind in der unteren rechten Ecke der Zeichnung anzubringen. Im Schriftfeld ist alles zu vereinigen, was an allgemeinen Vermerken zur Zeichnung gehört. Bestellerlisten und Zeichnungslisten, Schutzstempel, behördliche Genehmigungsvermerke usw. sind in den Mustern nicht enthalten, sie sind nach Bedarf dem Schriftfeld anzugliedern.

Schriftfeld und Stückliste sind im Aufbau den Vorlagen anzupassen. Insbesondere sind die Spalten „Stückzahlen", „Benennung und Bemerkung", „Teil" und „Werkstoff" nach den Mustern anzuordnen. An Stelle der in Klammern eingefügten Worte können auch Bezeichnungen gebraucht werden, die der Eigenart des Betriebes angepaßt sind; so kann unter anderem die Spalte „Gewichtsangaben" in mehrere Spalten, z. B. in „Rohgewicht" und „Fertiggewicht" oder in „gerechnet" und „gewogen" aufgelöst werden. Die Spalte „Teil" enthält die laufende Teilnummer (früher Pos.). Spalten, die nicht gebraucht werden, können fortfallen.

Mehrere Stückzahlspalten sind anzuwenden, wenn der Gegenstand in verschiedenen Ausführungen (Bauart a, b, c usw.) hergestellt werden soll; anderenfalls kann ein Vordruck mit nur einer Stückzahlspalte verwendet werden.

Das Feld für Änderungen kann fortfallen, wenn die in der Zeichnung bzw. Stückliste vorgenommenen Änderungen nicht im Schriftfeld aufgeführt werden.

Die Muster können hier nicht wiedergegeben werden, es sei auf Dinorm 28, Blatt 1—4 verwiesen.

Für die Maßeintragung im allgemeinen gilt Dinorm 406:

Maße: Jedes Maß ist in die Ansicht einzutragen, die über die Form des Gegenstandes klaren Aufschluß gibt. Nur die unbedingt nötigen Maße sind anzugeben, und zwar so, daß jedes Rechnen in der Werkstatt fortfällt. Wiederholungen von Maßen in mehreren Ansichten sind zulässig, wenn dadurch die Verständlichkeit der Zeichnung erhöht wird. Aneinandergereihte (Kettenmaße) müssen sich auf das gleiche Stück beziehen. Bei Hohlkörpern dürfen nicht Innen- und Außenlängenmaße zugleich in einer Linie hintereinander angeordnet werden. Maße sind nur dann herauszuziehen, wenn dadurch die Klarheit der Darstellung gewinnt. Maßhilfslinien sollen andere Maßhilfslinien oder Körperkanten so wenig wie möglich schneiden. In Richtzeichnungen sind vorwiegend nur die Aufbaumaße einzuschreiben. Bei den Systemzeichnungen für Eisenkonstruktionen können Maßlinien fortgelassen werden; die Maßzahlen werden neben die Systemlinien geschrieben. Niete können sinnbildlich ohne Maßangabe gekennzeichnet werden; Näheres siehe Dinorm 139. — Blechstärken können ohne Maßlinien in den Hauptflächen der Bleche (z. B. 8 stark) ebenso rechteckige Querschnitte (z. B. 10×2) angegeben werden. Profile werden in oder neben dem Stabe eingetragen. Bei Lochteilungen können längere Maßketten mit gleicher Maßzahl durch Angaben wie 8×40 vermieden werden; in vorliegendem Beispiele bedeutet der erste Wert die Anzahl, der zweite die Größe der Lochteilung.

Die Maßlinien dürfen nicht zu dicht neben die Körperkanten gezeichnet werden; bei nebeneinanderlaufenden Maßlinien sind die Abstände möglichst gleich groß zu halten. Die Maßlinien sind für die Eintragung der Maßzahlen so zu unterbrechen, daß diese neben den Mittellinien, Körperkanten oder Maßhilfslinien Platz finden. Stehen mehrere Maßlinien eng aneinander, so sind die Lücken gegeneinander zu versetzen. Bei Ansichten oder Schnitten, die nur bis zur Symmetrielinie gezeichnet sind, sollen die Maßlinien etwas über diese hinausgezogen werden. Maßlinien, deren Richtung innerhalb des Winkels von 30^{0} über die senkrechte Stellung liegt, sind zu vermeiden. Die Maßhilfslinien sind senkrecht zur Maßlinie zu ziehen und laufen 2—3 mm über diese hinaus.

Ausnahmsweise ist ein Winkel von 60^0 zulässig. Jede Maßlinie erhält zwei Maßpfeile, die in der Regel nach außen zeigen. Ist der Raum für die Maßzahl beschränkt oder fallen die Maßpfeile ungünstig, so sind die Maßlinien durch Hilfslinien zu verlängern und die Maßpfeile nach innen zeigend anzubringen. Die Größe der Maßpfeile richtet sich nach der Stärke der Linien. Radien gelten von dem durch einen kleinen Kreis gekennzeichneten Mittelpunkte bis zur Maßpfeilspitze am Kreisumfange. Der kleine Kreis fällt fort, wenn der Mittelpunkt schon durch ein Mittellinienkreuz gekennzeichnet ist.

Maßzahlen dürfen durch Mittellinien oder Körperkanten weder getrennt noch durchschnitten werden; auch dürfen sie nicht an der Kreuzungsstelle zweier Maßlinien stehen.

Ist zwischen den Pfeilen kein Platz für die Maßzahl, so muß sie möglichst nahe der Maßlinie geschrieben werden, und zwar in der gleichen Schriftrichtung, als wenn sie in der Maßlinie stände: Bezugslinien sind zu vermeiden. Die Größe der Ziffern soll im allgemeinen 3,5 oder 2,5 mm betragen. Dezimalstellen sind ebenso groß wie die Hauptzahlen zu schreiben. Die Maße sind in Millimetern anzugeben; werden außerdem noch andere Maßeinheiten (cm, m, Zoll) benutzt, so sind diese den Maßzahlen anzufügen. Alle Angaben über Gewindearten sind vor die Maßzahl, sonstige Zeichen oder Buchstaben erhöht hinter die Maßzahl zu setzen. Toleranzen sind hinter die Maßzahl durch Angabe der Abmaße oder Passungszeichen einzutragen. Z. B. bedeutet

— $210^{+0,1}$ nicht größer als 210,1 und nicht kleiner als 210 mm,

— $18,9^{-0,2}$ nicht größer als 18,9 und nicht kleiner als 18,7 mm.

Bei zwei Abmaßen ist das eine über, das andere unter die Maßlinie zu schreiben, z. B. bedeutet:

— 1200^{+3}_{-3} nicht größer als 1203 und nicht kleiner als 1197 mm,

— $100^{+0,2}_{-0,05}$ nicht größer als 100,2 und nicht kleiner als 99,95 mm,

— $100^{-0,02}_{-0,03}$ nicht größer als 99,98 und nicht kleiner als 99,97 mm.

Rund- bzw. Durchmesserzeichen ∅ und Quadratzeichen □ sind erhöht hinter die Maßzahl zu setzen. Das Durchmesserzeichen ist bei runden Gegenständen der Maßzahl stets anzufügen. In der Ansicht, die den Rundkörper kreisförmig erscheinen läßt, fällt jedoch das Rundzeichen fort, wenn in der Maßlinie beide Maßpfeile erscheinen. Kann oder soll bei einem Radius die Maßlinie nicht bis zum Mittelpunkt gezogen werden, so ist der Maßzahl der Buchstabe *r* erhöht anzufügen. — Auch wenn bei Kegeln die Enddurchmesser nebst der zugehörigen Kegellänge eingetragen sind, ist die Angabe z. B. „Kegel 1 : 5", die sich auf die Durchmesser bezieht, oder der Winkel hinzuzufügen. Maßzahlen für nicht maßstäblich gezeichnete Teile sind zu unterstreichen. Bei abgebrochen gezeichneten Teilen fallen die Striche fort.

Die Angabe der Passung ist nach Dinorm 776 in folgenden Abkürzungen rechts erhöht neben die Maßzahl zu schreiben. W bedeutet Einheitswelle, B Einheitsbohrung, weiter Laufsitz wird mit WL, leichter

Laufsitz mit LL, Laufsitz mit L, enger Laufsitz mit EL, Gleitsitz mit G, Schiebesitz mit S, Haftsitz mit H, Treibsitz mit T und Festsitz mit F bezeichnet, und zwar entsprechen diese Bezeichnungen der Feinpassung bei Edelpassung wird ein e, bei Schlichtpassung ein s und bei Grobpassung ein g vorgesetzt. Siehe Tafel 3 im Anhang.

Die Maßeintragung für Gewinde regelt Dinorm 202. Danach bedeutet z. B.:

2″	=	Whitworth-Gewinde	
W 104 × $^1/_6$″	=	„	Feingewinde (104 mm Außen-∅ Steigg. 6 Gang auf 1″)
R 4″	=	„	Rohrgewinde (4″ Innen-∅ des Rohrs)
M 80	=	metrisches Gewinde	
M 104 × 4	=	„	Feingewinde (4 mm Steigg.)
Trapg 48 × 8	=	„	Trapezgewinde
Sägg 70 × 10	=	„	Sägegewinde
Rundg 40 × $^1/_6$″	=	„	Rundgewinde (früher Kordelgewinde).

Auf weitere Einzelheiten einzugehen würde hier zu weit führen, es muß auf die Normblätter selbst verwiesen werden.

I. Verbindende Maschinenelemente.

Je nachdem die Verbindung eine Trennung ohne Zerstörung der verbundenen oder der verbindenden Teile gestatten soll oder nicht, unterscheidet man lösbare und unlösbare Verbindungen.

A. Unlösbare Verbindungen.

Unlösbare Verbindungen werden hergestellt durch Nieten, Schrumpfen oder Schwinden (Zusammenziehen beim Erkalten eines vorher erwärmten Teiles der Verbindung), ferner durch Schweißen, Löten, Leimen und Kitten.

1. Nietverbindungen.

Der Niet besteht aus dem zylindrischen Nietschaft und zwei Nietköpfen. Der eine Kopf wird schon bei der Fabrikation der Niete hergestellt und heißt Setzkopf, der andere erst bei der Vernietung erzeugte heißt Schließkopf oder Schellkopf, weil mit dem Schellhammer (einem der Form des Nietkopfs entsprechend ausgehöhlten Eisenklotz) gebildet. (Abb. 1.)

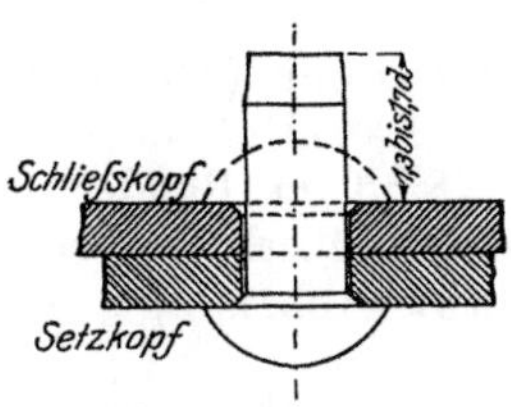

Abb. 1. Nietform.

Der Schließkopf kann entweder durch Handarbeit gebildet werden: Handnietung, oder durch Nietmaschinen (Pressen): Maschinennietung. Zur Handnietung gehört auch das sehr verbreitete Nieten mit Preßlufthämmern.

Die Nietmaschinen werden meist durch Druckwasser (hydraulisch) oder auch Druckluft (pneumatisch) betrieben. Sie pressen zunächst die zu vernietenden Platten fest auf einander und bilden dann den Schließkopf in einem Druck, als Folge einer ununterbrochenen Prägung, während es sich bei der Hammernietung um einen allmählich wirkenden Stauchprozeß handelt.

Zieht man die Niete im glühenden Zustande ein, wobei sich der Schließkopf leichter bilden läßt und die Platten durch die Zusammenziehung beim Erkalten fest aufeinandergepreßt werden, so spricht man von warmer Vernietung, werden die Niete kalt eingezogen, von kalter Vernietung.

Je nachdem die Niete in einer, zwei oder mehreren Reihen angeordnet sind, unterscheidet man einreihige, zweireihige und mehrreihige Nietverbindungen.

Sind bei zwei- oder mehrreihigen Verbindungen die Reihen gegeneinander versetzt, so spricht man von versetzten oder Zickzack-

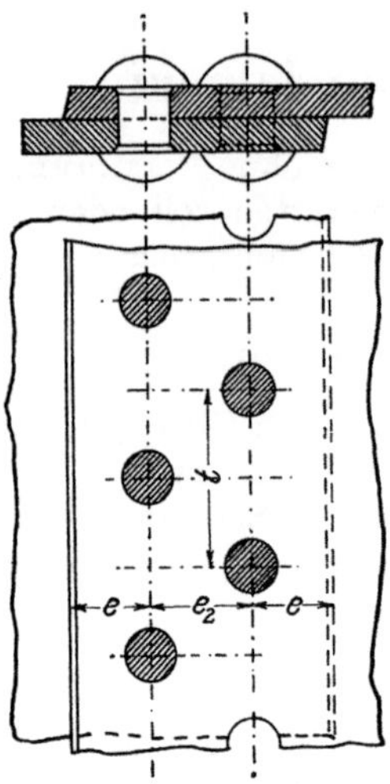

Abb. 2. Zickzacknietung.

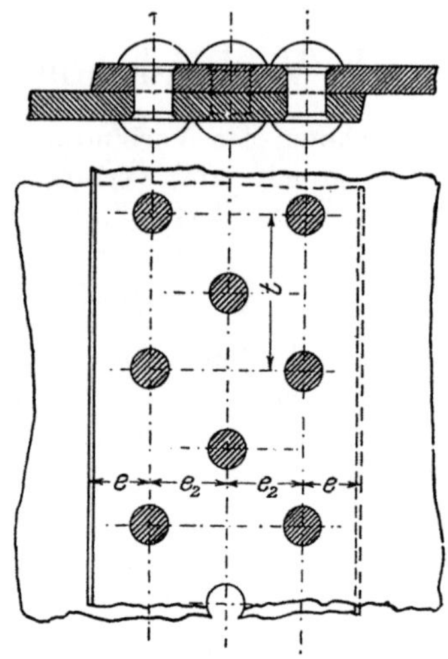

Abb. 3. 3 reihige Überlappungsnietung.

nietungen (Abb. 2 u. 3), sind die Niete hintereinander angeordnet, von Parallel- oder Kettennietungen (Abb. 4).

Sind die Ränder der zu vernietenden Bleche direkt übereinandergelegt (überlappt), so nennt man die Nietnaht Überlappungsnietnaht (Abb. 2, 3, 4, 9), sind dagegen die Bleche stumpf gegeneinander-

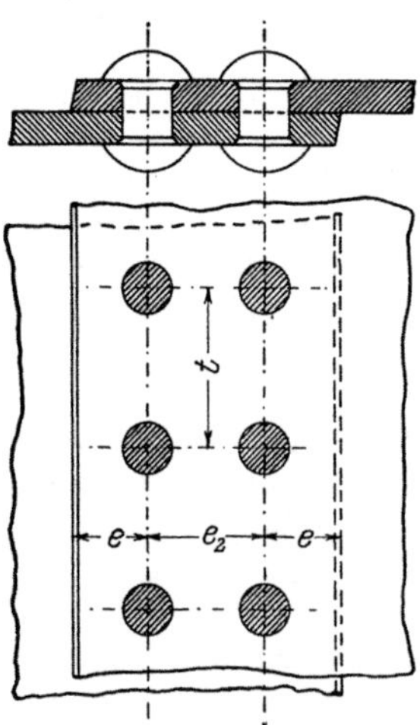

Abb. 4. Kettennietung.

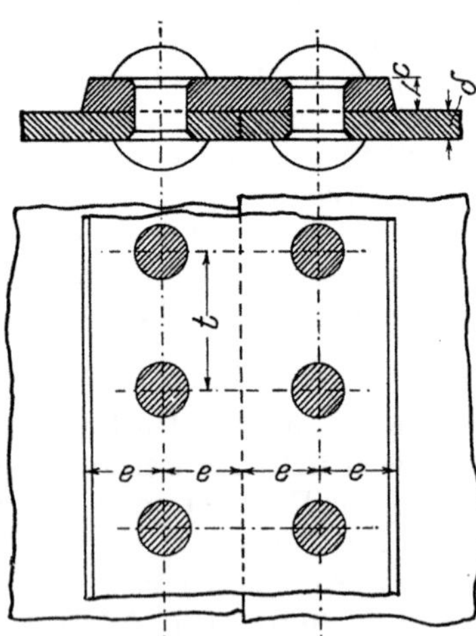

Abb. 5. Einseitige Laschennietung.

gestoßen und durch eine oder zwei überlappte Blechplatten verbunden: einseitige (Abb. 5), bzw. zweiseitige (Abb. 6 u. 7) Laschennietnaht.

Wenn die Zerstörung einer Nietnaht dadurch herbeigeführt würde, daß die eine Blechplatte über die andere bzw. über die Lasche hinweggeschoben wird, so müßte der Nietschaft zerschnitten (abgeschert) werden. Je nachdem dies in ein, zwei oder mehreren Querschnitten jedes Nietes geschehen würde, nennt man die Verbindung einschnittig (Abb. 2, 3, 4, 5, 9), zweischnittig (Abb. 6 u. 7) oder mehrschnittig.

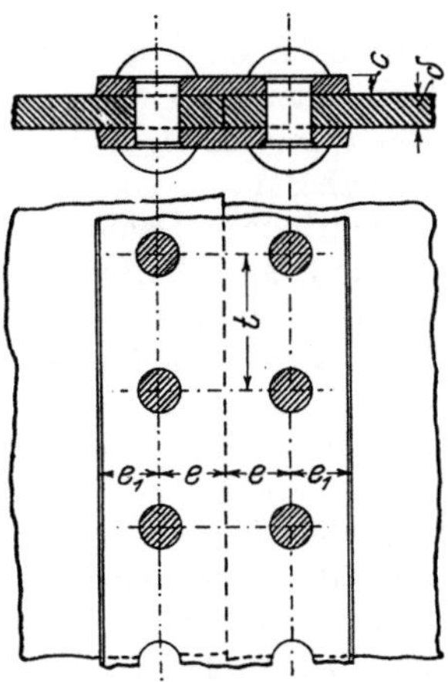

Abb. 6.
1 reihige Doppellaschennietung.

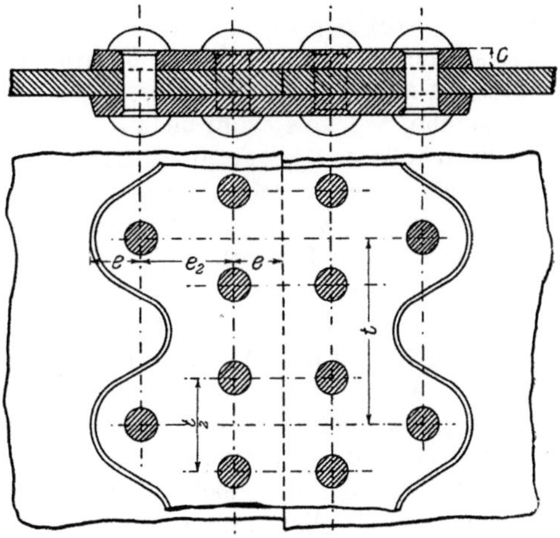

Abb. 7. 2 reihige Doppellaschennietung.

Man fertigt die Niete in der Regel aus demselben Material wie die zu vernietenden Bleche, also aus Nieteisen, Flußstahl, Kupfer, Messing und Aluminium. Eisenniete unter 8 mm Durchmesser sowie Kupfer-, Aluminium- und Messingniete werden kalt eingezogen. Der ungünstigen Beanspruchung wegen ist immer vorzügliches Material zu verwenden, für Eisenniete Stahl von 34—41 kg/qcm Festigkeit und 25% Bruchdehnung.

Für Eisenkonstruktionen kommen auch Nickelstahlnieten in Anwendung.

Vernietungen, welche dichthalten sollen, müssen verstemmt werden, d. h. die Kante des einen Bleches wird mit Hilfe des Stemmeisens fest auf das andere gepreßt. Um dies zu erleichtern, werden die Blechkanten unter einem Winkel von 18° behauen oder behobel (Abb. 8). Mindestblechstärke dabei 5 mm. Auch die Nietköpfe werden häufig verstemmt. Bei Laschen Nietnähten nimmt man oft eine wellenförmig begrenzte Lasche (Abb. 7), um dieselbe wirkungsvoller verstemmen zu können.

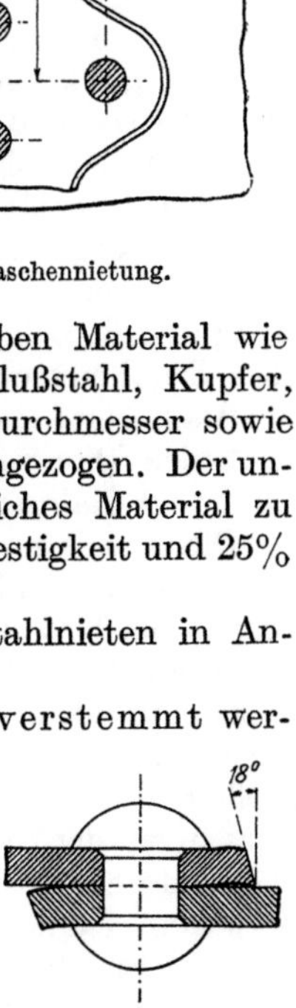

Abb. 8.
Blechverstemmung.

Die Nietlöcher können gestanzt oder gebohrt werden, stärkere Bleche sollten nur gebohrt werden, weil sich beim Stanzen leicht Risse und Riefen an der Lochwand bilden, die die Festigkeit des Bleches vermindern. Es sollen deshalb solche Bleche nachträglich ausgeglüht werden. Vor allem ist auf gutes Übereinanderpassen der Löcher vor dem Nieten zu achten, damit der Niet nicht schon beim Einbringen deformiert wird. Zu einem sorgfältigen Nieten gehört deshalb das gemeinsame Ausreiben der Löcher.

Nach den Anforderungen, welche an eine Nietverbindung gestellt werden, unterscheidet man:

1. Vernietungen, welche ausschließlich Kräfte zu übertragen haben: feste Vernietungen;

2. solche, welche nur kleine Kräfte auszuhalten haben, aber einen dichten Abschluß herstellen müssen: dichte Vernietungen;

3. solche, welche sowohl bedeutenden Kräften widerstehen, als auch abdichten müssen: feste und dichte Vernietungen.

Zu den ersteren gehören die an Eisenkonstruktionen (Dach- und Brückenträgern), zu den zweiten die an Wasser- und Gasbehältern, zu den dritten die an Dampfkesseln vorkommenden Vernietungen.

Sowohl für Kessel- wie für Eisenbauniete hat der N. D. I. folgende Reihe der rohen Nietdurchmesser angenommen: 10, 13, 16, 19, 22, 25, 28, 31, 34, 37, 40 und 43. Für Eisenbauniete wurden ferner noch die Durchmesser 4, 5, 6 und 8 mm gewählt. Die Löcher werden durchweg je 1 mm größer gebohrt, so daß geschlagene Niete jeweils 1 mm größer sind. Dieses Maß legt man auch bei der Berechnung der Niete zugrunde. Desgleichen erfolgt die zeichnerische Darstellung so, als ob der Nietschaft das Loch vollständig ausfüllen würde, was aber infolge der beim Erkalten einsetzenden Zusammenziehung nicht genau stimmt. Der Durchmesser des geschlagenen Niets ist also maßgebend für die Zeichnung und Berechnung, während die Bestellung des Niets natürlich nach dem Durchmesser des Rohniets zu erfolgen hat.

Als Formen der Nietköpfe sind, sowohl für Kessel- als Eisenbauniete, nach den Dinormen festgelegt: Halbrundkopf, Senkkopf, Linsensenkkopf und Halbsenkkopf.

Die Abmessungen der Nietköpfe sind für Kessel- und Eisenbauniete verschieden gewählt, desgleichen die Übergänge zwischen Schaft und Kopf. Bei Kesselnieten besteht dieser Übergang in einer Ausrundung von etwa 0,1 d Radius, bei Eisenbaunieten halb so groß, eben so, wie er sich aus der bei der Herstellung der Gesenke ergebenden Abrundung, die auch bei Abnützung 0,05 d nicht überschreiten soll, ergibt. Die größere Ausrundung bei Kesselnieten verlangt dann ein regelrechtes Versenken der Nietlöcher, damit der Nietkopf einwandfrei anliegt, während die Löcher für Eisenbaunieten nur abgegratet zu werden brauchen. Die zeichnerische Darstellung von Nietverbindungen läßt deshalb sofort erkennen, ob es sich um Kesselnieten (Loch mitversenkt) oder Eisenbaunietung (Loch ohne Versenk) handelt.

Über Formen und Abmessungen der Niete siehe Tafel 4 im Anhang.

Berechnung von Nietverbindungen.

Man berechnete früher die Nietverbindungen auf Grund der Anschauung, daß die Zerstörung stattfinden könne: 1. durch Abscheren der Niete in der Schnittfläche $a—b$ (Abb. 9), 2. durch Zerreißen des Bleches an seiner schwächsten Stelle, zwischen den Nieten $c—d$, oder 3. dadurch, daß mit den Nieten das vor denselben liegende Blech $d\ e\ g\ f$ herausgeschert wird.

Eine richtig dimensionierte Nietnaht müßte natürlich gegen alle drei Arten der Zerstörung gleiche Sicherheit bieten, es müßte also z. B. für die einreihige Überlappungsnietnaht, wenn k_s' die zulässige Schubspannung des Nietmateriales, k_s die zulässige Schubspannung des Bleches, k_z die zulässige Zugspannung des Bleches, d der Nietdurchmesser, δ die Blechstärke, t der Abstand zweier Niete (die Nietteilung) und e die Entfernung des Blechrandes von der Nietmitte ist, sein:

$$\frac{d^2\pi}{4} \cdot k_s' = (t-d)\,\delta k_z = 2\left(e - \frac{d}{2}\right)\delta k_s.$$

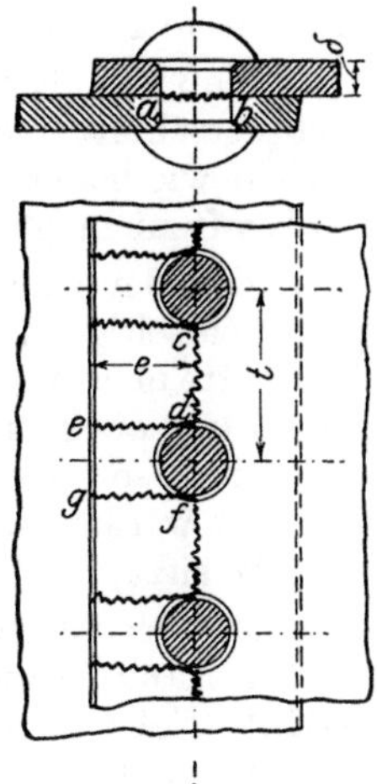

Abb. 9.
Zur Nietberechnung.

Bei der Beanspruchung 3 setzte man als widerstehende Fläche nur $\left(e - \frac{d}{2}\right)\delta$ statt $e\,\delta$ ein, da die unmittelbar am Nietloch liegenden Blechteile nur geringe Widerstandsfähigkeit haben.

Oder man dachte sich nach Schwedler um jeden Niet ein denselben seilartig umschließendes Band gelegt, dessen Zugfestigkeit gleich der Schubfestigkeit des Niets ist und ermittelte daraus die Nietteilung.

In Wirklichkeit ist aber die Beanspruchung der Niete nicht so, wie diese Art der Berechnung von Nietverbindungen voraussetzt.

Da die Niete in der Regel in glühendem Zustande eingebracht werden, muß ihr Durchmesser kleiner sein als der Lochdurchmesser. Nach dem Erkalten wird also der Nietschaft das Nietloch nicht mehr ausfüllen, zumal er sich infolge der nach Bildung des Schließkopfes gehinderten Längszusammenziehung noch weiter in der Querrichtung zusammenzieht. Ehe aber eine Beanspruchung des Nietschaftes auf Schub stattfinden kann, müssen die Bleche, die hier wie die Backen einer Schere wirken, den Nietschaft berühren, müßten sich also gegeneinander verschieben, was, auch wenn der Nietschaft noch nicht zerstört werden würde, als unzulässig zu betrachten ist. Soll eine derartige Verschiebung der Platten nicht eintreten, so muß der durch die Aufeinanderpressung der Platten durch die Niete hervorgerufene Gleitwiderstand genügend groß sein.

C. v. Bach hat über die Größe dieses Gleitwiderstandes umfangreiche Versuche angestellt, aus denen hervorgeht:

1. daß eine höhere Stauchtemperatur (hellrot) vorteilhafter ist als eine niedrige, vorausgesetzt, daß der Druck auf den Nietkopf so lange dauert, bis der Niet so weit erkaltet ist, daß er dem Bestreben der Platten, die Entfernung zwischen den Nietköpfen zu vergrößern, nicht mehr nachgibt eine Schließzeit von 1 Min. genügt;

2. daß der Gleitwiderstand um so größer ausfällt, je größer die Stärke der zu vernietenden Teile ist, da ja dann die Zusammenziehung des Nietschaftes wegen der größeren Länge beim Erkalten und damit die Pressung zwischen den Platten entsprechend größer wird;

3. daß der Gleitwiderstand, bezogen auf den Quadratzentimeter Nietquerschnitt, bei mehrreihigen Vernietungen nicht dieselbe Größe erreicht wie bei einreihigen, weil sich infolge der Elastizität des Bleches die Kraft nicht gleichmäßig über alle Niete verteilt;

4. daß der Gleitwiderstand bei zweiseitiger Laschennietung kleiner als bei einseitiger Laschennietung und bei Überlappungsnietung ist, weil die Kräfte nicht wie bei den letztgenannten Nietverbindungen klemmend wirken und auch die gegeneinander stoßenden Bleche meist nicht gleich stark sind, so daß die Laschen nur auf einer Seite fest auf das Blech gedrückt werden, während das andere Blech zwischen den Laschen nur lockerer sitzt;

5. daß der Gleitwiderstand bei Maschinennietung gewöhnlich kleiner als bei Handnietung ist, weil der Stempel den Schließkopf zu früh verläßt (siehe auch 1), bleibt der Stempel dagegen genügend lange auf dem Schließkopf, so ist der Gleitwiderstand bei Maschinennietung größer als bei Handnietung;

6. daß das Verstemmen den Gleitwiderstand bedeutend erhöht und deshalb nicht nur bei dichten, sondern auch bei nur festen Verbindungen zu empfehlen ist.

Nach Versuchen von Bach und Baumann (Z. d. V. D. I. 1912) wird der Entstehung von Nietlochrissen durch Anwendung starken Druckes der Nietmaschine Vorschub geleistet. Maschinennietung verlangt deshalb sorgfältige Herstellung des Loches, richtige Niettemperatur, Anpassung des Prägedrucks an die Lochgröße, Vermeidung zu langer Niete, denn mit der Länge wächst der Prägedruck. Dieser beträgt bei richtiger Niettemperatur ca. 8000 kg/qcm, während bei Kaltnietung ca. 20 000 kg/qcm nötig sind. Für spröden Werkstoff wie Gußeisen ist Maschinennietung unzulässig, da ein Auseinandersprengen eintreten würde.

Eine Verminderung der Festigkeit der Verbindung und der Zähigkeit des Bleches kann auch beim Verstemmen eintreten. Von der bei Verwendung eines scharfen Stemmeisens leicht eintretenden Beschädigung abgesehen, wird auch bei Benutzung des abgerundeten Stemmeisens das Material örtlich stark gequetscht, die Streck- oder Quetschgrenze überschritten. Das Verstemmen ist also mit Vorsicht auszuführen, das Verstemmen der Nähte der Landdampfkessel innen und außen, wie es für Schiffsdampfkessel vorgeschrieben ist, wird deshalb von Bach nicht empfohlen, zumal sich die Notwendigkeit des inneren Verstemmens neben dem äußeren bisher nicht ergeben hat. Gußeiserne Teile (angenietete Flanschen, Rohrstutzen u. dgl.) können nicht verstemmt werden, weswegen entweder ein stählernes Stemmblech von 5 mm Stärke oder besondere Dichtungsmaterialien z. B. in Mennige getränkte Leinwandstreifen unterzulegen sind.

Nach den Versuchen von Bach bzw. Bach und Baumann beträgt der Gleitwiderstand für jedes Paar Berührungsflächen 1000—1800 kg/qcm Nietquerschnitt, und zwar gilt der niedrigere Wert, wenn Bleche und Nietköpfe unverstemmt, der höhere, wenn Bleche und Nietköpfe auf beiden Seiten verstemmt sind. Natürlich muß bei der Berechnung im Interesse genügender Sicherheit unter diesem Wert geblieben werden. Der nutzbar gemachte Gleitwiderstand, d. h. die der Nietverbindung zugemutete Belastung pro qcm Nietquerschnitt gegenüber Gleiten wird mit k_n bezeichnet und wird je nach der Gattung der Nietverbindungen verschieden gewählt (siehe unten).

Wiederholt ist auch der Vorschlag gemacht worden, statt der Nieten mit fertig vorgebildeten Setzköpfen Stifte zu verwenden, an denen auf beiden Seiten gleichzeitig Köpfe angestaucht werden. Die Vorteile dieser Arbeitsweise sind folgende:

Die Kosten für das Anstauchen der Setzköpfe werden gespart.

Das Einbringen der Niete wird vereinfacht.

Es ist leichter, den ganzen Niet gleichmäßig zu erwärmen und das Abspringen des Setzkopfes infolge ungleichmäßiger Erwärmung zu verhüten.

Beim Anwärmen des ganzen Niets mit vorgebildetem Setzkopf verzundert dieser stark, die Zunderschicht wird beim Nieten verdrückt und bildet die Quelle von Undichtigkeiten, die durch Stemmen zu beseitigen sind, während das Verstemmen sonst bei sachgemäßer Arbeit entbehrt werden könnte. Bei Stiftnieten läßt sich erwarten, daß der Zunder bei der Kopfbildung abspringt.

Ein schwerwiegender Nachteil der zylindrischen Nietstifte ist jedoch darin zu erblicken, daß es nicht immer sicher gelingt, das Nietmaterial auf die beiden Köpfe gleich zu verteilen und zentrisch sitzende Köpfe zu erzielen.

In der Materialprüfungsanstalt Stuttgart wurden deshalb Versuche mit dem Jöllenbeckschen von der Firma Ernst K. Schuch & Co., München, vertriebenen Niet mit kegelig vorgepreßtem Kopf (Durchmesser nach dem Stiftende zu größer werdend) gemacht, die ergaben, daß die Nietköpfe wenig versetzt waren, die Bleche beim Nieten eine gewisse Wölbung erfuhren, die Bleche an den Lochrändern keine bedeutende Quetschung erkennen ließen und die Spannungen, mit denen die Nieten die Bleche zusammenpressen, ungefähr ebenso groß ermittelt wurden wie bei gewöhnlichen Nieten.

Nach dem Jöllenbeckschen Verfahren, das durch das Unnötigwerden des Verstemmens bedeutende wirtschaftliche Vorteile bietet, sind schon zahlreiche Lokomotivkessel zur vollen Zufriedenheit der Behörden abgeliefert worden.

Bemessung der Nietnähte.

Auf Grund der Annahme des Gleitwiderstandes kann der zur Übertragung einer bestimmten Blechbelastung erforderliche Nietquerschnitt berechnet werden und ist dann zu überlegen, auf wieviele Niete dieser Querschnitt zu verteilen ist, mit anderen Worten, es ist der Nietdurchmesser d zu bestimmen. Dieser wird sich der Blechstärke der zu vernietenden Teile anzupassen haben, desgleichen nach den verschiedenen Nietverbindungsarten richten müssen.

a) Feste und dichte Vernietungen: Dampfkesselnietungen. Die mit dem 9. Januar 1910 in Kraft getretenen allgemeinen polizeilichen Bestimmungen über die Anlegung von Dampfkesseln geben folgende Materialvorschriften bzw. Bauvorschriften für Landdampfkessel:

Schweißeisen: Feuerblech muß mindestens 36 kg/qmm Zugfestigkeit längs und 34 kg/qmm quer der Faser haben bei einer Dehnung von mindestens 20 bzw. 15%. Bei Bördelblech sind die entsprechenden Werte auf 35 kg/qmm, 33 kg/qmm, 15% bzw. 12% festgesetzt. In Rechnung zu setzen ist 33 kg/qmm für Schweißeisenbleche. Nieteisen soll 35 bis 40 kg/qmm Zugfestigkeit bei mindestens 20% Dehnung haben. Bei der kalten Biegeprobe muß das Nieteisen, ohne rissig zu werden, so gebogen und platt aufeinander geschlagen werden können, daß die beiden Enden der Länge nach parallel liegen. Warm muß sich ein Nieteisen oder der Schaft fertiger Niete von einer Länge gleich dem doppelten Durchmesser auf $^1/_3$ bis $^1/_4$ der Länge zusammenstauchen und dann lochen lassen, ohne aufzureißen.

Flußeisen: Die Zugfestigkeit soll mindestens 34 kg/qmm und höchstens 51 kg/qmm sein, die Dehnung

bei	einer	Festigkeit	von	34 bis	kg/qmm	mindestens	28%
,,	,,	,,	,,	35	,,	,,	27 ,,
,,	,,	,,	,,	36	,,	,,	26 ,,
,,	,,	,,	,,	37—41	,,	,,	25 ,,
,,	,,	,,	,,	42	,,	,,	24 ,,
,,	,,	,,	,,	43	,,	,,	23 ,,
,,	,,	,,	,,	44	,,	,,	22 ,,
,,	,,	,,	,,	45	,,	,,	21 ,,
,,	,,	,,	,,	46—51	,,	,,	20 ,,

In Rechnung setzt man

Blechsorte	I	mit	34 bis	41 kg/qmm	Festigkeit	mit	36 kg/qmm
,,	II	,,	40 ,,	47 ,,	,,	,,	40 ,,
,,	III	,,	44 ,,	51 ,,	,,	,,	44 ,,

Für Bleche, welche im ersten Zuge liegen oder gebördelt werden, darf nur die Blechsorte I benutzt werden.

Nieteisen soll eine Zugfestigkeit von 34 bis 41 kg/qmm bei mindestens 25% Dehnung und einer Gütezahl (Festigkeit in Kilogramm pro Quadratmillimeter plus Dehnung in Prozent) von 62 haben. Bei Blechen von mehr als 41 kg/qmm Zugfestigkeit darf das Nietmaterial bis 47 kg/qmm Zugfestigkeit haben, wenn die Dehnung den für Bleche gegebenen Werten entspricht. Bei der kalten Biegeprobe soll sich das Nieteisen bis auf $^1/_5$ des Nietdurchmessers parallel zusammenbiegen lassen. Warm muß es sich, wie bei Schweißeisen angegeben, zusammenstauchen und lochen lassen. Nach dem Härten muß sich das Nieteisen um einen Dorn, dessen Durchmesser gleich der doppelten Dicke des Nieteisens ist, bis auf 180^0 biegen lassen. Der Schaft fertiger Niete muß sich nach dem Härten um $^2/_5$ der Länge zusammenstauchen lassen, ohne daß die Oberfläche reißt.

Für Kupfer kann bei Temperaturen bis 120° C die Festigkeit von 22 kg/qmm, für je 20° C höhere Temperatur eine um 1 kg/qmm niedrigere Festigkeit gesetzt werden. Die Scherfestigkeit des Schweißeisens, Flußeisens und Kupfers kann zu 0,8 der Zugfestigkeit angenommen werden.

Die Nietnähte sollen stets so ausgeführt werden, daß der erforderliche Widerstand gegen Gleiten vorhanden ist. Hierbei darf die Belastung einer Niete durch die Gleitkraft auf den Quadratmillimeter Nietquerschnitt höchstens 7 kg betragen, sofern keine höhere Zugfestigkeit des Materials als 38 kg/qmm nachgewiesen wird. Trifft diese Voraussetzung zu, so kann der für eine Belastung mit 7 kg/qmm berechnete Nietdurchmesser mit der Wurzel aus dem Quotienten, der sich aus der Zahl 38 und der nachgewiesenen Festigkeit ergibt, multipliziert werden $\left(\text{bei 46 kg/qmm Festigkeit also mit } \sqrt{\frac{38}{46}} = \sqrt{0{,}83} = 0{,}91\right)$.

Bei Laschennietung sollen die Laschen aus Blechen von mindestens gleicher Güte wie die Mantelbleche geschnitten werden.

Bei der **Berechnung der Wandstärke** des Kesselblechs setzt man die zulässige Spannung $k_z = \frac{K_z}{x}$, wobei x der weiter unten gegebenen Tabelle zu entnehmen ist. Es darf aber bei der Berechnung der Blechstärke eines durch Vernietung herzustellenden Gefäßes nicht die volle Blechstärke in Rechnung gezogen werden, dieselbe muß vielmehr mit dem Festigkeitsverhältnis φ der Nietnaht multipliziert werden. Das Festigkeitsverhältnis ist

$$\varphi = \frac{\text{Festigkeit der Nietnaht}}{\text{Festigkeit des vollen Bleches}},$$

also z. B. bei einreihiger Vernietung:

$$\varphi = \frac{(t-d)\,\delta}{t \cdot \delta} = \frac{t-d}{t}.$$

Ist δ die Blechstärke in cm,
D der größte innere Durchmesser des Kessels in cm,
p der größte Betriebsüberdruck in Kilogramm pro Quadratzentimeter,
φ das Mindestfestigkeitsverhältnis der Nietnaht zu der Festigkeit des vollen Bleches.
K_z die in Rechnung zu ziehende Zugfestigkeit in Kilogramm pro Quadratzentimeter nach vorstehenden Angaben
und x der nachstehend gegebene Sicherheitskoeffizient, so erhält man die Wandstärke aus der Formel:

$$\delta = \frac{p \cdot D \cdot x}{2\,\varphi \cdot K_z} + 0{,}1 \text{ cm}.$$

(Diese Formel erhält man, wenn man einen Ring von 1 cm Länge betrachtet; die Kraft, die die Kesselwand zu zerreißen sucht, ist dann gleich der Pressung mal der Projektion der gepreßten Fläche, also

$p \cdot D \cdot 1$ kg; die Festigkeit der Wand ist gleich Fläche mal zul. Spannung, also, da sich die Kraft auf 2 Flächen von der Größe $\delta \cdot \varphi \cdot 1$ qcm verteilt, $2\,\delta\varphi \cdot \frac{K_z}{x}$, folglich ist

$$2\,\delta\varphi\,\frac{K_z}{x} = p \cdot D \cdot 1$$

oder

$$\delta = \frac{p \cdot D \cdot x}{2\,\varphi \cdot K_z}$$

Der Zuschlag von 1 mm wird mit Rücksicht auf das Abrosten gegeben.)

Den Sicherheitskoeffizienten x wählt man:

$x = 4{,}75$ bei überlappten oder einseitig gelaschten, handgenieteten Nähten,
$x = 4{,}5$ bei überlappten oder einseitig gelaschten, maschinengenieteten und bei geschweißten Nähten,
$x = 4{,}35$ bei zweireihigen, doppeltgelaschten, handgenieteten Nähten, deren eine Lasche nur einreihig genietet ist,
$x = 4{,}25$ bei doppeltgelaschten, handgenieteten Nähten,
$x = 4{,}1$ bei zweireihigen, doppeltgelaschten, maschinengenieteten Nähten, deren eine Lasche nur einreihig genietet ist,
$x = 4$ bei doppeltgelaschten, maschinengenieteten Nähten;
$x = 4{,}25$ und $x = 4$ können auch dann in der Rechnung eingeführt werden, wenn bei drei- oder mehrreihigen Doppellaschennietungen die eine Lasche eine Nietreihe weniger besitzt als die andere.

Es wird empfohlen, die Nietlöcher zu bohren, in Blechen von mehr als 41 kg/qmm Zugfestigkeit und in solchen von über 27 mm Dicke müssen sie gebohrt werden. Bei gelochten Nietlöchern schwächerer Bleche ist x um 0,25, bei gelochten und mindestens um $^1/_4$ des Lochdurchmessers aufgebohrten Löchern um 0,1 zu erhöhen.

Die Blechstärke soll nicht geringer als 7 mm (mit Rücksicht auf gute Verstemmöglichkeit und Abrostgefahr) genommen werden.

Nach Bach wird nun, wenn δ die Blechstärke in cm ist, der Nietdurchmesser erfahrungsgemäß gewählt für:

	einschnittige	Vernietungen	$d = \sqrt{5\,\delta} - 0{,}4$ cm
zweischn.	einreihige	„	$d = \sqrt{5\,\delta} - 0{,}5$ „
„	zweireihige	„	$d = \sqrt{5\,\delta} - 0{,}6$ „
„	dreireihige	„	$d = \sqrt{5\,\delta} - 0{,}7$ „

Die weiteren Abmessungen der Nietverbindungen werden ebenfalls erfahrungsgemäß gewählt.

1. Einschnittige, einreihige Vernietung. (Abb. 9.) Die Belastung der Niete gegen Gleiten kann man nehmen $k_n = 600$—700 kg pro Quadratzentimeter Nietquerschnitt, die Entfernung von Mitte zu Mitte Niet, die Nietteilung

$$t = 2\,d + 0{,}8 \text{ cm},$$

die Entfernung des Lochmittels vom Blechrand

$$e = 1{,}5\,d.$$

2. Einschnittige, zweireihige Vernietung. Gleit-Belastung $k_n = 550$—650 kg pro Quadratzentimeter Nietquerschnitt.

a) Zickzacknietung (Abb. 2),

$$t = 2{,}6\,d + 1{,}5; \qquad e = 1{,}5\,d; \qquad e_2 = 0{,}6\,t,$$

b) Parallelnietung (Abb. 4),

$$t = 2{,}6\,d + 1; \qquad e = 1{,}5\,d; \qquad e_2 = 0{,}8\,t.$$

3. Einschnittige, dreireihige Vernietung (Abb. 3). Gleit-Belastung $k_n = 500$—600 kg pro Quadratzentimeter Nietquerschnitt.

$$t = 3\,d + 2{,}2; \qquad e = 1{,}5\,d; \qquad e_2 = 0{,}5\,t.$$

4. Einseitige Laschennietnähte (Abb. 5). Die Lasche hat die gleiche Beanspruchung auszuhalten wie das Blech; da sie aber durch Stöße, Abrosten u. dgl. leichter angegriffen wird als das volle Blech, so macht man die Laschenstärke

$$c = \frac{9}{8}\,\delta\,.$$

Die einseitige Laschennietnaht kann ein-, zwei- und mehrreihig ausgeführt werden und wird dann wie die entsprechenden Überlappungsnietnähte dimensioniert.

5. Zweischnittige, einreihige Vernietung. (Doppelte Laschennietnaht, Abb. 6.) Da der Widerstand gegen Gleiten hier in zwei Berührungsflächen wirkt, kann man die Verbindung mit 1000—1200 kg pro Quadratzentimeter Nietquerschnitt belasten, wobei natürlich für jeden Niet nur ein Querschnitt einzusetzen ist.

Die Laschenstärke müßte hier gleich der halben Blechstärke sein, wird aber aus schon oben genanntem Grunde etwas stärker genommen, und zwar

$$c = \frac{5}{8}\,\delta \text{ bis } \frac{3}{2}\,\delta; \qquad t = 2{,}6\,d + 1; \qquad e = 1{,}5\,d; \qquad e_1 = 0{,}9\,e.$$

6. Zweischnittige, zweireihige Vernietung. Gleit-Belastung $k_n = 950$—1150 kg pro Quadratzentimeter Nietquerschnitt.

$$t = 3{,}5\,d + 1{,}5; \qquad e = 1{,}5\,d; \qquad e_1 = 0{,}9\,e; \qquad c = \frac{5}{8}\,\delta \text{ bis } \frac{2}{3}\,\delta;$$

$$\text{Reihenabstand } e_2 = 0{,}5\,t.$$

Ist die Nietteilung der äußeren Nietreihe doppelt so groß als die der inneren (Abb. 7), so macht man die erstere

$$t = 5\,d + 1{,}5 \text{ cm},$$

ferner

$$c = 0{,}8\,\delta; \qquad e = e_1 = 1{,}5\,d; \qquad e_2 = 0{,}4\,t\,.$$

7. Zweischnittige, dreireihige Vernietung. Gleit-Belastung k_n bis 1100 kg pro Quadratzentimeter Nietquerschnitt.

$$t = 6\,d + 2 \text{ (äußere Nietreihe)};$$

$$t_1 = \frac{t}{2} \text{ (innere Nietreihe)};$$

$$c = 0{,}8\,\delta; \qquad e = 1{,}5\,d; \qquad e_2 = \frac{3}{8}\,t; \qquad e_1 = e.$$

Bei mehrreihigen Doppellaschennietnähten nimmt man häufig, um trotz großer Teilung gut verstemmen zu können, in der äußeren Lasche eine Nietreihe weniger. Es werden dann nur die äußere Lasche und die äußeren Nietköpfe verstemmt.

Mit diesen Angaben kann nun die Nietverbindung entworfen werden. Weil nun aber sowohl bei der Bestimmung der Blechstärke, als auch bei der Festlegung der übrigen Abmessungen der Nietnaht mit Erfahrungswerten gerechnet wurde, die unter Umständen die tatsächlich vorhandenen Verhältnisse nicht genau genug berücksichtigen, so muß man sich nachträglich vergewissern, ob:

1. die zulässige Spannung an der gefährdeten Stelle des Blechmaterials (Nietnaht) nicht überschritten wird, d. h. ob genügend Sicherheit gegen Reißen des Blechs vorhanden ist.

2. der gewählte Niet ∅ groß genug ist, um genügend Gleitwiderstand zu erzeugen, d. h. ob genügend Sicherheit gegen Gleiten der Bleche vorhanden ist.

Diese beiden Forderungen laufen darauf hinaus, daß nachgeprüft werden muß, ob die Gleichung befriedigt wird:

Kraft, die ausgehalten werden kann auf Zug bzw. Gleiten. $\geqq$ Kraft, die ausgehalten werden muß auf Zug bzw. Gleiten.

Dies liefert die Gleichungen (alle Maße in cm bzw. kg/qcm).

$$\text{für Blechkontrolle: } (t - d) \cdot \delta \cdot \frac{K_z}{x} \geqq 0{,}5 \cdot p \cdot \mathrm{D} \cdot t$$

$$\text{,, Nietkontrolle: } n \cdot \frac{\pi}{4} \cdot d^2 \cdot k_n \geqq 0{,}5 \cdot p \cdot D \cdot t,$$

n bedeutet die Anzahl ganzer Nietquerschnitte, die auf die Länge t der Nietnaht entfallen und ist demgemäß bei einreihiger Nietung mit 1, bei zweireihiger mit 2 und bei dreireihiger mit 3 in Rechnung zu setzen.

Das bisher Gesagte gilt für die Längsnaht eines Kessels. Es ist noch zu untersuchen, wie die Beanspruchung in den Rundnähten von Kesseln sich gestaltet. Als belastende Kraft einer Rundnaht kommt der Dampfdruck in Richtung der Längsnaht in Frage, er ist $\frac{\pi}{4} D^2 \cdot p$ kg (D in cm). Ihm widersteht ein Ringquerschnitt von $\pi \cdot D \cdot \delta \cdot \varphi$ qcm (D bedeutet hier eigentlich den Durchmesser von Mitte zu Mitte Blech und nicht den lichten Durchmesser, doch ist im allgemeinen der Unterschied belanglos), der eine Belastung tragen kann von $\pi \cdot D \cdot \delta \cdot \varphi \cdot \frac{K_z}{x}$ kg, so daß man erhält $\pi \cdot D \cdot \delta \cdot \varphi \cdot \frac{K_z}{x} = \frac{\pi}{4} D^2 \cdot p$, woraus sich ergibt: $\delta = \frac{p \cdot D \cdot x}{4 \cdot \varphi \cdot K_z}$ d. h. die Hälfte des Werts, den die Berechnung der Längsnaht ergab.

Bei zylindrischen Gefäßen ist also die Beanspruchung in der Längsrichtung doppelt so groß wie in der Querrichtung, was die Tatsache erklärt, daß ein Kessel zuerst in der Längsrichtung reißt.

Man erkennt hieraus, daß das Blechmaterial eines Kessels in der Rundnaht nie voll ausgenützt sein kann, sondern nur etwa zur Hälfte. Werden Längs- und Rundnaht gleichartig ausgeführt, so gilt dasselbe auch für den Nietquerschnitt, so daß sich in solchen Fällen eine Aufstellung von Kontrollgleichungen erübrigt. Dies ist nur erforderlich, wenn die Rundnaht weniger fest ausgeführt wird, wie die Längsnaht, was bei hohen Beanspruchungen der Fall ist, wo die Längsnähte andersartig genietet sind, wie die Rundnähte (vgl. nachfolgendes Beispiel).

Man hat dann in solchen Fällen lediglich eine Kontrolle der Nietung bezüglich ihres Gleitwiderstandes vorzunehmen, wobei, analog der Nietkontrolle für die Längsnaht, die Gleichung befriedigt sein muß:

$$n \cdot \frac{\pi}{4} d^2 \cdot k_n \geq \frac{\pi}{4} D^2 \cdot p$$

n = Anzahl der Niete in der Rundnaht.

Ganz allgemein lassen die durchgeführten Berechnungen erkennen, daß mit wachsendem Kesseldruck und steigendem Kesseldurchmesser die Beanspruchungen des Blechmaterials und die der Nietung zunehmen, so daß die zweckmäßig anzuwendenden Nietverbindungsarten von dem Produkt $p \cdot D$ abhängen werden. Die nachfolgende Tabelle gibt hierüber Aufschluß.

Wahl der Vernietungen.

$p \cdot D$ atü. cm	Längsnaht	φ	Rundnaht
bis 940	1reihig überlappt	0,57	1reihig überlappt
940—1540	2 „ „	0,68	
1540—1800	3 „ „	0,73	
	oder		
	1 „ Doppelasche	0,66	2reihig überlappt
1800—2700	2 „ „	0,75	
2700—4400	3 „ „	0,83	3reihig überlappt

b) Dichte Nietverbindungen, die nur kleine Kräfte zu übertragen haben: Gefäßnietungen. Man nimmt den Nietdurchmesser

$$d = \sqrt{5\,\delta} - 0{,}4 \text{ cm},$$

die Nietteilung

$$t \text{ bis zu } 3\,d + 0{,}5 \text{ cm},$$

den Abstand des Nietmittels vom Blechrand

$$e = 1{,}5\,d.$$

Bildung körperlicher Ecken durch Vernietung. Man verbindet die zu vernietenden Platten durch Winkeleisen, die man in den Ecken übereinanderkröpfen muß; das untenliegende Winkeleisen ist dabei so auszuschmieden, daß keine Lücke entsteht.

Die Schenkeldicke δ_1 des Winkeleisens nimmt man 1—2 mm stärker als die Blechdicke, die Entfernung des Nietloches vom Winkeleisenrand wie von der inneren Schenkelkante gleich 1,5 d, also die Breite des Winkeleisens

$$b = 3\,d + \delta_1.$$

Abb. 10 zeigt ein Beispiel einer solchen Verbindung.

Bei schwachen Blechen, die sich nicht verstemmen lassen, legt man zwecks Dichtung der Nietnaht mit Mennige getränkte Leinwand- oder Papierstreifen bzw. Schnuren zwischen die zu vernietenden Bleche.

c) Feste Nietverbindungen: Eisenbaunietungen. Hier kann man den Nietdurchmesser wählen:

$$d = \sqrt{5\,\delta} - 0{,}2 \text{ cm}.$$

Es wurden bisher fast ausschließlich die Nietdurchmesser 12, 16, 20, 23 und ausnahmsweise 26 mm verwendet.

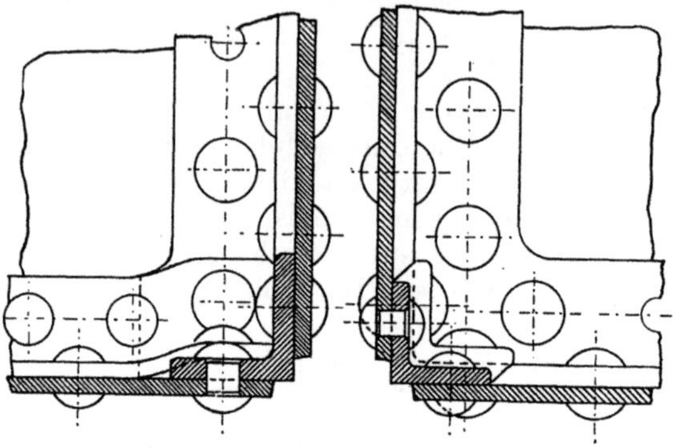

Abb. 10. Behälterecke.

Die Summe der Stärken der zu vernietenden Teile soll höchstens $= 4\,d$ sein. Bei längeren Nieten liegt die Gefahr vor, daß der Nietkopf infolge der starken Zusammenziehung beim Erkalten abgerissen wird, besonders, wenn der Nietschaft nur teilweise glühend gemacht wurde, wie dies in solchen Fällen vielfach üblich ist. Es ist deshalb besser, die zu langen Niete durch Schrauben zu ersetzen.

Für auf Zug oder Druck beanspruchte Stäbe von Eisenkonstruktionen setzt man nach den preußischen Vorschriften vom 1. Mai 1903 die Schubspannung der Niete gleich der Zugspannung im vollen, nicht durch die Nieten geschwächten Blech, also bei einschnittiger Vernietung die Summe der Nietquerschnitte gleich dem Stabquerschnitt. Diese Regel kann man mit Rücksicht darauf, daß der Leibungsdruck (der Druck auf die Fläche Schaftdurchmesser mal Länge) nicht zu groß werden darf, auch für zweischnittige Vernietung befolgen. Die preußischen Bestimmungen über Hochbauten vom 31. Januar 1910 setzen den Höchstwert der Scherspannung auf 1000 kg/qcm (man setzt gewöhnlich 600—1000 kg/qcm), den des Leibungsdrucks auf 2000 kg/qcm fest.

Die Teilung wählt man nach Lindner (Maschinenelemente, Stuttgart, Deutsche Verlagsanstalt) bei einer Reihe $t = 3\,d$, bei zwei Reihen $t = 3{,}5$ bis $4\,d$, bei drei Reihen $t = 4{,}5\,d$ bis $5\,d$, den Abstand vom Stirnende des Stabes $2\,d$, von den Seitenkanten $1{,}5\,d$, der Reihen voneinander mindestens $2{,}5\,d$.

Hat die Verbindung Kräfte zu übertragen, deren Richtung wechselt, so verwendet man vorteilhaft gedrehte Niete, deren Durchmesser 2% größer ist als der Durchmesser des aufgeriebenen Loches, treibt diese ein und vernietet sie kalt. Die Niete müssen aus bestem, weichem Stahl hergestellt sein. Den Nietquerschnitt kann man in diesem Falle nach

Bach mit 320 kg/qcm, die Lochwand bis 400 kg/qcm belasten, woraus sich ergibt

$$\frac{\pi\, d^2}{4} \cdot 320 = d \cdot \delta \cdot 400$$

oder

$$d = 1{,}6\, \delta.$$

Um die nötige Flächenpressung zu erzeugen, zieht man dann noch einige Niete warm ein.

Wenn man an Stelle dieser kostspieligen Vernietung die gewöhnliche Vernietung anwendet, so darf man mit der Belastung nicht über
200 kg pro Quadratzentimeter Nietquerschnitt bei einschnittiger,
350 „ „ „ „ „ zweischnittiger
Vernietung gehen. Bei Stößen ausgesetzten Verbindungen ist die zulässige Belastung noch niedriger zu wählen.

Aufgabe: Für den in Abb. 11 skizzierten Dampfkessel von $D = 1600$ mm innerem Durchmesser sind die Längsnähte und Rundnähte zu berechnen. Die Löcher sollen gebohrt, die Nietung von Hand (Hammernietung) ausgeführt werden. Der Betriebsüberdruck soll $p = 7$ kg/qcm sein, das verwendete Blech Flußeisenblech Sorte I (in Rechnung zu setzende Festigkeit 36 kg/qmm).

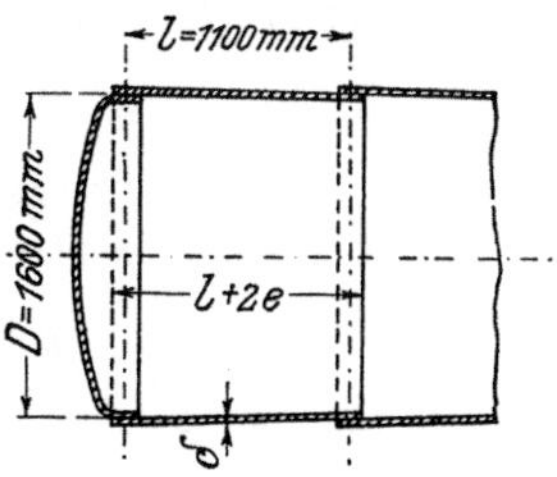

Abb. 11.
Zum Berechnungsbeispiel.

Lösung: Es beträgt das Produkt $p \cdot D = 7 \cdot 160 = 1120$, also ist auszuführen:

Längsnaht zweireihig überlappt,
Rundnaht einreihig überlappt.

1. Bestimmung der erforderlichen Blechstärke.

Maßgebend hierfür ist die Längsnaht:

$$\delta = \frac{p \cdot D \cdot x}{2\, \varphi \cdot Kz} + 0{,}1 = \frac{7 \cdot 160 \cdot 4{,}75}{2 \cdot 0{,}68 \cdot 3600} + 0{,}1 = 1{,}18 \text{ cm}$$

gewählt $\delta = 12$ mm.

2. Abmessungen der Nietung.

a) Längsnaht, zweireihig überlappt, $k_n = 600$ kg/qcm.

Niet ∅: $d = \sqrt{5\,\delta} - 0{,}4 = \sqrt{5 \cdot 1{,}2} - 0{,}4 = 2{,}45 - 0{,}4 = 2{,}05$ cm

gewählt $d = 20$ mm (Rohniet 19 mm).

Damit wird $t = 2{,}6\, d + 1{,}5 \text{ cm} = 2{,}6 \cdot 2 + 1{,}5 = 6{,}7 \text{ cm} = 67$ mm.

Die berechneten Nietteilungen können natürlich nicht genau eingehalten werden, sie müssen vielmehr so abgeändert werden, daß sie in der ganzen Länge der Naht aufgehen. In der Zeichnung gibt man deshalb die Endmaße der Nietnaht und die Anzahl der Nietzwischenräume an.

$$e_1 = 1{,}5\, d = 30 \text{ mm},$$
$$e_2 = 0{,}6\, t = 40 \text{ mm}.$$

Kontrollgleichungen. Blechkontrolle:

$$(6{,}7 - 2)\, 1{,}2 \cdot \frac{3600}{4{,}75} \geqq 0{,}5 \cdot 7 \cdot 160 \cdot 67$$
$$4270 \geqq 3752$$

Das linke Produkt, d. h. die Kraft, die vom Blech auf Zug ausgehalten werden kann, ist etwa 11% größer, als das Produkt rechts, oder als die Kraft, die ausgehalten werden muß. Da bei dieser Rechnung das Abrosten nicht berücksichtigt ist, so muß das linke Produkt stets größer sein als das rechte, und zwar etwa 10%, so daß also genügend Sicherheit gegen Reißen des Blechs vorhanden ist.

Nietkontrolle:

$$2 \cdot \frac{\pi}{4} \cdot 2^2 \cdot 600 \geqq 0{,}5 \cdot 7 \cdot 160 \cdot 6{,}7$$

$$3768 \geqq 3752; \text{ stimmt.}$$

b) Rundnaht, einreihig überlappt; $k_n = 650$ kg/qcm. Niet $\varnothing\, d = 20$ mm (wie bei der Längsnaht, da auch einschnittige Verbindung).

$$t = 2\,d + 0{,}8 = 48 \text{ mm},$$
$$e = 1{,}5\,d = 30 \text{ mm}$$

Mit dieser Nietteilung ergeben sich

$$n = \frac{\pi\,(D + \delta)}{t} = \frac{\pi \cdot 1612}{48} = 105{,}5 \text{ Niete.}$$

$$\text{gewählt } n = 105 \text{ Niete.}$$

Damit genaue Nietteilung:

$$t = \frac{\pi \cdot 1622}{105} = 48{,}2 \text{ mm.}$$

Nietkontrolle:

$$105 \cdot \frac{\pi}{4} \cdot 2^2 \cdot 650 \geqq \frac{\pi}{4} \cdot 160^2 \cdot 7,$$

$$214\,305 \geqq 140\,743; \text{ stimmt reichlich.}$$

Die Gleitbelastung der Niete ist also wesentlich kleiner als der vorhandene Gleitwiderstand der Niete, so daß theoretisch schwächere Niete genommen werden können, was aber praktisch nicht gemacht wird.

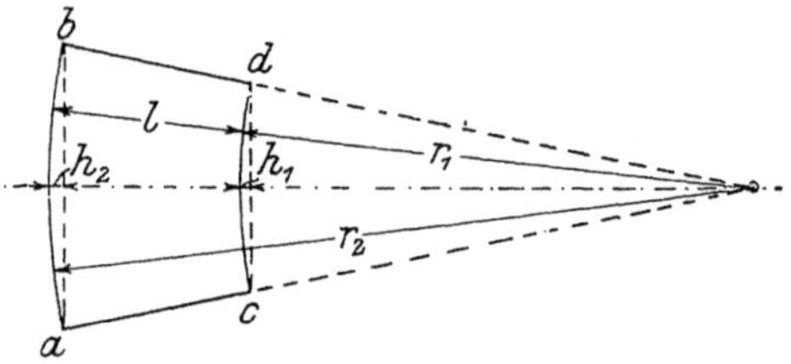

Abb. 12. Zum Berechnungsbeispiel.

Es bleibt noch zu erörtern, wie man die Abwicklung eines konischen Kesselschusses, also die Form der Blechtafel, aus der er hergestellt werden soll, findet.

Die Abwicklung ist die eines Kegelmantelstumpfes (Abb. 12), die Radien r_1 und r_2 ergeben sich wie folgt:

Ist D der mittlere Durchmesser eines Schusses, so ist der Bogen $a \sim b = (D + \delta)\,\pi$, der Bogen $c \sim d = (D - \delta)\,\pi$, die Länge $b\,d$ sei gleich l, also $r_2 = r_1 + l$. Wir erhalten dann

$$\frac{(D + \delta)\,\pi}{(D - \delta)\,\pi} = \frac{r_1 + l}{r_1}$$

und hieraus

$$\pi\, D r_1 + \pi\, \delta r_1 = \pi\, D r_1 - \pi\, \delta r_1 + \pi\, D l - \pi\, \delta l$$
$$2\,\pi\,\delta r_1 = \pi\, D l - \pi\, \delta l$$
$$r_1 = \frac{D - \delta}{2\,\delta} \cdot l,$$

folglich

$$r_2 = \frac{D-\delta}{2\,\delta} \cdot l + l = \frac{D+\delta}{2\,\delta} \cdot l \,.$$

Diese Radien sind jedoch so groß, daß man die Bogen mit Hilfe derselben nicht verzeichnen kann, man zeichnet sie vielmehr mit Hilfe der Sehnen und Pfeilhöhen auf. Die Sehnen kann man bei so flachen Bogen mit hinreichender Genauigkeit den Bogen gleichsetzen, also

Sehne $a \sim b = (D+\delta)\,\pi$ } bei Überlappungsnietnaht zwischen den Mitten
„ $c \sim d = (D-\delta)\,\pi$ } der aufeinanderfallenden Nietlöcher gemessen.

Die Pfeilhöhen berechnet man mit Hilfe des Satzes: Die Produkte aus den Abschnitten zweier sich schneidender Sehnen sind einander gleich.

Bezeichnet s_1 die Sehne $c \sim d$, s_2 die Sehne $a \sim b$, so ist:

$$\frac{s_1^2}{4} = (2\,r_1 - h_1) \cdot h_1 = \sim 2\,r_1 h_1,$$

da h_1^2 sehr klein ist und deshalb vernachlässigt werden kann.

Da nun

$$r_1 = \frac{D-\delta}{2\,\delta} \cdot l$$

ist, so ergibt sich

$$\frac{s_1^2}{4} = \frac{D-\delta}{\delta} \cdot l \cdot h_1 = \sim \frac{D}{\delta}\, l \cdot h_1$$

und hieraus

$$h_1 = \frac{s_1^2\,\delta}{4\,Dl} = \frac{\pi^2\,(D-\delta)^2\,\delta.}{4\,Dl}$$

ebenso

$$h_2 = \frac{s_2^2\,\delta}{4\,Dl} = \frac{\pi^2\,(D+\delta)^2\,\delta}{4\,Dl}.$$

Der mittlere Umfang unseres Kesselschusses ist $1600\,\pi = 5026{,}5$ mm; da dieses Maß für eine Platte sehr groß wird, setzen wir den Schuß aus zwei Platten zusammen und erhalten:

$$s_1 = \frac{(D-\delta)\,\pi}{2} = \frac{159\,\pi}{2} = 249{,}7 \text{ cm} = 2497 \text{ mm},$$

$$s_2 = \frac{(D+\delta)\,\pi}{2} = \frac{161\,\pi}{2} = 252{,}9 \text{ cm} = 2529 \text{ mm},$$

$$h_1 = \frac{s_1^2\,\delta}{4\,Dl} = \frac{62\,400}{4 \cdot 160 \cdot 110} = \sim 0{,}9 \text{ cm} = 9 \text{ mm},$$

$$h_2 = \frac{s_2^2\,\delta}{4\,Dl} = \frac{64\,009}{4 \cdot 160 \cdot 110} = \sim 0{,}9 \text{ cm} = 9 \text{ mm}.$$

Zu diesen Maßen ist wegen der Überlappung an jeder Seite die halbe Breite der Nietnaht zuzugeben.

In Abb. 13 ist die Stoßstelle am Kesselboden (3 Plattenstoß) und in Abb. 14 diejenige für die ineinandergesteckten Kesselschüsse (4 Plattenstoß) gezeichnet. Damit an den Stellen, wo die Blechplatten zusammenstoßen, keine Lücken (Hohlräume) entstehen, sind die Blechplatten

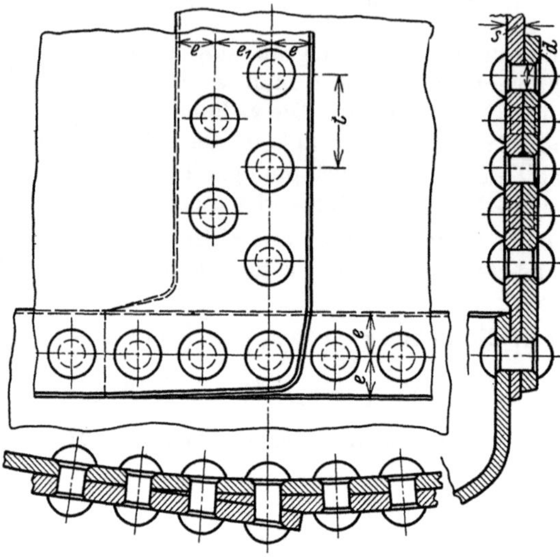

Abb. 13. Dreiplattenstoß.

entsprechend auszuschmieden oder abzuhobeln. Abb. 15 zeigt die Anordnung einer Doppellaschennietung, wie sie für Längsnähte großer Kessel üblich ist.

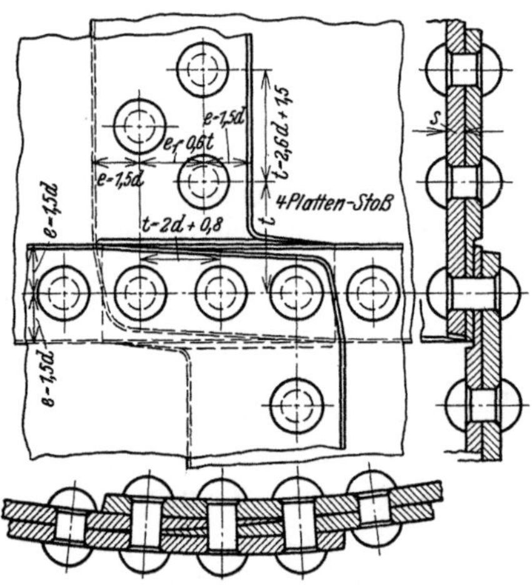

Abb. 14. Vierplattenstoß.

2. Verbindungen durch Schweißen, Schrumpfen oder Schwinden und andere unlösbare Verbindungen.

Schrumpfverbindungen.

Hierher gehören die Spannungsverbindungen, die durch Warmaufziehen, sowie durch Schrumpfringe (Abb. 16—18) und Schrumpfbänder (Abb. 19) dadurch entstehen, daß das Schwinden beim Erkalten verhindert wird.

Gegenüber Kräften quer zur Verspannungsrichtung bedarf die Verbindung noch einer Sicherung durch eingelegte Dübel oder durch Fugenschrauben (Abb. 16).

Die Dimensionen sollen so gewählt werden, daß die Ausdehnung der warm auf- bzw. eingezogenen Ringe oder Anker nach dem Erkalten etwa 0,2%, höchstens aber 1% beträgt.

Das Material der Schrumpfringe oder Schrumpfanker ist in der Regel weicher Stahl.

Die Form der Schrumpfringe ist entweder rund oder länglich,

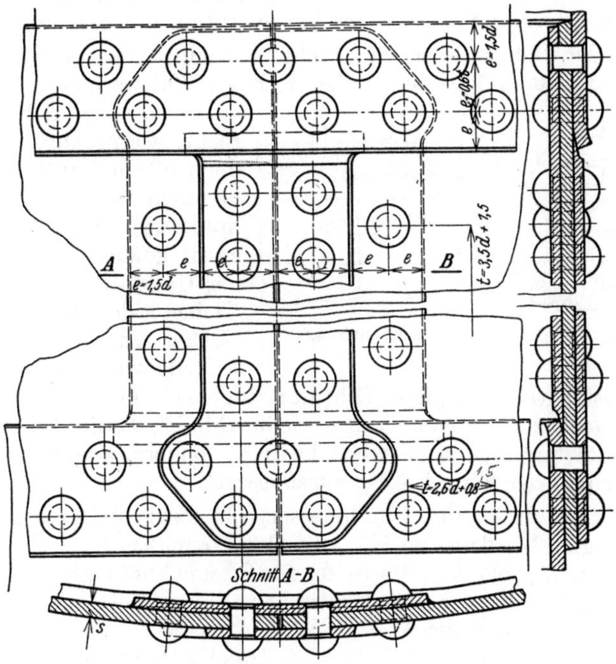

Abb. 15. Doppellaschennietung.

letztere Form gibt kleinere Beanspruchungen und erfordert kleinere Breite.

Der Querschnitt der Schrumpfringe und -anker ist so zu bemessen, daß der von ihnen erzeugte Fugendruck, der so groß sein muß wie diejenige Kraft P, die eine Trennung der zu verbindenden Teile herbeizuführen sucht, die auf Abscherung und Biegung beanspruchten Hörner nicht überanstrengt.

Lindner gibt für die Form Abb. 17 die Breite des Hornes, um welches das Band gelegt wird, in der Richtung der Fuge zu

$$b = \sqrt{\frac{P}{100}}$$

an, die Höhe von der Fuge bis zum Scheitel der Rundung (also in Richtung der strichpunktierten Mittellinie Abb. 17 gemessen) gleich der Breite, den Querschnitt des Bandes quadratisch mit der Breite 0,3 b.

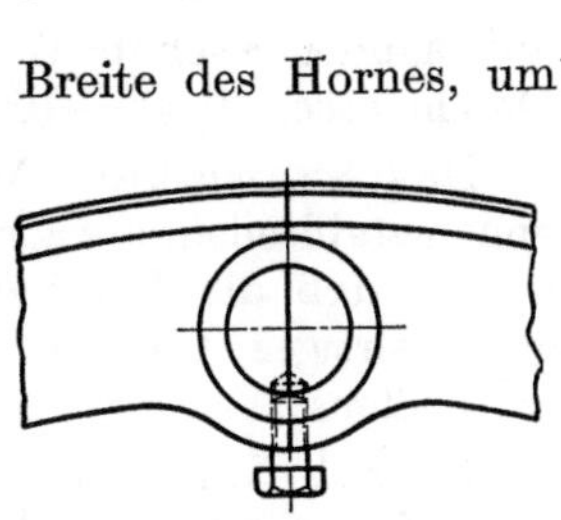

Abb. 16. Runder Schrumpfring.

Handelt es sich um eine Schrumpfverbindung von rasch rotierenden Teilen, so müssen die Ringe mit einer größeren Vorspannung aufgebracht werden, damit unter dem Einfluß der den Fugendruck entlastenden Zentrifugalkraft im Betrieb kein Abheben der zu verbindenden Teile in der Stoßfuge entsteht. Es wird in solchen Fällen von der Ringspannung nur ein Teil als Schließkraft erzeugend ausgenützt. Genaueres hierüber siehe bei der Konstruktion der Schwungräder.

Wird der Schrumpfringsitz nicht maschinell bearbeitet, wie das häufig an schweren Maschinenteilen, z. B. im Walzwerkbau, vorkommt, so darf der Schrumpfring nicht, wie in Abb. 17, fest an der Gußwand anliegend angenommen werden, sondern er muß, wie das Abb. 18 zeigt, einen gewissen Abstand von der Gußwand haben, da die Gießerei den Übergang vom Nocken zur Gußwand nicht scharfkantig gießen kann.

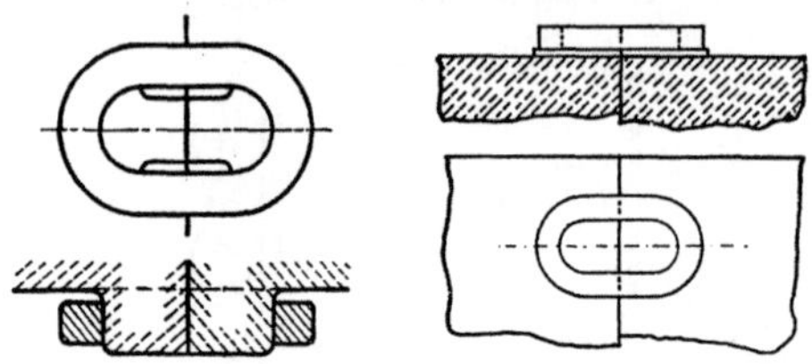

Abb. 17 und 18. Längliche Schrumpfringe.

Auch ist es richtiger, längliche Schrumpfringe nicht in der Längsrichtung ganz am Nocken anliegen zu lassen wie in Abb. 17, da dies keinen Zweck hat und nur unnötige Handarbeit bedingt, sondern, wie Abb. 18 zeigt, die Nocken an der Seite kräftig auszusparen.

Das Schwindmaß (im Durchmesser) für warm aufgezogene Naben aus Stahl gibt Lindner zu $^1/_{200}$, für Gußeisennaben $^1/_{800}$, Zylinder für Laufbüchsen $^1/_{1000}$ bis $^1/_{1500}$, Radreifen für Eisenbahnräder $^1/_{1000}$, Schwindringe auf Naben $^1/_{750}$, bei quadratischem Querschnitt von der Stärke $0{,}2\,d + 1$ cm, wenn d der Wellendurchmesser ist.

Das Kaltaufziehen. An Stelle des Warmaufziehens ist für Naben von nicht zu großem Durchmesser auch das Kaltaufziehen im Gebrauch. Ring und Kern werden zylindrisch mit sehr geringem Unterschied im Durchmesser ausgedreht, an den Eintrittskanten abgerundet und unter starkem Druck aufeinander geschoben. Der Druck beträgt für Naben von 130—190 mm Durchmesser 50 000—100 000 kg.

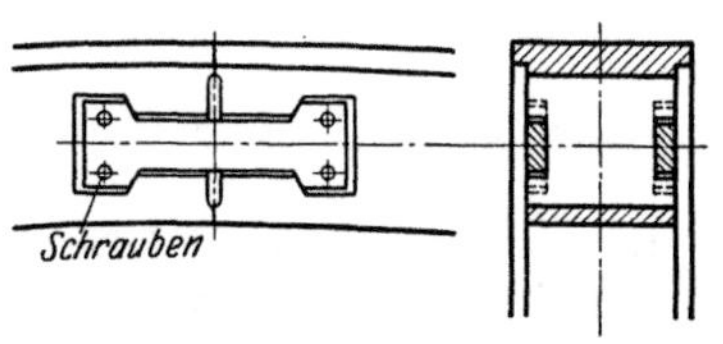

Abb. 19. Schrumpfband.

Das Schweißen. Man versteht unter Schweißen eine Vereinigung von metallischen Werkstückteilen gleichen oder ähnlichen Werkstoffs derart, daß die Verbindungsstelle mit den benachbarten Teilen ein gleichwertiges Ganzes bildet. Man unterscheidet zwei Arten des Schweißens:

1. Preß-Schweißen, bei dem die Vereinigung der Werkstückteile unter Anwendung von Druck in teigigem Zustand geschieht.

2. Schmelz-Schweißen, bei dem die Vereinigung der Werkstückteile an der Verbindungsstelle in flüssigem Zustand mit oder ohne Zufügung geeigneten Werkstoffs geschieht.

Demgemäß fallen unter die Preß-Schweißung:
a) die Hammerschweißung,
b) die elektrische Widerstandsschweißung,
dagegen fallen unter die Schmelz-Schweißung:
a) die elektrische Lichtbogenschweißung,
b) die Gasschmelzschweißung.

Zu dem letzteren Schweißverfahren gehört das sog. autogene Schweißverfahren, das heute sehr verbreitet ist und bei welchem entweder Sauerstoff und Wasserstoff oder Sauerstoff mit Azetylen als Schweißflamme benützt wird.

Bezüglich Form und Lage der Schweißenden, sowie Ausführungsform und Art der Schweißnaht gelten nach den Dinormen die in Abb. 20 u. 21 angegebenen einheitlichen Bezeichnungen.

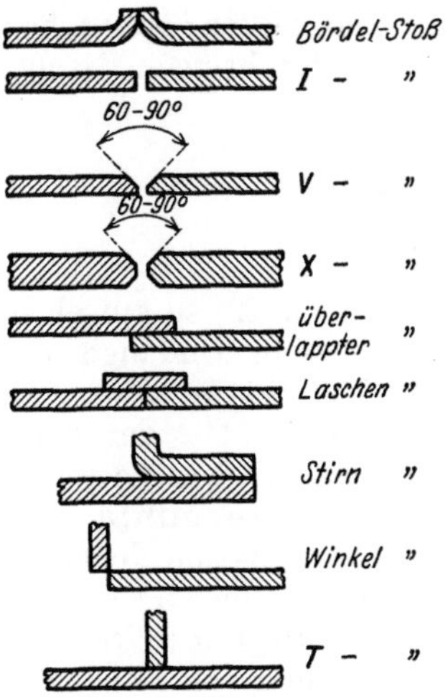

Abb. 20.
Form und Lage der Schweißenden.

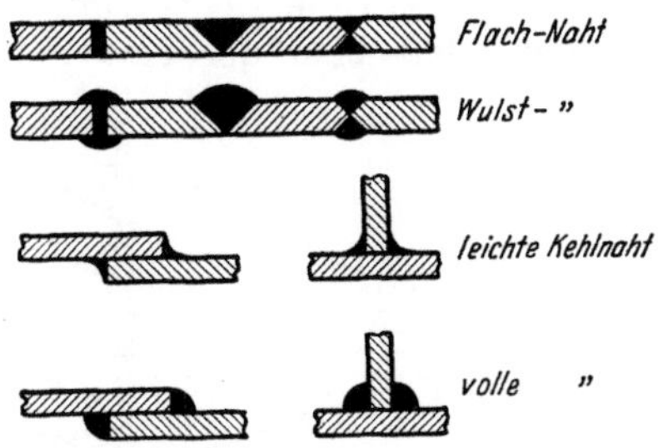

Abb. 21.
Ausführungsform der Schweißnaht.

Die Festigkeit sorgfältig, d. h. spannungsfrei ausgeführter Schweißnähte ist ungefähr der vollen Festigkeit des Bleches gleich. Dagegen ist die Dehnung des Werkstoffs in der Schweißnaht etwas kleiner geworden, weshalb bei der Berechnung der Blechstärke geschweißter Gefäße für K_z nur 70% des vollen Werts eingesetzt wird. Für den Sicherheitsfaktor x wird dabei 5 gesetzt und da keine Blechverschwächung durch Nietlöcher vorhanden, φ also gleich 1 ist, so erhält man als Formel für die Blechstärke geschweißter zylindrischer Gefäße

$$\delta = \frac{p \cdot D}{(0{,}28 - 0{,}3)\, Kz} + 0{,}1 \text{ cm}$$

Nähte, die auf Zug oder Biegung beansprucht werden, sollte man nicht schweißen. Jedes geschweißte Stück ist gut auszuglühen.

Man wird beim autogenen Schweißen mittels eiserner Schweißstäbe infolge der großen Temperaturdifferenz zwischen dem schmelzflüssigen und kalten Teil stets mit übrigbleibenden Spannungen im Material rechnen müssen. Dieser Nachteil der Eisenschweißung ist bei Verwendung von Schweißstäben aus Bronze nicht vorhanden, die sich deshalb hauptsächlich für Grauguß-Schweißungen, wo ein spannungsfreies Schweißen besonders wichtig ist, empfiehlt. Sehr bewährt hat sich in dieser Hinsicht die Schweißbronze „Marke Berg" der Firma Karl Berg, A.-G. Werdohl i. Westf., die neben sehr großer Festigkeit einen nicht zu hohen Schmelzpunkt aufweist, so daß die Schweißnaht höchstens auf Rotglut erhitzt zu werden braucht, wodurch Spannungen vermieden werden und auch erhebliche Ersparnisse an Brennstoffkosten entstehen. Besonders bewährt hat sich diese Schweißbronze beim Verschweißen von Bruchstücken oder porösen Stellen an Grau-, Temper-, Stahl- und Rotguß, ferner bei Messing, Kupfer, Nickel, Eisen und Stahl, also allen Metallen, die eine höhere Schmelztemperatur wie 750° C haben.

Die Verbindungen durch Kitten, Leimen und Löten können hier nicht besprochen werden; die meisten Fachkalender bringen Rezepte hierfür.

B. Lösbare Verbindungen.

1. Schraubenverbindungen.

Wickelt man die Ebene eines Winkels *b a c* (Abb. 22) so auf einen Zylinder, daß sich der eine Schenkel *a b* mit dem Umfange der Grundfläche deckt, so beschreibt der andere Schenkel *a c* eine Schraubenlinie. Die Konstruktion derselben zeigt Abb. 22.

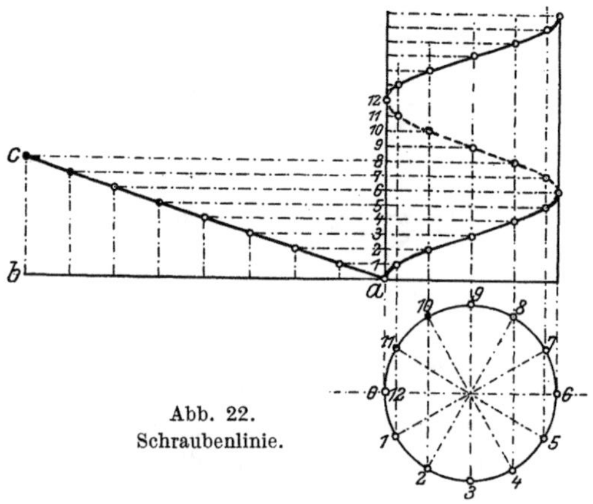

Abb. 22. Schraubenlinie.

Steigt die Schraubenlinie von links nach rechts, so heißt sie rechtsgängig, im anderen Falle linksgängig.

Der Abstand zweier Windungen der Schraubenlinie, parallel zur Achse des Zylinders gemessen, heißt die Ganghöhe oder die Steigung, der Winkel *b a c* der Steigungswinkel.

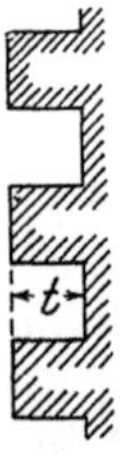

Abb. 23. Flachgewinde.

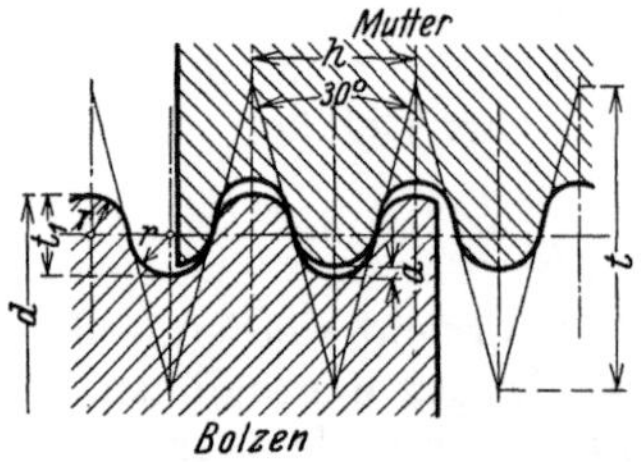

$h = \frac{25{,}4}{z}$
$t = 1{,}866\ h$
$t_1 = 0{,}5\ h$
$r = 0{,}238\ h$
$a = 0{,}05\ h$

Abb. 24. Rundgewinde.

Wickelt man an Stelle der Linie *a c* einen Körper um den zylindrischen Kern, so erhält man ein Gewinde.

Je nach der Querschnittsform dieses Gewindekörpers unterscheidet man rechteckiges oder flaches (Abb. 23), dreieckiges oder scharfes (Abb. 27,

28 und 29), abgerundetes (Abb. 24), trapezförmiges (Abb. 25) und halbtrapezförmiges (Säge-) Gewinde (Abb. 26). Etwas von letzterem abweichende Formen erhält man durch Verrunden der Kanten (Abb. 358).

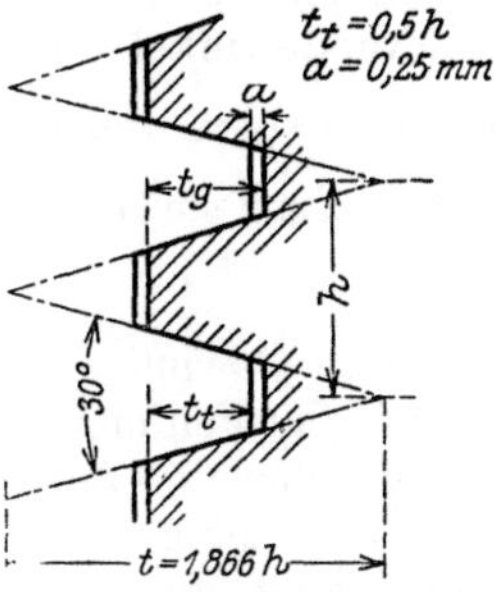

Abb. 25. Trapezgewinde.

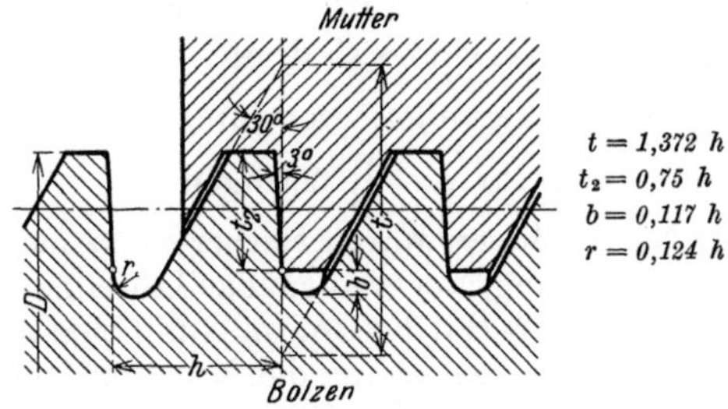

Abb. 26. Sägegewinde.

Nach der Anzahl der um den Kern gewundenen Körper unterscheidet man eingängiges, zwei- oder doppelgängiges und mehrgängiges Gewinde.

Zu jeder Schraube gehört eine Mutter, ein Körper, welcher dasselbe Gewinde hohl enthält. Die Bewegung der Mutter gegen die Schraube setzt sich zusammen aus einer drehenden und einer fortschreitenden Bewegung.

Man unterscheidet zwei Hauptarten von Schrauben:

1. Befestigungsschrauben, die dazu dienen, zwei oder mehrere Körper miteinander zu verbinden und in der Regel scharfes Gewinde haben, da bei diesem der Reibungswiderstand und somit die Sicherheit gegen selbsttätiges Lösen der Schrauben, infolge von Erschütterungen, größer ist.

Das verbreitetste Gewindesystem ist das von Whitworth (Abb. 27 und Tabelle 5 im Anhang). Der Gewindequerschnitt ist ein gleichschenkliges Dreieck mit 55° Kantenwinkel, bei welchem Spitze und Grund um ein Sechstel der Dreieckshöhe abgerundet sind.

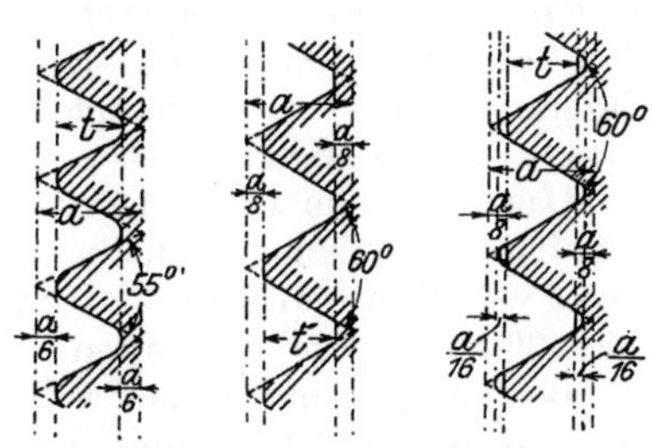

Abb. 27 bis 29. Scharfes Gewinde.

In Amerika wird vorzugsweise das Sellerssche Gewinde (Abb. 28) ausgeführt, bei welchem der Kantenwinkel 60° beträgt und Spitze und Grund um ein Achtel der Dreieckshöhe abgeflacht sind.

Vom Verein deutscher Ingenieure ist 1888 das in der Hauptsache von Delisle herrührende deutsche Gewinde angenommen worden, welches auf Metermaß fußt. Demselben liegt ein in ein Quadrat eingeschriebenes gleichschenkliges Dreieck zugrunde, welches an der Spitze und am Grunde um ein Achtel der Höhe abgeflacht ist. Dieses Gewindesystem ist mit dem 1893 von den Feinmechanikern und Elektrotechnikern aufgestellten Normalgewinde für Bolzen von 1—10 mm Stärke in Einklang gebracht worden. Das deutsche Gewinde führte sich aber sehr schwer ein und ist durch das im Oktober 1898 durch einen internationalen Kongreß aufgestellte S. I.-Gewinde (System International, Abb. 29 ersetzt worden. Bei diesem ist der Gewindewinkel 60°, die Spitzen des Gewindes sind mit $\frac{a}{8}$ abgeflacht wie bei Sellers, der Grund dagegen ausgerundet. Der durch die Ausrundung geschaffene Spielraum soll nicht mehr als $\frac{a}{16}$ betragen.

Neben diesen waren seither noch mehrere andere Gewindesysteme in Anwendung, so vor allem das Löwenherzgewinde in der Feinmechanik, das Siemens & Halske-Gewinde und eine Anzahl englischer und amerikanischer Systeme. Durch das Zusammenarbeiten des Ausschusses für die Vereinheitlichung der Gewinde, der 1912 zusammengetreten war mit dem N. D. I., ist es zur Aufstellung einer Reihe von Normblättern gekommen, deren für uns wichtigste im Anhang verzeichnet sind.

Danach sollen für Deutschland künftig allein verwendet werden: das metrische Gewinde und zwar als Grobgewinde von 1—149 mm ∅ und als Feingewinde von 1—499 mm ∅ mit verschiedenen Abstufungen für die Steigungen, also als feine und feinste Gewinde und das Whitworthgewinde und zwar als Grobgewinde von ¼″ bis 6″, als Feingewinde von 20—499 mm bei verschiedenen Steigungen, ferner noch als Rohrgewinde von $1/8''$ bis 18″ mit Spitzenspiel und von $1/8''$ bis 6″ ohne Spitzenspiel; zu einem deutschen Einheitsgewinde zu gelangen war nicht möglich.

Für das Whitworth-Gewinde ist die englische Originaltabelle ohne jede Abänderung zugrunde gelegt, nur wurde mit Rücksicht auf vollkommen gleiche, werkstattmäßige Ausführung ein Spitzenspiel wie beim metrischen Gewinde vorgesehen, das nichts weiter als die Festlegung der bisherigen Praxis enthält, da es nicht möglich gewesen ist, das Originalwinde, das überhaupt kein Spiel im Muttergewinde vorsieht, praktisch herzustellen.

Das metrische Gewinde ist mit dem weitverbreiteten Löwenherz-Gewinde in Einklang gebracht und gegenüber den Züricher Beschlüssen von 1898, die es nur für 6—80 mm ∅ festgelegt hatten, für Durchmesser bis 499 mm erweitert worden.

Bei Verwendung normaler Befestigungsschrauben ist für beide Gewindesysteme auf Luft- und Dampfdichtigkeit verzichtet worden. Diese muß in allen Fällen durch besondere Hilfsmittel hergestellt werden.

Diejenigen Gewinde, die möglichst nicht benutzt werden sollen, sind durch Klammern kenntlich gemacht. Eine derartige weitere freiwillige Beschränkung ist im Interesse einer wirtschaftlichen Fertigung dringend erwünscht.

Auch für die verschiedenen Schrauben- und Mutterformen sind Normblätter herausgegeben worden.

2. Bewegungsschrauben, die dazu dienen, eine geradlinige Bewegung in eine drehende (Drillbohrer) oder eine drehende Bewegung

in eine geradlinige (Leitspindel, Winden, Pressen) umzuwandeln und in der Regel flaches oder trapezförmiges Gewinde haben (halbtrapezförmiges dann, wenn großer axialer Druck nur von einer Seite wirkt).

An Stelle des Flachgewindes hat der Normenausschuß beschlossen, das Trapezgewinde nach Abb. 25 zu normen, wie es sich bei der Marine bewährt hat. Für höhere Steigungen werden die Gewindegänge zu grob, es sollen dann zwei- und dreigängige Trapezgewinde unter Benutzung der für das eingängige Gewinde für den gleichen Durchmesser festgelegten Teilung verwendet werden. Die Herstellung dieser Gewinde erfolgt durch Fräsen der Spindel und Schneiden der Mutter mit Gewindebohrern bis zum Durchmesser von 60 mm.

Die Vorteile des Trapezgewindes gegenüber dem Flachgewinde sind folgende:

Das Trapezgewinde ist kräftiger als das Flachgewinde, da der Zahnfuß stärker als der Zahnkopf ist, es hat dementsprechend eine längere Lebensdauer.

Das Trapezgewinde kann gefräst werden, nur hochgradig genaue Trapezgewinde (Leitspindeln, Teilspindeln, Meßspindeln) werden nach dem Vorfräsen mit entsprechenden Seitenstählen nachgeschnitten.

Der Flachgewindestahl nutzt sich leicht ab, weil er beiderseits rückwärtig frei geschliffen werden muß und nur ganze kurze Kanten die Schnittarbeit für das ganze Gewinde übernehmen müssen, wobei die Flanken ungenau werden und der Stahl leicht abbricht. Aus gleichen Gründen ist Flachgewinde auch schwer mit dem Gewindebohrer zu schneiden. Beim Trapezgewindestahl schneidet die volle Seitenkante.

Beim Trapezgewinde trägt die ganze Flanke, weshalb sich Mutter und Spindel leichter bewegen und weniger ausnutzen als solche mit Flachgewinde. Dinorm für Trapezgewinde siehe Anhang.

Ungünstig kann in besonderen Fällen (z. B. wenn das Muttergewinde nicht ringsherum geschlossen ist) die Kraftkomponente senkrecht zur Achse beim Trapezgewinde sein, in solchen Fällen muß man Rechteckgewinde oder Trapezgewinde mit geringen Flankenneigungswinkeln (etwa 10^0) nehmen.

Beim flachen Gewinde (Abb. 23) nimmt man gewöhnlich die Gangtiefe $t = 0{,}1\,d$ ($d =$ äußerer Gewindedurchmesser), desgleichen beim Halbtrapezgewinde (Abb. 26).

Das Rund-Gewinde (der Normenausschuß hat sich für diese Bezeichnung statt Kordelgewinde entschieden) wird hauptsächlich bei den Kupplungen der Eisenbahnwagen angewandt und zeichnet sich durch Unempfindlichkeit gegenüber Stößen und Schmutz aus.

Die Herstellung des Schraubengewindes.

Das Schraubengewinde kleinerer Schrauben wird mit dem Schneideisen geschnitten, einer gehärteten Stahlplatte, die mit entsprechendem Muttergewinde versehen ist, in welchem durch seitliche Aussparungen Schneidkanten gebildet werden, oder mit der Kluppe, in welcher ebenso gestaltete Schneidbacken durch Stellschrauben gegeneinander verschoben werden können. In besonderen Fällen stellt man Gewinde auch durch Pressen oder Rollen zwischen entsprechend gezahnten Platten her, z. B. bei Fahrradspeichen. Das Muttergewinde wird mit einem Gewindebohrer geschnitten, einem Bolzen mit dem Gewinde, den man nach dem unteren Ende zu konisch und außerdem so anfeilt bzw. Nuten einfräst, daß nur an drei oder vier Stellen des Umfangs kurze Gewindestücke stehenbleiben, die als Schneiden dienen. Meist hat man einen oder zwei weniger scharf ausgebildete Bohrer zum Vorschneiden und einen scharf ausgeschnittenen zum Nachschneiden. Mit Schneidbacken und Gewindebohrern arbeiten auch die Schraubenschneidmaschinen.

Das Gewindeschneiden auf der Drehbank kann mit einem, mehrere dem Gewindequerschnitt entsprechend geformte und der Steigung entsprechend schräggestellte Zähne enthaltenden ,,Strähler" geschehen, der zuweilen von Hand auf der Vorlage fortbewegt, häufiger aber festgehalten wird, während die Drehbankspindel mit einer ,,Patrone", einem Gewindestück von derselben Steigung, versehen ist, welches sich auf dem Stern oder Register führt, so daß die Spindel die fortschreitende Bewegung ausführt. Alle größeren Gewinde schneidet man auf der Leitspindeldrehbank, bei der der Support, der den Schneidstahl trägt, durch eine Schraubenspindel, die Leitspindel, der Ganghöhe des zu schneidenden Gewindes entsprechend fortbewegt wird. Zwischen Drehbankspindel und Leitspindel (Abb. 30) müssen ,,Wechselräder" eingeschaltet werden, deren Zähnerzahlen so zu wählen sind, daß sich die Umdrehungszahlen von Drehbankspindel und Leitspindel umgekehrt verhalten wie die Ganghöhen, bzw. ebenso wie die Gangzahlen auf 1" engl. Nach der später unter ,,Zahnräder" gegebenen Regel müssen dann die Zähnezahlen im umgekehrten Verhältnis der Umdrehungszahlen stehen, also in demselben Verhältnis wie die Ganghöhen (oder im umgekehrten Verhältnis der Gangzahlen). Da die so gewählten Räder nicht ineinandergreifen, schaltet man ein auf einer mit Schlitzen versehenen Platte, der Kulisse oder Schere, befestigtes Zwischenrad von beliebiger Zähnezahl ein. Dieses überträgt nur die Umfangsgeschwindigkeit des einen Rades auf das andere, ändert also das Übersetzungsverhältnis nicht.

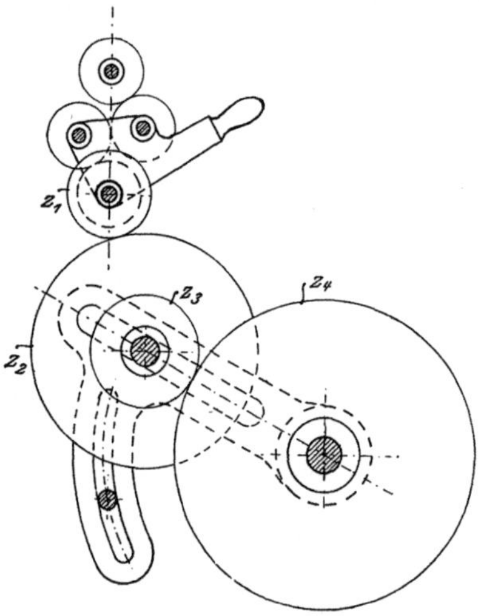

Abb. 30. Zur Gewindeherstellung.

Kann man mit einem Radpaar das den Ganghöhen bzw. Gangzahlen entsprechende Übersetzungsverhältnis nicht herstellen, so schaltet man zwei auf der Kulisse befestigte Räder ein, von denen das eine in das Rad auf der Drehbankspindel, das andere in das auf der Leitspindel eingreift und die beide dieselbe Umdrehungszahl haben. Das Gesamtübersetzungsverhältnis ist dann

$$\frac{z_1}{z_2} \cdot \frac{z_3}{z_4} .$$

Die Ganghöhe der Leitspindel ist sehr verschieden, meist $^1/_4$, $^1/_2$, $^2/_3$ oder $^3/_4$''. Die Wechselräder haben bei älteren Bänken 18, 20, 22, 24, 28, 32, 36, 40, 44, 48, 52, 58, 64, 72, 80, 90, 105, 120 und 132 Zähne, bei neueren 20, 25, 30, 35, 40 usw. bis 120 oder 150 Zähne. Sollen nur bestimmte Gewinde geschnitten werden, so können einige dieser Räder wegfallen.

1. Beispiel: Auf einer Drehbank mit $^1/_2$'' Leitspindel soll Gewinde mit a) $^1/_6$'', b) $^1/_{16}$'' Ganghöhe geschnitten werden.

Die Zähnezahlen der Wechselräder müssen sich verhalten wie die Ganghöhen:

$$\text{a)} \quad \frac{z_1}{z_2} = \frac{h}{H} = \frac{\frac{1}{6}}{\frac{1}{2}} = \frac{1}{3} .$$

Man kann also wählen die Räder mit 20 und 60 oder 25 und 75, 30 und 90, 40 und 120 Zähnen usw., die man durch ein beliebiges, auf der Schere befestigtes Zwischenrad zum Eingriff bringt.

$$\text{b)} \quad \frac{h}{H} = \frac{\frac{1}{16}}{\frac{1}{2}} = \frac{1}{8} .$$

Da man mit einem Radpaar dieses Übersetzungsverhältnis nicht herstellen kann, muß man es zerlegen, so daß

$$\frac{z_1}{z_2} \cdot \frac{z_3}{z_4} = \frac{1}{8}$$

ist.

$^1/_8$ zerlegt man in $^1/_2 \cdot {}^1/_4$ und kann dann wählen z. B. $z_1 = 30$, $z_2 = 60$, $z_3 = 20$, $z_4 = 80$ Zähne.

2. Beispiel: Die Ganghöhe der Leitspindel sei $^2/_3$'', die des zu schneidenden Gewindes $^1/_{14}$''.

$$\frac{h}{H} = \frac{\frac{1}{14}}{\frac{2}{3}} = \frac{3}{28} .$$

Es muß also

$$\frac{z_1}{z_2} \cdot \frac{z_3}{z_4} = \frac{3}{28}$$

sein. Man schreibt

$$\frac{3}{\cdot} \cdot \frac{\cdot}{28}$$

und ersetzt die freien Stellen durch zwei einander gleiche beliebige Zahlen (der Wert des Produktes der beiden Brüche bleibt dann derselbe), also z. B.

$$\frac{3}{7} \cdot \frac{7}{28} = \frac{3}{7} \cdot \frac{1}{4}$$

und wählt $z_1 = 30$, $z_2 = 70$, $z_3 = 20$, $z_4 = 80$.

Will man mit Zoll-Leitspindel Millimetergewinde schneiden oder umgekehrt, so muß man ein Rad mit 127 Zähnen haben.

Beispiel: Die Ganghöhe der Leitspindel ist ½″ (½ · 25,4 mm), die Ganghöhe des zu schneidenden Gewindes 1,75 mm.

$$\frac{h}{H} = \frac{1{,}75}{\frac{1}{2} \cdot 25{,}4} = \frac{3{,}5}{25{,}4},$$

also muß sein

$$\frac{z_1}{z_2} \cdot \frac{z_3}{z_4} = \frac{3{,}5}{25{,}4}.$$

Man setzt wieder

$$\frac{3{,}5}{\cdot} \cdot \frac{\cdot}{25{,}4}$$

und an die freien Stellen eine beliebige Zahl. Da man den letzten Bruch mit 5 erweitern muß, um im Nenner auf 127 Zähne zu kommen, darf diese Zahl nicht kleiner als 4 sein, weil das kleinste Rad 20 Zähne hat, also etwa 8

$$\frac{3{,}5}{8} \cdot \frac{8}{25{,}4} = \frac{35}{80} \cdot \frac{40}{127}.$$

Man erhält also $z_1 = 35$, $z_2 = 80$, $z_3 = 40$, $z_4 = 127$ Zähne.

Ebenso muß man, um Schnecken für Modulteilung (Vielfaches von π) zu schneiden, ein Rad von 97 Zähnen haben, denn $\frac{3{,}14}{25{,}4}$ gibt, mit 3,82 erweitert, fast genau $\frac{12}{97}$.

Die Schwierigkeiten, steile Gewinde billig auf der Drehbank und feine kurze Gewinde von großem Durchmesser auf den Revolverbänken in sauberer Ausführung herzustellen, sowie die Vorteile, die das Fräsen vor dem Drehen an sich hat (eine größere Anzahl Schneiden des Fräsers statt der einen Schneide des Drehstahls, folglich weniger häufiges Nachschleifen), haben dazu geführt, daß auch das Fräsen von Gewinden in Anwendung gekommen ist. Man arbeitet entweder mit einem Scheibenfräser, dessen Form dem Gewindegang entspricht, oder mit mehrreihigem Fräser, der das Gewinde bei einer Umdrehung des Werkstücks herstellt. Flachgewinde mit rechtwinkliger Gewindeform lassen sich nur bei ganz geringer Steigung und großem Durchmesser fräsen, andernfalls muß man dem Gewinde um 10—15° geneigte Flanken geben. Die Frässpindel muß dem Steigungswinkel entsprechend schräggestellt werden und der Fräser genau in der Mittelachse des Werkstücks stehen. Automatische Gewindefräsmaschinen geben namentlich bei kurzen Spitzgewinden an Massenartikeln wesentlich höhere Leistungen als die Drehbänke. Auch gröbere Gewinde (Trapezgewinde) werden vorteilhafter gefräst als geschnitten, da der Fräser ununterbrochenen Schnitt und keine Leergänge hat, also schneller arbeitet, auch ein Arbeiter 4—6 Gewindefräsmaschinen bedienen kann.

Verschiedene Schraubenarten und Schraubensicherungen.

Im Din-Taschenbuch 10 des Deutschen Normenausschusses sind sämtliche heute genormten Schraubenarten samt Muttern und Zubehör aufgeführt. Das für unseren Zweck Wichtigste daraus ist im nachstehenden beschrieben.

Abb. 31 zeigt die Sechskant-Mutterschraube. Dies ist die normale Ausführungsform sowohl für rohe, als auch blanke Befestigungsschrauben. Der Gewindeschaft endigt in einer Kuppe, die für gewöhnlich eine flache Rundkuppe ist. Es sind aber auch Schraubenenden mit Kern ansatz, desgleichen mit Splintansätzen und Kegelkuppen genormt.

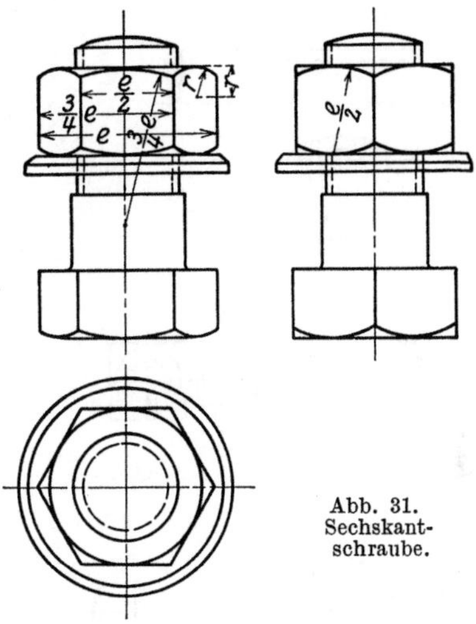

Abb. 31. Sechskant-schraube.

An den Stirnflächen von Kopf und Mutter (am Kopf nur außen) ist unter 30° ein Kegel angedreht, dessen Grundkreisdurchmesser gleich der Schlüsselweite ist. Die dadurch entstehenden Hyperbeln werden durch Kreisbögen ersetzt, deren Maße durch Dinorm 27 festgelegt sind. Wo irgend angängig, ist jedoch die vereinfachte Darstellung, die Abb. 32 zeigt, zu wählen.

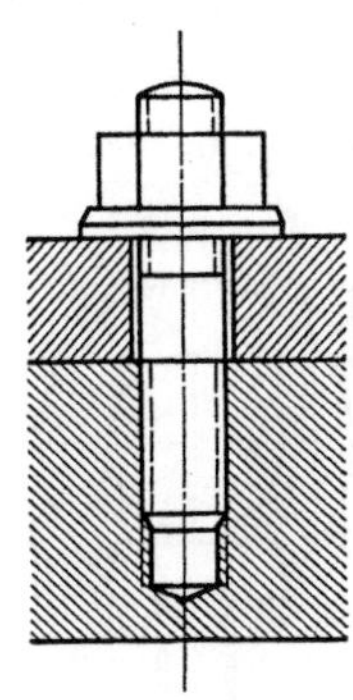

Abb. 32. Stiftschraube.

Die in dieser Abbildung dargestellte Schraube ist eine Stiftschraube, die nur als blanke Schraube ausgeführt wird. Genormt ist auch die Ausführung mit einer Rille zwischen Einschraubteil und gewindelosem Teil.

Die Einschraublängen sollen betragen:

für das Einschrauben in Stahl	1 d
,, ,, ,, ,, Gußeisen	1,3 d
,, ,, ,, ,, Weichmetall	1,7 d

Abb. 32 läßt auch die Darstellung von Schrauben und Muttergewinde erkennen, insbesondere die Darstellung des Bolzens im Muttergewinde bei Schnittdarstellungen, der Bohrerkegel ist mit dem 30°-Winkel von den Kernlochlinien ausgehend zu ziehen. Abb. 33 zeigt das im Schnitt dargestellte Rohr (Bolzen) in der geschnittenen Muffe (Mutter). Das Rohr wird gezeichnet, als wenn es allein vorhanden wäre,

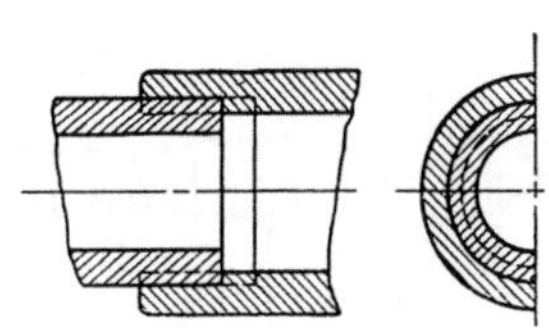

Abb. 33. Gewinde im Schnitt.

das Muttergewinde erscheint nur dort, wo es durch den Bolzen nicht verdeckt wird. Muß die Gewindeform besonders dargestellt werden, so kann das nach Abb. 34 oder vergrößert neben dem Bolzen geschehen.

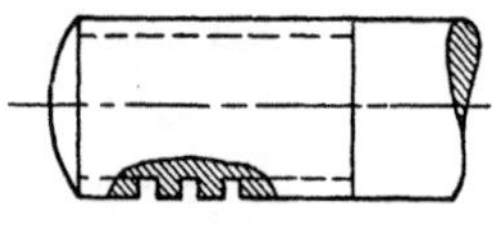

Abb. 34. Flachgewinde.

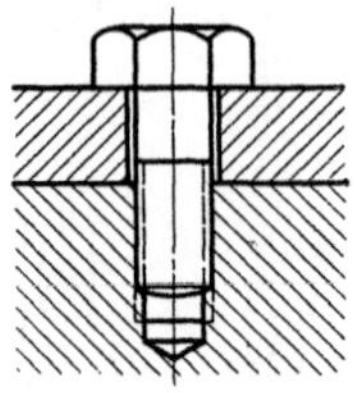

Abb. 35. Kopfschraube.

Abb. 35: Kopfschraube, roh oder blank. Als Befestigungsschraube erhält sie Sechskantkopf, ist aber für diesen Zweck dann zu vermeiden, wenn das Muttergewinde in Gußeisen sich befindet und öfteres Lösen notwendig. Als Stellschraube und Abdrückschraube hat sie statt der Rundkuppe meist eine Spitzkuppe oder besondere zylindrische Zapfen und als Kopf ein hohes Vierkant mit oder ohne Bund.

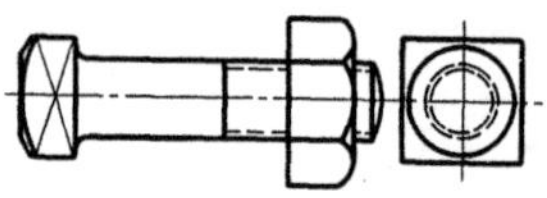

Abb. 36. Vierkant-Schraube.

Abb. 36: Schraube mit Vierkantkopf. Nur für rohe Schrauben, Kopf ebenfalls Vierkant oder (meist) Sechskant.

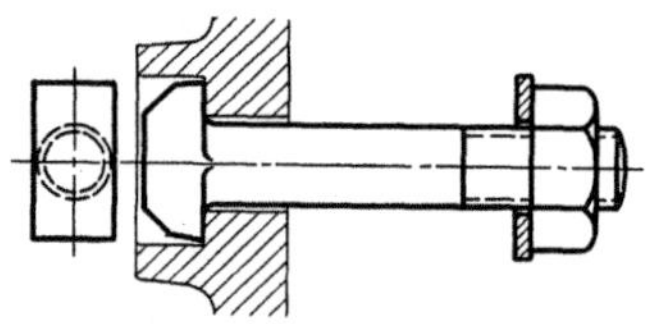

Abb. 37. Hammerkopf-Schraube.

Als weitere rohe Schrauben sind genormt: Schrauben mit Flachrundkopf und Vierkantansatz zum Einlassen in Holz (früher Schloßschrauben genannt), Schrauben mit Halbrundkopf und Nase zum Einlassen in Metall, desgleichen mit Senkkopf und Nase oder Vierkantansatz zum Einlassen in Holz oder Metall, ferner Schrauben mit Hammerkopf, die als Fußschrauben für Transmissionsstehlager und als Ankerschrauben benützt werden (Abb. 37), dann noch Flügelschrauben (siehe Flügelmutter Abb. 48), Ringschrauben (Abb. 38) und Ankerschrauben (Abb. 39). Um gleichgroße Spannungen über die ganze Länge des Ankers zu erhalten, ist die Stärke des Ankerschafts gleich dem Kerndurchmesser der Schraube, was für stoßende Belastung, mit der hier zu rechnen ist, günstig.

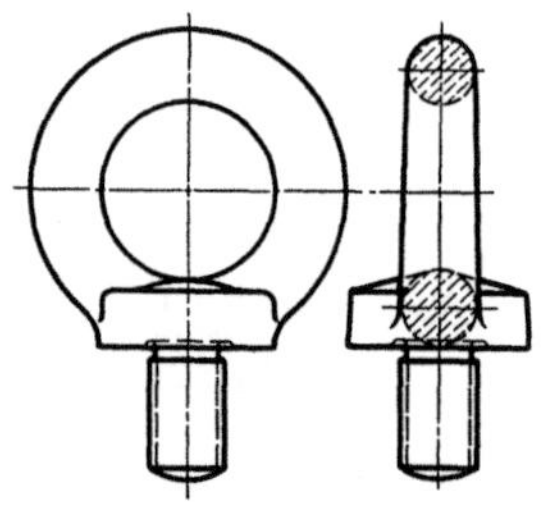

Abb. 38. Ring-Schraube.

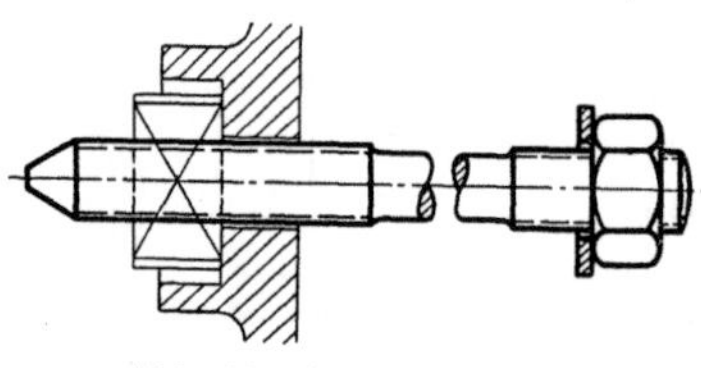

Abb. 39. Ankerschraube.

An genormten blanken Schrauben sind noch eine Reihe von Schlitzschrauben wichtig: Senkschrauben (Abb. 43), Halbrundschrauben (Abb. 42), Zylinderschrauben (Abb. 41) mit jeweils scharfer oder runder oberer Kopfkante, Linsenschrauben, Linsensenkschrauben (Abb. 40), Kreuzlochschrauben, Gewindestifte (wie Stiftschrauben nur mit durchlaufendem Gewinde) mit Zapfen, mit Ringschneide, mit Kegelansatz und mit Spitze.

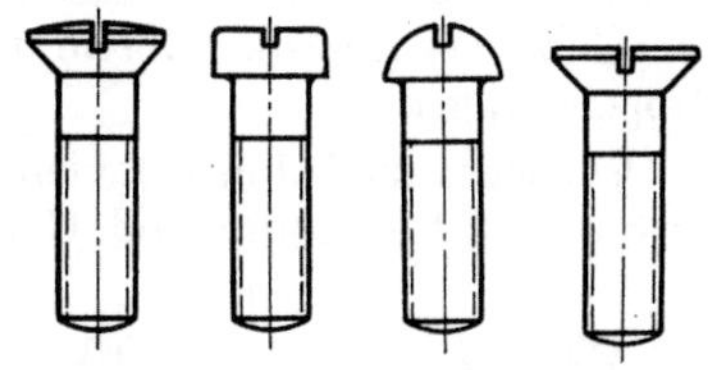

Abb. 40 bis 43. Schlitz-Schrauben.

Ebenfalls genormt sind rohe und blanke Holzschrauben. Der Kopfdurchmesser dieser Schrauben ist gleich dem doppelten Schaftdurchmesser, die Kopfhöhe je nach der Kopfform zwischen 0,5 und 0,8 d, der Flankenwinkel bei den Versenkschrauben 90°, bei den Linsenschrauben 110°, die Gewindesteigung etwa das 0,45fache und der Kerndurchmesser das 0,7fache des Schaftdurchmessers, die Gewindelänge etwa $^5/_8$ der Gesamtlänge.

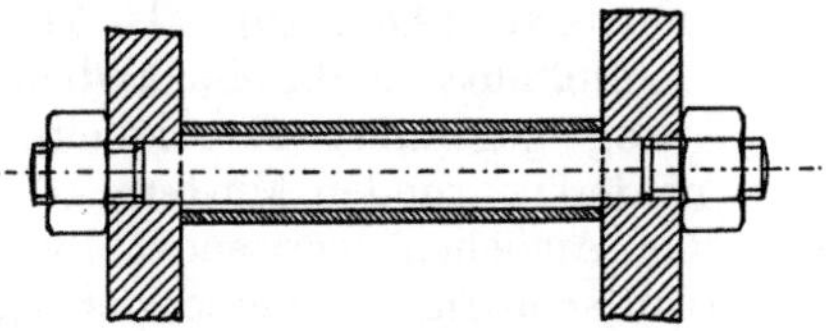

Abb. 44. Stehbolzen.

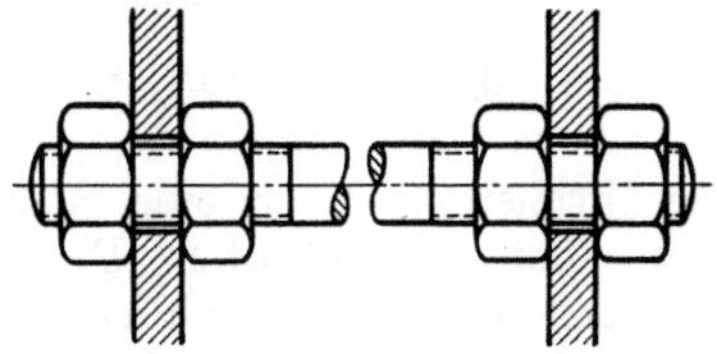

Abb. 45. Stehbolzen.

Nicht genormte Schrauben von Wichtigkeit sind:

Abb. 44 und 45 Stehbolzen, die dazu dienen, ebene Platten in einem gewissen Abstande voneinanderzuhalten.

Abb. 46 und 47 Steinschrauben; bei der ersten wird der Zwischenraum zwischen dem mit Zacken versehenen vierkantigen Schaft und dem nach unten sich erweiternden Loch im Mauerwerk mit Zement oder Blei ausgegossen, bei der zweiten Art werden eiserne Keile eingetrieben.

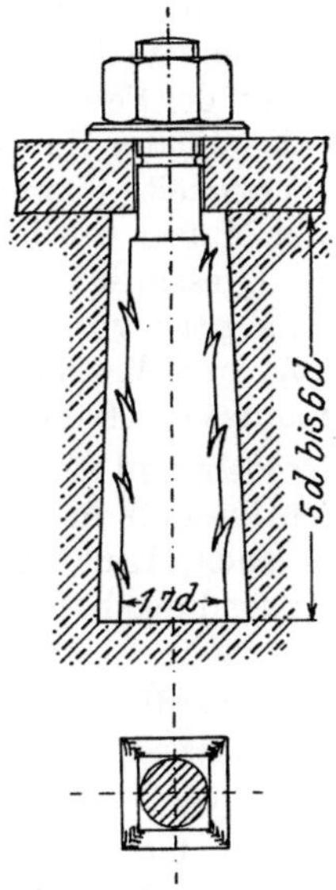

Abb. 46. Steinschraube.

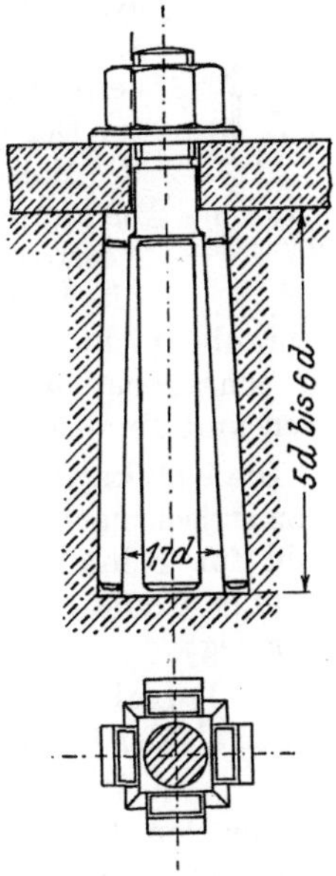

Abb. 47. Steinschraube.

Einfacher ist die Steinschraube der Berlin-Anhaltischen Maschinenbau-Akt.-Ges. in Dessau, bei der der Schraubenbolzen sich in ein korkzieherartig gewundenes Flacheisen fortsetzt (Abb. 154). Man spaltet auch ein nicht gewundenes Flacheisen am unteren Ende auf und biegt die Lappen nach verschiedenen Seiten um.

Eine neue und gute Konstruktion ist auch die Wellensteinschraube von Gebr. Overbeck, Dortmund, die schräge über Kreuz angeordnete Rippen tragen.

Ösenschraube (Abb. 48), vielfach mit Flügelmutter, gibt leicht lösbare Verbindung für Rohre und Gefäße.

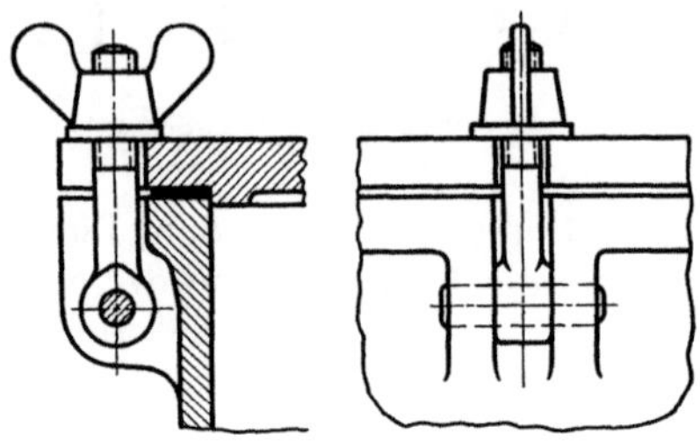

Abb. 48. Ösenschraube.

An genormten Schraubenmuttern sind außer den normalen Sechskantmuttern, sowie den Vierkantmuttern von Bedeutung: Kronenmuttern, ohne und mit Hals (Abb. 57), Flügelmuttern (Abb. 48), Ringmuttern (entsprechend den Ringschrauben Abb. 38), Hutmuttern (Abb. 49), als Verschlußmuttern, die eine Abdichtung gegenüber Flüssigkeiten gewährleisten. Dazu eine Reihe von niederen, runden Muttern, die man bei beschränktem Platz für das Anziehen verwendet, wie Schlitzmuttern (mit Schlitz an der Stirnfläche für Schraubenzieher), Zweilochmuttern (mit 2 Löchern an der Stirnfläche für Zapfenschlüssel), Kreuzlochmutter mit 4 seitlich eingebohrten rechtwinklig sich kreuzenden Löchern für Einsteckdorn und Nutmuttern mit 4 Nuten statt Löchern für Hakenschlüssel.

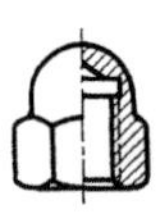

Abb. 49. Hutmutter.

Der Werkstoff der Schraubenmuttern ist in der Regel der des Bolzens, also in der Hauptsache Flußstahl von normal 38 kg/qmm Festigkeit (Bezeichnung St. 38 · 13). Wo ein Festrosten der Mutter zu befürchten ist, nimmt man für diese Bronze (Messing), wobei dann das Gewinde der Schraube nicht über die Mutter vorstehen darf. Weitere Werkstoffe für Schrauben sind: Kupfer und Messing, für Muttern außerdem Gußeisen und Temperguß (hauptsächlich Flügelmuttern).

Die Vierkante für Spindeln und Schrauben sind durch die Dinormen geometrisch nach den Schlüsselweiten abgestuft worden, sie sollen sowohl für Schrauben, als auch Armaturspindeln, Hahnküken u. dgl. benutzt werden, ihr Verwendungsbereich ist auf dem Normenblatt festgelegt.

Die Durchgangslöcher für die Schraubenbolzen sind etwa 1—3 mm größer als der Gewindedurchmesser zu bohren. Bei gegossenen Löchern (von $^{1}/_{2}''$ ab möglich) reichlicher.

Für den Durchmesser der Gewindelöcher ergab sich, daß sich allgemein gültige Angaben nicht machen lassen, da dieser Durchmesser sowohl vom Werkstoff als auch von der Bohrmaschine abhängt, je schwächer die Bohrmaschine ist, um so größer wird bei gleichem Bohrer das Loch.

Als Unterscheidungsmerkmal zwischen Whitworth und metrischen Sechskantmuttern wurde beschlossen bei letzteren einen zylindrischen Ansatz vom Durchmesser gleich der Schlüsselweite und einer Höhe von 0,5 bis 2 mm, je nach Größe der Mutter, anzubringen.

Die Schlüsselweiten sind auf etwa $1{,}4\,d + 4$ mm, die Kopfhöhen auf $0{,}63\,d + 1$ mm oder 0,8 Mutterhöhe festgesetzt, aus Festigkeitsgründen ist eine Abrundung zwischen Kopf und Schaft der Schraube vorgesehen. Die Mutterhöhen für Sechskantmuttern sind mit $0{,}8\,d$ und $1\,d$ genormt, außerdem noch für Spezialzwecke flache Muttern, die Gewindelöcher beiderseitig bis auf den Gewindedurchmesser unter 120° ausgesenkt.

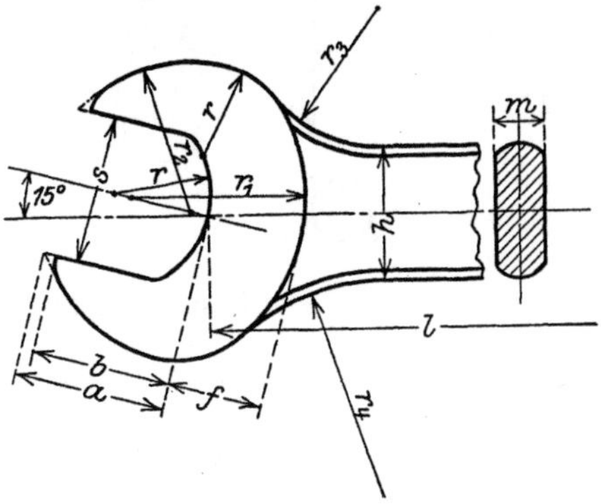

Abb. 50. Schraubenschlüssel nach Dinorm 129 und 133.

Die vom N.-D. I. aufgestellte Form des Schraubenschlüssels zeigt Abb. 50. Für den Winkel, den die Mittellinie des Schlüsselmaules mit der Mittellinie des Schaftes bildet, ist 15° als der günstigste für das Anziehen bei beschränkten Raumverhältnissen bezeichnet worden, sowohl bei einfachen Schlüsseln, wie bei Doppelschlüsseln mit verschiedenen Maulweiten. Für ganz enge Raumverhältnisse soll ein Doppelschlüssel mit gleichen Schlüsselweiten ausgeführt werden, auf dessen einer Seite die Mittellinie des Maules mit derjenigen des Schaftes zusammenfällt, während sie auf der anderen Seite um $22^1/_2{}^0$ geneigt ist.

Ist für das Anziehen der Schrauben mit Schlüsseln dieser Art kein Raum vorhanden, so verwendet man Steckschlüssel, die das Sechskant voll umschließen und deshalb nur eine geringe Wandstärke zu haben brauchen, oder man verwendet runde Muttern mit Löchern oder Einschnitten am Umfang. Erstere werden mit einem Stift, letztere mit einem Haken angezogen. Haken- und Steckschlüssel sind ebenfalls genormt.

Schraubensicherungen.

Diese werden dort verwendet, wo durch Stöße und Erschütterungen ein Lösen der Schraubenmuttern zu befürchten ist. Von den zahlreichen Schraubensicherungen sind die bekanntesten in Abb. 51—66 dargestellt.

Abb. 51—55 sind **Reibungssicherungen**, da bei ihnen dem Lockerwerden der Schraubenmutter lediglich die Reibung in den Gewindegängen entgegenwirkt. Diese Reibung kann durch verschiedene Mittel erhöht werden: Anordnung einer Gegenmutter, die scharf gegen die untere anzuziehen ist, deshalb die ganze Last der Schrauben zu tragen hat und daher auch in normaler Mutterhöhe auszuführen ist; Anwendung von irgendwie geformten federnden Unterlagscheiben (gebogene Scheiben, Federringe, die evtl. dreikantigen Querschnitt haben, der sich in entsprechender Nut in der Mutter klemmt). Hierher gehört auch die **Palmutter**, ein federndes Stahlblech, das von oben auf die

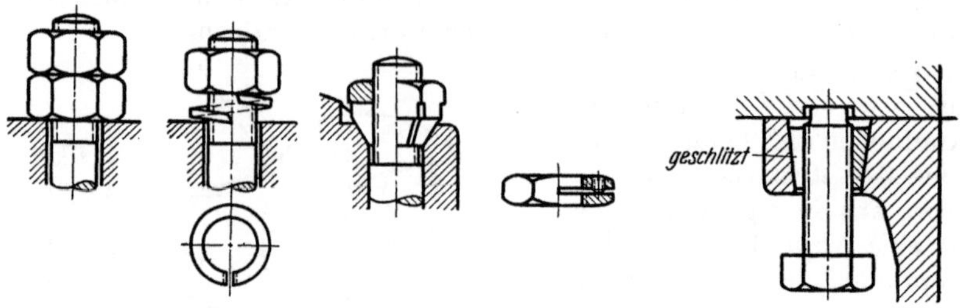

Abb. 51 bis 55. Reibungssicherungen.

Mutter drückt. Auch durch Schlitzen der Mutter läßt sich einfach ein scharfes Zusammenpressen der Gewindegänge erzielen (Abb. 53, Mihag-Mutter), desgleichen dadurch, daß ein Zwischenstück aus weichem

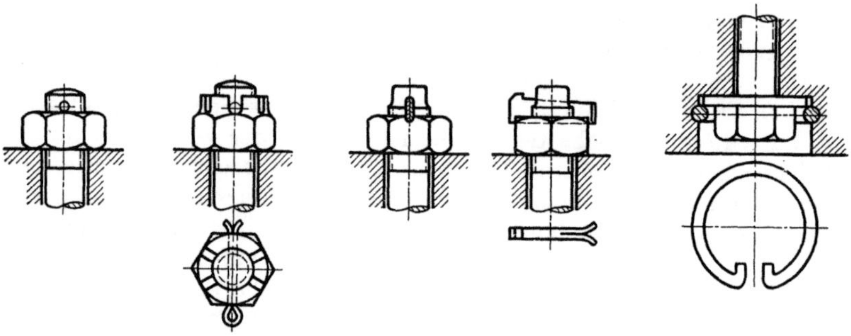

Abb. 56 und 57. Splintsicherungen. Abb. 58. Splintkeil. Abb. 59. Federringsicherung.

Material (Kupfer) mittelst Spannschraube gegen den Gewindeschaft einer Schraube gepreßt wird oder durch Anordnung von konischem Gewinde, wie dies bei Verschraubungen von Gasflaschen üblich, wo ein Dichtungs-

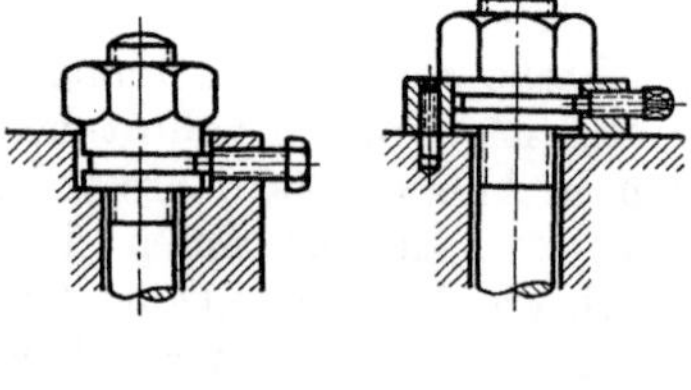

Abb. 60 und 61. Pennsche Sicherung.

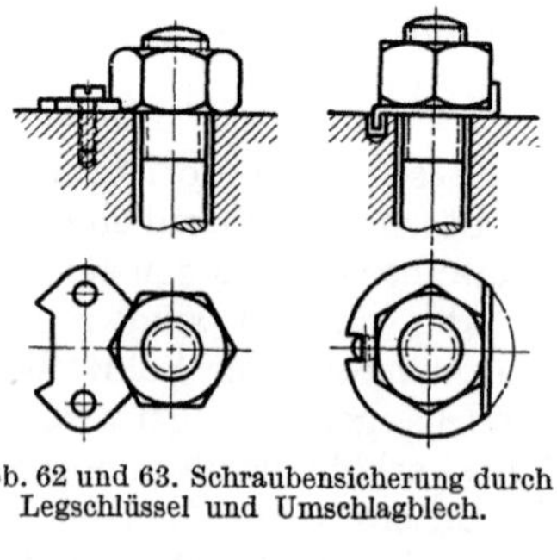

Abb. 62 und 63. Schraubensicherung durch Legschlüssel und Umschlagblech.

gewinde nötig ist. Auch ein leichtes Vernieten der Schraubenbolzen wird gelegentlich angewendet.

Naturgemäß sind Reibungssicherungen nicht besonders zuverlässig, jedenfalls nicht bei Dauerschwingungen, wie sie bei Kraftmaschinen vorhanden. Hier bedarf es einer regelrechten mechanischen Sperrung der Mutter gegenüber ihrem Bolzen oder gegenüber dem Maschinenteil, in dem die Schraube sitzt. Die Abb. 56—66 zeigen solche Sperrsicherungen mit mehr oder weniger sicherer Sperrung, vollzogen durch Splinte (Abb. 56 und 57), Splintkeile (Abb. 58) mit höherer Abscherfestigkeit, Federringe (Abb. 59), Klemmschraube (Pennsche Sicherung Abb. 60 und 61), Legschlüssel (Abb. 62), Sicherheitsbleche (Abb. 63 und 64), die einerseits gegen die Mutter umgebogen werden, andererseits in ein Loch am Maschinenteil greifen und durch Federn (Abb. 65), die sich in Rasten an der Mutter legen. Eine gute Sicherung der Schraubenmutter erhält man auch durch Anordnung von Sicherheitsschräubchen ($\leq {}^{3}/_{8}''$) nach Abb. 66, die infolge geringer Masse und großer Reibungsoberfläche sich selbst sichern.

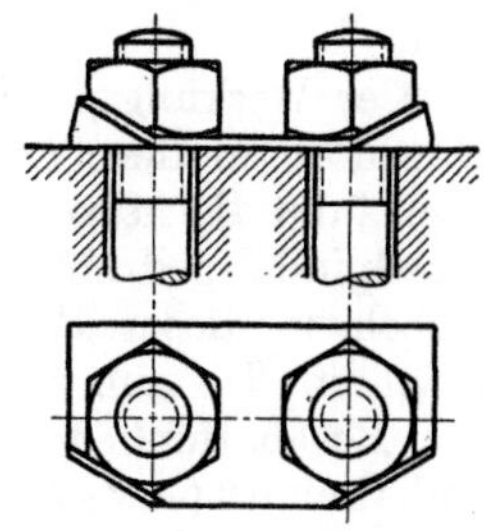

Abb. 64. Sicherung durch gemeinsames Umschlagblech.

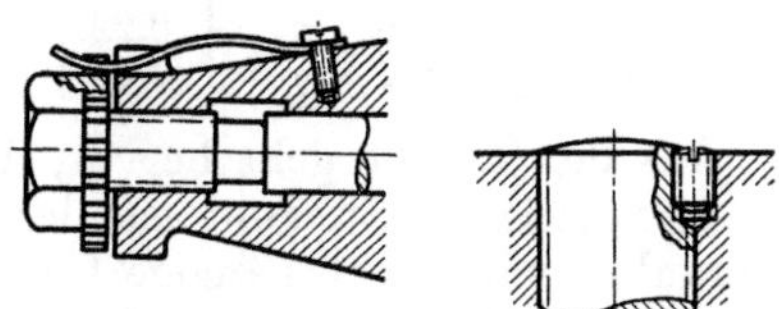

Abb. 65 und 66.
Sicherung durch Feder und Schräubchen.

Wirkungsweise der Schrauben.

Hinsichtlich der Wirkungsweise der Schrauben sind folgende Fälle zu unterscheiden:

1. Die Mutter steht fest, die Schraube wird gedreht und schreitet gleichzeitig fort.

2. Die Schraube steht fest, die Mutter wird gedreht und schreitet gleichzeitig fort.

3. Die Mutter wird gedreht, am Fortschreiten aber gehindert; die Schraube schreitet fort, sofern sie verhindert wird, sich mit der Mutter zu drehen.

4. Die Schraube wird gedreht, am Fortschreiten aber gehindert; die Mutter schreitet fort, sobald sie verhindert wird, sich mit zu drehen.

In allen vier Fällen haben wir zwei Kräfte, welche an der Schraube wirken, eine umdrehende Kraft und eine Kraft in Richtung der Schraubenachse. Der Weg der umdrehenden Kraft P ist, wenn p der Hebelarm ist, bei einer Umdrehung $2\,p\,\pi$, der Weg der fortschreitenden Kraft Q ist die Ganghöhe h. Die Arbeiten beider Kräfte müssen einander gleich sein; folglich muß, wenn η der Wirkungsgrad ist,

$$\eta\, P\, 2\, p\, \pi = Q\, h$$

oder

$$P = \frac{Q\,h}{\eta\,2\,p\,\pi} \text{ bzw. } Q = \frac{\eta\,P\,2\,p\,\pi}{h}$$

sein.

Der Wirkungsgrad der Schraube ist nicht nur von der Reibung im Gewinde, sondern auch von der Reibung der Mutter auf der Unterlage, falls die Mutter, oder des Spindelkopfes in der Druckfläche, falls die Spindel gedreht wird, abhängig, und in beiden Fällen wieder vom Hebelarm dieser Reibung, also den Abmessungen der sich reibenden Flächen. Da nun schon der Reibungskoeffizient in hohem Grade mit der Beschaffenheit der Flächen, der Art der Schmierung usw. veränderlich ist (etwa in den Grenzen 0,03—0,3), so genügt eine annähernde Berechnung, für die man den Wirkungsgrad η nachfolgender Tabelle entnehmen kann:

Steigungsverhältnis $\frac{h}{2\,r\,\pi}$ =	004	0,05	0,06	0,07	0,08	0,10	0,125
Spindel wird gedreht η =	0,22	0,26	0,3	0,33	0,36	0,41	0,46
Mutter wird gedreht η =	0,15	0,18	0,21	0,24	0,26	0,30	0,35

Aus der Tabelle geht hervor, daß der Wirkungsgrad um so größer wird, je größer die Steigung ist, deshalb verwendet man für Bewegungsschrauben meist mehrgängige Gewinde von großer Steigung.

Das zum Umdrehen einer Schraube erforderliche Moment $M_d = P \cdot p$ (umdrehende Kraft mal Hebelarm) kann man setzen

bei scharfgängigen Schrauben

$$M_d = 0{,}11\,Q\,d_1$$

(d_1 = innerer Gewindedurchmesser),

bei flachgängigen Schrauben

$$M_d = Q\,r\,\frac{h + 2\,\pi\,r\,\mu,}{2\,\pi\,r - \mu\,h}, \text{ oder } M_d = Q \cdot r \cdot tg\,(\alpha + \varrho)$$

wobei

r = mittlerer Gewinderadius
h = Ganghöhe
μ = Reibungskoeffizient (im Mittel 0,1—0,15).
α = Steigungswinkel der mittleren Schraubenlinie, zu bestimmen aus $tg\,\alpha = \frac{h}{2\,\pi \cdot r}$
ϱ = Reibungswinkel, zu bestimmen aus $tg\,\varrho = \mu$.

Berechnung der Schrauben.

Hierbei hat man zu berücksichtigen,

1. daß die durch die äußeren Kräfte hervorgerufenen Zug-, Druck-, Biegungs- und Drehbeanspruchungen die zulässige Spannung nicht übersteigen;

2. daß die Flächenpressung zwischen den sich berührenden Gewindeflächen der Schraube und Mutter den zulässigen Wert nicht übersteigt.

Man unterscheidet dabei drei Arten von Schrauben:

1. **solche, die nur durch Zug- oder Druckkräfte beansprucht werden.** Hierher gehören die Schrauben aller Verbindungen, auf welche die äußeren Kräfte erst einwirken, wenn die Schrauben bereits festgezogen sind;

2. **solche, die auf Zug oder Druck und auf Verdrehung beansprucht werden.** Hierzu gehören die Schrauben, welche angezogen werden, während sie unter Einwirkung der Zug- oder Druckkräfte stehen;

3. **solche, die durch Kräfte beansprucht werden, die auf ihrer Achse senkrecht stehen,** die Schrauben also ähnlich beanspruchen wie die Niete einer der früher betrachteten Nietnähte.

1. **Schrauben der ersten Art** sind nach der Formel

$$Q = \frac{\pi\, d_1^2}{4} k$$

zu berechnen, wenn d_1 der Kerndurchmesser ist. Will man an Stelle von d_1 den äußeren Gewindedurchmesser d setzen, so erhält man, da $\frac{d_1^2}{d^2}$ im Mittel gleich 0,64 ist,

$$Q = 0{,}64 \frac{\pi}{4} d^2 k = \sim 0{,}5\, d^2 k.$$

Hierbei kann man k nach Bach wählen für Schrauben aus Stahl bis 45 kg/qmm Festigkeit (marktgängige Schraube):

Bei ruhender Belastung: für Schrauben mit sauber gedrehtem oder mit scharfem Schneideisen geschnittenen Gewinde, $k = 900$ kg/qcm; für Schrauben mit rohgeschnittenem Gewinde $k = 720$ kg/qcm. Bei einer zwischen Null und einem Höchstwert schwankenden Belastung $^2/_3$ dieser Werte, also $k = 600$ bzw. 480 kg/qcm.

Stahlschrauben mit 50—70 kg/qmm Festigkeit kann man $^1/_3$ höher belasten, also mit $k = 1200$ kg/qcm bzw. $k = 960$ kg/qcm für ruhende Belastung, und $k = 800$ bzw. 640 kg/qcm für schwellende, d. h. normale Belastung.

Bei besonders ungünstiger Beanspruchung oder geringerer Güte der Schrauben sind diese Werte entsprechend kleiner zu nehmen.

In den meisten technischen Handbüchern finden sich Schraubentabellen, aus denen die für eine bestimmte Schraubenlast Q erforderliche Schraubengröße oder umgekehrt, direkt abgelesen werden kann. Tafel 5 im Anhang zeigt eine solche Tabelle.

Die Mutterhöhe h_1 ist so zu wählen, daß die Festigkeit der von der Mutter umschlossenen Gewindegänge gegen Abbrechen gleich der Zugfestigkeit des Kernes ist. Dies ergibt für Muttern, die aus demselben Material gefertigt sind wie die Schraube, $h_1 = 0{,}7\, d$, doch setzt man aus Sicherheitsgründen in der Regel $h_1 = d$, oder mindestens $h_1 = 0{,}8\, d$, welche Abmessungen für Befestigungsschrauben in den Dinormen aufgenommen worden sind. Für Stahlschraube mit Bronzemutter $h_1 = 1{,}5\, d$, für Stahlschraube mit Gußeisenmutter $h_1 = 1{,}5\, d$ bis $2\, d$.

Kann man eine Mutter von der angegebenen Höhe nicht verwenden, so muß man eine Schraube von entsprechend größerem Durchmesser nehmen. Die Festigkeit des Schraubenkernes wird hierbei natürlich nicht ausgenutzt.

Auf Druck beanspruchte Schrauben von größerer Länge sind auf Knickung zu berechnen.

2. Bei Schrauben der zweiten Art berücksichtigt man die auftretenden Drehungsbeanspruchung, indem man die zulässige Belastung gleich $^3/_4$ der zulässigen Zug- oder Druckbeanspruchung setzt, also

$$Q = 0{,}5\, d^2\, {}^3/_4\, k = \sim 0{,}38\, d^2\, k\,.$$

Statt dessen kann auch als Schraubenlast die Größe $\frac{4}{3}\,Q$ in Rechnung gestellt werden und ist dann in diesem Fall die erforderliche Schraubengröße genau so zu berechnen wie bei Schrauben der ersten Art, d. h. es kann der erforderliche Schraubendurchmesser wieder direkt aus der Schraubentabelle abgelesen werden.

Ferner ist bei diesen Schrauben zu beachten, daß die Pressung zwischen den aufeinander gleitenden Flächen der Schraube und Mutter den zulässigen Flächendruck p nicht übersteigt. Werden z Gänge der Schraube von der Mutter umschlossen, so muß sein:

$$Q \geqq p\,\frac{\pi}{4}\,(d^2 - d_1^2)\,z\,.$$

Hieraus kann die erforderliche Gangzahl z der Mutter bestimmt werden, womit sich, wenn h die Ganghöhe des Gewindes ist, die Mutterhöhe ergibt zu:

$$H = z \cdot h.$$

Man hat zwei Arten von Schrauben, die auf diese Weise beansprucht werden:

a) Befestigungs- und Stellschrauben, die mit der Last angezogen werden.

Kommt das starke Verspannen des Gewindes und damit die Überlastung beim Anzug nur einmal, beim Einschrauben, vor und nachher im Betrieb nicht mehr, so ist sie gegenüber der dauernden Betriebsbeanspruchung bedeutungslos und wird nicht berücksichtigt. Gefährlich wird jedoch die Überlastung bei übermäßigem Anziehen von schwachen Schrauben, die leicht abgewürgt werden können. Deshalb sollten Schrauben, die stark angezogen werden müssen, nicht unter $^5/_8{}''$ genommen werden.

Solche Schrauben also, die beim Einschrauben zwar scharf, aber unbelastet angezogen und später nicht mehr nachgezogen werden, sind wie Schrauben der ersten Art zu dimensionieren. Alle anderen Schrauben, die entweder belastet angezogen werden, oder unbelastet, dafür aber später im Betrieb des öfteren nachgezogen werden (z. B. alle Flanschen- und Deckelschrauben von dicht zu haltenden Gefäßen), oder starken, sich wiederholenden Stößen ausgesetzt sind, wie z. B. die Fundamentschrauben von Kraftmaschinen, sind wie die Schrauben der 2. Art zu berechnen. Hierfür möglichst keine Schrauben unter $^3/_4{}''$.

Eine Nachrechnung des Gewindes auf Pressung kann unterbleiben, wenn als Mutterhöhe gewählt wird:

$h = d$, sofern Schraube und Mutter aus dem gleichen Material,
$h = 1{,}2\,d$, für Stahlschrauben mit Bronzemuttern,
und $h = 1{,}5\,d$ für Stahlschrauben mit gußeisernen Muttern.

Die Pressung zwischen Mutter und Unterlage soll, wenn beide aus Stahl bestehen, 200 kg/qcm nicht überschreiten.

b) Bei Bewegungsschrauben (Pressen, Schraubenwinden u. dgl.).

Hier ist neben der Festigkeit des Schraubenkerns die Pressung in den Schraubengängen wichtig, welche zu wählen ist

p = 75—100 kg/qcm für Spindeln aus gewöhnlichem Stahl und Muttern aus desgl. oder aus Guß bzw. Bronze;

p = 150 kg/qcm für Spindeln und Muttern aus bestem Stahl, oder Muttern aus Bronze.

Die besten Gleitverhältnisse ergeben sich erfahrungsgemäß unter Verwendung verschieden harter Werkstoffe für Spindel und Mutter, also zweckmäßig Spindel aus Stahl, Mutter aus Guß oder Bronze.

Es empfiehlt sich aber, jedenfalls bei hochbeanspruchten Schraubenspindeln, die Mutterhöhe dadurch zu kontrollieren, daß die Pressung in den tragenden Gewindegängen genau bestimmt wird, desgl. die Biegungsbeanspruchung im Grund der Gewindegänge (besonders bei Muttern aus Guß und Bronze). Ferner ist bei solchen Schraubenspindeln eine genaue Ermittlung der resultierenden Spannung im Interesse der Sicherheit, wie der restlosen Materialausnützung, also der Wirtschaftlichkeit, unerläßlich.

Bei flachgängigen Schrauben muß man die Mutter doppelt so hoch machen wie bei scharfgängigen, da bei gleicher Mutterhöhe die Gesamtgrundfläche der tragenden Gewindegänge nur halb so groß ist als bei scharfgängigen Schrauben (siehe Abb. 67).

Abb. 67. Zur Schraubenberechnung.

3. **Bei Schraubenverbindungen, welche Querkräfte zu übertragen haben,** muß man so viel Schrauben anwenden, daß die durch das Aufeinanderpressen der zu verbindenden Teile hervorgerufene Reibung ein Gleiten der sich berührenden Flächen hindert. Schrauben dieser Art kann man wie Nietverbindungen berechnen und die Belastung pro qcm Schraubenquerschnitt etwa 0,8 der zulässigen Zugspannung setzen.

Da aber die Reibung etwas Unzuverlässiges ist, so ist es grundsätzlich richtiger, die Schraube selbst die Querkraft aufnehmen zu lassen, wozu sie an sich nicht geeignet ist, da sie ja das Schraubenloch nicht voll ausfüllt. Es wäre also erforderlich, die Schrauben in das Loch genau einzupassen, also Paßschrauben anzuordnen. Man greift zu solchen Schrauben aber erst dann, wenn eine andere Möglichkeit, die durch die Querkräfte angestrebte Verschiebung zwischen den zu verbindenden Teilen aufzufangen, ausgeschlossen ist, da Paßschrauben teurer sind wie gewöhnliche Schrauben. Die Paßschrauben haben entweder einen zylindrischen, oder konischen Schaft. Bei sehr großen Kräften und bei starken Stößen, desgl. bei Kraftrichtungswechsel, ist die konische Gestaltung und genaues Einschleifen unerläßlich (Abb. 68). Die zu verwendende Konizität beträgt dabei $^1/_{10}$ bis $^1/_{20}$.

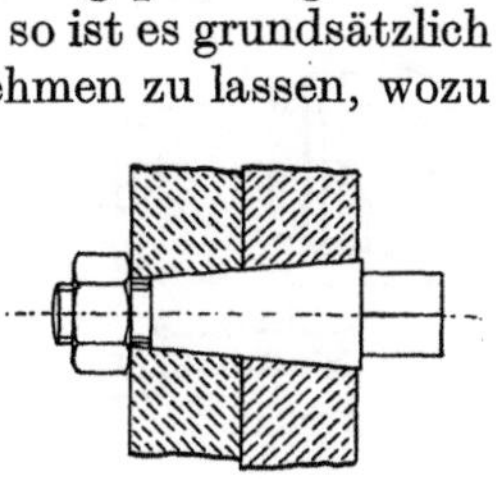

Abb. 68. Paßschraube.

Andere Möglichkeiten bieten sich durch Einziehen von Paßstiften in die zu verbindenden Teile, oder durch das Einlegen von Stiften, oder auch durch das Anbringen von Paßringen im Schraubenloch (Abb. 69).

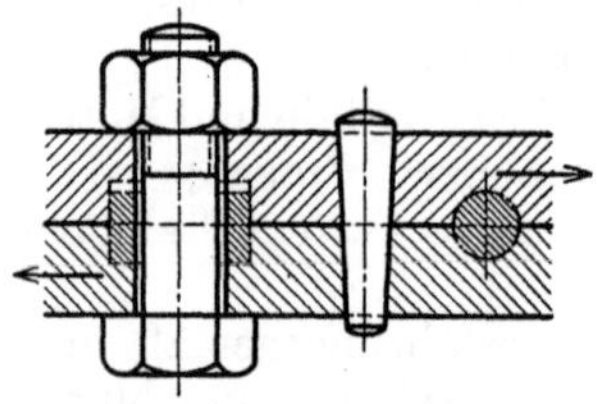

Abb. 69. Schraubenverbindung für Querkräfte.

Paßstifte sind aus hartem Stahl zu machen und entweder konisch gehalten — Prisonstift — (Loch zylindrisch gebohrt und mit konischer Reibahle aufgebohrt), oder wie neuerdings aufgekommen, zylindrisch und von drei Seiten eingekerbt, derart, daß die Kerben sich nach unten verjüngen, wodurch sich ebenfalls eine konische Form ergibt. Solche Stifte heißen Kerbstifte (Abb. 70) und bilden ein neues Maschinenelement zur Herstellung lösbarer Verbindungen, das große Vorzüge besitzt. Das konische Aufreiben der Löcher, das bei konischen Paßstiften unerläßlich ist, fällt hier fort, es genügen zylindrisch gebohrte Löcher, in die der Kerbstift direkt eingetrieben wird. Auch bei ungenau gebohrten Löchern sitzen die Kerbstifte absolut fest und lockern sich auch bei starken Stößen vermöge ihrer ausgezeichneten Rüttelfestigkeit nicht. Ihr Anwendungsgebiet ist daher sehr mannigfach, vor allem für solche Maschinenteile, wo kein öfteres Lösen notwendig wird.

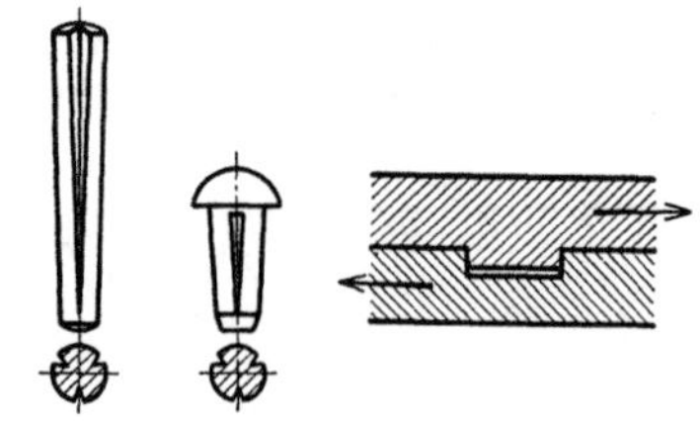

Abb. 70, 72 und 73. Hilfsmittel zur Aufnahme von Querkräften.

Abb. 71 zeigt eine Anwendung des Kerbstifts in der Befestigung eines Schwinghebels mit einer Welle. Als Werkstoff der Normalausführung dient Stahl von 55—60 kg/qmm Festigkeit. Der Kerbstift wird neuerdings auch als sogenannter Kerbnagel (Abb. 72) zum Befestigen von Dichtungen, Schildern, Blechen usw. benützt. Näheres über die verschiedenen Ausführungsformen von Kerbstiften und über ihre genormten Abmessungen siehe in den Anleitungsblättern für den Kerbstifteinbau der Kerb-Konus G. m. b. H., Dresden N 15.

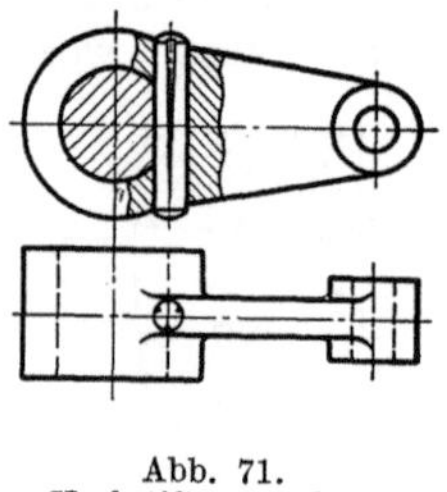

Abb. 71. Kerbstiftanwendung.

Das Einfachste bei Verbindungen, die Querkräfte aufzunehmen haben, ist aber immer, diese verbindenden Teile selbst unter sich gegen Verschieben zu sichern, was z. B. bei den skizzierten Platten der Abb. 69 durch Ansatz und Nut geschehen kann (Abb. 73).

Es ist dabei grundsätzlich zu beachten, daß, wenn ein Maschinenteil in einen anderen einspringen muß, dieser Vorsprung Luft haben muß, denn es ist unmöglich zwei Flächengruppen zu gleich gutem Anliegen zu bringen. Es ist deshalb bei allen Verbindungen darauf zu sehen, daß die Auflage stets nur an einer Ebene erfolgt. Widerspricht dies dem Verwendungszweck (z. B. bei Dichtungen), so müssen die Flächen aufgeschliffen werden, oder es muß eine Zwischenlage von nachgiebigem Material eingelegt werden (Packung), deren Elastizität die Ungenauigkeiten in der Herstellung ausgleicht.

Dem gleichen Zweck wie Ansatz und Nut dient bei Gußteilen eine angegossene Warze oder Klaue, die sich gegen eine feste Fläche legt (Abb. 74).

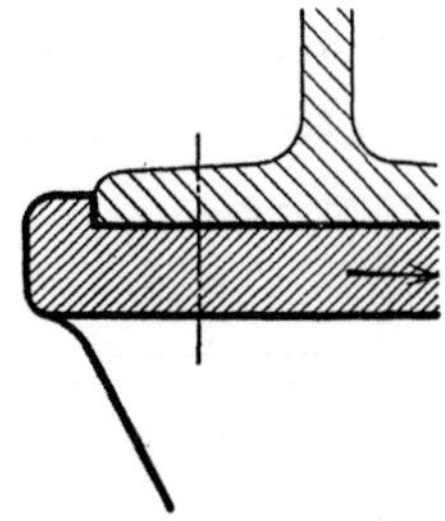

Abb. 74. Aufnahme von Querkräften.

Ein Einpassen von Schrauben wird auch notwendig, wenn ein konzentrisches Verdrehen zweier Maschinenteile zu verhüten ist, wie z. B. bei Kupplungsflanschen (Abb. 122). Es genügt aber in solchen Fällen nur einige von den Schrauben einzupassen (zwei diagonal liegende) oder statt dessen zwei Paß- oder Kerbstifte entsprechend anzuordnen.

2. Keilverbindungen.

Die Wirkung des Keils beruht, wie die der Schraube, auf der schiefen Ebene. Er hat die Aufgabe, zwei Körper entweder gegeneinander zu verschieben oder zu verspannen. Keile sind also entweder Stellkeile oder Befestigungskeile.

Als Material für alle Keilarten ist grundsätzlich harter Stahl zu nehmen mit 60 kg/qmm Festigkeit (Bezeichnung St. 60.11), da sich weicherer Stahl beim Eintreiben staucht und beim Bearbeiten keine so glatte Oberfläche ergibt, wie harter Stahl.

Stellkeile.

Ihre konstruktive Ausführung richtet sich nach den Maschinenteilen, in die sie eingebaut werden. Diese sind in der Hauptsache Lagerkörper, bei denen der Stellkeil ein Nachstellen der abgenützten Lagerschalen bewerkstelligen soll, vgl. die Abb. 352 bis 358. Die hierbei sich ergebenden

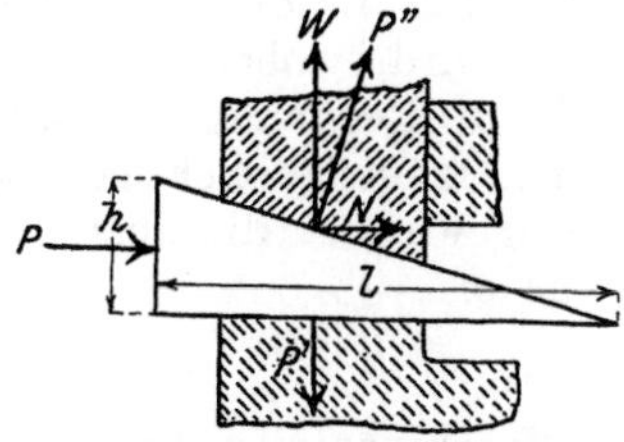

Abb. 75. Kraftverhältnisse bei Stellkeilen.

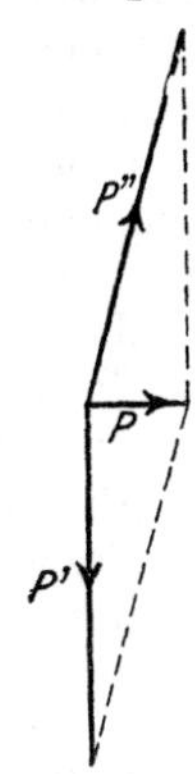

Abb. 76 a.

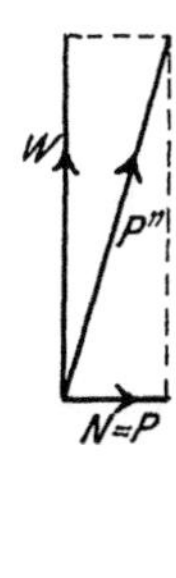

Abb. 76 b.

Kraftverhältnisse zwischen Keil und Nachstellkörper sind aus den in Abb. 75, 76 a und 76 b gezeichneten Kräftezerlegungen ersichtlich.

Es verhält sich

$$\frac{P}{W} = \frac{h}{l}.$$

Das Verhältnis $\frac{h}{l}$ nennt man den Anzug des Keiles. Handelt es sich, wie in den meisten Fällen, um einen Keilstumpf (Abb. 77 u. 78), so hat man für $\frac{h}{l}$ zu setzen $\frac{h_1 - h_2}{l}$. Man erhält also die auf den Rücken des Keiles auszuübende (eintreibende) Kraft P, wenn man den Druck, welcher senkrecht zur Keilmittellinie ausgeübt werden soll, mit dem Anzug multipliziert $P = W\frac{h}{l}$ bzw. $P = W\frac{h_1 - h_2}{l}$.

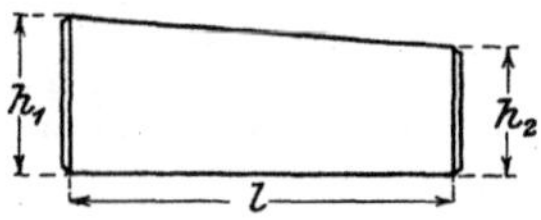

Abb. 77. Einseitiger Anzug.

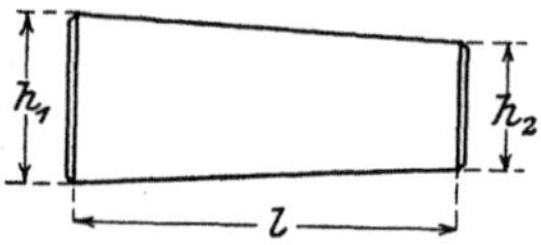

Abb. 78. Doppelter Anzug.

Nennt man den Keilwinkel α, so ist der Anzug

$$\frac{h}{l} \text{ bzw. } \frac{h_1 - h_2}{l} = \operatorname{tg} \alpha,$$

folglich $P = W \cdot \operatorname{tg}\alpha$.

Hierbei ist die beim Keil sehr beträchtliche Reibung nicht berücksichtigt, die, wie Abb. 75 zeigt, in drei Flächen auftritt. Unter der Annahme, daß der Reibungskoeffizient in allen drei Flächen gleich groß ist, wird dann

$$P = W \operatorname{tg} (\alpha + 2\varrho)$$

(ϱ ist der Reibungswinkel, dessen tg Funktion gleich dem Reibungskoeffizienten ist).

Zum Lösen des Keiles unter Belastung ist dann eine Kraft

$$P_1 = W \operatorname{tg} (2\varrho - \alpha)$$

erforderlich.

Ist wie in Abb. 77 nur eine Keilseite geneigt, so spricht man von einseitigem Anzuge, sind beide Seitenflächen geneigt (Abb. 78), von doppeltem Anzuge.

Man macht den Anzug für Stellkeile 1 : 10 bis 1 : 4.

Die achsiale Bewegung von Stellkeilen geschieht in der Regel nicht von Hand, sondern durch Anziehen einer Schraube (Abb. 79), die dann durch die oben berechnete Kraft P auf Zug beansprucht wird, wobei wegen Anziehen unter Belastung $^4/_3\,P$ in Rechnung zu stellen ist. Abb. 79 zeigt noch die früher üblich gewesene Darstellungsart des Schraubengewindes, die aber durch die Dinormen abgeschafft wurde.

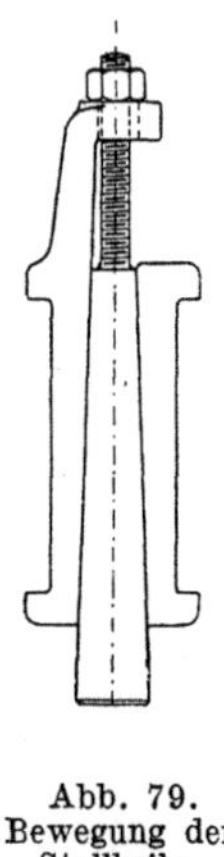
Abb. 79. Bewegung der Stellkeile.

Befestigungskeile.

Man benützt Keile zur Befestigung von Maschinenteilen dann, wenn es sich um Verbindung von stangen- und hülsenförmigen Körpern handelt. Es sind dabei zwei Arten von Konstruktionsanordnungen zu unterscheiden: entweder werden die Keile in Richtung von Stange und

Hülse, also parallel zu deren Achse, oder quer zu dieser angebracht. Im ersten Fall spricht man von Längskeilen (Nabenkeile), bei denen eine Verspannung gegen drehende Kräfte bewirkt wird, im letzteren von Querkeilen mit Verspannung gegen achsiale Kräfte, wovon ein Spezialfall die Streifkeile sind.

a) Längskeile. Sie dienen hauptsächlich zur Verbindung sich drehender oder schwingender Teile (z. B. Räder, Riemenscheiben, Kurbeln, Hebel), mit der Welle. Ihre äußere Form ist die eines prismatischen Stabs (Abb. 80) mit stets nur einseitigem Anzug, den man möglichst klein wählt, um etwaiges Lockerungsbestreben durch Selbsthemmung zu unterbinden. Normal beträgt der Anzug für alle Längskeile 1 : 100 und zwar legt man ihn durchweg auf die Rückenseite, die sich gegen die Nabe preßt. Die Verspannung zwischen Welle und Nabe wird hergestellt durch Hammerschlag in der Längsrichtung, entweder auf den Keil, oder, wenn dazu kein Platz vorhanden, auf die Nabe.

Abb. 80. Treibkeil.

Keile der ersten Art heißen Treibkeile, die bei einseitiger Zugänglichkeit zum Zweck des Austreibens als Nasenkeile ausgeführt werden (Abb. 81 und 81a). Die ballige Form der Nase ist entschieden besser.

Abb. 81.
Nasenkeil mit balliger Nase.

An leicht zugänglichen Stellen sind, der Gefahr wegen, die Nasen durch Überschieben von runden Hülsen zu überdecken, vgl. Abb. 121. Statt der Nasenkeile verwendet man auch zwei mit den schrägen Flächen aufeinanderliegenden Keile (Doppeltreibkeile). Schlägt man auf den einen, so wird die Verbindung festgezogen, schlägt man auf den anderen, so wird sie gelöst.

Abb. 81 a. Nasenkeil nach Dinorm 493.

Keile der zweiten Art werden als Einlegekeile bezeichnet. Sie sind stets sogenannte versenkte Keile oder Nutenkeile, d. h. sie sitzen in einer der Keilform entsprechenden Wellennut, deren Enden wie die der Keile halbkreisförmig abgerundet sind. Ihre Querschnittsform ist rechteckig, die Abmessungen richten sich nach dem Wellendurchmesser und sind genormt. Ebenfalls genormt sind die Formen und Abmessungen der Treibkeile, bei denen man unterscheidet (siehe Abb. 82):

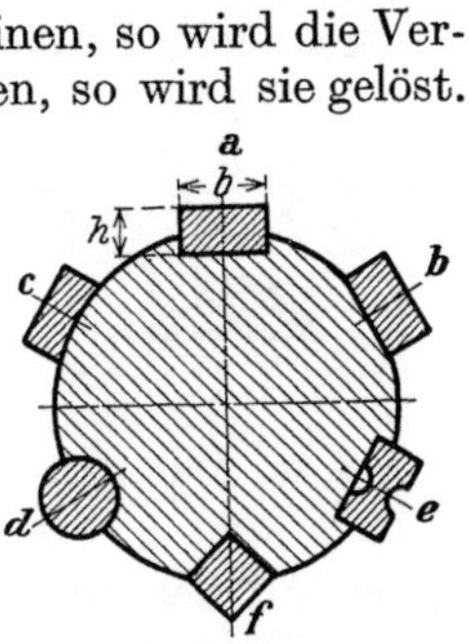

Abb. 82. Keilarten.

a) Versenkte Keile oder Nutenkeile, die zur Hälfte in einer Nut der Welle liegen. Sie haben meist rechteckigen, seltener quadratischen

Querschnitt. Der Quadratkeil schwächt die Welle und die Nabe stärker als der rechteckige Keil, bietet aber größere seitliche Anlageflächen. Wird er so eingetrieben, daß die Diagonale radial zu liegen kommt, so verspannt er auch in tangentialer Richtung. Solche Keile heißen Spießkantkeile (Abb. 82 f). Man verwendet sie mit Vorteil zur Übertragung großer Drehmomente, vor allem bei wechselnder Drehrichtung (z. B. für Reguliergestänge).

b) Flachkeile (im engeren Sinn) oder Flächenkeile, die nur auf einer abgeflachten Stelle der Welle aufsitzen.

c) Hohlkeile, die in einer der Wellenoberfläche entsprechend ausgehöhlten Fläche anliegen und demgemäß nur kleine Kräfte übertragen können, da sie rein auf Reibung wirken.

d) Rundkeile, die kreisförmigen Querschnitt haben und zur Hälfte in der Welle, zur Hälfte in der Nabe sitzen.

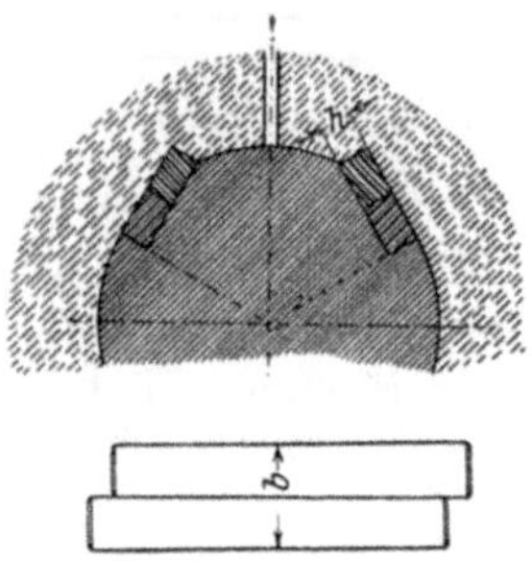

Abb. 83. Tangentialkeile.

Zur Verspannung bei sehr großen Drehmomenten (Schwungrädern u. dgl.), in Sonderheit bei geteilten Naben, verwendet man die Tangentialkeile, welche aus zwei Paaren derartig gegeneinander getriebener Keile bestehen, daß die Anzugskraft tangential zum Wellenumfang wirkt (Abb. 83). Die Wellennuten sind, wie gezeichnet, in der Regel unter 120° gegeneinander versetzt, seltener unter 180°. Übliche Verhältnisse der Tangentialkeile sind: $b = 0{,}25\,d$; $h = 0{,}25$ $b = d/16$.

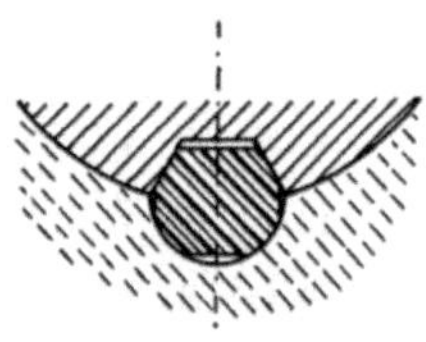

Abb. 84. Alfakeil.

Für die Übertragung großer Momente ordnet man auch vielfach zwei Keile an und zwar einen Nutenkeil und einen Flachkeil, die man um 90° versetzt, wodurch zugleich ein gleichmäßigeres Verspannen der Räder erzielt wird.

Besondere Formen sind die von Römmele, Freiburg i. B., mit Rinnen an der Sohle und der Scheitelfläche (Abb. 82 e), wodurch die Flächenpressung erhöht wird und beim Lösen des Keils Petroleum eingeflößt werden kann, sowie der Alfakeil von v. Bechtolsheim, München (Abb. 84), der die Welle weniger schwächt und auch tangential verspannt.

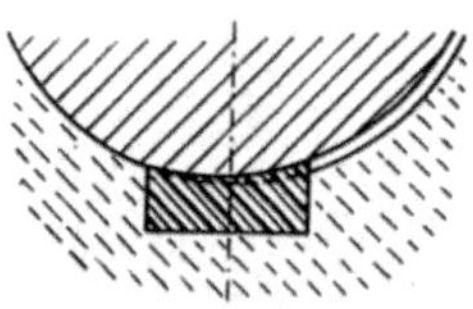

Abb. 85. Klemmkeil.

Erfolgt die Drehung der Welle nur in einem Sinne, so kann man einen in einer exzentrischen Nut liegenden prismatischen Stab (Friedr. Krupp, Grusonwerk, Abb. 85) verwenden, der bei der Drehung die Verbindung durch Klemmen herstellt.

Einlegekeile kommen auch ohne Anzug, als sogenannte Federn in Verwendung. Diese haben demgemäß keine Verspannungswirkung, sondern sind nur entweder Führungs- oder Formschlußelemente. Federn als Führungselement gebraucht man, wenn ein Maschinenteil auf der Welle verschoben werden muß. Solche Federn heißt man Gleitfedern, sie haben sowohl im Rücken, als auch an den Seitenflächen etwas Spielraum. Demgemäß sind alle Gleitfedern, um durch die Rädernaben nicht aus der Nute herausgeschlagen zu werden, fest mit der Welle zu verbinden. Dies geschieht meist durch einige versenkte Schrauben, deren Stärke etwa 0,4 b bei 100—150 mm Entfernung zu wählen ist, oder durch Einlassen eines Zapfens an der Feder in die Gleitnabe (Zapfenfeder), ähnlich der in Abb. 124 gezeichneten.

Bei starken Stößen und Drehrichtungswechsel (z. B. Räder für Werkzeugmaschinen und Fahrzeugmotoren) genügt eine solche Feder nicht, sondern sind mindestens zwei diametral versetzte Federn anzuordnen. Statt dessen kann die Feder auch mit schwalbenschwanzförmiger Wurzel in eine entsprechende Wellennut, womöglich dabei noch mit Schrumpfwirkung, eingelassen werden. Am allerbesten ist es aber, Feder und Welle aus einem Stück zu machen, entweder durch geeignetes Hinterdrehen der Welle, oder durch Aushobeln von mehreren Nuten mit entsprechendem Profilstahl, was besonders im Fahrzeugbau allgemein eingeführt ist oder durch Ausfräsen mittelst Form- oder Wälzfräsern. Solche „Naturkeilwellen“ sind besonders für Getriebewellen im Werkzeugmaschinenbau und den Differentialantrieb bei Fahrzeugmotoren heute allgemein verwendet, vgl. Abb. 146. Es finden sich in der Praxis Keilwellenprofile mit 4,6 und 10 Keilen gemäß den Dinormen 2223, 2224 und 2225.

Wo ein Nachgeben oder ein Verschieben zwischen Nabe und Welle in achsialer Richtung nicht erforderlich ist, werden gestrählte Wellen den genuteten Wellen vorgezogen. Solche gestrählten Wellen besitzen keilförmige Zähne, die bei entsprechend großer Zahl und niedriger Zahnhöhe eine hohe Beanspruchung möglich machen.

Federn als Formschlußelement heißen Paßfedern. Sie liegen mit ihren Seitenflächen stramm an der Nabennut an, ergeben daher in gewissem Sinn auch eine Verspannung und bedürfen bei kleineren Drehkräften keines Festmachens auf der Welle. Ihre Enden sind wie bei Einlegekeilen halbrund. Im Werkzeugmaschinenbau werden sie in Verbindung mit konischen Wellenzapfen vielfach zur Befestigung von Radnaben benützt, da die Keilwirkung immer eine einseitige federnde Formänderung der Nabe nach sich zieht (Schiefziehen), was z. B. bei genau arbeitenden Zahnrädern unzulässig ist.

Eine weitere besondere Form von Federn ist die Zylinderfeder, deren Bohrung erst vorgenommen wird, wenn die Verbindung hergestellt ist. Der Durchmesser dieser Feder kann gewählt werden zu $0{,}6\sqrt{d}$ bis $0{,}7\sqrt{d}$ cm.

Neuerdings hat im Werkzeugmaschinenbau der ebenfalls genormte Woodruffkeil (Scheibenfeder) nach Abb. 86 viel Anwendung gefunden, da er billiger kommt als Paßfedern. Er wird in der Hauptsache als Feder benützt.

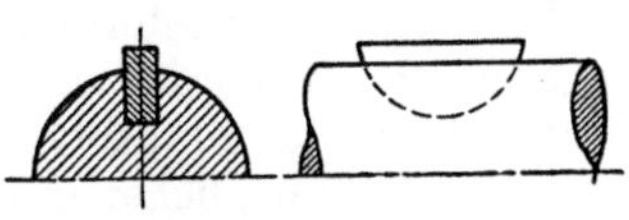

Abb. 86. Scheibenfeder.

Er greift mit der runden Seite in die Welle und stellt sich mit der flachen Seite nach der Neigung der Nut in der Nabe ein. Der Woodruffkeil ist nur dort anwendbar, wo eine derartige Schwächung der Welle zulässig ist. Um bei geringerer Schwächung der Welle eine genügende Keillänge zu erzielen, verwendet man vereinzelt zwei Woodruffkeile hintereinander, doch ist es kaum möglich, sie zu gleichmäßiger Anlage zu bringen.

Die Wellennuten werden entweder auf Keilnutenfräsmaschinen (Langlochbohrmaschinen) hergestellt, wobei die Enden der Nut halbrund werden, oder mit Scheibenfräsern von der Dicke der Nutbreite mit auslaufenden Enden gefräßt, oder seltener auf Hobelmaschinen gehobelt. Nabennuten werden entweder ausgestoßen, oder mit Räumnadeln ausgezogen. Für gleiche Wellendurchmesser sind alle Nabennuten gleich breit, so daß die verschiedenen Keile ausgetauscht werden können. Die Kanten der Keile sind entweder scharf, sie können aber auch, wenn dies für erforderlich erachtet wird, abgeschrägt werden. Entsprechend sind dann die Nuten auszuschrägen oder auszurunden.

Bei Stufenrädergetrieben verwendet man Ziehkeile, die sich innerhalb einer hohlen Welle so verschieben lassen, daß man ein beliebiges von mehreren Zahnrädern mit der Welle kuppeln kann.

Um die Nabe möglichst wenig zu schwächen, setzt man den Keil gewöhnlich unter einen Arm des Rades, jedenfalls stets an die stärkste Stelle der Nabe. Bei geteilten Naben ist der Einzelkeil in die Teilfuge zu setzen, da sonst die Nabenschrauben unnötig auf Zug beansprucht werden. Vorausgesetzt ist dabei, daß die Teilfuge des Radkörpers durch ein Armpaar geht, wie dies bei Zahnrädern und Riemenscheiben allgemein üblich ist.

Bei schweren Teilen, wie z. B. gekröpften Wellen u. dgl., soll man die Keilnuten so anordnen, daß das Einziehen der Keile bei der durch die Schwere gegebenen natürlichen Lage möglich ist.

Über die genormten Abmessungen der wichtigsten Keile und Federn siehe die Keiltabellen 11, 12, 13 im Anhang.

b) Querkeile. Durch das Eintreiben eines Keils quer zur Wellenachse entsteht eine kleine Verschiebung und dadurch eine Verspannung zwischen den zu verbindenden Teilen, die damit eine Kraftübertragung in achsialer Richtung möglich macht, und die durch Herausschlagen des Keils sehr rasch wieder gelöst ist.

Um die Welle durch das Keilloch nicht übermäßig zu schwächen, ist der Keil quer zur Wellenachse niedrig, dafür in Richtung der Achse breit zu machen, wodurch er gleichzeitig eine große Widerstandsfähigkeit gegen Ausbiegen erhält.

Ihre Querschnittsform ist allgemein rechteckig, an den Ecken meist abgerundet, weil damit die Herstellung des Keilloches einfacher wird (Bohren) und die gefährliche Kerbwirkung fortfällt. Es sind deshalb den Spannflächen möglichst große Abrundungen zu geben. Gut ist, wenn die betreffenden Teile dadurch nicht zu sehr geschwächt werden, die Enden des Keilschlitzes durch runde Löcher zu bilden, deren Durchmesser größer ist als die Dicke des Keils.

Die Querkeile werden mit einseitigem und doppelseitigem Anzug verwendet. Durchschnittlicher Anzug 1:20. Dabei ist noch Selbsthemmung vorhanden.

Die Ermittlung der Abmessungen einer Querkeilverbindung soll an einem Beispiel gezeigt werden.

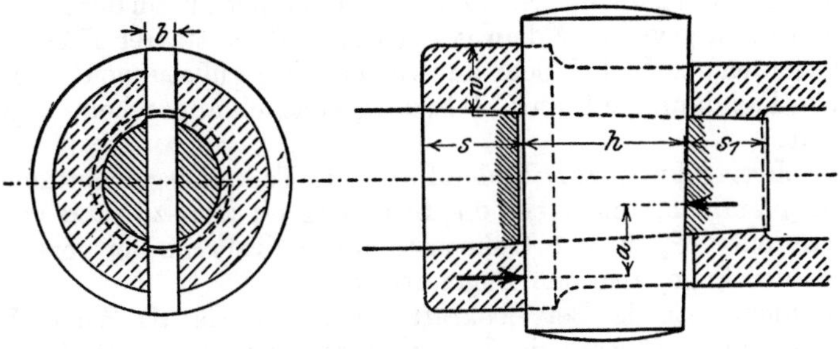

Abb. 87. Querkeilverbindung.

Beispiel: Das konische Ende einer Kolbenstange (Abb. 87), die eine Kraft von 8000 kg zu übertragen hat, soll durch einen Querkeil im Kreuzkopf befestigt werden. Der Durchmesser der Kolbenstange sei 75 mm.

Der Kraftrichtungswechsel bedingt ein scharfes Eintreiben des Keils beim Montieren, damit die sich berührenden Teile vermöge der starken Vorspannung einem Lockerwerden der Verbindung einen genügenden Reibungswiderstand entgegensetzen können. Es kommen damit in die

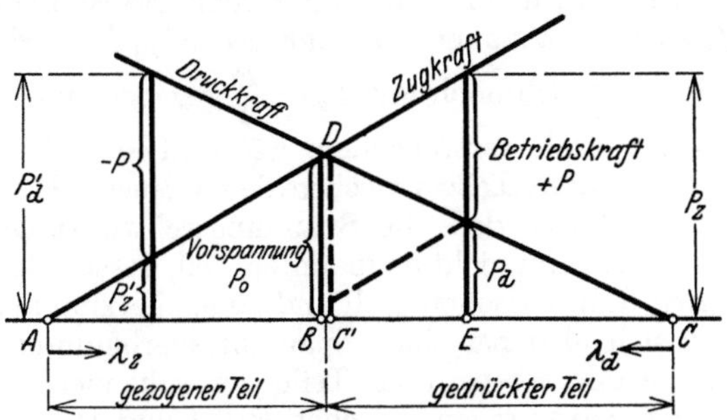

Abb. 88. Spannungs-Dehnungs-Diagramm einer Spannungsverbindung.

verspannten Teile schon Kräfte hinein, ehe die eigentlichen Betriebskräfte wirken. Solche Verbindungen heißt man Spannungsverbindungen. In welchem Maße die Montagespannungen die Gesamtspannungen der zu verbindenden Teile beeinflussen, hängt von der Elastizität der verwendeten Materialien ab.

Bei jeder Spannungsverbindung wird durch die vorgenommene Verspannung ein Teil auf Zug, der andere auf Druck beansprucht.

Abb. 88 zeigt das Spannungsdehnungsdiagramm einer elastischen Spannungsverbindung: Die Strecke AB bedeute die Längenänderung λ_z, die bei der Montage im gezogenen Teil entsteht,

$C\,B$ die Längenänderung λ_d, die der gedrückte Teil dabei erfährt. Die Ursache beider Dehnungen, die bei Vornahme der Verspannung ausgeübte Montagekraft, sei durch $B\,D$ dargestellt. Der durch $A\,D$ gehende Linienzug kennzeichnet dann die Zugkraft im gezogenen Teil und der durch $C\,D$ bestimmten Linienzug die Druckkraft im gedrückten Teil der Verbindung. Bei manchen Spannungsverbindungen kann der zusammengedrückte Teil gegenüber dem gezogenen Teil als starrer Körper angesehen werden (z. B. bei Schrumpfringen über gußeisernen Naben), in welchem Fall dann die Linie $C\,D$ in die gestrichelt angegebene Lage $D\,C'$ übergeht.

Die Montagekraft $B\,D$ bildet für beide Teile die gemeinsame Vorspannungskraft P_0 und stellt die Belastung im Ruhezustand vor. Zugleich bedeutet P_0 für den Ruhezustand die Kraft in der verspannten Fläche oder Fuge, also den Fugendruck.

Die hinzutretende Betriebskraft sei, sofern sie als Zugkraft sich äußert $+P$ und $-P$, wenn sie als Druckkraft auftritt. Wie das Diagramm zeigt, erhöht die Betriebskraft $+P$ die Zugkraft im gezogenen Teil auf P_z, weil sich dieser Teil um $B\,E$ weiterstreckt und erniedrigt infolge der im gedrückten Teil dadurch eintretenden elastischen Rückdehnung um den gleichen Betrag die Druckkraft daselbst auf P_d, so daß auch die Kraft in der verspannten Fuge nur noch diese Größe P_d hat. Umgekehrt erhöht ein Kraftrichtungswechsel, also die Betriebskraft $-P$ die Druckkraft auf P_d' und erniedrigt die Zugkraft auf P_z'. Soll die Spannungsverbindung ihren Zweck erfüllen, so darf im Betrieb der Druck in der verspannten Fläche nicht aufgehoben werden, d. h. es muß $P_d > o$ sein. Es ist üblich, die Vorspannung P_0 so groß anzunehmen, daß $P_z = {}^5/_4\,P$ wird, so daß die verspannten Flächen sich noch mit $P_d = \frac{P}{4}$ gegeneinander pressen.

Es bewegt sich nach vorstehendem während des Betriebs die Belastung der verspannten Teile zwischen den Grenzen P_0 und P_z bzw. zwischen P_0 und P_d', so daß die Spannungsschwankungen in diesen Teilen geringer sind als im nichtverspannten Teil, dessen Beanspruchung schwellender Art, d. h. zwischen Null und einem Maximum schwankend ist. Es nähert sich also bei einer Spannungsverbindung die Art der Inanspruchnahme der verspannten Teile der ruhenden Belastung, so daß die zulässigen Spannungen zwischen Fall I und II zu wählen sind.

Bei der Verspannung starrer Körper vermindert die Betriebskraft P die ursprüngliche Vorspannung P_0 um P (in Abb. 88 gestrichelt angegeben). Für $P = P_0$ wäre damit die Vorspannung aufgehoben und für $P > P_0$ würde ein Abheben der verspannten Teile entstehen.

Für das vorliegende Beispiel ist nach dem Gesagten in Rechnung zu setzen:

Stangenkraft $P = {}^5/_4 \cdot 8000 = 10\,000$ kg.

Schätzen wir die Länge des Konus gleich dem doppelten Stangendurchmesser $l = 150$ mm und nehmen den Spitzenwinkel des Konus zu 6^0 an, so wird der vordere Durchmesser des Konus

$$d_1 = d - 2 \cdot l \cdot tg\,3^0 = 75 - 2 \cdot 150 \cdot 0{,}05 = 60 \text{ mm}.$$

Die Flächenpressung auf die ringförmige Projektion der Mantelfläche des Konus wird dann:

$$p = \frac{P}{\frac{\pi d^2}{4} - \frac{\pi d_1^2}{4}} = \frac{10000}{\frac{\pi 7{,}5^2}{4} - \frac{\pi 6^2}{4}} = \frac{10000}{44{,}2 - 28{,}3} = \sim 630 \text{ kg/qcm},$$

ein Wert der zulässig ist, da es sich ja um Pressungen zwischen ruhenden Teilen handelt, wobei man bei Stahl auf Stahl 1000 kg/qcm, bei Stahl auf Guß 900 kg/qcm zulassen kann.

Die Keilbreite kann so gewählt werden, daß der Flächendruck zwischen Keil und Lochleibung in der Stange 1000 kg/qcm nicht übersteigt, also, wenn man den Durchmesser hier $\sim$ 6,5 cm setzt, nach der Formel

$$\frac{P}{b \cdot 6{,}5} \leqq 1000 .$$

Man erhält:

$$b = \frac{P}{1000 \cdot 6{,}5} = \frac{10000}{6500} = \sim 1{,}6 \text{ cm}.$$

Es ist nun zu prüfen, ob in der durch das Keilloch geschwächten Stange die zulässige Zugbeanspruchung nicht überschritten wird. Die Spannung ist hier

$$\frac{P}{\frac{\pi 6{,}5^2}{4} - b \cdot 6{,}5} = \frac{10000}{33{,}2 - 1{,}6 \cdot 6{,}5} = 440 \text{ kg/qcm}$$

also zulässig.

Die Wandstärke der Hülse w ist so zu wählen, daß die Flächenpressung zwischen Keil und Lochleibung der Hülse höchstens 900 kg (Hülse aus Gußeisen) wird, also muß

$$\frac{P}{2\, b \cdot w} \leqq 900$$

sein, woraus sich ergibt

$$w = \frac{P}{2 \cdot b \cdot 900} = \frac{10000}{2 \cdot 1{,}6 \cdot 900} = \sim 3{,}5 \text{ cm}.$$

Der Keil ist auf Biegung beansprucht, wobei man die Kraft P auf die freie Länge gleichmäßig verteilt annehmen kann; man kann dann den Abstand a setzen gleich $\frac{w}{2} + \frac{6{,}5}{4} +$ etwa 0,5 cm $= \frac{3{,}5}{2} + \frac{6{,}5}{4} + 0{,}5$ $= \sim 4$ cm.

Die Berechnung auf Biegung ergibt dann mit $k_b = 1000$ kg/qcm (man kann bei Keilstahl bis 1500 kg/qcm gehen)

$$\frac{P}{2} \cdot a = \frac{b \cdot h^2}{6} \cdot k_b, \qquad h^2 = \frac{6 \cdot P \cdot a}{2 \cdot b \cdot k_b} = \frac{6 \cdot 10\,000 \cdot 4}{2 \cdot 1{,}6 \cdot 1000} = 75,$$

$$h = \sqrt{75} = 8{,}66 \sim 9 \text{ cm}.$$

Die Stärken s und s_1 müssen mindestens der Berechnung auf Schub genügen, mit $k_s = 320$ kg/qcm für die Stange, $k_s = 200$ kg/qcm für die Hülse:

$$2 \cdot s_1 \cdot d_1 = \frac{P}{k_s}, \qquad s_1 = \frac{P}{2 \cdot d_1 k_s} = \frac{10\,000}{2 \cdot 6 \cdot 320} = \sim 3 \text{ cm},$$

$$4\, s\, w = \frac{P}{k_s}, \qquad s = \frac{P}{4 \cdot w \cdot k_s} = \frac{10\,000}{4 \cdot 3{,}5 \cdot 200} = \sim 3{,}6 \text{ cm}.$$

Es ist aber wegen der Kerbwirkung der Keile üblich, diese Abmessungen reichlicher zu nehmen, etwa

$$s_1 = 0{,}5\, h = 0{,}5 \cdot 9 = 4{,}5 \text{ cm},$$

$$s = 0{,}6\, h = 0{,}6 \cdot 9 = \sim 5{,}5 \text{ cm}.$$

Die Länge des konischen Ansatzes der Stange wird dann

$$s_1 + h + s = 4{,}5 + 9 + 5{,}5 = 19 \text{ cm},$$

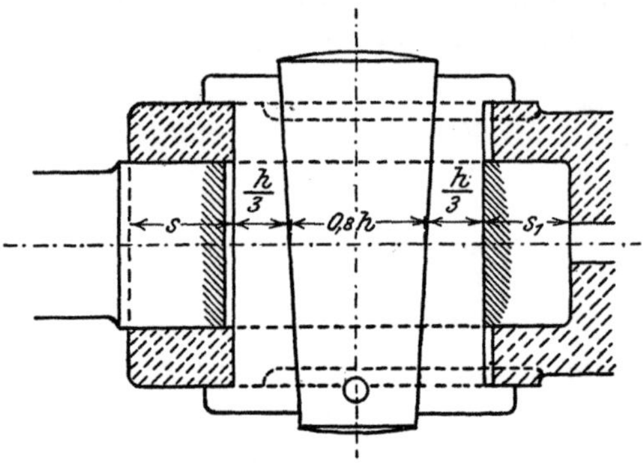

Abb. 89. Keilbeilagen.

wobei, wenn die Durchmesser $d = 7{,}5$ cm und $d_1 = 6$ cm beibehalten werden, der Spitzenwinkel des Konus etwa 5^0 wird.

Der Konus wird, um satten Sitz zu erhalten, am besten in die Hülse eingeschliffen. Dies ist aber teuer und besonders im Hinblick auf das Prinzip der Austauschbarkeit der Einzelteile, das bei Serienfabrikation Voraussetzung ist, ungeeignet. Dazu kommt noch als Nachteil die Sprengwirkung in der Hülse, wodurch in dieser eine Zugbeanspruchung besteht (siehe Abschnitt Kreuzköpfe und Kolbenstangen). Man paßt deshalb das Stangenende zylindrisch ein und läßt die Stange mit dem Stirnende oder einem Bund anlegen. Im ersten Fall kann man das Ende der Stange auch so weit verstärken, daß dadurch die Schwächung durch das Keilloch ausgeglichen wird (Abb. 89). Bei dieser Konstruktion sind Keilbeilagen angeordnet, die den Vorteil haben, daß sich am Keil beim Eintreiben durch die scharfen Kanten an Hülsen und Stangenloch kein schädlicher Grat bilden kann und die Pressungen an den Sitzflächen nicht so hoch werden. Sie erhöhen aber die Baulänge.

Ungefähr der obigen Rechnung entsprechende Verhältnisse bekommt man, wenn man den Durchmesser des verstärkten Endes

$D = 1{,}33\, d$,

die Keilbreite $b = 0{,}25\, d$,

die mittlere Keilhöhe

$h = 1{,}33$ bis $1{,}75\, d$,

die Stärke $s_1 = 0{,}75\, h$ für rechteckige Keile,

$s_1 = 0{,}5\, h$ für Keile mit runden Schmalseiten,

die Wandstärke der Hülse $0{,}5\, d$ bis $0{,}5\, D$,

die Stärke $s = 0{,}6$ bis $0{,}7\, h$ bei rechteckigem Keil,

$s = 0{,}4\, h$ bei Keilen mit runden Schmalseiten

nimmt, wenn die Hülse aus demselben Material ist wie die Stange; ist sie aus Gußeisen, kann man die Stärke s um die Hälfte größer annehmen.

Bei einem Keil mit einer Beilage kann man die Keilhöhe gleich 0,9 h, bei zwei Beilagen 0,8 h nehmen, die Stärke der Beilagen im Mittel $\frac{h}{3}$, wenn h die berechnete Keilhöhe ist.

Wird der Keil unter Belastung angezogen, so muß man besonders darauf achten, daß die Pressung in den Gleitflächen nicht zu groß wird, da sonst ein Anfressen eintritt.

c) **Streifkeile.** Sie sind eine Abart der Querkeile und werden dann benützt, wenn der normale Querkeil den Stangenquerschnitt zu sehr verschwächt. In der Hauptsache dienen sie als Sicherung von Bolzen gegen Verdrehen und Verschieben. Ihre Anordnung und konstruktive Gestaltung zeigt Abb. 90.

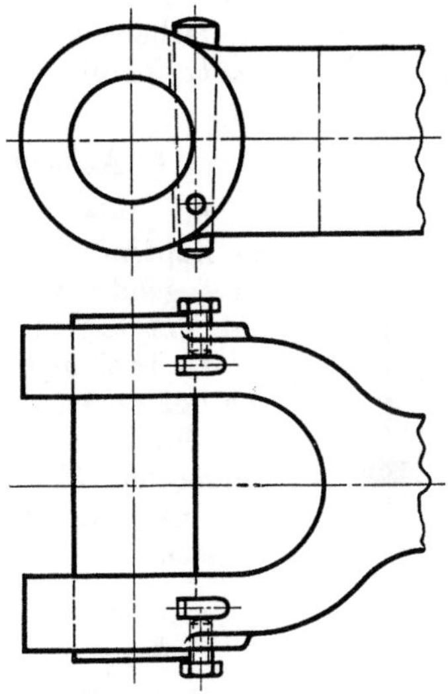

Abb. 90. Streifkeile.

Für größere Ausführungen und stärkere Kräfte ist rechteckiger Querschnitt wie beim Querkeil üblich. Anzug einseitig, meist 1:50. Anordnung an der stärksten Stelle der Hülse. Einfach und solid ist die Anordnung eines zylindrischen Stiftes mit der Länge nach schräg angefräßter ebener Fläche in Verbindung mit zylindrischem Loch in der Hülse. Für einfache Fälle genügt auch ein Kegelstift 1 : 50 als Streifkeil, in Verbindung mit einem zylindrischen Loch in der Hülse (Lochmitte tangential zur Hülsenbohrung), das mit einer konischen Reibahle aufgerieben wird, so daß der Stift überall fest und satt aufliegt, wie ein Paßstift, oder schließlich der einfachere Kerbstift (vgl. Abb. 71).

Keilsicherungen.

Diese werden hauptsächlich bei Stellkeilen, aber auch bei Befestigungskeilen verwendet. Sie bestehen meist in einer Schraube, mit der man den Keil festzieht (Abb. 90), oder in einem vorgestreckten Splint (Abb. 89).

Klemmverbindungen.

Dem Warm- und Kaltaufziehen als unlösbare Verbindung entsprechen bei den lösbaren Verbindungen die Klemmverbindungen, die teilweise auf Reibung, teilweise auch auf Deformation beruhen. Sie werden im Maschinenbau hauptsächlich zur Befestigung von Hebeln und Scheiben auf Wellen, der Kolbenstange im Kreuzkopf, im Werkzeugmaschinenbau zum Festklemmen von Spindeln in geschlitzten Hülsen, um achsiale Bewegungen zu verhindern, verwendet.

II. Maschinenelemente der drehenden Bewegung.

A. Zapfen.

Zapfen sind entweder Teilgebilde von Achsen und Wellen, durch welche sich diese auf den als Gegenstück zum Zapfen gehörenden Hohlkörper, das ruhende Lager, abstützen, oder sind sie Einzelgebilde, um welche sich eine schwingende oder drehende Bewegung vollzieht. Man hat also zu unterscheiden zwischen Achsen- und Wellenzapfen und zwischen Einzelzapfen.

1. Achsen- und Wellenzapfen.

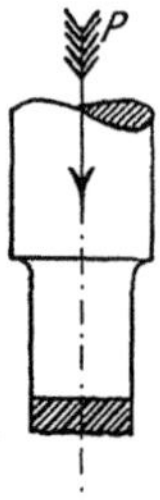

Abb. 91. Spurzapfen.

Man unterscheidet Spur- oder Stützzapfen, bei denen der Zapfendruck (der Druck zwischen Zapfen und Lager) vorwiegend mit der Drehungsachse zusammenfällt (Abb. 91), und Tragzapfen, bei denen der Zapfendruck vorwiegend auf der Drehungsachse senkrecht steht (Abb. 92). Befindet sich der Tragzapfen am Ende der Welle (Abb. 92), so nennt man ihn Stirnzapfen, liegt er innerhalb der Wellenlänge, Halszapfen (Abb. 93). Bei glatten Transmissionswellen hat man den vom Lager umschlossenen Teil als Zapfen anzusehen.

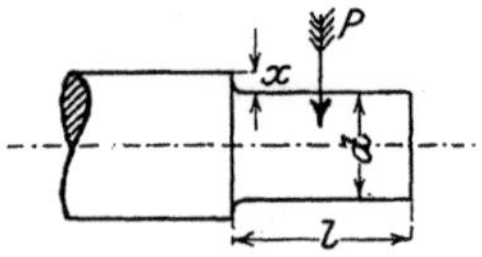

Abb. 92. Stirnzapfen.

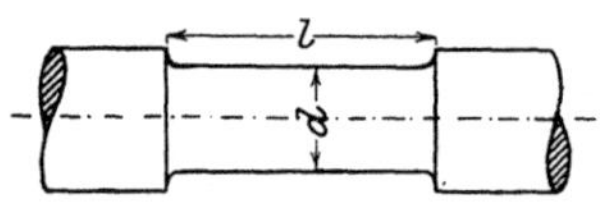

Abb. 93. Halszapfen.

Die äußere Form aller dieser Zapfen ist ein Umdrehungskörper und zwar entweder ein Zylinder (zumeist) oder ein Kegelstumpf, oder ein Teil einer Kugel. Die zylindrischen Zapfen sind entweder massiv oder hohl.

Berechnung der Zapfen.

Bei allen Zapfen sind drei Forderungen festzuhalten:

1. daß genügende Sicherheit gegen Abbrechen und gleichmäßiges Aufliegen auf der ganzen Länge der Lagerschale vorhanden ist;

2. daß die Pressung zwischen Zapfen und Lager nicht zu groß wird, da sich sonst das Schmiermaterial nicht zwischen den gleitenden Flächen halten kann und infolgedessen Reibung und Abnutzung sehr groß werden, und damit nicht genügend Sicherheit gegen Anfressen vorhanden wäre,

3. daß der sich in Wärme umsetzende Teil der Reibungsarbeit nicht größer wird als die Wärmemenge, die durch Abkühlung dem Zapfen in der gleichen Zeit entzogen wird, so daß genügende Sicherheit gegen Heißlaufen vorhanden ist.

a) Tragzapfen. Von den obigen Forderungen sind die beiden ersten allgemein die wichtigsten. Die Gefahr des Heißlaufens eines Zapfens ist erst bei höheren Drehzahlen vorhanden, also nicht allgemein.

Für den Stirnzapfen (Abb. 92) bedingt die 1. Forderung, daß die Spannung im gefährdeten Querschnitt das zulässige Maß nicht überschreitet. Die Querschnitte des Zapfens sind auf Biegung und Schub beansprucht, welch letzterer aber in solchen Fällen immer vernachlässigt werden kann, so daß die tatsächliche Spannung im gefährdeten Querschnitt wird:

$$\sigma_b = \frac{M_b}{W} = \frac{P \cdot \frac{l}{2}}{\frac{d^3}{10}} = \frac{5\,P \cdot l}{d^3}\ \text{kg/qcm}\,.$$

Da nun immer sein muß: tatsächliche Spannung $\leqq$ zulässige Spannung d. h. $\sigma_b \leqq k_b$, so folgt:

$$k \geqq \frac{5\,P \cdot l}{d^3}$$

$$\text{und damit: } d = \sqrt[3]{\frac{5\,P \cdot l}{k_b}} \tag{1}$$

Diese Formel berücksichtigt nur die Festigkeit, gilt also nicht allgemein. Sie gilt auch nur für Stirnzapfen. Halszapfen sind außer auf Biegung auch auf Drehung beansprucht. Siehe darüber bei Wellenberechnung.

k_b ist für sich drehende Zapfen nach Fall III zu bestimmen, da infolge der Rotation ein periodisch sich wiederholender Kraftrichtungswechsel in den Fasern eintritt.

2. Forderung. Die Pressungen, die der Zapfendruck an der stützenden Lagerschale und damit umgekehrt diese an der Zapfenoberfläche erzeugt, sind, wie Versuche zeigen, ungleichmäßig und zwar sind sie in der Mitte am größten. An ihrer Stelle ist der Begriff der mittleren spez. Pressung eingeführt, die eine über die Zapfenprojektionsfläche gleichmäßig wirkend gedachte Kraft ist und den Durchschnitt vorstellt aus den tatsächlichen, ungleich stark verlaufenden Drücken senkrecht zur Fläche der Zapfenprojektion.

Ist P die gesamte Zapfenbelastung, l und d die Zapfenabmessung, so ist damit:

$$\text{spez. Pressung} = \frac{\text{pressende Kraft}}{\text{gepreßte Fläche}}$$

$$\text{oder } p = \frac{P}{l \cdot d} \text{ d. h. } P = p \cdot l \cdot d \tag{2}$$

Aus der Gleichung der 1. Forderung ergibt sich

$$\mathrm{P} = \frac{d^3\,k_b}{5\,l}\;;$$

setzt man dies dem zweiten Werte von P gleich, so erhält man

$$\frac{d^3\,k_b}{5\,l} = p\,l\,d$$

und hieraus

$$\frac{l}{d} = \sqrt{\frac{k_b}{5p}}.$$

Für den hohlen Zapfen gilt nach Forderung (1)

$$P\frac{l}{2} = \frac{D^4 - d^4}{10\,D} \cdot k_b\ .$$

Die zulässige Biegungsbeanspruchung k_b kann man für rotierende Zapfen nehmen für:

Flußstahl über 50 kg/qmm Festigkeit	400 bis 600 kg/qcm
Schweißstahl	340 „ 400 „
Flußeisen bis 50 kg/qmm Festigkeit .	300 „ 500 „
Gußeisen	130 „ 250 „
Stahlguß.	250 „ 400 „

Für Spezialstahl und bei ruhenden oder nur schwingenden Zapfen sind entsprechend höhere Werte zulässig.

Der zulässige Wert der Flächenpressung p ist von sehr verschiedenen Einflüssen abhängig; für normale Verhältnisse kann man nach Bach setzen:

Tiegelgußstahl, gehärtet, auf Gußstahl, gehärtet, laufend	p bis zu 150 kg/qcm
Tiegelgußstahl, gehärtet, auf Bronze oder Weißmetall	p „ „ 90 „
Tiegelgußstahl, ungehärtet, auf Bronze	p „ „ 60 „
Fluß- oder Schweißeisen mit glatter, dichter Oberfläche auf Bronze oder Weißmetall	p „ „ 40 „
Schweißeisen mit nicht ganz reiner Oberfläche oder Gußeisen auf Bronze	p „ „ 30 „
Schweißeisen auf Gußeisen	p „ „ 25 „
Fluß- oder Schweißeisen auf Pockholz bei Wasserschmierung	p „ „ 25 „

Anmerkung:

Tiegelgußstahl = Flußstahl über 50 kg/qmm Festigkeit,
Flußeisen = Flußstahl bis 50 kg/qmm Festigkeit,
Schweißeisen = Schweißstahl.

Je vollkommener die Gleitflächen gearbeitet sind, je größer die Sicherheit für dauernd richtige Lage des Zapfens und der Lagerschale ist, je kürzer die Betriebsdauer, je niedriger der mittlere Zapfendruck gegenüber dem größten, und je vollkommener die Schmierung ist, um so höher wird man p wählen dürfen. Ebenso kann man p höher wählen, wenn die Richtung des Zapfendruckes wechselt, da dann die Ölzufuhr leichter ist und die Abnutzung sich über die ganze Oberfläche verteilt; läuft jedoch der Zapfen in einem Raume mit höherer Temperatur, so ist p niedriger zu nehmen. Je größer man p annimmt, um so größer wird die Abnutzung.

Unter Berücksichtigung dieser Gesichtspunkte ergeben sich folgende Sonderwerte für p:

Für die Zapfen von Seil- und Kettenrollen, welche sich nur unterbrochen drehen und bei denen es auf größere Reibung und Abnutzung nicht ankommt, kann man das Doppelte bis Dreifache obiger Werte nehmen.

Für die Kurbelzapfen normaler Dampfmaschinen (Gußstahl auf Bronze) kann man bei sorgfältiger Ausführung und Schmierung $p = 60$ bis 70, für Kreuzkopfzapfen 80 bis 90 kg/qcm setzen, für schnellaufende Maschinen etwa $^2/_3$ dieser Werte, für die Zapfen der Schwungradwelle $p = 15$ bis 25 kg/qcm.

Bei Lokomotiven geht man, größere Abnutzung in Kauf nehmend, bei Kurbelzapfen bis $p = 150$ kg/qcm und bei Kreuzkopfzapfen bis $p = 150$—250—300 kg/qcm (Gußstahl in Weißmetallagern), da hier die Zapfen durch den starken Luftzug gekühlt werden.

Bei Verbrennungsmotoren nimmt man für den Kurbelzapfen $p =$ höchstens 100 bis 125 kg/qcm, für den Kolbenbolzen bis 150 kg/qcm (harter Stahl auf Bronze). Bei Maschinen zum Lochen und Abscheren, bei welchen die Geschwindigkeit gering ist und der größte Zapfendruck nur kurze Zeit wirkt, geht man bis über 200 kg/qcm.

3. Forderung. Die Zapfenreibung ist, wenn P der mittlere Zapfendruck und μ der Zapfenreibungskoeffizient ist

$$R = \mu P.$$

Der Reibungskoeffizient ist zunächst vom Material und der Bearbeitung der sich reibenden Flächen, sowie von der Schmierung abhängig, weiter wird er aber noch in hohem Grade beeinflußt von der Größe des Flächendrucks in den sich reibenden Flächen, der Temperatur und der Geschwindigkeit.

Man kann etwa nehmen (nach Lindner):

für gewöhnliche Ringschmierlager . . .	$\mu = 0{,}02$ bis 0,04
„ Lager mit Docht- und Tropfölern .	$\mu = 0{,}04$ „ 0,07
„ „ „ Schmierloch	$\mu = 0{,}07$ „ 0,10
„ Eisenbahnachslager mit Weißmetall.	$\mu = 0{,}01$
„ „ „ Bronze . .	$\mu = 0{,}014$

Für im Ölbad laufende Zapfen und Kugellager sinkt der Reibungskoeffizient auf 0,001 bis 0,002, bei den letzten Werten tadellose Beschaffenheit von Zapfen und Lager vorausgesetzt. Beim Anlaufen ist der Reibungskoeffizient größer, bei Steigerung der Geschwindigkeit sinkt er dann auf einen Mindestwert und nimmt bei weiter steigender Geschwindigkeit wieder zu. Mit steigender Temperatur nimmt der Reibungskoeffizient ab, weil das Öl dabei dünnflüssiger wird. Mit steigendem Flächendruck wird der Reibungskoeffizient bei hohen Umfangsgeschwindigkeiten gleichfalls kleiner, bei geringeren Umfangsgeschwindigkeiten steigt er aber mit zunehmendem Flächendruck wieder an, weil hierbei weniger Öl zwischen die sich reibenden Flächen kommt.

Die Reibungsleistung (die in Wärme umgesetzt wird) ist bei der Umfangsgeschwindigkeit

$$v = \frac{d \cdot \pi \cdot n}{60}$$

(d in m).

$$A = \mu\, P \cdot v \,\text{mkg/sek}.$$

Der auf 1 qcm der Projektion der Lagerfläche bezogene Wert dieser Leistung, die sog. spez. Reibungsleistung

$$a = \frac{\mu \cdot P \cdot v}{l\,d},$$

kann nach Lindner für gewöhnliche Lagerzapfen 0,5 bis 1 mkg/sek, für Zapfen mit Druckwechsel und Luftkühlung, wie z. B. Kurbelzapfen 1 bis höchstens 3 mkg/sek gesetzt werden. Nach Versuchen von Graßmann kann man für Kurbelzapfen a vom Durchmesser abhängig wählen zu

$$a = \sqrt{\frac{d}{20}}\,.$$

Die Gleichung $a = \frac{\mu \cdot P \cdot v}{l \cdot d}$ läßt sich auch schreiben: $a = \frac{\mu \cdot P \cdot \pi \cdot d \cdot n}{60 \cdot l \cdot d}$ und man erhält daraus die Bachsche Formel als Bedingung gegen Heißlaufen:

$$l \geqq \frac{P \cdot n}{w}\,.$$

wobei n die Drehzahl, P der mittlere Zapfendruck, w ein Erfahrungswert ist, welcher um so kleiner, je größer der Reibungskoeffizient und um so größer, je besser die Wärmeabführung ist, im übrigen um so größer genommen werden kann, je kleiner die Flächenpressung p ist.

Man findet bei bewährten Ausführungen:

bei	Kurbelwellenlagern von Dampfmaschinen. .	$w =$ 30 000—40 000
,,	Verbrennungsmotoren m. Rotgußschalen .	$w =$ 45 000
,,	,, ,, Weißmetallschal.	$w =$ 55 000
,,	Triebwerkszapfen	$w =$ 20 000—40 000
,,	Kurbelzapfen v. Dampfm., Kompr. u. Pumpen	$w =$ 40 000—60 000
,,	gekröpften Wellen (Lagerschalen v. Weißmet.)	w bis 90 000

Sonderwerte.

Bei	Eisenbahnwagenachsen	w	bis	90 000
,,	Lokomotivachsen	w	,,	125 000
,,	Laufachsen dreiachsiger Schnellzugslokomotiven .	w	,,	200 000
,,	den äußeren Kurbelzapfen der Lokomotiven . .	w	,,	250 000

Die angegebenen Höchstwerte sind jedoch nur unter außergewöhnlich günstigen Umständen (geringe Zapfenlänge, wirksame Wärmeableitung, geringe Flächenpressung, besonders sorgfältige Schmierung) zulässig und bringen dabei immer noch die Gefahr mit sich, daß bei geringen Unregelmäßigkeiten im Betriebe Heißlaufen des Zapfens eintritt (siehe die Ausführungen von Prof. Bonte in der Z. d. V. D. Ing. 1919, S. 510).

Berechnungsvorgang. Bei der Berechnung eines Zapfens hat man zunächst das Verhältnis $\frac{l}{d}$ zu bestimmen, dann aus der Gleichung $P = p\,l\,d$ den Durchmesser d, indem man l nach dem vorher berechneten Verhältnis einsetzt. Hierauf hat man zu prüfen, ob $l \geqq \frac{P \cdot n}{w}$ ist. Ist dies nicht der Fall, so berechnet man l aus der letzten Gleichung und dann d aus der Festigkeitsgleichung (vgl. nachfolgendes Berechnungsbeispiel).

In den meisten Fällen ist das Verhältnis $\frac{l}{d}$ durch andere Rücksichten bestimmt, man berechnet dann Durchmesser und Länge nach der Formel 1 bzw. 2 und prüft, ob die gefundenen Werte der Formel 3 genügen. Ist, wie meist bei Halszapfen, der Durchmesser schon gegeben, so berechnet man die Länge l aus den Gleichungen 2 und 3, der größere Wert ist anzunehmen.

Gibt man dem Zapfen an der Stirnfläche einen Bund, so kann er auch mäßige Achsialkräfte nach beiden Seiten übertragen und man macht in diesem Fall die Schulterhöhe des Zapfens

$$x = \frac{d}{16} + 5\,\text{mm} \quad \text{bis} \quad \frac{d}{10} + 5\,\text{mm}\,,$$

die Bundbreite $b = x$ bis $1{,}5\,x$ (Abb. 92 und 95). Kommen keine Achsialkräfte vor, so genügt für x die Hälfte obiger Werte.

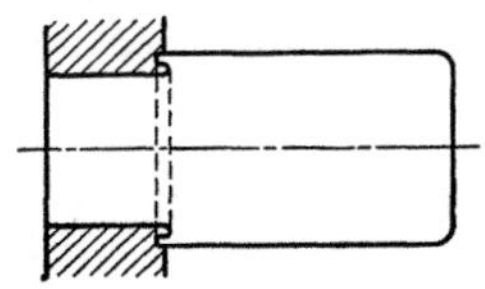

Abb. 94. Zapfen mit Schrumpfsitz.

Scharfe Übergänge und große Querschnittsänderungen sind namentlich bei hartem Material zu vermeiden, der Übergang zur Befestigungsstelle ist also gut auszurunden. Beachtenswert ist die der Firma Friedr. Krupp geschützte Ausführung der Befestigung von Zapfen in Achsschenkeln u. dgl. (Abb. 94). Sie läßt gute Übergänge zu und gestattet volle Ausnutzung des Schrumpfsitzes und der Lagerlänge.

Die Berechnung soll an folgendem Beispiel gezeigt werden:

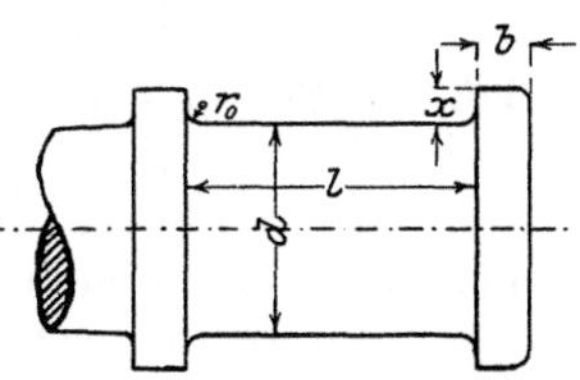

Abb. 95. Stirnzapfen mit Bund.

B e i s p i e l. Es soll der Kurbelzapfen einer Dampfmaschine, welche 80 Umdrehungen in der Minute macht, berechnet werden. Der größte Zapfendruck sei 9000, der mittlere 7000 kg. Material: hochwertiger Flußstahl, ungehärtet, auf Bronze.

Nach den vorstehenden Angaben kann man $k_b = 500$ kg/qcm, $p = 60$ kg/qcm, $w = 40\,000$ nehmen, dann ergibt sich

$$\frac{l}{d} = \sqrt{\frac{k_b}{5\,p}} = \sqrt{\frac{500}{5 \cdot 60}} \sim 1{,}3\,,$$

$$P = p\,l\,d = p\,1{,}3\,d^2\,,\; 9000 = 60 \cdot 1{,}3\,d^2\,,$$

$$d = \sqrt{\frac{9000}{1{,}3 \cdot 60}} = 10{,}7\,\text{cm} \sim 11\,\text{cm}\,,$$

$$l = 1{,}3\,d = 1{,}3 \cdot 11 = \sim 14{,}5\,\text{cm}.$$

Die Gleichung (3) ergibt

$$l \geqq \frac{7000 \cdot 80}{40000} = 14\,,$$

ist also mit $l = 14{,}5$ erfüllt.

Berechnen wir statt uns nach der Bachschen Gleichung (3) zu richten, die Reibungsarbeit, so finden wir mit $\mu = 0{,}05$

$$v = \frac{d \cdot \pi \cdot n}{60} = \frac{0{,}11 \cdot \pi \cdot 80}{60} = 0{,}47 \text{ m/sek}$$

und

$$a = \frac{\mu \cdot P \cdot v}{l \cdot d} = \frac{0{,}05 \cdot 7000 \cdot 0{,}47}{14{,}5 \cdot 11} = 1{,}03 \text{ mkg/sek},$$

was in den Rahmen der dafür üblichen Werte paßt.

Eine Steigerung der Umdrehungszahl bei gleichbleibendem Zapfendruck ist auf die Festigkeits- und Pressungsverhältnisse ohne Einfluß, jedoch steigt die Erwärmung des Zapfens.

Die höchstzulässige Drehzahl für obigen Zapfen wäre mit dem höchsten Wert $w = 60\,000$:

$$n = \frac{l \cdot w}{P} = \frac{14 \cdot 60000}{7000} = 120 \text{ Min.}$$

Würde nun die Maschine $n = 160$ Uml./min. machen, so wäre dafür eine Zapfenlänge nötig von:

$$l = \frac{7000 \cdot 16}{60000} = \sim 19 \text{ cm.}$$

Dies erhöht die Biegungsspannung auf:

$$\sigma_b = \frac{M_b}{W} = \frac{9000 \cdot 9{,}5 \cdot 10}{11^3} = \sim 650 \text{ kg/qcm},$$

was nicht mehr zulässig wäre und eine Verstärkung des Zapfens nötig machen würde auf:

$$d = \sqrt[3]{\frac{5\,P \cdot l}{k_b}} = \sqrt[3]{\frac{5 \cdot 9000 \cdot 19}{500}} = \sim 12 \text{ cm},$$

so daß die Pressung noch betragen würde:

$$k = \frac{9000}{19 \cdot 12} = \sim 40 \text{ kg/qcm, statt } 60 \text{ kg/qcm.}$$

Man erkennt, daß es im allgemeinen nicht möglich sein wird, die Zapfenbemessungen so zu gestalten, daß der Zapfen gegenüber allen drei Forderungen restlos ausgenützt ist.

Die Berechnung kegelförmiger Zapfen ist die gleiche wie für zylindrische Zapfen.

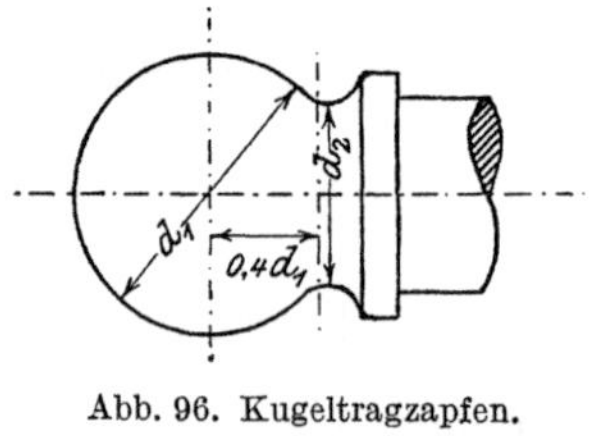

Abb. 96. Kugeltragzapfen.

Der kugelförmige Tragzapfen (Abb. 96). Wo zu befürchten ist, daß die gegenseitige Lage von Zapfen und Lager nicht genau aufrecht erhalten werden kann, verwendet man kugelförmige Tragzapfen. Diese sind jedoch nur dann vorteilhafter als zylindrische, wenn die Kugelform äußerst genau gearbeitet ist, sie finden deshalb nur selten Anwendung.

Man nimmt nach Bach mit Rücksicht auf Forderung (2)

$$d_1 = \sqrt{\frac{P}{40}},$$

mit Rücksicht auf Forderung (3)

$$d_1 \geqq \frac{P\,n}{30\,000}.$$

Mit k_b kann man (Gußstahl gehärtet), um den Durchmesser d_2 niedrig zu halten, bis 650 kg/qcm gehen und erhält dann

$$P \cdot 0{,}4\,d_1 = \frac{d_2^3}{10} \cdot 650,$$

wobei $0{,}4\,d_1$ der Hebelarm des Zapfendruckes ist.

Kombiniert man diese Gleichung mit der ersten, so erhält man

$$0{,}4\,d_1 \cdot d_1^2\,40 = \frac{d_2^3}{10}\,650,$$

$$d_2 = d_1 \sqrt[3]{0{,}25} = \sim \frac{5}{8}\,d_1.$$

Auch bei den Tragzapfen wirkt neben dem Druck senkrecht zur Drehungsachse meist noch ein Druck in der Richtung derselben. Man nimmt ihn, wenn er nicht groß ist, auf durch die Schultern der Zapfen oder besondere Bunde, die aufgeschweißt werden können, oder Stellringe. Wird er größer, so muß man einen Kammzapfen (siehe Kammlager) oder ein besonderes Spurlager anwenden. Achsial belastete Halszapfen durch starkes Eindrehen der Welle herzustellen, soll man möglichst vermeiden.

b) Spurzapfen. Bei den Zapfen mit ebener Spurfläche, den sogenannten ebenen Spurzapfen, ist eine Querbewegung der Welle unmöglich. Dies führt zum Kugelspurzapfen, wobei die Kugelfläche entweder am Spurzapfen selbst, oder besser an der Spurplatte, auf die sich der Zapfen abstützt, befindet.

Die Pressung zwischen Zapfen und Lager wird hier um so größer, je kleiner die Geschwindigkeit ist, mit der die sich berührenden Teile aufeinandergleiten, wächst also nach der Mitte zu. Das Schmiermittel würde aus diesem Grunde schwer nach der Mitte zu vordringen, weshalb man diese Zapfen von der Mitte aus schmiert, eventuell das Schmiermittel durch Druck mittels Pumpe zwischen den Berührungsflächen hindurchpreßt. Die Wahl der Werte von p und w ist daher in erster Linie von der Vollkommenheit der Schmierung abhängig.

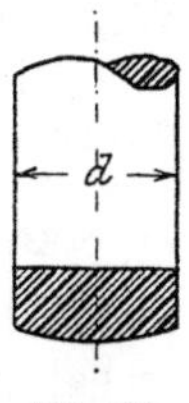

Abb. 97. Ebener Vollspurzapfen.

Der ebene Spurzapfen (Abb. 97). Forderung (1) tritt hier gegenüber Forderung (2) und (3) zurück. Nach Forderung (2) muß sein:

$$P = p\,\frac{\pi\,d^2}{4}.$$

Bei genauen Rechnungen ist die Verminderung der Auflagerflächen durch die Schmiernuten (10 bis 20%) zu berücksichtigen.

Forderung (3) wird erfüllt, wenn analog der Tragzapfen nach Bach gesetzt wird:

$$d \geqq \frac{P \cdot n}{w}$$

wobei man w bei Spurlagern für Triebwerke $= 40\,000$ nimmt. Bei Turbinen darf man höher gehen, jedoch möglichst nicht über 125 000.

Die Flächenpressung kann man annehmen:

gehärteter Stahl auf desgl. laufend	$p =$	100 bis 150 kg/qcm
ungehärteter Stahl auf Bronze oder dichtem, hartem Gußeisen	$p =$	50 „ 75 „
gew. Flußstahl auf Rotguß	$p =$	30 „ 40 „
„ „ „ Gußeisen oder Pockholz	$p =$	20 „ 25 „

Auch Spurzapfen von Eichen- und Pockholz gelangen zur Verwendung. Man läßt entweder das Eichenholz mehrere Monate in Öl liegen oder verwendet grünes Eichenholz und kocht es 20 Stunden lang in Öl. Bei 8 bis 20 kg/qcm Belastung sollen die Zapfen ohne besondere Schmierung im Wasser laufen und bis 15 Jahre Betriebsdauer aufweisen.

Die Reibungsarbeit pro Quadratzentimeter Lauffläche ist

$$a = \frac{\mu \cdot P \cdot v}{\frac{\pi d^2}{4}} = \mu \cdot p \cdot v ,$$

wobei man für die Umfangsgeschwindigkeit v einen Wert zu setzen hat, der berücksichtigt, daß die Flächenpressung in der Mitte größer ist als am Umfang. Man kann etwa den halben Durchmesser einsetzen und erhält

$$v = \frac{0{,}5\, d \cdot \pi \cdot n}{60}$$

(d in m).

Um nicht die ganze Welle aus hochwertigem Stahlmaterial machen zu müssen, ist es vorteilhafter, den Spurzapfen besonders herzustellen und ihn mit konischer Zapfenwurzel in die entsprechend ausgebohrte Welle einzusetzen (vgl. Abb. 177).

Gleichmäßiger ist die Verteilung des Zapfendrucks auf die Lauffläche beim ringförmigen Spurzapfen (Abb. 98). Hier muß sein:

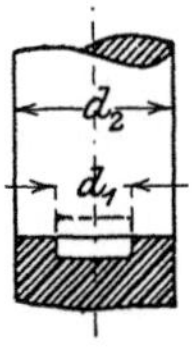

Abb. 98. Ringspurzapfen.

$$P = p\left(\frac{\pi d_2^2}{4} - \frac{\pi d_1^2}{4}\right)$$

und

$$d_2 - d_1 \geqq \frac{P \cdot n}{w} ;$$

die Reibungsarbeit pro Quadratzentimeter Lauffläche ist

$$a = \mu \cdot p \cdot v$$

mit

$$v = \frac{0{,}5\,(d_2 + d_1)\,\pi \cdot n}{60}$$

(d in m).

Man wählt die Abmessungen so, daß a möglichst kleiner als 0,7, auch bei bester Ausführung und Unterhaltung aber keinesfalls kleiner als 2 bleibt. Je größer die Geschwindigkeit ist, um so kleiner soll man a wählen.

Beispiel. Ein ringförmiger Spurzapfen aus hochwertigem Stahl soll auf Bronze laufen. Der Zapfendruck ist nahezu gleichbleibend 3000 kg, $n = 90$ Uml./min., der innere Durchmesser soll gleich dem dritten Teil des äußeren angenommen werden.

Nach Bach soll sein

$$d_2 - d_1 \geqq \frac{P \cdot n}{w},$$

$$d_2 - \frac{d_2}{3} \geqq \frac{3000 \cdot 90}{40000} = 6{,}75 \sim 7 \text{ cm},$$

$$d_1 = \frac{d_2}{3} = \frac{7}{3} = 2{,}33 \sim 2{,}4 \text{ cm},$$

$$p = \frac{P}{\frac{\pi d_2^2}{4} - \frac{\pi d_1^2}{4}} = \frac{3000}{38{,}5 - 4{,}5} = 88{,}3 \text{ kg/qcm}.$$

Da die Flächenpressung für Stahl auf Bronze nur 50 bis 75 kg/qcm betragen soll, berechnen wir mit etwa $p = 70$ den Durchmesser aus der Flächendruckformel

$$\frac{\pi d_2^2}{4} - \frac{\pi d_1^2}{4} = \frac{P}{p},$$

$$\frac{\pi d_2^2}{4}\left[1 - \left(\frac{1}{3}\right)^2\right] = \frac{8}{9}\pi\frac{d_2^2}{4} = \frac{P}{p},$$

$$\frac{\pi d_2^2}{4} = \frac{9}{8} \cdot \frac{P}{p} = \frac{9}{8} \cdot \frac{3000}{70} = \sim 48,$$

$$d_2 = \sim 7{,}8 \text{ cm},$$

$$d_1 = \frac{7{,}8}{3} = 2{,}6 \text{ cm}.$$

Die Reibungsleistung pro Quadratzentimeter Lauffläche wird mit $\mu = 0{,}05$ und

$$v = \frac{0{,}5\,(d_2 + d_1)\,\pi \cdot n}{60} = \frac{0{,}5\,(0{,}078 + 0{,}026)\,3{,}14 \cdot 90}{60}$$

$$= \sim 0{,}25 \text{ m/sek},$$

$$a = \mu \cdot p \cdot v = 0{,}05 \cdot 70 \cdot 0{,}25 = 0{,}875 \text{ mkg/sek},$$

ein Wert, der bei guter Ausführung zulässig ist.

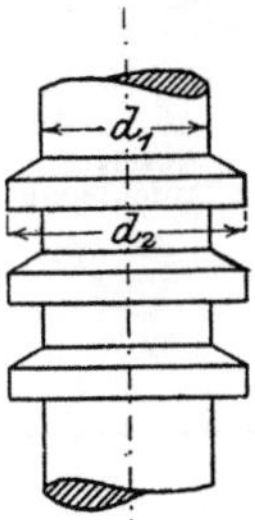

Abb. 99. Kammzapfen.

Bedingt der Zapfendruck eine sehr große Ringfläche, so verwendet man einen Kammzapfen (Abb. 99), d. h. man läßt den Zapfen in mehreren übereinanderliegenden Ringen laufen. Die Ringbreite der Kammzapfen macht man 0,1 bis 0,15 d_1, die Lücken 1- bis 3mal so groß als die Ringbreite. Da es schwierig ist, alle Ringe gleichmäßig zur Auflage zu bringen, so darf man p höchstens halb so groß wählen als für gewöhnliche Spurzapfen. Auch die Wärmeableitung ist schwieriger als beim gewöhnlichen Spurzapfen, man nimmt deshalb $w \leqq 20\,000$.

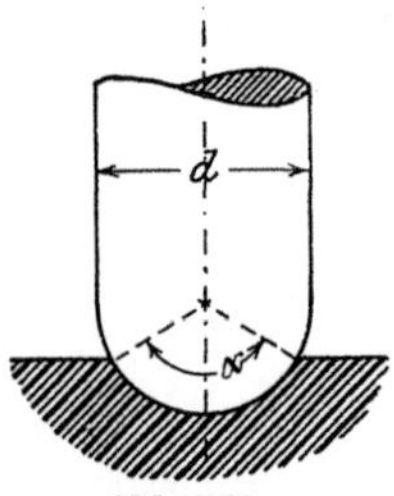

Abb. 100. Kugelspurzapfen.

Der kugelförmige Spurzapfen (Abb. 100). Man berechnet ihn nach der Formel

$$P = p_1 d^2,$$

wobei man einsetzt

$$\text{für } \alpha = 90^0, \quad p_1 = 0{,}5\,p,$$
$$\text{,,} \quad \alpha = 180^0, \quad p_1 = 0{,}7\,p.$$

Über Schmierung von Zapfen siehe Abschnitt Lager.

2. Einzelzapfen.

Das Wichtigste ist ihre Befestigung, sie muß eine genaue zentrische Lage des Zapfens und ein gutes Anliegen im Lager über die ganze

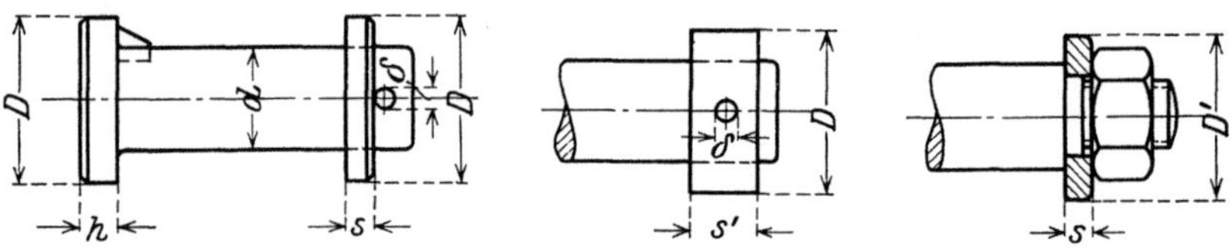

Abb. 101 bis 103. Einzelzapfen.

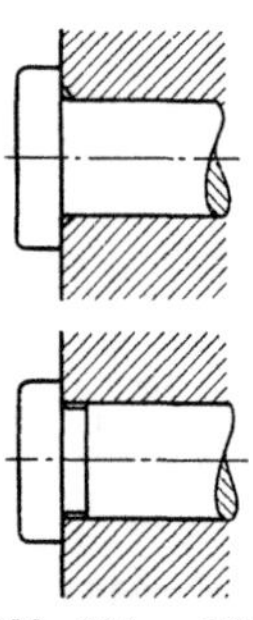

Abb. 104 u. 105. Auflage der Zapfenbunde.

Zapfenlänge sichern. Weiter muß der Zapfen absolut fest sitzen und gegen Mitdrehen gesichert sein. Lange Zapfen bedingen eine genauere Ausführung als kurze, weil sie bei einer Schiefstellung viel eher zu einem Fressen an der Laufstelle kommen, als die kurzen. Zapfen, die einem Kraftrichtungswechsel unterworfen sind, müssen fest verspannt sein, um nicht losgerüttelt zu werden.

a) Zweiseitig befestigte Zapfen: Gabelzapfen. Kleine Zapfen, besonders solche für Gelenke, führt man wie in Abb. 101—103 gezeigt, aus, wobei besonders darauf zu sehen ist, daß der Bund satt anliegt, also in schmalen Flächen (Abb. 104 und 105).

Normalien der Preuß. Staatsbahnen.

Alle Maße in mm.

$\varnothing\, d$	10	13	16	20	23	26	30	33	36	40	43	46	50
$\varnothing\, D$	16	22	26	32	36	40	44	48	52	56	60	64	68
$\varnothing\, D'$	22	28	36	44	50	56	62	68	74	80	86	92	100
h	5	6	7	8	9	10	10	11	11	12	12	13	13
s	3	4	4	5	5	6	6	7	7	8	8	9	9
s'	10	11	12	13	15	16	17	18	19	20	21	22	23
δ	4	5	5	6	6	7	7	8	9	9	10	10	10

Konstruktionsregel für Gelenkzapfen ist, daß der Zapfen in einem der zu verbindenden Teile absolut festsitzen muß (Schiebe- und Festsitz), bei freier Beweglichkeit im anderen Teil (Laufsitz). Beiderseits freie Beweglichkeit ist mangelhaft, da ein Ecken der beiden Teile gegeneinander möglich wäre. Ein Zusammenklemmen der beweglichen Teile beim Montieren muß ausgeschlossen sein. Dies bedingt bei größeren Zapfen die Ausführungsform nach Abb. 90, wenn der Zapfen in der Gabel fest (statt Streifkeil kann auch einfacher ein konischer Paßstift oder Kerbstift mitten durch Auge und Bolzen angewendet werden, oder man macht irgendeine Klemmverbindung), oder nach Abb. 106, wenn statt der Gabel zwei drehbare Laschen die Gelenkigkeit herstellen. In die Laschen werden dabei zweckmäßig dünnwandige Stahlbuchsen oder Buchsen aus Deltametall eingeschlagen. Die Mutterhöhe kann niedriger als normal genommen werden (bis zur Hälfte des Gewindedurchmessers).

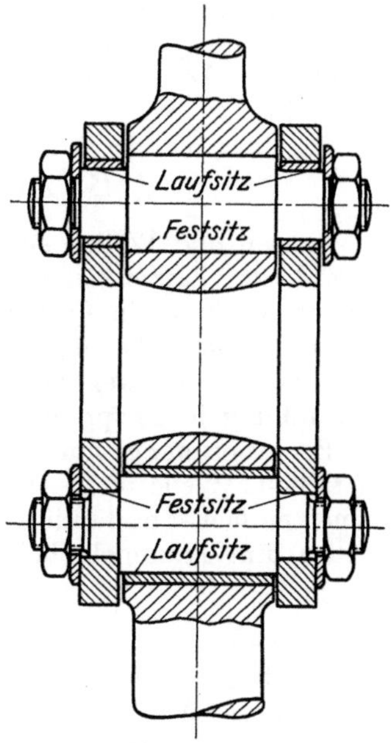

Abb. 106. Gelenkzapfen.

Man hat es bei dieser Konstruktion eigentlich nicht mehr mit einem zweiseitig befestigten Zapfen zu tun, sondern bei gutem Festsitz mit einem über die ganze Augenbreite eingespannten Balken, so daß die Beanspruchung günstiger wird.

Zapfen für stark stoßenden Betrieb, wie ihn ein Kraftrichtungswechsel mit sich bringt, erhalten Konusbefestigung. Hierfür ist ein typisches Beispiel der Kreuzkopfbolzen. Näheres hierüber, auch betreffs Berechnung von Gabelzapfen, siehe Kapitel Kreuzköpfe.

b) Einseitig befestigte Zapfen. Ausschlaggebend für einen einwandfreien Zapfensitz ist einmal die Genauigkeit der Loch- und Zapfenherstellung, dann aber auch vor allem die Breite des Bundes bzw. Auges, worin der Zapfen zu sitzen kommt, denn schon eine kleine Differenz zwischen Bolzen und Lochdurchmesser führt zu schiefem Sitz. Für Preßsitzbefestigung (Abb. 107) der Zapfen, oder Schrumpfsitz wählt man die Stärke des Auges: $s = 0{,}8\,D$ bis D.

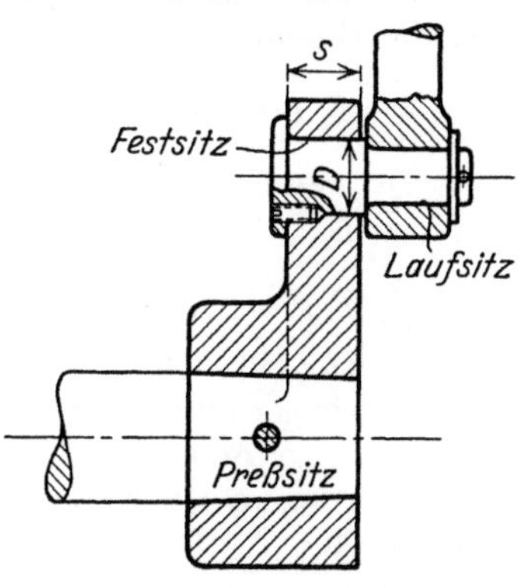

Abb. 107. Einseitig befestigter Zapfen.

Ein Einschrauben des Zapfens in das Auge ergibt keinen absolut genau senkrechten Sitz, ist daher nur angängig für untergeordnete

Zwecke, wo keine besondere Genauigkeit notwendig ist und nur kleine Kräfte wirken (vgl. Abb. 128).

Größere Zapfen und solche, die stoßenden und wechselnden Belastungen ausgesetzt sind, wie z. B. Kurbelzapfen von Kraftmaschinen, erhalten am besten Konusbefestigung. Näheres hierüber siehe Abschnitt Kurbeln.

B. Achsen und Wellen.

Achsen und Wellen sind sich drehende Träger anderer Maschinenteile, die mit Zapfen sich in zwei oder mehreren Lagern stützen. Während die Achsen nur die Aufgabe des Tragens oder Stützens haben, somit nur auf Biegung beansprucht sind, haben die Wellen zugleich die Aufgabe, eine Drehbewegung fortzuleiten, sie werden also auf Biegung und Verdrehung in Anspruch genommen.

Bei Anordnung von Achsen und Wellen ist stets zu überlegen, ob statt einer Welle nicht eine feste Achse verwendet werden kann, was immer einfacher und billiger ist, z. B. Achsen für Räder von Fahrzeugen, Rollen und Trommeln bei Hebezeugen.

1. Achsen.

Die Teile, in denen die Achse gelagert ist, nennt man Zapfen, die Belastungsstellen Achsenköpfe, das Stück zwischen Zapfen und Achsenkopf Schenkel, das zwischen zwei Achsenköpfen Schaft.

Zur Herstellung der Achsen verwendet man Stahl von verschiedener Festigkeit, Stahlguß, Gußeisen, Eichen-, Buchen- oder Kiefernholz.

Die Achsen sind auf Biegung beansprucht; ist M_b das Biegungsmoment (das Produkt aus der biegenden Kraft und ihrem Hebelarm bzw. die Summe dieser Produkte), so muß sein:

$M_b = \frac{d^3}{10} \cdot k_b$ für kreisförmigen Querschnitt,

$M_b = \frac{D^4 - d^4}{10\,D} \cdot k_b$ für ringförmigen Querschnitt,

$M_b = \frac{1}{6\,h}\,[h\,b^3 + b\,(h^3 - b^3)]\,k_b$ für kreuzförmigen Querschnitt (Abb. 108).

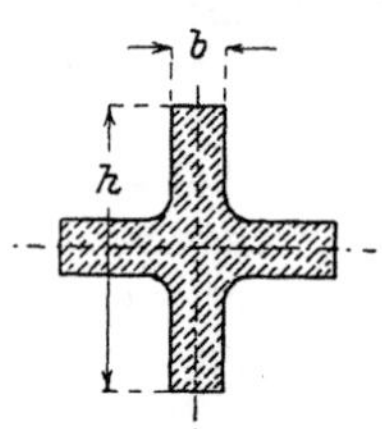

Abb. 108.

Ringförmiger und kreuzförmiger Querschnitt kommen hauptsächlich für gußeiserne Achsen in Verwendung, der letztere nur noch selten. Bei ringförmigem Querschnitt nimmt man gewöhnlich $d = 0{,}6\,D$ und erhält dann

$$M_b = \frac{D^4 - (0{,}6\,D)^4}{10\,D} \cdot k_b = 0{,}087\,D^3\,k_b\,.$$

Für dünne Wandungen (Rohrwellen) von der Stärke s gilt:

$$M_b = 0{,}8\,s \cdot D_m \cdot k_b.$$

Für k_b kann man, da die Kraftrichtung meist vollständig wechselt setzen:

für Flußstahl über 50 kg/qmm Festigkeit	k_b =	400 bis 600 kg/qcm
„ Schweißstahl	k_b =	340 „ 400 „
„ Flußstahl bis 50 kg/qmm Festigkeit	k_b =	300 „ 500 „
„ Stahlguß	k_b =	250 „ 400 „
„ Gußeisen	k_b =	130 „ 250 „
„ Eichenholz	k_b =	60 „

Wechselt die Kraftrichtung nicht vollständig, so kann man k_b höher wählen.

Das Biegungsmoment M_b ist, wie schon oben gesagt, das Produkt aus der biegenden Kraft und ihrem Hebelarm. Sind mehrere biegende Kräfte vorhanden, so hat man dafür die Summe dieser Produkte zu nehmen, wobei die in entgegengesetzter Richtung biegenden Momente mit entgegengesetztem Vorzeichen zu setzen, also abzuziehen sind.

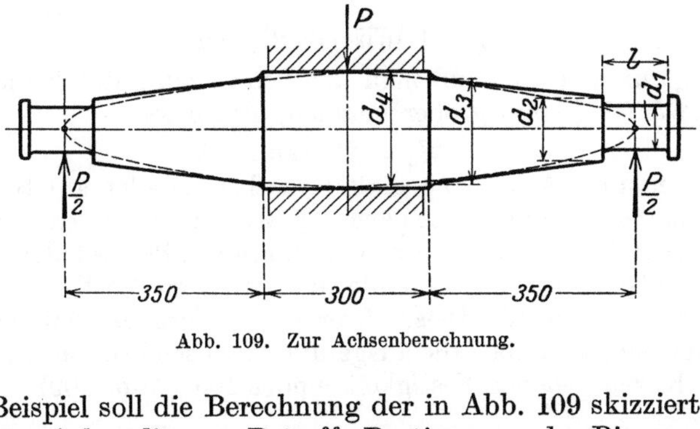

Abb. 109. Zur Achsenberechnung.

Als Beispiel soll die Berechnung der in Abb. 109 skizzierten gleichschenkligen Achse dienen. Betreffs Bestimmung der Biegungsmomente für andere Belastungsfälle muß auf die Festigkeitslehre verwiesen werden.

Als Material soll hochwertiger Stahl Verwendung finden, die Zapfen sollen ungehärtet sein. Man kann dann nach den unter Zapfen gegebenen Tabellen $p = 60$ kg/qcm, $k_b = 500$ kg/qcm nehmen und erhält

$$\frac{l}{d_1} = \sqrt{\frac{k_b}{5p}} = \sqrt{\frac{500}{5 \cdot 60}} = 1{,}3.$$

Da die Belastung in der Mitte der Achse wirkt, bekommt jeder Zapfen den Zapfendruck $\frac{P}{2}$, folglich ist

$$\frac{P}{2} = p\,l\,d_1 = p\,1{,}3\,d_1^2,$$

$$10\,000 = 60 \cdot 1{,}3\,d_1^2;$$

$$d_1 = \sqrt{\frac{10\,000}{1{,}3 \cdot 60}} = 11{,}3 \text{ cm} \sim 11{,}5 \text{ cm},$$

womit sich ergibt

$$l = 1{,}3\,d_1 = 1{,}3 \cdot 11{,}5 = 15 \text{ cm}.$$

Die Schulterhöhe des Zapfens ist

$$x = \frac{d}{16} + 5\,\text{mm} = 12,5\,\text{mm},$$

also

$$d_2 = d_1 + 2\,x = 11,5 + 2 \cdot 1,25 = 14\,\text{cm}.$$

Der Durchmesser d_3 ergibt sich aus

$$10\,000 \cdot 35 = \frac{d_3^3}{10} \cdot 500$$

zu

$$d_3 = \sqrt[3]{7000} = 19,2\,\text{cm},$$

und ebenso d_4 aus

$$10\,000 \cdot 50 = \frac{d_4^3}{10} \cdot 500$$

zu

$$d_4 = \sqrt[3]{10\,000} = 21,5\,\text{cm}.$$

Diesen Durchmesser muß man der Schwächung durch die Keilnut wegen um 5 bis 10 mm größer nehmen, also etwa

$$d_4 = 22,5\,\text{cm}.$$

Wollte man die Achse so gestalten, daß sie in allen auf Biegung beanspruchten Querschnitten die gleiche Festigkeit aufweisen würde, dann bekäme jede Achshälfte die Form einer kubischen Parabel, deren Scheitel im Zapfenmittelpunkt sich befände und deren größte Weite d_4 an der Kraftangriffsstelle wäre. Diese theoretische Form ist natürlich praktisch unmöglich, doch darf die ausgeführte Achsenform an keiner Stelle in dieser Kurve gleicher Festigkeit eindringen (Abb. 109).

2. Wellen.

Die Wellen haben die Aufgabe, mechanische Arbeit von einem Orte zum anderen zu übertragen, und werden dabei auf Verdrehung beansprucht. Außerdem wirken aber sowohl das Eigengewicht als auch das Gewicht der Riemenscheiben, Zahnräder, Kupplungen, der Riemenzug usw. biegend an der Welle. Wir haben es also mit mehrfacher Beanspruchung zu tun.

Für einfache Wellen, die nicht als Hauptwellen anzusprechen sind, z. B. Vorgelegewellen einfacher Art und Transmissionswellen, ist es allgemein üblich, von den zwei Beanspruchungsarten nur eine zu berücksichtigen, um eine einfachere Rechnung zu erhalten, und berücksichtigt man die gleichzeitig vorhandene zweite Beanspruchung dadurch, daß die zulässige Spannung für die in Rechnung gestellte Beanspruchung niedrig gewählt wird. Die maßgebende Beanspruchung bei Wellen ist in der Regel die Biegungsbeanspruchung. Ihre genaue Durchführung ist aber immer umständlicher wie die Berechnung der Drehungsbeanspruchung, so daß es allgemein üblich ist, die Drehungsbeanspruchung allein zugrunde zu legen und die gleichzeitig vorhandene Biegung durch ein niedriges k_d auszugleichen, und zwar setzt man bei diesem Rechnungsgang $k_d = 120\,\text{kg/qcm}$.

Ist das den Querschnitt einer Welle vom Durchmesser d cm beanspruchende größte Drehmoment M_d cmkg, so gelten die Beziehungen:

$$M_d = \frac{d^3}{5} \cdot k_d \text{ bei vollem, kreisförmigem Querschnitt,}$$

$$M_d = \frac{D^4 - d^4}{5\,D} \cdot k_d \text{ bei ringförmigem Querschnitt.}$$

Das Drehmoment M_d ist das Produkt aus der verdrehenden Kraft und ihrem Hebelarme (Abstand der Kraft von der Wellenmitte).

Dadurch, daß eine Welle durch ein Drehmoment gedreht wird, ist sie noch nicht auf Drehung beansprucht. Sie ist dies erst, wenn die Drehbewegung in äußerem Gleichgewicht sich befindet, was dann der Fall ist, wenn zwei gleich große einander entgegenwirkende Drehmomente vorhanden sind, ein treibendes und ein zu überwindendes Moment, welche die Welle verdrehen wollen. Zu einer Drehungsbeanspruchung eines Querschnitts gehört also immer eine Verdrehung desselben von außerhalb her.

Das Material der Wellen ist Stahl, nur ausnahmsweise Gußeisen oder Holz.

Für k_d kann man, wenn das Drehmoment zwischen Null und einem Höchstwert schwankt, nehmen:

für Flußstahl über 50 kg/qmm Festigkeit	600	bis	960	kg/qcm	
„ „ bis „ „ „	400	„	800	„	
„ Schweißstahl	240	„	320	„	
„ Stahlguß	320	„	640	„	
„ Gußeisen	140	„	200	„	u. mehr.

Genauer ist nach Bach für bearbeitete Gußeisenstücke die zulässige Drehungsspannung für den kreisförmigen Querschnitt k_d = reichlich k_z, für den kreisringförmigen und hohlelliptischen Querschnitt $= 0{,}8\,k_z$ bis k_z, für den elliptischen Querschnitt $k_d = k_z$ bis $1{,}25\,k_z$, für den quadratischen Querschnitt $k_d = 1{,}4\,k_z$, für den rechteckigen Querschnitt $k_d = 1{,}4$ bis $1{,}6\,k_z$, für den hohlrechteckigen Querschnitt $k_d = k_z$ bis $1{,}25\,k_z$, für Profilquerschnitte $k_d = 1{,}4$ bis $1{,}6\,k_z$. Der Einfluß der Gußhaut ist bei der Drehungsspannung geringer als bei der Biegungsspannung. Vgl. auch Tafel 2 im Anhang.

Bei gleichbleibendem Drehmoment kann man das 1,5fache, bei einem zwischen zwei gleichgroßen, aber entgegengesetzt gerichteten Höchstwerten schwankenden Moment das 0,5fache dieser Werte setzen. Bei auftretenden Stößen ist k_d noch niedriger zu wählen, bei anderen als den angegebenen Schwankungen zwischen den gegebenen Grenzwerten einzuschätzen.

Für Wasserradwellen aus Eichenholz setzt man

$$k_d = 50 \text{ bis } 60 \text{ kg/qcm.}$$

Ist statt des Drehmomentes die Anzahl der zu übertragenden Pferdestärken N und die Drehzahl n der Welle gegeben, so ergibt sich:

$$75\,N = \frac{P \cdot r \cdot 2\,\pi\,n}{100 \cdot 60} = \frac{M_d\,2\,\pi\,n}{6000} = \frac{M_d\,\pi\,n}{3000},$$

(für r ist $\frac{r}{100}$ zu setzen, da im Drehmoment M^d der Radius r in Zentimeter zu messen ist, 75 N aber die Arbeit in Meterkilogramm bedeutet).

Hieraus ergibt sich

$$M_d = \frac{3000 \cdot 75 \cdot N}{\pi \cdot n} \sim 71620 \frac{N}{n}.$$

Setzt man diesen Wert in die frühere Gleichung ein, so erhält man

$$71620 \frac{N}{n} = \frac{d^3}{5} \cdot k_d$$

und hieraus

$$d = \sqrt[3]{\frac{360000}{k_d} \cdot \frac{N}{n}}.$$

Bei normalen Transmissionswellen von gewöhnlichem Walzeisen berücksichtigt man, wie erwähnt, die auftretenden Biegungsmomente dadurch, daß man $k_d = 120$ kg/qcm setzt; man erhält dann

$$d = \sqrt[3]{3000 \frac{N}{n}} = 14{,}4 \sqrt[3]{\frac{N}{n}}; \text{ bzw. } d = \sqrt[3]{\frac{M_d}{24}} \text{ cm.}$$

Für Wellen aus weichem Flußstahl (Flußeisen) kann $k_d = 200$ kg/qcm gesetzt werden, womit

$$d = 12 \sqrt[3]{\frac{N}{n}} \text{ cm;}$$

und bei Wellen aus bestem Stahl $k_d = 300$ kg/qcm, womit

$$d = 10{,}5 \sqrt[3]{\frac{N}{n}} \text{ cm.}$$

Der Durchmesser wird also um so kleiner, je größer die Drehzahl ist. Man nimmt diese bei langsamgehenden Arbeitsmaschinen für Hauptwellenleitungen 100 bis 150 Touren/Min., für Nebenwellenleitungen 200 bis 300 Touren/Min., bei schnellgehenden Arbeitsmaschinen 250 bis 400 Touren/Min.

Für schwere Hauptwellen ist der erwähnte Rechnungsgang zu ungenau und ist es hier notwendig, den exakten, durch die Festigkeitslehre begründeten Rechnungsweg einzuschlagen. Es ist dabei für die einzelnen in Frage kommenden Querschnitte auszurechnen:

1. das größte vorhandene Biegungsmoment M_b cmkg.
2. ,, ,, ,, Drehmoment M_d cmkg.

Das aus diesen beiden Einzelmomenten sich ergebende resultierende Moment wird nach dem Vorgang von Bach bestimmt aus

$$M_{res} = 0{,}35\, M_b + 0{,}65 \cdot \sqrt{M_b^2 + (\alpha_0\, M_d)^2} \text{ cmkg.}$$

Es wird als Biegungsmoment aufgefaßt (ist also ein gedachtes, oder ideelles Biegungsmoment) und demgemäß auch als solches gewertet, so daß für seine Größe gilt:

$$M_{res} \leq W \cdot k_b \leq k_b \cdot \frac{d^3}{10}$$

und damit der erforderliche Wellendurchmesser einer auf Biegung und Drehung beanspruchten Welle zu berechnen ist aus der Gleichung:

$$k_b \cdot \frac{d^3}{10} \geqq 0{,}35\, M_b + 0{,}65 \cdot \sqrt{M_b^2 + (\alpha_0 \cdot M_d)^2}$$

wobei $\alpha_0 = \frac{k_b}{1{,}3 \cdot k_d}$; k_b und k_d sind nach den bei den Zapfen gegebenen Werten zu nehmen.

Die von Bach vertretene Größtdehnungshypothese, wonach ein Bruch dann entsteht, wenn die größte Dehnung einen gewissen Grenzwert erreicht, hat bei uns seit Jahrzehnten allgemeine Anwendung gefunden. Sie scheint aber in der neuesten Zeit in ein kritisches Stadium gekommen zu sein, indem Versuche über zusammengesetzte Beanspruchung zeigten, daß der Bruch vielfach anderen Einflüssen zuzuschreiben war und daß eine für alle Werkstoffe gültige Festigkeitshypothese anscheinend nicht besteht, d. h. daß die Ursache eines Bruches bei verschiedenen Werkstoffen verschieden ist.

Eine zusammenfassende Erörterung über diese grundlegenden Fragen der Festigkeitsrechnung findet sich in dem Aufsatz von Dr.-Ing. M. Enßlin: Die Festigkeitsaufgabe und ihre Behandlung, Z. d. V. d. J., Bd. 71, Nr. 43. 1927. S. 1486.

Ist der Abstand zwischen den die Verdrehung herbeiführenden Momenten sehr groß, so wächst damit die Drehung, d. h. die reine Formänderung, beträchtlich und kann unter Umständen maßgebender werden, als die Drehspannung selbst.

Dies ist der Fall bei langen Wellenleitungen, z. B. Schiffswellen, wo schon ein verhältnismäßig kleines Moment genügt, um eine namhafte Formänderung herbeizuführen.

Diese Formänderung darf natürlich, genau wie die Spannung, gewisse Erfahrungswerte nicht überschreiten. Sie wird ausgedrückt in dem Verdrehungswinkel, den zwei im Abstand von 1 cm voneinander entfernte Wellenquerschnitte unter Einwirkung der verdrehenden Momente aufweisen, gemessen in cm als Bogenmaß auf dem Einheitskreis, und es gilt nach der Festigkeitslehre für diesen Bogen

$$\vartheta = \frac{32}{\pi} \cdot \frac{M_d}{d^4} \cdot \beta \text{ cm}.$$

β = Schubelastizitätkoeffizient. Er ist $\beta = \frac{1}{G}$ wo G den Gleitmodul bedeutet (analog zu Elastizitätsmodul E) und dieser ist:

$$G = 0{,}385\, E = 800\,000 \text{ kg/qcm}.$$

Durch das Verdrehen einer rotierenden Welle treten in dieser infolge der Elastizität des Materials Eigenschwingungen in Form von Drehschwingungen auf. Erfährt nun eine solche Welle regelmäßig sich wiederholende äußere Kraftimpulse (z. B. durch schwankende Drehmomente beim Kurbeltrieb), so gesellen sich zu der genannten Eigenschwingung noch erzwungene Schwingungen hinzu. Diese können für die Welle dann gefährlich werden, wenn die Frequenzen, d. h. die sekundlichen Schwingungszahlen beider Schwingungen, gleich groß werden, wenn also Eigenschwingung und erzwungene Schwingung in Resonanz treten. Es ist deshalb durch geeignete Wahl der Geschwindigkeit derjenigen Körper, durch welche Schwingungen erzeugt werden können, dafür zu sorgen, daß eine ungefähre oder gar vollständige Übereinstimmung zwischen den Schwingungszahlen nicht vorkommen kann. Jene Drehzahl der Welle, bei welcher eine solche Resonanz auftritt, heißt die kritische Drehzahl. Sie ist unter allen Umständen zu meiden. Man erreicht dies dadurch, daß man einmal für einen möglichsten Ausgleich in den äußeren Drehmomentenschwankungen im Sinn einer Beruhigung der rotierenden Massen sorgt (vgl. hierüber Schwungradberechnung im Abschnitt Kurbeltrieb) und zum anderen, daß man die Eigenschwingungszahl der Welle mit ihren pendelnden Massen genügend hoch hält, was der Fall ist, wenn man als zulässigen Verdrehungswinkel für zwei im Abstand von 1 m sich befindliche Wellenquerschnitte $\leq {}^1/_4{}^0$ wählt. Diese Größe für ϑ führt dann zu der Formel für lange Wellen:

$$d = 12\sqrt[4]{\frac{N}{n}}\ \text{cm, oder auch } d = 0{,}734\sqrt[4]{M_d}\ \text{cm.}$$

Bei kleinen Wellendurchmessern gibt diese Formel, bei größeren die Festigkeitsrechnung größere Werte.

Wellen, die von der Impulsquelle durch elastische Verbindungen (Riemen- und Seiltrieb, federnde Kupplungen) getrennt sind, erleiden keine solche gefährlichen Schwingungen und können deshalb höher beansprucht werden.

Ist die Formänderung für die Ermittlung des Wellendurchmessers maßgebend, so bietet die Verwendung von hochwertigem Stahl keinen nennenswerten Vorteil gegenüber normalem Baustahl.

In manchen Fällen hat auch die Welle größere lebendige Kräfte in sich aufzunehmen; ihre Fähigkeit hierzu wächst mit dem Volumen und dem Quadrate der zulässigen Spannung und wird durch Eindrehungen bedeutend herabgesetzt; diese sind also möglichst zu vermeiden.

Zu den Verdrehungsschwingungen gesellen sich bei rotierenden elastischen Wellen die Biegungsschwingungen. Damit sie für die Welle nicht „kritisch“ werden, darf aus denselben Gründen wie bei der Drehung, die Eigenschwingungszahl der Welle auf Biegung, die man deshalb auch als „kritische Drehzahl“ bezeichnet, nie in der Nähe der eigenen Drehzahl liegen, was besonders für sehr rasch laufende Wellen wichtig ist. Man legt die Umlaufzahl der Welle am besten unter die kritische Drehzahl, diese also möglichst hoch. Bei der Laval-Dampfturbine liegt die Umlaufzahl über der kritischen Drehzahl. Diese hat bei geraden Stäben bei einer Durchbiegung von f cm die Größe:

$$n_k = \sim 300\sqrt{\frac{1}{f}}$$

so daß also die kritische Drehzahl desto höher ist, je kleiner die Durchbiegung selbst ist. Erfahrungsgemäß wählt man die Durchbiegung der Welle durch das Eigengewicht, das Gewicht der Kupplungen und Riemenscheiben, den Riemenzug usw. möglichst unter ${}^1/_3$ mm pro Meter Wellenlänge. Um sie gering zu halten, setzt man schwere Kupplungen,

Riemenscheiben u. dgl. möglichst nahe an die Lager, sind die biegenden Kräfte besonders groß, unmittelbar zwischen zwei Lager, und nimmt den Lagerabstand nicht zu groß. Da die Welle bei stärkeren Durchbiegungen in den Lagern klemmend wirkt, müssen die Lagerschalen sich entsprechend einstellen können (siehe Lager).

Die Durchbiegung selbst kann entweder rechnerisch bestimmt werden, bei mehrfacher Belastung und veränderlichem Querschnitt besser graphisch. Diese Methode beruht auf den Satz von Mohr, der besagt, daß die elastische Linie eines Balkens (das ist die durchgebogene Balkenachse) als eine Seilkurve angesehen werden kann, sofern man als Belastung der Achse die sogenannte $\frac{M}{J}$-Fläche des Balkens in Rechnung zieht. Siehe hierüber nachfolgendes Beispiel 3.

Bei mehr als zweimal abgestützten Wellen ist es nicht mehr möglich die Auflagerwiderstände mit den drei Gleichgewichtsbedingungen der Statik allein zu bestimmen. Man hat es daher mit einem statisch unbestimmten Fall zu tun, der zu seiner Lösung ein Eingehen auf die zu erwartenden Durchbiegungen notwendig macht, was die Rechnung natürlich schwieriger gestaltet. Es wird deshalb bei dreimal gelagerten Wellen gelegentlich so vorgegangen, daß für die Rechnung das Mittellager ganz weggelassen und dieser ungünstigere Fall durch Zulassen einer höheren Beanspruchung ausgeglichen wird.

Bei dreimal gelagerten Wellen bestimmt man die Auflagerdrücke am einfachsten graphisch und zwar wie folgt: Man denkt sich vorerst die Mittelstütze weg und bestimmt nach dem Mohrschen Verfahren die Durchbiegung des Balkens unter der gegebenen Belastung. Die hierbei sich ergebende Durchbiegung in der Mittelstütze sei δ'. Sodann nimmt man für den zweimal unterstützten Balken im Mittellager eine Stützkraft $C' = 1000$ kg an und bestimmt nach dem gleichen Verfahren hierfür die Durchbiegung δ''. Der gesuchte Auflagerwiderstand C im Mittellager würde daselbst, wenn er als Einzelkraft wirken würde, eine Durchbiegung δ_c hervorrufen. Tatsächlich findet aber in der Mittelstütze gar keine Durchbiegung statt, also muß die Kraft C die von der Belastung hervorgerufene Durchbiegung, die oben mit δ' bezeichnet wurde, wieder zu Null machen, d. h. es muß $\delta_c = \delta'$ sein. Da sich nun verhält $C : C' = \delta_c : \delta''$ also $= \delta' : \delta''$, so folgt für den gesuchten Auflagerwiderstand der Mittelstütze

$$C = C' \frac{\delta'}{\delta''} \text{ kg.}$$

Nachdem damit sämtliche Auflagerwiderstände bestimmt sind, erfolgt die weitere Behandlung der Welle nach den Regeln der Statik.

Der Lagerabstand, der meist durch die Lage von Trägern, Säulen u. dgl. bestimmt ist, soll die nachfolgend gegebenen Werte möglichst nicht übersteigen, andernfalls wäre der Durchmesser zu vergrößern.

Bei einer an den Enden frei gelagerten Welle macht man die Lagerentfernung

$$l = 100 \sqrt{d} \text{ cm,}$$

will man starker Belastung der Welle Rechnung tragen,

$$l = 110 \sqrt[3]{d} \text{ bis } l = 50 \sqrt[3]{d^2} \text{ cm},$$

bei einem sich nach beiden Seiten über die Lager hinaus fortpflanzenden Wellenstrange

$$l = 125 \sqrt{d} \text{ bei normaler Belastung}$$

$$\text{und } l = 135 \sqrt[3]{d} \text{ bei starker Belastung.}$$

Bei Anlage eines langen Wellenstranges muß die Ausdehnung bei Temperaturerhöhung berücksichtigt werden, die man für etwa 40° C Temperaturschwankung berechnen muß. Sie beträgt für eine Erwärmung um 1° C

für normalen Stahl	$^1/_{70\,000}$	bis	$^1/_{80\,000}$
„ hochwertigen Stahl . . .	$^1/_{80\,000}$	„	$^1/_{90\,000}$
„ Gußeisen.	$^1/_{90\,000}$		

der ursprünglichen Länge.

Bezeichnet man diesen Koeffizienten mit a, so muß eine Längenänderung von

$$40\, a \cdot l$$

ohne Verbiegungen der Welle oder der Lager möglich sein, weshalb man u. U. Ausdehnungskupplungen einschalten muß.

Die Abstufung der Durchmesser für Transmissionswellen war vom N. D. I. nach den Ausführungen der verschiedenen Transmissionsfirmen in 5-mm-Stufen bis 100 mm Durchmesser, in 10-mm-Stufen bis 160 mm Durchmesser und in 20-mm-Stufen bis 320 mm Durchmesser vorgesehen. Da diese Stufung ein ungleichmäßiges Anwachsen der Drehmomente zeigte, wurde eine Stufung gewählt, die ein gleichmäßiges Anwachsen des Drehmoments zeigt, überflüssige Durchmesser aber ausgeschieden, es ergab sich dann (Dinorm 114) folgende Abstufung: 25—60 mm in 5-mm-Stufen, 60—110 mm in 10-mm-Stufen, von 110 bis 140 mm in 15 mm-Stufen und von 140—500 mm Durchmesser in 20-mm-Stufen.

Bei der Normung der Wellen war zunächst zu entscheiden, ob es der Industrie möglich ist, lediglich nach einem System — Einheitswelle oder Einheitsbohrur g — zu arbeiten.

Bei dem System der Einheitsbohrung ist der Durchmesser der Bohrung unabhängig von der gewünschten Passung, die durch die verschiedenen Passungen bedingten Maßunterschiede sind in die Wellen verlegt. Bei dem System der Einheitswelle bekommt die Welle unabhängig von der Passung stets gleichen Durchmesser und gleiche Toleranz.

Der Hauptvorteil der Einheitsbohrung liegt in ihrer einfacheren Werkzeugausrüstung. Für jeden Durchmesser braucht man nur je ein Werkzeug. Verwechslungen der Lehrgeräte kommen nicht vor, dagegen muß man alle Wellen, die durch verschiedene Passungen hindurchgehen, absetzen, während man bei der Einheitswelle in vielen Fällen glatte Wellen verwenden kann. Die Untersuchungen des N. D. I. führten zu folgendem Ergebnis:

Es ist festzustellen, daß die Einheitsbohrung in einigen Gebieten des Maschinenbaues (Transmissionsbau, Verwendung gezogener Wellen u. a.) nicht verwendet werden kann, daß dagegen die alleinige Verwendung der Einheitswelle grundsätzlich, d. h. bei Außerachtlassung der Kosten und der Werkstattschwierigkeiten, möglich ist.

Die Einheitsbohrung bietet andererseits in der Fertigung manchen Werken so bedeutende Vorteile, daß man auf sie nicht verzichten möchte. Doch sollte ihre Anwendung auf die Werke beschränkt werden, in denen ihre Vorteile wirklich ausschlaggebend in Erscheinung treten, z. B. die Werke, die Präzisionsmaschinen in bunter Mannigfaltigkeit der Typen und Größen nach Fein- oder Edelpassung ausführen, hierbei aber die Anschaffungskosten ihrer Werkzeugausrüstung niedrig zu halten und gewisse Schwierigkeiten in der Werkzeugbenutzung zu vermeiden wünschen. Alle anderen Werke sollten dagegen im Interesse der Einheitlichkeit die Einheitswelle einführen.

Der Bearbeitungsvorgang gewalzter, glatter Transmissionswellen ist der, daß während des Vorschubs in der Drehbank durch geriefte Rollen der Zunder entfernt, dann durch doppelte umlaufende Messer die Welle vorgeschruppt wird, worauf sie durch glatte zylindrische oder hyperbolisch gehaltene Rollen, die in einem um die Wellenachse rotierenden Rahmen schräg gelagert sind, geschlichtet wird. Nach dem Schlichten wird die Welle an den Enden eben abgeschnitten, angekörnt, gerade gerichtet (durch entsprechendes Verspannen in der Bank) und poliert. Bei starken Hauptwellen werden die Lagerstellen nach dem Schruppen geschliffen.

Komprimierte oder gezogene Wellen aus weichem Siemens-Martin-Stahl haben zwar etwas höhere Festigkeit als abgedrehte rundgewalzte Wellen, sind aber ungenau im Durchmesser und werden deshalb nur für leichte Wellen benützt. Sie werden nur an den Lagerstellen ein wenig abgedreht, zuvor gerade gerichtet.

Die normalen Handelslängen von Wellen von 30—150 mm $\varnothing$ sind 2—7 m.

Keilnuten sind vor dem letzten Abdrehen anzubringen, wegen Gefahr des Krummwerdens der Welle zufolge der durch das Anbringen der Nut entstehenden einseitigen Änderung der Oberflächenspannungen. Sie sind so anzuordnen, daß das Einziehen der Keile bei der natürlichen durch die Schwere gegebenen Lage erfolgen kann. Der Einfluß der Querschnittsschwächung durch Nuten ist rechnerisch nicht genau erfaßbar, weil die Spannungen durch die geänderte Querschnittsform und die unbestimmbaren Keilverspannungen ungleichmäßig verteilt sind. Bei stärkeren Nuten ist deshalb ein Zuschlag von 5 mm in der Rechnung üblich und nötig.

Hohle Wellen, mit Fräserköpfen ausgebohrt, oder aus nahtlos gewalzten Rohren, bieten mancherlei Vorteile, sie sind bei gleicher Festigkeit leichter, erfordern also geringere Leerlaufarbeit, bieten größeren Widerstand gegen Durchbiegung und Federung und ermöglichen eine bessere Befestigung größerer Scheiben, namentlich Holzriemenscheiben. Des erheblich höheren Preises wegen haben sie sich aber wenig eingeführt.

Bei der Herstellung schwerer Wellen ist auf die Lunkerbildung im oberen Teil des Stahlblocks Rücksicht zu nehmen. Das am stärksten beanspruchte Ende der Welle soll demgemäß aus dem unteren Teil des Blocks genommen werden. Der sich häufig durch den ganzen Block hindurch ziehenden Fadenlunker wegen sollen schwere mehrfach gekröpfte Wellen oder zusammengebaute Wellen mit durchbohrten Zapfen- und Achsschenkeln konstruiert werden (vgl. Kurbeln).

Die Berechnungsdurchführung bei den verschiedenen Wellenarten sollen an einigen Beispielen gezeigt werden. Über die Berechnung einfacher und gekröpfter Kurbelwellen siehe Abschnitt Kurbeln.

Berechnungsbeispiele für Wellen.

1. Beispiel. Eine Transmissionswelle soll bei 200 Umdrehungen in der Minute 30 PS übertragen.

Die Festigkeitsformel ergibt

$$d = \sqrt[3]{3000\,\frac{N}{n}} = \sqrt[3]{3000\,\frac{30}{200}} = 7{,}7 \text{ cm},$$

die Rücksicht auf Formänderung durch Verdrehen erfordert

$$d = 12\sqrt[4]{\frac{N}{n}} = 12\sqrt[4]{\frac{30}{200}} = 7{,}44 \text{ cm}.$$

Man rundet diesen Wert auf 80 mm ab und erhält den möglichst nicht zu überschreitenden Lagerabstand

$$l = 125\sqrt{d} = 125\sqrt{8} = 354 \text{ cm} \sim 3{,}5 \text{ m}.$$

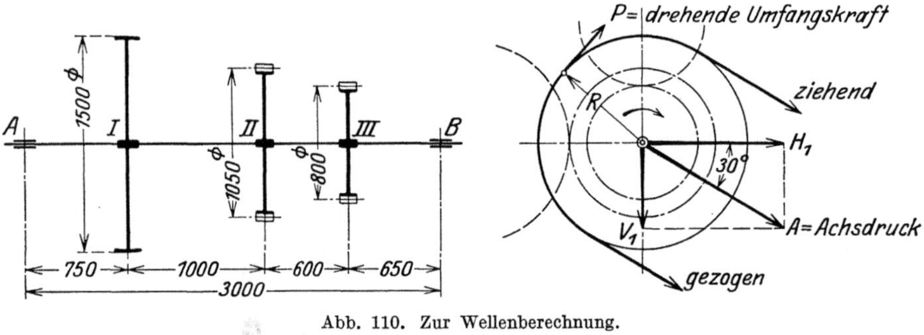

Abb. 110. Zur Wellenberechnung.

2. Beispiel: Eine Welle, die nur an beiden Enden gelagert ist, soll bei 250 Umdr./Min. 12 PS übertragen.

$$d = \sqrt[3]{3000\,\frac{N}{n}} = \sqrt[3]{3000\,\frac{12}{250}} = 5{,}24 \text{ cm},$$

$$d = 12\sqrt[4]{\frac{N}{n}} = 12\sqrt[4]{\frac{12}{250}} = 5{,}64 \text{ cm}.$$

Hier gibt die zweite Formel den größeren Wert, der natürlich anzunehmen ist, abzurunden auf 60 mm.

$$l = 100\sqrt{d} = 100\sqrt{6} = 245 \text{ cm} \sim 2{,}5 \text{ m}.$$

3. Beispiel: Berechnung einer Haupttransmissionswelle (Abb. 110).

Durch eine Riemenscheibe werden $N = 80$ PS in die Welle eingeleitet, bei $n = 140$ Umdr./Min. Hiervon werden 50 PS vom großen und der Rest vom kleinen Zahnrad weitergeleitet. Material der Welle: Flußstahl St 50 · 11 ungehärtet.

Es handelt sich um einen Balken auf zwei Stützen, der durch Einzelkräfte belastet ist und zwar auf Biegung und wegen Aufnahme und gleichzeitiger Fortleitung von Drehmomenten auch auf Drehung in dem Wellenstrang I—III. Es sind also zu berechnen:

1. Die Zapfen der Welle bei A u. B.
2. Die Wellenquerschnitte I, II u. III.

1. Berechnung der Zapfen. Die Zapfendrücke ergeben sich als Auflagerreaktionen der bei A und B gestützten Welle. Da die belastenden Kräfte an der Welle in zwei verschiedenen Ebenen wirken, so müssen die Auflagerwiderstände getrennt für V- und H-Ebene bestimmt werden.

Die Kräfte an der Welle sind:

Querschnitt I: Vom Achsdruck herrührend:

$$V_1 = A \cdot \sin 30^0 \text{ und } H_1 = A \cdot \cos 30^0.$$

Für den durch den Riemenzug erzeugten Achsdruck A ist nach der Riementheorie (siehe dort) die fünffache vom Riemen übertragene Umfangskraft in Rechnung zu stellen. Die drehende Umfangskraft des Riemens bestimmt sich aus:

$$P \cdot R = M_d = 71\,620 \frac{N}{n}$$

$$\text{also } P = \frac{71\,620 \cdot 80}{75 \cdot 140} = \sim 550 \text{ kg, und Achsdruck } A = 2750 \text{ kg.}$$

Damit ergibt sich:

$$V_1 = 2750 \cdot 0{,}5 = 1375 \text{ kg}$$
$$H_1 = 2750 \cdot 0{,}866 = \sim 2400 \text{ kg.}$$

Dazu kommt noch das Drehmoment

$$M_d = \frac{71\,620 \cdot 80}{140} = 41\,000 \text{ cmkg.}$$

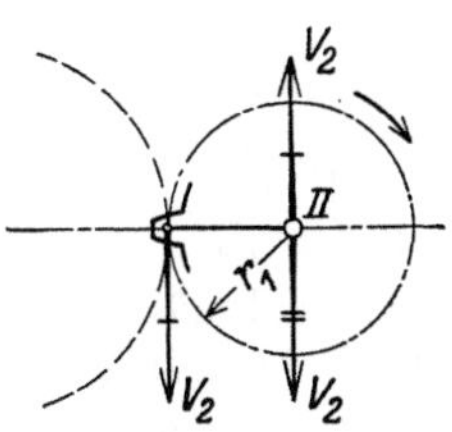

Abb. 111. Zur Wellenberechnung.

Querschnitt II: Die Drehbewegung der Welle erzeugt am Umfang des großen Zahnrads den Zahndruck V_2 (als Gegendruck des Zahns des Gegenrads), der die Welle verdreht und durchbiegt, was man sehr anschaulich erkennt, wenn V_2 im Querschnitt II nach beiden Seiten angebracht wird (Abb. 111). V_2 selbst wird bestimmt aus dem Drehmoment M_d', das vom großen Zahnrad weitergeleitet wird, welches beträgt: $M_d' = 71\,620 \frac{50}{140} = 25\,600$ cmkg.

Es gilt: $V_2 \cdot r_1 = M_d'$, also $V_2 = \frac{25\,600}{52{,}5} = 490$ kg.

Querschnitt III: Analog zum Querschnitt II hat man hier (Abb. 112) ein Drehmoment

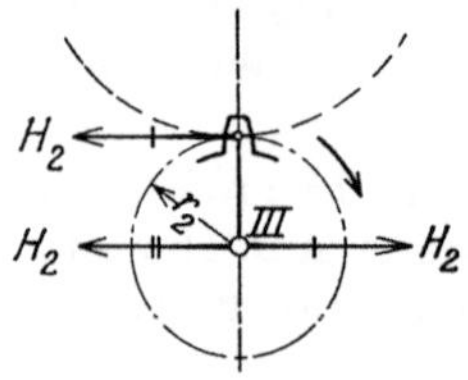

Abb. 112.
Zur Wellenberechnung.

$$M_d'' = 71\,620\,\frac{30}{140} = 15\,400\,\text{cmkg}$$

und eine biegende Kraft

$$H_2 = \frac{M_d''}{r_2} = \frac{15400}{40} = 385\,\text{kg}.$$

Mit diesen Kräften, die in Abb. 113 eingetragen sind, ergeben sich folgende Auflagewiderstände:

in der V-Ebene:

$$A_V = \frac{1375 \cdot 225 + 490 \cdot 125}{300} = 1230\,\text{kg}$$

$$B_V = 1375 + 490 - 1230 = 635\,\text{kg}$$

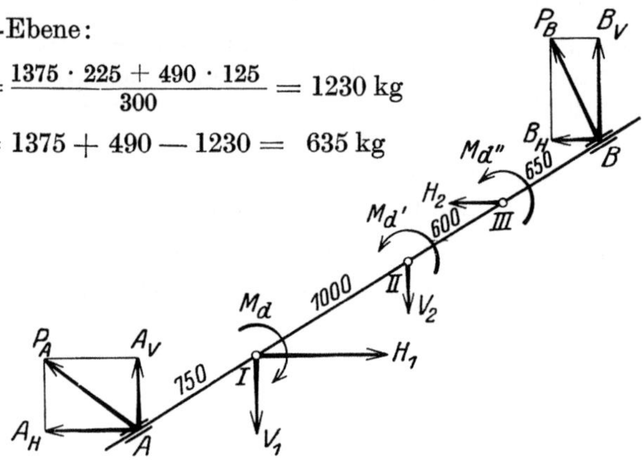

Abb. 113. Zur Wellenberechnung.

in der H-Ebene:

$$A_H = \frac{2400 \cdot 225 - 385 \cdot 65}{300} = 1720\,\text{kg}$$

$$B_H = 2400 - 1720 - 385 = 295\,\text{kg},$$

somit Zapfendruck bei A:

$$P_A = \sqrt{A_V^2 + A_H^2} = \sqrt{1230^2 + 1720^2} = 10\,\sqrt{15\,129 + 29\,584} = 2100\,\text{kg}$$

und Zapfendruck bei B

$$P_B = \sqrt{B_V^2 + B_H^2} = \sqrt{635^2 + 295^2} = \sqrt{403\,225 + 87\,025} = 700\,\text{kg}.$$

Zweckmäßig werden mit Rücksicht auf gleiche Lager beide Zapfen gleich bemessen, so daß der Zapfenberechnung die Kraft 2100 kg zugrunde zu legen ist.

Mit $k_b = 500$ kg/qcm und $p = 60$ kg/qcm ergibt sich für die Zapfendimensionen:

$$\frac{l}{d} = \sqrt{\frac{k_b}{5p}} = \sqrt{\frac{500}{300}} = \sim 1,3;\ \text{d. h. } l = 1{,}3\,d,$$

damit ergibt die Gleichung $P = p \cdot l \cdot d$ die Beziehung $P = p \cdot 1{,}3\,d^2$, also

$$d = \sqrt{\frac{2100}{1,3 \cdot 60}} = \sqrt{27} = 5,2 \text{ cm}$$

gewählt $\quad d = 55$ mm und $l = 1,3 \cdot 55 = 75$ mm.

Kontrolle auf Wärmeableitung:

$$w = \frac{P \cdot n}{l} = \frac{2100 \cdot 140}{7,5} = 39\,200$$

üblich ist für Triebwerkszapfen nach S. 72 $w = 20\,000$—$40\,000$, also ist die Zapfenlänge ziemlich knapp und empfiehlt sich eine Vergrößerung derselben.

Mit $l = 90$ mm ergibt sich $w = \frac{2100 \cdot 140}{9} = \sim 33\,000$, also guter Mittelwert. Damit muß auch der Zapfen verstärkt werden auf

$$d = \sqrt[3]{\frac{5 P \cdot l}{k_b}} = \sqrt[3]{\frac{5 \cdot 2100 \cdot 9}{500}} = 5,74 \text{ cm} = 60 \text{ mm},$$

die Zapfenpressung beträgt dann nur noch:

$$p = \frac{2100}{9 \cdot 6} = \sim 40 \text{ kg/qcm}.$$

2. Berechnung der Welle.

a) Querschnitt I, auf Biegung und Drehung: $\varnothing\ d_1$.

Es wird der links vom Querschnitt gelegene Stabteil mit den an ihm wirkenden Kräften betrachtet. (Dies ist bequemer, als den rechts vom Querschnitt gelegenen Stabteil zu betrachten, weil links von I weniger Kräfte wirken.) Die biegenden Kräfte erzeugen ein Biegungsmoment in der V-Ebene und ein solches in der H-Ebene, die, weil Momente wie Kräfte zusammengesetzt werden, nach dem Kräfteparallelogramm zu einem resultierenden Moment zusammenzusetzen sind. Im vorliegenden Fall ist es aber einfacher, die beiden Kräfte A_V und A_H zu einer Resultierenden, dem Zapfendruck P_A, zu vereinigen und das Moment dieser Resultierenden anzuschreiben, welche beträgt:

$$M_b = 2100 \cdot 75 = 157\,500 \text{ cmkg}.$$

Querschnitt I wird, wie Abb. 110 u. 113 zeigt, durch das volle Drehmoment M_d verdreht, welches beträgt:

$$M_d = 71\,620 \frac{80}{140} = 41\,000 \text{ cmkg}.$$

Die Zusammensetzung dieser beiden Momente ergibt nach früherem

$$k_b \cdot \frac{d_1^3}{10} \geq 0,35\, M_b + 0,65 \sqrt{M_b^2 + (\alpha_0 M_d)^2}; \; \alpha_0 = \frac{k_b}{1,3 \cdot k_d} = \frac{500}{1,3 \cdot 600} = 0,65$$

$$500 \cdot \frac{d_1^3}{10} \geq 0,35 \cdot 157\,500 + 0,65 \sqrt{157\,500^2 + (0,65 \cdot 41\,000)^2}$$

$d_1 \geq 14,8$ cm, mit Rücksicht auf Keilverschwächung ausgeführt $d_1 =$ 155 mm.

b) Querschnitt II, auf Biegung und Drehung: $\varnothing\ d_2$.

Betrachtet wird der rechts vom Querschnitt liegende Stabteil, da an ihm die wenigsten Kräfte wirken. Die beiden Kräfte am Auflager dürfen jetzt nicht mehr zu einer resultierenden Kraft zusammengefaßt werden, weil dann die biegenden Kräfte nicht in einer Ebene liegen würden, was nötig ist. Es muß deshalb für V- und H-Ebene getrennt gerechnet werden.

α) V-Ebene: $M_{b_V} = 635 \cdot 125 = \sim 79\,400$ cmkg,

β) H-Ebene: $M_{b_H} = 385 \cdot 60 + 295 \cdot 125 = 60\,000$ cmkg,

hieraus

$$M_b = \sqrt{M_{b_V}{}^2 + M_{b_H}{}^2} = 100 \sqrt{794^2 + 600^2} = 99\,500 \text{ cmkg}.$$

Auch der Querschnitt II wird voll verdreht, denn es gehen beide abgeleiteten Drehmomente durch ihn hindurch, so daß also ist: $M_d = 41\,000$ cmkg (wie bei Qu. I) und demgemäß gilt:

$$k_b \cdot \frac{d_2^3}{10} \geqq 0{,}35 \cdot 99\,500 + 0{,}65 \cdot \sqrt{99\,500^2 + (0{,}65 \cdot 41\,000)^2}$$

Dies ergibt $d_2 = 12{,}7$ cm, gewählt wegen Keilnutenverschwächung:

$$d_2 = 135 \text{ mm}.$$

c) Querschnitt III, auf Biegung und Drehung: $\varnothing\, d_3$.

Betrachtet wird der rechts vom Querschnitt gelegene Stabteil, welcher ergibt:

$$M_b = 700 \cdot 65 = 45\,500 \text{ cmkg}.$$

Dieser Querschnitt wird nur von dem Drehmoment des kleineren Zahnrads verdreht, welches beträgt:

$$M_d = 71\,620 \frac{30}{140} = 15\,350 \text{ cmkg}.$$

Damit ergibt sich:

$$k_b \cdot \frac{d_3^3}{10} \geqq 0{,}35 \cdot 45\,500 + 0{,}65 \sqrt{45\,500^2 + (0{,}65 \cdot 15\,350)^2}$$

$$d_3 \geqq 9{,}7 \text{ cm}$$

mit Rücksicht auf Keilverschwächung ausgeführt

$$d_3 = 105 \text{ mm}.$$

Mit diesen gerechneten Dimensionen ergibt sich unter gleichzeitiger Berücksichtigung, daß die Kurven gleicher Festigkeit (kubische Parabeln) an allen Querschnittsstellen innerhalb der Welle liegen müssen, die in Abb. 114 gezeichnete Ausführung.

Bestimmung der Durchbiegung der Welle

nach dem graphischen Verfahren von Mohr.

Sie wird, wie schon erwähnt, bestimmt aus der $\frac{M}{J}$-Fläche der Welle, wobei M die Biegungsmomente in den einzelnen Querschnitten und J deren Trägheitsmomente bedeuten.

Zu untersuchen sind infolgedessen die Querschnitte, in denen äußere Kräfte wirken und in denen eine Änderung der Querschnittsgröße vor-

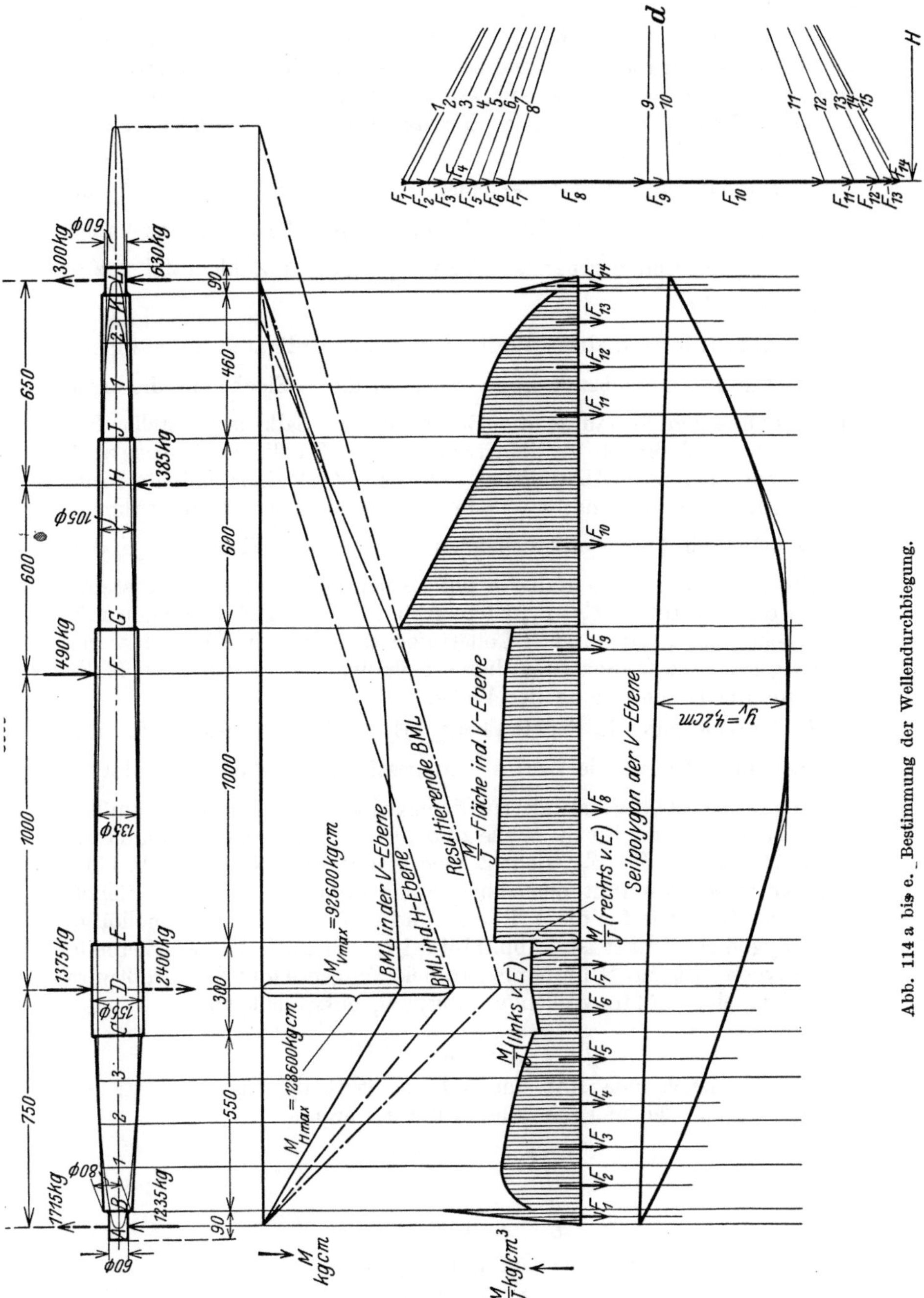

Abb. 114 a bis e. Bestimmung der Wellendurchbiegung.

handen ist. Da die äußeren Kräfte in zwei verschiedenen Ebenen wirken, so ist eine getrennte Rechnung durchzuführen für die Durchbiegung in der V-Ebene und die in der H-Ebene. Die tatsächliche Gesamtdurchbiegung ist dann die Resultierende aus den beiden Einzeldurchbiegungen. In Abb. 114 sind die vertikalen Kräfte ausgezogen, die horizontalen gestrichelt gezeichnet.

a) Durchbiegung in der V-Ebene. Bestimmung der Werte $\frac{M}{J}$ für die Querschnitte A bis L: Die sich aus den jeweiligen Biegungs- und Trägheitsmomenten ergebenden Werte $\frac{M}{J}$ sind, in Zahlentafel 1 zusammengestellt.

In Abb. 114c sind diese Werte für $\frac{M}{J}$ als Ordinaten aufgetragen. Der dadurch sich ergebende Linienzug hüllt die $\frac{M}{J}$-Fläche ein, die nach dem Mohrschen Verfahren die Belastung des Balkens vorstellt, für welche das Seilpolygon zu konstruieren ist. Zu diesem Zweck wird die Fläche in einzelne Abschnitte F_1—F_{14} eingeteilt, deren Inhalte dann als Kräfte anzusehen sind, jeweils im Schwerpunkt der Fläche wirkend. Die gemäß Abb. 114c sich ergebenden Größen der $\frac{M}{J}$-Flächen, d. h. der Kräfte F_1—F_{14} sind ebenfalls in der Zahlentafel 1 zusammengestellt.

Zu diesen Kräften F_1—F_{14} ist in Abb. 114d das Kräftepolygon mit dem beliebigen Polabstand H konstruiert und dazu in Abb. 114e das Seilpolygon. Die Ordinaten y dieses Seilpolygons sind dann ein Maßstab für die Durchbiegung der Welle.

b) Durchbiegung in der H-Ebene. Es sind zuerst wieder für die Querschnitte A bis L die Werte $\frac{M}{J}$ zu bestimmen (siehe Zahlentafel 2), die den in Abb. 114f gezeichneten Linienzug ergeben, dessen eingehüllte Fläche als Belastung für die Welle zu denken ist. Es ergeben sich damit die Flächenkräfte F_1—F_{14} (siehe Zahlentafel 2), für welche in Abb. 114g das Kräftepolygon (mit demselben Polabstand H und dem gleichen Kräftemaßstab wie für die V-Ebene) und in Abb. 114h das zugehörige Seilpolygon gezeichnet ist. Abb. 114i zeigt schließlich das resultierende Seilpolygon. Die zur Schlußlinie parallele Tangente gibt den Größtwert y_{res}, dem eine größte Wellendurchbiegung entspricht von:

$$f = \frac{1}{E} \cdot H \cdot y_{res} \cdot a \cdot b \text{ cm},$$

wenn a der Zeichenmaßstab und b der Maßstab der Flächenkräfte ist.

Die genaue zeichnerische Durchführung ergibt:

$$\begin{aligned} y_{res} &= 5{,}8 \text{ cm} \\ H &= 15 \text{ ,,} \\ a &= 10 \\ b &= 1000 \end{aligned}$$

und damit tatsächliche Wellendurchbiegung:

$$f = \frac{1 \cdot 15 \cdot 5{,}8 \cdot 10 \cdot 1000}{2\,200\,000} = 3{,}9 \text{ mm}.$$

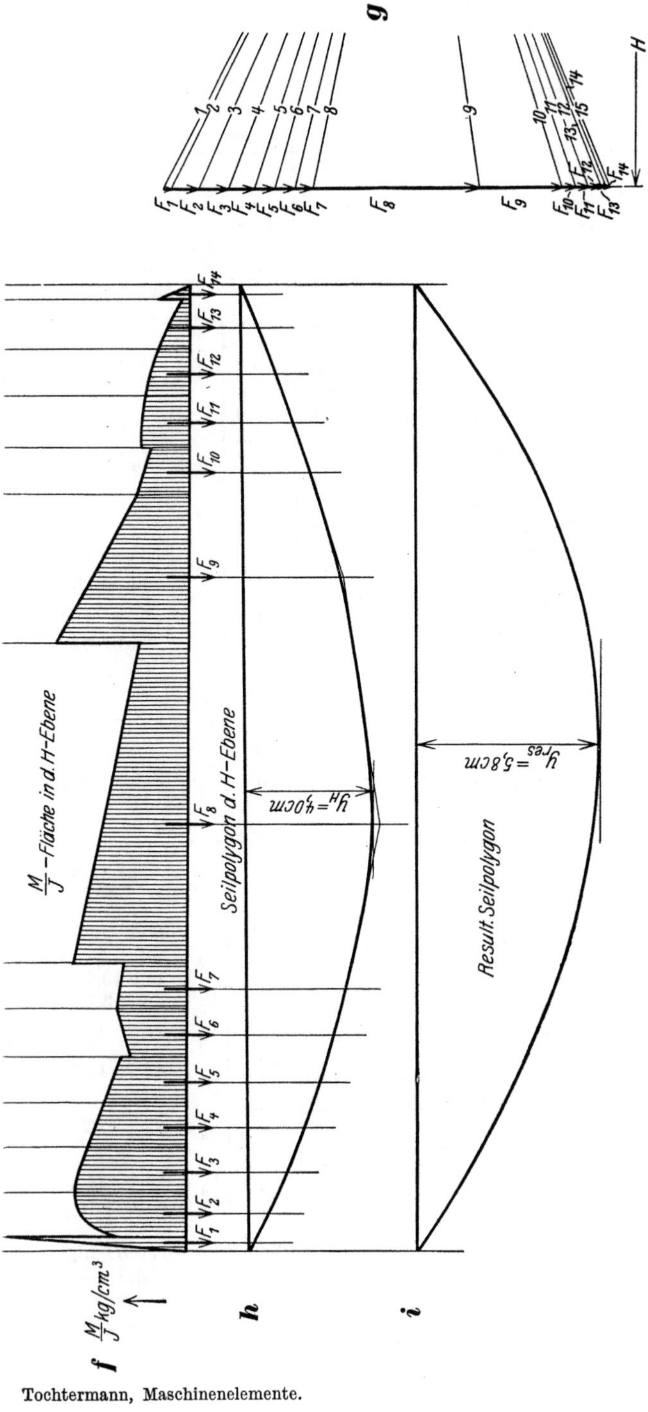

Abb. 114. f bis i Bestimmung der Wellendurchbiegung.
Zeichenmaßstab 1 : 10, d. h. 1 cm = 10 cm Wellenlänge.
Flächenmaßstab $\left(\frac{M}{J}\text{ - Fläche}\right)$ 1 : 1000, d. h. 1 cm = 1000 kg/cm² Wellenbelastung.

Zahlentafel I: Vertikalebene

Punkt	Wellen Ø cm	Trägheitsmoment J cm⁴	Biegemoment M kgcm	$\frac{M}{J}$ kg/cm³	$\frac{M}{J}$-Fläche kg/cm²
A	6	63,6	0	0	$F_1 = \frac{87,4 \cdot 4,5}{2} = 197$
B	6	63,6	1235 · 4,5 = 5 560	87,4	
	8	201,1	1235 · 4,5 = 5 560	27,1	
1	9,7	434,6	1235 · 18,2 = 22 480	51,8	$F_2 = 44 \cdot 13,7 = 603$
2	11,5	858,5	1235 · 31,9 = 39 400	45,9	$F_3 = 48,8 \cdot 13,7 = 669$
3	13,1	1445,6	1235 · 45,6 = 56 300	39,0	$F_4 = 42,4 \cdot 13,7 = 581$
C	15	2485	1235 · 59,5 = 73 550	29,6	$F_5 = 34,3 \cdot 13,9 = 477$
	15,5	2830	1235 · 59,5 = 73 550	26,0	
D	15,5	2830	1235 · 75 = 92 600	32,7	$F_6 = 29,3 \cdot 15,5 = 454$
E	15,5	2830	1235 · 89,5—1375 · 14,5 = 90 600	32,0	$F_7 = 32,3 \cdot 14,5 = 469$
	13,5	1620,4	1235 · 89,5—1375 · 14,5 = 90 600	55,9	
F	13,5	1620,4	630 · 125 = 78 700	48,5	$F_8 = 52,2 \cdot 85,5 = 4450$
G	13,5	1620,4	630 · 110,5 = 69 600	42,9	$F_9 = 45,7 \cdot 14,5 = 662$
	10,5	596,6	630 · 110,5 = 69 600	116,5	
H	10,5	596,6	—	—	$F_{10} = 84,9 \cdot 60 = 5094$
J	10,5	596,6	630 · 50,5 = 31 800	53,3	
	10,0	490,9	630 · 50,5 = 31 800	64,8	
1	9,3	367,2	630 · 35,1 = 22 100	60,2	$F_{11} = 62,5 \cdot 15,4 = 962$
2	8,6	268,5	630 · 19,8 = 12 470	46,5	$F_{12} = 54 \cdot 15,3 = 825$
K	8	201,1	630 · 4,5 = 2 835	14,1	$F_{13} = 30,3 \cdot 15,3 = 464$
	6	63,6	630 · 4,5 = 2 835	44,6	$F_{14} = \frac{44,6 \cdot 4,5}{2} = 100$
L	6	63,6	0	0	

Zahlentafel II: Horizontalebene.

Punkt	Wellen Ø cm	Trägheitsmoment J cm⁴	Biegemoment M kgcm	$\frac{M}{J}$ kg/cm³	$\frac{M}{J}$-Fläche kg/cm²
A	6	63,6	0	0	$F_1 = \frac{121 \cdot 4,5}{2} = 272$
B	6	63,6	1715 · 4,5 = 7 720	121	
	8	201,1	1715 · 4,5 = 7 720	38,4	
1	9,7	434,6	1715 · 18,2 = 31 200	71,9	$F_2 = 60,6 \cdot 13,7 = 832$
2	11,5	858,5	1715 · 31,9 = 54 750	63,8	$F_3 = 68 \cdot 13,7 = 934$
3	13,1	1445,6	1715 · 45,6 = 78 250	54,2	$F_4 = 60 \cdot 13,7 = 824$
C	15,0	2485	1715 · 59,5 = 102 000	41,1	$F_5 = 48 \cdot 13,7 = 660$
	15,5	2830	1715 · 59,5 = 102 000	36,1	$F_6 = 40,8 \cdot 15,5 = 632$
D	15,5	2830	1715 · 75,0 = 128 000	45,5	
E	15,5	2830	1715 · 89,5—2400 · 14,5 = 118 700	41,9	$F_7 = 43,7 \cdot 14,5 = 634$
	13,5	1620,4	1715 · 89,5—2400 · 14,5 = 118 700	73,3	
F	13,5	1620,4	—	—	$F_8 = 52,2 \cdot 100 = 5220$
G	13,5	1620,4	300 · 110,5 + 385 · 45,5 50 650	31,2	
	10,5	596,6	300 · 110,5 + 385 · 45,5 50 650	84,8	
H	10,5	596,6	300 · 65 = 19 500	32,7	$F_9 = 58,7 \cdot 44,5 = 2610$
J	10,5	596,6	300 · 50,5 = 15 150	25,4	$F_{10} = 29,1 \cdot 14,5 = 422$
	10,0	490,9	300 · 50,5 = 15 150	30,9	
1	9,3	367,2	300 · 35,1 = 10 550	28,7	$F_{11} = 30,6 \cdot 15,3 = 468$
2	8,6	268,5	300 · 19,8 = 5 940	22,1	$F_{12} = 25,6 \cdot 15,3 = 392$
K	8	201,1	300 · 4,5 = 1 350	6,7	$F_{13} = 14,6 \cdot 15,3 = 224$
	6	63,6	300 · 4,5 = 1 350	21,2	
L	6	63,6	0	0	$F_{14} = \frac{4,5 \cdot 21,2}{2} = 48$

Diese Durchbiegung ist nach dem oben Gesagten zu groß (üblich $^1/_3$ mm pro m Wellenstrang), so daß entweder die Welle stärker zu machen, oder ein drittes Lager anzuordnen wäre. Es zeigt sich also in diesem Fall, daß die Formänderung maßgebender ist, als die Festigkeit.

Wichtig ist noch die Bestimmung des Neigungswinkels der durchgebogenen Wellenachse, besonders an den Lagerstellen und da, wo Zahnräder sitzen, denn ein zu großer Neigungswinkel erzeugt Klemmen im Lager und Ecken der Zahnräder, also eine Störung des richtigen Eingriffs. Bei Lagern rechnet man mit einer zulässigen Neigung des Zapfens von $\frac{1}{1200}$ bis $\frac{1}{1000}$.

Das result. Seilpolygon mit horizontaler Schlußlinie (Abb. 114i) zeigt in verzerrtem Maßstab die jeweiligen Neigungen an. Um die tätsächliche Neigung zu erhalten, ist der jeweils abgelesene Tangenswert mit $\frac{1}{E} \cdot H \cdot b$ zu multiplizieren (b = Maßstab der $\frac{M}{J}$-Fläche, E = Elastizitätsmodul, H = Polabstand in cm).

Hölzerne Wellen kommen nur noch selten bei Wasserrädern zur Verwendung, die Befestigung der gußeisernen Zapfen ist in Abb. 115 und 116 (nach Bach, Maschinenelemente) gezeigt.

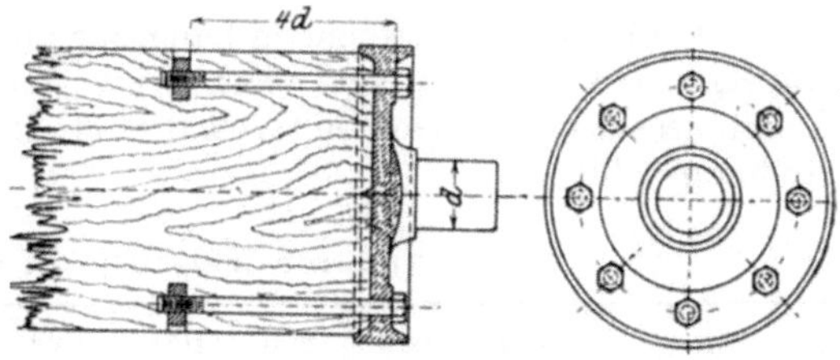

Abb. 115. Zapfen für hölzerne Wellen.

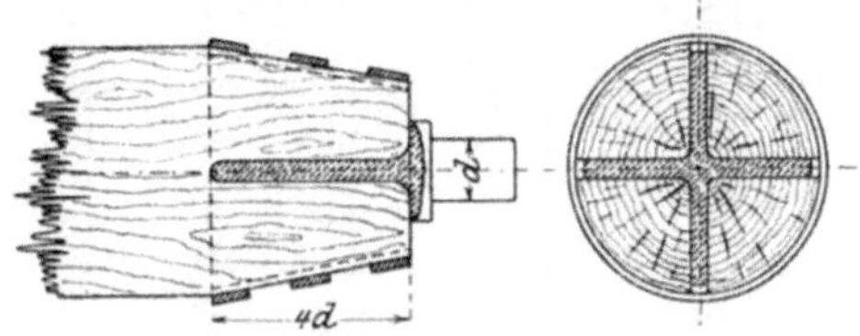

Abb. 116. Zapfen für hölzerne Wellen.

Biegsame Wellen kommen hauptsächlich für Rohr-, Fräs- und Schleifapparate, besonders zur direkten Kupplung mit der Welle von Elektromotoren in Anwendung.

Abb. 117 zeigt die Konstruktion einer biegsamen

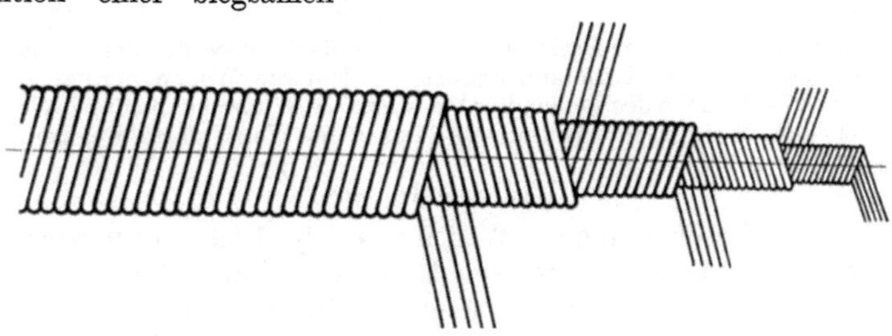

Abb. 117. Biegsame Welle. (Ackermann & Schmitt, Stuttgart.)

Welle. Sie besteht aus einzelnen (2—10) abwechselnd links und rechtsgängig gewundenen Lagen von Stahldrähten. Die Wellen sind in biegsamen Rohren gelagert. Diese Schutzschläuche werden evtl. noch durch schraubenförmig gewundene Flachdrähte verstärkt (Abb. 118). Aufgabe des Schutzschlauches ist es, neben der Führung der bieg-

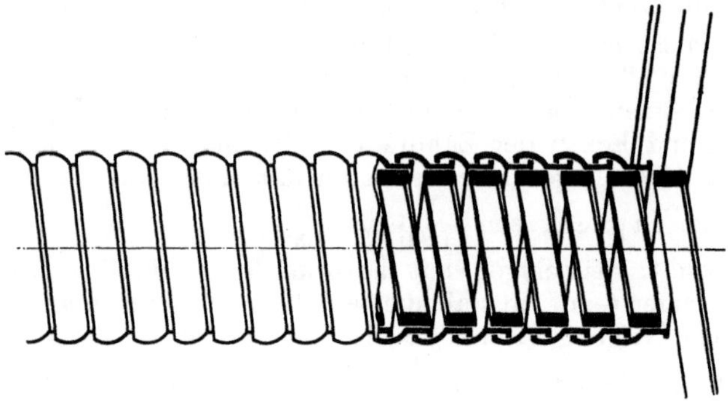

Abb. 118. Metallschlauch zur biegsamen Welle. (Ackermann & Schmitt, Stuttgart.)

samen Welle etwa auftretenden Längszug aufzunehmen. Nachstehende Tabelle (Ackermann und Schmitt, Stuttgart-Ostheim) gibt die Durchmesser von biegsamen Wellen nach Leistung und üblicher Umdrehungszahl.

Äußerer Wellen-∅ in mm.

n	400	600	800	1000	1500	2000	3000	5000	10 000
$^1/_{20}$ PS. . .	10	8	8	6	6	6	4	4	4
$^1/_{10}$ „ . .	12	10	10	8	8	8	8	6	6
$^1/_8$ „ . .	15	12	12	10	8	8	8	6	6
$^1/_6$ „ . .	15	15	12	12	10	8	8	8	8
$^1/_4$ „ . .	20	15	15	15	12	10	8	8	8
$^1/_3$ „ . .	25	20	20	15	15	12	10	10	—
$^1/_2$ „ . .	30	25	20	20	15	15	12	10	—
$^3/_4$ „ . .	—	30	25	20	20	15	15	—	—
1 „ . .	—	30	30	25	20	20	15	—	—
$1^1/_2$ „ . . .	—	—	30	30	25	20	20	—	—
2 „ . .	—	—	—	30	30	25	20	—	—

Bei Bestellung Angabe der Drehrichtung notwendig (Linkswelle oder Rechtswelle). Der kleinste zulässige Krümmungsradius, in dem die Wellen normal arbeiten, beträgt das 7—15fache des Wellendurchmessers; auf Wunsch kann die Welle jedoch jede beliebige Steifigkeit erhalten. Je länger die Welle, desto weicher ist sie.

Die Stellringe.

Um eine Verschiebung der Wellen in axialer Richtung zu vermeiden, setzt man Stellringe zu seiten der Lager, das sind stählerne oder gußeiserne Ringe (bis 5 mm Bohrung auch aus Messing), die durch Schrauben angezogen werden. Die Schraube darf nicht über den Ring vorstehen, da sonst leicht Unfälle herbeigeführt werden können.

In den Abb. 119 u. 120 sind Stellringe in zweckentsprechender Ausführung dargestellt. Abb. 120 zeigt einen Stellring für Ringschmierlager.

Bei kleineren Stellringen verwendet man Schlitzschrauben, bei größeren Schrauben mit Vierkantkopf oder auch Schrauben mit vierkantiger Höhlung, die durch einen eingesteckten vierkantigen Schlüssel angezogen werden. Die Schrauben greifen entweder mit einer Spitze in eine Anbohrung der Welle oder drücken mit einer stumpfen Fläche, seltener einer ringförmigen Schneide gegen diese.

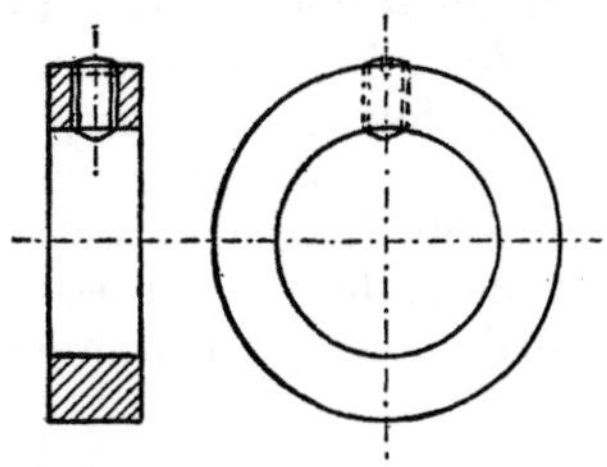

Abb. 119. 1 teiliger Stellring.

Die Abmessungen von genormten Stellringen gibt die Tabelle 15 im Anhang. Ihre äußere Form ist wie die in Abb. 119 gezeichnete, doch sind zwei unter 135° versetzte Gewindestifte mit Ringschneide oder Spitze, angeordnet.

Ist ein bedeutender axialer Druck zu übertragen, so muß man aufgeschweißte Bunde, eingedrehte Lagerstellen, Kammzapfen oder, wenn dies möglich, ein Spurlager anbringen.

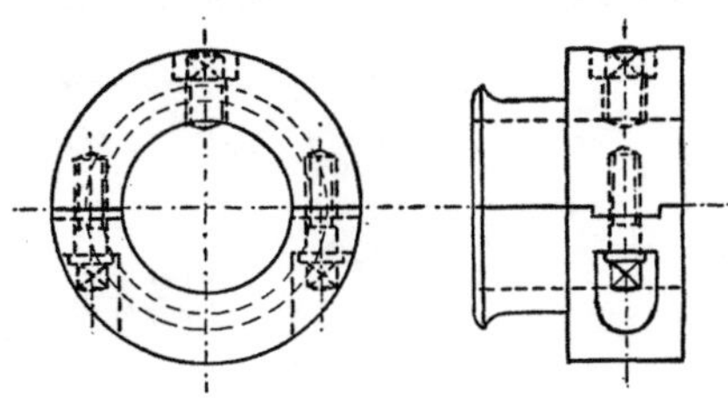

Abb. 120. 2 teiliger Stellring.

C. Kupplungen.

Unter Kupplungen versteht man Maschinenteile, welche zwei Wellen zu einem Wellenstrang verbinden.

Ist die Verbindung zwischen den auf den beiden Wellenenden sitzenden Teilen der Kupplung eine feste, starre, so nennt man die Kupplung feste Kupplung, sind diese Teile gegeneinander beweglich: bewegliche Kupplung, kann die Verbindung während des Betriebes gelöst werden: ausrückbare oder kurz Ausrückkupplung.

Die Hauptgesichtspunkte, welche bei der Konstruktion einer Kupplung zu beachten sind, sind folgende:

1. die Mittellinien der zu verbindenden Wellen müssen, falls es sich nicht um eine bewegliche Kupplung handelt, genau in eine Richtung fallen;

2. der Schwerpunkt der Kupplung soll möglichst genau in der Mitte der Welle liegen, d. h. die Massen sollen gleichmäßig zur Drehungsachse verteilt sein;

3. die Kupplung soll möglichst leicht sein, da ihr Gewicht die Welle auf Biegung beansprucht; sie soll deshalb möglichst unmittelbar neben einem Lager, schwerere Kupplungen zwischen zwei Lagern angebracht werden;

4. die Kupplung soll sich leicht anbringen und entfernen lassen;

5. vorspringende Teile sollen vermieden oder wenigstens verdeckt werden, da sie leicht Ursache von Unfällen werden können;

6. bei Ausrückkupplungen ist der verschiebbare Teil auf die zeitweise stillstehende Welle zu setzen, damit unnötiges Schleifen des Ausrückringes und bei Reibungskupplungen selbsttätiges Einrücken durch die Zentrifugalkraft vermieden wird.

Im folgenden sollen die gebräuchlichsten Kupplungen kurz besprochen werden, Formeln zur Berechnung der Hauptdimensionen sind den Abbildungen teilweise beigeschrieben. Diese gelten natürlich nur für normale Verhältnisse, in besonderen Fällen ist die Festigkeitsberechnung durchzuführen.

1. Feste Kupplungen.

Die Muffenkupplung (Abb. 121) ist sehr einfach, hat aber den Nachteil, daß beim Aufkeilen leicht eine Krümmung der Wellen, bei

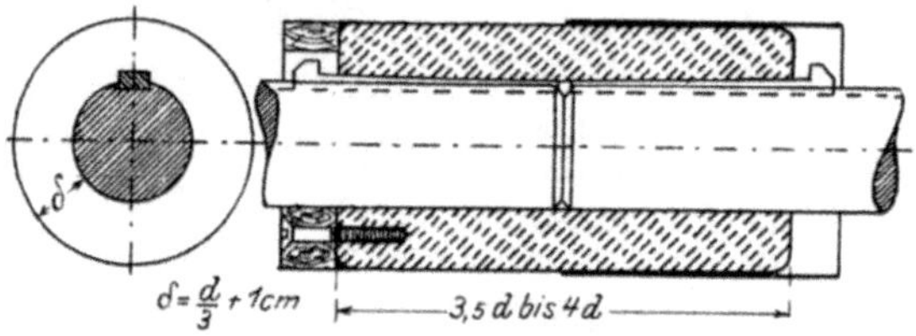

Abb. 121. Muffenkupplung.

nicht genau gleichem Durchmesser der Wellenenden auch eine Verschiebung der Wellenmitten stattfindet, und daß die Wellen bei einer Lösung der Kupplung um die halbe Länge der Muffe verschoben werden müssen. Sie wird deshalb nur sehr wenig verwendet.

Die vorstehenden Keilnasen sind möglichst zu verdecken, damit niemand daran hängen bleibt. Die linke Seite der Abb. zeigt eine Holzhülse, die rechte eine Blechhülse zur Verdeckung der Keilnasen.

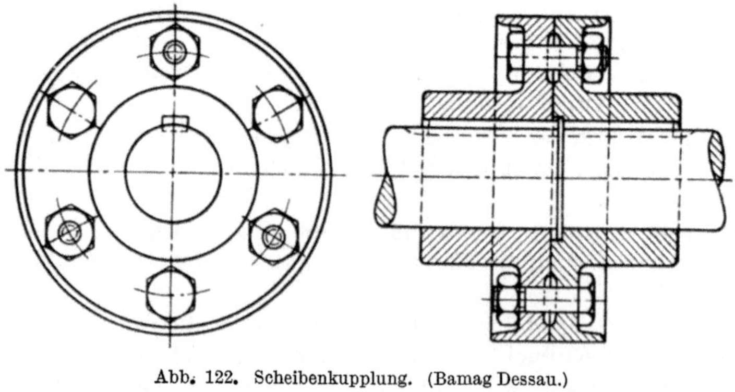

Abb. 122. Scheibenkupplung. (Bamag Dessau.)

Die Scheibenkupplung (Abb. 122, Ausführung der Bamag, Dessau) ist sehr gebräuchlich, hauptsächlich bei verschiedenem Durchmesser der zu verbindenden Wellen, wie dies beim Kuppeln von Kraftmaschinenwellen mit anderen Wellen meist der Fall ist. Damit die

Wellenachsen zusammenfallen, greift die eine Scheibe mit einem Ansatz in die andere ein. Die Stirnebenen der Scheiben sollen nur rauh abgedreht werden, um die Reibung zwischen denselben zu erhöhen, sie sind nach dem Aufkeilen nachzudrehen, da sonst Schiefziehen der Kupplung möglich ist, Bewegungsübertragend soll die Reibung zwischen den Scheiben wirken; wird diese durch Erschütterungen zeitweise aufgehoben, so werden die Schraubenbolzen auf Biegung und Abscherung beansprucht. Sie sollen deshalb das Schraubenloch möglichst genau ausfüllen. Es genügt, wenn zwei diagonal liegende Schrauben als Paßschrauben ausgeführt sind, oder wenn an deren Stelle zwei konische Paßstifte eingezogen sind. Bei Kupplungen, welche starke Stöße auszuhalten haben, empfiehlt es sich, Schrauben mit konischem Bolzen (Abb. 68) zu verwenden. Bei Kupplungen für große Drehmomente empfiehlt sich eine Überprüfung der Reibungsverhältnisse, die bei d cm Wellen $\varnothing$, s cm Bolzen $\varnothing$ und r cm Abstand von der Wellenachse zu der Formel für die erforderliche Schraubenzahl z führen:

$$z = \sim \frac{1}{2} \frac{d^3}{r \cdot s^2}$$

Da die Scheiben nach dem Aufkeilen von neuem abgedreht werden müssen, sind bei Anwendung von Scheibenkupplungen geteilte Räder und Riemenscheiben und offene Lager zu verwenden.

Statt die Scheiben aufzukeilen, werden sie auch warm aufgeschrumpft oder besser mittels hydraulischer Presse, wobei eine Feder eingesetzt wird, kalt aufgezogen, da sie dann wieder leichter abgezogen werden können. Man dreht dann gewöhnlich einen kleinen Ansatz an die Welle. Da sich die Wellen nur nach einer Verschiebung um die Höhe des zentrierenden Ansatzes der einen Scheibe herausheben lassen, verwendet man um dies zu umgehen, Scheibenkupplungen mit einem zwischen die Kupplungshälften gespannten zweiteiligen Zwischenring. Eine besondere Notwendigkeit hierfür liegt aber selten vor, weshalb diese Kupplungen kaum mehr vorkommen. Die Anzahl n der Schrauben wird auf eine gerade Zahl abgerundet (von 4 ab). Die Köpfe und Muttern werden von den Scheibenrändern überdeckt, die damit vor dem Hängenbleiben schützen.

Statt der aufgekeilten bzw. aufgezogenen Scheiben werden häufig entsprechende Flanschen an die zu kuppelnden Wellen oder andere Maschinenteile direkt angeschmiedet bzw. angegossen.

Zwischen den Wellenenden ist bei gewöhnlichen Scheibenkupplungen 1 mm, bei Scheibenkupplungen mit Zwischenscheibe 10 mm Luft vorzusehen. Bezüglich Abmessungen genormter Scheibenkupplungen vgl. Dinorm 116.

Die Schalenkupplung (Abb. 123) besteht aus zwei Schalen, welche mit einer Zwischenlage von starkem Papier oder dünnem Blech ausgebohrt und damit dann, ohne sich zu berühren, durch Schrauben fest auf die Welle geklemmt werden. Zur Übertragung des Drehmoments soll die Reibung allein ausreichen, doch legt man der Sicherheit halber noch eine durchgehende Feder ein. Von Vorteil ist eine mit zylindrischen Warzen versehene Schlußfeder (Abb. 124). Bis zu 50 mm Wellendurchmesser nimmt man meist 6, über 50 mm Wellendurchmesser 8 Schrauben. Berechnung der Schrauben als Klemmschrauben, siehe bei Nabenschrauben geteilter Riemenscheiben S. 274. Eine Abart ist die Kupp-

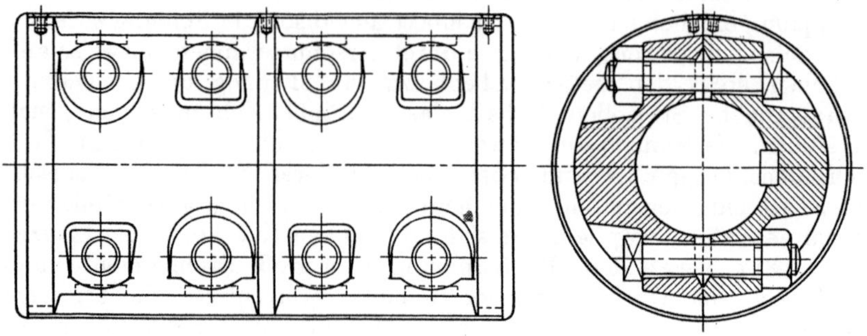

Abb. 123. Schalenkupplung. (Bamag Dessau.)

lung mit einer einseitig aufgeschlitzten Schale, die durch 3—4 Schrauben federnd zusammengezogen und so auf dem Wellenmantel festgeklemmt wird. Der Unfallgefahr wegen sollte man die Schalenkupplung stets mit einem Blechmantel umhüllen. Sie ist die gebräuchlichste Kupplung für Transmissionswellen.

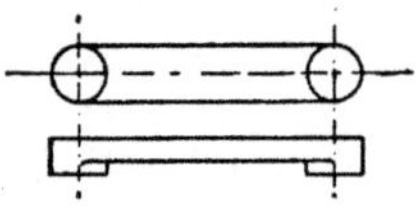

Abb. 124. Zapfenfeder.

Die Schalenkupplungen sind leicht anzubringen und zu entfernen, können aber nur für Wellen mit gleichem Durchmesser Verwendung finden. Abb. 123 zeigt die Ausführung der Bamag-Dessau. Abmessungen genormter Schalenkupplungen gibt Dinorm 115.

Die Sellerskupplung besteht aus zwei aufgeschlitzten kegelförmigen Körpern (Neigung ungefähr 1 : 8), welche durch zur Wellenachse parallele Schrauben in eine doppelt konisch ausgedrehte Hülse gepreßt werden. Zur Sicherung der Mitnahme legt man noch eine Feder ein. Die Kupplung wird heute kaum mehr benützt, da die Schalenkupplung zweckmäßiger und billiger ist.

2. Bewegliche Kupplungen.

Ist auf dauernd richtige Lage der beiden Wellenenden nicht zu rechnen, so muß man diese so verbinden, daß eine gewisse Beweglichkeit der Kupplungsteile möglich ist.

Die Abb. 125 und 126 zeigen längsbewegliche Kupplungen, sog. Klauenkupplungen, welche bei langen Wellensträngen angewendet werden müssen, um die Ausdehnung bei Temperaturverschiedenheiten (etwa 5 mm auf je 10 m Wellenlänge) auszugleichen. Die Bewegungsübertragung erfolgt bei beiden dadurch, daß die Scheiben mit Vorsprüngen (Klauen) ineinandergreifen. Zur Zentrierung der Wellen dient bei der Ausführung Abb. 126, eine Verlängerung der Nabe der einen Scheibe, in der sich die andere Welle führt. Die Bamag-Dessau zentriert durch die Klauen selbst (Abb. 125).

Bei Wellen von verschiedener Stärke ist das stärkere Wellenende auf den Durchmesser der schwächeren Welle abzusetzen. Der Keilanzug muß der Ausdehnungsrichtung der Wellen entgegengesetzt sein. Unbedingt notwendig ist eine doppelseitige Lagerung der Kupplungen.

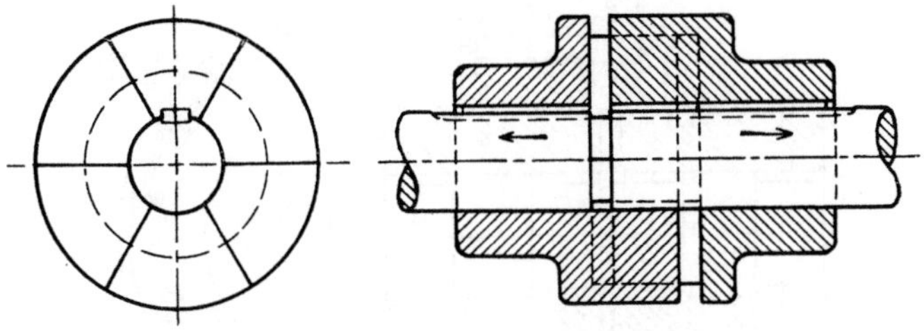

Abb. 125. Ausdehnungskupplung. (Bamag Dessau.)

Schwere Wellen kuppelt man auch durch die Schleppkurbel, zwei gegeneinander versetzte Kurbeln, die durch eine Koppel miteinander verbunden sind. Soll die Verbindung zeitweise gelöst werden, führt man die Kurbeln mit verschiedenem Radius aus, so daß der eine Kurbelzapfen sich am anderen vorbeibewegen kann.

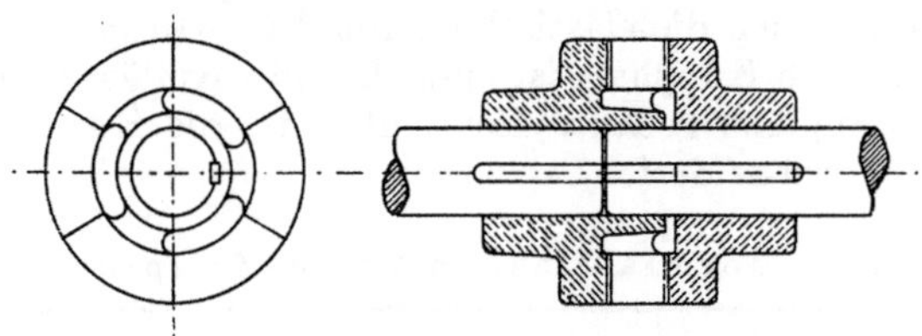

Abb. 126. Ausdehnungskupplung.

Eine geringe Beweglichkeit in jeder Richtung gestatten die elastischen Kupplungen, die bei Verwendung eines den elektrischen Strom nicht leitenden Materials für die elastischen Zwischenglieder zugleich Isolationskupplungen sind. Beiderseits solcher Kupplungen müssen möglichst dicht Lager angeordnet werden.

Bei der Lederlaschenkupplung werden abwechselnd auf den Stirnflächen beider Kupplungsscheiben angebrachte Bolzen durch Lederlaschen verbunden. Die Duisburger Maschinenfabrik J. Jaeger benutzt statt einzelner Laschen durchgehende Lederringe, die entsprechend durchlocht und auf die Bolzen aufgesteckt sind. Damit ist die Kupplung für beide Drehrichtungen geeignet. Der Berechnung der Laschen sind niedrige Zugspannungen zu Grunde zu legen, nämlich 8—10 kg/qcm für Leder und 3—5 kg/qcm für Gummi. Im Fahrzeugbau verwendet man an Stelle der Lederlaschen Gummilaschen mit Drahtseileinlage, geliefert von den Kirchbachschen Werken in Coswig i. Sa.

Bei der elastischen Kupplung von J. M. Voith, Heidenheim (Abb. 127), werden Pakete aus Lederabfallstücken in entsprechende Nuten in den beiden Kupplungsflanschen gelegt. Diese Kupplung ist ohne weiteres für beide Drehrichtungen benützbar und isoliert zugleich die beiden Wellen gegenseitig.

Bei der früheren Konstruktion (Zodel-Voith-Kupplung) war an Stelle der Lederpakete ein endloser Lederriemen verwendet, der durch

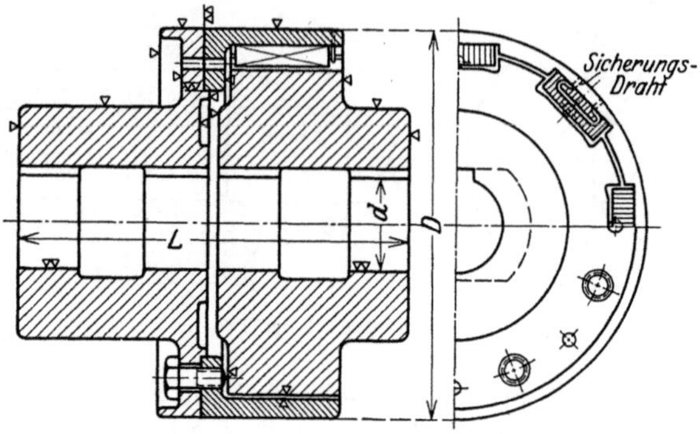

Abb. 127. Elastische Kupplung. (J. M. Voith, Heidenheim.)

Schlitze in den Kupplungsscheiben geschlungen war. Dieser Ausführungsform ähnlich ist die Cachin-Kupplung des Eisenwerkes Wülfel, desgleichen die elastische Klotzkupplung der Bamag.

Die neue Voith-Kupplung ist einfach und zuverlässig und wird auch als Ausrückkupplung gebaut. Ihr ähnlich ist die Eupex-Kupplung von Flender-Düsseldorf.

Abmessungen der elastischen Voith-Kupplung. (Abb. 127.)

$\frac{N}{n}$ bis	0,005	0,01	0,022	0,055	0,10	0,21
n_{max}	10000	7500	6000	5000	3800	3000
Normalbohrung d	25—32	30—40	40—50	50—60	55—70	70—90
D	75	100	125	150	200	250
Baulänge L	120	150	200	190	220	260
Gewicht kg	2,4—2,8	4,9—5,5	10—11	12,5—16	20—25	40—50
$\frac{N}{n}$ bis	0,48	0,75	1,1	2,2	4,0	6,5
n_{max}	2500	2100	1900	1500	1250	1050
Normalbohrung d	90—110	100—120	110—135	135—160	165—195	195—225
D	300	350	400	500	600	700
Baulänge L	320	360	400	480	570	680
Gewicht kg	63—83	85—120	165	295	505	790

Die elastische Bolzenkupplung der Bamag in Dessau besteht aus zwei Scheiben, welche so auf die Wellenenden gekeilt sind, daß zwischen den Stirnflächen ein kleiner Zwischenraum bleibt. Die Kraftübertragung geschieht durch elastische und elektrisch isolierende Bolzen (Leder oder

Gummi), die durch entsprechende Löcher beider Scheiben gesteckt sind, und die sich zwecks Lösung der Kupplung leicht herausziehen lassen (Abb. 128).

Ihr ähnlich ist die neue Wülfel-Isela-Kupplung, deren Konstruktion aus Abb. 129 ersichtlich ist. Die verwendeten Mitnehmerbolzen aus elastischem, isolierendem Material liegen in halbkreisförmigen Aussparungen der beiden Kupplungsteile und werden durch einen Spreizring gegen Herausfallen gesichert.

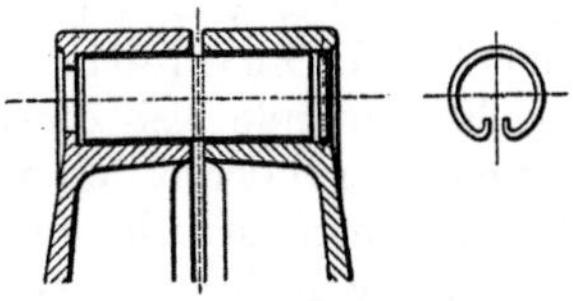

Abb. 128. Elastische Bolzenkupplung. (Bamag Dessau.)

Bei der Bürstenkupplung von G. Luther A.-G., Braunschweig trägt die eine Scheibe Segmente mit radialen Zähnen, die andere Segmente mit radialen Stahldrahtbürsten, die in die Zwischenräume der Zähne eingreifen. Die Federung der Stahlbürsten nimmt etwaige Ungleichmäßigkeiten im Drehmoment auf. Bei Überlastungen gleiten die

Abb. 129. „Isela"-Kupplung. (Eisenwerk Wülfel vor Hannover.)

Bürsten über die Zähne hinweg, so daß die Kupplung als Sicherheitskupplung wirkt. Die Kupplung wird auch als Ausrückkupplung konstruiert.

Bei der El-Is-Kupplung der Peniger Maschinenfabrik und Eisengießerei A.-G. hat bei den Kupplungen von 70—200-mm-Bohrung die eine Kupplungsscheibe trapezförmige Ausschnitte am äußeren Mantel, die mit ebensolchen am inneren Umfange des Kranzes der anderen Kupplungsscheibe zusammen sechskantige Hohlräume bilden. Die Übertragung der Bewegung wird durch in diese Hohlräume eingelegte Lederbolzen bewirkt. Die Kupplungen von 20—60-mm-Bohrung haben statt der Lederbolzen elastisch-isolierende Lederpakete, ähnlich wie die Voith-Kupplung.

Zu den beweglichen Kupplungen gehören auch die Walzwerkskupplungen, bei denen die Kuppelzapfen drei oder vier Hohlkehlen haben, in die die inneren Wulste der darübergesteckten Muffen mit entsprechendem Spielraum eingreifen, desgleichen die sogenannten Knorpel- oder Knochengelenke. Bei diesen hat der eine Kupplungsteil Zahnlücken (am einfachsten geradflankig), in welche die Zähne des anderen Kupplungsteils greifen, die so gewölbt sein müssen, daß sie eine mäßige Beweglichkeit nach allen Richtungen gestatten.

Eine Scheibenkupplung von hoher Elastizität und besonders Schwingungs-Dämpffähigkeit ist die Bibby-Kupplung (englischen Ursprungs) der Firma Malmedie & Co., A.-G. in Düsseldorf. Der flexible und stoßdämpfende Teil dieser Kupplung sind Bandfedern, deren mehrere zu einem rund um den äußeren Umfang der beiden Kupplungsscheiben herumgehenden schlangenartigen Gitter zusammengefaßt sind, das in Nuten der Nabenscheiben eingelegt ist. Nabenscheiben und Gitterfeder überdeckt eine zweiteilige Verschlußhaube.

Alle die letztgenannten Kupplungen ermöglichen sowohl eine gewisse Längs- und Querbeweglichkeit als auch die Verbindung von Wellen, die einen allerdings nicht viel von 180° abweichenden Winkel miteinander bilden.

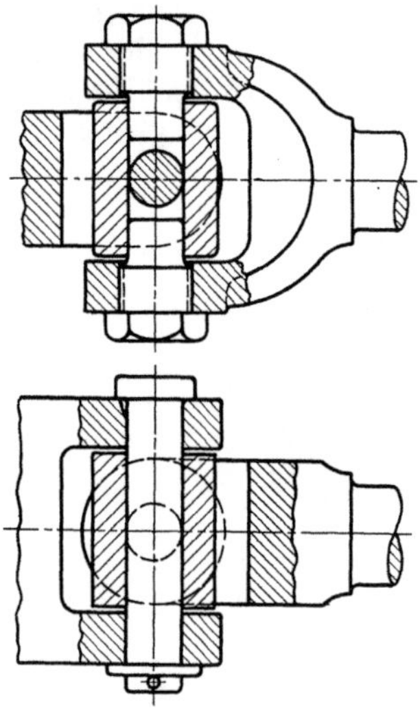

Abb. 130. Einfaches Kreuzgelenk.

Ist die Abweichung des Winkels, welchen die Wellen miteinander bilden, von 180° eine bedeutendere, so verwendet man die Kreuzgelenkkupplung oder den Hookschen Schlüssel auch Cardan- oder Universal-Gelenk genannt. Abb. 130 zeigt eine einfachste Ausführung, wie sie sich besonders an landwirtschaftlichen Maschinen sehr viel findet. Beide Wellen enden in Gabeln, die durch ein innenliegendes Kreuzstück miteinander gekuppelt sind. Ein schwacher Punkt bei dieser Konstruktion ist die Teilung des einen Mitnehmers in zwei Kopfschrauben, die sich zufolge der einseitigen Kraftwirkung leicht schief stellen und die Gabelenden ungünstig beanspruchen. Diese Ausführung eignet sich deshalb nur für leichten, untergeordneten Betrieb.

Eine solide, altbewährte Konstruktion ist die Kreuzgelenkkupplung der Berlin-Anhaltischen Maschinenbau A.-G. (Bamag) in Dessau, Abb. 131, bei welcher jedes Kupplungsstück zwei unter 90° sich kreuzende Zapfen hat, die durch einen vertikal geteilten und durch Schrauben zusammengehaltenen Ring mit Bronzebuchsen umschlossen werden. Die Drehzapfen der Kupplung gestatten sowohl eine sich drehende als auch eine sich verschiebende Bewegung. Der Ablenkwinkel soll normalerweise 15° nicht überschreiten.

Eine gedrungene Form der Kreuzgelenkkupplung ist das in Abb. 132 gezeigte Kugelgelenk, in der Ausführung von Ludw. Löwe & Co., A.-G. Berlin.

Der charakteristische Nachteil aller Kreuzgelenke ist, daß sich die Bewegungsübertragung ungleichförmig vollzieht, indem dem Drehwinkel α der treibenden Welle ein abwechselnd größerer und kleinerer Drehwinkel β der getriebenen Welle entspricht, welcher Unterschied mit dem Neigungswinkel γ der gekuppelten Welle zunimmt, entsprechend der Beziehung

$$tg\,\alpha = tg\,\beta \cdot \cos\gamma,$$

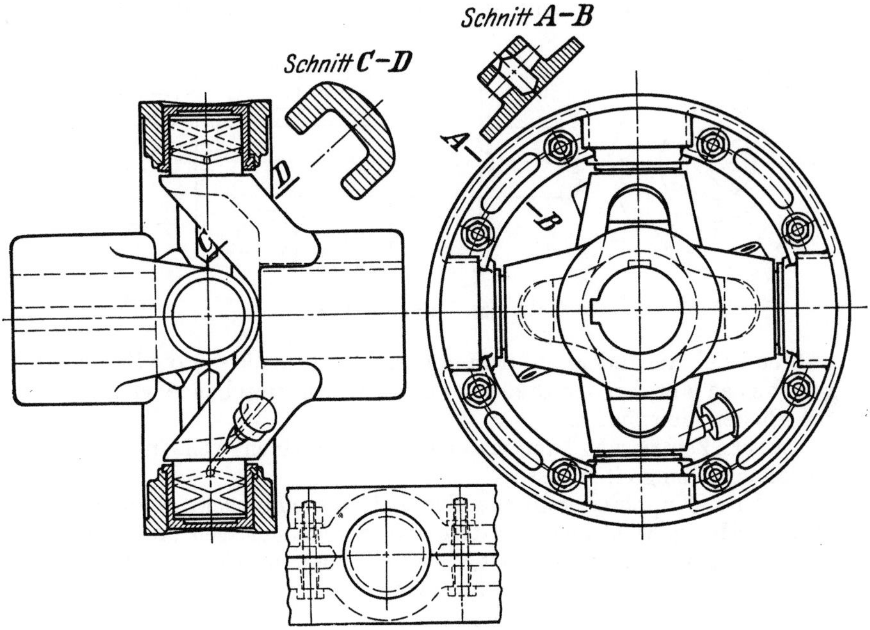

Abb. 131. Kreuzgelenkkupplung. (Bamag Dessau.)

woraus sich im weiteren ergibt:

$$\frac{v_{max}}{v_{min}} = \frac{1}{\cos^2\gamma}$$

Bei 10° Neigungswinkel beträgt der Unterschied etwa 3%. Der praktisch mögliche größte Neigungswinkel bei solchen Kugelgelenken ist bei etwa 35°.

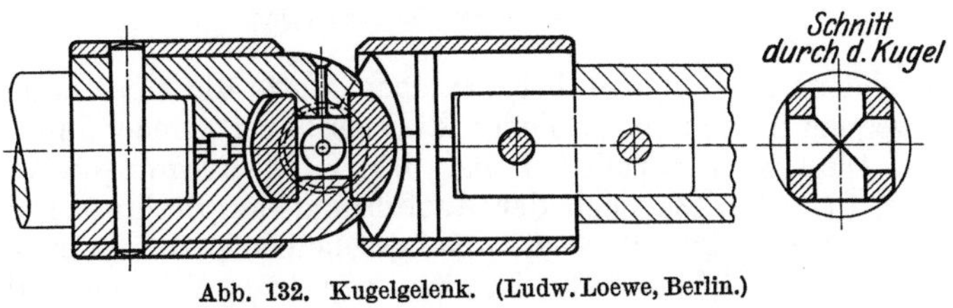

Abb. 132. Kugelgelenk. (Ludw. Loewe, Berlin.)

Um die Ungleichförmigkeit wieder auszugleichen, muß man zwischen die beiden Wellen eine Zwischenwelle so legen, daß diese mit den beiden Wellen denselben Winkel einschließt und die Gabeln in einer Ebene liegen. Diese Ausführungsform findet sich im Werkzeugmaschinenbau vielfach.

3. Ausrückkupplungen.

Die einfachste Ausrückkupplung ist die Klauenkupplung (Abb. 133), welche aus zwei mit Zähnen oder Klauen versehenen Muffen besteht, von denen die eine auf dem einen Wellenende festgekeilt ist,

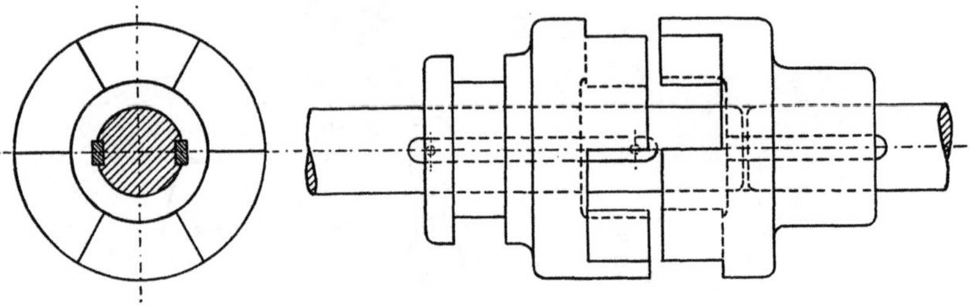

Abb. 133. Klauenkupplung.

während sich die andere auf dem anderen Wellenende um die Zahnhöhe verschieben läßt, bei der Drehung aber die Welle durch eine oder besser zwei Federn mitnimmt.

Zwecks Zentrierung kann man das Ende der einen Welle in die Muffe der anderen eingreifen lassen.

Soll die Kupplung während des Betriebs eingerückt werden, was aber nur bei ganz kleinen Kräften bzw. Schwungmassen und geringen Umdrehungszahlen statthaft ist, so sind Klauen mit schraubenförmigen Rückenflächen anzuordnen (Abb. 134).

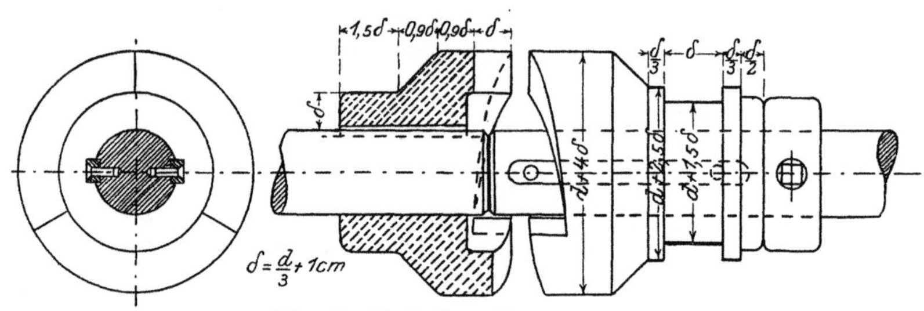

Abb. 134. Einrückbare Klauenkupplung.

Bei beiden Arten erfolgt bei der einen Muffe die Übertragung der Drehbewegung nur durch die Feder, die sich dabei schnell abnutzt und lockert. Dies wird vermieden bei der Hildebrandtschen Zahnkupplung, die Abb. 135 nach der Ausführung der Berlin-Anhalt. Maschinenbau-A.-G. zeigt. Beide Kupplungsscheiben sind auf den Wellenenden festgekeilt, auf der Nabe der einen verschiebt sich eine Muffe, die mit Klauen schließend in die Zahnlücken der Kupplungsscheiben eingreift. Denselben Zweck erreicht J. M. Voith, Heidenheim a. Brenz durch an der verschiebbaren Muffe sitzende Bolzen, die in entsprechend übereinstimmende Löcher der beiden Kupplungsscheiben eingreifen.

Erfolgt das Ein- und Ausrücken während des Betriebs, so muß, um die Reibung an den Klauenflächen bzw. den Federn zu überwinden, bei allen diesen Kupplungen eine bedeutende Kraft in Richtung der Wellenachse ausgeübt werden. Vorteilhafter sind in dieser Beziehung

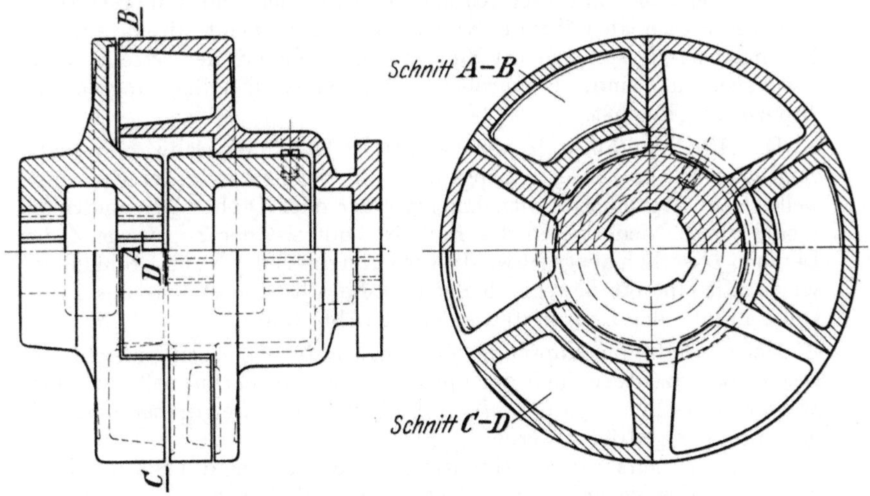

Abb. 135. Hildebrandtsche Zahnkupplung. (Bamag Dessau.)

die Kupplungen, bei denen die den Eingriff vermittelnden Teile radial ausgerückt werden, z. B. die Klinkenkupplungen.

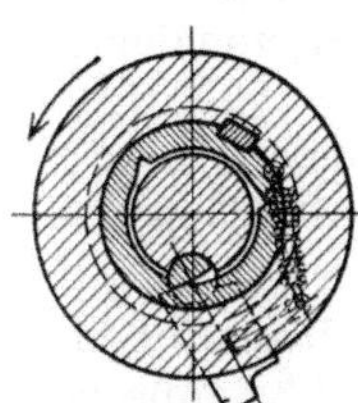

Abb. 136 a.
Drehkeil eingerückt.

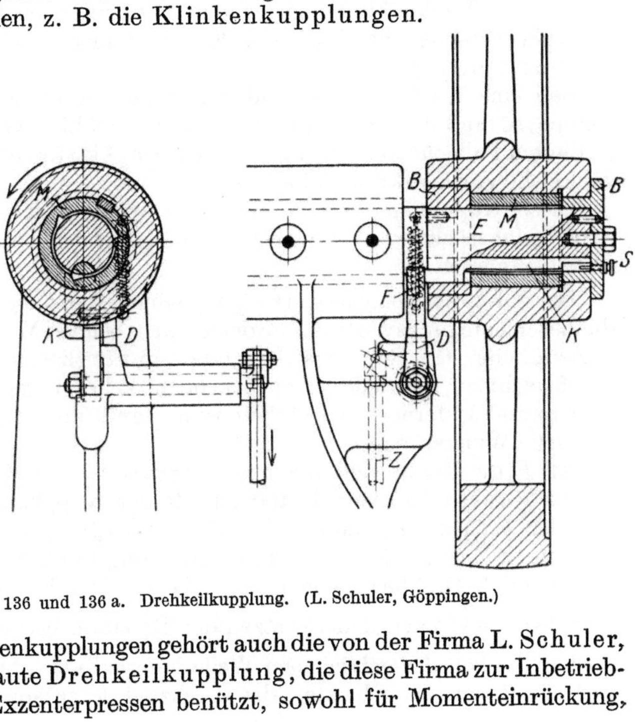

Abb. 136 und 136 a. Drehkeilkupplung. (L. Schuler, Göppingen.)

Zu den Klinkenkupplungen gehört auch die von der Firma L. Schuler, Göppingen gebaute Drehkeilkupplung, die diese Firma zur Inbetriebsetzung ihrer Exzenterpressen benützt, sowohl für Momenteinrückung, als auch für selbsttätige Auslösung beim höchsten Stand des Stössels, und die sich aufs beste bewährt hat.

Die Konstruktion dieser Kupplung ist aus der Abb. 136 ersichtlich. Das die Presse antreibende Schwungrad läuft nicht direkt auf der Exzenterwelle E, sondern auf Buchsen B, welche mit der Exzenterwelle fest verbunden sind. Bei größeren Pressen ist das Schwungrad mit Bronze ausgebuchst.

Die Mitnehmerhülse M, welche mittelst Keil in die Schwungradnabe eingesetzt ist, besitzt drei Längsnuten, in welche der in der Exzenterwelle drehbar gelagerte Mitnehmerzylinder oder Drehkeil K eindringt, sobald durch Niedertreten des Fußtritts mittelst der Zugstange Z der Daumen D seitlich ausgeschwenkt wird und die Feder F den Drehkeil um seinen Mittelpunkt bewegt, demgemäß die Mitnehmerfläche des Drehkeiles in eine der Längsnuten eingreift (Abb. 136a).

Meist erhält die Kupplung eine angebaute Sicherheitsvorrichtung, welche die Exzenterwelle E nach jeder Umdrehung entkuppelt; zu einem zweiten Stösselniedergang muß der Fußtritt zuerst freigegeben und aufs neue abwärts gedrückt werden.

Der Sicherheitsstift S verhindert einen Niedergang des Stössels beim Nachsehen der Maschine und Einstellen der Werkzeuge. Die Presse ist erst nach Herausnehmen des Stifts betriebsklar.

Alle diese Kupplungen rücken plötzlich ein und können mit Ausnahme der Drehkeilkupplung der dabei auftretenden Stöße wegen nur im Ruhezustande oder höchstens bei ganz kleinen Geschwindigkeiten eingerückt werden.

Soll eine Kupplung während der Bewegung ohne Stoß eingerückt werden, so muß sie so konstruiert sein, daß allmähliche Mitnahme erfolgt. In diesem Falle verwendet man die Reibungskupplungen, von denen zahlreiche Konstruktionen im Gebrauch sind.

Diese Kupplungen sollen nicht mit einem Ruck, sondern mäßig schnell eingerückt werden, wobei die sich reibenden Teile anfangs gegeneinander gleiten.

Die durch Anpreßdruck erzeugte Reibung hat dabei zu überwinden: die Beschleunigungswiderstände der anzutreibenden Massen (dynamische Widerstände), die Reibungswiderstände in sämtlichen Triebwerksteilen und Maschinen, die an der einzurückenden Welle hängen (innere statische Widerstände), ferner den Arbeitswiderstand der Maschinen (äußere statische Widerstände).

Ist P die durch Reibung bzw. Anpressung der Kuppelflächen erzeugte gesamte drehende Umfangskraft der Kupplung, r ihr Abstand von der Wellenachse und I das Gesamtträgheitsmoment aller anzutreibenden Massen, dann ruft diese Kupplungskraft P eine gleichförmig beschleunigte Drehbewegung der getriebenen Welle hervor, deren Winkelbeschleunigung nach den Gesetzen der Dynamik beträgt: $\varepsilon = \frac{P \cdot r}{J}$.

Für die von der getriebenen Welle innerhalb einer bestimmten Einrückzeit t zu erreichende, der Drehzahl n entsprechende Winkelgeschwindigkeit $\omega = \frac{\pi \cdot n}{30}$ gilt die Beziehung: $\omega = \varepsilon \cdot t$, so daß man für die erforderliche Einrückzeit erhält:

$$t = \frac{J}{P \cdot r} \cdot \frac{\pi \cdot n}{30} \text{ [sek].}$$

Die während der Einrückzeit von der Kupplungskraft P geleistete Arbeit ist $P \cdot r \cdot \omega \cdot t$. Sie hat dazu beigetragen, der getriebenen Welle eine Energie zu erteilen von der Größe $J \cdot \frac{\omega^2}{2}$.

Mit $J = \frac{P \cdot r \cdot t}{\omega}$ gemäß obiger Beziehung, ergibt sich: $\frac{J \cdot \omega^2}{2} = \frac{P \cdot r \cdot \omega \cdot t}{2}$ = der Hälfte der Kupplungsarbeit. Die andere Hälfte der zur Beschleunigung der Massen aufgewendeten Arbeit ist verlorengegangen und hat sich in Wärme und Abnützung umgesetzt, als Folge des Gleitens der Kupplungsflächen aufeinander.

Die notwendige drehende Umfangskraft in der Kupplung zur Erreichung von n Umdr./Min. der Welle bei t Sekunden Einrückzeit ist also gemäß obigem:

$$P = \frac{J}{r \cdot t} \cdot \frac{\pi \cdot n}{30} \text{ kg.}$$

Würde sie plötzlich voll zur Wirkung gebracht, so entstünde ein Stoß, der starke Schwingungen an der treibenden Welle erzeugen würde. Die Kupplungen sollen deshalb nicht mit einem Ruck, sondern mäßig schnell eingerückt werden. Ein Stoß entsteht auch am Schluß der Einrückperiode, wenn die Kuppelkraft durch Aufhören des Beschleunigungswiderstands plötzlich frei wird. Es verteilt sich aber dieser Stoß auf treibende und getriebene Teile.

Wird nun das eingerückte Triebwerk belastet, und sind die an der Kupplung im Abstand r wirkend zu denkenden gesamten inneren und äußeren statischen Widerstände W kg, so genügt die obige Kupplungskraft P nicht mehr. Die Kupplungsflächen gleiten solange, bis die Umfangskraft P der Kupplung so groß wie W geworden ist. Von da ab beginnt die getriebene Welle sich zu drehen und sie erreicht die Drehzahl n der treibenden Welle dann, wenn zwischen P und W ein Überschuß vorhanden ist, welcher der zur Beschleunigung der Massen notwendigen Kraft entspricht. Sobald der volle Kupplungsschluß erreicht und damit der Beharrungszustand der angetriebenen Teile eingetreten ist, fällt der zur Beschleunigung der Massen erforderliche Anteil weg und die Kupplung bleibt mit der Differenz $P—W$ geschlossen. Der weggefallene Teil an notwendiger Umfangskraft kann jetzt als weitere äußere Widerstand mit überwunden werden, so daß damit die Kupplung im Beharrungszustand einen Gesamtwiderstand P überwinden kann, der die Größe hat:

$$P = \frac{J}{r \cdot t} \cdot \frac{\pi \cdot n}{30} + W \text{ kg.}$$

Die bekanntesten Reibungskupplungen sind:

Die Kegelreibungskupplung (Abb. 137). Die verschiebbare hohlkegelförmige Scheibe auf der getriebenen Welle wird gegen die auf der treibenden Welle festgekeilte kegelförmige Scheibe gepreßt, wobei sie durch die Reibung zwischen den Kegelflächen mitgenommen wird und nun ihrerseits durch die Feder die Welle mitnimmt.

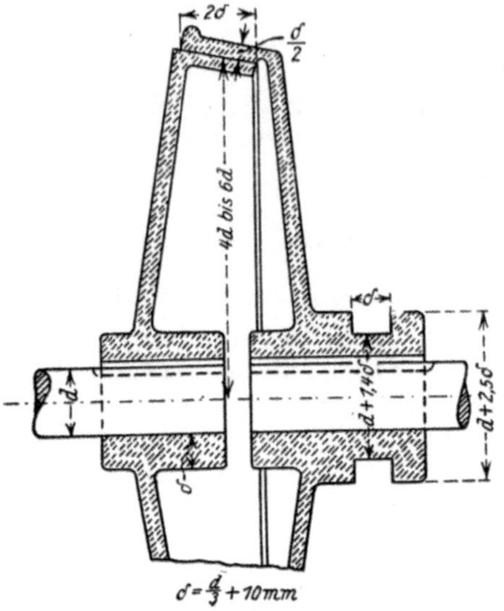

Abb. 137. Kegelreibungskupplung.

Die zur Erzeugung der Umfangskraft P notwendige Anpressungskraft in achsialer Richtung sei Q. Es gilt dann bei einem Neigungswinkel α der Kegelflächen und dem Reibungskoeffizienten μ: Einrückkraft $Q = P \cdot \frac{\sin\alpha}{\mu}$ (die achsiale Reibungskraft

$$\mu \cdot P \cdot \cos\alpha$$

ist hier belanglos) und Ausrückkraft

$$Q = P\left(\cos\alpha - \frac{\sin\alpha}{\mu}\right).$$

Der Neigungswinkel der Kegelflächen schwankt zwischen 10° und 15°, beträgt er weniger als 10°, so lassen sich die Kegelflächen schwer voneinander trennen. Die axiale Verschiebung des losen Kegels soll etwa 5 mm sein.

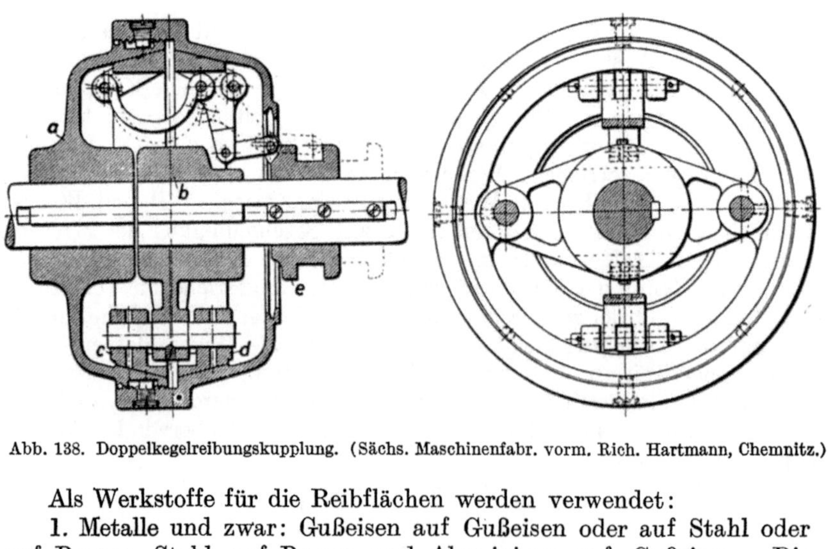

Abb. 138. Doppelkegelreibungskupplung. (Sächs. Maschinenfabr. vorm. Rich. Hartmann, Chemnitz.)

Als Werkstoffe für die Reibflächen werden verwendet:

1. Metalle und zwar: Gußeisen auf Gußeisen oder auf Stahl oder auf Bronze, Stahl auf Bronze und Aluminium auf Gußeisen. Die

Flächen sind ein wenig zu schmieren zur Erzielung gleichmäßiger Reibwirkung.

2. Stoffe mit höherer Reibungszahl, wie Holz, Leder, Papier, Kork, Asbest (meist in Form von Asbestdrahtgeweben), Novotext auf Eisen. Besonders bewährt bei Fahrzeugkupplungen haben sich die Kupplungsbeläge „Bremsit“ der Asbest- und Gummiwerke Artur Hecker in Dresden, sowie die „Ferodo Asbestos Lamellenringe“ der Deutschen Ferodo-Gesellschaft Töpken & Co., Berlin-Mariendorf, desgleichen „Jurit“ der Kirchbachschen Werke in Coswig i. S., die weich und ohne zu reißen kuppeln. Zulässige spez. Pressung dabei $p = 1 - 2$ at.

Auch hier ist mit Ausnahme bei Asbest, das sehr wärmebeständig, eine leichte Fettung der Reinflächen günstig.

Als Reibungszahlen μ können gewählt werden:

Kupplungsstoffe	trocken	leicht gefettet
Guß / Guß od. Bronze	0,2—0,15	0,1—0,05
weicher Stahl / Guß od. Bronze	0,18—0,17	0,08—0,07
Holz / Guß	0,3—0,25	0,2—0,1
Leder / Metall	0,3—0,5	0,25
Kork / Metall	0,35	0,32
Drahtasbest/Metall	0,4—0,5	0,32

Damit keine zu große Erwärmung der Reibflächen eintritt, soll durchschnittlich betragen:

$$p \cdot v_m = 20 \text{ kg/qcm} \cdot \text{m/sek}.$$

p = Flächenpressung, v_m = mittlere Umfangsgeschwindigkeit.

Die Kegelreibungskupplung hat den Nachteil, daß die Anpressung in Richtung der Wellenachse so lange aufrechterhalten werden muß, als die Mitnahme erfolgen soll.

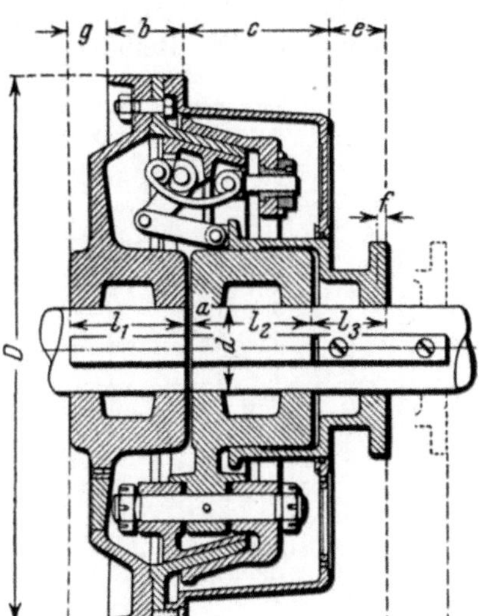

Abb. 139. Doppelkegelreibungskupplung. (Peniger Maschinenfabr. und Eisengießerei.)

Dies vermeidet die Doppelkegelreibungskupplung (Abb. 138) der Sächs. Maschinenfabrik vorm. Rich. Hartmann in Chemnitz, bei der zwei vom Mitnehmer b getragene Kegelringe c und d in einem axial nachstellbaren doppelhohlkegelförmigen Gehäuse a durch federnde Kniehebel auseinandergespannt werden. Die Kniehebel werden von der verschiebbaren Muffe e über die Stellung der stärksten Zusammenpressung der Feder hinausbewegt, so daß sie sich nicht von selbst lösen können.

Eine ähnlich aufgebaute Kupplung ist die Doppel-Kegelreibungskupplung der Peniger Maschinenfabrik und Eisengießerei A.-G. (Abb. 139 u. 140. Innerer und äußerer Reibungskegel — Doppelkegel — pressen beim Einrücken beiderseits radial gegen einen Zwischenring. Dieser ist mit dem auf der treibenden Welle sitzenden Gehäuse starr

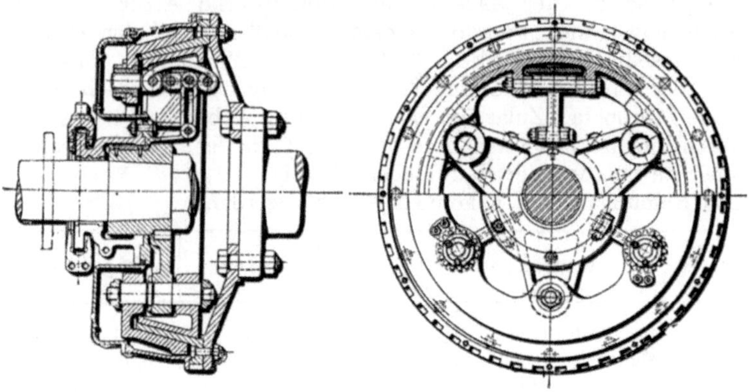

Abb. 140. Doppelkegel-Reibungskupplung. (Peniger Maschinenfabrik und Eisengießerei.)

verbunden. Der Aufbau der Kupplung ist sehr kompendiös, deshalb besonders für die Übertragung sehr großer Kräfte bei hohen Umdrehungszahlen geeignet. Die Reibflächen laufen in Öl. Der Zwischenring ist

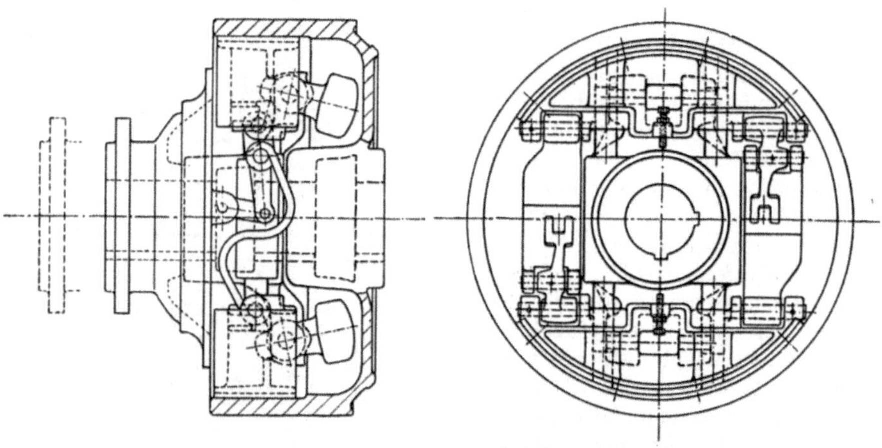

Abb. 141. Dohmen-Leblanc-Kupplung. (Bamag, Dessau.)

vollständig entlastet. Die Ausführung nach Abb. 140 gestattet ein bequemes Auseinandernehmen der Kupplung ohne Wellenverlegung.

Zu den Reibungskupplungen, bei denen die Reibungsflächen nicht durch axiale, sondern durch radiale Verschiebung gegeneinander gepreßt werden, gehört die Dohmen-Leblancsche Kupplung, ausgeführt von der Berlin-Anhaltischen Maschinenbau-A.-G. in Dessau (Abb. 141). Durch Verschieben einer Muffe auf der getriebenen Welle werden mit Kniehebeln und S-förmigen Federn zwei Gleitbacken radial nach außen gepreßt, gegen die innere Ringfläche der auf der treibenden Welle sitzenden Scheibe. Die Kniehebel werden beim Einrücken der

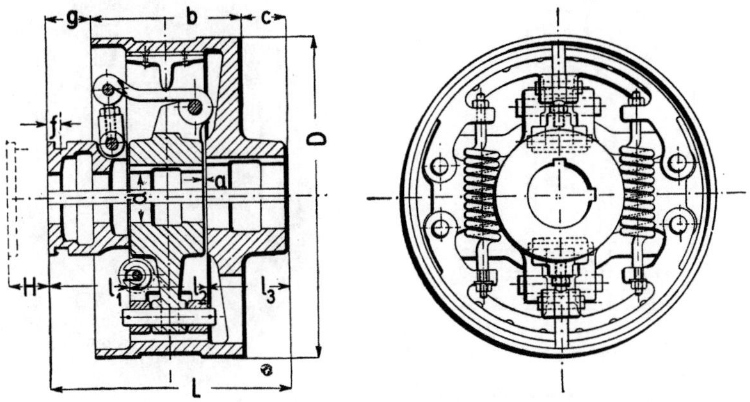

Abb. 142. Reibungskupplung der Peniger Masch.-Fabrik und Eisengießerei.

Kupplung über die Mittelebene hinausgeschoben, wodurch Selbstausrückung verhindert ist. Die Gleitbacken sind mit einem Reibungsbelag versehen. Durch entsprechende Gegengewichte ist die Zentrifugalkraft der Gleitbacken ausbalanciert.

Die frühere Ausführung der Dohmen-Leblanc-Kupplung mit Keilrillen-Reibungsbacken veranschaulicht Abb. 153. Es zeigte sich hierbei gern eine ungleichmäßige Abnützung der Backen, so daß ein sanfter, gleichmäßiger Kupplungsschluß nicht zu erreichen, überhaupt die richtige Wirkung in Frage gestellt ist, weshalb die Bamag zu glatten Reibbacken mit Reibbelag übergegangen ist und damit eine in allen Fällen betriebssichere Kupplung geschaffen hat.

Von ähnlicher Wirkungsweise ist die Penig-Reibungskupplung der Peniger Maschinenfabrik und Eisengießerei A.-G., die in Abb. 142 dargestellt ist.

Durch Verschiebung der Ausrückmuffe an das Kreuz werden die Bremsbacken durch die elastisch und stoßfrei wirkenden Federhebel fest an den Bremskranz des Gehäuses gedrückt. Hierdurch wird nicht nur die zur Übertragung erforderliche Reibung erzeugt, sondern der elastisch durchgebildete Bremskranz des Gehäuses derart verspannt, daß gleichzeitig eine Verklemmung zwischen den Bremsbacken und dem Gehäusebremskranz eintritt, wodurch eine unbedingt zuverlässige Verbindung der beiden Kupplungsteile gewährleistet ist. Normal soll das Kreuz im ausgerückten Zustand stillstehen, um die Abnutzung des Schleifringes auf das Geringste zu beschränken. Auf genaues Ausrichten der Wellen ist zu achten, desgleichen auf sachgemäßes Aufkeilen der Kupplungsteile.

Dient die Kupplung zur Verbindung zweier Wellenenden, so ist jedes Wellenende gegen achsiale Verschiebungen zu sichern. Das Spiel a zwischen den Wellenenden betrage ca. 5 mm.

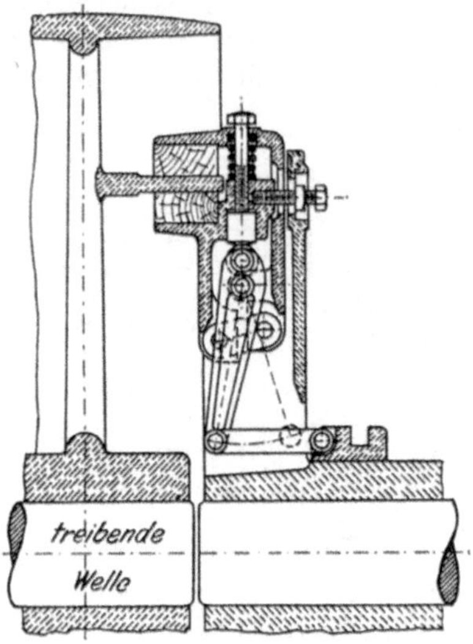

Abb. 143.
Hill-Kupplung. (Eisenwerk Wülfel, Hannover.)

Abb. 143 a.
Hill-Kupplung. (Eisenwerk Wülfel, Hannover.)

Bei der Reibungskupplung von G. Polysius, Dessau, werden mittels Rechts- und Linksgewinde in ihrer Länge der Abnutzung entsprechend verstellbare Kniehebel zum Anpressen der Gleitbacken benutzt. Diese stützen sich auf eine die Ausrückmuffe umgebende Ringfeder aus Flachstahl, die eine gleichmäßige Anpressung aller Gleitbacken gewährleistet

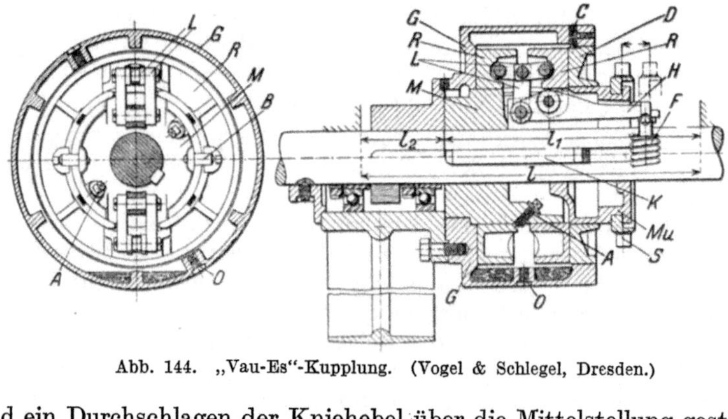

Abb. 144. „Vau-Es"-Kupplung. (Vogel & Schlegel, Dresden.)

und ein Durchschlagen der Kniehebel über die Mittelstellung gestattet, so daß Selbstausrückung verhindert ist.

Bei der vom Eisenwerk Wülfel vor Hannover ausgeführten Hill-Kupplung (Abb. 143 und 143a) pressen sich zwei hölzerne Reibungsbacken, einer von innen, einer von außen, gegen den Reibungsring, wodurch der einseitige radiale Druck, welchen wir bei der Dohmen-Leblanc-Kupplung und der Kupplung von Polysius haben, aufgehoben wird und Biegungsspannungen im Reibungsring vermieden werden.

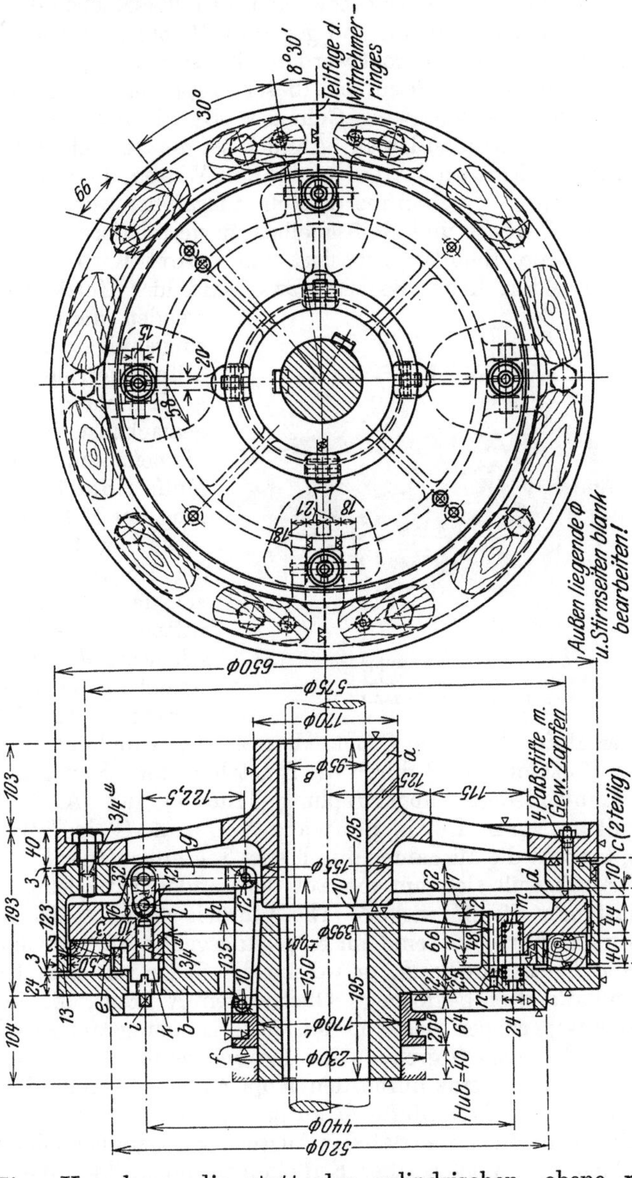

Abb. 145. Isfort-Kupplung von Flender, Düsseldorf.

Eine Kupplung, die statt der zylindrischen, ebene ringförmige Reibungsflächen verwendet, ist die von Vogel & Schlegel, Dresden, ausgeführte Vau-Es-Kupplung (Abb. 144), die einen ähnlichen Aufbau zeigt, wie die Benn-Kupplung der Firma Benn G. m. b. H., Radebeul bei Dresden. Sie besteht aus dem auf der einen Welle festgekeilten Gehäuse *G* mit einem durch Gewinde nachstellbaren Deckel *D*, dem auf der anderen Welle festgekeilten Mitnehmer *M* und zwei Reibungsscheiben *R*, die durch Kniehebel *L* beim achsialen Verschieben der Muffe *Mu* achsial auseinandergespannt und gegen die Reibungsflächen des Gehäuses und des Deckels angepreßt werden. Ein selbsttätiges Einrücken durch die Zentrifugalkraft kann bei dieser Kupplung nicht stattfinden. Die geschlossene Bauart des Gehäuses ermöglicht es, die inneren Teile ständig in Öl laufen zu lassen. Ähnlich ist die Reibscheibenkupplung der Firma Lohmann & Stolterfoth in Witten, die auf Wunsch mit zwischengelegten Vulkanfiberplatten ausgeführt wird, um den Verschleiß von Gehäuse und Reibscheiben zu vermindern.

Ebenfalls ebene Reibfläche besitzt die Isfort-Kupplung von Flender, Düsseldorf (Abb. 145) und zwar sind hier Holzklötze verwendet, die in Aussparungen eines zweiteiligen Mitnehmerringes *c*, der am Kupplungsteil *a* festgemacht ist, liegen und die beim Einrücken der Muffe *f* durch Vermittlung der Hebel *g* und *h*, sowie der Rollen *l* und der Einstellschrauben *i* von dem in Mitnehmerstiften *n* gleitenden Zwischenring *d* gegen den Kupplungsteil *b* gepreßt werden. Beim Zurückschieben der Muffe lösen die Druckfedern *m* die Kupplung. Die Abnützung der Holzklötze wird durch die Einstellmuttern *k* ausgeglichen.

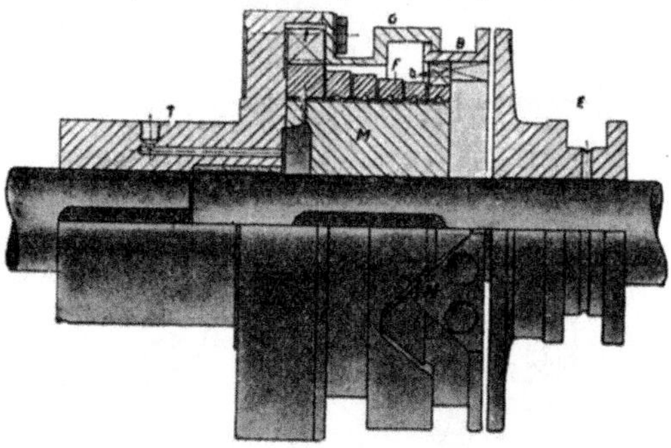

Abb. 146. Schraubenfederkupplung. (A.-G. Dortmunder Vulkan.)
(A.-G. Dortmunder Vulkan.)

Die Schraubenfederreibungskupplung Triumph der A.-G. Dortmunder Vulkan, vorm. Louis Schwarz & Co., A.-G. in Dortmund (Abb. 146), bewirkt die Mitnahme durch eine Schraubenfeder *F*, die wie bei einem Schiffsspill sich um die auf dem anderen Wellenende befestigte Hartgußmuffe *M* wickelt. Die Einrückscheibe *E* drückt bei achsialer Verschiebung auf eine im Kupplungsgehäuse *G* verschiebbar angeordneten Bremsscheibe *B*, in welche die Feder mit dem Kopf *b* eingreift und die drei keilförmige Gleitnocken *N* trägt, die in entsprechende Aussparungen des sich mit der Kupplungstreibscheibe *T* mitdrehenden Gehäuses *G* greifen, das dadurch verdreht wird und die Feder, deren anderes Ende durch den Kopf *t* mit der Treibscheibe *T* verbunden ist, fest auf die Muffe *M* aufpreßt. Beim Ausrücken federt die Schraubenfeder zurück, so daß das Ausrücken augenblicklich erfolgt. Durch Verbindung zweier solcher Kupplungen mit rechts- bzw. linksgängiger Schraubenfeder ist Umkehr der Bewegungsrichtung leicht zu erreichen. Die Kupplung eignet sich wegen der durch das mehrmalige

Umschlingen der Schraubenfeder bewirkten großen Reibung (Seilreibung, die eine Funktion von $e^{\mu\widehat{\alpha}}$ ist, s. Abschnitt Riementrieb), zur Übertragung großer Drehmomente und ist u. a. für Walzwerke bis 5000 PS ausgeführt worden.

Im Fahrzeugbau werden heute an Stelle der Konuskupplungen, die zu groß im Ausmaß werden, mit Vorliebe Lamellenkupplungen benutzt, bei denen durch achsialen Federdruck Stahlblechlamellen zwischen

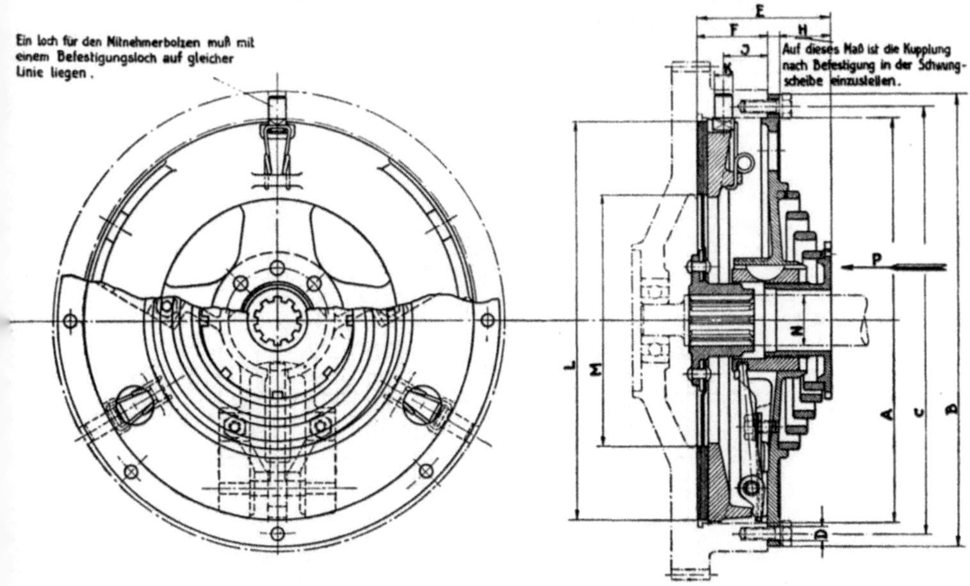

Abb. 147. Fahrzeug-Kupplung. (Stempelwerk Frankfurt a. M.-Fechenheim.)

Scheiben mit geeignetem Reibbelag (s. Seite 115) gepreßt werden. Ihr Vorteil liegt in der unbeschränkten Leistung durch Vermehrung der Reibscheiben, bei kleiner Baugröße und Wegfall jeglicher Schmierung, also absoluter automatischer Wirkung.

Abb. 147 zeigt die „Mecano-Superelastic" Einscheiben-Kupplung für Personen- und Lastautomobile der Firma Stempel-Werk, G. m. b. H., Frankfurt a. M.-Fechenheim.

Die spiralförmig gewundene Hauptfeder überträgt ihren Druck auf die Ausrückhülse und diese durch die übergeschraubte, mit Scheibenfeder versehene gleitende Muffe auf 3, durch Blattfedern in Spannung gehaltene Hebel. Diese drücken den Reibbelag der Mitnehmerscheibe fest gegen die Schwungscheibe des Motors, wodurch die Kupplung zwischen Motor und Getriebewelle hergestellt ist. Durch gegenseitiges Verschrauben von Muffe und Ausrückhülse läßt sich die Ein- und Nachstellbarkeit sehr einfach vollziehen. Ein Druck auf die Ausrückhülse löst die Kupplung. Sie ist anwendbar zur Übertragung von mittleren Drehmomenten bis zu etwa 25 mkg.

Bei den Flüssigkeitskupplungen wird eine allmähliche Mitnahme ähnlich der der Reibungskupplungen durch Vermittlung einer Flüssigkeit erzielt, die je nach der Öffnung eines von außen zu betätigenden Abschlußorgans dem umlaufenden Teil der Kupplung ganz oder teilweise ausweichen kann, beim Schluß des ersteren aber die Mitnahme bewirkt. Sie sind bisher zu keiner praktischen Bedeutung gelangt.

Mehr in Anwendung kommen die elektrischen Kupplungen, Reibungskupplungen, bei denen die Reibungsflächen durch elektromagnetische Anziehung angepreßt und bei Ausschaltung des Stromes meist durch Federdruck gelöst werden. Die Vulkankupplung, Abb. 148, hat

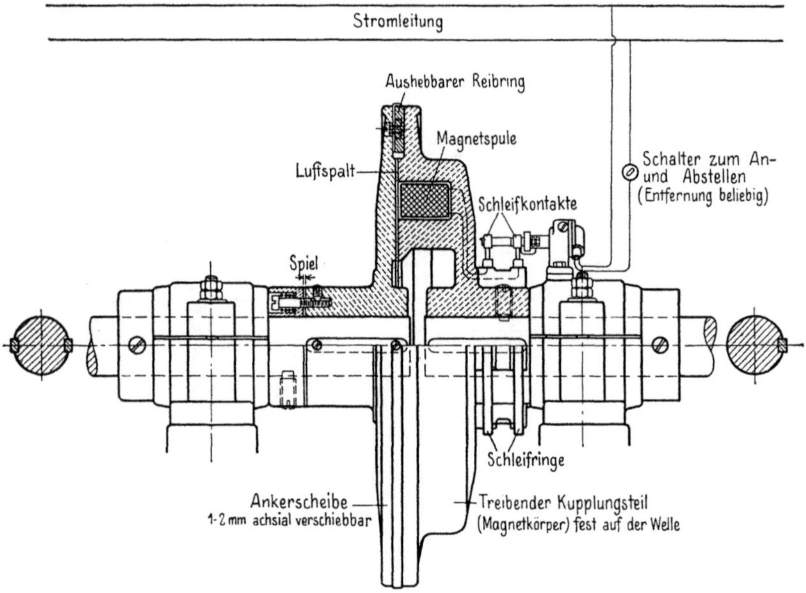

Abb. 148. Elektromagnetische Kupplung. („Vulkan"-Maschinenfabrik, A.-G., Berlin.)

eine umlaufende Magnetscheibe als treibenden und eine achsial verschiebbare Ankerscheibe als getriebenen Teil. Im ersteren ist eine patentierte, vollkommen abgeschlossene, gegen Feuchtigkeits- und Temperatureinflüsse unempfindliche Wicklung eingebaut, deren Enden zu zwei auf der Nabe isoliert aufgesetzten Schleifringen führen, auf welchen je eine mit der elektrischen Leitung in Verbindung stehende Kontaktbürste ruht. Auf einem oder auf jedem der beiden Kupplungsteile ist ein besonderer Reibring angeordnet.

Das Reversiervorgelege mit Vulkankupplungen besteht aus einer Gußstahlwelle mit fest verbundener dünner Ankerscheibe und Einrichtung für Zentralschmierung, sowie zwei mit den jeweiligen Antriebsorganen verbundenen, auf der Welle lose laufenden Magnetkörpern. Je nachdem der Stromkreis für die eine oder andere Magnetspule geschlossen wird, erfolgt die Mitnahme der Ankerscheibe in der entsprechenden Richtung.

Kammerer befestigt den Ankerring auf einer federnden Stahlplatte, deren Nabe nicht achsial verschiebbar ist. Abb. 149 zeigt die Watzke-Kupplung der Peniger Maschinenfabrik und Eisengießerei, bei der der Magnetkörper stillsteht, wodurch Schleifring und Bürsten vermieden werden. Beim Einschalten des Stromes wird die auf der getriebenen Welle achsial verschiebbare Ankerscheibe gegen die auf der treibenden Welle gezogen, wobei die konischen Reibflächen beider Scheiben zum Eingriff kommen. Gelöst wird die Kupplung durch Federdruck. Die elektromagnetischen Kupplungen haben den Vorteil, daß sie von jeder Stelle der Fabrik ein- und ausgerückt werden können, aber den Nachteil, daß sie Strom verbrauchen, solange sie eingerückt bleiben.

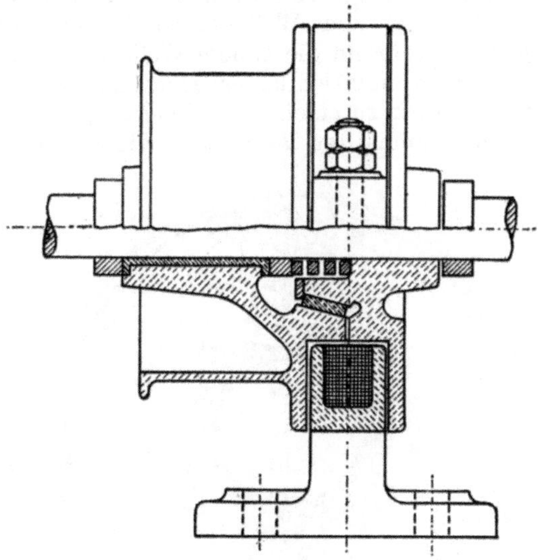

Abb. 149. Watzke-Kupplung. (Peniger Maschinenfabrik und Eisengießerei.)

Eine besondere Art von Kupplungen sind noch die Motorenkupplungen, welche da angewendet werden, wo eine Transmission von zwei Kraftmaschinen angetrieben wird. Sie müssen so konstruiert sein, daß sie sich selbsttätig ausrücken, sobald der Motor hinter der Drehzahl der Transmission zurückbleibt. Die ältere Bauart ist die von Uhlhorn, bei welcher die Bewegung durch Klinken von einer Scheibe auf die andere übertragen wird. Eilt die äußere Scheibe der inneren voran, so werden die Klinken durch Federn niedergelegt, stoßen jedoch auf diese Federn und werden nach außen gedrückt, sobald die normale Drehzahl wieder erreicht ist.

Ein Hauptnachteil dieser Kupplung ist, daß die Klinken im ausgerückten Zustande unangenehm klappern, man hat deshalb verschiedene Einrichtungen getroffen, dies zu verhindern.

Die neuere Bauart, die Kraftausgleichkupplung „Ohnesorge" der Bamag, Abb. 150 bildet kinematisch ein Bremsbandgesperre, d. h. eine Bandbremse mit Selbstanspannung. Die besondere Eigenart besteht darin, daß zwei einander steuernde Bremsbandhälften benutzt werden, womit einmal der tote Gang bei der Schließbewegung auf ein praktisch verschwindendes Maß herabgesetzt und ferner eine völlige Achsenentlastung erzielt wird, da damit die Kräfteabstützung innerhalb des Gesperres statisch bestimmt gemacht wird, d. h. eine echte Symmetrie erzielt wird. Eine besondere Eigentümlichkeit liegt bei der dargestellten Ausführungsform noch darin, daß hier die Bremsbänder auf Druck beansprucht werden (vgl. diesbezüglich Zeitschrift des Vereins Deutscher Ingenieure 1913, S. 1023 und 1919, S. 549).

Auf der einen Welle *10* ist das trommelförmige Gehäuse *11* aufgekeilt, während die andere Welle *13* den Körper *12* trägt. Die radial stehenden, ungleich langen Hebel *15* und *16* sind durch eine Koppel *17* miteinander zu einem Gelenkviereck verbunden, an das die Enden der Bremszaumhälften *14* mittels Kloben angeschlossen sind. Die Hebel

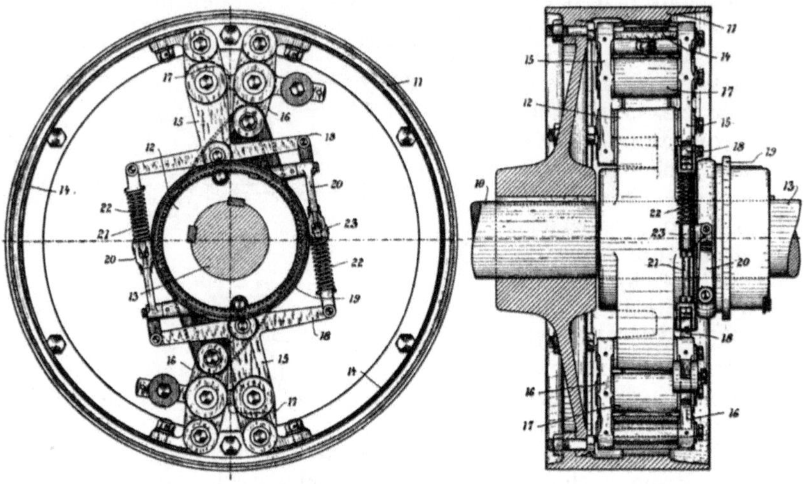

Abb. 150. Motorenkupplung „Ohnesorge". (Bamag, Dessau.)

15 und *16* sind zum Ausgleich einseitiger Gewichtswirkungen durch ein Gelenkparallelogramm *18* aneinandergeschlossen. Die auf der Nabe des Körpers *12* längsverschiebliche, aber undrehbare Muffe *19* greift mit Armen *20* an auf den Stangen *21* verschieblich gelagerten, unter dem Druck der Federn *22* stehenden Körper *23* derart an, daß beim Verschieben der Muffe in ihre innere Endlage der Kupplungszaum zur Anlage gebracht wird. Diese Einschaltung stellt kein Einrücken im Sinne einer alten Reibungskupplung dar, bedeutet vielmehr bei der völlig selbsttätigen Wirkung der Kupplung lediglich ein Schalten auf Eingriff.

Dreht sich die Trommel *11* im Uhrzeigersinne, so nimmt auf Grund der durch die Vorspannung erzielten Reibung jeweilig das eine Bremsbandende das andere mit, wobei infolge der Kräftesteigerung nach der Funktion $e^{\mu\widehat{\alpha}}$, d. h. des Überwiegens der Kraft in dem drückenden Ende über die in dem gedrückten Bandende, ein völliger Schluß der Kupplung eintritt. Bewegt sich das Gehäuse *11* im entgegengesetzten Sinne, so findet unter leichtem Schleifen eine sofortige Öffnung des Bremszaumes statt.

Die Kupplung stellt zunächst den Ersatz der alten Kraftmaschinenkupplungen dar, die das Zusammenarbeiten zweier verschiedener Kraftmaschinen ermöglichen sollen: Während beim Arbeiten einer Kraftmaschine der Zaum mit Hilfe der Ausrückvorrichtung abgespreizt wird, um ein völlig reibungsfreies Laufen zu ermöglichen, wird mit Zuschaltung der zweiten Maschine, jedenfalls vor Erreichung der gleichen Winkelgeschwindigkeit, der Bremszaum angelegt. Genau mit Erreichung der gleichen Geschwindigkeit erfolgt der selbsttätige Eingriff des Gesperres in dem Sinne, daß die zugeschaltete zweite Maschine mit dem Bestreben vorzueilen, sofort an der Arbeitsleistung mit teilnimmt.

Darüber hinaus schafft die Kupplung aber auch überall da einen Ausgleich in Triebwerksanlagen, wodurch irgendwelche Erscheinungen, z. B. Massenschwingungen, die Gefahr von weit über das Normalmaß anwachsenden Drehbeanspruchungen besteht oder wo eine Maschine, wie eine Gasmaschine, bei Aussetzern sonst mit durchgeschleppt werden

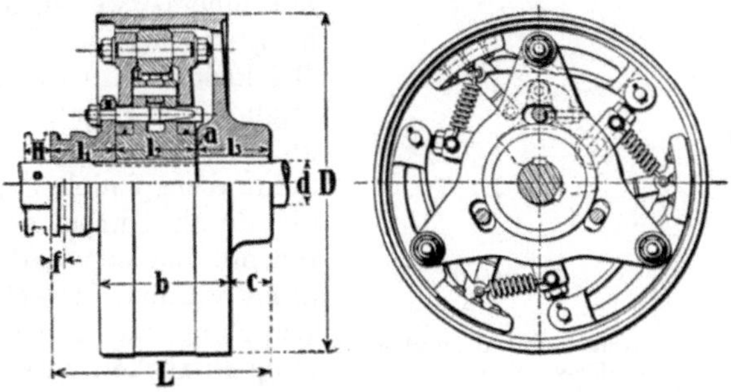

Abb. 151. „Dreika" Motorenkupplung. (Peniger Maschinenfabrik und Eisengießerei.)

muß (vgl. den Aufsatz „Über das Verhalten von Kraftmaschinen im mechanischen oder elektrischen Parallelbetrieb", Zeitschrift des Vereins Deutscher Ingenieure, Jahrgang 1910, S. 1276 ff., und die sich daran anschließenden Erörterungen). Auch beim Parallelbetrieb von Wechselstromerzeugern kann die Kupplung das Außertrittfallen der einzelnen Maschinen verhüten, weil sie die zur Überbeanspruchung der synchronisierenden Kraft führenden Pendelschwingungen nicht auf ein gefährliches Maß anwachsen läßt. Dadurch nämlich, daß immer die in das Gebiet des Arbeitsbezugs aus dem Netz fallenden Schwingungen, die zur Verstärkung auf das Größtmaß unbedingt erforderlich sind, fortgeschnitten werden, ist ein Anwachsen über eine bestimmte, ungefährliche Grenze ausgeschlossen. Die diesbezüglichen Verhältnisse sind in der Zeitschrift des Vereins Deutscher Ingenieure, Jahrgang 1916, S. 477 ff., sorgfältig auseinandergesetzt.

Die Dreika-Kupplung der Peniger Maschinenfabrik und Eisengießerei besteht aus einem inneren Teil, der auf der Welle des Hilfsmotors sitzt, und einem äußeren Teil, der auf der Hauptmotorenwelle angebracht ist. Die Kraftübertragung wird von Reibbacken durch Reibung bewirkt, so daß der stoßweise Eingriff vermieden ist.

Wird die Umdrehungszahl des Hilfsmotors größer als die des Hauptmotors, so pressen Hebel die Bremsbacken an das äußere Gehäuse. Der Hauptmotor wird mitgenommen. Eilt hingegen letzterer vor, so lösen sich die Reibbacken und schalten den Hilfsmotor aus. Die Backen sind durch Federn miteinander verbunden und bleiben stets im leichten Eingriff mit dem Gehäuse. Abb. 151 zeigt die Dreika-Kupplung.

Zum Kuppeln von Motoren, die unbelastet anlaufen müssen, wie Elektromotoren, verwendet man Fliehkraftkupplungen, bei denen die Anpressung der Reibungsbacken bei Erreichung einer gewissen Drehzahl durch die Zentrifugalkraft erfolgt.

Ausrücker für Kupplungen.

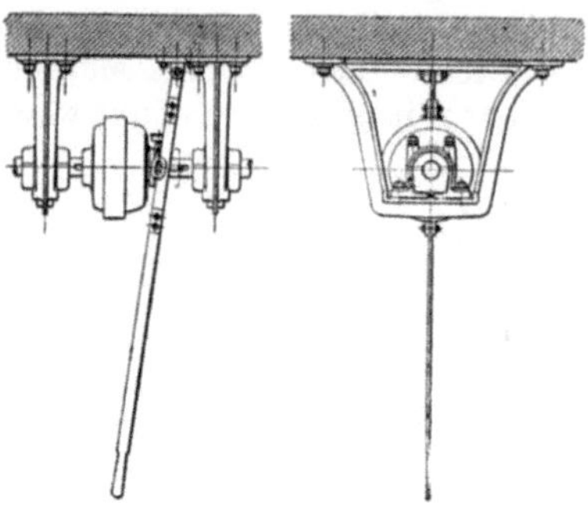

Abb. 152. Kupplungsausrücker. (Sächs. Maschinenfabrik vorm R. Hartmann, Chemnitz.)

Die die Ausrückmuffe C, Abb. 153, umschließenden Hebel H bestehen aus Flacheisen. Sie greifen in die Nut der Muffe mit einem zweiteiligen zusammengeschraubten Ring E ein. Bei kleinen Kräften genügt Bewegung von Hand, Abb. 152, bei größeren werden sie durch Schraubenspindeln S (Abb. 153), die durch Kurbel oder Kettenrad mit Zugkette (Abb. 154) gedreht werden, bewegt. Um eine Kupplung aus größerer Entfernung ausrücken zu können, ver-

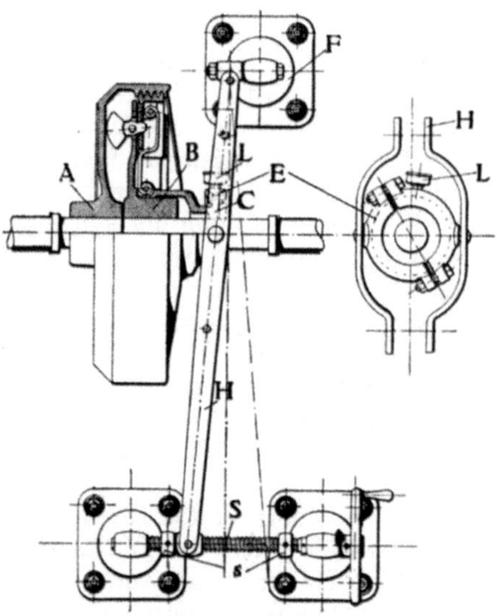

Abb. 153. Kupplungsausrücker. (Bamag, Dessau.)

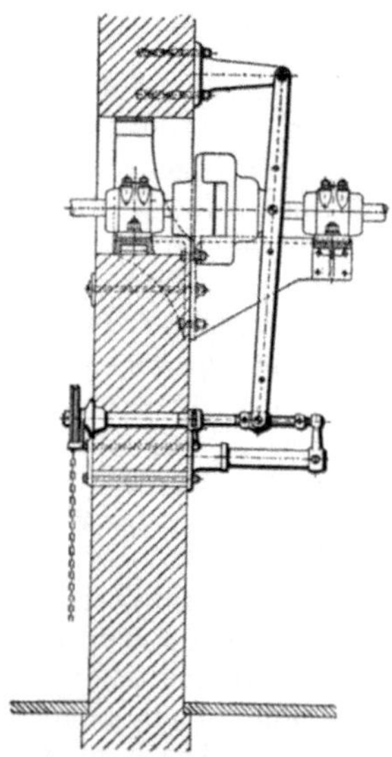

Abb. 154. Kupplungsausrücker. (Bamag, Dessau.)

wendet man Drahtzüge oder elektromagnetische Vorrichtungen, bei denen durch einen Elektromagnet eine Feder ausgelöst wird, die den

Ausrückhebel mittels Zahnradtrieb bewegt. Das Einrücken geschieht dann durch eine Kurbel, die die Feder gleichzeitig wieder spannt.

Der Ausrückhebel ist möglichst so anzuordnen, daß die Ausschlagwinkel für die eingerückte und für die ausgerückte Stellung gleichgroß sind. Vor Ingangsetzung der Kupplung hat man sich zu überzeugen, daß die Mitnehmerzapfen des Hebels in den Langlöchern weder unten noch oben anstoßen, und daß das Lager *F* des Zapfens, um den der Hebel schwingt, unverrückbar befestigt ist. Der Schleifring ist zu schmieren (Fettbuchse *L*).

Die Abb. 152—154 zeigen verschiedene Ausrücker, Abb. 153 und 154, nach Ausführungen der Berlin-Anhalt. Maschinenbau-A.-G. in Dessau.

D. Lager.

1. Allgemeine Grundlagen.

Ein Lager ist eine Stütze für sich drehende oder schwingende Maschinenteile, also für Zapfen, Achsen und Wellen.

Ihrem äußeren Aufbau entsprechend hat man zwischen Traglagern und Spurlagern zu unterscheiden und der inneren Bauart entsprechend zwischen Gleitlagern und Wälzlagern, je nachdem die Tragflächen aufeinandergleiten, oder sich auf Zwischengliedern abwälzen.

Ein Haupterfordernis bei jedem Lager ist die Erzielung eines ruhigen Ganges im Betrieb. Um dies zu erreichen, müssen eine Reihe von Arbeitsbedingungen erfüllt sein, die sich auf Werkstattausführung, Betriebsverhältnisse und Schmierung erstrecken.

Werkstattausführung.

Diese muß so exakt wie möglich sein. Maßgebend hierfür ist:

a) Material: Zapfen und Wellen werden aus Material von hoher Festigkeit hergestellt, dagegen nimmt man für Lagerschalen von Gleitlagern weniger festes Material, um den Betriebsverschleiß an den leichter auswechselbaren Schalen zu haben. Außerdem dürfen die aufeinander gleitenden Flächen nicht zum Fressen neigen, was bei gleichhartem Material trotz Schmierung eintreten würde. Man wählt deshalb für Zapfen und Wellen am besten Stahl, der außerdem noch gehärtet sein kann; für die Lagerschalen Rotguß, Weißmetall oder Gußeisen.

b) Bearbeitung: Hierauf muß große Sorgfalt gelegt werden. Ein gedrehter Zapfen ist nie vollkommen rund, weswegen die Zapfen und Lagerschalen noch geschliffen werden, oder geschabt und geschlichtet. Die Oberflächen der Schalen und Zapfen sind dabei immer noch rauh, aber doch bedeutend weniger, als bei nur gedrehten Zapfen. Eine letzte Glättung geschieht beim Einlaufen im Lager selbst.

c) Lagerspiel: Es ist notwendig, daß die Lagerschalen den Zapfen satt umschließen, keinesfalls zu stramm, aber auch nicht zu lose. Der freie Zwischenraum zwischen Zapfen und Lager, die sog. Ölluft, muß je nach der Größe des Lagers und der Betriebsart verschieden sein. Er schwankt zwischen $^1/_{100}$ und $^1/_{10}$ mm. Durch eingetretene Abnützung vergrößert sich das Spiel und muß deshalb in regelmäßigen Zeitabschnitten ein Nachstellen der Lager vorgenommen werden. Die Abnützung der Lagerschale muß, wenn möglich, durch Nachstellen so ausgleichbar sein, daß die Wellenmitte ihre Lage beibehält. Der Lagerdruck darf nicht gegen den Spalt zwischen Ober- und Unterschale gerichtet sein.

d) Einbau der Lager: Sobald mehrere Lager vorhanden sind, ist es wichtig, daß sämtliche Lager gegeneinander ausgerichtet sind, so daß die Achsen unbedingt in eine Linie fallen.

Betriebsverhältnisse.

Die wichtigsten Betriebsfaktoren sind Gleitgeschwindigkeit, Druck und Temperatur. Man darf sie als günstig annehmen, wenn die Lagertemperaturen von selbst niedrig bleiben. Dies verlangt von vornherein ein richtiges Verhältnis von Wellendurchmesser und Drehzahl, sowie eine Nichtüberschreitung der zulässigen Pressung, was bei der Dimensionierung des Zapfens ins Auge zu fassen ist.

Ungünstige Bedingungen liegen vor, wenn hohe Lagertemperaturen eintreten, wozu falsch gewählte Dimensionen der Zapfen beitragen können, als auch die Fehler unrichtiger Werkstattausführung.

Mäßige Temperaturen sind solche unter 60° C, über 80° sollte man die Temperatur im Betrieb nicht steigen lassen. Bei 100—120° C tritt, wie festgestellt, meist Zerstörung des Lagers ein.

Schmierung der Lager.

Diese ist von grundlegender Bedeutung für den einwandfreien Lauf im Betrieb.

Die Aufgabe des Schmiermittels ist, die sich im Lager gegeneinander verschiebenden Metallflächen durch eine Flüssigkeitsschicht derart zu trennen, daß statt trockener Reibung fester Körper die weit günstigere Flüssigkeitsreibung auftritt. Die trockene Reibung von Metall auf Metall ist groß, da selbst bei hochpolierten Oberflächen immer noch geringfügige Unebenheiten bestehen, die bei der Bewegung entweder abgerissen oder über die Unebenheiten der Gegenfläche hinweggehoben werden müssen, was nicht nur Energieverlust bedeutet, sondern auch Zerstörungsarbeit am Lager nach sich zieht. Um die trockene Reibung zu verhindern, wendet man Schmiermittel an; diese bilden eine dünne Schicht zwischen den Gleitflächen und verhindern deren unmittelbare Berührung. Bei der Bewegung haftet dann an jeder Gleitfläche eine ruhende Schmierschicht, während sich die dazwischenliegenden Schichten verschieben. Als Reibung kommt jetzt nur der geringe Widerstand in Frage, den die Schichten ihrer gegenseitigen Verschiebung entgegensetzen. Man strebt daher immer an, durch richtige Schmierung möglichst reine Flüssigkeitsreibung zu erhalten.

Geschmiert werden die Lager mit Öl oder Fett. Zur Zuführung des Schmierstoffs zum Lager dienen die Schmiervorrichtungen, während die eigentliche Schmierung im Lager selbst sich vollzieht, dadurch, daß die sich drehende Welle, die eine Pumpwirkung erzeugt, die Verteilung des Schmiermittels über die Zapfenoberfläche vollkommen selbsttätig besorgt. Das der gepreßten (unteren) Lagerschale zufließende Öl wird vom Zapfen, der zufolge der äußeren Kräfte exzentrisch im Lager liegt (Abb. 155), in den Keilspalt hineingezogen und hierbei nach hydrodynamischen Gesetzen komprimiert. Der Druck in der Ölschicht steigt so stark an, daß die Welle um ein meßbares Stück angehoben wird, so daß rings um den Zapfen eine Ölschicht sich befindet. Der Zapfen nähert sich dadurch wieder der konzentrischen Lage und zwar mit zunehmender Belastung um so mehr und nicht umgekehrt, daß hohe Belastung das Öl wegpreßt. Es darf aber die tragende Lauffläche nicht durch Schmiernuten unterbrochen sein, wie der Druckverlauf in Abb. 155 (gestrichelte Linie) deutlich zeigt.

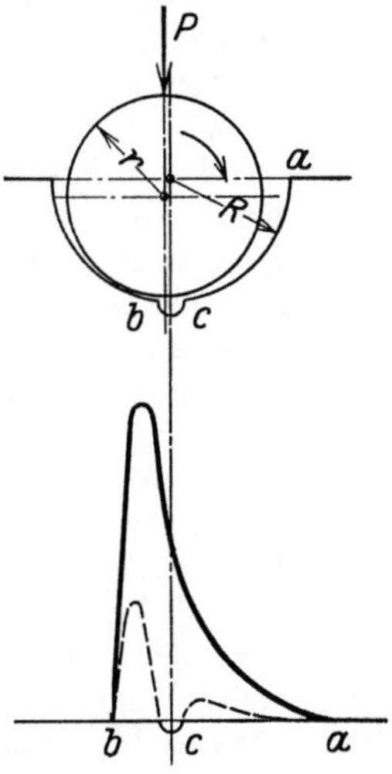

Abb. 155. Druckverlauf in der Schmierschicht.

Es ist einleuchtend, daß es für die beste und zugleich sparsamste Schmierung darauf ankommt, daß die Schmiervorrichtung das richtige Öl oder Fett in der richtig abgepaßten Menge an die richtige Stelle bringt. Es ist bezüglich der Zuführung die Regel zu beachten, daß das Schmiermittel an der Stelle des Lagers zugeführt werden soll, wo der niedrigste Druck herrscht, da hier die Widerstände am geringsten sind.

Die für den Kraftverbrauch und die Schmierfähigkeit wesentlichsten Eigenschaften eines Schmiermittels sind dessen Kohäsion und Adhäsion. Zur Überwindung der Kohäsion oder inneren Reibung, die man auch mit Viskosität bezeichnet, ist um so mehr Kraft nötig, je dickflüssiger das Schmiermittel ist.

Die Schmierfähigkeit, d. h. die Fähigkeit des Schmiermittels, zwischen den reibenden Flächen eine genügende, das Heißlaufen verhindernde Schmierschicht zu bilden, hängt von der Adhäsion oder Haftfähigkeit ab. Das beste Schmiermittel ist dasjenige, das bei geringster innerer Reibung die höchste Adhäsion hat. Verlangt muß ferner von einem Schmiermittel werden, daß es säurefrei ist (um die Gleitfläche nicht anzugreifen), und daß es mechanisch vollkommen rein ist.

a) **Fettschmierung:** Zu beachten ist bei Starrschmieren ganz allgemein, daß sie erst dann als Schmiermittel wirken, wenn sie verflüssigt den reibenden Flächen zufließen. Die Schmelztemperatur des Fettes muß erst durch Reibung der Lagerflächen erreicht werden, weshalb der Schmelzpunkt gleichbedeutend ist mit der jeweiligen Lagerwärme. Er darf nicht zu hoch sein, wegen unnötigem Kraftverbrauch bis zur Verflüssigung, auch nicht zu nieder, damit es in warmen Räumen oder im Sommer nicht tropft oder gar wegläuft; gewöhnlich 70—85°.

Vorteile: Die Starrschmiere ist vor allem billig. Sie tropft, weil zähflüssig, im Betrieb nicht ab, ist also ziemlich reinlich. Sie hört bei

Stillstand auf, arbeitet damit sparsam, bleibt aber an ihrer Stelle und bewahrt somit den Zustand fertiger Schmierung auf unbegrenzte Zeit. Das an undichten Stellen herausgepreßte Fett bildet einen Fettkragen, der den Spielraum ausfüllt und die beste Dichtung gegen Eindringen von Staub darstellt. Auch bei schneller Bewegung der Gleitflächen bleibt die Schmiere an denselben haften.

Nachteile: Erhöhter Kraftverbrauch wegen der großen Zähflüssigkeit; völlige Undurchsichtigkeit, die Verunreinigungen schwer erkennen läßt; fließt nicht selbsttätig den Gleitflächen zu, sondern erst durch äußeren Druck. Nicht sofort bemerktes Warmlaufen verursacht rasche Entleerung des Schmiergefäßes und damit Gefahr eines Lagerbrandes groß, wegen Fehlen jeglichen Schmierstoffs. Wiederauffangen und Filtrieren der Schmiere kaum möglich, was sparsamen Verbrauch an sich wieder aufhebt; größerer Verbrauch an Putzmaterial im Betrieb, weil Reinigung desselben nur durch Benzin möglich.

Anwendungsgebiet der Fettschmierung: Namentlich in staubigen Betrieben, wie Getreidemühlen, Zementfabriken und Bergwerken; bei ganz langsam laufenden Maschinen, ausgedehnten Transmissionen mit niedriger Drehzahl und für leerlaufende Scheiben; dann in Betrieben, wo man durch Abtropfen oder Wegschleudern von Öl eine Beschmutzung oder Wertminderung von Waren zu befürchten hat. Ferner da, wo Öle zu wenig oder gar nicht haften würden, z. B. bei Fußlagern, Getrieben von Motorwagen und dergleichen, vor allem auch bei solchen Lagern, die sich an schwer zugänglichen Stellen befinden und wo gewöhnliche Vorrichtungen für die Ölzufuhr nicht anbringbar sind.

An Fetten kommen in Verwendung: Vaselin (für feinere Triebwerke oder kleine Kugellager), Rindstalg oder Unschlitt (selten, weil zu teuer), heute in der Hauptsache konsistente Fette, bestehend aus pflanzlichen und tierischen Stoffen (Rüböl, Palmöl, zusammen mit Knochen, Hufen und Talg von Tieren), unter Zusatz von Mineralöl und evtl. Kolophonium.

Sie kommen als weiche und harte Fette in den Handel; die weichen sind im allgemeinen vorzuziehen.

Schmiergefäße: Fettdosen; einfachste und weitverbreitetste Form sind Staufferbüchsen mit Schraubdeckel, daneben Federdruckbüchsen, bei denen ein Kolben durch Federdruck selbsttätig auf das Fett drückt Bei rotierenden Schmierbüchsen findet man auch die Feder durch ein Gewicht ersetzt, dessen Zentrifugalkraft das Fett durch den hohlen Kolben hindurchdrückt (Tovote-Büchsen).

Fettkästen: Die drucklose Lagerschale ist fortgelassen und dafür eine Fettvorratskammer gesetzt, die an das Lager angegossen ist, oder enthält die drucklose Schale eine genügend große Aussparung. Das Fett ruht mit seinem Eigengewicht auf der zu schmierenden Welle, evtl. noch durch Eisen beschwert; Welle nimmt nur so viel Fett mit, wie sie verbraucht.

b) Ölschmierung: Sie kommt für alle schnell laufenden Maschinen und Transmissionsteile in Frage, ferner da, wo hohe Temperatur und hoher Druck vorhanden (Kraftmaschinen).

Es gibt fast für jeden Verwendungszweck ein besonderes Schmieröl. Von animalischen Ölen kommen hauptsächlich Knochenöle zur Verwendung (höchst schlüpfrig, aber teuer, deshalb nur zu feineren Maschinen). Von pflanzlichen Ölen kommen in Betracht: Rüböl, Palmöl, Olivenöl und Rizinusöl. Harzöle sind nur mit Mineral- und Pflanzenölen vermischt brauchbar, man nennt sie dann schwere Öle, die als Zylinderöle verwendet werden, überhaupt als solche Öle, die für höhern Druck und höhere Temperatur bestimmt sind.

Die Mineralöle haben heute die größe Verbreitung als Schmieröle; sie werden als zähflüssige Abspaltungen bei der Destillation des Erdöls gewonnen. Sie haben den großen Vorzug, daß sie an der Luft unverändert bleiben, abgesehen von Farbänderung, keine Säuren bilden, nicht verdicken und nicht eintrocknen und bei höheren Temperaturen sehr dünnflüssig werden, also geringe Reibungswiderstände veranlassen. Weiter harzen sie nicht und sind billig. Wo größere Anforderungen an die Schlüpfrigkeit gestellt werden, verwendet man Mischungen von Mineralöl mit Tier- und Pflanzenöl. Neuerdings ist es auch gelungen, durch Kompression von Kohlengasen Schmieröl herzustellen.

Für besondere Fälle, bei denen die Schmierung unter dem Einfluß an Chemikalien vor sich gehen muß, sind die genannten Stoffe nicht verwendbar. An ihre Stelle treten z. B. Glyzerin und Schwefelsäure (bei Chlorkompressoren).

Das spez. Gewicht der Schmieröle bewegt sich zwischen 0,89 und 0,92. Zur Beurteilung eines Schmieröles dienen der Flüssigkeitsgrad (Viskosität), der angibt, wievielmal solange Zeit das Schmiermittel zum Ausfließen braucht, als Wasser von 20° C (gemessen in Engler Graden), der Entflammungspunkt, bei dem das Öl brennbare Gase entwickelt und der Kältepunkt (Stockpunkt), bei dem das Schmiermittel nur noch eine geringe Beweglichkeit hat.

Neuere Versuche haben erwiesen, daß ein Zusatz von sehr fein verteiltem Graphit zum Öl eine Verminderung der Lagerreibung und damit zugleich eine Ersparnis an Schmieröl bzw. eine Erhöhung der Betriebssicherheit ermöglicht.

Im allgemeinen kann man sagen, daß dünnflüssige Öle dort angewendet werden müssen, wo die Welle mit hoher Geschwindigkeit umläuft und wo ein geeignetes Schmierverfahren das Öl regelmäßig zuführt, wodurch eine gut zusammenhängende Ölschicht gebildet wird. Dünnflüssige Öle ergeben bessere Arbeitsweise und Reibungsverhältnisse im Lager. Dickflüssige Öle sind bei langsam laufenden Wellen, großen Lagerdrücken und hohen Lagertemperaturen anzuwenden, auch dort, wo die Wartungsmöglichkeit ungünstig oder sonst die Verhältnisse schwierig sind. Bei der Ölauswahl ist weiter von grundlegender Bedeutung, ob die Schmiervorrichtung Wiederverwendung des einmal gebrauchten Öles vorsieht, oder nicht. Es ist dabei zu unterscheiden zwischen dem Verfahren, das benutzte Öl zu sammeln und nach Reinigung wieder in die Schmiergefäße zu füllen und zwischen den Methoden, bei denen das Öl einen fortwährenden Kreislauf zwischen Verbrauchsstelle und Schmierapparat macht. Das erstere Verfahren kann überall angewendet werden, das letztere geschieht bei bestimmten Schmierverfahren.

Diese sind:

1. Schmierung von Hand: Durch Öl- und Spritzkannen (mit federndem Boden oder eingebauter Druckpumpe, die durch Druck auf einen Knopf betätigt wird). Um den Zutritt von Unreinigkeiten zum Schmierloch und zum Lager zu verhindern, wird das Schmierloch mit einem Verschluß versehen, wofür die Helmöler sehr verbreitet sind.

Von Hand geschmiert werden besonders einfache, leicht zugängliche Lager an landwirtschaftlichen Maschinen, Werkzeugmaschinen und Hebemaschinen, auch bei solchen Maschinen, bei denen ständige Bedienung vorhanden, werden oft hoch belastete Lager noch von Hand geschmiert, besonders dann, wenn dauernd schwere Erschütterungen oder die Ausbildung als schwingender Triebwerksteil die Anbringung von Schmiervorrichtungen unzweckmäßig erscheinen läßt.

Nachteil: Ölverlust nicht zu vermeiden, ungleichmäßige Schmierung.

2. Selbsttätige Schmierung:

a) Durch besondere Gefäße. Die Lager erhalten hier nach Bedarf dauernd oder mit Unterbrechung Öl in abgepaßter Tropfenzahl.

α) Nadel- oder Stiftöler: Älteste Form der selbsttätigen Öleinrichtungen, für Wellen mit geringer bis mittlerer Drehzahl; nur noch selten in Verwendung.

β) Tropföler: Leichter einstellbar, mit sichtbarem Tropfenfall und Ölstand; Glasgefäß mit Metallfassung, Einfüllöffnung verschließbar; Abfluß des Öles geregelt durch federbelastete Nadel mit Vorrichtung für Öffnen und Schließen der Ausflußöffnung (Umlegen eines Knopfs).

Ein Überlaufröhrchen im Ölbehälter gestattet zeitweise stärker zu schmieren. Mehrere dieser Apparate können zur Zentralschmierung ausgebildet werden, ein größerer Ölbehälter hat dann mehrere Tropfdüsen, von denen das Öl in dünnen Röhrchen den Schmierstellen zugeführt wird.

Besondere Form der Tropfölschmierung ist die Zentrifugalschmierung bei umlaufenden Lagern und Kurbeltrieb.

γ) Dochtöler: Sehr alte Schmierart. Ölbehälter sind meist als Angüsse an feststehende oder schwingende Maschinenteile oder als Aussparungen im Lagerdeckel ausgebildet. Transport der Ölmengen durch locker geflochtene Wolldochte (Zephir- oder Alpakka-Wolle), die durch Kapillar- und Heberwirkung das Öl in ein Rohr fördern, das bis in die Lagerschale reicht. Dochte durch Drahthalter gestützt, die bei Stillstand herauszuziehen sind. Öl muß wasser- und harzfrei sein und darf keinen Graphit enthalten. Gegen Erschütterung unempfindlich (Fahrzeuge und schwingende Teile). Der Dochtschmierung verwandt ist die Polsterschmierung, bei der ein Wollkissen durch Federn gegen den Zapfen gedrückt wird. Sie ist besonders bei Eisenbahnfahrzeugen verbreitet.

b) Durch umlaufende Ringe: Ringschmierung. Sie stellt eine sehr zweckmäßige und sparsame Schmierung dar und wird heute weitgehend bei schnellaufenden Wellen angeordnet. Man findet sie bei den wichtigsten Lagern der Kraftmaschinen und fast immer bei Transmissionslagern. Der Ring taucht in ein Ölbad und geht sobald die Welle sich dreht mit und fördert Öl an die Oberkante der Welle, das dort abgeschüttelt wird und sich über die ganze Oberfläche verteilt. Man hat ständigen Ölfluß und deshalb ausgezeichnete Schmierung. Zur Kontrolle der Schmierung ist Öffnung über dem Ring unerläßlich,

α) mit losem Ring für n $>$ 80. Wellendurchmesser darf nicht zu klein sein. Ringe sind aus einem Stück oder geteilt,

β) fester Ring, notwendig bei kleiner Drehzahl und kleinem Wellendurchmesser. Bringt zwangläufige Bewegung, also absolut sichere Ölförderung. Am oberen Scheitelpunkt ist Ölabstreifer notwendig (Kante am Lagerdeckel oder aufgesetzter Reiter). Der feste Schmierring kann leicht als Stellring auch zur Fixierung der Welle benützt werden. Abart der Ringschmierung ist die Kettenschmierung, wobei an Stelle des losen Rings eine Kette benützt wird, die über die Welle hängt und ins Öl taucht. Sie erfordert größere Ausschnitte in den Lagerschalen. Zu befürchten ist, daß die Kette durch verharzendes Öl ihre Beweglichkeit verliert. Hierher gehört auch die Schmiervorrichtung von Achsbüchsen mit rotierenden Schwimmern.

c) Durch besondere Schöpforgane: Schöpfschmierung; bei Leerlaufbuchsen von Riemenscheiben und Leitrollen, Schneckenrad im Schneckenkasten.

3. Preßschmierung, mittelst besonderem Druck, erzeugt durch Hochbehälter oder in einer Pumpe.

Allgemeine Schmierart bei hohen Zapfendrücken und gleichzeitig hohen Drehzahlen und besonders da, wo mehrere Schmierstellen an einem Aggregat unterhalten werden müssen, also vor allem bei allen Kraftmaschinen und Turbinenarten; die mechanischen Druckschmierapparate fördern das Öl sehr sicher und in gleicher Menge zur Schmierstelle. Die Schmierpressen sind entweder Kolben- oder Zahnradpumpen. Die Regulierung der ersteren vollzieht sich durch Veränderung des Kolbenhubs, bei den Zahnradpumpen durch ein Ventil, das bei zu großem Druck sich öffnet, wodurch das Öl von der Druckleitung in den Saugraum zurückfließt.

Die bekanntesten Schmierölpumpen sind: Mollerup-Apparat (Rittersche Schmierpresse), Bosch-Öler, R.E.F.-Pumpe von Rohleder und Ehninger, Feuerbach, Wörner-Öler von F. Wörner, Cannstatt. Beim Bosch-Öler saugt der Pumpenkolben bei entsprechender Stellung des Steuerkolbens Öl an und drückt, wenn der Steuerkolben die Verbindung mit der Druckleitung herstellt, das Öl zur Schmierstelle. Beide Kolben werden von einer, durch Ratsche oder dgl. getriebenen Schnecke durch umlaufende schräge Scheiben (Taumelscheiben) bewegt. Meist werden mehrere Pumpen gleichzeitig angetrieben. Der Hub des Pumpenkolbens ist einstellbar. Das Öl wird bei jedem zweiten Pumpenhub bei der höchsten Stellung des Steuerkolbens in eine zweite Leitung gedrückt und fällt durch ein Schauglas wieder in den Ölbehälter, so daß man das Arbeiten der Pumpe beobachten kann. Die Ölzufuhr läßt sich für jede einzelne Verbrauchsstelle regeln. Derartige Ölpumpen bieten natürlich die größte Sicherheit einer regelmäßigen und zuverlässigen Schmierung.

Ähnlich im Aufbau ist der Wörner-Öler, der an Stelle der Steuerkolben Saug- und Druckventile hat.

4. Ölbadschmierung: Einfachste Ölschmierung. Der Zapfen läuft ganz oder teilweise in einer größeren Ölmenge. Verlangt sorgfältige Abdichtung der Welle, die schwierig, deshalb nur auf einzelne Sondergebiete beschränkt, z. B. bei der schnellaufenden Spindel der Spinnmaschinen.

Die den Zapfen umfassende Büchse befindet sich im Ölbad; durch Drehung der Spindel steigt das Öl an ihr hoch und schmiert das Halslager.

Behandlung heißgelaufener Lager.

Kleinere Lager, die heiß geworden, erfordern, da die angesammelte Wärmemenge verhältnismäßig gering, für gewöhnlich nichts weiter, als reichliche Ölzufuhr. Haben sich jedoch bereits die Schalen verzogen, oder ist das Lagermetall ins Fließen gekommen, so muß der Betrieb abgestellt und das Lager auseinandergenommen und überholt werden.

Große Lager können eine große Wärmemenge aufnehmen, ehe eine erhebliche Temperatursteigerung eintritt. Die Zapfenausdehnung verringert den Spielraum im Lager, zerstört damit die Ölschicht, so daß die Schalen angegriffen werden. Ist dies noch nicht der Fall, so genügt eine überreichliche Menge Öl, eventuell unter Graphit-Zusatz mit Zylinderöl vermischt, auch Rüböl und Rizinusöl haben sich bewährt. Ist aber das Lager schon angegriffen, so muß zuerst durch Lockern der Lagerschalen der Spielraum vergrößert werden. Nützt auch dies nichts mehr, so muß die Maschine abgestellt werden, aber ja nicht zu rasch, sonst wird die Wärmeentwicklung und der Schaden noch größer. Mit der Anwendung von Wasser zur äußeren Kühlung heißgelaufener Lager hat man vorsichtig zu sein, da durch plötzliche Abkühlung sehr leicht Spannungen und Risse in den Gußteilen und Welle entstehen.

Neuerdings werden für Maschinenteile, deren Erwärmung eine Gefahr mit sich bringt, Anstrichfarben in den Handel gebracht, welche die Eigenschaft besitzen, bei Temperaturen von 60—70° ihr Aussehen in auffallender Weise zu ändern und die nach Abkühlung wieder ihr normales Aussehen erlangen. Bei schlecht zugänglichen Lagern ist dies von besonderem Vorteil, wo das Abfühlen von Hand, das an und für sich sehr lästig, sehr erschwert ist.

Kühlung von Lagern.

Die direkte Kühlung der Lagerschalen ist selten, für gewöhnlich wird nur das Öl gekühlt. Bei Ringschmierung befindet sich zu diesem Zweck unterhalb des geschlossenen Öltrogs ein Kühlraum, der von unten nach oben von Wasser durchströmt wird. Diese Durchströmrichtung ist unbedingt notwendig, damit sämtliche Luft entweichen und der Kühlraum restlos mit Wasser sich anfüllen kann. Deswegen gehören in die Abflußleitung des Kühlwassers Lufthähne. — Im allgemeinen genügt es, an Stelle eines besonderen Wasserstroms das Schmieröl einen Kreislauf vollziehen zu lassen, d. h. Umlaufschmierung anzuwenden und in die Ölleitung einen besonderen Ölkühler einzubauen. Bei dieser Schmierung liefert das strömende Öl nicht nur die schmierende Ölschicht, sondern führt auch noch einen großen Teil Wärme mit sich fort, die dann in den Leitungsröhren und in den Sammelbehältern ausgestrahlt wird. Durch diese Vergrößerung der ursprünglich vorhandenen Strahlungsflächen ist die Kühlung wirksamer geworden. Die Ölkühler bestehen aus einem größeren Ölbehälter mit eingebauter Kühlschlange, durch die man Wasser leitet nach dem Gegenstromprinzip, d. h. Kühlmittel und Öl treten am entgegengesetzten Ende des Kühlers ein, fließen also in entgegengesetzter Stromrichtung.

2. Konstruktiver Aufbau der Lager.

Gleitlager.

a) Traglager. Die einfachsten Lager sind die Lageraugen, die an Maschinenteile bzw. Gestelle mittelst Flansch angegossen oder angeschraubt sind. Wenn erforderlich, werden sie ausgebuchst. Die Buchsen sind aus Rotguß oder Messing, stramm eingepaßt und mit ein oder zwei Schlitzschrauben gesichert. Für gehärtete Bolzen benützt man auch gehärtete und geschliffene 4—8 mm starke Stahlbuchsen. Lagerbuchsen sind durch Dinorm 147 und 148 genormt. Bei Verwendung von zwei etwas exzentrisch ausgebohrten, ineinandersteckenden Buchsen läßt sich die Zapfenmittellage entsprechend verstellen.

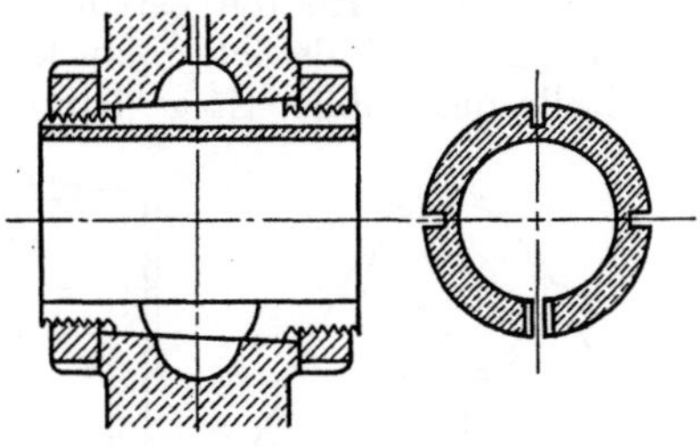

Abb. 156. Geschlitzte Lagerbuchse.

Eine Nachstellung ohne Änderung der Zapfenmittellage gestatten kegelige Zapfen. Etwaige Achsialkräfte dürfen aber nicht auf die Kegelfläche wirken, sondern sind von einer gehärteten Spurplatte (evtl. Druckschraube) am Zapfenende aufzunehmen. Eine Nachstellung läßt sich auch bei zylindrischen Zapfen erreichen, wenn sie, wie dies heute bei Werkzeugmaschinenspindeln vielfach üblich, von einer geschlitzten, außen konischen Buchse umschlossen werden, die mit Hilfe zweier Muttern im Spindelstock derart verstellbar ist, daß beim Anziehen der inneren Mutter die geschlitzte

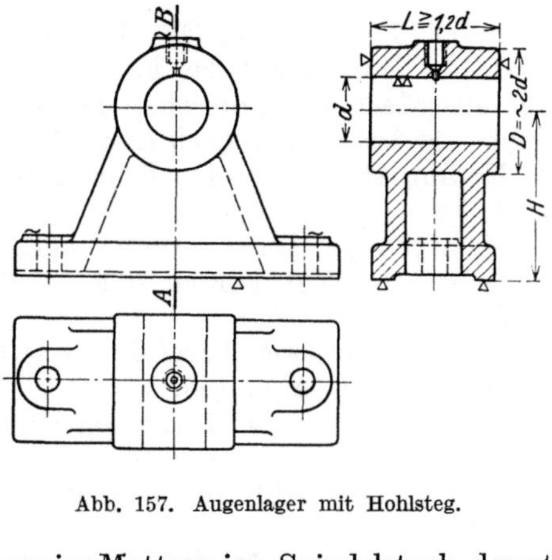

Abb. 157. Augenlager mit Hohlsteg.

Schale der Abnützung entsprechend zusammengezogen wird (Abb. 156). Der Schlitz wird durch Ledereinlagen gedichtet, in die mittlere Erweiterung kommt eine Filzeinlage zur Schmierung des Zapfens.

Mit Rücksicht auf eine zweckmäßige und wirtschaftliche Herstellung ist es meist, namentlich bei größeren Teilen, zu empfehlen, die Lager abzutrennen und für sich zu konstruieren.

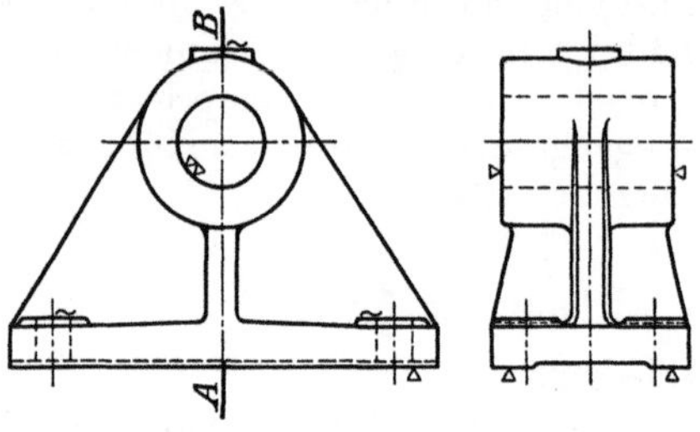

Abb. 158. Augenlager mit Kreuz-Steg.

Jedes als selbständiger Maschinenteil konstruierte Lager besteht aus dem Lagerkörper, der entweder wie bei den einteiligen Augenlagern (Abb. 157) in sich geschlossen, oder mit einem abnehmbaren Lagerdeckel versehen ist, wodurch zweiteilige Lager entstehen, und den Lagerschalen.

Die in Abb. 157 dargestellte Form des Augenlagers erfordert zwei Kerne für das Gußstück. Man kann den einen Kern vermeiden, wenn an Stelle des hohlen Stegs Rippen verwendet werden nach Abb. 158 oder 159. Das Modell der Abb. 158 ist nach *A—B* zu teilen und das Auge für die Fußschrauben abnehmbar zu machen (oder weglassen). Vorzuziehen ist die Form nach Abb. 159 (einfacheres Einformen, einteiliges Modell und nur 2 Fußschrauben, gegen 4 bei Abb. 158). Hier muß zum Herausheben aus der Form das Auge für das Schmiergefäß abnehmbar sein, desgleichen zwecks Auflegen des Modells auf das Formbrett die Nabenscheibe am Steg samt der anstoßenden Kernmarke. Die gedrungendste und kräftigste Form ergibt die Ausführung nach Abb. 157, allerdings mit mehr Formarbeit (2 Kerne), aber auch ohne Schmutzecken. Das Modell ist nach *A—B* zu teilen.

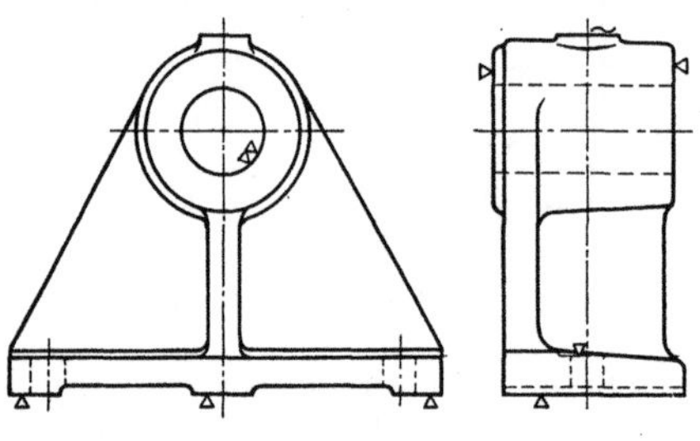

Abb. 159. Augenlager mit T-Steg.

Zweiteilige Lager werden nötig, wenn Achsen und Wellen unmittelbar eingelegt werden sollen und haben den Vorteil der Nachstellbarkeit.

Nach der äußeren Form des Lagerkörpers unterscheidet man:

Stehlager (Abb. 160),

Hängelager (Abb. 161, besonders ausgebildet auch zur Befestigung an Trägern, Abb. 162 und 163),

Wandlager (Abb. 164, besonders ausgebildet auch zur Befestigung an Säulen).

Die mit anderen Maschinenteilen bzw. dem Maschinengestell direkt verbundenen Lager spezieller Bauart, z. B. das Kurbellager der Dampfmaschine (Abb. 176), das Spindellager der Drehbank (Abb. 156), Stangenlager an den Köpfen von Treibstangen usw.

Die Hauptabmessungen (Anschlußmaße) von Stehlagern für Transmissionen sind durch Dinorm 118 genormt und zwar in drei Ausführungsarten, nämlich in der Form *A* als leichtes Lager mit langen gußeisernen, kugelig gestützten Lagerschalen (Sellerslager) und in der Form *B* als schweres Lager mit kurzen weißmetallgefütterten Schalen und in der Form *C* als Kugelstehlager. In Dinorm 119 sind die Abmessungen für

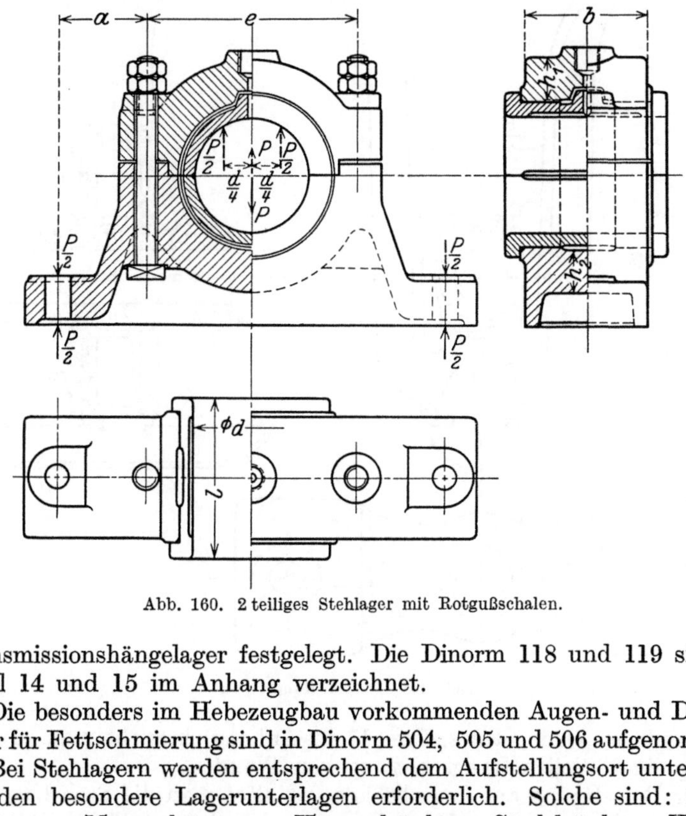

Abb. 160. 2 teiliges Stehlager mit Rotgußschalen.

Transmissionshängelager festgelegt. Die Dinorm 118 und 119 sind in Tafel 14 und 15 im Anhang verzeichnet.

Die besonders im Hebezeugbau vorkommenden Augen- und Deckellager für Fettschmierung sind in Dinorm 504, 505 und 506 aufgenommen.

Bei Stehlagern werden entsprechend dem Aufstellungsort unter Umständen besondere Lagerunterlagen erforderlich. Solche sind: Sohlplatten, Mauerkästen, Hängeböcke, Stehböcke, Wandarme und Winkelarme. Diese Lagerunterlagen sind ebenfalls genormt.

Sohlplatten (s. Tafel 16 im Anhang) braucht man, wenn das Lager nicht auf Eisen sitzt, zur Verringerung des spez. Flächendrucks auf die Unterlage. Das Lager sitzt auf bearbeiteten Flächen und kann dabei genau ausgerichtet werden. Dazu dienen die seitlichen Nasen an der Platte. Zwischen diese und den Lagerfuß werden Keile oder Dübel eingeschlagen.

Mauerkästen sind nötig, wenn ein Transmissionswellenstrang durch eine Wand hindurchzuführen ist. Dazu können evtl. auch Winkelarme benützt werden.

Stehböcke dienen zur Verlagerung einer Transmissionswelle in gewisser Höhe über dem Fußboden (Bocklager), sofern man nicht mit umgekehrten Hängelagern nach Dinorm 119 auskommt.

Hängeböcke (s. Abb. 152) benützt man öfters für Deckentransmissionen an Stelle der Hängelager.

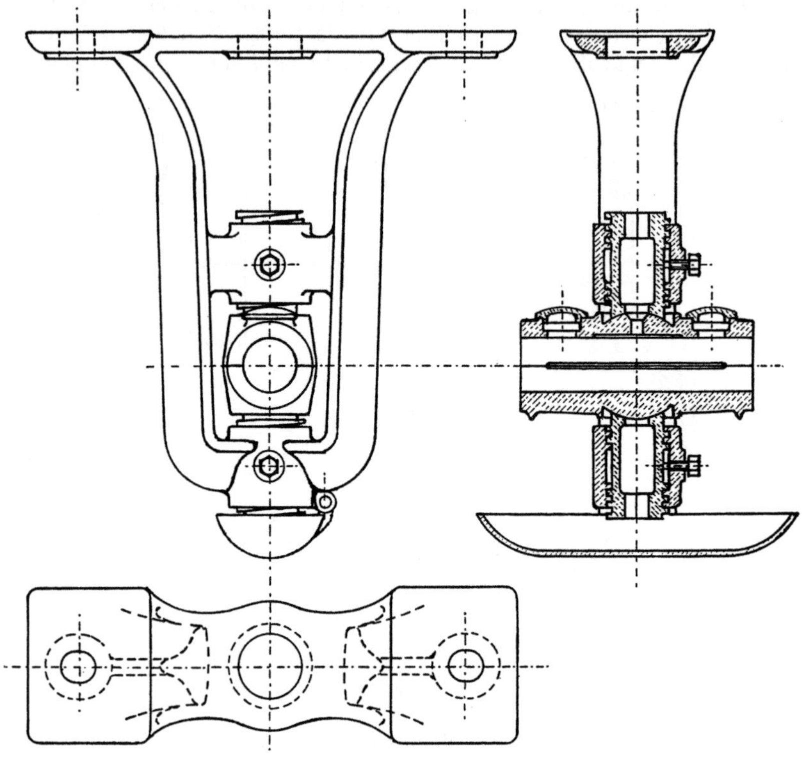

Abb. 161. Decken-Hängelager.

Wandarme (Konsolen s. Tafel 17 im Anhang) braucht man zur Verlegung eines Wellenstrangs entlang von Wänden.

Zur Befestigung auf Lagerböcken gestaltet man die Steh-Lager gelegentlich als sogenannte Rumpflager so, daß die mit einem Zwischenkopf versehenen Deckelschrauben zugleich zur Befestigung dienen, der Lagerfuß also wegfällt.

Einzelteile von Stehlagern (Abb. 160). Lagerkörper: Er muß die Belastung aufnehmen und ist deshalb kräftig zu gestalten. Seine Form richtet sich nach den angeordneten Lagerschalen und der Schmierart. Bei Ölschmierung ist der Lagerkörper so zu konstruieren, daß das Öl nicht durch die Löcher der Deckelschrauben zum Fundament gelangen kann und daß die durch die Zapfenreibung erzeugte Wärme durch eine möglichst große Oberfläche ausgestrahlt wird. Sitzt das Lager auf einer Sohlplatte, dann wird die Sohle des Lagerfußes als volle Fläche ausgeführt, andernfalls läßt man den Fuß nur auf schmalen Randflächen aufsitzen. Die Pressung zwischen Sohlplatte und Zementunterguß soll 6—11 kg/qcm nicht überschreiten.

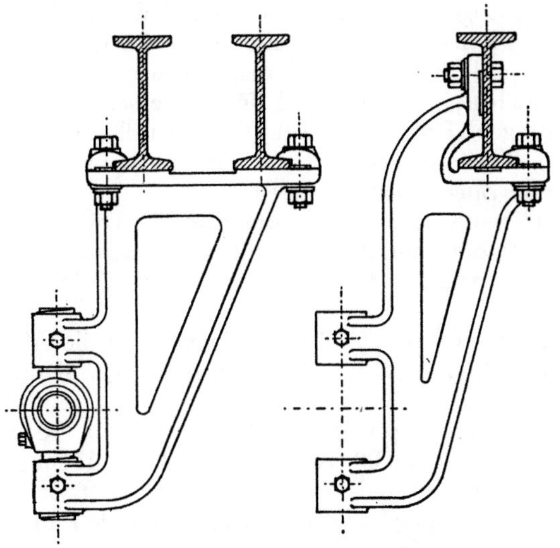

Abb. 162 und 163. Träger-Hängelager.

Lagerdeckel: Er muß möglichst starr sein, damit er sich beim Anziehen nicht verbiegt und die Schrauben damit auf Biegung beansprucht. Diese Gefahr entsteht besonders bei geschmiedeten Deckeln

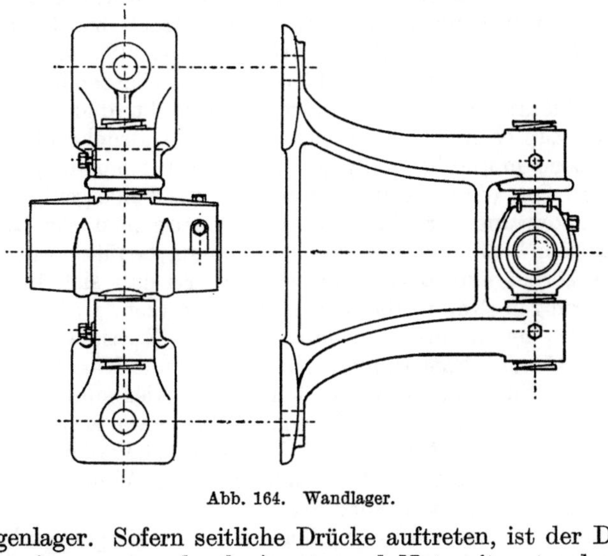

Abb. 164. Wandlager.

der Stangenlager. Sofern seitliche Drücke auftreten, ist der Deckel in das Lager einzupassen, durch Ansatz und Nut mit entweder ebenen oder besser zylindrischen Flächen. Statt Zentrierung können auch Paßstifte angeordnet werden. Bei größeren Dimensionen sind vier Deckelschrauben anzuordnen, die ein gleichmäßigeres Anziehen und Anliegen der Schalen ergeben. Die Deckelschrauben sind zu sichern, da sie nicht zu stramm angezogen werden dürfen, und sind, um eine Pufferwirkung bei Stößen zu erhalten, möglichst lang zu machen. Kopfschrauben sind aus diesem Grunde besser als Stiftschrauben.

Lagerschalen: Als Material für Lagerschalen verwendet man Kupferlegierungen (Rotguß, Bronze, Deltametall usw.), Zinnlegierungen (Weißmetall), Gußeisen oder Holz. Für die Lagermetallegierungen gelten folgende Zusammensetzungen:

Rotguß (Bronze): 83 Teile Kupfer und 17 Teile Zinn, oder 82 Teile Kupfer, 16 Teile Zinn und 2 Teile Zink, vielfach auch Zusätze von Blei.

Phosphorbronze: 90 Teile Kupfer, 10 Teile Zinn bis 1 Teil Phosphor.

Aluminiumbronze: 90 Teile Kupfer, 10 Teile Aluminium.

Deltametall (A. Dick & Co., Düsseldorf): Kupfer, Zink und Eisen.

Weißmetall (Komposition): 85 Teile Zinn, 10 Teile Antimon und 5 Teile Kupfer oder 90 Teile Zinn, 7 Teile Antimon und 3 Teile Kupfer; für Lokomotiv- und Tenderachslager 78,4 Teile Zinn, 12,6 Teile Antimon und 9 Teile Kupfer; für Exzenter 83 Teile Zinn, 11 Teile Antimon und 6 Teile Kupfer.

Antimonblei (Bleikomposition): 75 bis 85 Teile Blei und 25 bis 15 Teile Antimon.

Bleilegierungen sind auch das Magnolia-, das Glyco-, das Myrtle-Metall.

Rotguß verwendet man für Lager aller Art bei mittlerer Drehzahl und besonders bei stoßendem Betrieb. Flächendruck bis 150 kg/qcm bei aussetzendem Betrieb, bei Dauerbetrieb etwa bis 60 kg/qcm. Phosphor- und Aluminiumbronze namentlich für schnellaufende Stahlzapfen. Weißmetall läuft weniger leicht warm als Rotguß und greift beim Warmlaufen den Zapfen nicht an, es verträgt Flächendrucke bis 100 kg/qcm bei aussetzendem und bis 40 kg/qcm bei Dauerbetrieb und gleichmäßiger Belastung. Das Weißmetall für sich allein hat keine genügende Widerstandsfähigkeit und wird deshalb nur zum Ausgießen von Lagerschalen aus Gußeisen, Stahlguß, Bronze oder Messing benützt, auch direkt in den Lagerkörper und Deckel eingegossen. Es hält sich in schwalbenschwanzförmigen Nuten, die sauber auszukratzen, womöglich zu verzinnen sind, oder in entsprechenden Löchern. Nuttiefe 2—5 mm, Nutbreite 10—15 mm. Entfernungen der Nuten von Kante zu Kante bis 100 mm. Die Nuten an der Stirnfläche der Schalen sind so anzuordnen, daß der Zapfendruck das Metall nicht nach auswärts quetschen kann. Hat der Zapfen einen Bund, der an der Stirnfläche anläuft, so hält man den Ausguß breiter als den Bund oder läßt das Weißmetall ein wenig über die Schalenstirnfläche vortreten.

Weiches Gußeisen wird der Billigkeit wegen für gewöhnliche Triebwerkslager angewendet, gehärteter Stahl für Spurpfannen, hochbelastete Buchsen für Gelenkbolzen usw., Pockholz für Turbinenwellen, Schiffsschraubenwellen, Walzwerke usw. Wenn Nachstellen möglich ist, kann auch Weißbuche verwendet werden.

Reines weiches Gußeisen kann auch im Werkzeugmaschinenbau, sehr gute Schmierung vorausgesetzt, für die Buchsen in den Maschinenständern der Werkzeugmaschinen, für Lager bis 100 mm Durchmesser und 300 bis 400 Umdr/Min, bei 50 mm Durchmesser bis 800 Umdr/Min verwendet werden, nur für die vorderen Spindellager ist Phosphorbronze nicht zu ersetzen. Im allgemeinen ist Gußeisen für Lager bis 20 kg/qcm Flächendruck und bis 2 m/sek Umfangsgeschwindigkeit, sorgfältige Bearbeitung (Ausreiben mit der Reibahle) vorausgesetzt, zulässig. Bei großem Zapfendruck muß der Zapfendurchmesser so weit vergrößert werden, daß die zulässige Flächenpressung nicht überschritten wird.

Für Triebwerkslager (Sellerslager) hat sich Gußeisen bei $p = 3$ bis 6 kg/qcm, höchstens 10 kg/qcm sehr gut bewährt.

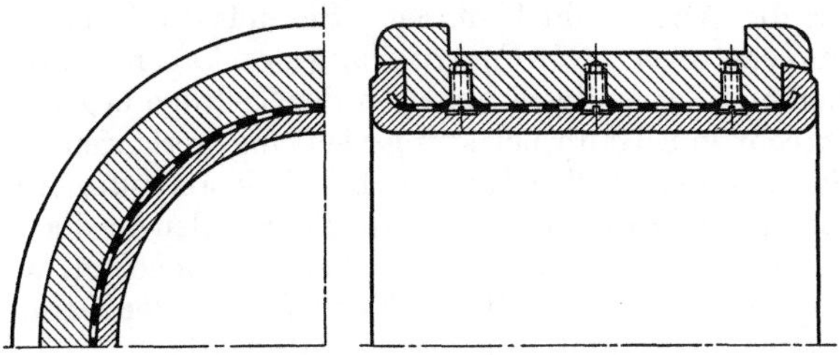

Abb. 165. Glyco-Metallschale.

Für Lager, welche einen hohen Druck auszuhalten haben, sind die weicheren Legierungen nicht mehr anwendbar, weshalb die Glyco-Metallgesellschaft in Wiesbaden sogenannte Skelettlagerschalen konstruiert hat. Dieselben bestehen aus einem gut verzinnten, perforierten Eisenblech oder Bronzeblech (Abb. 165), als Träger des umgossenen Glyco-Metalls (Bleilegierung). Die Bleche können auch an eine andere Lagerschale angeschraubt und dann mit einer dünneren Glycometallschicht ausgegossen werden. Diese Lager vereinigen die Vorzüge der weichen Lagermetalle, geringe Reibung und Abnutzung, Unempfindlichkeit gegenüber Erhitzen und leichte Bearbeitung mit der Festigkeit des Stahlskeletts.

Eine weitere Abart der normalen Weißmetallagerschalen bildet das Beusch-Steinlager der Maschinenbau- und Wellenlager G. m. b. H., Hamburg. Das Lagermetall ist zusammengesetzt aus 79 Teilen Blei, 15 Teilen Antimon, 5 Teilen Zinn, und 1 Teil Kupfer oder Thermit- oder Lurgimetall, ist also eine verhältnismäßig weiche und billige Legierung, in welche Muschelkalksteine, die sich mit Öl vollsaugen und mit Diamanten abgedreht werden, so eingebettet sind, daß sowohl die Steine, wie das Metall, tragen. Damit ist der Vorzug der Sicherheit gegen Verlagerung der Welle beim Auslaufen der Legierung verbunden, die unter Umständen (bei Dynamolagern) verhängnisvoll werden kann. Das

Beuschlager eignet sich besonders für sehr staubige Betriebe und soll sich im Eisenbahn- und Straßenbahnbetrieb gut bewährt haben.

Man macht die Lagerschalen häufig der eintretenden Abnützung wegen in der Richtung des Zapfendruckes stärker. Damit sie sich nicht mit dem Zapfen drehen, versieht man die Oberschale mit einem Zapfen, der in eine Bohrung des Lagerdeckels eingreift. Statt dessen können auch Schrauben oder eingeschlagene Ölrohre, Stifte und Bolzen verwendet werden, oder läßt man die Oberschale an einer festen Fläche am Lagerkörper aufsitzen. Die Unterschale soll frei von solchen Sicherungen sein, damit sie sich nach geringem Anheben der Welle herausdrehen läßt und so die Grundforderung der leichten Auswechselbarkeit der Lagerschalen erfüllt ist. Das achsiale Verschieben der Schalen verhindern zylindrische Flanschen an der Stirnfläche oder zylindrische Wulste in der Mitte der Schale. Den gleichen Zweck erfüllen die Kugelkalotten bei den Sellerslagern. Die Lagerschalen dürfen beim Anziehen des Deckels die Welle nicht klemmen. Sie müssen deshalb an der Teilfuge zusammenstoßen. Die Fugenteilung des Lagers muß so sein, daß der resultierende Zapfendruck nicht in der Teilfuge liegt. Sie soll möglichst senkrecht zur Hauptbelastungsrichtung verlaufen.

Soll die Lage der Wellenmitte auch bei eintretender Abnützung der Schalen dieselbe bleiben, so muß man die Schalen in der dem Zapfendruck entgegengesetzten Richtung nachstellbar machen, was bei wechselndem Zapfendruck, z. B. bei den Kurbellagern der Dampfmaschinen, eine Drei- oder Vierteilung der Lagerschale bedingt.

Bei oft nachzustellenden Lagern (z. B. Stangen- und Kurbellager mit wechselnder Kraftrichtung) läßt man vorteilhaft die Lagerschalen nicht direkt sich berühren, sondern indirekt, indem man Beilagbleche (Messing) in verschiedener Stärke zwischen die Schalen legt, die nur entfernt zu werden brauchen, um eine genügende Nachstellung zu erreichen.

Soweit nicht Durchmesser und Länge der Lagerschalen schon nach den unter „Zapfen“ gegebenen Formeln bestimmt wurden, kann man Länge und Stärke der Lagerschalen wie folgt wählen:

Material	Länge	Stärke
Rotguß, Bronze, Deltametall usw.	$1{,}5\,d$ bis $2\,d$	$0{,}07\,d + 4$ mm
Weißmetall	$2\,d + 50$ mm	Stärke des Weißmetallfutters $\frac{d}{20}$ bis $\frac{d}{20} + 3$ mm
Gußeisen	$4\,d$	$\frac{d}{8} + 2{,}5$ mm
Holz	—	$\frac{d}{10} + 6$ mm

Ist die Schale in der Mitte stärker als an den Enden, so gilt obiges Maß für die kleinste Stärke. Damit die Schalen besser anliegen, werden sie mit Arbeitsleisten versehen, deren Breite man gleich $^3/_{10}$ der Lagerschalenlänge macht. An den zu bearbeitenden Stellen sind zu den oben gegebenen Stärken 2 mm zuzugeben.

Bei Bemessung der Länge der Lagerschalen hat man auch die Drehzahl zu berücksichtigen, da mit dieser die Abnutzung wächst. Damit diese nicht zu groß wird, muß die Lagerschale um so länger gemacht werden, je höher die Drehzahl ist. Dagegen kann bei besonders guter Schmierung, z. B. bei Ringschmierlagern, die Schalenlänge entsprechend kleiner als bei gewöhnlichen Lagern genommen werden.

Besondere Aufmerksamkeit ist schon bei der Konstruktion dem Einpassen der Lagerschalen zuzuwenden. Auch wenn der Bund des Lagers mit Rücksicht auf einen dagegenlaufenden Wellenbund verhältnismäßig groß sein muß, ist die Tragfläche zwischen Lagerschale und Lagerkörper auf das erforderliche, oft viel kleinere Maß zu beschränken.

An den Hauptlagern großer Maschinen werden die das Einpassen der Lagerschalen sehr erschwerenden seitlichen Bunde zweckmäßig durch Bordscheiben (Abb. 166) ersetzt.

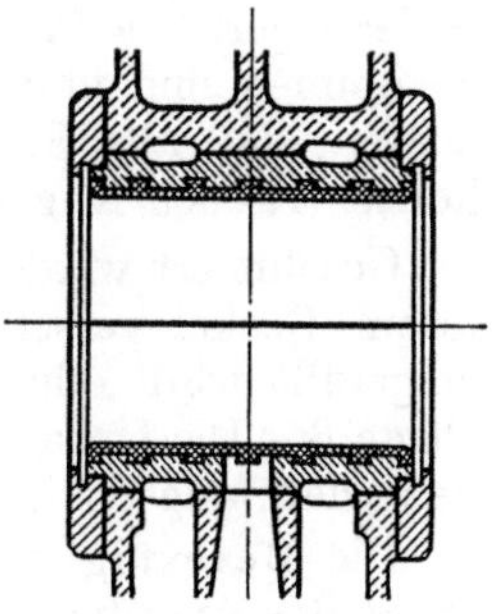

Abb. 166. Lagerschale mit Bordscheiben.

Es wird zu wenig beachtet, daß die Lager im unbelasteten Zustand eingepaßt werden und daß die Auflageflächen sich ändern sobald der Zapfen durch die Belastung elastische Formänderungen erfährt. Sofern die Lagerschale nicht in Kugelflächen gelagert ist, kann sie sich diesen Formänderungen nur durch die Dehnung des Lagermetalls anpassen. Bei spröden, also weniger dehnbaren Lagermetallen sollte man deshalb nicht die übliche Auflage der Lagerschalen mit zwei außen angeordneten Arbeitsleisten wählen, sondern die Lagerschalen mit einer breiten Arbeitsleiste, möglichst mit einer kugelförmigen Arbeitsleiste in der Mitte aufliegen lassen. Vgl. auch das über Bamag-Lager S. 147 Gesagte.

Die Schmiernuten sollen maschinell hergestellt werden, es kommen dann nur in Frage Nuten parallel zur Lagerachse, Kreisnuten (senkrecht zur Lagerachse) und Spiralnuten.

Es ist zu beachten, daß die Verteilung des Schmiermittels über den Zapfen durch die sich drehende Welle, die eine Pumpwirkung erzeugt, vollkommen selbsttätig geschieht. Die Unterstützung, die man der Verteilungsarbeit des Zapfens gibt, ist eine Längsnut an der Stelle der Schmiermaterialzufuhr (unbelastete obere Schale), sodann hauptsächlich eine starke Längsnut (Öltasche) an der Teilfuge. Lagern, die nur vertikal belastet sind, gibt man keinerlei Quernuten mehr, solche werden nur angebracht, wenn starke seitliche Kräfte vorhanden sind, wie z. B. bei Kurbellagern. Wichtig ist, daß die scharfen Kanten von Schmiernuten gut abgerundet werden, da sie sonst ölabstreifend wirken. Scharfkantige Schmiernuten in Weißmetall würden sich auch leicht zuschmieren.

Bezüglich der Wärmeentwicklung im Lager durch den rotierenden Zapfen gilt die Beziehung:

$$t\,(t - t_1) = \frac{7200 \cdot v}{c \cdot \pi}\text{, wobei bedeutet:}$$

t = Lagertemperatur, t_1 = Lufttemperatur, v = Umlaufgeschwindigkeit des Zapfens, c = Wärmeausstrahlung pro Stunde und pro qcm Zapfenoberfläche bei 1° Temperaturunterschied.

Für normale Lager kann $c = 2$ bis 2,5 bei ruhender Luft, bei guter Luftzirkulation mehr, angenommen werden. Wenn obige Formel höhere Temperatur als 100° C ergibt, so muß Ölkühlung angestellt werden.

Übliche Traglagerkonstruktionen. Abb. 160 zeigt ein normales zweiteiliges Stehlager mit Rotgußschalen für Starr- oder Ölgefäßschmierung.

Abb. 161—164 zeigen Hänge- und Wandlager, jeweils mit in der Höhenlage verstellbaren gußeisernen Sellerslagerschalen, die sich auf gußeiserne Stellschrauben mit kugeligen Pfannen abstützen. Bei den Sellerslagern, die in den verschiedensten Konstruktionen in Anwendung gekommen sind und sich gut bewährt haben, ist grundsätzlich zu beachten, daß alle Führungsflächen Teile einer Kugeloberfläche, bzw. konzentrischer Kugeloberflächen sein müssen.

Geschmiert werden diese Lager entweder mit Fett, das in die mit losem Deckel versehene, an der Oberschale sich befindliche Öffnung eingefüllt wird, oder mit Öl aus einem in das Deckelloch gesteckten Ölgefäß. Die Unterschale hat Abtropfkanten, die das abfließende Öl zu den Ölauffangschalen leitet.

Die Befestigung von Lagerböcken an Deckenträgern macht öfters das Anordnen der Schrauben außerhalb des Trägers nötig, da die Flanschen für die Aufnahme einer kräftigen Schraube vielfach nicht ausreichen, die Löcher auch meist erst nachträglich zu bohren sind, was schwierig ist und das Material unter Umständen zu sehr schwächt. Man könnte dann Schrauben mit einseitigem Kopf, sogenannte Hakenschrauben anwenden, macht dies jedoch ungern, weil der einseitige Angriff der Last eine äußerst starke Biegungsbeanspruchung des Schraubenschafts hervorruft, die etwa das achtfache der zulässigen Zugbeanspruchung ausmacht. Man führt deshalb in diesem Fall eine zentrische Belastung der Schraube dadurch herbei, daß man Klemmplatten (Abb. 162 und 163) anordnet. Von der im Schraubenkern wirkenden Zugkraft wird dabei allerdings nur ein Teil als abstützende Kraft ausgenützt, der Rest spannt die Klemmplatte gegen den Lagerfuß und geht damit für den Nutzzweck verloren, doch verdankt die Schraube dieser Kraftvergeudung ihre zentrische Belastung.

Die guten Erfahrungen, die man mit der Ringschmierung zunächst bei Speziallagern gemacht hat, haben dazu geführt, auch die gewöhnlichen Transmissionslager mit dieser Schmierung auszurüsten. Bei den Ringschmierlagern mit losen Schmierringen tauchen ein oder mehrere in Ausschnitten der Lagerschale lose auf der Welle liegende Ringe in die Ölkammer, heben bei der durch die Reibung erfolgenden Mitnahme das Öl auf die Oberseite des Zapfens, von wo es durch Schmiernuten verteilt wird.

Um die Schmierung kontrollieren zu können, müssen im Lagerdeckel oberhalb der Ringe Öffnungen angebracht sein. Die Ringe haben rechteckigen (zumeist üblich), halbrunden oder trapezförmigen Querschnitt und sind aus Flußstahl oder Messing, einteilig oder zweiteilig (mit Scharnier- oder Schnappverbindung). Einteilige Stahlringe sind genormt, siehe Dinorm 322, Bl. 1 u. 2.

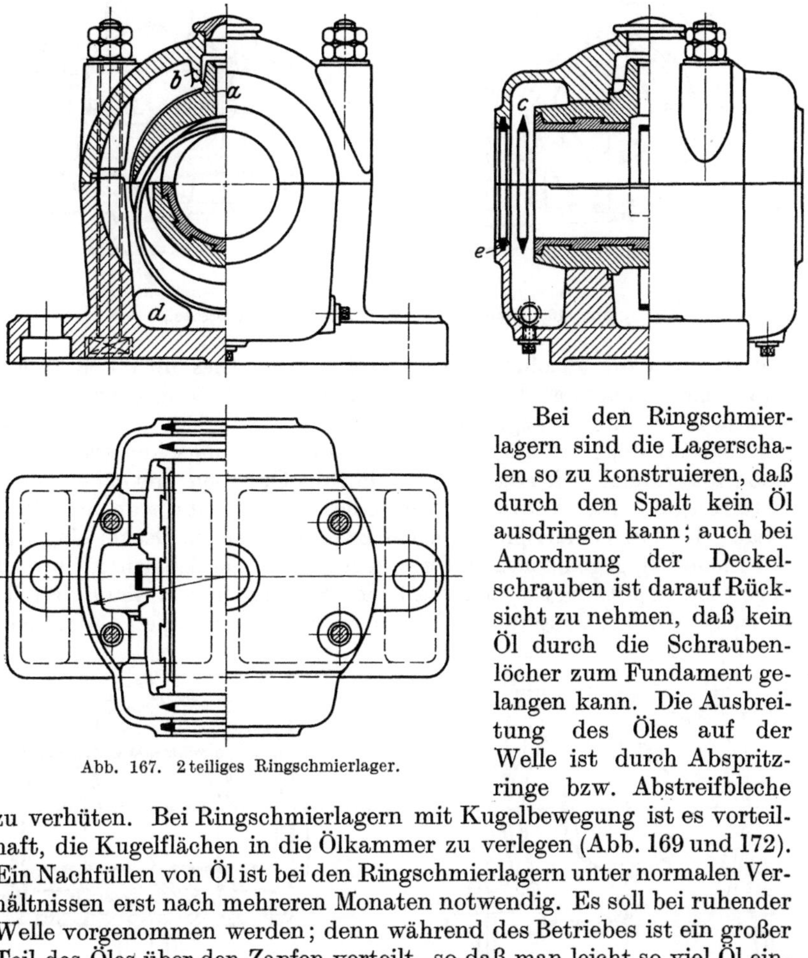

Abb. 167. 2teiliges Ringschmierlager.

Bei den Ringschmierlagern sind die Lagerschalen so zu konstruieren, daß durch den Spalt kein Öl ausdringen kann; auch bei Anordnung der Deckelschrauben ist darauf Rücksicht zu nehmen, daß kein Öl durch die Schraubenlöcher zum Fundament gelangen kann. Die Ausbreitung des Öles auf der Welle ist durch Abspritzringe bzw. Abstreifbleche zu verhüten. Bei Ringschmierlagern mit Kugelbewegung ist es vorteilhaft, die Kugelflächen in die Ölkammer zu verlegen (Abb. 169 und 172). Ein Nachfüllen von Öl ist bei den Ringschmierlagern unter normalen Verhältnissen erst nach mehreren Monaten notwendig. Es soll bei ruhender Welle vorgenommen werden; denn während des Betriebes ist ein großer Teil des Öles über den Zapfen verteilt, so daß man leicht so viel Öl eingießt, daß dieses im Ruhezustand überläuft. Die Länge der Lagerschalen kann bei Ringschmierlagern geringer sein als bei Lagern ohne Ringschmierung. Für sehr langsam laufende Zapfen ist die Ringschmierung nicht anwendbar. Lager bis 2 d-Schalenlänge erhalten 1 Ring, längere 2 Ringe.

Gebr. Wetzel, Leipzig-Plagwitz, versehen den Schmierring mit zahnartigen Vorsprüngen am inneren Umfang und setzen einen Ring mit ebensolchen äußeren Vorsprüngen auf die Welle. Hierdurch wird der Schmierring zwangläufig mitgenommen.

An Stelle der Schmierringe der Ringschmierlager verwendet man auch Schmierketten. Man kann hierbei die Lagerbreite kleiner halten; doch wird auch der als Ölfang dienende Teil der Unterschalen schmaler

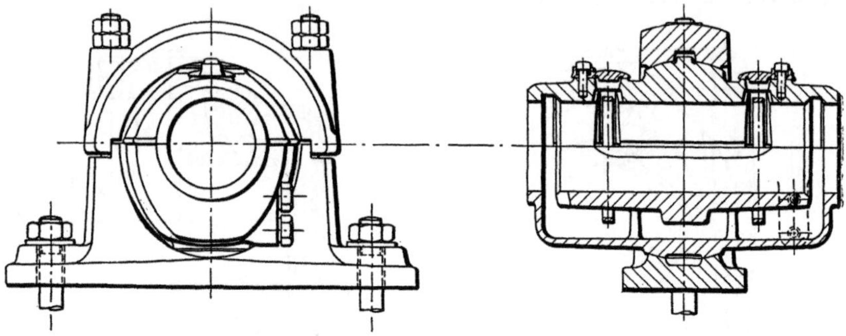

Abb. 168. Transmissions-Stehlager. (Bamag, Dessau.)

und dadurch die gleichmäßige Ausbreitung des Öles über den Zapfen schwieriger; außerdem kann es vorkommen, daß die Kette durch verharzendes Öl ihre Beweglichkeit verliert.

Abb. 167 zeigt den allgemeinen Aufbau eines Ringschmierlagers mit einem losen Ring. Die Lagerschalen sind aus Gußeisen und haben Weißmetallausguß. Das Verdrehen verhindert der Aufsatz *a* an der Oberschale, der mit etwas Spiel zwischen zwei Wände *b* am Deckel eingreift. Zur Sicherung gegen achsiale Verschiebung sind die Schalen zylindrisch abgesetzt. Spritzringe *c* außerhalb der Schalen führen abwanderndes Öl zurück in den Trog durch Öffnungen *d* im Tragkörper. Filzringe *e*

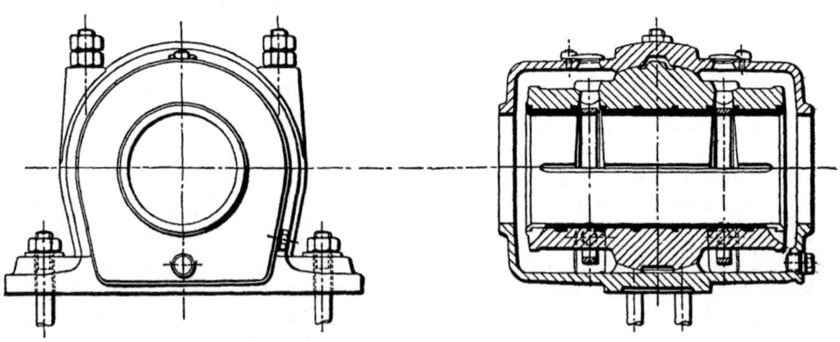

Abb. 169. Stehlager mit auswechselbaren Schalen. (Bamag, Dessau.)

schließen das Lager dicht nach außen ab. Der Lagerdeckel greift zentrisch über den Lagerkörper und sichert ihn dadurch gegen jede Verschiebung.

Abb. 168—171 zeigen bewährte Ausführungen von Ringschmierlagern der Bamag, Dessau, jeweils mit 2 Schmierringen.

Abb. 168 ist ein Lager mit Kugelbewegung der gußeisernen Schalen für geringe und mittlere Belastungen. Die Abmessungen entsprechen Dinorm 118 A. Es ist das am meisten verwendete Transmissionslager.

Abb. 169 zeigt eine Konstruktion mit auswechselbaren Lagerschalen

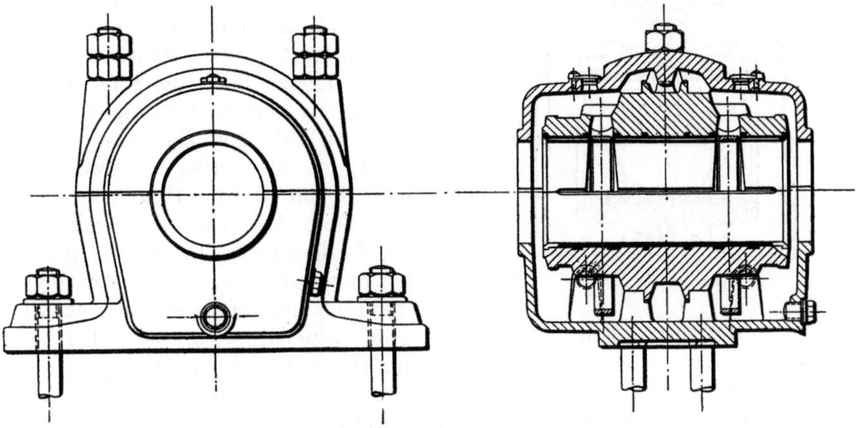

Abb. 170. Neueres Stehlager. (Bamag, Dessau.)

mit Kugelbewegung. Die Schalen sind entweder rein aus Gußeisen, oder mit Weißmetall ausgegossen.

Die neueste Konstruktion der Bamag für höhere Beanspruchung zeigt Abb. 170. Die Abmessungen sind entsprechend Dinorm 118 B gehalten. Die Lagerschalen aus Guß haben Weißmetallausguß und zylindrische Auflagefläche und sind durch Prisonstifte miteinander gesichert, so daß ein gegenseitiges Versetzen unmöglich ist. Die durch Patent geschützte

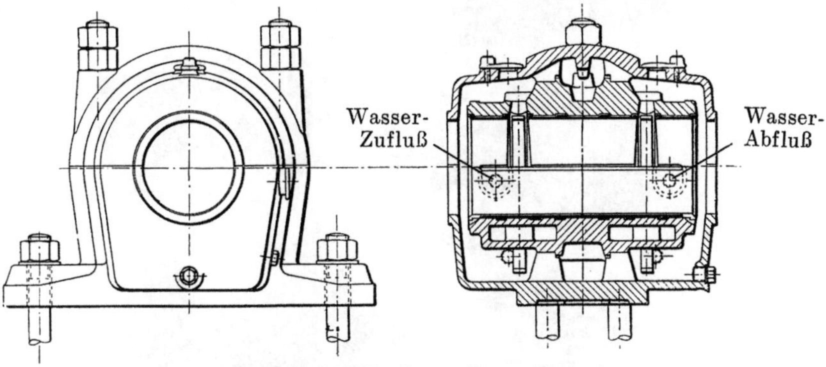

Abb. 171. Gekühltes Lager. (Bamag, Dessau.)

Formgebung der Lauffläche ist leicht paraboloidisch, wodurch erreicht wird, daß bei Durchbiegungen der Welle jegliche Kantenpressung vermieden wird. Die Schalentragflächen im Lagerkörper sind gespalten, so daß der ganze Lagerkörper ohne Kern gegossen werden kann, desgl. der Deckel. Die Teilfuge des Lagerkörpers ist gegenüber derjenigen der

Schalen um einige Millimeter versetzt, wodurch eine genaue Zentrierung der letzteren erreicht wird.

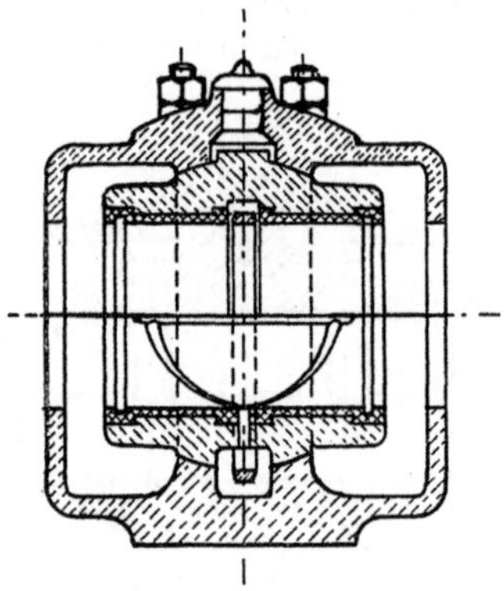

Abb. 172. Einring-Sellerslager.

Abb. 171 ist ein Lager mit Wasserkühlung für die Unterschale. Abb. 172 zeigt ein Ringschmierlager mit Kugelbewegung und einem losen Ring.

Abb. 173 zeigt die Konstruktion eines Ringschmierlagers mit einem festen Schmierring, in der Ausführung des Eisenwerks Wülfel vor Hannover. Der Schmierring ist aus Gußeisen, zweiteilig und preßt sich durch Blattfeder fest gegen die Welle (Abb. 174), wodurch eine sichere Ölförderung auch bei kleinster Drehzahl gewährleistet ist. An der Oberschale befindet sich innen an der höchsten Stelle eine kleine Rippe, an deren Kanten das vom Ring geförderte Öl abgestreift und nach der Seite gedrängt wird, von wo es durch Löcher an der Oberschale zur Welle gelangt. Auch diese Lager, die als Sellerslager ausgebildet sind, haben sich bestens bewährt.

Abb. 173. Ringschmierlager mit festem Schmierring. (Eisenwerk Wülfel, Hannover.)

Ein neues Lager für Fettschmierung ist das Kalypsollager (Abb. 175) der Peniger Maschinenfabrik und Eisengießerei. Es wird gefüllt mit einem vollständig säurefreien Pflanzenfett von hohem Schmelzpunkt und niedrigem Gefrierpunkt „Kalypsol-Grieß" und mit diesem Pflanzenfett imprägnierten Wollfäden „Kalypsol-Garn", durch welches die Lagerstellen rein gehalten und sparsamer Verbrauch des Schmiermittels erreicht werden. Der Schmiermittelbehälter wird zunächst mit Kalypsol-Garn, welches man vorher tüchtig durchknetet, in der Stärke von 1,5 bis 5 cm, je nach Größe des Lagers, fest ausgekleidet, und zwar an den Stirnwänden und der Seitenwand, an der sich die Welle nach unten dreht (bei wechselnder Drehrichtung sind beide Seitenwände zu bekleiden). Der übrige Raum wird mit Kalypsol-Grieß gefüllt.

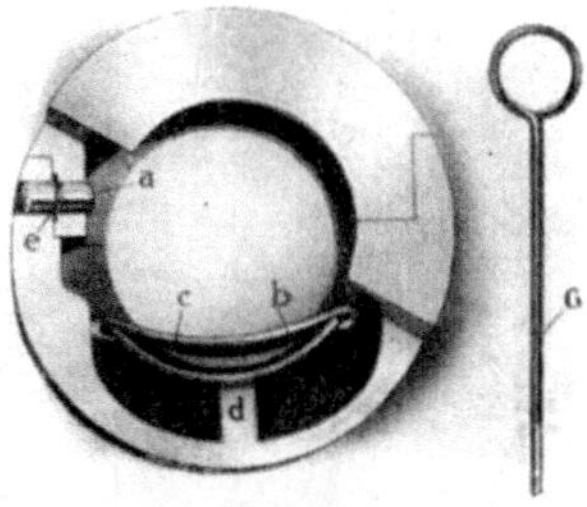

Abb. 174. Schmierring. (Eisenwerk Wülfel, Hannover.)

G. Luther A.-G., Braunschweig, bauen Lager mit Ölfilzschmierung. In entsprechenden Aussparungen der Schalenwandungen liegen Filzstreifen, die sich aus dem unter der Lagerschale liegenden Ölbehälter vollsaugen.

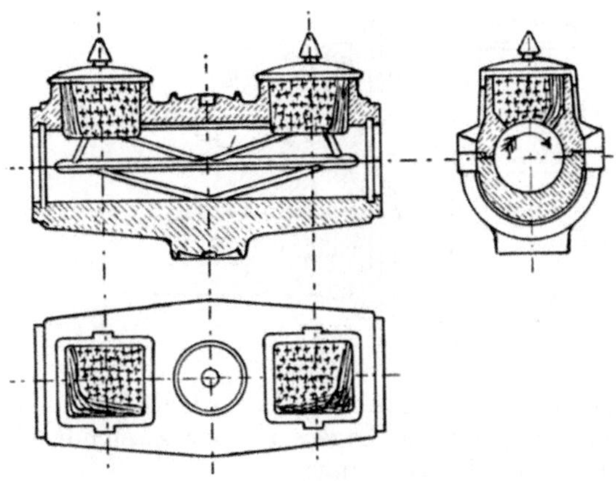

Abb. 175. Kalypsollager. Peniger Maschinenfabrik und Eisengießerei.

Ein Lager mit Kapillarölung baut die Dodge Mfg. Co. in Mishawaka, Ind. Im unteren Teile der Lagerschale sitzt ein Holzklotz mit Schlitzen, die abwechselnd an einer Seite ganz schmal sind, an der anderen Seite breit zulaufen, sie saugen das Öl hoch, wobei nur reines Öl an den Zapfen kommt, da das Öl im Ölbehälter nicht aufgerührt wird.

Bei Kurbelwellenlagern hat man neben starker vertikaler Belastung unter Umständen (bei liegenden Maschinen) auch große seitliche Kräfte, was eine Nachstellung in dieser Richtung erforderlich macht. Zu diesem Zweck ist es vorteilhaft, zwei horizontale Teilfugen anzuordnen, womit sich vier Lagerschalen ergeben.

Abb. 176 ist die Konstruktion der Maschinenfabrik Eßlingen, bei der die Nachstellung der Seitenschalen durch zwei Druckschrauben sich vollzieht, was einfach ist und für nicht zu große Kräfte genügt und sich bewährt hat.

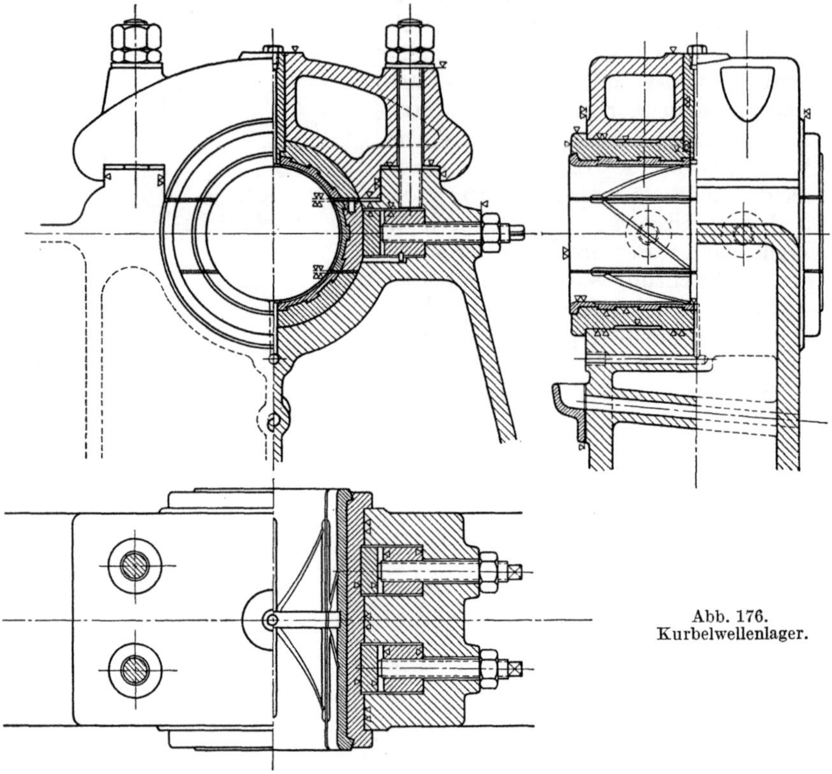

Abb. 176.
Kurbelwellenlager.

Berechnung eines Stehlagers. (Abb. 160.) Der Berechnung der Hauptmessungen eines Lagers ist der Zapfendruck zugrunde zu legen, den man aus der Gleichung

$$P = p \cdot l \cdot d$$

berechnet, wobei man bei gewöhnlichen Transmissionslagern die Flächenpressung $p = 20$ bis 26 kg/qcm setzen kann (bei schweren Lagern ist sie erheblich größer).

Bei der Berechnung nimmt man den Zapfendruck nach oben gerichtet an, dann sind zunächst die Deckel- wie die Fußschrauben durch den Zapfendruck P auf Zug beansprucht, bei zwei Schrauben ist also

$$2 \frac{\pi d_1^2}{4} = \frac{P}{k_z}$$

mit $k_z = 360$ bis 480 kg/qcm. Wenn der Zapfendruck nur nach unten gerichtet ist, kann man die Schrauben schwächer nehmen.

Der Lagerdeckel ist auf Biegung zu berechnen, wobei man den halben Zapfendruck im Abstand $\frac{d}{4}$ (d = Wellendurchmesser) von der Lagermitte wirkend denkt, während die Deckelschrauben, deren Abstand von der Mitte e sei, das Widerlager bilden, es ist dann

$$\frac{P}{2}\left(e - \frac{d}{4}\right) = \frac{b\,h_1^2}{6}\cdot k_b$$

zu setzen (h_1 = Höhe der Querschnittsfläche des Lagerdeckels über der Zapfenmitte, b = Deckelbreite).

Die Höhe h_2 des kleinsten Querschnitts des Lagerkörpers von der Breite b unter der Zapfenmitte erhält man, wenn man als Hebelarm der biegenden Kraft den Abstand zwischen Fuß- und Deckelschrauben a setzt

$$\frac{P}{2}\,a = \frac{b\,h_2^2}{6}\cdot k_b\,,$$

bzw. $= W \cdot k_b$, wenn die Querschnittsform kein Rechteck ist. Zur Bestimmung von W muß dann zuerst der Schwerpunkt bestimmt werden. In beiden Fällen kann die zulässige Biegungsbeanspruchung etwa

$$k_b = 200 \text{ kg/qcm},$$

und wenn der Zapfendruck, Richtung und Stärke nicht wechselt,

$$k_b \text{ bis } 360 \text{ kg/qcm}$$

genommen werden.

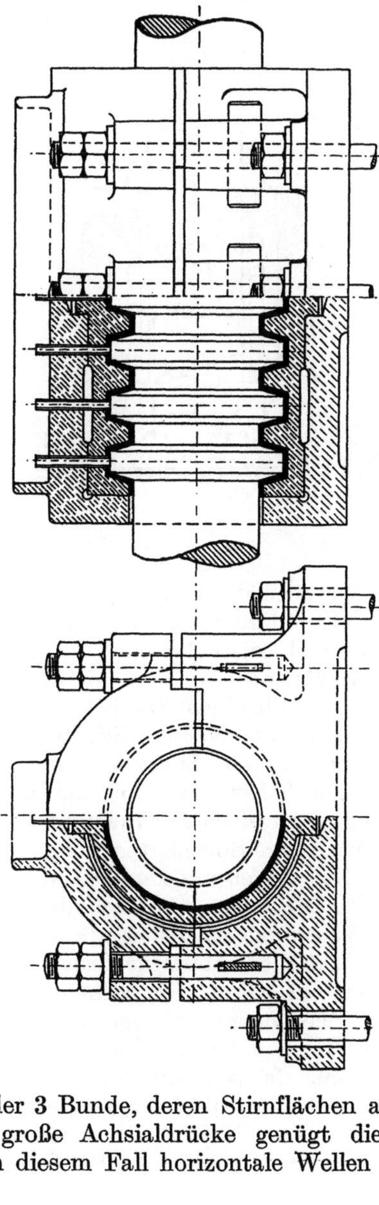

Abb. 177. Kammlager.

b) Spurlager. Horizontal gelagerte Wellen mit kleinen Achsialdrücken stützt man dadurch ab, daß ein in das Wellenende eingelassener, gehärteter Stahlzapfen als Spurzapfen oder noch einfacher das Wellenende selbst gegen einen einstellbaren Schraubenbolzen drückt (siehe Abb. 65). Die Schmierung besorgt ein um den Zapfen gelegter loser Ring. Transmissionslager, die achsiale Kräfte aufzunehmen haben, baut man als Bundlager. Die Zapfen haben 1, 2 oder 3 Bunde, deren Stirnflächen auf die Lagerschalen drücken. Für große Achsialdrücke genügt diese Bauart nicht mehr. Man stützt in diesem Fall horizontale Wellen in

Kammlagern ab (Abb. 177). Schwierig hierbei ist das gleichmäßige Tragen sämtlicher Kämme. Man führt deshalb Schiffswellenkammlager so aus, daß sich die Wellenkämme gegen einzelne in Spindeln geführte längsbewegliche und durch Muttern und Gegenmuttern genau einstellbare Platten legen. Durch die Spindeln kommt der Druck auf den Lagertrog und von da auf den Schiffskörper. Die Platten erhalten an den Stirnflächen Weißmetallausguß und sind zwecks Kühlung hohl ausgeführt. Schmierung in der Regel durch besondere Ölpumpen oder auch durch einzelne Tropföler.

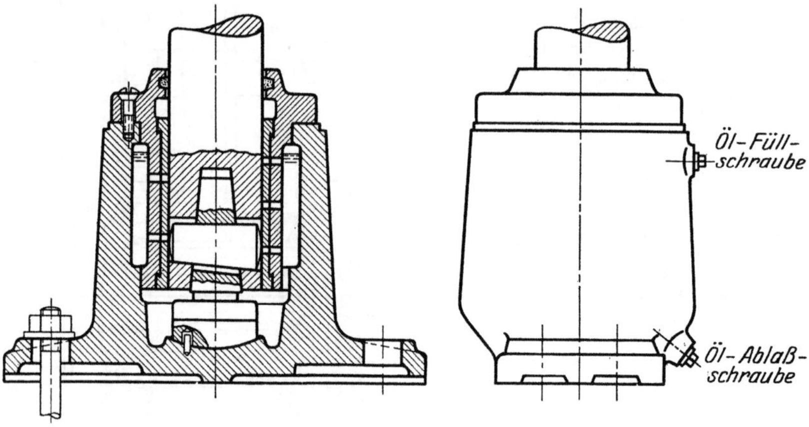

Abb. 178. Einfaches Vertikalspurlager.

Wechselt die Richtung des Drucks, so verwendet man mit Vorteil zwei Kammlager, deren Abstand der Abnützung durch Auslaufen entsprechend verstellbar ist.

Vertikale Wellen mit kleinen und mittleren achsialen Kräften stützt man in einem Spurgehäuse ab nach Abb. 178. Die Spurplatte, die sich möglichst nach der Stirnfläche des Zapfens muß einstellen können, ist entweder aus Stahl oder aus Bronze, auch gußeiserne Spurplatten haben sich bewährt. Um eine Reserve an Laufflächen zu haben, falls in einer derselben der Reibungswiderstand steigt, kann man noch eine oder mehrere Spurplatten zwischenschalten. Zweckmäßig ist es immer, den Spurzapfen mit kegeliger Wurzel besonders auszubilden und in die Welle einzulassen. Die Schmierung von Spur- und Halszapfen erfolgt vielfach durch ein außerhalb des Spurtopfes so hoch angebrachtes Ölgefäß, daß der statische Druck genügt, um das Öl in den Halszapfen steigen zu lassen. Die Schmierung muß, der Fliehkraft entsprechend, von innen heraus erfolgen und sich durch radiale Nuten in den Spurlinsen nach außen entwickeln. Bei rasch laufenden Spurzapfen kann das vertikale Halslager durch eine Schraubennut geschmiert werden, in der das Öl bei der Drehung emporsteigt.

Große vertikale Kräfte stützt man am besten in Ringspurlagern ab, bei denen zwei flache Ringe mit Rechteckquerschnitt entweder um die Welle herum (Außenspur) oder, bei kleineren Verhältnissen, innerhalb der ausgebohrten Welle (Innenspur) angeordnet sind.

Abb. 179 zeigt ein Außenspurlager neuerer, bewährter Konstruktion

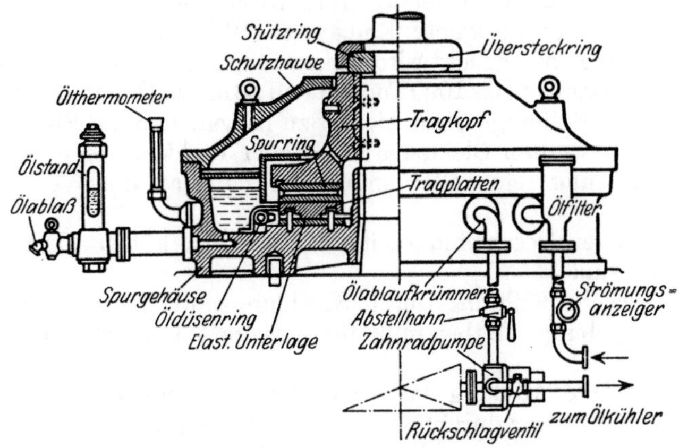

Abb. 179. Ringspurlager. (J. M. Voith, Heidenheim.)

von J. M. Voith, Heidenheim. Das Lager besteht aus einem einteiligen, vollständig öldichten gußeisernen Spurgehäuse, in welchem sich bewegliche, segmentförmige Tragplatten aus Gußeisen befinden, deren Oberfläche mit Weißmetall gefüttert, als ruhende Gleitfläche dient. Die einzelnen Segmente liegen auf einer gemeinsamen Vulkanfiberplatte auf und können um kleine Stützflächen nach allen Seiten kippen (Abb. 180). Zwei eingreifende Stifte verhindern das Mitdrehen, ohne das Kippen zu beeinträchtigen. Im Betrieb stellen sich die Tragplatten so ein, daß zwischen ihnen und dem Spurring keilförmige Räume entstehen, in die beim Lauf Öl gesogen wird. Das Öl bildet zwischen dem Spurring und den Tragplatten dünne keilförmige Schichten (Filme), von denen die Spurbelastung aufgenommen wird. Es findet also keine metallische Berührung der Gleitfläche statt, so daß der Reibungskoeffizient sehr niedrig ist und zwar nach Versuchen 0,002 und weniger.

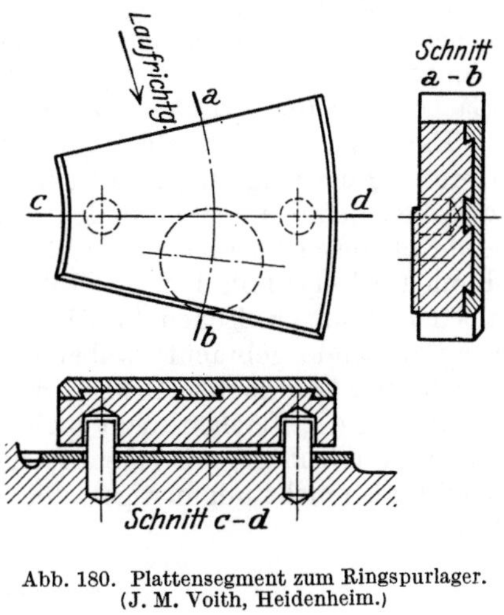

Abb. 180. Plattensegment zum Ringspurlager. (J. M. Voith, Heidenheim.)

Diese Schmierart ist das Prinzip der Keilkraftschmierung des Michell-Lagers, das als Einscheiben-Drucklager mit Segmenttragklötzen für schwerbelastete Schiffswellen bekannt geworden ist.

Auf den Segmenten läuft der aus Siemens-Martin-Stahl bestehende

Spurring, dessen Gleitfläche aufs genaueste geschliffen ist. Er ist an einem einteiligen Tragkopf angeschraubt, der mit Gleitsitz auf die Welle aufgeschoben und in seiner Lage zu den Segmenten durch einen zweiteiligen Stützring mit Übersteckring fixiert ist. Bei schnellaufenden Spurlagern sorgen geeignete Einbauten (Blechplatten) dafür, daß Ölschaumbildung unterdrückt wird. Ausgeführt sind solche Turbinendrucklager für Belastungen bis 1000 Tonnen und 30 m/sek Umfangsgeschwindigkeit. Um die Reibungsarbeit niedrig zu halten, sind die Platten, die im Interesse eines guten Öleinzugs in radialer Richtung breiter als in der Umfangsrichtung sein sollen, möglichst nahe an die Welle heranzubringen.

Bei größeren Geschwindigkeiten ist das Öl zu kühlen. Die Arten der Kühlung sind:

1. natürliche Kühlung durch Strahlung und Wärmeabgabe an die äußere Umgebung. Dabei muß für eine gute Luftzirkulation gesorgt werden;

2. künstliche Kühlung durch eine Rohrschlange, die im Ölbad liegt und von Kühlwasser durchflossen wird, oder durch Zirkulation des Öls. Dabei wird das erwärmte Öl durch eine Pumpe aus dem Gehäuse abgesaugt, durch einen Kühler gedrückt und dann wieder in das Gehäuse zurückbefördert, wo es durch einen Öldüsenring in die Zwischenräume zwischen den Segmenten nach dem inneren Ringraum fließt.

Bei den Lagern mit nachgiebigen Plattensegmenten muß rasch auf Drehungen gegangen und auch rasch abgestellt werden, denn bei langsamem An- und Auslaufen besteht Gefahr des Anfressens wegen ungenügendem Ölfilm auf den Platten. Mit Rücksicht hierauf spez. Flächenpressung zwischen den Ringen $k = 20$—25 kg/qcm.

Escher, Wyß & Co., Zürich und Ravensburg bilden auch den Unterring einteilig aus, geben ihm aber mehrere radiale Ölrinnen. Die zwischen den Rinnen liegenden Flächenteile sind von der Rinne aus leicht ansteigend zu halten und laufen in einer ebenen Fläche aus. Dadurch wird ebenfalls bei der Rotation des Oberrings das Öl keilförmig aus den Rinnen zwischen die Ringe eingepreßt, also selbsttätige Schmierung zustande gebracht, wobei laut Versuchen sowohl zwischen den Anlauf- wie Laufflächen Drücke bis 150 at entstehen, so daß metallische Berührung der Flächen nicht mehr eintritt, sondern reine Flüssigkeitsreibung erreicht ist, mit einem festgestellten Reibungskoeffizienten von 0,0014, also nicht ungünstiger, aber viel betriebssicherer wie bei Kugellagern.

Wälzlager.

Bei diesen wird der Zapfendruck durch Wälzorgane, die als Kugeln oder als Rollen ausgebildet sind, auf das Lagergehäuse übertragen und damit bei der Drehung des Zapfens eine gegenseitige Roll- oder Wälzbewegung erzeugt. Dies bringt den Vorteil geringeren Kraftverbrauchs gegenüber Gleitlagern mit sich, wegen der bedeutend kleineren Reibung. (Der Reibungskoeffizient der rollenden Bewegung ist im Beharrungszustand etwa 0,0015 gegenüber 0,01 der gleitenden Bewegung, beim Anlaufen, das aber bei Triebwerkswellen wegen der kurzen Dauer nicht zum Vergleich herangezogen werden darf, noch ungünstiger.) Die Kraftersparnis dürfte immerhin 25% betragen. Weitere Vorteile sind: Kleinere Gefahr des Warmlaufens, bedeutende Raumersparnis, einfache Modelle für Lagergehäuse. Nachteilig beim Wälzlager ist die große Empfindlichkeit gegen stoßartige Belastung, Erfordernis äußerst exakter Herstellung und Montage, da sonst geräuschvoller Gang. Größter Nachteil ist, daß das Wälzlager nur einteilig hergestellt werden kann (mit Ausnahme des neuerdings aufgekommenen Federrollenlagers), so daß es nur bei seitlicher Einschubmöglichkeit in die Welle anwendbar ist. Die Wälzlager werden deshalb, obwohl sie sich immer mehr Anwendungsgebiete erobern, niemals imstande sein, das Gleitlager zu verdrängen, das, selbst unter den schwersten Belastungsverhältnissen, eine absolute Betriebssicherheit gewährleistet. Im Ölverbrauch besteht zwischen beiden Lagerarten kaum ein Unterschied. Besonders geeignet sind Wälzlager für hohe Drehzahlen bei gleichmäßigen Belastungen und da, wo genauester Lauf der Welle in Frage kommt.

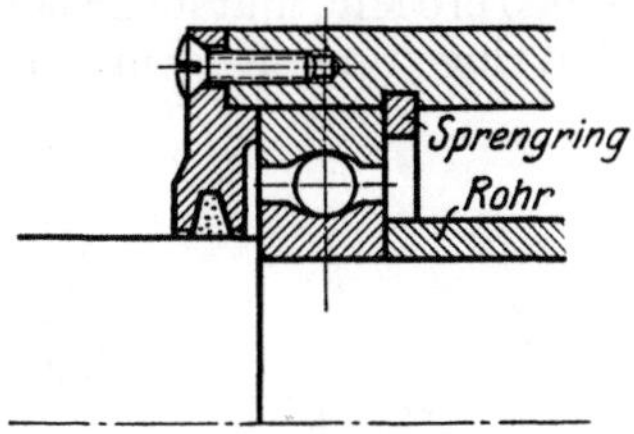

Abb. 181. 1 reihiges Kugellager.

a) Kugellager. In Dinorm 619 (s. Tafel 18 im Anhang) sind die einheitlichen Bezeichnungen und Formen für die beiden Ausführungsarten, das sind Querlager (Traglager) und Längslager (Spurlager), aufgeführt.

Bei den Querlagern (Abb. 181) sind Innen- und Außenring einteilig, jeweils mit Rillen, deren Ausrundungsradius $^2/_3$ des Kugeldurchmessers beträgt, versehen, so daß also die Kugeln nur in einem Punkt aufliegen. Ein genaues Anliegen der Kugeln in der Rillenrundung würde zwar die Tragfähigkeit erhöhen, aber gleitende Reibung erzeugen. Beide Ringe, ebenso die Kugeln, sind aus hochwertigem, gehärtetem Spezialstahl, Kugeln und Rillen geschliffen. Die Kugeln dürfen beim Laufen nicht zusammenstoßen, da sie sonst wegen der entgegengesetzten Geschwindigkeit gegeneinander gleiten würden. Sie sind deshalb in einem Korb oder Käfig geführt, der aus weicherem Material (Eisen, Messing, Bronze) gestanzt, gepreßt oder gegossen ist. Es entsteht dadurch etwas gleitende Reibung zwischen Kugel und Käfig, deren Wirkung der weichere Käfig aufnimmt. Die Konstruktion der Kugelkörbe ist nicht einheitlich, sondern bildet das kennzeichnende Merkmal der verschiedenen Kugellagerfabriken.

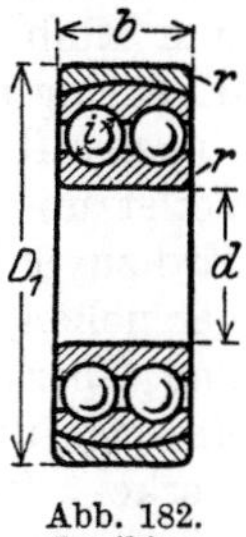

Abb. 182. 2 reihiges Kugellager.

Bei größerer Belastung und beschränktem Platz für den Außendurchmesser werden zwei parallel nebeneinander liegende Kugelreihen (zweireihige Kugellager) angeordnet (Abb. 182). Damit sich das Kugellager nach der Welle einstellen kann, legt man entweder um den ballig geschliffenen Außenring einen entsprechenden Einstellring (Abb. 182) oder schleift die Innenfläche des Außenrings hohl (Pendellager der S.K.F.-Norma [1], siehe Abb. 183). Macht man die Laufrinnen verhältnismäßig tief, so eignen sich solche Lager auch zur Aufnahme namhafter Achsialkräfte (Radiaxlager der S. K. F. Norma, bes. im Fahrzeugbau gebräuchlich). Eine weitere besondere Kugellagerart letzterer Firma ist das Schulterkugellager, bei welchem der Außenring eine zylindrische Laufbahn hat, an die sich eine feste Schulter anschließt, womit der Außenring bequem auf- und abgeschoben werden kann, was einen einfachen Einbau und weichen Gang selbst bei höchster Umlaufzahl (bis 60 000 pro Min. und mehr bei Schleifspindellagern) ergibt, desgleichen das Einbringen der Kugeln zum Zusammenbau des ganzen Lagers sehr er-

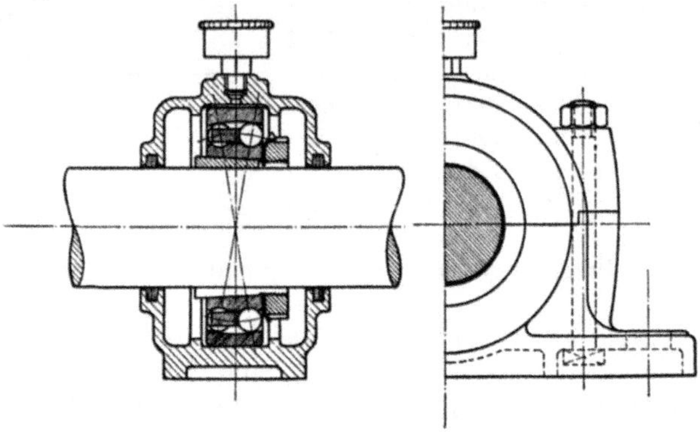

Abb. 183. Pendel-Kugellager. Vereinigte Kugellagerfabriken A.-G. (S. K. F. Norma.)

leichtert. Beim Pendellager werden die Kugeln durch Herausdrehen des Innenrings eingebracht. Fichtel & Sachs, Schweinfurt [1] benützt zum Einbringen der Kugeln eine Einfüllöffnung, die am Außen- und Innenring hälftig so angefräst ist, daß sie nicht bis auf den Grund der Kugellaufbahn führt, diese also nicht unterbricht und damit auch jede Verletzung der Kugeln und Lauffläche ausschließt. Der äußere Laufring wird zuvor in heißem Ölbad erwärmt, so daß er etwas weiter wird. Nach Versuchen von O. Föppl ergab sich für Kugellager mit Einfüllöffnung eine Überlegenheit der Lebensdauer gegenüber Lagern ohne Einfüllöffnung und Pendelkugellagern. Die Berlin-Karlsruher Industrie-Werke, früher Deutsche Waffen- und Munitionsfabriken [1] legen zum Einbringen der Kugeln die Ringe exzentrisch ineinander. Der entstehende Zwischenraum reicht zum Einbringen einer zwar etwas kleineren, aber genügenden Zahl von Kugeln aus. Während der Verschiebung des Innenrings kann noch eine weitere Kugel eingepreßt werden.

Die Befestigung der Querlager auf der Welle geschieht dadurch, daß der Innenring mit Festsitz auf die Welle gebracht wird (durch Erwärmen mit säurefreiem Öl auf etwa 60° C oder durch Dornpresse, oder

[1] Heute „Vereinigte Kugellagerfabriken A.-G.“.

leichte Hammerschläge auf ein vorgesetztes Rohrstück), sich also mit der Welle dreht. Gegen seitliches Verschieben ist der Innenring irgendwie zu sichern (z. B. Anlegen gegen Bund und vorgeschraubte gesicherte Mutter, Abb. 184). Der Außenring wird mit Schiebesitz in das Lagergehäuse gebracht, dreht sich dadurch nicht mit, kann aber Querkräften gegenüber nachgeben. Bei stillstehender Welle erhält der Außenring Festsitz und der Innenring Schiebesitz. Bei Schulterlagern beide Ringe Festsitz. Bei langen Wellen, namentlich Transmissionswellen, befestigt man den Innenring durch geschlitzte, konische Spannhülsen aus Stahl (Abb. 183), die durch Anziehen der Muttern eine Verspannung zwischen Welle und Ring herbeiführen. Dabei müssen die Muttern entgegengesetzt zur Drehrichtung der Welle angezogen werden.

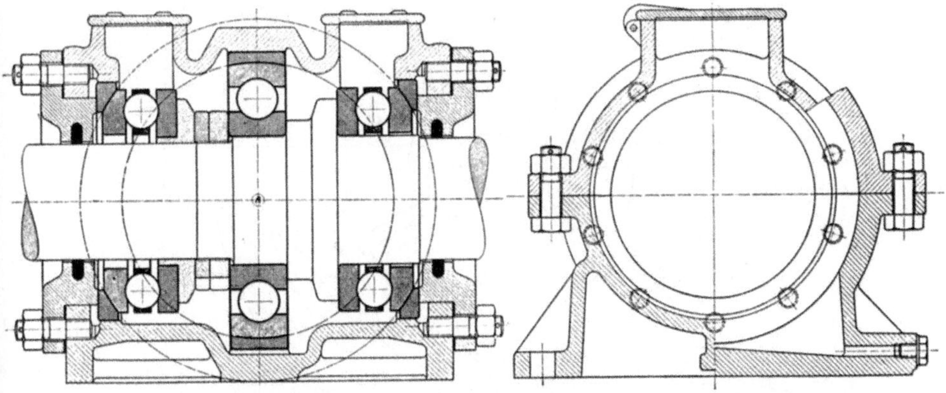

Abb. 184. Kombiniertes Trag- und Druck-Kugellager. (Fischer A.-G., Schweinfurt.)

Sitzen mehrere Querlager auf einer Welle, so ist ein Lager als Festlager auszuführen, d. h. Innen- und Außenring zu fixieren, während die anderen im Außenring seitliche Bewegungsmöglichkeit haben müssen. Die Fixierung des Außenrings kann durch Anpressen an einen Absatz im Gehäuse gemacht werden. Einfacher und billiger ist es, in eine eingedrehte Nut einen federnden Ring (Sprengring) zu legen nach Abb. 181, weil dann die Gehäusebohrung glatt durchgeführt werden kann. Der Abschlußdeckel darf nicht am rotierenden Innenring anliegen, da sonst gleitende Reibung entstünde.

Ist außer dem Querlager im Lagergehäuse noch ein Längslager eingebaut, so fixiert das letztere die Welle in achsialer Richtung und müssen alle Querlager im Außenring seitliches Spiel haben (Abb. 184 und 185). In der Trennfuge zwischen Gehäusedeckel und Lagerkörper darf keine Luft sein, da sonst das Lager zusammengedrückt werden könnte. Die Gehäuse sind vor dem Einsetzen der Kugellager sorgfältig zu reinigen und die Lager im Betrieb gegen das Einbringen von Staub zu sichern. Dies geschieht meist durch Filzscheiben (Abb. 183 und 184), die in die Stirnwände des Gehäuses eingesetzt sind und zuvor mit erwärmtem Talg getränkt werden, oder durch Labyrinthdichtung (ineinander greifende Ringe Abb. 191), wobei die Labyrinthgänge mit starrem Fett zu füllen sind. Die Gehäuse können auch einteilig ausgeführt und durch Seitendeckel geschlossen werden, müssen dann aber, um Ölverluste zu vermeiden, gut abgedichtet werden. Vor dem Einbau ist jedes Walzlager mit Petroleum (säurefrei), Benzol oder Benzin auszuwaschen. Für die Schmierung ist bestes, dünnflüssiges Öl oder leichtflüssige Vaseline zu verwenden. Bei Transmissionslagern genügt halbjährliche Schmierung, bei Werkzeugmaschinen ist öftere Kontrolle erforderlich.

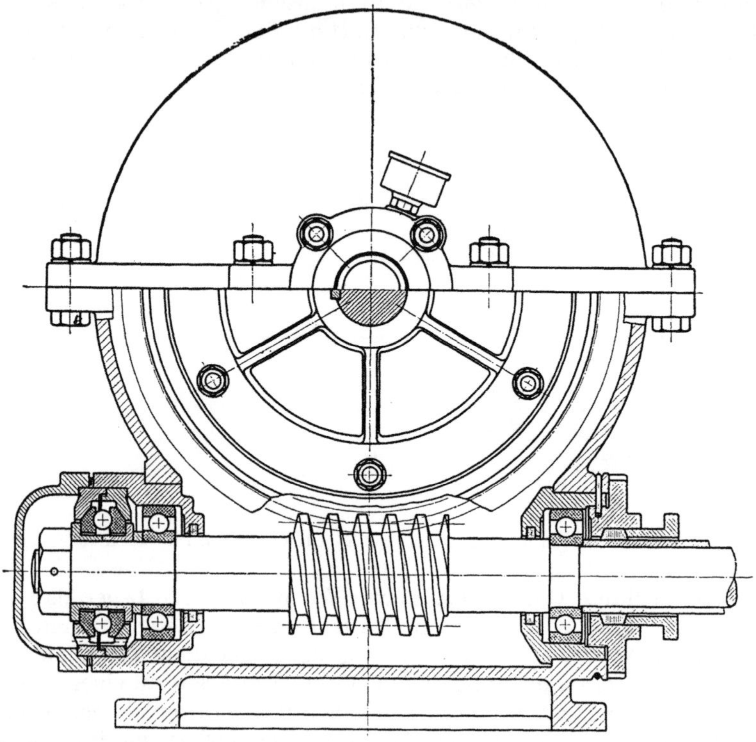

Abb. 185. Einbau von Quer- u. Längs-Kugellagern bei Schneckengehäusen. Vereinigte Kugellagerfabriken A.-G. (Maschinenfabrik Rheinland A.-G.).

Die Längslager dienen zur alleinigen Aufnahme von Kräften in achsialer Richtung einer Welle. Die Kugeln laufen zwischen zwei Stahlscheiben in geschliffenen Rillen. Muß die Welle seitliche Bewegungen machen, dann sind Scheiben mit balliger Lauffläche anzuordnen. Die eine Druckscheibe wird an der Welle bzw. den sich drehenden Maschinenteil zentrisch befestigt und dreht sich mit, der andere Druckring steht still und ist im Gehäuse eingepaßt, was zweckmäßig in einer Kugelfläche geschieht (Abb. 186), um auch bei Schrägstellung der Welle ein gleichmäßiges Anliegen aller Kugeln in den Laufringen zu erreichen. Bei wechselndem Achsialdruck sind ein- oder zweireihige Wechsellager (Abb. 185) oder zwei Einzeldrucklager anzuordnen (Abb. 184). Bei wagrechter Wellenlage sind hierbei flache, zentrierte Druckscheiben den balligen vorzuziehen, denn es ist zu bedenken, daß vertikal stehende ballige Scheiben zufolge ihrer Schwerkraft auf der Kegelfläche abwärts zu rutschen suchen und damit in eine zur Kugelreihe schräge Lage kommen. Bei eintretender plötzlicher Druckentlastung ist dieser Vorgang durchaus möglich und wohl auch die Ursache von gelegentlichen Kugelbrüchen, wie sie z. B. bei Schiffskugeldrucklagern durch die der Entlastung folgenden Propellerstöße schon entstanden und in ihrer Auswirkung verhängnisvoll geworden sind. Die neuesten Schiffswellendrucklagerkonstruktionen weisen auch flache Druckringe auf, die sich auf Linoleumplatten abstützen und jeweils zwei Kugelreihen besitzen. Ein grundsätzlicher Übelstand bei allen Kugelspurlagern ist die bohrende Wirkung der Kugeln im Zusammenhang mit der Zentrifugalkraft.

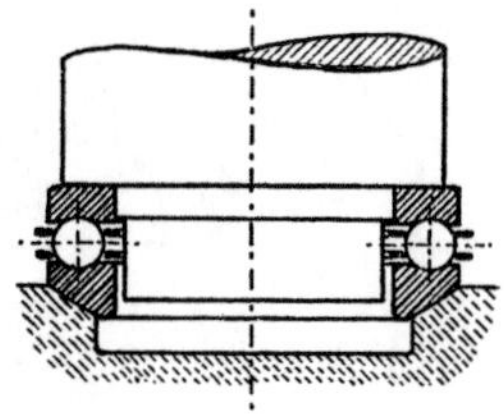

Abb. 186. Längskugellager.

Sitzt in einem Lagergehäuse außer einem oder zwei balligen Längslagern noch ein Querlager, so muß auch dieses ein Einstell-Lager sein und zwar müssen sämtliche Lager um einen gemeinsamen Mittelpunkt schwingen können (Abb. 184).

b) Rollenlager. Sie kommen in neuerer Zeit mehr und mehr auf, besonders für große und stoßende Belastung bei nicht zu hohen Drehzahlen. Ihre Anfänge gehen zurück bis auf James Watt (1786), der zur Schwungradlagerung bereits ein einstellbares Rollenlager konstruiert hatte, dessen Einführung jedoch an der damals noch nicht möglichen präzisen Herstellung scheiterte.

Der Aufbau der Rollenlager ist genau wie bei den Kugellagern: Rollen und Ringe aus Spezialstahl, gehärtet und geschliffen, Käfig meist aus Bronze.

Entsprechend der Formen der Rollen unterscheidet man: Zylinderrollenlager mit zylindrischen kurzen Rollen, um Klemmungen bei Schrägstellung zu vermeiden, Pendelrollen- und Tonnenlager mit balligen Rollen und Kegel- oder Schrägrollenlager mit kegeligen Rollen.

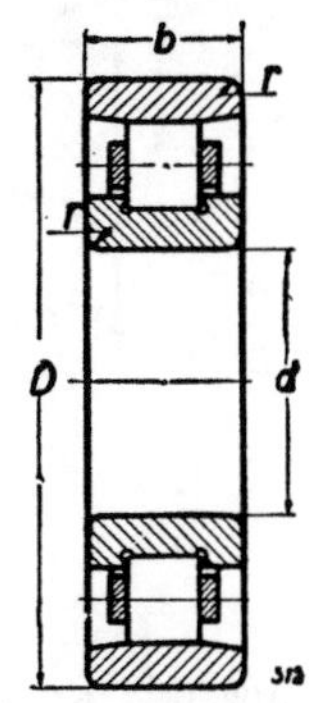

Abb. 187. Zylinder-Rollenlager. (G. & J. Jäger A.-G., Elberfeld.)

Bei den Zylinderrollenlagern werden die Rollen durch Schultern an einem Innenring geführt, der Außenring hat eine schwach ballige Laufbahn (Abb. 187), so daß achsiale Kräfte nicht übertragen werden können. Dies ist in geringem Maße möglich, wenn man auch den Außenring mit Schultern versieht (Schulterrollenlager mit einer festen Schulter, oder Führungsrollenlager mit einer festen und einer durch Bordscheibe gebildeten abnehmbaren Schulter).

Beim Pendel- und beim Tonnenlager werden die belasteten Rollen gegen den Mittelflansch des Innenrings gedrückt und dadurch gut geführt. Der Außenring ist hohlkugelig, wodurch das Lager selbst einstellend wird. Die Lager besitzen hohe Tragfähigkeit und können größere Achsialkräfte aufnehmen. Abb. 188 zeigt das Pendel-Rollenlager der S. K. F. Norma. Die Rollen sind etwas konisch.

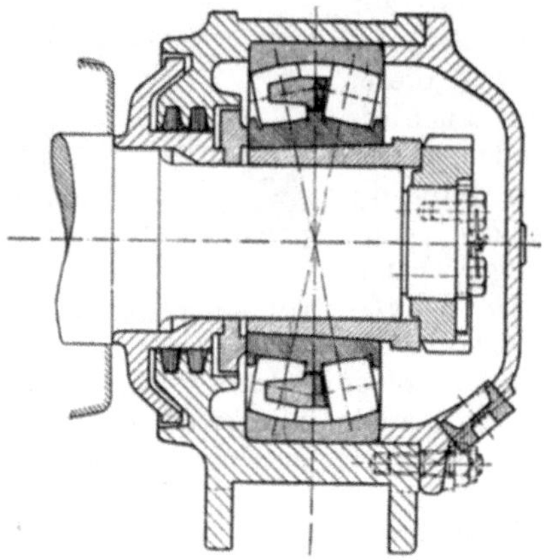

Abb. 188. Pendel-Rollenlager. Vereinigte Kugellagerfabriken A.-G. (S. K. F. Norma).

Radial und achsial hoch belastbar ist das Kegel- oder Schrägrollenlager, das in Amerika und England (Timken-Rollenlager) schon früher gebaut wurde und jetzt auch in Deutschland von einer Reihe von Firmen hergestellt wird und rasch starke Verbreitung gefunden hat. Abb. 189 zeigt die Ausführung von S. K. F. Norma: die großen Stirnflächen der konischen Rollen sind kugelig geschliffen und legen sich bei Belastung mit der aus Lage und Form der Rolle sich ergebenden Komponente R gegen eine gleiche Schulterfläche des Innenrings, damit eine einwandfreie Führung der Rollen sichernd. Der Mittelpunkt der Kugelfläche liegt im Schnittpunkt von Rollen und Wellenachse, so daß sich reines Rollen ergibt. Die Lauffläche des Außenrings ist schwach ballig gehalten, die des Innenrings bildet den Mantel eines Kegelstumpfs. Der Käfig ist aus Stahlblech gepreßt oder aus Spritzmessingguß. Die Rollen nehmen äußere Kräfte am Lager, welche Richtung sie auch haben mögen, stets in der gezeichneten Weise auf. Die bei radialer Belastung angestrebte achsiale Verschiebung zwischen Innen- und Außenring wird durch paarweise symmetrische Anordnung von Kegelrollenlagern ausgeglichen. Achsialschübe werden nicht etwa von der Schulter des Innenrings abgefangen (diese ist immer nur durch die kleine Komponente R beansprucht), sondern von den Rollen selbst, in der in Abb. 189 gezeichneten Weise. Längsdrücke werden also wie die Radialdrücke einwandfrei und günstig, d. h. unter reiner Rollenreibung, übertragen. Es wird lediglich die von den Radialkräften herrührende Pressung an den Rollen erhöht. In den Tabellen der Kugellagerfabriken ist als Mehrbelastung der fünffache Achsialdruck zugrunde gelegt.

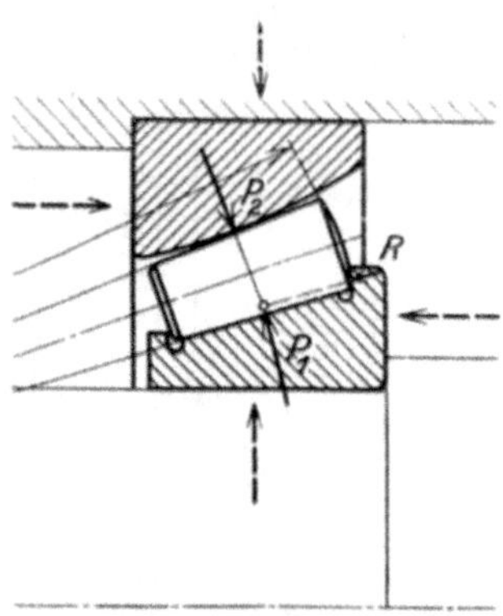

Abb. 189. Kräftewirkung beim Kegelrollenlager.

Die Lager werden speziell in die Radnaben von Fahrzeugen (Automobile und Gleisfahrzeuge), dabei paarweise und symmetrisch zueinander, eingebaut (Abb. 190, Ausführung Fichtel & Sachs). Erfahrungsgemäß ist hierbei der Achsialschub $^1/_5$ des ruhenden Raddrucks, also Gesamtbelastung des Lagers gemäß obiger Annahme = 2 · Raddruck. Entstehendes Spiel zwischen Laufringen und Wälzkörpern kann durch Nachstellen ausgeglichen werden (Abb. 190). Reibungskoeffizient laut Versuchen 0,002.

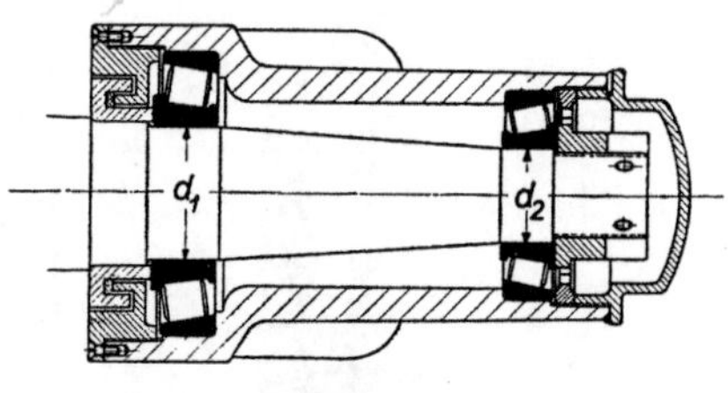

Abb. 190. Fahrzeugradnabe mit Kegelrollenlagern. Vereinigte Kugellagerfabriken A.-G. (Fichtel & Sachs.)

Die Firma Fr. Hollmann A.-G., Wetzlar, baut Kegelrollenlager, bei denen ein entstehender Lagerverschleiß selbsttätig ausgeglichen wird: Bei einem der paarweise angeordneten Lager sitzen zwischen den Laufringen und der Abschlußmutter bezw. Abschlußdeckel 2 Scheiben, zwischen welchen sternförmig angeordnete Keile liegen. Diese werden durch eine umgelegte Spiralfeder gleichmäßig nach der Wellenmitte hingezogen und verschieben dadurch den Innen- oder Außenring des Lagers in achsialer Richtung solange, wie an den Rollenlagern Luft vorhanden ist. Selbst starke Achsialdrücke und Stöße können die Keile nicht nach außen drängen, da sie Selbsthemmung haben.

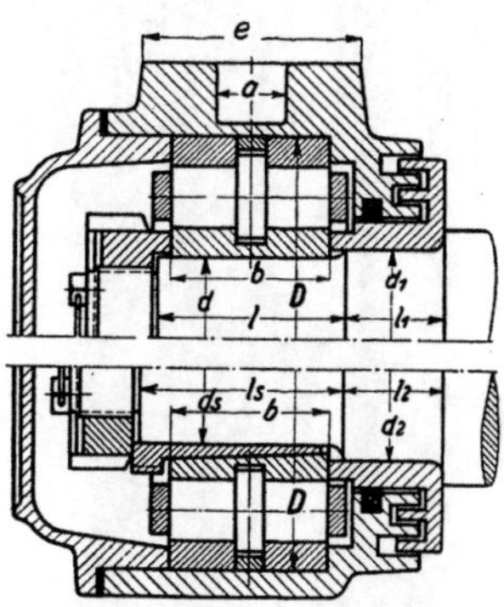

Abb. 191. Bundrollenlager. (G. & J. Jaeger A.-G., Elberfeld.)

Zu den bemerkenswerten Konstruktionen der Zylinderrollenlager gehört das Bundrollenlager von G. & J. Jäger A.-G., Elberfeld, bei denen die Rollen in der Mitte Bunde haben, die damit eine gleichzeitig radiale und achsiale Belastung ermöglichen, was aber zur Teilung der Laufringe (mindestens des Außenrings) in zwei parallele Ringe zwingt. Diese Lager sind im Eisenbahnbetrieb viel verwendet. Abb. 191 zeigt das Achslager eines Gleisfahrzeugs.

Eine weitere Sonderheit bilden die neuerdings aufgekommenen Federrollenlager (Abb. 192), die aus Amerika stammen (Hyatt-Lager). Die Rollen bestehen aus schraubenförmig abwechselnd links- und rechts-gängig gewundenem Flachstahl (Mangan-Silizium-Federstahl). Wegen der damit verbundenen großen Elastizität werden die Rollen trotz ihrer Länge vollkommen gleichmäßig tragen. Die Führung der Rollen besorgt ein Korb. Die Bauart dieses Korbes gestattet als einzigem Wälzlager eine Zweiteilung des Lagers, wodurch ein ganz besonderer Vorteil entsteht. Zweiteilige Federrollenlager sind daher auch für Transmissions- und Vorgelegewellen in besonderem Maße wertvoll. Ein Innenring ist nicht vorhanden, die Federrollen laufen direkt auf der Welle. Über die Rollen wird eine dünne geschlitzte Stahlbuchse geschoben, die bei zweiteiligen Lagern aus zwei Hälften besteht mit über Kreuz stehenden Teilfugen. Abb. 192 zeigt ein einteiliges Federrollenlager von **Fichtel & Sachs**, Schweinfurt. Achsialschübe können von solchen Lagern nicht aufgenommen werden. Die einteiligen Lager haben sich besonders bei Förder- und Transportwagen, auch bei Kraftwagengetrieben bewährt. Es ist dabei auch die Außenbuchse vielfach fortgelassen, so daß die Lager in radialer Richtung nur sehr geringen Raum beanspruchen. Der Reibungskoeffizient beträgt etwa 0,004. Nachteilig ist, daß die Rollen keine Schulterführung haben, deshalb nur für mittlere Umdrehungszahlen brauchbar.

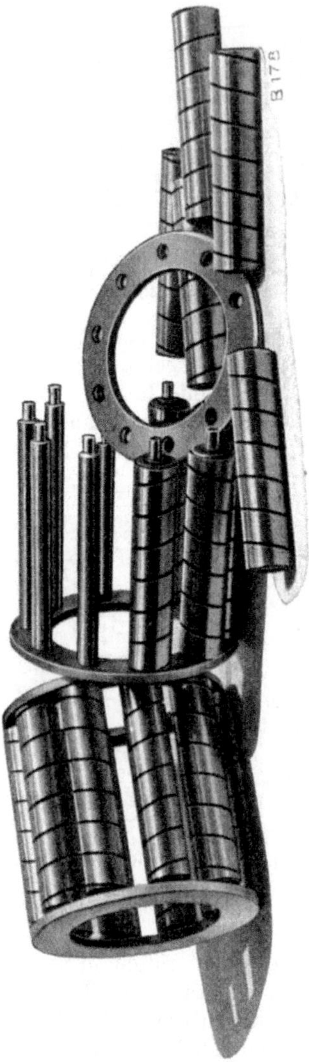

Abb. 192. Federrollenlager. Vereinigte Kugellagerfabriken A.-G. (Fichtel & Sachs, Schweinfurt).

Man verwendet Rollenlager auch da, wo zwischen zwei stark aufeinander gepreßten Körpern eine gewisse Verschiebung ermöglicht werden soll, wie z. B. bei den Auflagern von Brückenträgern (Abb. 193).

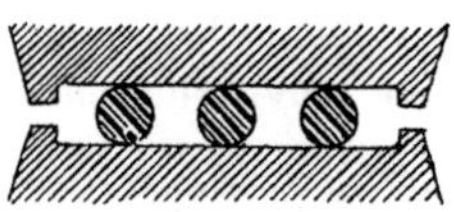

Abb. 193.
Brückenrollenlager.

c) Berechnung von Wälzlagern. Sie gründet sich nach den Versuchen von Stribeck auf die sogenannte Sprunglast, d. i. die Belastung, bei welcher an der Druckfläche der erste Riß entsteht. Stribecks Versuche zeigten in Übereinstimmung mit den theoretischen Untersuchungen von Hertz, daß die Belastbarkeit von Kugeln dem Quadrat der Kugeldurchmesser verhältnisgleich ist. Er fand für die Sprunglast von Stahlkugeln die Werte 550—700 d^2, unter welchen natürlich die zulässige Belastung bleiben muß.

Es kann demnach die zulässige Belastung P_o der einzelnen Kugel gesetzt werden:

$$P_o = k \cdot d^2;$$

wo d den Kugel$\varnothing$ in cm bedeutet.

Für Rollenlager setzt man sinngemäß:

$$P = k \cdot l \cdot d;$$

l = Rollenlänge in cm.

Die gesamte Tragfähigkeit eines Wälzlagers richtet sich nach der Zahl der angeordneten Wälzkörper, die möglichst hoch sein soll.

Bei Querlagern stützt sich die Last auf die einzelnen Kugeln bzw. Rollen ungleichmäßig ab. Die stärkste Belastung erfährt der in der Kraftrichtung liegende Wälzkörper. Sie kann nach Stribeck gesetzt werden

$$P_o = \frac{5\,P}{i},$$

wenn i die Anzahl der Kugeln oder Rollen ist.

Es trägt also der fünfte Teil der Kugeln.

Bei Längslagern nehmen sämtliche Kugeln bzw. Rollen gleichmäßig an der Kraftübertragung teil (wenigstens theoretisch), so daß für sie gilt:

$$P_o = \frac{P}{i}.$$

Es wird damit die gesamte Tragfähigkeit eines Wälzlagers:
bei Querlagern

$$P = 0{,}2 \cdot k \cdot i \cdot d^2 \,\text{kg}$$

und bei Längslagern

$$P = k \cdot i \cdot d^2 \,\text{kg}.$$

Die zulässige spez. Belastung k ist abhängig vom Material, Härtezustand, der Anschmiegung der Laufrinnen an die Wälzkörper, sowie von den Betriebsverhältnissen des Lagers. Es darf gesetzt werden:

für Querkugellager $k = 200$ bei zeitweise aussetzendem Betrieb, niedrigen Drehzahlen und Laufrinnen mit $r = {}^2/_3\, d$,

„ „ $k = 100$—150 bei größeren Drehungszahlen.

Bei Dauerbetrieb und großen Umdrehungszahlen, desgleichen bei stoßweisem Betrieb, darf nicht so hoch gegangen werden. Siehe hierüber die Belastungstabellen in den Kugellagerkatalogen. Bei zylindrischen Laufflächen rechnet man durchschnittlich mit der Hälfte der obigen Werte. Bei zweireihigen Lagern darf nur das 0,75—0,8fache der bei einreihigen Lagern üblichen Werte genommen werden.

Für Längskugellager ist wegen der Zentrifugalkraft Vorsicht geboten und sind deshalb bedeutend niedrigere Werte für k als für Querlager zu nehmen, nämlich $k = 50$ — 100 je nach Umdrehungszahl. Für selten und ganz langsam laufende Lager (z. B. Kranhakenlager) kann $k = 250$ gesetzt werden.

Rollenlager können spezifisch höher als Kugellager beansprucht werden und zwar vertragen zylindrische Rollenlager mit kurzen Rollen etwa das 1,75fache, Tonnenlager die zweifache Belastung gleichgroßer einreihiger Kugellager, bei langen Rollen weniger.

Für langsam laufende Rollen, wie bei den Schwenklagern von Drehkranen, kann bei Stahl auf Stahl (gehärtet) $k = 150$ genommen werden.

Für Brückenrollenlager, bei denen die Rollen nur kleine Kippbewegungen machen, ist üblich:

$k = 25$ für Guß auf Guß,
$k = 60$ für Stahl auf ungehärtetem Stahl oder auf Stahlguß.

Da die Kugel- und Rollenlager in verschiedenen Qualitäten hergestellt werden, so ist es bezüglich ihrer Dimensionierung am ratsamsten, sich an die Kataloge der Firmen zu halten, in denen alles für die Berechnung und den Entwurf Wichtige enthalten ist.

Das Schneidenlager (Abb. 194 und 195).

Es kommt hauptsächlich bei Wagen und Regulatoren vor. Der Schneidenwinkel schwankt zwischen 45° und 120° und ist um so größer zu nehmen, je größer der Druck ist. Die Lagerfläche ist entweder eben, oder bildet einen um etwa 60° größeren Winkel. Bei großen Kräften sind die Winkelkanten abzurunden.

Abb. 194. Schneidenlager.

Das Material ist in der Regel glasharter oder strohgelb angelassener Stahl. Die Belastung soll pro Zentimeter Schneidenlänge bei großem Ausschlage 50—200 kg, bei kleinem Ausschlage 500—1000 kg möglichst nicht überschreiten, man findet aber zuweilen Belastungen bis 2000 kg und bei Festigkeitsprüfmaschinen bei einer Abrundung der Schneide mit etwa 0,75 mm Durchmesser bis 3000 kg, dagegen bei feineren Wagen häufig unter 2 kg.

Je größer die Belastung, um so mehr muß die Schneide verrundet werden, wobei natürlich die Reibung wächst.

Abb. 195. Schneidenlager.

III. Maschinenelemente zur Fortpflanzung von Drehbewegungen.

Zur Fortpflanzung der drehenden Bewegung von einer Welle auf die andere dienen ganz allgemein die Rädergetriebe oder Rädervorgelege. Die gegenseitige Mitnahme der einzelnen Räder erfolgt entweder zwangsläufig durch starres Ineinandergreifen, wie bei Zahn- und Kettenrädern, damit eine präzise Bewegungsübertragung gewährleistend, oder mehr oder weniger elastisch durch Zuhilfenahme der Reibung, was aber eine genaue Bewegungsübertragung ausschließt (Riemen- und Seiltrieb, Reibungs- oder Friktionsrädergetriebe). Vollzieht sich die Bewegung der Räder bei unmittelbarer Berührung derselben, so hat man die direkt wirkenden Rädergetriebe (Zahn- und Reibungsräder), im Gegensatz zu den indirekt wirkenden Rädergetrieben (Riemen-, Seil- und Kettenräder).

A. Zahnrädergetriebe.

1. Grundbegriffe.

Die Grundform der Zahnräder ist, je nach der Lage der zwei Wellen, zwischen welchen eine Bewegungsübertragung stattfinden soll, verschieden.

Laufen die beiden Wellen parallel, so ergibt dies zylindrische Räder, oder Stirnräder (Abb. 196).

Schneiden sich die Wellen, so erhält man konische oder Kegelräder (Abb. 197) mit dem Spezialfall des Planrads (Abb. 198).

Sind die Wellen windschief gegeneinander, so ergeben sich Hyperbolische Räder, Schraubenräder, Schneckengetriebe (diese in der Regel nur für rechtwinklige Kreuzung); Grundform das Umdrehungshyperboloid bzw. der Zylinder (Abb. 199, 200 und 201). Die hyperbolischen Räder haben gerade Zähne, die Schrauben- und Schneckenräder schraubenlinienförmig gekrümmte.

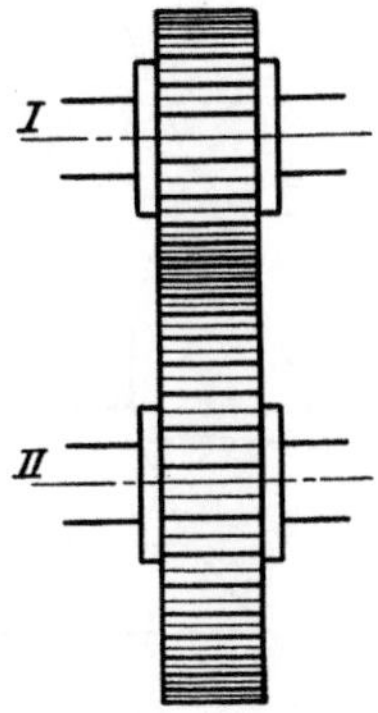

Abb. 196. Stirnräder.

Sollen nun z. B. zwei Stirnräder richtig miteinander arbeiten, so muß die Bewegungsübertragung so stattfinden, als ob auf den Wellen zwei glatte zylindrische Scheiben aufgesetzt wären, deren Umfänge sich jederzeit berühren und bei der Drehung ohne Gleiten sich mitnehmen.

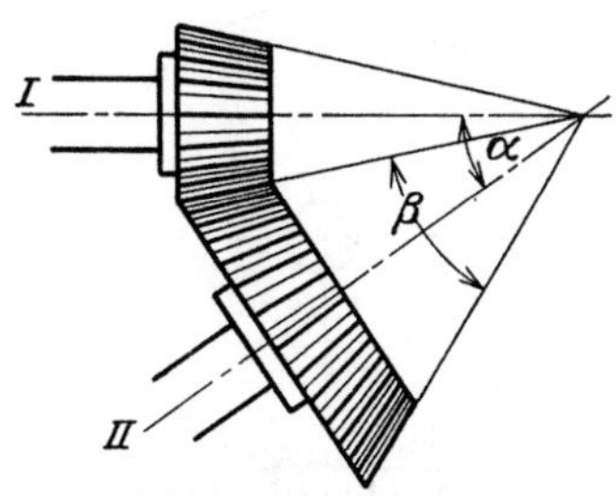

Abb. 197. Kegelräder.

Die aufeinander wälzenden Kreise dieser Scheiben heißen die Teilkreise.

Als Umfangsgeschwindigkeit eines Rades bezeichnet man bekanntlich den Weg in m, welchen ein Punkt des Umfanges in 1 Sekunde (bei ruhender Lagerung) durchläuft. Für ein Rad vom Teilkreisradius r, welches sich n mal in der Minute dreht, berechnet man die Umfangsgeschwindigkeit wie folgt:

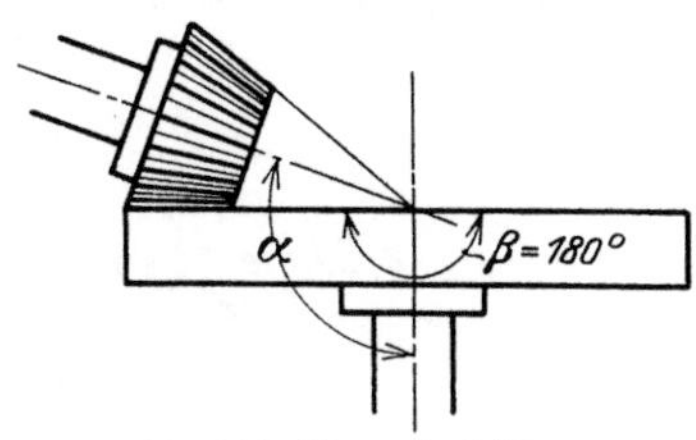

Abb. 198. Planradgetriebe.

Weg des Umfangspunktes bei einer Umdrehung = Länge des Umfanges = $2\pi r$.

Weg des Umfangspunktes bei n Umdrehungen		$2\pi r n$
,, ,, ,,	in einer Minute	$2\pi r n$
,, ,, ,,	,, ,, Sekunde	$\frac{2\pi r n}{60}$

Letzterer stellt aber nach dem oben Gesagten die Umfangsgeschwindigkeit dar. Also ist

$$v = \frac{2\pi \cdot r \cdot n}{60} \quad (r \text{ in } m,\ v \text{ in m/sek}).$$

Die augenblickliche Richtung der Umfangsgeschwindigkeit wird angegeben durch die Tangente im betreffenden Umfangspunkt.

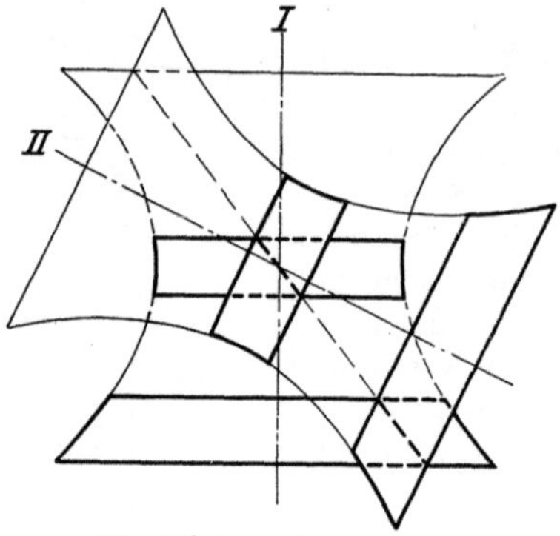

Abb. 199. Hyperbolische Räder.

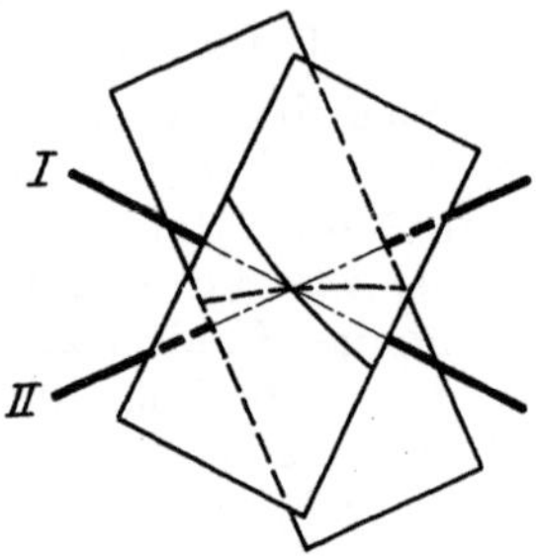

Abb. 200. Schraubenräder.

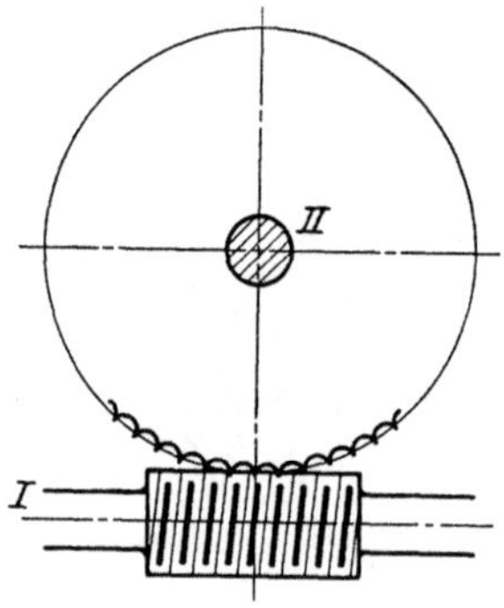

Abb. 201. Schneckengetriebe.

Für zwei miteinander arbeitende Stirnräder, deren Teilkreise die Halbmesser r_1 und r_2 haben und welche in der Minute n_1 und n_2 Umdrehungen machen, sind die Umfangsgeschwindigkeiten der Teilkreise (siehe Abb. 202):

$$v_1 = \frac{2\pi \cdot r_1 \cdot n_1}{60}$$

$$v_2 = \frac{2\pi \cdot r_2 \cdot n_2}{60}$$

Es sollen nun die Teilkreise aufeinander rollen, ohne zu gleiten. Dies

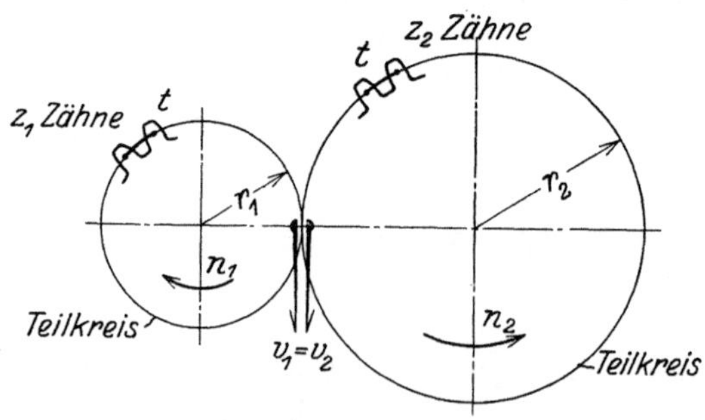

Abb. 202. Bewegungsverhältnisse bei Zahnrädern.

ist nur möglich, wenn sie gleiche Umfangsgeschwindigkeit besitzen, d. h. wenn

$$v_1 = v_2$$

oder wenn

$$\frac{2\pi r_1 \cdot n_1}{60} = \frac{2\pi r_2 \cdot n_2}{60}$$

damit
$$r_1 \cdot n_1 = r_2 \cdot n_2$$
und
$$\frac{n_1}{n_2} = \frac{r_2}{r_1} = \frac{d_2}{d_1}$$
d. h. die Umdrehungszahlen zweier Räder verhalten sich umgekehrt wie ihre Radien oder Durchmesser.

Versieht man die beiden glatten Radscheiben mit Zähnen und Zahnlücken, welche über den Teilkreis hervorragen bzw. hinabreichen, so muß die auf dem Teilkreise gemessene Entfernung der Mitte zweier Zähne, die sogenannte Teilung (t), auf beiden Rädern gleich groß sein.

Für jedes Rad gilt: Zähnezahl mal Zahnabstand = Umfang.
$$z \cdot t = \pi \cdot d.$$
Hat das erste Rad z_1, das zweite Rad z_2 Zähne, so ist
$$z_1 \cdot t = \pi\, d_1$$
$$z_2 \cdot t = \pi\, d_2$$
$$\frac{z_1}{z_2} = \frac{d_1}{d_2} = \text{(nach vorigem)}\ \frac{n_2}{n_1}$$
d. h. die Zähnezahlen zweier Räder verhalten sich direkt wie ihre Durchmesser und umgekehrt wie ihre Umdrehungszahlen.

Bezeichnungen.

Die Zähne eines Stirnrads sind entweder Kammzähne (zumeist) oder Zapfen- (ev. Rollen-)Zähne. Im ersten Fall sind sie als Prismen anzusehen, deren Querschnitt durch das Zahnprofil *A B F D C E* bestimmt wird (Abb. 203).

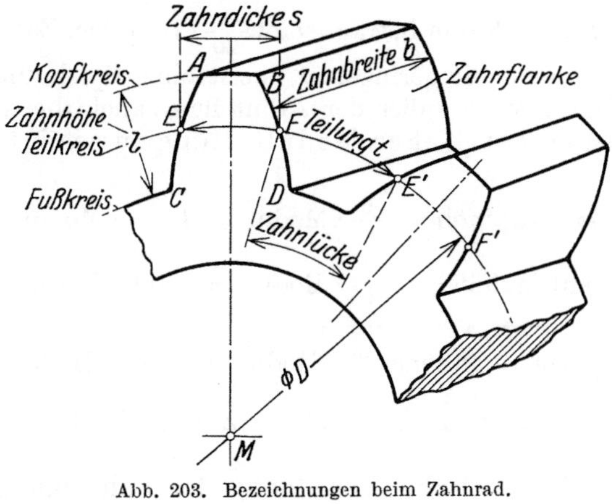

Abb. 203. Bezeichnungen beim Zahnrad.

A B heißt Kopf- oder Kronenkreis
E F „ Teilkreis
C D „ Wurzel- oder Fußkreis
E E' = *F F'* heißt Teilung und wird im Bogen gemessen.

Die Teilung t wird fast immer als vielfaches der Zahl π angegeben — Modulteilung — so daß also

$$t = \pi \cdot m$$

wobei m der Modul der Teilung in mm ist:

$$m = \frac{t}{\pi}\, mm.$$

Dadurch wird der Teilkreisdurchmesser:

$$d = z \cdot \frac{t}{\pi} = z \cdot m$$

eine bequeme rationale Zahl und es ist

Teilkreisdurchmesser = Modul mal Zähnezahl.

In Dinorm 780 ist folgende Modulreihe genormt:

m = 0,3; 0,4; 0,5; 0,6; 0,7; 0,8; 0,9; 1; 1,25; 1,5; 1,75; 2; 2,25; 2,5; 2,75; 3; 3,25; 3,5; 3,75; 4; 4,5; 5; 5,5; 6; 6,5; 7; 8; 9; 10; 11; 12; 13; 14; 15; 16; 18; 20; 22; 24; 27; 30; 33; 36; 39; 42; 45; 50; 55; 60; 65; 70; 75 mm.

b ist die Zahnbreite, s die Zahnstärke auf dem Teilkreis gemessen. EE' die Lückenweite, l die Zahnhöhe. Für die Zahnabmessungen war früher üblich

Zahnkopfhöhe	$0{,}3\,t$
Zahnfußhöhe	$0{,}4\,t$
ganze Zahnhöhe . . .	$l = 0{,}7\,t$

Damit ergibt sich ein Spielraum zwischen Fußkreis des einen und Kopfkreis des anderen Rades von $0{,}1\,t$.

Für gußeiserne Räder beträgt die Zahnstärke bei rohen Zähnen:

$$s = \frac{19}{40}\,t \qquad \text{die Lückenweite } \frac{21}{40}\,t$$

Der Flankenspielraum beträgt somit $\frac{1}{20}\,t$ bei rohen Zähnen. Bearbeitete Zähne werden mit geringerem, meist ohne Spielraum ausgeführt.

Neuerdings werden außer der Zahnteilung auch die übrigen Zahnabmessungen in metrischer Modulteilung ausgeführt, nämlich wie folgt:

Zahnkopfhöhe	$\frac{6}{6} \cdot$ Modul	$= 1$	$\cdot$ Modul
Zahnfußhöhe	$\frac{7}{6} \cdot$ Modul	$= 1{,}166$	$\cdot$ Modul
ganze Zahnhöhe	$\frac{13}{6} \cdot$ Modul	$= 2{,}166$	$\cdot$ Modul

Damit Außen $\varnothing$ $D_a = (Z + 2) \cdot$ Modul

2. Theoretische Ausbildung der Zahnflanken.

Offenbar muß die Form der Zahnflanken zweier zusammenarbeitender Zahnräder nach bestimmten Gesetzen gewählt werden, denn sonst müßte z. B. das Arbeiten mit zwei geradlinig geformten Zähnen möglich sein, was aber, wie sofort erkennbar, ausgeschlossen ist. Es erhebt sich deshalb die grundlegende Frage: Wie müssen die Flanken der Zähne eines Zahnrades geformt sein, damit beim Zusammenarbeiten mit einem Gegenrad eine kontinuierliche, gleichförmige Drehbewegung zustande kommt?

Angenommen zwei sich berührende Räder mit den Teilkreisen I und II (Abb. 204). Auf jedes dieser Räder sei ein beliebig geformter Zahn aufgesetzt, und beide Zähne mögen sich momentan im Punkt A berühren. Bei der Drehung von Rad I dreht sich Punkt A mit der Geschwindigkeit v_1, ebenso dreht sich Punkt A mit Rad II und zwar diesmal mit der Geschwindigkeit v_2. Die Geschwindigkeiten des Punktes A in bezug auf die gemeinschaftliche Normale seien c_1 und c_2. c_1 verkörpert dann die Geschwindigkeit, mit welcher Zahn I den Zahn II in der Druckrichtung wegdrücken will und c_2 die Geschwindigkeit, mit der Zahn II nachfolgt. Für eine kontinuierliche, gleichförmige Drehbewegung ist es notwendig, daß die beiden Zähne während ihres Zusammenarbeitens in Kontakt miteinander bleiben, was nur dann der Fall ist, wenn $c_1 = c_2$. Dies ist also eine notwendige Voraussetzung für den geordneten Gang zweier Räder.

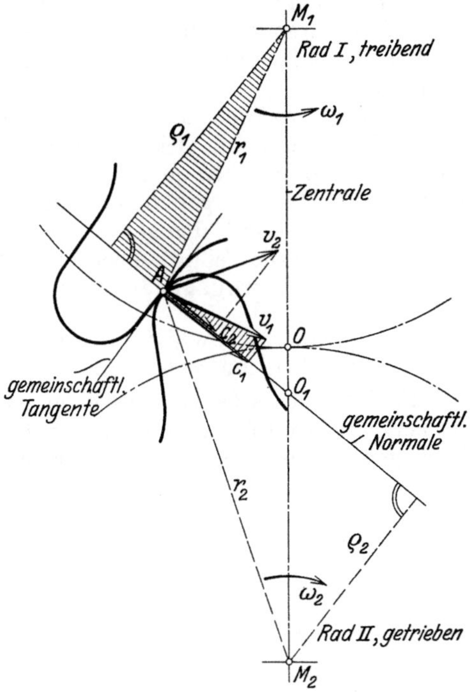

Abb. 204. Allgemeines Verzahnungsgesetz.

Aus der Abb. 204 ersieht man nun folgendes:

$$\frac{c_1}{v_1} = \frac{\varrho_1}{r_1} \text{ also } c_1 = \frac{v_1}{r_1} \cdot \varrho_1 = \omega_1 \cdot \varrho_1$$

$$\frac{c_2}{v_2} = \frac{\varrho_2}{r_2} \text{ also } c_2 = \frac{v_2}{r_2} \cdot \varrho_2 = \omega_2 \cdot \varrho_2$$

da $c_1 = c_2$, so folgt:

$$\omega_1 \cdot \varrho_1 = \omega_2 \cdot \varrho_2 \quad \text{oder} \quad \frac{\varrho_1}{\varrho_2} = \frac{\omega_2}{\omega_1}$$

Das Verhältnis der Winkelgeschwindigkeit bleibt aber während der ganzen Drehung der Räder ein konstantes, so daß also ist: $\frac{\varrho_1}{\varrho_2} = \text{konstant}$.

Nun ist auch $\frac{\varrho_1}{\varrho_2} = \frac{M_1 O_1}{M_2 O_1}$ Dies bedeutet, daß die Strecke $M_1 M_2$ durch den Punkt O_1 in dem konstanten Verhältnis der Winkelgeschwindigkeiten geteilt werden muß. Dies tut aber Punkt O_1 nur dann, wenn er Teilkreispunkt ist, also mit Punkt O zusammenfällt, weil bei zwei sich drehenden und berührenden Zahnrädern nur der gemeinschaftliche Berührungspunkt O derjenige Punkt ist, der die Zentrale M_1 M_2 in dem gegebenen Verhältnis teilt.

Damit ist erwiesen, daß für den Fall, daß $c_1 = c_2$ sein soll — was notwendig ist, um eine gleichförmige Drehbewegung durchzuführen —, die beiden Zahnflanken so geformt werden müssen, daß das in einem beliebigen Berührungspunkt der beiden Zahnkurven errichtete gemeinschaftliche Lot durch den gemeinsamen Punkt O hindurchgehen muß, in welchem sich die Teilkreise berühren. Dieses Gesetz heißt das allgemeine Verzahnungsgesetz und lautet kurz so:

Die Normale im jeweiligen Berührungspunkt zweier Zahnflanken geht durch den Zentralpunkt O.

Mit Hilfe dieses Gesetzes ist es möglich, zu einer beliebig angenommenen Zahnflanke die richtig mit ihr arbeitende Gegenflanke zu konstruieren gemäß Abb. 205, die das Verfahren von Reuleaux zeigt.

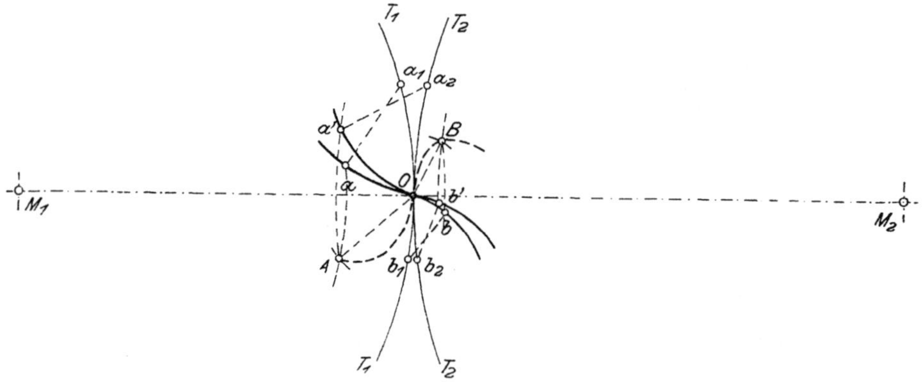

Abb. 205. Konstruktion des Gegenprofils zu gegebenem Profil.

Wir errichten im Punkte a die Normale, welche den Teilkreis T_1 im Punkte a_1 schneidet. Denken wir uns jetzt das Rad I so weit gedreht, daß der Schnittpunkt a_1 auf den Berührungspunkt O der Teilkreise kommt, so erhalten wir die zugehörige Lage A des Punktes a, indem wir um den Mittelpunkt M_1 einen durch a gehenden Kreisbogen schlagen und von O aus mit der Länge a—a_1 der Normalen in diesen Kreisbogen einschneiden. In diesem Punkte A müßte also nach unserem Verzahnungsgesetz der Punkt a des ersten Zahnprofils mit einem entsprechenden Punkte des zweiten sich berühren, derart, daß auch die in diesem Punkte errichtete Normale des zweiten Zahnprofiles durch den Punkt O geht. Soll ein Punkt des zweiten Zahnrades überhaupt nach dem Punkt A kommen, so muß er aber auf dem vom Mittelpunkt M_2 durch A gezogenen Kreisbogen liegen. Den Punkt a_2 des zweiten Rades, der bei der Drehung des ersten um den Bogen a_1O auf den Punkt O zu liegen kommt, erhalten wir aber, da sich immer gleich große Stücke der Teilkreise aufeinander abrollen, indem wir den Bogen Oa_1 auf dem Teilkreis T_2 von O aus abtragen, also $Oa_2 = Oa_1$ machen. Da wir nun in OA die Länge der Normalen des entsprechenden Punktes vom zweiten Zahnrad haben, so brauchen wir nur mit OA vom Punkte a_2 aus in den durch A vom Mittelpunkte M_2 gezogenen Kreis einzuschneiden, um den dem Punkte a des ersten Rades entsprechenden Punkt a' des zweiten Zahnprofiles zu erhalten. Wiederholen wir dieselbe Konstruktion, von anderen Punkten b usw. des ersten Zahnprofiles ausgehend, so erhalten wir die zugehörigen Punkte b usw. des zweiten und hierdurch das zweite Zahnprofil.

Es hat sich bei der Konstruktion der Zahnflanken herausgestellt, daß ein Teil der Zahnberührung vor, der andere Teil hinter der Zentrale sich vollzieht. Die Verbindungslinie der Zahneingriffspunkte heißt die Eingriffslinie der Verzahnung, weil sie ein geometrischer Ort ist all der Punkte, in denen eine gegenseitige Zahnberührung stattfindet. Da bei einer solchen Zahnberührung der Druck zwischen den sich berührenden Körpern (Zähnen) senkrecht zur Berührungsfläche übertragen wird, so stellt die Verbindungslinie der einzelnen Punkte der Eingriffslinie mit dem Zentralpunkt O zugleich die Richtung des bei der Zahnberührung herrschenden Zahndruckes vor.

Man erkennt aus der Konstruktion ohne weiteres, daß die Form der Eingriffslinie von den gegebenen Verhältnissen der Räder und der angenommenen Zahnform abhängt, m. a. W., daß zu einem gegebenen Zahnprofil eine ganz bestimmte Eingriffslinie gehört. Umgekehrt muß deshalb auch zu einer gegebenen Eingriffslinie ein ganz bestimmtes Paar Zahnflanken gehören, deren Konstruktion möglich ist, sobald Teilkreise und Eingriffslinie in bestimmter Gestalt vorliegen.

Wird das Rad II nach links gedreht, der momentane Berührungspunkt O also einer Führungsbewegung unterworfen, so wandert dieser Berührungspunkt entlang der Eingriffslinie, welche Bewegung damit als Absolutbewegung aufzufassen ist. In bezug auf das sich drehende Rad II hat der wandernde Eingriffspunkt in dieser Zeit die Bewegung Oa' gemacht, das heißt, das gesuchte Zahnprofil beschrieben. Es ist also dieses Zahnprofil nichts anders, als die Relativbahn des wandernden Eingriffspunktes, die konstruiert werden kann, sobald die absolute Bewegung und die Führungsbewegung vorliegt, denn es ist bekanntlich die Relativbewegung die Resultierende aus Absolutbewegung und entgegengesetzter Führungsbewegung. Es ist damit das ganze Verzahnungsproblem auf ein kinematisches Problem zurückgeführt, das allerdings zwecks genauer Entwicklung ein Aufteilen der Gesamtbewegung in möglichst viele kleine Elementarbewegungen notwendig macht (wegen der Unstetigkeit der Einzelbewegungen).

Wesentlich einfacher wird das Problem, wenn an Stelle einer willkürlichen, unsteten Absolutbewegung, d. h. einer willkürlich geformten Eingriffslinie eine solche mit stetiger Krümmung zugrunde gelegt wird, wenn also eine kreisbogenförmig gestaltete Eingriffslinie angenommen wird (Abb. 206). Sie bildet dann den Umfang einer Scheibe, und wenn man den wandernden Eingriffspunkt O seine Absolutbewegung A ausführen läßt, bei gleichzeitiger Führungsbewegung F, dann bedeutet dies nichts anderes als eine Drehung des Rades II nach links und eine gleichzeitige der Scheibe, wobei sich dann deren rechts von O liegenden

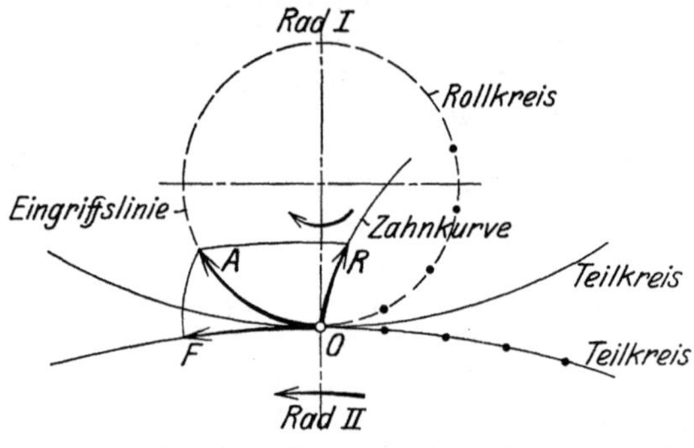

Abb. 206. Verzahnungskinematik.

Peripheriepunkte mit denen des Rades II berühren. Dabei beschreibt Punkt O in bezug auf das sich drehende Rad das gesuchte Zahnprofil. Will man nun dieses auf einem ruhenden Zeichenblatt, d. h. bei ruhendem Rad II konstruieren, so braucht bloß dafür gesorgt zu werden, daß sich das vollzieht, was bei der Drehung automatisch vor sich geht, daß nämlich die oben erwähnten Periphieriepunkte in Deckung miteinander kommen, wozu notwendig ist, daß der rechts von O gelegene Teil der Scheibe auf dem ruhenden Teilkreis II abgewälzt wird. Da beim Abwälzen, d. h. Rollen von Kreisen aufeinander bekanntlich Zykloiden entstehen, so heißt die hierauf aufgebaute Verzahnung:

Zykloidenverzahnung.

Das kennzeichnende Merkmal der Zykloidenverzahnung ist also, daß die Eingriffslinie eine kreisbogenförmige Gestalt aufweist.

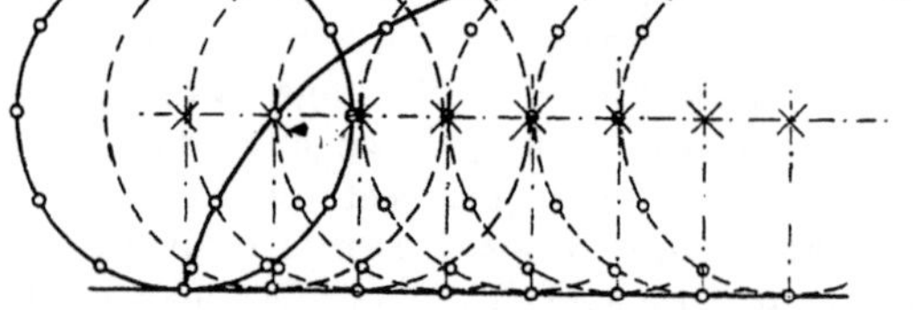

Abb. 207. Zykloide.

Für die Konstruktion der Zykloidenverzahnung muß außer den Teilkreisen, den Kopf- und Fußkreisen und der Zahnstärke, über welche Größen später bei der Berechnung der Zahnräder näheres gesagt wird, noch die Eingriffslinie gegeben sein, deren Form nach obigem kreisbogenförmig sein muß. Da die Eingriffslinie teils vor, teils hinter der Zentrale liegt, so handelt es sich darum, zwei Kreise zu wählen, die sich in O berühren müssen, und von denen jeder ein Stück der gesamten Eingriffslinie enthält; diese beiden Kreise werden allgemein Rollkreise genannt, weil sie gemäß obigem durch Abrollen auf den Teilkreisen die gesuchten Zahnprofile erzeugen. Je nach der Form des Teilkreises, von dem die Rollkreise abzuwälzen sind, entstehen verschiedene Arten von Zykloiden. Die gewöhnliche Zykloide entsteht durch Rollen eines Kreises auf einer Geraden; es ist die Linie, die ein Punkt dieses Kreises dabei beschreibt (Abb. 207). Durch Rollen eines Kreises auf einem anderen Kreise entsteht die Epizykloide (Abb. 208) und durch Rollen eines Kreises in einem anderen Kreise die Hypozykloide (Abb. 209). Die Konstruktion dieser Kurven ist aus den Abb. 207—209 leicht zu erkennen. Man trägt den Rollkreis in verschiedenen aufeinanderfolgenden Stellungen auf und trägt die Bogenlängen, um die sich der Rollkreis auf dem Grundkreis, bzw. der Grundlinie fortbewegt hat, auf dem Umfange des Rollkreises zurück.

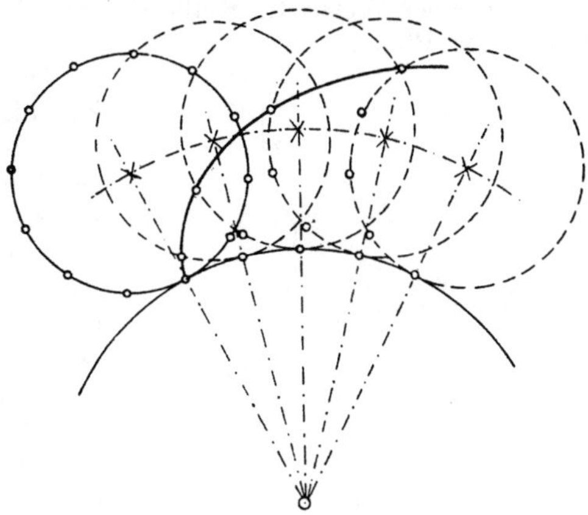

Abb. 208. Epizykloide.

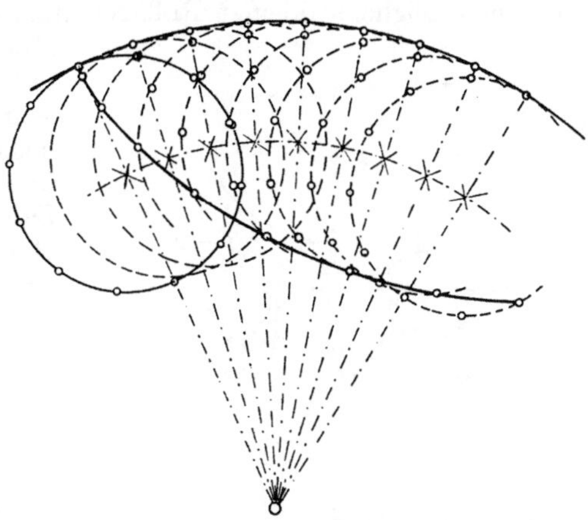

Abb. 209. Hypozykloide.

Rollt man einen Kreis auf einem zweiten Kreis, dessen Mittelpunkt innerhalb des ersten liegt, so entsteht die Perizykloide.

Eine vereinfachte Konstruktion dieser Rollkurven zeigt Abb. 210. Man trägt auf dem Rollkreise und dem Teilkreise gleiche Teile 0, 1, 2, 3 ... bzw. 0, 1′, 2′, 3′ ... ab und schlägt nun von 0 einen Bogen mit 1—1′, von 1′ einen Bogen mit 0—1, ebenso von 0 mit 2—2′, von 2′ mit 0—2 usf. Die Schnittpunkte dieser Bogen sind Punkte der Kurve.

Die Verwendung der Zykloide zur Konstruktion der Zahnprofile zeigen die Abbildungen 211—217, und zwar:

Abb. 211. Zahnstangenverzahnung.
Abb. 212. Außenverzahnung.
Abb. 213. Innenverzahnung.

In welcher Weise die Rollkreise auf den Teilkreisen zu rollen sind, zeigen die Pfeile.

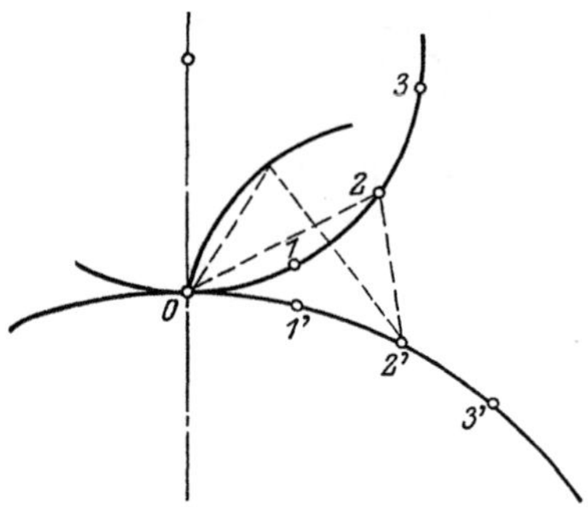

Abb. 210.
Konstruktion der zyklischen Zahnkurve.

Die Eingriffsstrecke ist bei der Zykloidenverzahnung gleich den von den beiden Kopfkreisen eingeschlossenen Stücken der Rollkreise.

Über die zweckmäßige Wahl der Größe der Rollkreise kann folgendes gesagt werden: Die Endpunkte der Eingriffslinie bedingen die Fußpunkte a und a', mit denen die Kopfeckpunkte zusammen arbeiten. Ganz allgemein ist erkenntlich, daß von den miteinander arbeitenden Zahnflanken die Fußflanke stets kürzer ist als die Kopfflanke, was ein reines Wälzen der Zähne aufeinander ausschließt und ein Gleiten zur Folge hat, welches unter Druck geschieht und dadurch Reibung und Abnützung nach sich zieht. Um diese klein zu halten sind also möglichst lange Fußprofile anzustreben, was auf einen möglichst kleinen Rollkreis hinauslaufen würde. Als Nachteil steht dem aber gegenüber, daß dabei die Zahndruckrichtung sehr steil, der Zahndruck selbst deshalb groß wird, weil das zu übertragende Drehmoment gleich Zahndruck mal senkrechtem Hebelarm vom Drehpunkt aus ist. Weiter liefert ein kleiner Rollkreis eine kurze Eingriffsstrecke. Es ist nun allgemein immer anzustreben die Eingriffsstrecke möglichst lang zu halten und zwar aus folgendem Grund:

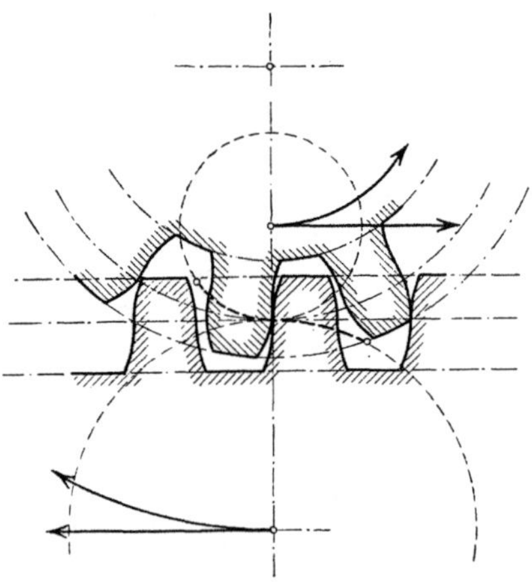
Abb. 211. Zykloiden-Zahnstangen-Verzahnung.

Wenn sich der wandernde Eingriffspunkt über die gesamte Eingriffstrecke hinweg bewegt hat, dann ist die Zahnberührung der zwei miteinander arbeitenden Zähne fertig und es muß in dem Augenblick, wo die Zähne sich letztmals berühren, bereits ein neues Zahnpaar in Berührung miteinander gekommen sein, oder besser schon eine gewisse Zeit lang in Berührung miteinander stehen, sofern eine kontinuierliche Bewegung aufrecht erhalten werden soll. In der Zeit nun, in welcher der Eingriffspunkt die Eingriffstrecke durchwandert hat, haben sich gleichlange Wälzungsbögen auf den Teilkreisen abgewälzt. Jeder dieser Wälzungsbögen muß deshalb mindestens gleich der Zahnteilung t sein, besser größer als diese, sonst steht kein neues Zahnpaar in Eingriff,

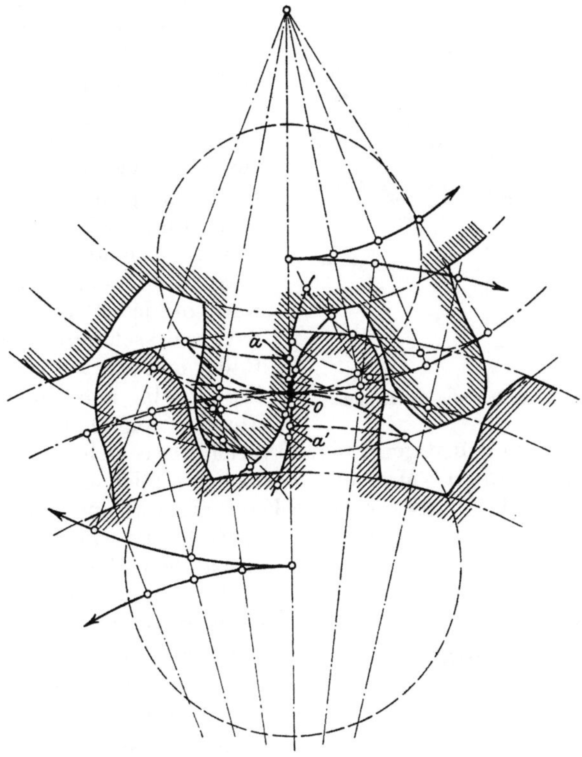

Abb. 212. Zykloiden-Außen-Verzahnung.

wenn das alte seine Berührung erledigt hat. Es muß also sein: Eingriffstrecke $\geq$ Teilung, oder $\frac{\text{Eingriffsstrecke}}{\text{Teilung}} \geq 1$. Das Verhältnis $\frac{\text{Eingriffsstrecke}}{\text{Teilung}}$ heißt allgemein die Eingriffsdauer oder der Überdeckungsgrad, der also womöglich immer größer als 1 sein soll.

Damit nun dies erreicht wird, muß die Eingriffsstrecke möglichst lang sein, was bei kleinem Rollkreis $\emptyset$ nicht erreichbar ist. Der kleine Rollkreis weist also einen Vorteil auf, aber zwei Nachteile, während der große Rollkreis einen Nachteil hat (kurzes Fußprofil, deshalb längeres Gleiten) aber zwei Vorteile. (Weniger steile Zahndruckrichtung, also kleineren Zahndruck, ferner große Eingriffsstrecke, also große Eingriffsdauer und damit mehrere Zähne zugleich in Eingriff, so daß der an und für sich schon kleinere Zahndruck sich noch auf mehrere Zähne verteilt, wodurch das starke Gleiten keine bedeutende Abnützung verursachen kann.) Aus all dem ist ersichtlich, daß die Verzahnung mit möglichst großen Rollkreisen zu konstruieren ist.

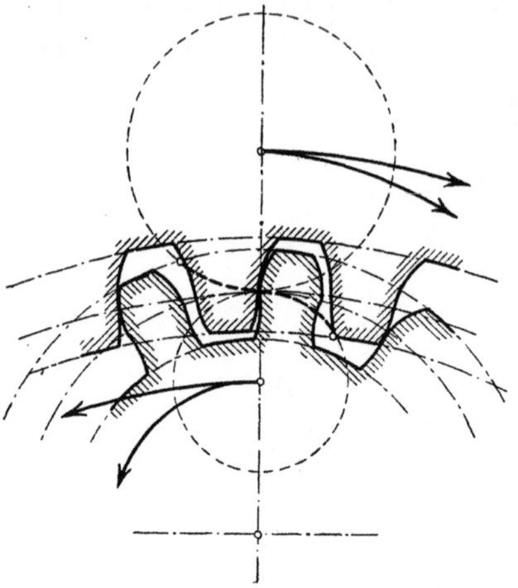

Abb. 213. Zykloiden-Innenverzahnung.

Rollkreis ∅ gleich Radius des Teilkreises gemacht, liefert geradlinig begrenzte Fußflanken und damit stark unterschnittene Zähne.

Zweckmäßig macht man die Größe des Rollkreisdurchmessers = $^2/_3 \div {}^3/_4$ vom Teilkreisradius. Beim Entwurf zweier Einzelräder können die Rollkreise gemäß der günstigsten Zahnform gewählt werden. Handelt es sich aber um sog. Satzräder, bei denen das einzelne Rad in jedes Rad des ganzen Satzes passen muß, so müssen alle Räder mit genau dem gleichen Rollkreis konstruiert werden, was zur Folge hat, daß bei Satzrädern keine so günstigen Eingriffsverhältnisse sich erreichen lassen, wie bei Einzelrädern. Man hat in solchen Fällen den Rollkreis dem kleinsten Rad des Satzes entsprechend zu wählen und macht ihn vielfach in seinem Durchmesser gleich dem Radius des kleinsten Rades, nimmt also die Unterschneidung, die hier am wenigsten lästig, in Kauf.

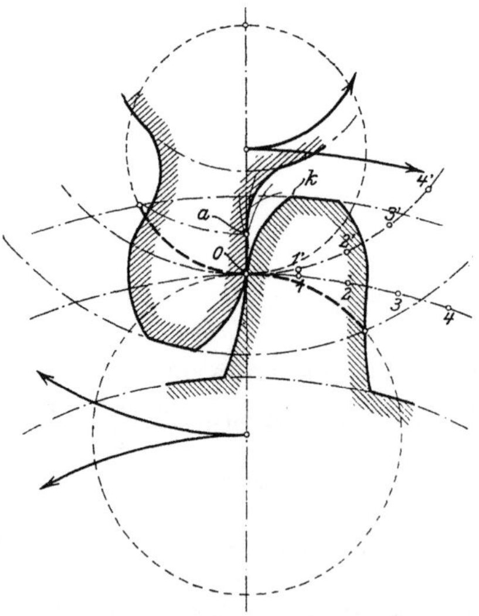

Abb. 214. Konstruktion der Kopfeckbahn.

Üblich ist in der Praxis auch folgender Wert für den Rollkreisradius bei Satzrädern: $\varrho = \frac{7}{8}\,t$ oder 2,75 · Modul.

Wie die Abb. 212 zeigt, kann man von den Fußpunkten a und a' ab die Zahnwurzel künstlich gestalten, weil von diesen Punkten ab keine Zahnberührung mehr stattfindet. Das künstliche Profil muß aber der Kopfeckbahn des Gegenzahnes entsprechend verlaufen, kann also nicht rein willkürlich sein. Bei unterschnittenen Zähnen wird hiervon öfters Gebrauch gemacht. Zur Konstruktion der Kopfeckbahn trägt man auf den Teilkreisen eine Anzahl gleicher Teile, 1, 2, 3, 4, 1′, 2′, 3′, 4′, auf und schlägt aus Teilpunkt 1′ mit k 1, aus Teilpunkt 2′ mit k 2, aus 3′ mit k 3 und so fort Bogen (Abb. 214). Diese Bogen hüllen die Bewegung des Punktes k ein, die Ausrundung des Zahnfußes muß natürlich noch Spielraum lassen.

Eine selten vorkommende Verzahnung ist die Geradflankenverzahnung (Abb. 215). Von dem einen Rad greift nur die Zahnwurzel, von dem anderen nur die Zahnkrone ein, der Eingriff erfolgt infolgedessen nur auf einer Seite der Mittellinie, die Abnutzung ist sehr groß, weshalb diese Verzahnung nur da anzuwenden ist, wo eine ebene Zahnflanke besondere Vorteile bietet und nur kleine Kräfte zu übertragen sind.

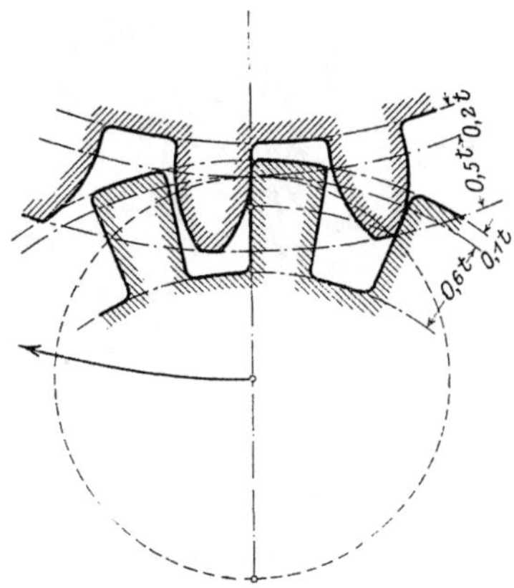

Abb. 215. Geradflanken-Verzahnung.

Die Triebstockverzahnung (Abb. 216) kommt bei Schützenaufzügen und dgl. vor. An Stelle des einen Zahnes tritt ein Triebstock vom Durchmesser $^{19}/_{40}\,t$. Man bestimmt zunächst die relative Bahn des Triebstockmittelpunktes gegen das andere Rad, indem man den Teilkreis des Triebstockrades selbst auf dem Teilkreis des Zahnrades abrollt und dann von der so gefundenen Kurve mit dem Triebstockradius Bögen schlägt, die die Zahnform einhüllen.

Nimmt man den einen Rollkreis gleich dem Teilkreis, so schrumpft die Hypozykloide in einem Punkt zusammen: einfache Punktverzahnung.

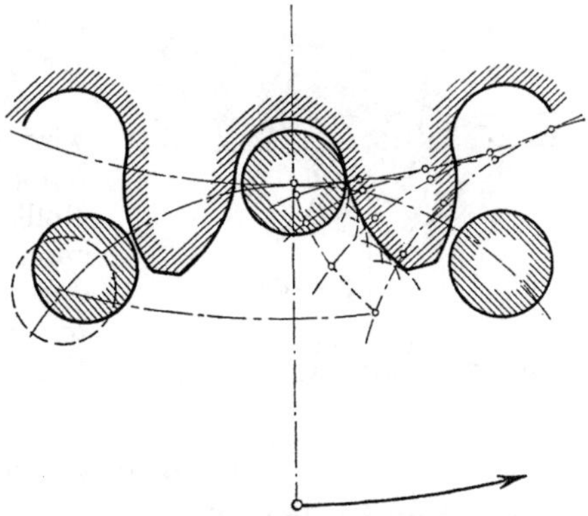

Abb. 216. Triebstock-Verzahnung.

Bei Winden u. dgl. kommen oft Triebe von sehr geringer Zähnezahl vor, man wählt dann die sog. doppelte Punktverzahnung (Abb. 217). Die Kopfkurven erhält man durch Abrollen der Teilkreise aufeinander, die Fußkurven schrumpfen hier beide zu einem Punkt zusammen (daher der Name). Die Form des Zahnfußes ist also lediglich durch die Bahn des Zahnkopfes gegeben und wird wie die Ausrundung bei radialem Zahnfuß (Abb. 214) bestimmt. Der Vorteil dieser Verzahnung ist, daß man mit der Zähnezahl bis auf 3 herabgehen kann, der Nachteil der, daß nur ein Punkt des einen Rades auf dem Zahne des anderen gleitet, weshalb die Abnutzung in der Nähe dieses Punktes sehr groß wird.

Eine günstigere Verzahnung erhält man nach Abb. 218. Die Zahnstärke im Teilkreise ist auf etwa 0,6 t vergrößert worden, der Fuß kürzer als üblich bemessen, um eine zu große Verschweifung zu vermeiden; der Zahnkopf ist, um den Eingriff nicht zu verkürzen, entsprechend länger ausgebildet. Die Abmessungen der Rollkreise sind eingeschrieben. Die Zahnspitze wird abgerundet, auch die Zahnstangenlücken rundet man aus, um für die im Teilkreise schwächeren Zähne stärkere Fußansätze zu erhalten.

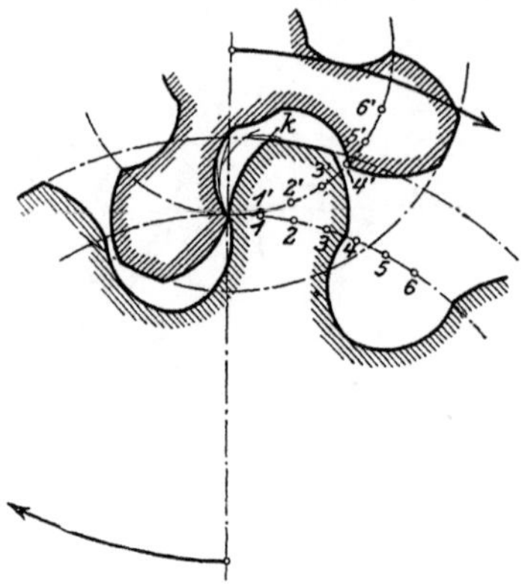

Abb. 217. Doppelpunktverzahnung.

Charakteristisch bei der Zykloidenverzahnung ist die Zusammensetzung des Zahnes aus einem konvexen und einem konkaven Teil (Epi- und Hypo-Zykloide), so daß also die Zähne einen Wendepunkt aufweisen, der genau an der Stelle liegt wo sich die Teilkreise berühren.

Für zwei gegebene Räder ist damit zugleich der Achsenabstand festgelegt, unter welchem einzig und allein eine richtige Bewegungsübertragung möglich ist.

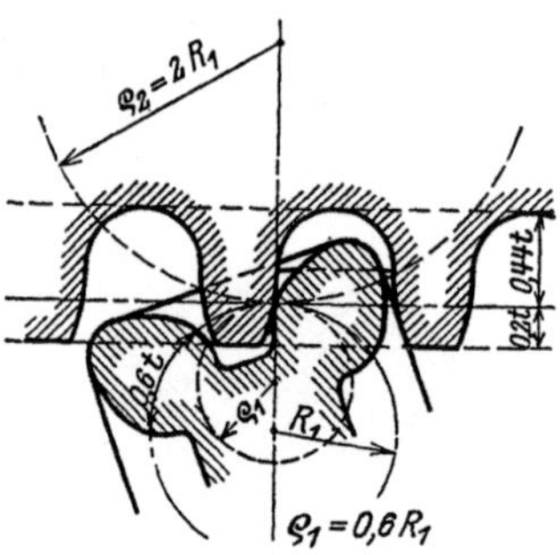

Abb. 218.
Ersatz für Doppelpunktverzahnung.

Läßt man den Rollkreis immer größer und größer werden, zuletzt unendlich groß, so geht er in eine gerade Linie über und man erhält damit: **Verzahnungen mit geradlinig verlaufender Eingriffslinie.**

Analog der Zykloidenverzahnung wird dann die Konstruktion der Zahnflanken darauf hinauslaufen, statt der Rollkreise die gerade Linie auf entsprechenden Kreisen abzuwälzen, wodurch man als Zahnflanken Evolventen bekommt; die hierauf fußende Verzahnung heißt deshalb:

Evolventenverzahnung.

Die abzuwickelnde Gerade kann nicht horizontal liegen, weil in diesem Fall der Ort des Zahneingriffes bei der Drehung außerhalb des Rades fallen würde, was unmöglich ist. **Die gerade Eingriffslinie muß deshalb schräg zur Zentrale verlaufen.** Allgemein üblich geworden ist, sie unter einem Winkel von 75° gegen die Zentrale geneigt anzuordnen, bzw. 15° gegen die Horizontale. Dieser Winkel von 75° bzw. 15° heißt **der Eingriffswinkel der Verzahnung.** Nach Dinorm 867 ist als Eingriffswinkel der Winkel zwischen Eingriffslinie und der Horizontalen festgelegt und mit $a = 20^0$ genormt. Man trifft jedoch in der Praxis noch zumeist $a = 15^0$ für die Normalevolventenverzahnung vor.

Die Erzeugung der Zahnprofile erfolgt analog der Zykloidenverzahnung durch Abwälzen der Eingriffslinie, in diesem Fall der ge-

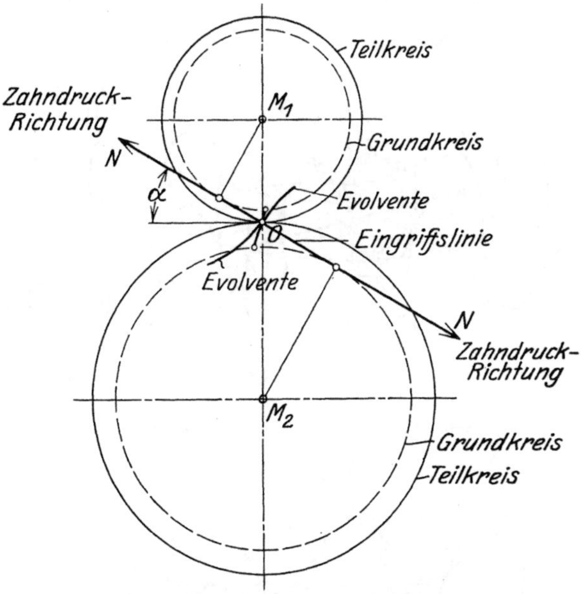

Abb. 219. Grundlagen der Evolv.-Verzahnung.

raden Strecke $N\,N$ auf den in Frage kommenden Kreisen (Abb. 219). Dies sind aber hier nicht die Teilkreise, sondern diejenigen Kreise, welche die Eingriffslinie berühren, und das sind die sogenannten Grundkreise, wie ja auch bei der Zykloidenverzahnung die Rollkreise auf denjenigen Kreisen abzuwälzen sind, mit denen sie in Berührung stehen, was in diesem Fall die Teilkreise, bei der Evolventenverzahnung jedoch die Grundkreise sind. Der von O aus links gelegene Teil der Eingriffslinie muß auf dem oberen Grundkreis und der von O aus rechtsgelegene Teil der Eingriffslinie auf dem unteren Grundkreis abgewälzt werden; dabei ist jeweils die Bahn die Punkt O beschreibt, festzustellen, denn diese Bahn ist nichts anderes als das gesuchte Zahnprofil, nämlich eine Evolvente, die vom Grundkreis aus ihren Ausgang nimmt.

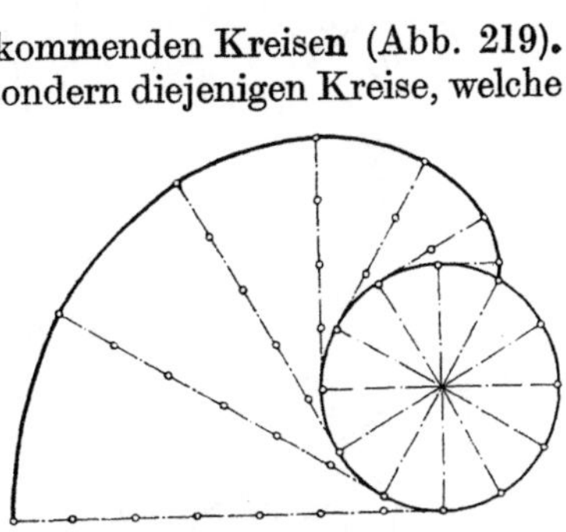

Abb. 220. Konstruktion der Evolvente.

Man erhält dieselbe, indem man eine Anzahl beliebiger Teile auf dem Kreisumfang, von dem die Gerade abzuwickeln ist, aufträgt, in jedem Teilpunkte die Tangente (die Senkrechte auf dem Radius) zieht und auf der Tangente die Länge des Bogens, also die entsprechende Anzahl der Teile wieder zurückträgt (Abb. 220).

Abb. 221 zeigt Außenverzahnung, Abb. 222 Innenverzahnung mit Evolventenzähnen. Bei der Zahnstange (Abb. 223) wird bei Evolventenverzahnung das Zahnprofil eine unter 75° bzw. 70° geneigte gerade Linie.

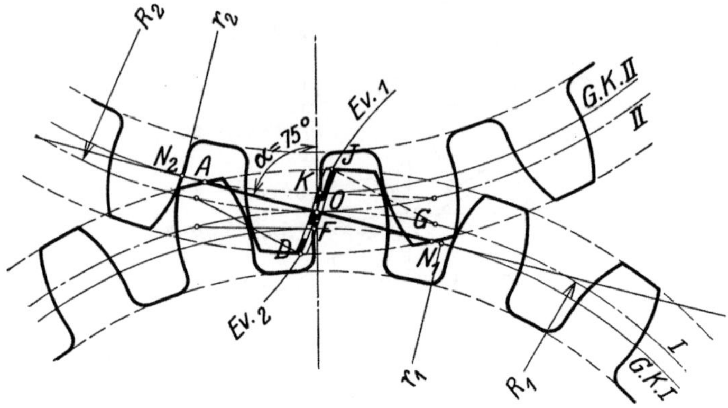

Abb. 221. Evolventen-Außen-Verzahnung.

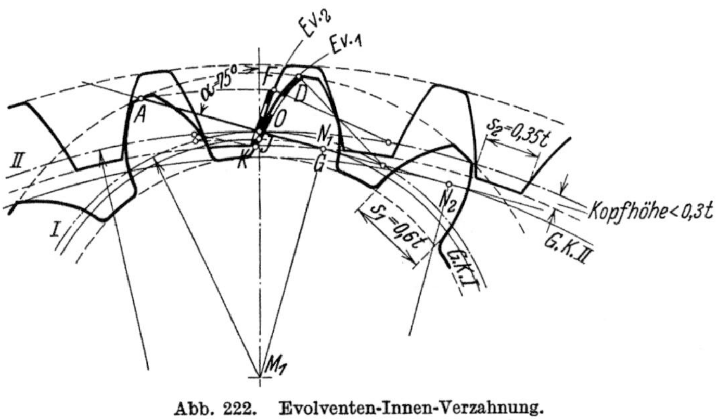

Abb. 222. Evolventen-Innen-Verzahnung.

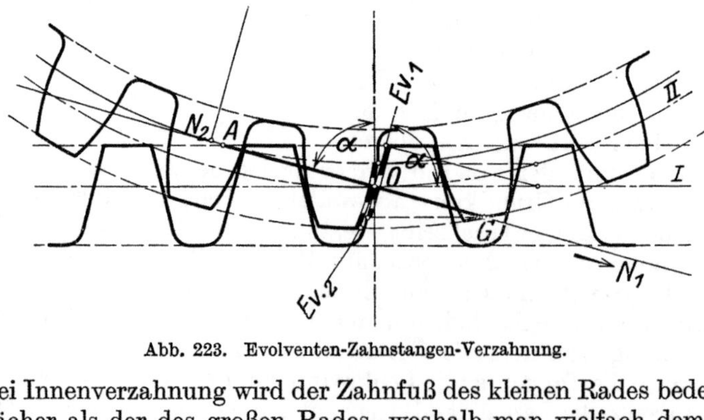

Abb. 223. Evolventen-Zahnstangen-Verzahnung.

Bei Innenverzahnung wird der Zahnfuß des kleinen Rades bedeutend schwächer als der des großen Rades, weshalb man vielfach dem Zahn des kleinen Rades im Teilkreis eine größere, dem des großen Rades eine kleinere Stärke gibt, nämlich 0,6 t und 0,35 t (s. Abb. 222).

Charakteristisch bei der Evolventen-Verzahnung ist neben der geraden Eingriffslinie: 1. unveränderte Richtung des Zahndrucks und damit auch unveränderte Größe desselben; 2. die Zähne weisen nur eine einfache Krümmung auf; es berühren sich zwei konvexe Zahnkurven gegenseitig, die keinerlei Wendepunkte haben wie der Zykloidenzahn und damit auch auf keine äußerlich markierte Teilkreislage hinweisen.

Tatsächlich ist auch die Evolvente teilkreislos, d. h. unabhängig von der Größe der Teilkreise, im Gegensatz zur Zykloide,

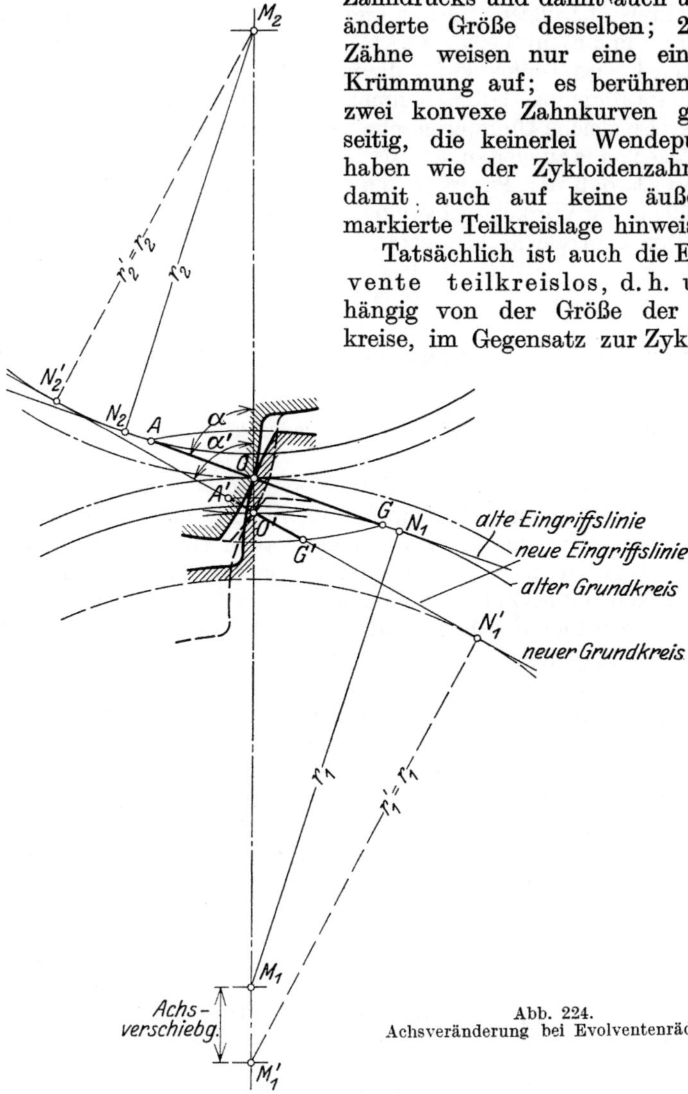

Abb. 224.
Achsveränderung bei Evolventenrädern.

und nur abhängig von der Größe der Grundkreise, wobei die Lage der erzeugenden Geraden dabei ganz gleichgültig ist.

Man kann sich nun z. B. denken, daß die Lage dieser erzeugenden Geraden dadurch geändert wurde, daß die beiden ineinander eingreifenden Räder etwas auseinander geschoben worden seien, daß sich also der Abstand etwas geändert habe (Abb. 224). Bei dieser

Veränderung des Achsenabstandes

muß die Eingriffslinie auch nach dem Auseinanderziehen die beiden Grundkreise berühren. Damit ergibt sich als neuer Zentralpunkt der Punkt O', und es muß jetzt bewiesen werden, daß die durch diesen Punkt gelegten Kreise Teilkreise für die neue Räderlage sind. Dieser Beweis läuft darauf hinaus, daß man einmal nachweist, daß die durch O' gehenden Kreise gleiche Umfangsgeschwindigkeiten haben, sich also aufeinanderwälzen ohne zu gleiten, wie die Definition es verlangt, ferner, daß man nachweist, daß der Punkt O' die neue Zentrale $M_1\, M_2'$ in demselben Verhältnis der Winkelgeschwindigkeit teilt, wie dies Punkt O bezüglich der alten Zentrale $M_1\, M_2$ getan hat. Es müßte also sein:

$$\frac{M_1\,O}{M_2\,O} = \frac{M_1\,O'}{M_2'\,O'}$$

Es ist nun: $\frac{M_1\,O}{M_2\,O} = \frac{M_1\,N_1}{M_2\,N_2}$ ferner gilt: $\frac{M_1\,O'}{M_2'\,O'} = \frac{M_1\,N_1'}{M_2'\,N_2'} = \frac{\varrho_1}{\varrho_2}$ somit ist

tatsächlich: $\frac{M_1\,O}{M_2\,O} = \frac{M_1\,O'}{M_2'\,O'}$ ..... wie es sein muß.

Aus all dem ist ersichtlich, daß Evolventenzahnräder ohne Schaden auf den regelrechten Zahneingriff und die Gleichartigkeit des Ganges ihre Achsenentfernung ändern können, was in vielen Fällen der Praxis sehr wertvoll ist, z. B. bei schlechter Montage, bei Kammrädern von Walzwerken und bei Zahnradlokomotiven. Natürlich muß Voraussetzung für einen geordneten Zahneingriff bleiben, daß die durch die Kopfkreise begrenzte Eingriffsstrecke $A'\,O'\,G'$ lang genug bleibt.

In Abb. 225 sind die Eingriffsverhältnisse bei Evolventenverzahnung klargelegt: Der Eingriffsstrecke $A\,O\,G$ entspricht auf den beiden Grundkreisen ein bestimmter Wälzungsbogen w', von welchem sich die Eingriffsstrecke bei der Drehung abgewälzt hat in der Zeit, in der der Eingriffspunkt von G über O nach A gewandert ist. Dieser Wälzungsbogen auf den Grundkreisen muß nun, damit ein ungestörter kontinuierlicher Eingriff erfolgt, $\geq$ der auf demselben Bogen gemessenen Zahnentfernung, d. h. der auf den Grundkreis reduzierten Teilung t' sein, wobei t' zu bestimmen ist aus der Beziehung:

$$\frac{t'}{t} = \frac{\varrho}{r}\,; \quad t' = \frac{\varrho}{r} \cdot t = \cos a \cdot t$$

$$\text{für } a = 20^0 \text{ wird } t' = 0{,}94 \cdot t$$

Es muß also sein bei der Evolventenverzahnung:

Eingriffsdauer oder Überdeckungsgrad $\varepsilon = \frac{AOG}{t'} \geq 1$,

wobei

$$t' = t \cdot \cos a.$$

Selbstverständlich müssen alle miteinander arbeitenden Räder gleiche Teilung im Grundkreis haben, was für Satzräder in Frage kommt, woraus folgt, daß der Neigungswinkel α der Eingriffslinie für alle Räder des Satzes gleich sein muß.

Zu beachten ist, daß die erzeugte Evolvente im Grundkreis endigt, von da ab wird die Lücke künstlich durch radiales Verlängern der Zahnflanken bis zum Flußkreis gebildet. Dies ist aber nur zulässig, wenn die Kopfkreise nicht über die jeweiligen Berührungspunkte von Grundkreis und Eingriffslinie (N_1 und N_2) hinausfallen, im andern Fall, beim Hinausgehen der Kopfkreise über diese Punkte, würde der Zahneingriff gestört, weil die Kopfbahnen in die radiale Zahnbrust einschneiden würden. Bei Innenverzahnungen bezieht sich dies nur auf den Kopf der Hohlradzähne. Weiteres hierüber siehe bei korrigierten Verzahnungen.

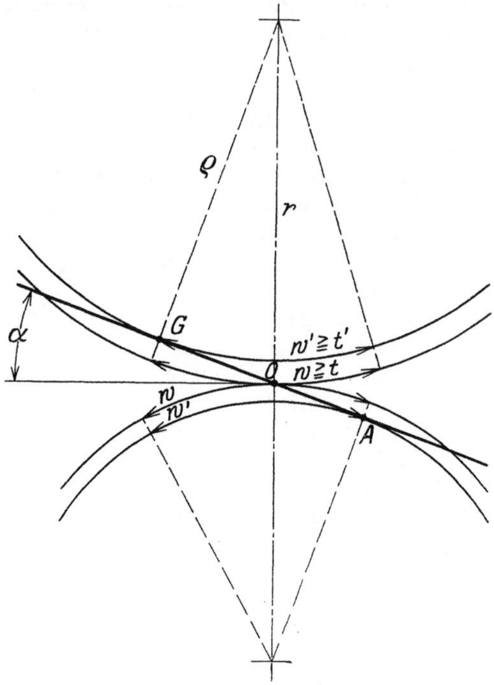

Abb. 225. Eingriffsverhältnisse bei Evolventenverzahnung.

3. Praktische Gestaltung der Zahnflanken.

Die Arbeitsweise der Zahnräder im Betrieb ist so, daß die Räder entweder längere Zeit ununterbrochen im Eingriff miteinander stehen, oder daß sie nur kurzzeitig, mit periodischen längeren Zwischenpausen, zu laufen haben. Es handelt sich also entweder um Räder für Dauerbetrieb oder aber um solche für intermittierenden Betrieb. Es liegt auf der Hand, daß darauf bei der zu wählenden Ausführungsform der Zahnflanken Rücksicht zu nehmen ist.

Maßgebend bei der Formgebung von Zähnen sind ganz allgemein zwei Gesichtspunkte: Abnützung und Festigkeit. Die Erzielung günstiger Verhältnisse in bezug auf die Abnützung an Zähnen weist auf die Verwendung der Zykloiden-Verzahnung hin, weil hier stets konvex und konkav gekrümmte Kurven zusammentreffen, was eine verhältnismäßig breite Berührungszone und damit gute Schmiegungsverhältnisse ergibt, während in dieser Hinsicht die Evolventen-Verzahnung, bei der zwei konvex geformte Flanken gegenseitig zum Anliegen kommen, ungünstiger ist, dafür aber Zähne liefert, die allgemein größere Festigkeit besitzen, als die Zykloidenzähne. Theoretisch wären somit die Räder für Dauerbetrieb, die sogenannten Arbeitsräder, die eine große Menge mechanische Arbeit übertragen, mit Zykloiden-Verzahnung, die sogenannten Krafträder aber, deren Kennzeichen größere Zahndrücke in Verbindung mit eventuell starken Stößen in intermittierendem Betrieb, mit Evolventen-Verzahnung auszurüsten.

In der Praxis verwendet man jedoch heute die Evolventen-Verzahnung so ziemlich für alle vorkommenden Verhältnisse, also für Arbeitsräder sowie für Krafträder, weil die Evolventen-Verzahnung gegenüber der Zykloiden-Verzahnung vor allem zwei wesentliche und ausschlaggebende Vorteile aufzuweisen hat und diese sind:

1. Einfachste und dabei genaueste Herstellung, die durch das Abwälzverfahren ermöglicht ist.

2. Theoretisch richtige Bewegungsübertragung der Räder auch bei verändertem Achsabstand.

Die letztere Eigenschaft, die Unempfindlichkeit gegen

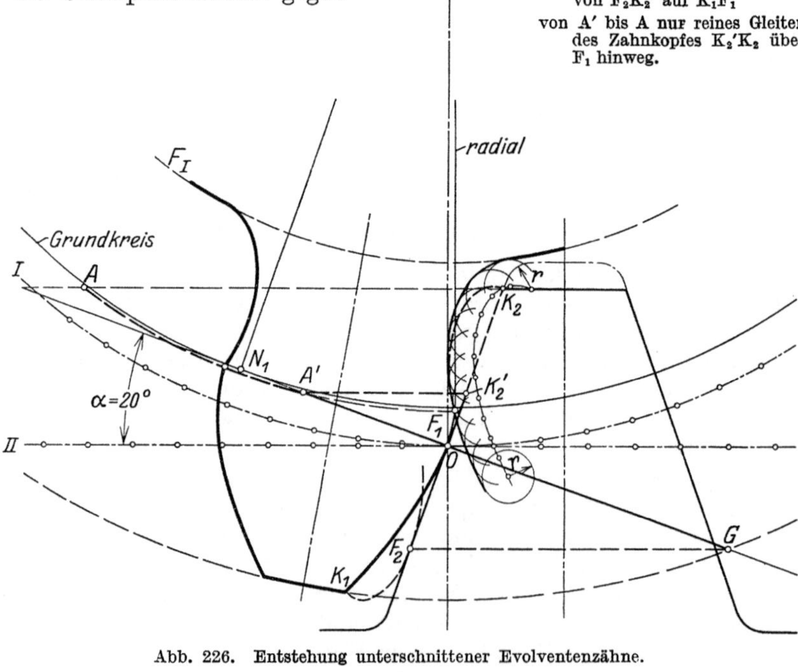

Abb. 226. Entstehung unterschnittener Evolventenzähne.

Änderung der Achsdistanz, hat ihren tieferen Grund in der Teilkreislosigkeit der Evolvente, denn die Evolventen, d. h. die erzeugten

Zahnprofile, sind nur abhängig von der Größe des Grundkreises, nicht aber von der Größe der Teilkreise.

Es ist infolgedessen gleichgültig, wie die Lage dieser Teilkreise gegenüber der Zahnkurve ist, ein äußeres Merkmal am Evolventenzahn, der auf eine ganz bestimmte Teilkreislage hinweist, ist nicht vorhanden.

Im Gegensatz hierzu haben alle anderen Zahnkurven Brech- oder Wendepunkte, durch welche die Teilkreislage festgelegt ist, so daß bei ihnen eine Änderung der Achsentfernung, mit der stets eine Veränderung der Teilkreislage verbunden ist, nicht möglich ist, ohne daß eine Übersetzungsänderung zwischen den Wellen herbeigeführt wird.

Eine besondere Eigentümlichkeit der normalen Evolventenverzahnung ist bekanntlich der Umstand, daß die Kopfkreise nicht über den Berührungspunkt von Grundkreis mit Eingriffslinie hinausfallen dürfen. Ist man aus irgendeinem Grunde (z. B. zwecks Erreichung einer genügenden Eingriffsdauer) genötigt, mit den Kopfkreisen über diese Punkte hinauszugehen, so kann das Fußprofil, das normal vom Grundkreis ab, wo die erzeugte Zahnkurve endigt, radial verläuft (Abb. 226) nicht mehr so bleiben, sondern muß sich der zu konstruierenden Kopfbahn anpassen, wobei — wenigstens bei Zähnezahlen von weniger als 20 ab — der Zahnfluß stark unterschnitten wird, so daß seine Widerstandsfähigkeit gegen äußere Kräfte sehr starke Einbuße erleidet (s. Abb. 226). Die Grenzzähnezahl, bei welcher sich bei Herstellung mit zahnstangenförmigen Werkzeugen noch unterschnittfreie Zähne ergeben, folgt aus der Gleichung

$$z_g = \frac{2}{sin^2 \alpha} \qquad (\alpha = \text{Eingriffswinkel})$$

In dem gezeichneten Fall des Eingriffes einer Zahnstange in ein Ritzel mit $z = 7$ Zähnen, würde das Kopfstück $K_2' \, K_2$ der Zahnstange einzig und allein mit dem Brechpunkt F_1 des Ritzelzahnes zusammenarbeiten, letzteren damit sehr rasch und stark abnützen. Es ergeben sich also unmögliche Verhältnisse, so daß die Praxis in solchen Fällen zur Vermeidung des Unterschnitts der Zähne gezwungen ist, zu einer Korrigierung der normalen Evolventenverzahnung überzugehen.

Solche, sogenannte

Korrigierte Verzahnungen,

gibt es in der Praxis eine ganze Reihe:

Ein einfaches Verfahren, den Unterschnitt der Zähne zu vermeiden bzw. zu mildern, besteht darin, daß man den Eingriffswinkel der ja normal 15^0 oder 20^0 beträgt, größer wählt, nämlich je nach den Verhältnissen zwischen 20^0 und 30^0. (In Amerika sind z. B. zwei Systeme im Gebrauch, bei denen das eine einen Eingriffswinkel von 20^0, das andere einen solchen von $22{,}5^0$ hat.) Man erhält jedoch bei diesem Korrektionsverfahren eine nur unwesentliche Verbesserung der Zahnflanken, die in der Hauptsache nur den Zähnen des Großrads zugute kommt.

Eine größere Verbreitung hat die sog. A. E. G.-Verzahnung gefunden, deren Wesen darin besteht, daß durch beiderseitige Änderung der Zahnabmessungen eine Korrektion durchgeführt ist, in der Weise, daß die Kopfhöhe am Ritzel-, sowie die Fußhöhe am Radzahn gegenüber der normalen Evolventen-Verzahnung und umgekehrt die Fußhöhe des Ritzel- und Kopfhöhe des Radzahnes verkleinert wurde. Desgleichen ist dabei eine Änderung der Zahndicken vorgenommen (s. Abb. 227). Der Eingriffswinkel beträgt 15°.

Dieses Verfahren ist nicht allgemein, sondern nur bei großen Übersetzungen der Räder günstig, denn die Verbesserung des Ritzelzahnes geht auf Kosten des Radzahnes vor sich, dessen Profilform sich verschlechtert.

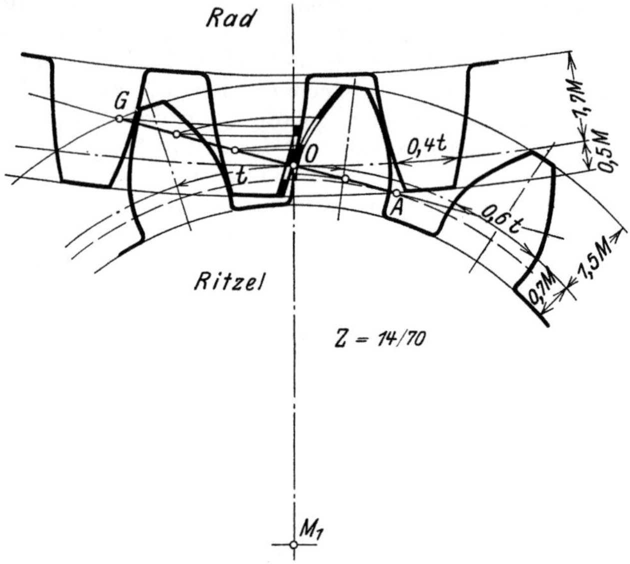

Abb. 227. AEG-Verzahnung.

Beide genannten Korrekturverfahren haben eines gemeinsam, nämlich das Festhalten am Teilkreis, denn jedesmal waren die beim Lauf der Räder sich ergebenden Teilkreise die gleichen wie bei der Erzeugung der Zahnprofile. Dies ist aber nicht nötig, wie die Ausführungen über die Achsdistanzveränderung gezeigt haben. Dort erwies sich, daß die ursprünglichen Teilkreise nach dem Auseinanderziehen der Räder nicht mehr die Teilkreise für die neue Räderlage bildeten, sondern daß an ihre Stelle andere Kreise traten, die vorher bei Erzeugung der Profile keine Teilkreise waren, daß aber trotzdem die Verzahnung kinematisch richtig blieb. Denkt man sich zwei ineinandergreifende Räder mit Normal-Evolventenverzahnung (Abb. 224) und nun das eine Rad etwas nach außen gezogen, also eine radiale Profilverschiebung und damit auch eine Grundkreisverlegung des Ritzels vorgenommen, so verschiebt sich gleichzeitig damit der ursprüngliche Teilkreispunkt O nach O', welchen Punkt man erhält als Schnittpunkt der Zentralen mit der neu zu zeichnenden gemeinschaftlichen Tangente an die beiden

Grundkreise. Die durch O' gehenden Kreise sind jetzt nach dem Auseinanderziehen der Räder diejenigen Kreise, nach welchen sich die Räder beim Laufen berühren, heißen deshalb auch die **Laufteilkreise** (Abb. 228), im Gegensatz zu den **Erzeugungsteilkreisen**, die durch O gehen und vor dem Auseinanderziehen Teilkreise waren. Statt O ist jetzt O' der Erzeugungspunkt der Evolventen. Die erzeugten Zahn-

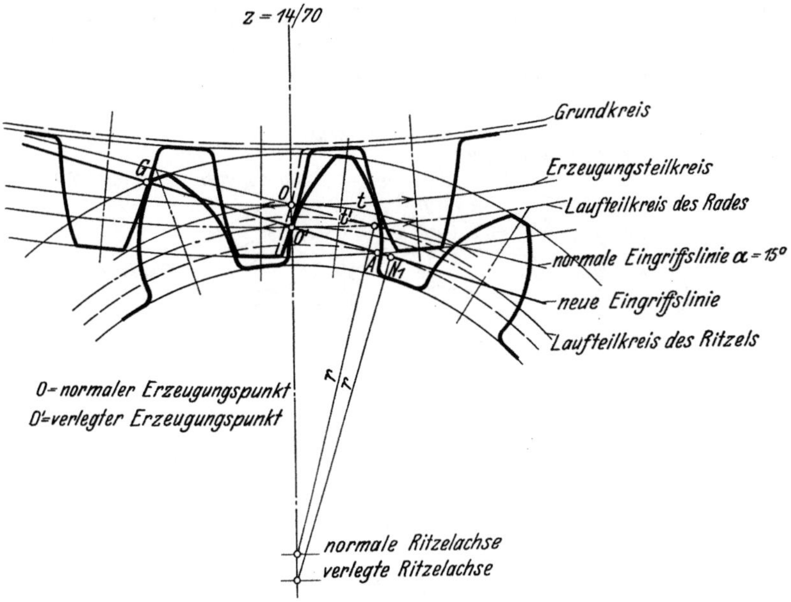

Abb. 228. Zahnräderkorrektur durch Teilkreisverlegung.

profilkurven stimmen mit den ursprünglichen, vom Punkt O erzeugten, genau überein, denn daß die erzeugende Gerade — die Eingriffslinie — eine steilere Richtung gegenüber seither angenommen, sich also der Eingriffswinkel geändert (vergrößert) hat, ist einerlei. Maßgebend ist, daß die einzig und allein auf die Form der erzeugten Kurven Einfluß habende Größe der Grundkreise sich ja durch das Auseinanderziehen nicht geändert hat. Wie die Abb. 228 zeigt, wird durch diese Grundkreisverlegung das Unterscheiden der Ritzelzähne vermieden, da die Radzähne nicht mehr so tief in die Lücke des Ritzels eindringen, wie dies bei normaler Evolventenverzahnung (Abb. 226) der Fall ist. Es ergibt sich damit eine bedeutende Verbesserung des Ritzelzahnprofils, ohne daß gleichzeitig die Radzähne schlechter werden, wie aus Abb. 228 und 229 deutlich zu sehen ist, doch ist dabei zu beachten, daß der Achsabstand der beiden Räder mit dem theoretisch berechneten nicht übereinstimmt, er hat sich ja durch das Auseinanderziehen vergrößert. Die Räder laufen aber auf der neuen Achsdistanz genau so, als wenn ihre Zähne unter Zugrundelegung des neuen Eingriffswinkels und der neuen Teilkreise hergestellt worden wären.

Korrigierte Zahnräder, deren Verzahnung durch Profilverschiebung hergestellt ist, heißen auch Vau-Zahnräder (Zahnräder mit verstärkten Zähnen). Sie ergeben gegenüber den normalen, oder Null-Zahnrädern eine größere oder kleinere Achsdistanz des Getriebes, je nachdem die Profilabrückung positiv, d. h. nach außen, oder negativ, d. h. nach innen, vorgenommen wurde (V_+ und V_--Getriebe). Ein Vau-Null-Getriebe ist ein solches, bei welchem die Zähne des einen Rades mit positiver Profilabrückung, die des andern mit gleicher negativer Profilabrückung hergestellt sind, so daß sich der gleiche Achsabstand wie bei Null-Rädern ergibt.

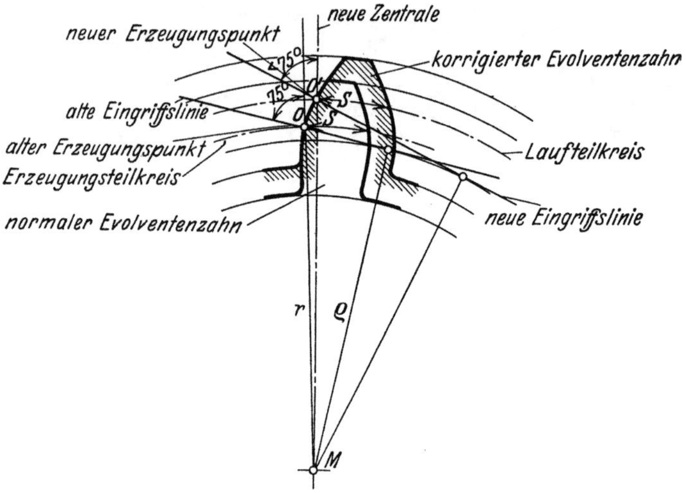

Abb. 229. Nullrad-Zahn und Vaurad-Zahn.

Nimmt man die Bemessung der Außendurchmesser und der Zahnprofile nach den Verhältnissen der auseinandergezogenen Räder vor (Abb. 229), betrachtet also deren Achsabstand als den gewollten, so ist von einem Auseinanderziehen der Räder auf diese Art und Weise nichts zu merken. Man ist dabei an keinerlei Einhalten eines bestimmten Eingriffswinkels oder von Zahnabmessungen, sowie einer bestimmten Teilung gebunden und hat es in der Hand, die Evolventenverzahnung für jede beliebige Übersetzung so auszuführen, daß in bezug auf kräftige, widerstandsfähige Zähne, lange Profilstücke, geringes Gleiten, große Eingriffsdauer die für jeden Fall günstigsten Verhältnisse erreicht werden. Es geschieht dies im Prinzip durch Bestimmung des Eingriffswinkels, der Außendurchmesser und der Zahnstärke der ineinandergreifenden Räder, welche Größen alle von der Normalevolventenverzahnung abweichen. Auf diesem Prinzip beruhen heute die meisten korrigierten Evolventenverzahnungen, u. a. auch die Maag-Verzahnung, die sich nur in der Herstellungsart von den übrigen unterscheidet. (Siehe Herstellung der Zahnräder.)

Nach Angabe der Maag-Zahnräderfabrik variiert bei ihren Verzahnungen der Eingriffswinkel zwischen 15 und 25° (letzteres für ganz extreme Fälle). Die dadurch bedingte Erhöhung des Zahndrucks ist unwesentlich, sie beträgt im Höchstfalle rund 6%.

Nach anderen Angaben der Praxis, bei der die Korrektion der Zähne in der gleichen Weise wie bei der Maagzahnung auf dem Prinzip der Profilverschiebung beider Räder beruht, werden, bezogen auf die Verhältnisse von normalen oder Null-Zahnrädern, folgende Größen für Achsdistanz, Außendurchmesser usw. empfohlen, sofern die Zähnezahl 23 und weniger beträgt:

Zahnkopfhöhe	:	1,5 · Modul
Zahnfußhöhe	:	0,666 · ,,
ganze Zahnhöhe	:	2,166 · Modul (wie normal)
Außendurchmesser	:	$(Z+3)\cdot$ Modul
Achsabstand	:	$\frac{Z_1+Z_2}{2}$ Modul + 0,5 · Modul.[1]

4. Herstellung der Zahnräder.

Die Herstellung der Zähne kann durch Gießen oder durch Spanabnahme geschehen, so daß man es demgemäß entweder mit gegossenen oder mit geschnittenen Zahnrädern zu tun hat. Letztere sind für genauen Gang und Umfangsgeschwindigkeiten von mehr als 2 m/sek. unerläßlich.

Die gegossenen Zahnräder werden, sofern sie kleinere Abmessungen haben, mit ganzen Modellen geformt (bei größerer Stückzahl mit Durchziehformmaschinen), für große Zahnräder jedoch benützt man der großen Kosten und Ungenauigkeit der Modelle wegen zum Einformen der Zähne nur ein kleines Zahnsegment, eventuell nur einen einzelnen Zahn in Verbindung mit einer Räderformmaschine. Diese besteht aus einer vertikalen Säule mit drehbarer Führung, mittelst welcher ein wagrecht verschiebbarer Auslegerarm auf verschiedene Raddurchmesser eingestellt werden kann. Die Zahnform selbst ist an einem senkrecht verschiebbaren Schlitten befestigt und sobald ein Zahn geformt ist, wird er aus der Form herausgezogen und dann entweder der Formkasten um eine Teilung weitergedreht (Kasten ruht dabei auf einem Drehtisch) oder — bei großen Durchmessern — das Zahnmodell um die Teilung gedreht.

Die geschnittenen Zahnräder erhalten ihre Zahnform durch Aushobeln oder durch Ausfräsen der Zahnlücken. Es sind hiefür verschiedene Arbeitsverfahren in Anwendung gekommen:

[1] Eingehendes über diese Fragen, auch über Herstellung und Prüfung von Evolventenzahnrädern findet sich in den Spezialabhandlungen von Dr. A. Schiebel, Zahnräder I. und II. Teil. Julius Springer, Berlin 1923. Prof. H. Friedrich, Evolventenverzahnung, Julius Springer, Berlin 1928 und Ing. R. Herrmann, Evolventen-Stirnradgetriebe, Julius Springer, Berlin 1929.

1. Verwendung von Werkzeugen, deren Schnittkanten genau der Zahnlücke entsprechen (Formfräser): Formfräsverfahren.

2. Verwendung eines stoßenden oder hobelnden Schneidestahls, der nach einer der Zahnform entsprechenden Schablone geführt wird: Kopierverfahren.

3. Verwendung eines Werkzeugs mit einer als Zahnflanke ausgebildeten Schneide, welches sich während des Arbeitsvorgangs mit seiner gedachten Rollkurve auf derjenigen des Werkstückes abwälzt: Abwälzverfahren.

Bedeutung haben in der Praxis nur das erstere und letztere Verfahren erlangt, in hervorragendem Maße das Abwälzverfahren.

1. Das Formfräsverfahren. Das verwendete Werkzeug ist ein Scheibenfräser, dessen Profil genau der Zahnlücke entspricht, welche in einem Arbeitsgange ausgefräst wird. Nach Beendigung desselben wird das Rad zwecks Ausfräsens der nächsten Lücke um eine Teilung gedreht (Teilapparat). Man spricht deshalb auch vielfach von einem Teilverfahren. Da die Form der Zahnlücke einmal von der Teilung des Rads abhängig ist und sodann innerhalb einer bestimmten Teilung bei jeder Zähnezahl wieder anders aussieht, so ist für jeden Modul und jede Zähnezahl ein besonderer Fräser nötig, wenn eine genaue Verzahnung erreicht werden will. Dies wird natürlich zu kostspielig und deshalb praktisch undurchführbar. Man begnügt sich aus diesem Grunde in der Praxis für jede Teilung mit einem Satz von ca. $8 \div 15$ Fräsern wobei die einzelnen Fräser für einen bestimmt begrenzten Zähnezahlenbereich, der aufgestempelt ist, gelten, z. B. für $Z = 12 \div 13$, $14 \div 16$, $17 \div 20$, $21 \div 25$, $26 \div 34$ usw.

Die erzeugte Zahnkurve ist dann nur für die niedrigst vermerkte Zähnezahl genau und richtig und je mehr die Zähnezahl des zu fräsenden Rads von dieser untersten Zahl abweicht, desto größer wird der Fehler.

Trotz dieser Ungenauigkeit ist das Formfräsverfahren sehr viel angewendet, da es eine verhältnismäßig billige Fabrikation und billige Werkzeuge ermöglicht.

Den heutigen Anforderungen jedoch, die durch die fortgesetzt sich steigernden Geschwindigkeiten der Räder gegeben sind und dementsprechend eine absolut präzise Verzahnung verlangen, ist das Formfräsverfahren nicht mehr gewachsen. Diese Präzision gewährleistet nur:

2. Das Abwälzverfahren. Der Grundgedanke dieses Verfahrens läßt sich sehr anschaulich an der Maschine von Fellows erkennen.

Das Werkzeug W der Maschine ist ein als regelrechtes Zahnrad ausgebildetes Stoßrad (Abb. 230), das senkrecht auf und nieder bewegt wird und aus dem horizontal aufgespannten Werkstück, d. h. dem Rad R, zuerst einmal das Material von einer Lücke soweit herausstößt, als der erforderlichen Zahntiefe entspricht. Von diesem Augenblick ab, d. h. sobald das Werkstück auf die richtige Zahntiefe eingestellt ist, werden über die ganze Dauer des weiteren Arbeitsganges sowohl das Werkzeug als das zu bearbeitende Rad einer Drehbewegung um die eigene Achse unterworfen und zwar geschehen diese beiden Drehungen jeweils um einen kleinen Ruck beim Leerhub des Werkzeugs, das zur Schonung der Schneiden hierbei von dem Werkstück abgeschwenkt wird. Es führen damit das Werkzeugrad und das zu schneidende Rad zwangläufig eine sehr langsame Zahnräderbewegung gegeneinander aus, kurz gesprochen: es wälzt sich während der Spanabnahme Werkzeug und Werkstück aufeinander ab. Die Zähne des Werkzeugs werden dabei aus dem zu schneidenden Rad gerade soviel Material herausschneiden (stoßen), als für die ungehinderte Abrollung eines dem Werkzeugrad in Zähnezahl und Profil genau gleichenden Rades erforderlich ist und es werden dann die auf solche Weise hergestellten Räder der verschiedensten Zähnezahlen mit einem dem Werkzeugrad gleichen Gegenrad jeweils richtig zusammenlaufen.

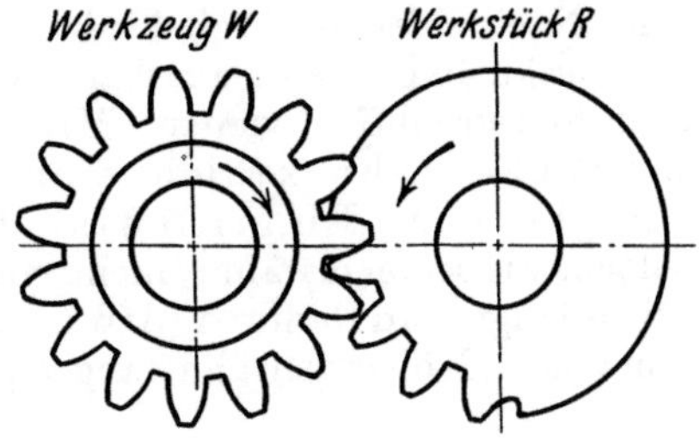

Abb. 230. Zahnradherstellung durch Stoßrad.

Will man nun mit einem Werkzeug Räder beliebiger Zähnezahl erzeugen, welche beliebig unter sich gepaart, richtig zusammenlaufen, so ist dies mit dem Abwälzverfahren möglich, sobald man dem Werkzeugrad keine beliebig profilierten Zähne gibt, sondern solche, deren Flanken eine Eingriffslinie zugrunde liegt, die sich aus kongruenten Stücken rechts und links zur Zentralen zusammensetzt, so daß die Zahnflanken des Werkzeugrads in bezug auf die Teilkreispunkte symmetrisch werden. Das einfachste derartige Profil ist die Gerade für Kopf und Fuß des Zahns, welche Zahnform bekanntlich die der Evolventenzahnstange eigentümliche ist. Benützt man also an Stelle des beliebigen Werkzeugrads ein Evolventen-Zahnstangenstück und läßt man wieder Werkzeug und Werkstück während der Spanabnahme sich aufeinander abwälzen, so müssen die mit diesem Werkzeug hergestellten Räder, gleichviel welcher Zähnezahl, alle richtig miteinander zusammenarbeiten, denn sie sind ja samt und sonders mit einer und derselben Eingriffslinie erzeugt worden, was nach den Verzahnungsgesetzen für das richtige Zusammenarbeiten beliebiger Räder von gleicher Teilung notwendig und hinreichend ist. Die Evolventenzahnstange wurde in der Praxis allgemein in der Form von Evolventen-Schnecken in Anwendung gebracht, deren Längsschnitt bekanntlich das Profil einer Evolventenzahnstange darstellt (allerdings nicht ganz genau) und mit solchen schneckenförmigen Abwälzfräsern werden heute noch die weitaus meisten Räder (Stirnräder mit geraden und schrägen Zähnen, Schrauben- und Schneckenräder) hergestellt, da die erreichte Genauigkeit praktisch zumeist genügt. Die Schraubengänge des Fräsers müssen in die Richtung der auszufräsenden Zahnlücken fallen, so daß also bei Herstellung von geraden Zähnen die Fräserachse um den mittleren Steigungswinkel schräg zur Radebene liegen muß (Abb. 231). Wird dann Fräser und Rad zwangläufig im Übersetzungsverhältnis angetrieben, so bewegt sich der Schneidezahn achsial gegenüber dem sich drehenden Rad hin und her, d. h. man hat damit in einfacher Weise die notwendige Abwälzbewegung zwischen Werkzeug und Werkstück. Damit das erzeugende Fräserprofil beim Nachschleifen gleich bleibt, werden hinterdrehte Fräser benützt, die zweckmäßigerweise, um Härtefehler auszuschalten, nach dem Härten noch hinterschliffen werden. Mit einem einzigen Fräser können sämtliche Zähnezahlen einer Teilung hergestellt werden, bei gleichem Eingriffswinkel. Die erzeugten Zahnformen sind jedoch, wie schon erwähnt, nicht vollkommen genau. Absolute Genauigkeit erlangt man dadurch, daß man das Werkzeug als Hobelstahl ausführt mit Evolventenzahnstangenquerschnitt und diesen Stahl wieder nach dem Abwälzverfahren arbeiten läßt, also m. a. W. eine exakte Evolventenzahnstange gegenüber dem zu schneidenden Rad abwälzt, was natürlich auch vollkommen genaue Evolventen als erzeugte Zahnkurven gibt.

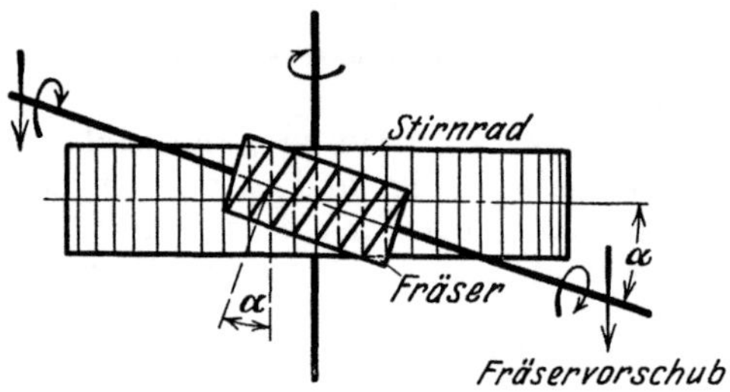

Abb. 231. Zahnradherstellung durch Schneckenfräser.

Der Wälzvorgang wird dabei erzeugt durch Abrollen von Stahlbändern an einem Rollzylinder — Bilgramverfahren — dessen Durchmesser gleich dem Teilkreisdurchmesser des zu schneidenden Rades ist. Auch hier lassen sich mit einem Werkzeug für eine bestimmte Teilung und Eingriffswinkel sämtliche Zähnezahlen ausschneiden und zudem durch Änderung der Teilwechsel- und Vorschubräder der Maschine auch noch Modul und Eingriffswinkel beliebig gestalten, also korrigierte Zahnräder hobeln.

Trotz dieser exakten Herstellung ist bei gehärteten Rädern wegen der Härteverziehungen mit Ungenauigkeiten beim Laufen zu rechnen. Um diese auszuschalten, werden die Zähne der Räder nach dem Härten noch geschliffen.

Im Prinzip arbeiten solche Räderschleifmaschinen genau wie die Räderhobelmaschinen, indem an Stelle des Hobelstahles die Schleifscheibe tritt, deren Planseite die Flanke eines Zahnstangenzahnes darstellt.

Weil die Räderhobelmaschinen quantitativ weniger leisten wie die Räderfräsmaschinen, so werden in der Praxis vielfach die Räder zuerst mit Abwälzfräsern vorgefräst und dann die Zahnflanken nachgeschliffen.

Sind aber keine geschliffenen Zähne erforderlich, so sind die gehobelten Zähne den gefrästen überlegen.

Bei kleinen Zähnezahlen (von $Z \leq 20$ ab) werden die mit normalen Schneckenfräsern (Eingriffswinkel 15^0 bzw. 20^0) hergestellten Zähne so stark unterschnitten, daß sie praktisch unbrauchbar werden. Abzuhelfen wäre damit, daß man den Schneckenfräser nicht so tief in die

Zahnlücke eindringen ließe, also eine Profilabrückung vornehmen würde. Dies bringt aber eine kleine Ungenauigkeit mit sich, weil nicht mehr der eigentliche Fräserteilriß den Teilkreis des zu fräsenden Rades berührt, sondern eine weiter außen liegende Linie an diese Stelle tritt, woselbst die Schnecke einen anderen Steigungswinkel aufweist, wodurch beim Fräsen etwas verzerrte Profile erzeugt werden.

Diese Fehler sind bei der Maag-Verzahnung dadurch vermieden, daß als Werkzeug kein Schneckenfräser, sondern eine mehrzähnige Evolventenzahnstange mit 15^0 oder 20^0 Eingriffswinkel, ein sog. Kammstahl benutzt wird, der als Produkt des Abwälzprozesses absolut genaue Evolventenprofile verbürgt, die bekanntlich unempfindlich gegen Achsdistanzveränderung sind, so daß, wenn jetzt mit dem Werkzeug gegenüber dem Rad zwecks Verminderung des Unterschnitts der Zähne eine Profilabrückung vorgenommen wird, die dabei erzeugten Zähne theoretisch vollkommen richtig sind und auch die richtige Teilung haben, da diese bei Zahnstangen ja für alle Zahntiefen konstant bleibt. Der Fräsvorgang läßt sich an Hand von Abb. 226 verfolgen, wenn man an die Stelle der dort gezeichneten Zahnstange den Kammstahl setzt und diesen um das Ritzel herumwälzt.

Die einfache Gestalt des Werkzeugs und die Möglichkeit dieses jederzeit nachschleifen zu können, ohne das Profil zu ändern, vergrößert noch die Vorzüge dieser Verzahnung. Die erforderliche Abwälzbewegung zwischen Werkzeug und Rad wird durch gleichzeitig erfolgende Drehung und Verschiebung des Werkstücks längs des Zahnstangenwerkzeugs durchgeführt. Der Kammstahl bewegt sich nur vertikal auf und ab und hobelt dabei aus dem Rad die Zähne aus. Die erwähnte Wälzbewegung des Werkstücks vollzieht sich absatzweise während des Werkzeugrücklaufs (Werkzeug wird hierbei vom Werkstück abgehoben), also im unbelasteten Zustand.

Nach dem Maag-Verfahren lassen sich auch Schraubenräder herstellen, es ist nur erforderlich, daß der Werkzeugstössel aus seiner senkrechten Lage um den gewünschten Schraubenwinkel ausgeschwenkt wird. Es können aber mit diesem Verfahren, ebenso auch mit dem Schneckenfräser und dem Hobelstahl, nur außenverzahnte Räder hergestellt werden, innenverzahnte Räder fertigt man mit dem Stoßrad oder auch mit Formfräsern an.

Die Maag-Schleifmaschine zum Schleifen der Zähne arbeitet wie die Maag-Hobelmaschine nach dem Abwälzverfahren und zwar mit zwei Scheiben, deren wirksame Schleifebenen die Flanken eines Zahnstangenzahns repräsentieren. Das zu schleifende Rad wälzt sich unter diesen Scheiben hin und her, wobei die Wälzbewegung wie bei der Bilgram-Hobelmaschine durch Rollbogen und Bänder bewirkt wird. Die Schleifscheiben sind Tellerscheiben, um je 15^0 bzw. 20^0 gegen die Vertikale geneigt und gegenüber dem Zahnrad so eingestellt, daß sie in einer oder in zwei benachbarten Zahnlücken stehen und der Schleifrand der einen Scheibe eine rechte, der der anderen eine linke Zahnflanke berührt. Wälzt man nun das Zahnrad auf der gedachten Zahnstange (deren Zahn durch die Schleifscheibenebenen dargestellt ist) ab, so hüllen diese Ebenen Evolventen ein. Damit die Schleifscheiben die ganze Zahnflanke bestreichen können, wird dem Zahnrad eine langsame, stetige Bewegung in Richtung seiner Achse erteilt. Näheres über den Aufbau dieser Maschine, desgleichen über die Maag-Zahnradhobelmaschine siehe Zeitschrift „Der Maschinenbau“ 1926, Heft 9, S. 402 u. f.

In ganz ähnlicher Weise arbeitet auch die Stirnradschleifmaschine von Reinecker, Chemnitz. Sie hat nur eine Schleifscheibe, deren Planseite die Flanke eines Zahnstangenzahns darstellt, so daß sie also auch Evolventenverzahnung herstellt. Das Rad macht gegenüber der Schleifscheibe die übliche Abwälzbewegung (durch Stahlbänder und Rollzylinder durchgeführt) und bewegt sich zugleich auch achsial hin und her. Es werden zuerst alle Zähne an einer Flanke geschliffen, darnach das Rad umgesteckt und hierauf die andere Flankenseite geschliffen.

Pfeilzähne können, weil das Schneidwerkzeug innerhalb der Zahnlücke nicht frei auslaufen kann, weder mit Scheibenfräsern, noch mit Schneckenfräsern hergestellt werden, sondern erfordern Fingerfräser, also profilierte Werkzeuge. Die genaue Herstellung von Rädern mit Pfeilzähnen ist deshalb teurer. Das Arbeiten mit Fingerfräsern geht so vor sich, daß der Fräser zuerst bis zu der eingestellten Zahntiefe vordringt und dann senkrecht dazu, in Richtung der Zahnbreite, umgesteuert wird. Im gleichen Augenblick beginnt die Drehung des zu schneidenden Rads. Die entstehende Zahnlücke ist die Resultierende aus der geradlinigen Bewegung des Fräsers und der Drehbewegung des Arbeitsstücks. Ist die Zahnlücke durchgefräßt, so tritt der Fräser aus der Zahnlücke heraus und geht beschleunigt in die Anfangsstellung zurück, während zugleich der Radkörper um eine Teilung gedreht wird, so daß der Fräser die neue Lücke trifft, wenn er in der Anfangsstellung angelangt wieder vordringt. Es entsteht beim Schneiden bei jedem Zahn auf einer Flanke eine Spitze, auf der andern Flanke eine Rundkehle und muß deshalb nachträglich die Spitze abgerundet werden, so daß streng genommen die gerade im besonderen Maße widerstandsfähige Zahnmitte nicht an der Kraftübertragung teilnimmt. Dieser Nachteil wird bei der Sykes-Pfeilradverzahnung vermieden, bei der das Pfeilprofil durch zwei Stoßräder erzeugt wird, die von den Stirnseiten her die Zahnlücken ausstoßen nach dem gleichen Verfahren wie bei der Fellows-Abwälzmaschine, nur daß die Stoßräder während des Hubs eine schraubenlinienförmige Bewegung machen.

In der neuesten Zeit ist ein Verfahren von Böttcher bekannt geworden, bei welchem die Pfeilzahnform als verlängerte Hypozykloide von den Schneidkanten eines Fräskopfes, der eine aus zwei zugleich erfolgenden Drehbewegungen sich zusammensetzende Planetenbewegung macht, in den Radkörper in ununterbrochener Abwälzung eingeschnitten wird. Weiteres hierüber siehe Ztschrft. „Der Maschinenbau“, 1927, Heft 3.

Die Herstellung von Kegelradzähnen durch Spanabnahme ist wegen der Veränderlichkeit der Teilung und damit auch des Zahnprofils über die Radbreite hinweg mit den bei den Stirnrädern üblichen Fräswerkzeugen (Scheiben- und Schneckenfräser) nicht, jedenfalls nicht genau genug möglich. Das verbreitetste Verfahren zur Herstellung von Kegelrädern mit geraden Zähnen ist das Hobeln nach dem Abwälzverfahren, das sehr exakte und saubere Evolventenzähne liefert. Die Arbeitsweise ist im Prinzip die gleiche, wie beim Hobeln von Stirnradzähnen: Das Werkzeug ist wie dort ein hin- und hergehender Stahl mit einer Schneidkante, die aber diesmal nicht die Flanke einer gedachten Zahnstange vorstellt, sondern die Zahnflanke des entsprechenden Plankegelrads, dessen Zahnrichtung er folgt und von dem sich während der Bearbeitung das zu schneidende Rad abzuwälzen hat (Abb. 232), welche Zahnform aber im Querschnitt dieselbe ist wie bei der geraden Zahnstange, nämlich eine unter 15 bzw. 20° zur Senkrechten geneigte Gerade. Dieses Plankegelrad ist in Wirklichkeit nicht vorhanden, sondern nur gedacht und wird die Abwälzung durch einen Rollkegel (Rollbogen) und Stahlbänder, die an einer festen Traverse befestigt sind, durchgeführt (System Bilgram). Sie ist die zwangläufige Folge davon, daß die schräg liegende Achse y—y des Werkstücks um eine vertikale Achse x — x geschwenkt wird, wodurch sich unter dem Einfluß des Rollkegels und der Stahlbänder das Werkstück genau so dreht, wie dies beim Abrollen von einem Planrad der Fall wäre. Je nach Größe des zu bearbeitenden Rades ändert sich auch der erforderlich werdende Rollkegel, der so groß sein muß, daß beide die gleiche Winkelgeschwindigkeit besitzen. Das Werkzeug arbeitet in Richtung der Kegelspitze, erzeugt daher gerade Zähne am Werkstück. Man benützt in der Praxis drei Hobelstähle, einen für den Mittelschnitt, und je einen Seitenstahl für Rechts- und Linksschnitt der Zahnlücke. In genau der gleichen Weise arbeitet auch die Kegelrad-Schleifmaschine, bei der die ebene Fläche der Schleifscheibe die Schneidkante des Hobelstahls vertritt. Bekannte Konstruktionen sind die von Reinecker in Chemnitz, dann die amerikanischen Maschinen von Brown & Sharpe und von Gleason (zwei gegenläufige Hobelstähle).

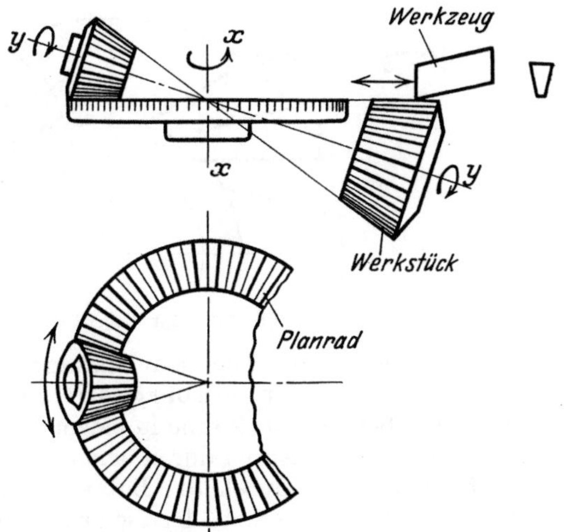

Abb. 232. Herstellung von Kegelradzähnen.

Sollen Kegelräder mit schrägen Zähnen hergestellt werden, so ist dies nach demselben Prinzip möglich, wie bei der Herstellung gerader Zähne. Der Unterschied ist der, daß der Hobelstahl nicht zum Mittelpunkte des Plankegelrads, sondern tangential zu diesem arbeitet. Das in diesem Falle maßgebende Plankegelrad entspricht somit einer Zahnstange mit schrägen Zähnen (Abb. 233). Neben den schrägen Zähnen, wie sie die Kegelradhobelmaschinen liefern, sind in der neueren Zeit auch Kegelräder mit spiralförmigen und kreisbogenförmigen Zähnen aufgekommen, für deren Herstellung eine ganze Reihe von Maschinen be-

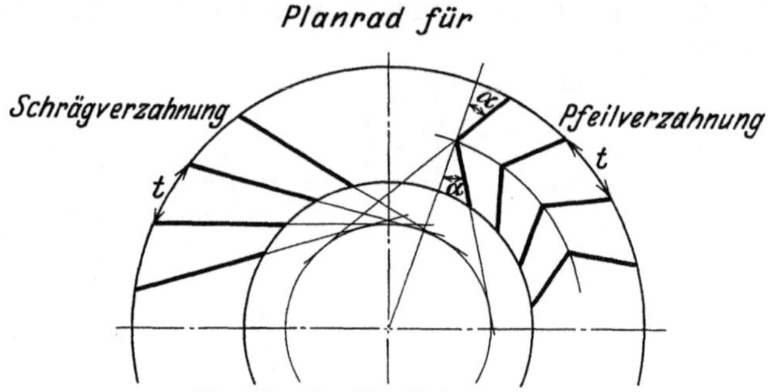

Abb. 233. Zur Kegelräderherstellung.

kannt geworden sind. Eine sehr leistungsfähige Maschine für Spiralkegelräder ist der Klingelnberg-Automat (Klingelnberg Söhne, Remscheid), bei dem die Zähne in einem einzigen Arbeitsgang in kontinuierlichem Wälzverfahren durch einen konischen Schneckenfräser hergestellt werden, der durch die Bahn, die er durchläuft, ein Planrad bildet, das dann das Werkstück zu seinem Gegenrad ausbildet. Charakte-

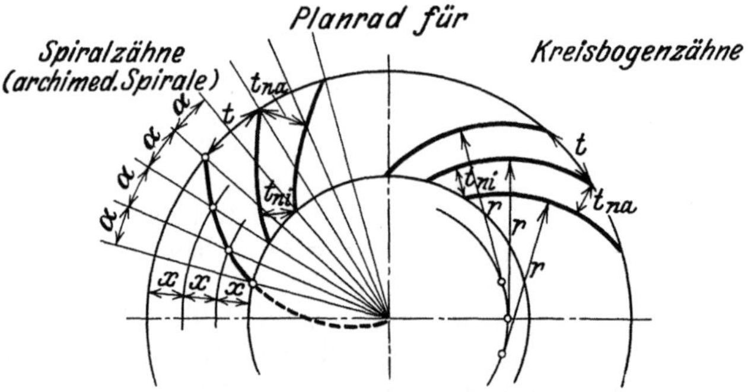

Abb. 234. Zur Kegelräderherstellung.

ristisch bei diesen spiraligen und kreisförmigen Zähnen ist, daß sie bezüglich der Zahnhöhe keine Verjüngung nach der Kegelspitze zu haben, Zahnkopf und Zahnfußlinien sind parallel und haben wie beim Stirnrad über die ganze Radbreite gleichen Zahnquerschnitt, womit auch überall gleiche Normalteilung verbunden ist. Die Stirnteilungen innen und außen sind natürlich ungleich (Abb. 234).

5. Abnützungsverhältnisse bei Evolventen-Verzahnungen.

Die Kennzeichen der besten Verzahnung sind im besonderen:

1. geringste Abnützung der Zahnflanken,
2. möglichste Geräuschlosigkeit im Betrieb,

3. größte Festigkeit der Zähne auf Biegung,
4. Verwendungsmöglichkeit der kleinsten Zähnezahlen,
5. genaueste, dabei möglichst einfache Herstellung.

Die Lebensdauer eines Zahnrades steht in erhöhtem Maße im umgekehrten Verhältnis zur Zahnabnützung. Punkt 1 ist somit von ausschlaggebender Bedeutung für die Beurteilung einer Verzahnung, von ihm hängt zugleich in hohem Maße die Erfüllung von Punkt 2 und 3 ab. Dies erklärt sich aus der an jedes richtig arbeitende Zahnradgetriebe zu stellenden Grundforderung des konstanten Verhältnisses der Winkelgeschwindigkeiten. Nur unabgenützte Zahnflanken erfüllen diese Forderung genau, d. h. erteilen dem Gegenrad eine gleichförmige Winkelgeschwindigkeit. Dies ändert sich aber, sobald die geringste Abnützung an den Zahnflanken eintritt, denn infolge des entstehenden — wenn auch minimalen — Spielraums zwischen den Zahnflanken, treten Schlagwirkungen auf, welche die durch die Reibung entstandene Abnützung vergrößern und damit zugleich wieder die Schlagwirkung verstärken, was schließlich das Abspringen der Gußhaut bzw. der Härteschicht zur Folge hat und so sehr bald den ganzen Zahn zerstört.

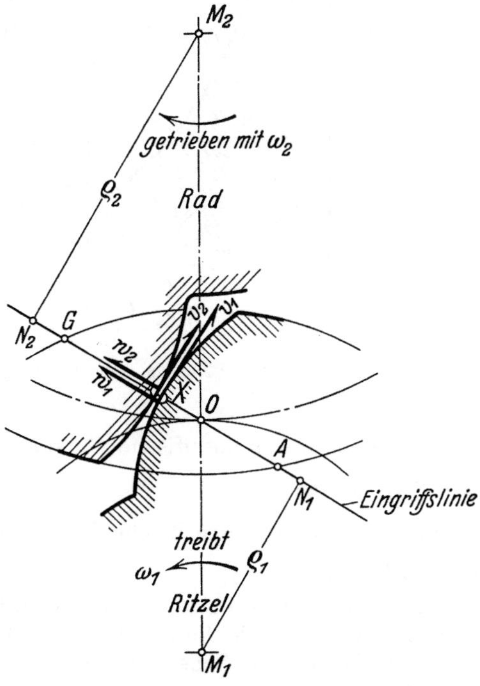

Abb. 235. Gleitverhältnisse der Zähne.

Die Verkleinerung der Zahnabnützung bedeutet also neben der längeren Erhaltung des genauen Zahnprofils auch wegen des Ausbleibens der schlagenden Kräfte eine Verminderung der Festigkeitsbeanspruchung, weniger Erwärmung und weniger Geräusch.

Es wird bezüglich der Abnützung diejenige Zahnform die beste sein, bei welcher das Verhältnis Gleitlänge zu Profilstücklänge über die ganze wirkliche Eingriffsdauer hinweg den geringsten Wert ergibt. Bezüglich Erwärmung wird dasjenige Getriebe das beste sein, welches den geringsten Reibungsverlust, d. h. den besten Wirkungsgrad besitzt. Beides, Abnützung und Reibungsverlust, stehen in engem Zusammenhang, der sich graphisch sehr anschaulich darstellen läßt.

In den Abb. 235 und 236 für die Normal-Evolventen-Verzahnung ist:
Strecke N_1ON_2 die höchstzulässige Eingriffstrecke.

Strecke AOG die tatsächliche Eingriffstrecke.

Linie der v_1 = die Geschwindigkeit des wand. Eingriffspunktes in bezug auf das Ritzelprofil senkrecht zur Eingriffslinie.

Linie der v_2 = die Geschwindigkeit des wand. Eingriffspunktes in bezug auf das Radprofil senkrecht zur Eingriffslinie.

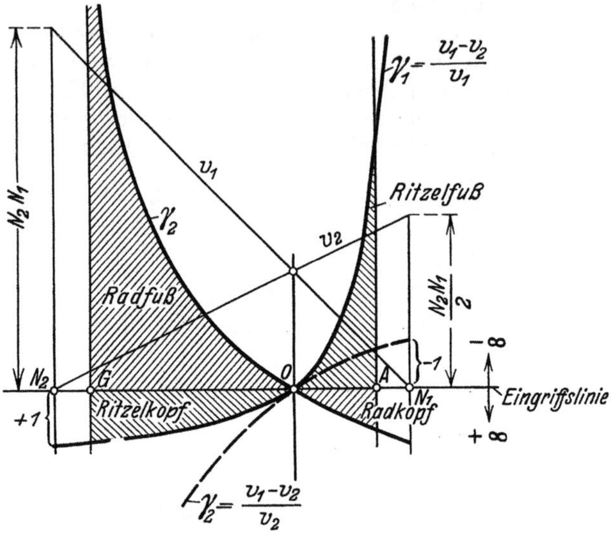

Abb. 236. Zahnabnützungskurven.

Kurve γ_1 = das spezifische Gleiten d. h. Verhältnis $\frac{\text{Gleitweg}}{\text{Provilstrecke}}$ des Ritzelprofils.

Kurve γ_2 = das spezifische Gleiten d. h. Verhältnis $\frac{\text{Gleitweg}}{\text{Provilstrecke}}$ des Radprofils.

Die schraffierten Flächen sind Schaubilder der Abnützung beider Profile; die durch die Linien der v_1 und v_2 sowie die Ordinaten von A und G begrenzten Scheiteldreiecke sind Schaubilder des Leistungsverlustes.

Der Konstruktion der Abnützungskurven liegt folgende Betrachtung zugrunde (Abb. 235):

In jedem Zeitelement Δt der Eingriffsdauer wandert der Eingriffspunkt X auf der Eingriffslinie $N_1 N_2$ mit der Geschwindigkeit $w_1 = \omega_1 \times \varrho_1$ bzw. mit der Geschwindigkeit $w_2 = \omega_2 \cdot \varrho_2$. Die Gleichheit dieser Geschwindigkeiten ist bei steter Berührung der Profile selbstverständliche Voraussetzung (das Verzahnungsgesetz verlangt ja $\omega_1 : \omega_2 = \text{const.}$). Senkrecht zur Eingriffslinie bewegt sich dabei der Punkt X mit der veränderlichen Geschwindigkeit v_1 bzw. v_2. Diese letzte Bewegung (Relativbewegung des wandernden Eingriffspunktes) erzeugt bei der Drehung das Zahnprofil. Im Punkt N_1 beginnt diese Erzeugung, im Punkt N_2 ist sie fertig. In Abb. 237 sind die den drei Bewegungen (Führungs-Absolut- und Relativbewegung) des Eingriffspunkts X entsprechenden Geschwindigkeiten u, v und w in ihrem Zusammenhang ersichtlich.

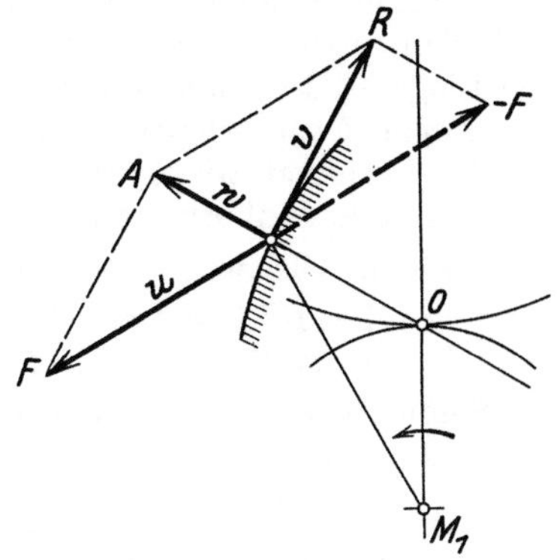

Abb. 237.
Kinematik des Zahneingriffspunktes.

Die erzeugten Profilstücke sind also bezüglich ihrer Länge abhängig von dem Abstand des Berührungspunktes X von N_1 bzw. von N_2 und damit ist auch die Geschwindigkeit mit der die Profilerzeugung vor sich geht, außer von der Drehbewegung des Rades, von diesem Abstand abhängig. Es ist also $v_1 = \omega_1 \cdot X N_1$ und $v_2 = \omega_2 \cdot X N_2$.

Im Punkt N_1 ist f. das Ritzelprofil die Geschwindigkeit: $v_1 = \omega_1 \cdot o = o$
„ „ O „ „ „ „ „ „ $v_1 = \omega_1 \cdot O N_1$
„ „ N_2 „ „ „ „ „ „ $v_1 = \omega_1 \cdot N_1 N_2$

Analog ist für das Radprofil, das auf dem Weg von N_2 nach N_1 erzeugt wird:

Im Punkt N_2 die Geschwindigkeit: $v_2 = \omega_2 \cdot o = o$
„ „ O „ „ $v_2 = \omega_2 \cdot N_2 O$
„ „ N_1 „ „ $v_2 = \omega_2 \cdot N_2 N_1$

Es sei nun $\omega_1 = 1$, dann ist bei der gewählten Zähnezahl $\omega_2 = \frac{1}{2}$.

Dann wird bei N_1: $v_1 = o$; $v_2 = \frac{N_2 N_1}{2}$

„ O: $v_1 = N_1 O$; $v_2 = \frac{N_2 O}{2}$

„ N_2: $v_1 = N_1 N_2$; $v_2 = o$.

In der Abb. 236 sind diese Geschwindigkeiten senkrecht zur Eingriffslinie $N_1 N_2$ aufgetragen. Man sieht, daß die Geschwindigkeiten nur in einem Zeitpunkt, nämlich bei O, dieselben sind; dies ist also der einzige Punkt, in dem kein Gleiten, sondern reines Rollen stattfindet. Da beide Geschwindigkeiten gleich gerichtet sind, so muß in jedem Zeitpunkt, bei dem v_1 nicht $= v_2$ ist, die Zahnberührung unter Rollen und Gleiten zugleich stattfinden, wobei die Differenz von v_1 und v_2 die Gleitgeschwindigkeit und der übrige Teil die Rollgeschwindigkeit darstellt.

Die Abb. 236 zeigt, daß bei O die Geschwindigkeits-Differenz, d. h. die Gleitgeschwindigkeit, ihre Richtung wechselt; die Gleitreibungskraft selbst ruft aus diesem Grund an dieser Stelle bei jedem Zahneingriff ein Schwingen hervor (senkrecht zur Eingriffslinie), was bei biegsamen Wellen in besondere Erscheinung tritt.

Die Ordinatenstücke $(v_1 - v_2)$ stellen für die unendlich kleine Zeit Δt zugleich auch ein Maß für den Gleitweg dar, denn für die Zeit Δt

kann die Gleitgeschwindigkeit gleichförmig angenommen werden, so daß der Gleitweg $= (v_1 - v_2)\ \Delta t$ ist.

Um nun ein einwandfreies Bild für die Abnützung an den einzelnen Zahnflankenpunkten zu erhalten, ist erforderlich, für jeden Zeitpunkt der Eingriffsdauer das Verhältnis Gleitweg: Profilweg — das sogenannte spezifische Gleitverhältnis der Zahnflanken — festzustellen, denn die Abnützung hängt, wie eingangs erwähnt, davon ab, auf welche Länge sich die gleitende Reibung erstreckt hat.

Die dem Gleitweg $(v_1 - v_2)\ \Delta t$ entsprechende Profillänge ist:

beim Ritzel $v_1 \cdot \Delta t$
beim Rad $v_2 \cdot \Delta t$

Somit ist das spezifische Gleitverhältnis:

für das Ritzel:

$$\gamma_1 = \frac{(v_1 - v_2)\,\Delta t}{v_1 \times \Delta t} = \frac{v_1 - v_2}{v_1} = 1 - \frac{v_2}{v_1} \qquad \begin{aligned} v_1 &= o:\ \gamma_1 = -\infty \\ v_2 &= o:\ \gamma_1 = +1 \end{aligned}$$

für das Rad:

$$\gamma_2 = \frac{(v_1 - v_2)\,\Delta t}{v_2 \times \Delta t} = \frac{v_1 - v_2}{v_2} = \frac{v_1}{v_2} - 1 \qquad \begin{aligned} v_1 &= o:\ \gamma_2 = -1 \\ v_2 &= o:\ \gamma_2 = +\infty \end{aligned}$$

Es verlaufen also die Werte:

für γ_1 von $+1$ bis $-\infty$
für γ_2 von -1 bis $+\infty$

In dem graphischen Bild der Abb. 236 sind die Werte beider Kurven von $+1$ bis $-\infty$ wachsend dargestellt, da man ja für die Feststellung der Größe des spezifischen Gleitens nur die absoluten Werte braucht.

Die analytische Betrachtung der Gleitkurven γ_1 und γ_2 ergibt, daß es gleichseitige Hyperbeln sind, deren eine Asymptoten die Senkrechten von den Radmittelpunkten auf die Eingriffslinie sind, während die anderen Asymptoten parallel zu dieser Eingriffslinie im Abstand

$$1 + \frac{z}{Z} \text{ bzw. } 1 + \frac{Z}{z} \text{ liegen.}$$

Die über und unter der tatsächlichen Eingriffsstrecke liegenden Hyperbelflächen geben ein unmittelbares Bild des spezifischen Gleitverhältnisses und damit der Abnützung der Profile.

Unter den heute bekannten üblichen Zahnformen ergibt die Maag-verzahnung besonders günstige Abnützungsverhältnisse (näheres hierüber siehe Aufsatz von Ing. Hofer, Zahnradfabrik Friedrichshafen, in den Mitteilungen des Bodensee-Bezirksvereins des V. D. I. 1922, Heft 1), die nur noch von der sog. „Ozoiden-Verzahnung" von Stolzenberg & Co., Berlin-Reinickendorf erreicht werden. Diese Verzahnung hat als Eingriffslinie eine schwach gekrümmte Kurve mit nach den Eingriffsenden hin zunehmender Krümmung, also eine Kurve, die so gewählt ist, daß sie die Vorzüge der Zykloiden- und die der Evolventenverzahnung möglichst in sich zu vereinigen sucht und damit kräftige Zahnformen ergibt, die auch bei niedrigsten Zähnezahlen frei von Unterschnitt sind. Ihrer teuren Herstellung wegen kommt die an sich sehr gute Verzahnung nur für Spezialzwecke in Frage.

6. Berechnung der Zahnräder.

Die Bewegungs-Übertragung bei Zahnrädern vollzieht sich unter der Einwirkung äußerer Kräfte, die sich aus dem zu übertragenden Drehmoment bzw. der zu übertragenden Leistung ergeben. Während der Drehung der Räder drücken die einander berührenden Zähne sich gegenseitig mit einer Kraft, die als Zahndruck bezeichnet wird, und die senkrecht steht auf der momentanen Berührungsfläche beider Zähne. Dieser Zahndruck Z fällt bei der Evolventenverzahnung in die Richtung der Eingriffslinie, die bekanntlich eine konstant gleichbleibende Richtung

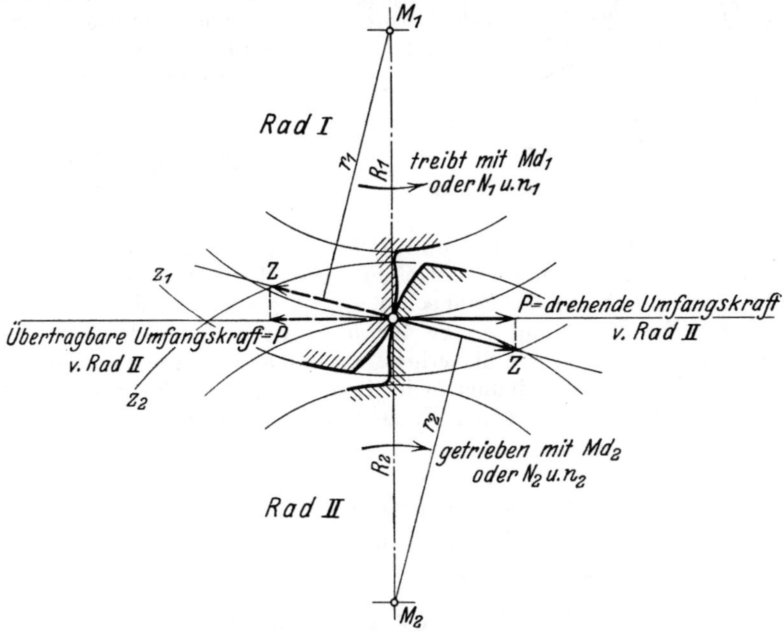

Abb. 238. Kräfte an den Zähnen.

hat, so daß also bei Evolventenverzahnung die Zahndruckrichtung gleich bleibt und damit der Zahndruck selbst seine Größe nicht ändert.

Bei der Zykloidenverzahnung aber ist die Richtung des Zahndruckes eine stets wechselnde und damit auch die Größe des Zahndruckes veränderlich; was sich aber nicht ändert, das ist die Horizontalkomponente des Zahndruckes P (Abb. 238), welche die Kraft vorstellt, die am Umfang der Räder bei der Drehung derselben mitgenommen werden kann, deshalb auch die übertragbare Umfangskraft heißt. Zu ihrer Bestimmung gilt die Beziehung:

$$P \cdot R_1 = Z_1 \cdot r_1 = M_{d1} = 71\,620 \frac{N_1}{n_1}$$

$$P \cdot R_2 = Z_2 \cdot r_2 = M_{d2} = 71\,620 \frac{N_2}{n_2}$$

Bei der Betrachtung der Kraftverhältnisse an Zahnrädern wird deshalb stets von dieser feststehenden Umfangskraft P ausgegangen.

Durch die eben genannte Kraft P wird nun der einzelne Zahn auf Biegung beansprucht und dieser ist deshalb so stark zu machen, daß er diese Biegungsbeanspruchung anstandslos aushält. Da die Zahnstärke nun von der Teilung des Zahnrades abhängt, so läuft also die Berechnung eines Zahnrades auf die Berechnung der Zahnteilung hinaus.

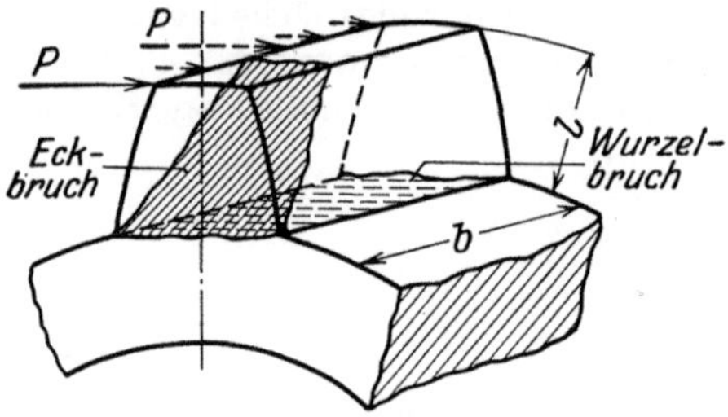

Abb. 239. Zahnbeanspruchungen.

Den ungünstigsten Fall der Beanspruchung erhält man, wenn die ganze zu übertragende Umfangskraft von einem einzigen Zahn auszuhalten ist und dieser Zahn seinen Eingriff gerade beginnt.

Man hat dann die in der Abb. 239 festgehaltene Sachlage. Greift hierbei P etwa in der Mitte des Zahnes an (was bei gut gearbeiteten und gut gelagerten Rädern immer der Fall sein wird), so liegt die Gefahr eines Wurzelbruches vor, greift aber P in der Nähe des Zahneckes an, so würde ein Eckbruch entstehen. Die Rechnung ergibt für $b = 1{,}4\,t$ für beide Arten von Brüchen eine gleichgroße Sicherheit. Da nun angenommen werden darf, daß die Kraft P wohl immer mehr in der Mitte des Zahnes angreift, so ist der Zahn gegen einen Wurzelbruch zu sichern und aus diesem Grund macht man:

$$b \geq 2\,t$$

Für diese Sachlage hat man dann:

$$M_b = P \cdot l = P \cdot 0{,}7\,t$$

$$M_b = W \cdot k_b$$

$$W = \frac{1}{6} \cdot b \cdot (0{,}5^2\,t^2 \text{ bis } 0{,}55^2\,t^2)$$

$$k_b = 300 \text{ kg/cm}^2 \text{ für homogenen Guß}$$

$$P \cdot 0{,}7\,t = \frac{1}{6} \cdot b \cdot (0{,}25\,t^2 \text{ bis } 0{,}3\,t^2) \cdot 300$$

$$\text{oder } P = 18 \cdot b \cdot t \text{ bis } 21 \cdot b \cdot t,$$

also durchschnittlich $P = 20 \cdot b \cdot t$.

Allgemein:

$$P = c \cdot b \cdot t,$$

wobei c die Belastungszahl des Rads, welche beträgt:

$$c = \frac{k_b}{15} \text{ bis } \frac{k_b}{14}\,.$$

Dies ist die Grundgleichung der Zahnradberechnung.

Die Größe der Belastungszahl c hängt einmal von der Eingriffsdauer der Räder ab, die in obiger Ableitung gerade gleich 1 angenommen ist, womit also stets nur ein Zahn im Eingriff wäre und dieser die ganze zu übertragende Kraft auszuhalten hätte. Ist die Eingriffsdauer, wie zumeist, größer als 1, dann ist von dem Augenblick an, wo der einzelne Zahn seinen Eingriff beginnt, noch ein zweiter Zahn im Eingriff, so daß sich die zu übertragende Kraft auf zwei Zähne verteilt. Dieser zweite Zahn kommt aber bei der Weiterdrehung des Rades bälder außer Eingriff als der nächste Zahn zur Berührung kommt, so daß also eine gewisse Zeit lang auch bei dieser Sachlage nur ein Zahn im Eingriff steht, der aber dann nicht mit seiner Zahnspitze, sondern in einem weiter innen, ungefähr in der Gegend des Teilkreises, gelegenen Punkte den Gegenzahn berührt, also günstiger belastet ist, wie in der Rechnung angenommen wurde. Erst wenn die Eingriffsdauer gleich zwei und größer geworden ist, nehmen immer zwei Zähne zugleich an der Übertragung teil, so daß jetzt der einzelne Zahn nur noch die Hälfte der Umfangskraft der Räder als Belastung zu tragen hat.

Sodann hängt die Belastungszahl c ab vom Material der Räder, von deren Herstellung und Wartung und von ihrer Gangart, d. h. davon, ob die Räder im Dauerbetrieb laufen oder mit Zwischenpausen (intermittierender Betrieb).

Als Material für Zahnräder kommt in Frage: Gußeisen, Stahlguß, Stahl, verschiedene Bronzen (Rotguß, Messingguß, Phosphorbronze, Deltametall), dann noch verschiedene schalldämpfende Stoffe wie Papier, Rohhaut, Vulkanfiber, Weißbuchenholz (für die Zähne des großen Rads von Wasserturbinenantrieben), Silkurit, Novotext u. a. Silkuriträder (von Stolzenberg & Co., Berlin) und Novotexträder (AEG., Berlin) sind im Gegensatz zu Papier-, Rohhaut- und Vulkanfiberräder gegenüber Wasser, Öl und Wärme absolut formbeständig. Die Novotexträder bedürfen ihres fest zusammenhängenden Gefüges wegen normalerweise keiner metallischen Seitenscheiben wie die sonstigen derartigen Räder, auch eine Achsbuchse ist nicht direkt notwendig, aber besser. Sie sind sehr leicht (spez. Gewicht 1,4) und können annähernd so hoch beansprucht werden wie Gußeisen, haben auch ein großes Dämpfungsvermögen gegenüber aufgezwungenen Schwingungen und haben sich für rasch laufende Antriebe, besonders im Automobilbau, sehr gut bewährt. Die Räder mit schalldämpfenden Stoffen kämmen immer mit einem Metallrad zusammen.

Erfahrungsgemäß kann für c gesetzt werden:

1. Für Räder mit intermittierendem Betrieb (Krafträder).

a) Für schnellaufende Räder ($v \geq 3$ m/sek Umfangsgeschwindigkeit), hierbei Räder im öldichten Kasten im Ölbad laufend.

Bei	Guß/Guß,	Zähne gefräst	$(t \geq 6\,\pi)$	$c \leq 14$
,,	Stahl/Guß,	,, ,,	$(t \geq 6\,\pi)$	$c \leq 17$
,,	Stahl oder Stahlguß/Stahlguß,	,, ,,	$(t \geq 7\,\pi)$	$c \leq 22$
,,	Papier oder Rohhaut/Guß,	,, ,,	$(t \geq 4\,\pi)$	$c \leq 10$

b) Für mittelschnellaufende Räder ($v = 1$ bis 3 m/sek).

Bei	Guß/Guß,	Zähne roh	$(t \geq 7\,\pi)$	$c \leq 20$
,,	,, ,,	,, gefräst	$(t \geq 7\,\pi)$	$c \leq 22$
,,	Stahl/Guß,	,, ,,	$(t \geq 7\,\pi)$	$c \leq 25$
,,	Stahl oder Stahlguß/Stahlguß	,, ,,	$(t \geq 8\,\pi)$	$c \leq 35$

c) Für langsamlaufende Räder ($v < 1$ m/sek).

Bei Guß/Guß,	Zähne, roh	($t \geq 7\pi$)	$c \leq 26$
,, ,, ,,	,, gefräst	($t \geq 7\pi$)	$c \leq 28$
,, Stahl/Guß,	,, ,,	($t \geq 7\pi$)	$c \leq 30$
,, Stahl der Stahlguß/Stahlguß,	,, ,,	($t \geq 10\pi$)	$c \leq 50$

Für Handbetrieb sind die Werte unter c) zu nehmen, oder besser etwas weniger, da zumeist mit ziemlichen Stößen zu rechnen ist.

Kleinste Zähnezahl: $z \geq 8$ bis 10; bei motorischem Betrieb womöglich 12. Größtes Einzelübersetzungsverhältnis: $1:\varphi = 1:10$ bis $1:8$. Für die Übersetzungen einfache, glatte Verhältnisse zu wählen (wie vielfach empfohlen), ist nicht notwendig. Übersetzungsverhältnisse wie 1:1, 1:2, 1:3, 1:4, 1:6, 2:3, 3:5 usw. haben zwar den Vorteil, daß infolge Zusammenarbeitens des einzelnen Zahnes des einen Rades mit nur einem einzigen Zahn bzw. einigen wenigen Zähnen des Gegenrades, ein ziemlich rasches Einlaufen der Räder sich ergibt. Dieser Vorteil ist aber für genau gearbeitete Räder nicht besonders bedeutsam. Wichtiger ist, an Stelle einer verschiedenartigen Abnützung der einzelnen Zähne, die im obigen Fall sich zeigen wird, eine gleichmäßige Abnützung aller Zähne zu erzielen, was nur möglich ist, wenn jeder Zahn des einen Rades nacheinander mit allen Zähnen des Gegenrades in Eingriff kommt, was sich erreichen läßt, wenn ungerade Übersetzungsverhältnisse zugrunde gelegt werden, d. h. wenn sich das Verhältnis der Zähnezahlen nicht kürzen läßt, wie z. B. 12:63, 23:49, 31:119 usw. Es ist deshalb, wenn es die übrigen Verhältnisse gestatten, zu empfehlen — besonders für Triebwerke mit hohen Umlaufzahlen — in diesem Sinne zu verfahren, also z. B. für eine Übersetzung von 1:6 nicht etwa die Zahlen 20:120 zu nehmen, sondern 20:119 oder auch 20:121. Es dauert unter solchen Verhältnissen viel länger, bis zwei gleiche Zähne wieder in Berührung miteinander kommen, als bei glatten Verhältnissen, und somit können auch die Schwankungen im Umlauf nicht so rasch aufeinander folgen, wie im anderen Fall.

Bei der Bestimmung der Übersetzung eines Triebwerks ist zu beachten, daß eine Getriebeübersetzung zwischen zwei Wellen immer ein bestimmtes Verhältnis $1:\varphi$ bedeutet und zwar ins Langsame oder ins Schnelle. Von den zwei Wellen, zwischen welchen eine Zahnradübersetzung eingeschaltet werden soll, wird also die eine langsam laufen, die andere schnell (im Spezialfall der Übersetzung 1:1 beide Wellen gleich schnell).

Definiert man nun die Übersetzung als das Umdrehungsverhältnis zwischen der langsam laufenden und der schnell laufenden Welle, dann wird die Größe φ stets eine Zahl > 1 und dies ist für die Anschauung klarer, als wenn $\varphi < 1$ wäre, d. h. wenn man als Übersetzung z. B. 1:0,05 errechnen würde, welcher Fall eintritt, wenn man die Übersetzung als das Umdrehungsverhältnis zwischen treibender und getriebener Welle oder umgekehrt festlegen würde. Es ist also zweckmäßig wie folgt zu definieren:

Übersetzung zwischen der langsamen und schnellaufenden Welle ist: $1:\varphi$; wobei

$$\varphi = \frac{\text{Drehzahl der schnellen Welle}}{\text{Drehzahl der langsamen Welle}} = \frac{n_s}{n_l}$$

$$\text{oder } \varphi = \frac{\text{Lastmoment}}{\text{Kraftmoment} \cdot \text{Wirkungsgrad}} = \frac{M_Q}{M_P \cdot \eta}$$

Die letzte Gleichung ist bei Handbetrieb zu benützen.

Die Gesamtübersetzung eines Rädergetriebes ist bekanntlich das Produkt der Einzelübersetzungen, wie auch der Gesamtwirkungsgrad das Produkt der Einzelwirkungsgrade ist. Die Unterteilung der Gesamtübersetzung ist so vorzunehmen, daß die größte Einzelübersetzung dorthin gelegt wird, wo die größten Geschwindigkeiten herrschen, weil dort auch die kleinsten Kräfte und damit auch die kleinste Zahnteilung vorhanden ist. Bei Übersetzungen vom Schnellen ins Langsame wird also das erste Zahnradvorgelege die größte Einzelübersetzung aufweisen und das letzte Vorgelege die kleinste. Umgekehrt bei Übersetzungen vom Langsamen ins Schnelle.

Wirkungsgrad eines Zahnradgetriebes (inkl. Lagerreibung der zweimal gelagerten beiden Wellen).

$\eta = 0{,}9$ bei rohen Rädern }
$\eta = 0{,}93$ „ normal bearbeiteten Rädern } norm. Schmierung
$\eta = 0{,}95$ „ sehr gut bearbeiteten Rädern }
$\eta = 0{,}97$ „ Rädern im Ölbad und Ringschmierung.

Die Zahnbreite wird allgemein gesetzt:

$$b = \psi \cdot t$$

wobei $\psi = 2$ bei rohen Zähnen aus Gußeisen,
$\psi = 2{,}5$ bis 3 „ bearb. „ „ „
$\psi = 3$ „ 3,5 „ „ „ „ Rohhaut, Stahl, Stahlguß

2. Für Räder im Dauerbetrieb (Arbeitsräder).

Allgemein gültige Grundlagen für die Berechnung solcher Zahnräder lassen sich nicht aufstellen, man kann der Abnutzung Rechnung tragen, indem man k_b um so kleiner einsetzt, je größer die Umfangsgeschwindigkeit

$$v = \frac{D\pi n}{60}$$

ist, etwa nach folgender Tabelle:

Bei einer Umfangsgeschwindigkeit v =	0,25	0,5	1,0	2,0	3,0	5,0	7,0	9,0	11 m/sek
für Gußeisen u. Rohhaut . . k_b =	500	460	420	375	285	225	190	170	140 kg/qcm
„ Stahlguß . . „ =	1000	920	840	750	570	450	380	340	280 „
„ Stahl . . . . „ =	1500	1380	1250	1100	850	675	570	510	420 „
„ Phosphorbronze . . . „ =	850	780	710	640	485	385	325	290	240 „
„ Rotguß . . . „ =	650	600	545	485	370	290	245	220	180 „
„ Deltametall . „ =	1200	1100	1000	940	710	565	475	425	350 „
„ Messingguß . „ =	400	370	335	300	225	180	150	135	110 „
„ Buchenholz . „ =	200	175	165	150	115	95	80	70	60 „

Die ziemlich hohen Werte setzen voraus, daß immer mehrere Zähne gleichzeitig im Eingriff sind, bei großem Übersetzungsverhältnis wird man besser nur $^2/_3$ der Tabellenwerte nehmen.

Die Zahnräderspezialfabrik Friedrich Stolzenberg & Co., G. m. b. H., Berlin-Reinickendorf-West, gibt für normale Zahnräder die Formel

$$P = a \cdot b \cdot k,$$

in welcher a die Zahnstärke im Teilkreis in Zentimeter, b die Zahnbreite in Zentimeter bedeutet und k wie folgt zu wählen ist

Umfangsgeschwindigkeit:	$v =$	0,25	0,5	1	2	3	5	7	9	11	13	15 m/sek,
für Gußeisen:	$k =$	56	55	52	48	45	40	35	31	28	26	24 kg.

Diese für Gußeisen gültigen Werte multipliziert man

für Bessemer-Stahl	mit 3
„ Werkzeug-Gußstahl	„ 3,3
„ Stahlguß	„ 2
„ Rotguß und Phosphorbronze	„ 1,3 bis 1,7
„ Nickelstahl, je nach Qualität	
ungehärtet	„ 2 bis 5
gehärtet	„ 5 „ 8
„ Deltametall, gegossen	„ 2,5
„ „ geschmiedet	„ 2,7
„ Rohhaut	„ 0,8 bis 1
„ Silcurit	„ 1
„ Buchenholz	„ 0,4 bis 0,6

Da bei der Berechnung von Zahnrädern die Durchmesser derselben nicht gegeben, sondern erst festzulegen sind, so ist auch die Umfangsgeschwindigkeit v nicht von vornherein bekannt, so daß das Rechnen mit obiger Tabelle nur als nachträgliche Kontrolle möglich ist. Einen ersten Anhaltswert für die Rechnungsdurchführung gibt die Bachsche Formel für gußeiserne Räder mit bearbeiteten Zähnen, wonach

$$c = 20 - 0{,}5\sqrt{\mathrm{n}}; \text{ gültig bis } \mathrm{n} = 400/\text{Min.}$$

Für n ist dabei bei Rädern gleichen Materials die Umdrehungszahl des kleineren, für die Abnützung maßgebenden Rades einzusetzen. Sind die Zähne aus verschiedenem Werkstoff, so ist c gesondert für jedes der Räder zu rechnen und der kleinere Wert in Rechnung zu setzen (siehe Beispiel 2 Seite 218).

Als Zahnbreite b gilt auch hier: $b = \psi \cdot t$,

wobei: $\psi = 3{,}5$ für normale Verhältnisse,
ψ bis 5 bei größeren Geschwindigkeiten,
in Sonderfällen (Hochleistungsgetriebe) ψ bis zu 25.

Ganz allgemein erhöht man die Zahnbreite stets, wenn ruhiger Gang gefordert wird, wobei aber zu beachten ist, daß eine große Zahnbreite ihren Zweck nur dann erfüllt, wenn die Zähne auch auf der ganzen Breite zum Eingriff kommen. Dieser Eingriff ist bei breiten Zahnrädern durch beiderseitige Lagerung zu sichern. Im Hinblick hierauf wählt man auch die kleinste Zähnezahl hier größer als bei intermittierendem Betrieb, nämlich:

$$z = 20 \text{ bis } 24, \text{ wenn möglich } z = 30 - 36.$$

Mit dem größten Einzelübersetzungsverhältnis geht man selten über 1:8 hinaus; meistens wird weniger zugrunde gelegt.

Den Anforderungen, die der moderne Werkzeugmaschinenbau seit Einführung des Schnellarbeitsstahles, andererseits auch der Motorwagenbau stellt, genügen weder die Zahnräder aus Gußeisen noch die aus gewöhnlichem Maschinenstahl, man hat vielmehr zu Zahnrädern aus Sonderstahl greifen müssen, die entweder im Einsatz gehärtet oder vergütet werden.

Für im Einsatz zu härtende Zahnräder kommt neben gewöhnlichem Kohlenstoffstahl in der Hauptsache Chromvanadium- und Chromnickelstahl in Frage, gewöhnlicher Nickelstahl, besonders der 3,5prozentige, zeigt die Neigung abzublättern. Der Kohlenstoffgehalt soll höchstens 0,25% betragen und durch das Einsetzen auf etwa 0,9% gebracht werden, damit die Zähne nicht zu spröde werden. Die beste Einsatztemperatur ist 875 bis 900°. Man läßt die Zahnräder nach dem Einsetzen langsam erkalten, erhitzt sie wieder auf 845 bis 885°, kühlt sie zur Kornverfeinerung des Kernes in einer geeigneten Kühlflüssigkeit ab, erhitzt sie wieder auf 730 bis 775° und schreckt sie wieder ab, um die äußere Schicht zu härten, worauf sie in Öl auf ungefähr 200° angelassen werden. Als Einsetzpulver sind die aus Holzkohle und anderen kohlenstoffabgebenden Stoffen bestehenden den aus Knochenkohle, die eine ungleichmäßige Zementation ergeben, vorzuziehen.

Durch das Einsetzen erhalten die Zahnräder eine höhergekohlte, harte äußere Schicht, doch lösen sich bei stoßweiser Beanspruchung leicht Teile von der Oberfläche ab, an scharfen Kanten und Winkeln wie bei den Keilnuten entstehen Härtespannungen, auch ist die Wärmebehandlung ziemlich umständlich und teuer.

Deshalb zieht man Zahnräder aus Stahl mit 0,4 bis 0,6% Kohlenstoffgehalt (neben Chromnickel- und Chromvanadiumstahl auch Siliziummanganstahl, hauptsächlich aber Chromnickelstahl), die durch langsames und gleichmäßiges Erwärmen bis etwa 820°, Abschrecken in Öl und darauffolgendes Anlassen in Öl vergütet werden, neuerdings mehr und mehr vor. Die Wärmebehandlung ist in diesem Falle einfacher, die Gefahr des Verziehens geringer, die Härte zwar geringer, aber durch und durch gleichmäßig und deshalb bei dem sehr feinen Gefüge die Abnutzung sehr gering. Die Härte wird bis auf mehr als das Doppelte, die Elastizitätsgrenze bis aufs Sechsfache und die Kerbschlagfestigkeit auf das 2,5fache derjenigen von gewöhnlichem Maschinenstahl gesteigert.

Die genaue Behandlungsweise hat sich natürlich bei jeder Wärmebehandlung nach der verwendeten Stahlart zu richten, unterschnittene Zähne sind zu vermeiden, da an schwachen Stellen Härte und Sprödigkeit unerwünscht steigen.

Bei gewöhnlichen Zahnrädern geht man mit der Umfangsgeschwindigkeit nicht gern über 4 bis 5 m/sek hinaus. Für Geschwindigkeiten von 8 bis 9 m/sek verwendet man Deltametall- oder Bronzeräder auf Eisen oder Stahl, bei 10 bis 15 m/sek Räder aus schalldämpfenden Materialien auf Gußeisen oder Stahl.

Holzzahnräder sowie Rohhaut- und Vulkanfiberräder müssen mit einer Fettschmiere dauernd geschmiert werden. Schnellaufende Räder läßt man in Öl tauchen, bei sehr großen Geschwindigkeiten leitet man einen Ölstrahl zwischen die Zahnflanken.

Kompoundzähne, Eisenzähne mit Holzeinlage, verbinden den Vorteil des Holzzahnes, Vermeidung des Ganggeräusches, mit der größeren Festigkeit des Eisenzahnes.

Es wird nun meist der Berechnung von Zahnrädern nicht die Umfangskraft P direkt zugrunde liegen, sondern es wird gegeben sein für eines der beiden Räder: Entweder das zu übertragende Drehmoment M_d in cmkg oder eine bestimmte Leistung N bei einer gewissen Drehzahl n. Da N für das treibende Rad größer als für das getriebene ist, so ist es für die Rechnung das richtigere, die Zahlenverhältnisse des treibenden Rades zugrunde zu legen, hierfür also die erforderliche Teilung t zu berechnen.

Ist nun das Drehmoment M_d gegeben, so hat man:

$$M_d = P \cdot r \text{ also } P = \frac{M_d}{r}$$

Damit geht die Grundgleichung über in die Form:

$$\frac{M_d}{r} = c \cdot b \cdot t = c \cdot \psi \cdot t \cdot t; \text{ nun ist } 2\pi \cdot r = z \cdot t \text{ oder } r = \frac{z \cdot t}{2\pi}$$

$$\text{also: } \frac{M_d \cdot 2\pi}{z \cdot t} = c \cdot \psi \cdot t^2 \quad \text{oder} \quad 2\pi \cdot M_d = c \cdot \psi \cdot z \cdot t^3$$

$$\text{hieraus:} \quad t = \sqrt[3]{\frac{2\pi \cdot M_d}{c \cdot \psi \cdot z}} \text{ cm}$$

Ist N und n direkt gegeben, so hat man: $M_d = 71620 \frac{N}{n}$ und somit:

$$t = \sqrt{\frac{2\pi \cdot 71620 \cdot N}{c \cdot \psi \cdot z \cdot n}} \quad \text{oder: } t = \sqrt[3]{\frac{450000}{c \cdot \psi \cdot z} \cdot \frac{N}{n}} \text{ cm}$$

Der Rechnungsgang der Praxis ist vielfach der, daß die Teilung t von vornherein gewählt wird, als vielfaches von π in mm, und man sodann unter Zugrundelegung der kleinsten Zähnezahl aus dem gegebenen Übersetzungsverhältnis die Durchmesser der Räder bestimmt. Damit kann die übertragbare Umfangskraft P der Räder ermittelt werden und es ist dann nur noch gemäß der Grundgleichung $P = c \cdot b \cdot t$ nachzuprüfen, ob der Koeffizient $c = \frac{P}{b \cdot t}$ innerhalb der zulässigen Grenze bleibt oder nicht, um gegebenenfalls eine Änderung der gewählten Teilung vorzunehmen.

Die Rechnung mit der Formel $P = c \cdot b \cdot t$ ist an sich sehr einfach. Für die Größe von c ergeben sich aber bei den heute üblichen vielerlei Materialien und den mannigfachen Betriebsarten eine ganze Menge von

Zahlen, bei deren Festlegung von der Konstruktionssicherheit ausgegangen werden muß.

Die Zahnradfabrik A.-G., Friedrichshafen gründet deshalb ihre Berechnungsformeln von vornherein auf Sicherheitszahlen und zwar auf eine Sicherheit gegen Anfressen und eine solche gegen Bruch (vgl. Aufsatz von Ing. H. Hofer, Gehärtete und in der Verzahnung geschliffene Zähne aus hochwertigem Stahl, „Der Maschinenbau", Bd. 5, 1926, S. 353).

Bei schnellaufenden Getrieben ist die Sicherheit gegen Anfressen (Sa) maßgebend und bei langsam laufenden Getrieben die Sicherheit gegen Bruch (Sb). Im Zweifelsfalle sind beide durchzurechnen (als Kontrolle) und zwar ist für ein gegebenes Getriebe:

$$S_a = \frac{m \cdot z \cdot b}{20\,N}$$

$$S_b = S_a \cdot \frac{m \cdot n \cdot k_b}{400\,000} = \frac{m^2 \cdot z \cdot b \cdot n \cdot k_b}{8000\,000\,N}$$

Dabei bedeuten:

m Modul in mm,
z Zähnezahl des kleineren der zwei zusammenarbeitenden Räder,
b Zahnbreite in mm,
N Leistung in PS,
n Uml./min des kleineren der zwei zusammenarbeitenden Räder,
k_b Bruchbeanspruchung des Materials in kg/mm².

Die S_a-Formel ist nur für einsatzgehärtete und geschliffene Zahnflanken aufgestellt, und zwar aus der Erfahrung heraus, daß gut geschmierte, gehärtete und geschliffene Zahnflanken des kleinen Rades bei einem Wert $\frac{P\,n}{b}$ von rd. 70000 (P ist die Zahnkraft in kg) beginnende Anfressungen zeigen. Die S_b-Formel ist für 15° Normalverzahnung aufgestellt. Für die verschiedenen Verzahnungsarten (Zahnformen) müssen, entsprechend den stärkeren Zahnfüßen und der längeren Eingriffsdauer, für S_b Zuschläge bis zu 100% gemacht werden.

Die zu wählenden Sicherheitswerte hängen ganz von dem Zweck des betreffenden Getriebes ab. Je nach der erforderlichen Betriebs- und Lebensdauer werden für S_a 1,25- bis 3fache Sicherheit im Leichtfahrzeugbau und 3- bis 5fache Sicherheit im allgemeinen Maschinenbau gewählt. Die Werte für S_b werden im Luftfahrzeugbau und allgemeinen Maschinenbau von 6 bis 10 gewählt, im Automobilbau von 1,25 bis 6.

Bei den Zähnen für die sogenannten Hochleistungsgetriebe wird vielfach von der Linienpressung pro cm Zahnbreite ausgegangen, doch gibt dies einen einwandfreien Vergleich der Flankenbeanspruchung nur bei gleich großen Zahnrädern. Man findet bei bewährten Ausführungen Pressungen bis zu 200 kg/cm, bei Umfangsgeschwindigkeiten bis zu 70 m/sek und einem Zahnbreitekoeffizient $\psi = \frac{b}{t} = 25$.

Gewicht der Zahnräder.

Nach O. Gruson & Co., Magdeburg-Buckau.

Gewicht $G = z(\alpha + \beta b) - \gamma$ kg.

z = Zähnezahl. b = Zahnbreite in mm.

Teilung t mm	4 Arme			6 Arme			8 Arme		
	α	β	γ	α	β	γ	α	β	γ
15	0,03		0,3	0,04		0,5	0,05		1,1
20	0,08		0,8	0,10		1,3	0,13		2,3
25	0,15	0,01	1,5	0,20	0,01	3,2	0,25	0,01	4,9
30	0,25	0,01	2,7	0,34	0,01	5,2	0,43	0,01	8,5
35	0,40	0,01	4,3	0,54	0,01	8,0	0,68	0,01	12,6
40	0,60	0,01	5,5	0,81	0,01	12,7	1,01	0,02	19,9
45	0,86	0,02	8,1	1,15	0,02	17,5	1,44	0,02	28,0
50	1,18	0,02	11,5	1,58	0,02	24,7	1,98	0,03	38,0
55	1,56	0,02	15,6	2,10	0,03	33,3	2,63	0,03	51,0
60	2,03	0,03	20,5	2,72	0,03	42,0	3,41	0,04	65,5
65	2,58	0,03	24,8	3,46	0,04	54,1	4,34	0,04	83,4
70	3,22	0,04	31,4	4,32	0,05	68,1	5,42	0,05	104,1

Die Tabelle gilt für gußeiserne Stirnräder; Kegelräder wiegen rund 0,9 mal soviel wie Stirnräder; Räder aus Stahlguß etwa 8,5% mehr als gußeiserne Räder.

Wechselrädergetriebe. Im Werkzeugmaschinenbau verwendet man zur Veränderung der Geschwindigkeiten statt der Stufenscheiben vielfach Stufenrädergetriebe. Diese bestehen aus mehreren Zahnradpaaren, die entweder durch Kupplungen verschiedener Art oder durch ein verschiebbares bzw. schwenkbares Zwischenrad oder durch einen verschiebbaren Keil (Ziehkeil) wechselweise eingerückt werden können.

Die Stufenrädergetriebe sind wie die Stufenscheiben so zu berechnen, daß sich die Umlaufszahlen nach einer geometrischen Reihe abstufen. Über das Abstufungsverhältnis φ siehe unter Stufenscheiben. Natürlich kann sich, da sich die Zähnezahl von Zahnrädern nur immer um ganze Zähne, der Durchmesser also nicht beliebig verändern läßt, das Rädervorgelege dem Stufensprung nicht ganz genau anpassen, doch soll die Abweichung 2% nicht überschreiten. Bei Anwendung von ein oder zwei Vorgelegen muß sich die dadurch bewirkte Übersetzung, der Gruppensprung, in die geometrische Reihe der Drehzahlen einfügen, sie muß dann immer eine ganzzahlige Potenz des Quotienten φ sein, z. B. bei 12 Drehzahlen $\frac{1}{\varphi 4}$ und $\frac{1}{\varphi 8}$, wobei natürlich wieder kleine Abweichungen, die aber 2% nicht überschreiten sollen, in der Natur der Zahnradübersetzung liegen.

Die Räderpaare erhalten meist gleiche Teilung, die für das kleinste Rad zu berechnen ist.

7. Konstruktion der Stirnräder.

Die Zähne sitzen auf dem sog. Zahnkranz oder Radboden (Abb. 240). Stärke desselben im Mittel $0{,}5 \div 0{,}6\,t$; nach innen zu etwas verstärkt, etwa im Verhältnis 1:20.

Die Verbindung zwischen Kranz und Nabe bewerkstelligt die Radscheibe, die durchschnittlich eine Stärke hat wie etwa der Zahnkranz; beim Übergang in die Nabe wird sie zweckmäßig verstärkt.

Die Scheibe ist entweder voll oder, bei größerer Abmessung, mit Aussparungen versehen, die als runde Löcher oder Sektoren ausgebildet sind, so daß im letzten Fall eine Reihe von Armen entstehen.

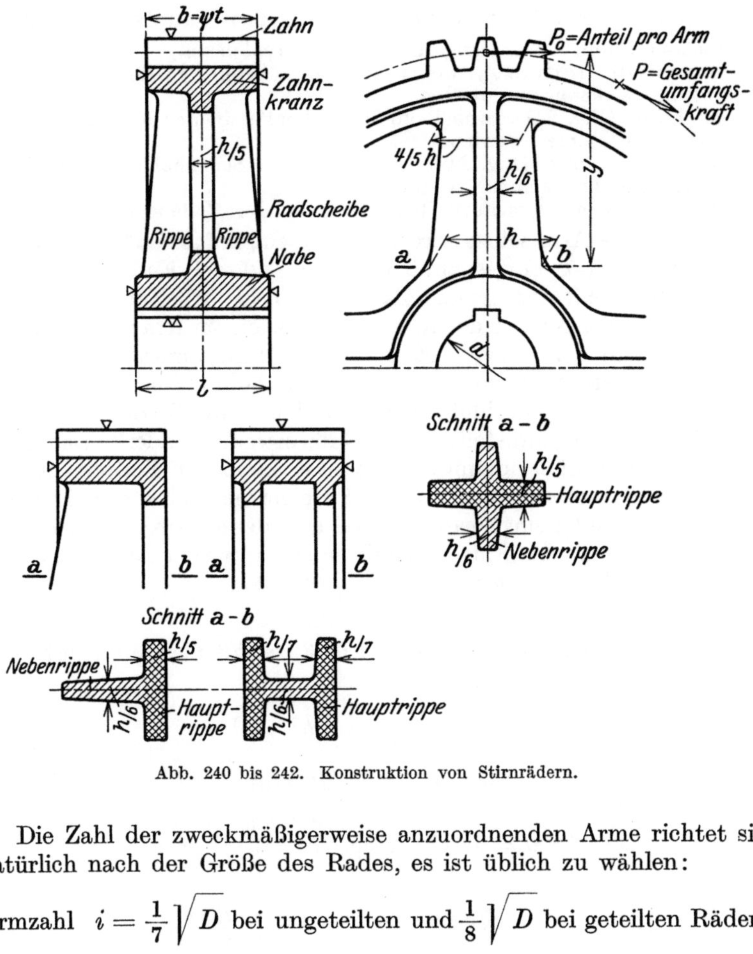

Abb. 240 bis 242. Konstruktion von Stirnrädern.

Die Zahl der zweckmäßigerweise anzuordnenden Arme richtet sich natürlich nach der Größe des Rades, es ist üblich zu wählen:

$$\text{Armzahl } i = \frac{1}{7}\sqrt{D} \text{ bei ungeteilten und } \frac{1}{8}\sqrt{D} \text{ bei geteilten Rädern,}$$

$$\text{dabei } D = \text{Teilkreis } \varnothing \text{ in mm.}$$

Die Arme haben nun die vom Zahnrad zu übertragende Umfangskraft P — den Zahndruck — von den Zähnen nach der Welle hinzuleiten, wodurch sie verbogen werden. Näherungsweise genügt es, wenn angenommen wird, daß dabei die Umfangskraft P von $^1/_4$ der Arme, bei i solchen somit von $\frac{i}{4}$ Armen aufgenommen wird, daß also ein Arm den $\frac{4}{i}$-ten Teil der gesamten Umfangskraft überträgt, welche Kraft mit P_o bezeichnet sei.

Bei 4 Armen müßte also der einzelne Arm:	die volle Umfangskraft aushalten,
„ 6 „ „ „ „ „ „	$^2/_3$ der vollen Umfangskraft aushalten,
„ 8 „ „ „ „ „ „	die Hälfte der vollen Umfangskraft aushalten.

Als Armquerschnitt sind bei Zahnrädern hauptsächlich üblich:
Rechteckquerschnitt (lange Seite in der Radebene),
Kreuzquerschitt, (Fig. 240), wobei nur die Schenkel in der Radebene als tragend angenommen werden,
T-Querschnitt, (Fig. 241), wobei nur die Schenkel in der Radebene als tragend angenommen werden,
Doppel T-Querschnitt (Fig. 242), wobei nur die Schenkel in der Radebene als tragend angenommen werden,
und Oval-(Ellipsen)Querschnitt (lange Seite in der Radebene).

Der einzelne Arm selbst wird dabei als ein Träger aufgefaßt, der an der Nabe einseitig eingespannt und am anderen Ende, der Kranzanschlußstelle, mit der Armanteilkraft P_o biegend belastet ist. Streng genommen ist der Arm an der Nabe und zugleich am Kranz eingespannt, doch wird man annehmen dürfen, daß die Einspannstelle am Kranz nicht absolut starr ist, sondern daß der Zahnkranz soviel Elastizität besitzt, daß die Armanschlußstelle unter dem Einfluß von P_o ihre Lage gegenüber der Einspannstelle an der Nabe etwas verändert. Der exakte Rechnungsgang müßte damit auf die zu erwartenden Formänderungen am Arm und Kranz eingehen, was das Problem ziemlich schwierig macht.

Für den einseitig eingespannten Arm liegt der gefährdete Querschnitt bei der Biegung an der Einspannstelle, also da, wo der Arm in die Nabe übergeht, im Abstand y von P_o, so daß gilt:

$$M_b = W \cdot k_b.$$

Mit $k_b = 300$ kg/qcm für dichten Guß, erhält man für Rechteck, Kreuz und T-Querschnitt:

$$P_o \cdot y = \frac{1}{6} \cdot \frac{h}{5} \cdot h^2 \cdot 300$$

$$\text{mit } P_o = \frac{4}{i} \cdot P \text{ wird:}$$

$$\frac{4}{i} \cdot P \cdot y = 10\,h^3, \quad \text{also} \quad h = \sqrt[3]{\frac{P \cdot y}{2{,}5 \cdot i}} \text{ cm}$$

desgl. für Doppel-T-Querschnitt: $h = \sqrt[3]{\frac{P \cdot y}{3{,}5 \cdot i}}$ cm

und für Oval-Querschnitt: $h = \sqrt{\frac{P \cdot y}{7{,}5 \cdot b \cdot i}}$ cm

$$\text{für } b = \frac{h}{2} \text{ wird } h = \sqrt[3]{\frac{P \cdot y}{3{,}75 \cdot i}} \text{ cm}$$

Die übrigen Abmessungen der Arme sind in den Abb. 240—242 eingeschrieben.

Durch Trennung der Arme vom Kranz erhält man die Möglichkeit, die Zähne aus härterem Material herzustellen (z. B. Bronze oder Stahl). Der Zahnkranz ist dann mit dem gußeisernen Armstern in geeigneter und solider Weise zu verschrauben (siehe Abb. 267). Dies ist auch günstig bei Rädern mit rasch sich abnützenden Zähnen. Macht man die Verbindung von Zahnkranz und Armen elastisch (durch Federanordnung), so erhält man eine gute Stoßdämpfung.

Die Formgebung der Nabe richtet sich nach der Bohrung und diese nach der Welle, auf die das Zahnrad zu sitzen kommt. Für den Überschlag des Wellen ∅ genügt es, nur die Drehung zu berücksichtigen und die Biegung zu vernachlässigen, dafür aber k_d nur mit 120 kg/qcm einzusetzen, was zu den bekannten Gleichungen für den Wellen ∅ führt:

$$d = \sqrt[3]{\frac{M_d}{24}}\ \text{cm oder auch}\ d = \sqrt[3]{3000\,\frac{N}{n}}\ \text{cm}$$

Wandstärke der Nabe bei Gußeisen: $w = \frac{3}{8}\,d + 1$ cm,

oder: Naben ∅ = 2 · Bohrung.

bei abnormalen Abmessungen der Welle (nach Bach):

$$w = \frac{1}{5}\left(d' + \frac{d}{2}\right) + 1\ \text{cm bis}\ \frac{1}{4}\left(d' + \frac{d}{2}\right) + 1\,\text{cm},$$

wobei d die tatsächliche Nabenbohrung und d' den zur Übertragung des Raddrehmoments rechnerisch notwendigen Wellen ∅ bedeutet. Für Stahlgußräder genügt $w = d/3$.

Bei kleinen vollgegossenen Rädern kann man die Nabe, wenn nötig, durch Angießen von Bordscheiben verstärken. Da hierdurch die Bearbeitung der Zähne erschwert wird, so beschränkt sich diese Art in der Regel auf Zahntrieblinge mit rohen Zähnen. Das Gegenrad muß dabei schmäler sein.

Reicht der Raddurchmesser zur Ausbildung einer Nabe nicht aus, so wird Rad und Welle aus einem Stück hergestellt. Dies findet man vielfach bei den Kleinrädern von Hochleistungsgetrieben.

Nabenlänge $l \geq$ Zahnbreite b; bei normalen Wellen $l = 1{,}2$—$1{,}5d$. Sehr lange Naben macht man im mittleren Teil hohl (s. Abb. 251), wodurch an Bearbeitung gespart wird.

Die Befestigung der Nabe auf der Welle erfolgt bei einteiligen Rädern in den meisten Fällen durch Keile (Längskeile), wodurch zwischen Nabe und Welle eine Spannungsverbindung hergestellt wird, die notwendig ist, wenn die Nabe die Welle mitnehmen soll. Statt dessen kann auch, besonders bei fliegend sitzenden Rädern, Konusbefestigung mit Federn angeordnet werden (Abb. 243). Räder, die verschoben werden müssen, erhalten statt des Festsitzes engen Laufsitz mit Federn oder genuteten Wellen. Geteilte Räder werden entweder nur durch Klemmschrauben allein oder außerdem noch durch Keile bzw. Federn befestigt. Über Anordnung, Formen und Abmessungen der Keile und Federn siehe Abschnitt Keile.

Müssen die Zahnräder zweiteilig ausgeführt werden (von etwa 2 m ∅ ab notwendig, wegen Transportmöglichkeit), dann werden sie meist einteilig gegossen und nachträglich an den durch das Einlegen von Blechen beim Einformen zustandekommenden schmalen Randflächen von Kranz und Nabe aufgesprengt. Es ist dabei zuerst die Nabe und dann der Kranz zu sprengen. Am besten und solidesten ist es, die Teilfuge mitten durch einen Arm zu legen. In diesem Fall ist eine gerade Armzahl erforderlich. Die auseinander gesprengten Radteile werden dann beim Aufmontieren am Kranz und an der Nabe durch kräftige Schrauben, die möglichst nahe an den Kranz und an die Nabe zu rücken sind, zusammengehalten. Gelegentlich werden die Räder auch bloß an der Nabe aufgesprengt, am Kranz aber einteilig gelassen. Das Aufsprengen soll den Radkörper von den unvermeidlichen Gußspannungen entlasten. Zweiteilig gegossene Zahnräder werden in der Teilfuge be-

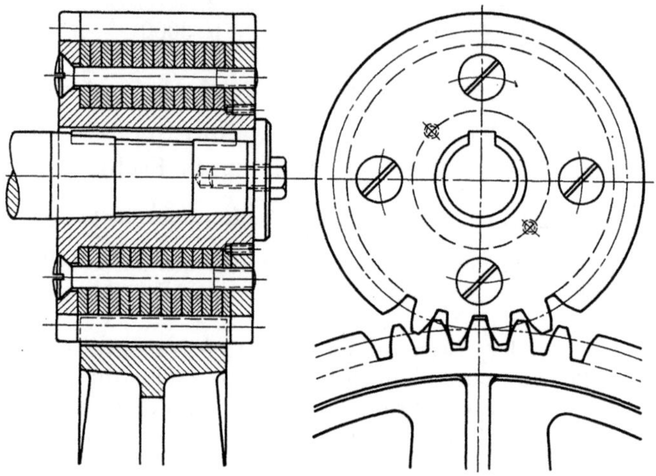

Abb. 243. Rohhauttriebling.

arbeitet und sind durch Paßschrauben oder Paßstifte gegen gegenseitiges Versetzen zu sichern. Bei zweiteiligen Rädern ist die Armhöhe der geteilten Arme etwas größer als die der ungeteilten zu nehmen, damit alle Arme die gleiche Tragfähigkeit besitzen. Bezüglich Schraubenberechnung von geteilten Rädern siehe Abschnitt „Riemen- und Seiltrieb“ (Konstruktion der Riemenscheibe).

Abb. 243 zeigt die Konstruktion eines Rohhautritzels, das mit einer Metallbuchse auf die Welle aufgesetzt ist, damit sich der Radkörper nicht verziehen kann. Ein gegenseitiges Verwinden der einzelnen schmalen Scheiben sichert die auf die Buchse aufgesetzte, den Rohhautkörper durch Schrauben oder Niete zusammenpressende Stirnscheibe, die gegenüber der Buchse zu fixieren ist. Die Zähne der Metallscheiben findet man vielfach gegenüber denen des Rohhautkörpers etwas zurückgeschnitten, was aber unnötig ist. Die Zähne des Gegenrads sind schmäler zu halten. Novotexträder erhalten nur bei sehr breiten Ausführungen Seitenscheiben, die aber nicht bis zu den Zähnen reichen; ihr Zahnkranz wird gleich breit wie der des Gegenrads gemacht.

Abb. 244 zeigt einen Zahnkranz mit eingesetzten Holzzähnen oder Holzkämmen. Das Lockerwerden ist durch strammen Sitz an den schrägen Lochwandungen und durch eingeschlagene Eisenstifte von 5—8 mm ∅ gesichert. Man gibt zweckmäßig dem großen Rad die Holzkämme, damit sich die Abnützung auf möglichst viel Zähne verteilt, nur dann nicht, wenn der Zahndruck stark veränderlich ist und das große Rad dabei treibend ist. An der Oberfläche des Zahnkranzes sitzen die Zähne nicht auf, jedenfalls nicht mit Spannung.

Die Stärke der Holzkämme macht man allgemein 23/40 t und die eingreifenden Eisenzähne 16/40 t. Die sonstigen Abmessungen, auch die des Kranzes, sind in der Abb. 244 eingeschrieben. Die Biegungsbeanspruchung im gefährdeten Wurzelquerschnitt darf 100 kg/qcm nicht überschreiten. Die Faserrichtung muß in der Richtung von Kopf zu Fuß verlaufen. Für die Zahnbreite wählt man $\psi = 4 - 5$. Die Zahnbreite des einzelnen Kammes ist nicht mehr als etwa 180 mm zu machen, andernfalls mehrere Einzelkämme (bis zu 5) nebeneinander anzuordnen

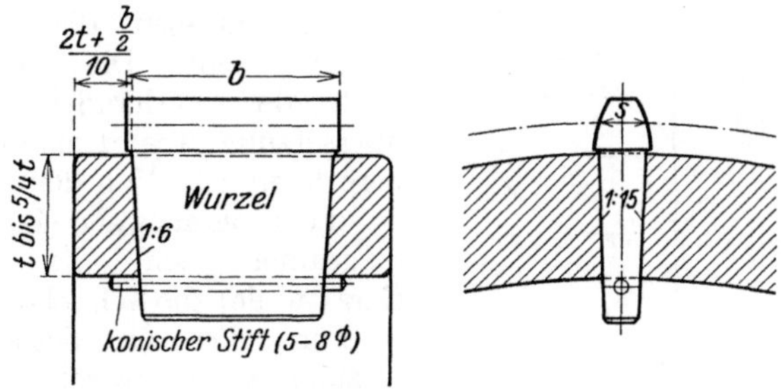

Abb. 244. Holzkamm.

sind. Um Gratbildung beim Laufen zu verhindern, macht man die Eisenzähne genau gleich breit oder ein wenig breiter als die Holzzähne. Zu beachten ist, daß die Zähnezahl bei Holzkammrädern ein vielfaches von der Armzahl sein muß, um gleichmäßig ausgebildete Arme zu erhalten. Die Kämme sitzen entweder symmetrisch zu den Armrippen oder genau in deren Mittelebene (Armrippe dann verstärkt).

Metallrädern gibt man bei beiderseitiger Lagerung der Welle am besten gleiche Zahnbreiten, damit kein Grat entstehen kann, nur kleine, fliegend gelagerte Räder führt man zweckmäßig mit ein wenig breiteren Zähnen als die des Gegenrads aus.

Um das bei Zahnradtrieben auftretende Geräusch zu vermeiden, führt man kleinere Räder mit zwei Scheiben aus, zwischen die man Sand füllt; bei großen Rädern wird der Kranz hohl gegossen und mit Zement ausgefüllt.

Den gleichen Zweck erfüllt das Bekleiden der Scheiben mit Filz, der durch eine Blechverschalung geschützt ist.

Statt Kreisen kann man allgemein bei Zahnrädern auch ganz beliebige Kurven sich aufeinander abwälzen lassen, nur muß dabei ständig die Summe der Radien konstant sein. Die in jedem Augenblick verschiedenen Radien bedingen ein periodisch wechselndes Übersetzungsverhältnis und damit auch eine periodisch wechselnde Umfangsgeschwindigkeit, was besonders im Werkzeugmaschinenbau praktisch verwerte wird.

In der Hauptsache finden sich elliptische Räder und zwar zwei gleich große, die dann entweder in den Brennpunkten oder in den beiden Achsenmitten gelagert werden. Bei ersterer Lagerung erhält man langsamen, ziemlich gleichmäßigen Vorschub und schnellen Rücklauf und bei Lagerung in den Achsenmitten gleich große Geschwindigkeit beim Vor- und Rücklauf.

Berechnungsbeispiele.

Beispiel 1. Mittelst der in Abb. 245 angedeuteten Winde soll eine Last von 1000 kg durch zwei Mann gehoben werden. Kurbeldruck pro Mann 15 kg. Das Zahnradvorgelege (rohe Räder) ist zu berechnen.

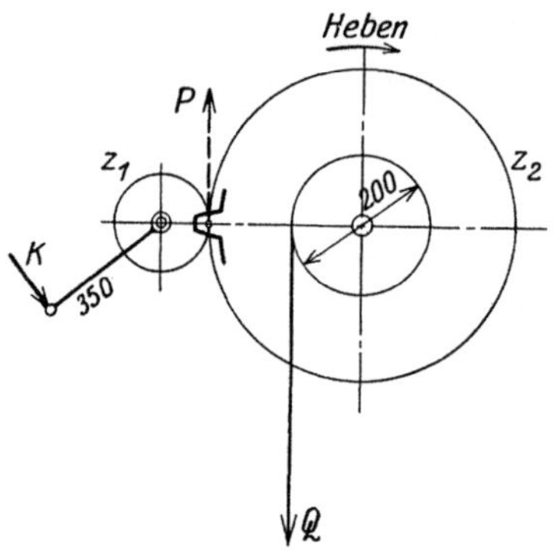

Abb. 245. Zum Berechnungsbeispiel.

Um die Räder berechnen zu können, müssen die Zähnezahlen bekannt sein. Diese richten sich nach der vorhandenen Getriebeübersetzung, die deshalb zuerst zu berechnen ist. Von den zwei Wellen ist die Trommelwelle (Lastwelle) die langsamere und die Kurbelwelle (Kraftwelle) die schneller laufende.

Für die erforderliche Übersetzung 1: φ zwischen langsamer und schneller Welle gilt:

$$\varphi = \frac{M_Q}{M_P \cdot \eta} = \frac{1000 \cdot 10}{2 \cdot 15 \cdot 35 \cdot 0{,}88} = \sim 10{,}7$$

also erforderliche Übersetzung 1 : 10,7

$$\eta = \eta_1 \cdot \eta_2 = 0{,}9 \cdot 0{,}98 = 0{,}88.$$

Es stellt dies die oberste Grenze einer noch ausführbaren Einzelübersetzung für Handbetrieb dar. Die errechnete Übersetzung läßt sich mit den Zähnezahlen 10/107 bewerkstelligen. Es wäre belanglos, wenn die gewählten Zähnezahlen dem errechneten Übersetzungsverhältnis nicht ganz genau gerecht würden, denn sowohl der Wirkungsgrad, wie das Kraftmoment beruhen auf Annahmen, die keine absolut unveränderlichen Größen vorstellen.

Jetzt kann die Teilung der Räder berechnet werden. Es ist dabei theoretisch gleichgültig, für welches der beiden Räder dies gemacht wird, da sie ja gleiche Teilung haben. Da aber die Leistung des treibenden Rades etwas größer ist, als die des getriebenen, so ist es praktisch das Richtigere, die Verhältnisse des treibenden Rades zugrunde zu legen.

Man erhält damit aus

$$t = \sqrt[3]{\frac{2\pi \cdot M_d}{c \cdot \psi \cdot z}}$$

unter der Annahme gußeiserner Räder mit dem Tabellenwert für intermittierenden Betrieb $c = 20$ (stoßender Betrieb) und $\psi = 2$:

$$t = \sqrt[3]{\frac{2\pi \cdot 30 \cdot 35}{20 \cdot 2 \cdot 10}} = \sqrt[3]{16{,}6} = 2{,}54 \text{ cm} = 8\pi \text{ mm}.$$

Damit werden die Teilkreisdurchmesser der Räder:

$$D_1 = m \cdot z_1 = 8 \cdot 10 = 80 \text{ mm}$$
$$D_2 = m \cdot z_2 = 8 \cdot 107 = 856 \text{ mm}$$

Zahnbreite $b = \psi \cdot t = 2 \cdot 8\pi = 50$ mm.

Das Drehmoment für die erste Welle ist:

$$M_d = 30 \cdot 35 = 1050 \text{ cmkg}.$$

folglich der Wellendurchmesser:

$$d_1 = \sqrt[3]{\frac{M_d}{24}} = \sqrt[3]{\frac{1050}{24}} = \sqrt[3]{44} = 3{,}5 \text{ cm} = 35 \text{ mm}.$$

Das Drehmoment der zweiten Welle ist:

$$M_d = 1000 \cdot 10 = 10\,000 \text{ cmkg},$$

folglich

$$d_2 = \sqrt[3]{\frac{10\,000}{24}} = \sqrt[3]{420} = 7{,}48 \text{ cm} = 75 \text{ mm}.$$

Das kleine Rad wird voll gegossen; mit je $0{,}4\,t$ Zahnfußtiefe wird der Durchmesser im Fußkreis 60 mm, also kleiner als 2 · Bohrung, so daß es sich empfiehlt, dem Rad zur Verstärkung der Nabe 2 Bordscheiben von je 10 mm Stärke zu geben und seine Zahnbreite auf 60 mm zu erhöhen, damit die Gegenzähne exakt eingreifen können.

Das große Rad erhält als Nabenstärke

$$w = \frac{3}{8} d + 1 \text{ cm} = \frac{3}{8} \cdot 7{,}5 + 1 = 3{,}8 \text{ cm},$$

d. h. einen mittleren Nabendurchmesser von 150 mm und eine Nabenlänge $l = 1{,}5 \cdot 75 = \sim 120$ mm.

Die erforderliche Armzahl (einteiliges Rad) wird:

$$i = \frac{1}{7}\sqrt{856} = 4$$

Armstärke am Nabenanschluß, für kreuzförmigen Querschnitt:

$$h = \sqrt[3]{\frac{P \cdot y}{2{,}5 \cdot i}}$$

Die Umfangskraft P des großen Zahnrads errechnet sich aus (s. Abb. 245)

$$P \cdot 42{,}8 = 1000 \cdot 10$$

$$\text{zu } P = \frac{10\,000}{42{,}8} = \sim 235 \text{ kg}.$$

$$y = 42{,}8 - 7{,}5 = \sim 35 \text{ cm}$$

somit $$h = \sqrt[3]{\frac{235 \cdot 35}{2{,}5 \cdot 4}} = \sqrt[3]{810} = \sim 9{,}3 \text{ cm ausgeführt } 95 \text{ mm}.$$

Rippenstärke $h/5 \sim 19$ mm und $h/6 = 16$ mm.
Stärke des Zahnkranzes $0{,}5 - 0{,}6\,t = 14$ mm.
Ferner wird Zahnstärke $19/40\,t = 12$ mm
Zahnlücke $21/40\,t = 13{,}2$ mm
Zahnhöhe $0{,}7\,t = 17{,}5$ mm.

Beispiel 2. Von einer Wasserturbinenwelle aus sollen im Dauerbetrieb 50 PS bei 60 Umdrehungen pro Minute auf eine Welle mit 250 Umdrehungen pro Minute übertragen werden. Das treibende große Rad soll Holzkämme erhalten, das andere aus Gußeisen sein. Die Hauptdimensionen sind zu berechnen.

Die Teilung berechnet sich hier nach der Formel:

$$t = \sqrt[3]{\frac{450\,000}{c \cdot \psi \cdot z} \cdot \frac{N}{n}}$$

Der Koeffizient c wird:

für Eisen $c = 20 - \frac{1}{2}\sqrt{250} = \sim 12$

für Holz $c = (0{,}4 - 0{,}6) \cdot (20 - \frac{1}{2}\sqrt{60}) = \sim 8$

(nach Stolzenberg),

ferner sei $\psi = 4{,}5$ gewählt

und $z = 36/150$

(muß dem Übersetzungsverhältnis 60/250 entsprechen und ist die Teilbarkeit mit der Armzahl, die wohl 6 sein wird, zu berücksichtigen). Damit wird:

$$t = \sqrt[3]{\frac{450\,000}{8 \cdot 4{,}5 \cdot 150} \cdot \frac{50}{60}} = \sqrt[3]{70} = 4{,}12 \text{ cm}$$

$$= 13\,\pi \text{ mm}.$$

Somit $D_1 = 13 \cdot 150 = 1950$ mm

und $D_2 = 13 \cdot 36 = 468$ mm.

Kontrolle des Koeffizienten c:

Umfangsgeschwindigkeit der Räder $v = \frac{\pi \cdot D \cdot n}{60}$

oder $v = \frac{\pi \cdot 1{,}95 \cdot 60}{60} = \sim 6$ m/sek.

Hierfür ist nach Tabelle, Seite 205 für Buchenholz zugelassen:

$$k_b = \sim 87 \text{ kg/qcm, was mit } c = \frac{k_b}{15} \text{ bis } \frac{k_b}{14}$$

ergibt: $c = 6$, also weniger, wie in der Rechnung eingesetzt.
Damit erhält man als Teilung:

$$t = \sqrt[3]{70 \cdot \frac{8}{6}} = \sqrt[3]{93} = 4{,}13 \text{ cm} = \sim 15\,\pi \text{ mm}.$$

Nach Stolzenberg gilt: $P = a \cdot b \cdot k$

Dabei ist $P = \frac{M_d}{R} = \frac{71\,620 \cdot 50}{97{,}5 \cdot 60} = 610$ kg

$a = \frac{t}{2}$; $b = 4{,}5\,t$; $k = 37 \cdot 0{,}5$ (nach Tabelle),

somit $P = 0{,}5\,t \cdot 4{,}5\,t \cdot 18{,}5$

und $t = \sqrt{\frac{610}{0{,}5 \cdot 4{,}5 \cdot 18{,}5}} = \sqrt{14{,}8} = 3{,}83 \text{ cm} = \sim 13\,\pi \text{ mm}.$

Es wird sich demgemäß empfehlen, die erstmals ausgerechnete Teilung endgültig festzulegen auf:

$$t = 14\,\pi \text{ mm},$$

womit die Teilkreisdurchmesser der einzelnen Räder werden:

$$D_1 = 14 \cdot 150 = 2100 \text{ mm}$$

und $D_2 = 14 \cdot 36 = 504 \text{ mm}$, ferner

Zahnbreite $b = 4{,}5 \cdot 14\,\pi = 200 \text{ mm} = 2$ Holzkämme à 100 mm Breite

Armzahl (geteiltes Rad) $i = \frac{1}{8}\sqrt{2100} = \frac{46}{8} = 6$, wie angenommen.

8. Kegelräder.

Entsprechend der Bewegung von Stirnrändern, die als das Rollen zweier Zylinder aufeinander aufgefaßt werden kann, läßt sich die Bewegung von Kegelrädern auffassen als das Rollen zweier Kegel aufeinander, deren gemeinsame Spitze im Schnittpunkt beider Achsen liegt (Abb. 246). Diese aufeinander sich wälzenden Kegel sind die Grundkegel, von denen aber nur das der Zahnbreite entsprechende Stück benützt wird (Abb. 247). Die Umfänge dieser Grundkegel bilden zugleich die Teilkreise, auf denen die Teilung abgemessen wird.

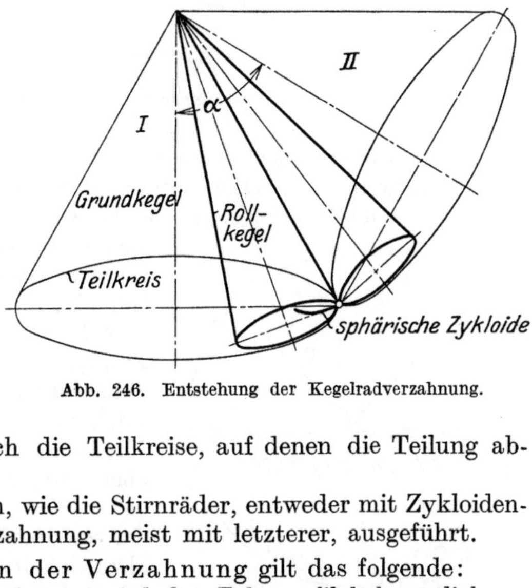

Abb. 246. Entstehung der Kegelradverzahnung.

Die Kegelräder werden, wie die Stirnräder, entweder mit Zykloiden- oder mit Evolventen-Verzahnung, meist mit letzterer, ausgeführt.

Für das Aufzeichnen der Verzahnung gilt das folgende:

Bei der Zykloidenverzahnung wird das Zahnprofil bekanntlich erzeugt durch Abwälzen der sogenannten Rollkreise, allgemein der Rollzylinder auf den einzelnen Teilkreisen bzw. Grundzylindern. Bei den Kegelrädern muß dementsprechend jeweils ein Rollkegel auf bzw. im Grundkegel abgerollt werden (Abb. 246). Das hierbei erzeugte Zahnprofil liegt damit auf der Oberfläche einer Kugel, weil die einzelnen Punkte der erzeugten Kurve ständig von der gemeinsamen Spitze ein und denselben Abstand haben, das entstehende Zahnprofil somit eine sphärische Zykloide ist. Diese läßt sich aber zeichnerisch nicht genau festlegen, da die Fläche, in der sie liegt (Kugeloberfläche), nicht in die Ebene abwickelbar ist.

Aus diesem Grunde benützt man für das Aufzeichnen der Verzahnung den Näherungsweg von Tredgold.

Man faßt den einzelnen Kegelradzahn auf als prismatischen Körper,

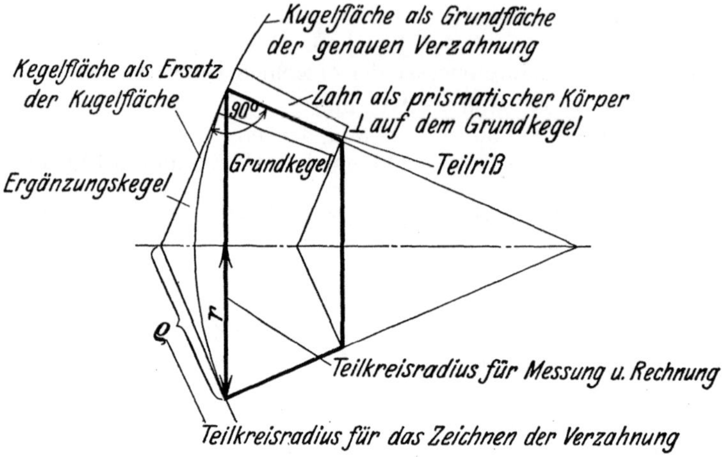

Abb. 247. Zahngestaltung bei Kegelrädern.

der auf dem Grundkegel senkrecht steht und durch zwei parallele Grundflächen begrenzt ist. Diese Grundflächen stehen somit ebenfalls senkrecht auf dem Grundkegel und bilden wie die Abb. 247 zeigt, die Mantelfläche eines auf dem Grundkegel senkrecht stehenden Kegels, des sogenannten Ergänzungskegels. Auf dieser Kegelmantelfläche liegen also die Zahnprofile der einzelnen Kegelradzähne und es muß deshalb zwecks Aufzeichnung dieser Profile die erwähnte Kegelmantelfläche in die Zeichenebene abgewickelt werden, wobei man einen Kreissektor erhält (Abb. 248), dessen Radius = der Mantellinie des abzuwickelnden Ergänzungskegels ist. Die Mantellinien der Ergänzungskegel sind somit als Teilkreisradien für das Aufzeichnen der Verzahnung anzusehen, die Umgrenzungsbögen der Kreissektoren stellen fürs Aufzeichnen der Verzahnung die Teilkreise selbst vor.

Abb. 248. Aufzeichnen der Kegelradverzahnung.

Für die Berechnung und Messung der Kegelräder sind die zuletzt genannten Kreise keine Teilkreise, für diesen Fall kommen, wie schon eingangs erwähnt, nur die Umfänge der Grundflächen der Grundkegel in Betracht.

Es ist möglich, daß die Spitzen der Ergänzungskegel beim Aufzeichnen über das Zeichenblatt hinausfallen, in welchem Falle die zum Zeichnen der Verzahnung erforderlichen Teilkreisradien rechnerisch bestimmt werden müssen. Es gilt dann:

$$\varrho_1 = \frac{r_1}{z_2 + z_1 \cos\alpha} \sqrt{z_1^2 + z_2^2 + 2\, z_1\, z_2 \cos\alpha}$$

$$\varrho_2 = \frac{r_2}{z_1 + z_2 \cos\alpha} \sqrt{z_1^2 + z_2^2 + 2\, z_1\, z_2 \cos\alpha}$$

Für $\alpha = 90^0$ wird: $\varrho_1 = \frac{r_1}{z_2} \sqrt{z_1^2 + z_2^2}$ und $\varrho_2 = \frac{r_2}{z_1} \sqrt{z_1^2 + z_2^2}$

Abb. 249 zeigt den konstruktiven Aufbau der Kegelräder, der analog dem von Stirnrädern ist. Zähne und Zahnkranz verjüngen sich nach der gemeinsamen Spitze. Die Armquerschnitte sind zumeist T-oder I-förmig.

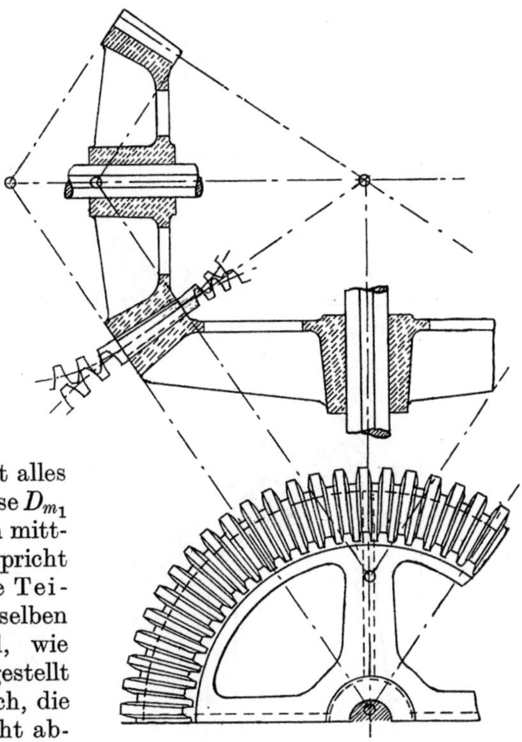

Abb. 249. Kegelräderpaar.

Berechnung von Kegelrädern.

Sie erfolgt in gleicher Weise wie bei den Stirnrädern, nur wird zunächst alles auf die mittleren Teilkreise D_{m_1} und D_{m_2} bezogen. Diesen mittleren Teilkreisen entspricht dann auch eine **mittlere Teilung** t_m, die nach denselben Formeln berechnet wird, wie sie für Stirnräder aufgestellt wurden. Es empfiehlt sich, die errechnete Teilung t_m nicht abzurunden, sondern zu lassen und aus ihr die mittleren ∅ zu berechnen:

$$D_{m_1} = \frac{z_1 \cdot t_m}{\pi} \quad \text{und} \quad D_{m_2} = \frac{z_2 \cdot t_m}{\pi}$$

Die so gefundenen D_{m_1} und D_{m_2} werden dann in der Zeichnung aufgetragen, womit man die Form der beiden Grundkegel erhält (Abb. 250). Durch Abtragen von je der halben Zahnbreite nach beiden Seiten ergeben sich dann die inneren und äußeren Teilkreisdurchmesser von selbst und damit auch die äußeren und inneren Teilungen der Räder. Nachträglich wird dann die äußere Teilung auf die nächste Modulteilung abgerundet, wodurch sich in den äußeren ∅ ebenfalls eine

Änderung ergibt, die dann für die Ausführung der Räder grundlegend bleibt. Abmessungen von Zahnkranz, Armen und Nabe wie bei Stirnrädern.

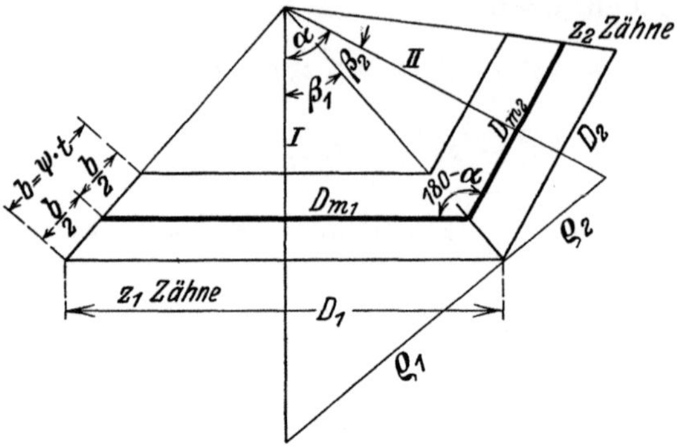

Abb. 250. Zur Berechnung von Kegelrädern.

Charakteristisch bei Kegelrädern ist, daß der im Betrieb entstehende Zahndruck stets eine Komponente in Richtung der Achse ergibt (Abb. 251), wodurch das Rad samt Welle sich zu verschieben trachtet, welche Bewegung in einem der Wellenlager aufgefangen werden muß.

Aus Abb. 251 sind auch die zur Herstellung von Kegelrädern nötigen Maße ersichtlich, die in der Werkstattzeichnung anzugeben sind. Ist gemäß Abb. 250 und 251:

α der Achsenwinkel der beiden Räder,

β_1 der halbe Kegelwinkel des Rads I vom Teilkreisdurchmesser D_1 und z_1-Zähnen,

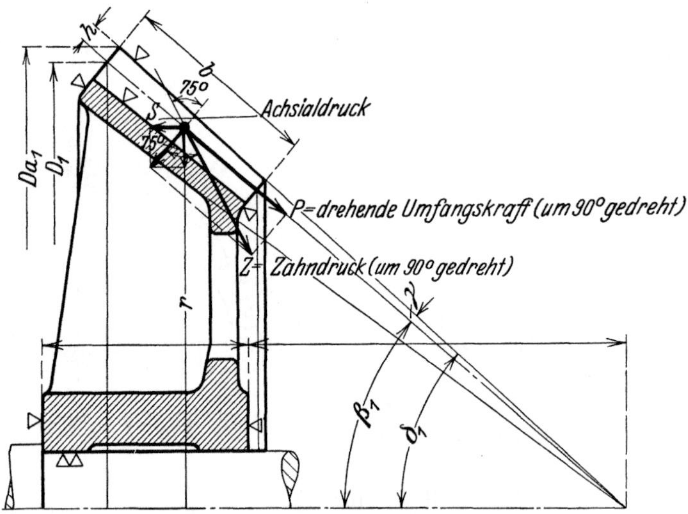

Abb. 251. Achsialschub bei Kegelrädern.

β_2 der halbe Kegelwinkel des Rads II vom Teilkreisdurchmesser D_2 und z_2-Zähnen,

dann gilt:

$$tg\ \beta_1 = \frac{\sin\alpha}{\frac{z_2}{1^z} + \cos\alpha} \quad \text{und} \quad tg\ \beta_2 = \frac{\sin\alpha}{\frac{z_1}{z_2} + \cos\alpha}$$

$$tg\,\gamma = \frac{2\,h \cdot \sin\beta}{D_1}; \quad \delta_1 = \beta_1 + \gamma \text{ und } \delta_2 = \beta_2 + \gamma.$$

$$D_{a1} = D_1 + 2\,h \cdot \cos\beta_1 \text{ und } D_{a2} = D_2 + 2\,h \cdot \cos\beta_2.$$

Die Korrektion der Zähne zwecks Vermeidung des Unterschnitts bei kleinen Zähnezahlen besteht bei Kegelrädern in einer Änderung sowohl des Zahnkopf- als des Zahnfußwinkels um jeweils den gleichen Betrag, so daß die ganze Zahnhöhe unverändert bleibt.

9. Räder mit schrägen Zähnen.

Für parallele Achsen: Stirnräder.

Grundform der Räder für derartigen Betrieb ist bekanntlich der Zylinder. Sobald die Zähne eines Stirnrads nicht mehr die parallelen Mantellinien des Grundzylinders bilden, vielmehr aus dieser Richtung abweichen, also schräg auf der Radoberfläche sitzen, ist die Achse des einzelnen Zahns nicht mehr gerade, sondern schraubenlinienförmig ge-

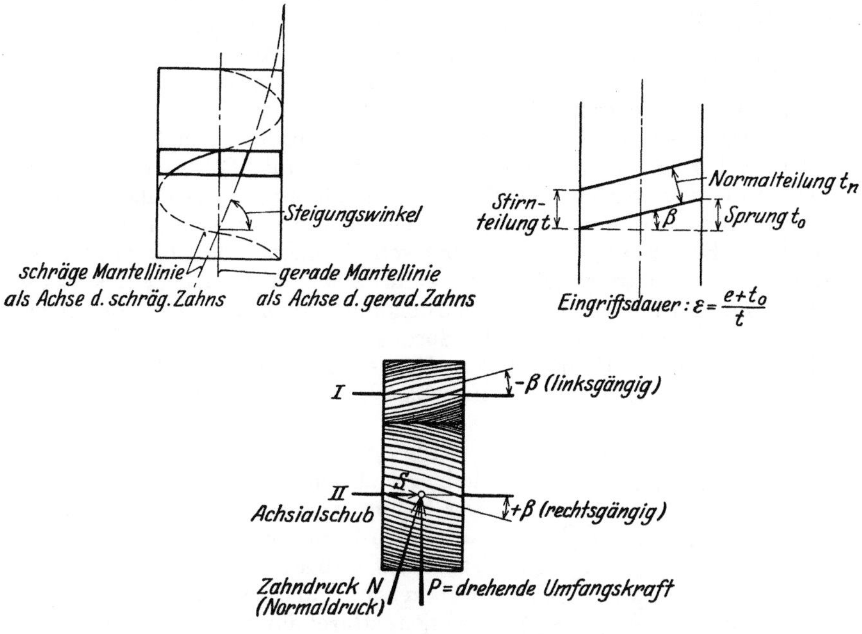

Abb. 252 bis 254. Stirnräder mit schrägen Zähnen.

wunden (Abb. 252), was allerdings bei der üblichen großen Steigung nur bei verhältnismäßig kleinem Rad ∅ und zugleich großer Radbreite äußerlich bemerkbar wird. Das Maß, um welches die beiden Stirnflächen der einzelnen Zähne gegeneinander versetzt — vorgesprungen — sind, wird der Sprung der Zähne genannt (Abb. 253). Er wird vielfach gleich der Zahnteilung t gemacht.

Von den beiden miteinander arbeitenden Rädern ist das eine links-

das andere rechtsgängig gewunden und zwar mit demselben Neigungswinkel β (Abb. 254). Dieser beträgt im allgemeinen nicht mehr als 20°, unter 10° ist nicht lohnend.

Vorteile dieser Räder: Ruhigerer Gang wie bei geraden Zähnen, weil eine größere Eingriffsdauer vorhanden ist, indem die Zahnberührung nicht auf einmal über die ganze Radbreite, sondern nacheinander, also länger stattfindet und damit die Ablösung der miteinander arbeitenden Zähne sanfter erfolgt wie sonst. Die Eingriffstrecke ist um den Sprung t_0 größer, wie bei geraden Zähnen, so daß die Eingriffsdauer wird:

$$\varepsilon = \frac{e + t_0}{t}$$

Der allmählich über die Zahnbreite fortschreitende Zahneingriff veranschaulicht sich sehr deutlich, wenn man die Räder in einzelne schmale Scheiben geteilt denkt und diese konzentrisch gegeneinander verdreht, so daß stufenförmige Zähne entstehen, die bei der Drehung etappenweise zum Eingriff gelangen.

Nachteil: Vorhandensein eines Achsialschubs (Abb. 254), der die Räder nur für geringe Umfangskräfte und Geschwindigkeiten verwendbar macht und den Wirkungsgrad herabsetzt.

Um den Seitenschub aufzuheben kann man zwei Räderpaare mit entgegengesetzter Zahnneigung anordnen, oder diese zu einem einzigen Rad zusammensetzen und erhält damit die sogenannten Pfeilräder, oder Räder mit Winkelzähnen (Abb. 255), auch Chevrons-Räder genannt. Diese werden, wie alle Schrägverzahnungen, ausschließlich mit Evolventenverzahnung ausgeführt. Die Zahnhöhe macht man normal $0{,}6\,t$, die Entfernung des Zahnfußes vom Teilkreis $0{,}35\,t$, die des Zahnkopfes vom Teilkreis $0{,}25\,t$. Die Zahnstärke, in der Ebene des Rads gemessen, wird $0{,}46\,t$ bei einem Steigungswinkel von 55°. Bei einer Zahnbreite $b = 4\,t$ wird dann der Sprung $1{,}4\,t$, doch gehen die Hagener Gußstahlwerke (Werk Hagen der Gelsenkirchener Gußstahl- und Eisenwerke A.-G.) damit bis auf $0{,}5\,t$ herunter, den Steigungswinkel nehmen sie 60°.

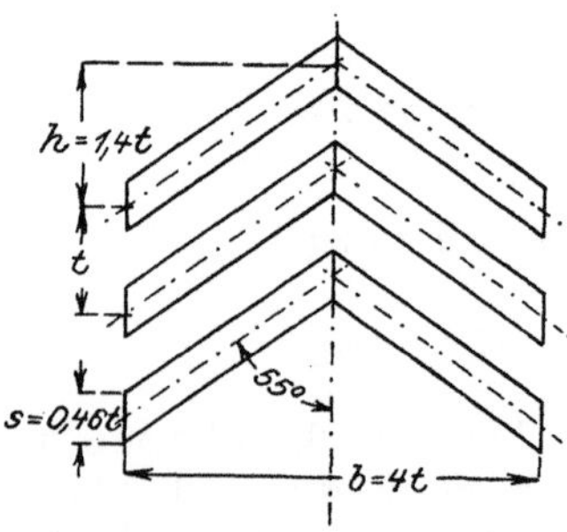

Abb. 255. Pfeilzähne.

Die Pfeilzähne haben besonders hohe Bruchsicherheit, sofern die Spitze der Zähne vorausläuft. Man verwendet sie deshalb bei großen Kräften und stoßender Gangart (Walzwerke, schwere Hebezeuge und schwere Werkzeugmaschinen). Durch ihren fast geräuschlosen, weichen Gang eignen sich Pfeilräder auch sehr gut für die Umsetzung der hohen Drehzahl von Elektromotoren und Dampfturbinen.

Macht man den Steigungswinkel der schrägen Zähne sehr klein, also den Sprung sehr groß, so geht damit bei genügend kleinem Raddurchmesser und großer Radbreite der schräge Zahn in eine oder mehrere vollständige Schraubenwindungen über (Abb. 252). Dies ist die Grundlage des Rabitzgetriebes der Zahnradfabrik Renk in Augsburg (Abb. 256), dessen Kleinrad zu einer halb rechts, halb links gewundenen Schnecke wird, weshalb das Getriebe auch Stirnschneckengetriebe heißt. Man kann mit der Zähnezahl des kleinen Rads ziemlich weit heruntergehen (bis 3) und damit große Übersetzungsverhältnisse (bis 1 : 30) bewältigen, bei gleich gutem Wirkungsgrad wie bei gewöhnlichen Stirnrädern. Die Rabitzgetriebe haben große Verbreitung gefunden und sich gut bewährt. Das Kleinrad ist aus Stahl, das Großrad aus Guß oder Stahlguß.

Abb. 256. Rabitz-Getriebe. (Zahnräderfabrik Augsburg, vorm. Joh. Renk A.-G.)

Bricht man die Zähne zweimal, so erhält man die Doppel-Pfeilzähne (Citroenräder), die für große Kräfte bei beliebiger Umdrehungsrichtung geeignet sind, aber ihrer teueren und schwierigen Herstellung wegen selten angewendet werden.

Der etwas schwierigen Herstellung genauer Pfeilverzahnung wegen trennt man vielfach die Pfeilschenkel voneinander und ordnet zwischen beiden eine genügend breite Lücke an, so daß das Fräswerkzeug auslaufen kann. Man erhält so Räder mit links- und rechtsgängig gewundener Zahnreihe, die heute zur Übertragung größter Kräfte und hoher Umdrehungszahlen als Übersetzungsgetriebe (bis 1 : 15) zwischen Wasser- oder Dampfturbinen und elektrischen Generatoren viel benützt werden. Bemerkenswerte Ausführungen solcher Hochleistungsgetriebe sind die Konstruktionen der Demag Duisburg, der Deutschen Werke A.-G. in Kiel und Fried. Krupp A.-G. in Essen für Kraftübertragungen über 20 000 PS bei

Abb. 257. Wüst-Rädergetriebe. (Zahnräderfabrik Augsburg, vorm. Joh. Renk A.-G.)

3000 und mehr Umdrehungen bzw. bis 70 m/sek Umfangsgeschwindigkeit. Dabei sind die Ritzel mit der Welle aus einem Stück (hochwertiger Chromnickelstahl). Die Räder geringeren Durchmessers ebenfalls aus Stahl und auf die Welle aufgeschrumpft, größere Räder haben doppelwandige Radsterne aus Guß oder Stahlguß mit aufgeschrumpftem Zahnkranz aus hochwertigem Sonderstahl. Das ganze Getriebe ist in einem öldichten, gußeisernen Gehäuse gelagert mit Tauchschmierung (Räder tauchen in Öl, das gekühlt wird) oder bei größeren Ausführungen mit Preßölschmierung für Lager und Zähne (Öldruck 1 at). Wirkungsgrad bei Vollast zwischen 96 und 99%.

Ebenfalls mit Abwälzfräsern herstellbar sind die sog. „Wüsträder" der Zahnradfabrik Renk in Augsburg, die dadurch entstehen, daß man sich ein Pfeilrad in der Radmittelebene auseinander geschnitten und die beiden Hälften um eine halbe Teilung konzentrisch gegeneinander verdreht denken muß. Abb. 257. Die Lücke zwischen den Zahnreihen zum Fräserauslauf fällt damit weg, oder wird zum mindesten kleiner.

Die Berechnung der Stirnräder mit schrägen Zähnen erfolgt wie bei den gewöhnlichen Rädern, wobei statt t die Normalteilung t_n zu setzen ist. Der Koeffizient c darf, der größeren Eingriffsdauer entsprechend, um 25—50% höher als bei geraden Zähnen genommen werden. Der Koeffizient $\psi = \frac{b}{t}$ wird normal zwischen 3 und 5 gewählt, bei den Hochleistungsgetrieben, der großen Erwärmung wegen aber wesentlich höher, bis zu 20, 25 und noch mehr, bei ziemlich kleiner Teilung. Steigungswinkel der Zähne zwischen 20 und 45°.

Für sich schneidende Achsen: Kegelräder.

Analog zu obigem bilden die Zähne hier keine Mantellinien der Grundkegel mehr, sondern sitzen schräg auf diesen, beim Planrad entweder als schräge Gerade oder spiralförmig oder kreisbogenförmig gekrümmt. Kegelräder mit schräg verlaufenden Zähnen werden mit Vorteil für große Geschwindigkeiten (Automobilbau) verwendet, wegen ihres ruhigen Ganges. Etwas Schwierigkeit machte ursprünglich das genaue Bearbeiten der Zähne, doch haben sich neuerdings hierfür sehr zweckmäßige und genaue Verfahren herausgebildet. (Reinecker, Böttcher, Gleason, Klingelnberg's. Herstellung der Zahnräder.) Das gleiche gilt für die Pfeil-Kegelräder. Für die Berechnung (mittlere Teilung) gilt das gleiche, wie für Stirnräder.

Für beliebig windschiefe Achsen.

a) Als zylindrische Räder, oder Schraubenräder. Diese als eigentliche Schraubenräder bezeichneten Räder gleichen den gewöhnlichen Stirnrädern mit schrägen Zähnen bis auf das eine, daß hier die Zähne beider Räder den gleichen Windungssinn haben müssen, bei allgemein ungleicher Neigung, wobei aber die Regel beachtet werden muß, daß die Summe der Neigungswinkel der Zähne gleich dem kleineren Schränkungswinkel der Achsen, d. h. daß $\beta_1 + \beta_2 = \gamma$ (Abb. 260).

Wegen ihres ruhigen Ganges benützt man sie gern zum Antrieb von Steuerwellen bei Kraftmaschinen, unter Beschränkung auf mäßige Kräfte, weil die Zähne sich gleitend aneinander vorbeischieben (starke Reibung) und verhältnismäßig starke Seitendrücke auf Räder und Lager ausüben. Material: Gußeisen auf Gußeisen, oder Bronze auf Stahl (das rascher laufende Rad aus Stahl).

Sollen sehr große Kräfte zwischen windschiefen Wellen übertragen werden, so empfiehlt sich die Einschaltung einer Hilfswelle unter Verwendung normaler Stirn- und Kegelräder.

β) Als hyperbolische Räder. Grundform der Räder ist hier das Umdrehungshyperboloid, das man sich entstanden denken kann durch Verdrehen der beiden Grundflächen eines Zylinders (zwei Kreisscheiben

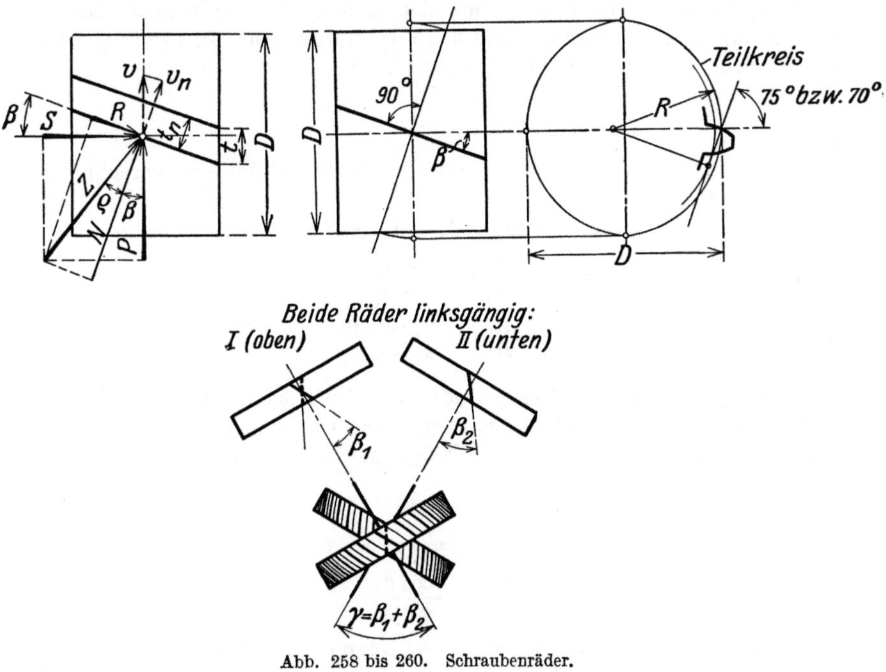

Abb. 258 bis 260. Schraubenräder.

aus Pappe, durch parallele Schnüre verbunden und gegeneinander verdreht). Man erkennt hieraus, daß die einzelnen Mantellinien eines solchen Zylinders auch nach der Verdrehung noch gerade bleiben, daß also die dadurch versinnbildlichten Achsen der Zähne der hyperbolischen Räder gerade sind, daß aber jeder Zahn windschief gegenüber dem anderen steht. Dies macht die genaue Herstellung solcher Räder äußerst schwierig, weshalb sie in der Praxis kaum zu finden sind und besser durch Schraubenräder ersetzt werden.

Kraft-Geschwindigkeits- und Größen-Verhältnisse bei Schraubenrädern. Es bedeutet nach Abb. 258:

N = Normaldruck zwischen den Zähnen = Zahndruck in Ruhe,

R = Reibung längs der Zähne im Betrieb,
Z = Zahndruck im Betrieb,
S = Achsialschub,
P = drehende Umfangskraft.

Gegeben sein wird immer die drehende Umfangskraft P (bzw. leicht zu berechnen aus M_d oder N und n).

Der Zusammenhang unter den einzelnen Kräften an zwei zusammenarbeitenden Rädern ist ausgedrückt durch:

$$\frac{P_1}{\cos(\beta_1 - \varrho)} = \frac{S_1}{\sin(\beta_1 - \varrho)} = \frac{N}{\cos\varrho} = \frac{S_2}{\sin(\beta_2 + \varrho)} = \frac{P_2}{\cos(\beta_2 + \varrho)}$$

Es gilt ferner: $z_1 : z_2 = n_2 : n_1$.

Die Normalteilung t_n zwischen den Zähnen ist bei beiden Rädern gleich und wird als Vielfaches von π ausgeführt. Die Stirnteilung wird gemessen in Richtung des Umfangs und ist:

$$t_1 = \frac{\pi \cdot D_1}{z_1}; \quad t_2 = \frac{\pi \cdot D_2}{z_2}$$

Bei ungleichen Neigungswinkeln sind die Stirnteilungen verschieden und zwar gilt:

$$t_1 \cdot \cos \beta_1 = t_n = t_2 \;\; c \; s \; \beta_2.$$

also:

$$\frac{t_1}{t_2} = \frac{\cos\beta_2}{\cos\beta_1}$$

und hieraus:

$$\frac{D_1}{D_2} = \frac{n_2 \cdot \cos\beta_2}{n_1 \cdot \cos\beta_1}$$

Analoges gilt von der Geschwindigkeit. Im Normalschnitt der Zähne muß sie bei beiden Rädern gleich sein. Die Umfangsgeschwindigkeiten werden wieder ungleich, sobald die Neigungswinkel der Zähne verschieden sind.

Es gilt wieder:

$$v_1 \cdot \cos\beta_1 = v_n = v_2 \cdot \cos\beta_2$$

$$\frac{v_1}{v_2} = \frac{\cos\beta_2}{\cos\beta_1}$$

Verzahnungsverhältnisse. Im Normalschnitt bilden die Zahnflanken Evolventen; die Teilkreise für diese Evolventen werden gebildet durch den größten Krümmungsradius der Ellipse, als welche sich die Verzahnungsebene im Normalschnitt projiziert (Abb. 259). Die Größe dieses Krümmungsradius ist:

$$R = \frac{D}{2\cos^2\beta}$$

Berechnung der Räder. Sie erfolgt genau wie bei gewöhnlichen Stirnrädern; als Zahndruck ist der Normaldruck N einzusetzen und für diesen Druck ist die Normalteilung t_n aus den bekannten Formeln zu berechnen, wobei aber für den Koeffizienten c der größeren Abnützung wegen etwas geringere Werte einzusetzen sind (etwa $^3/_4$ der sonst üblichen).

t_n kann auch bestimmt werden aus:

$$m = \frac{t_n}{\pi} = \sqrt{\frac{0{,}8\,N}{k}} \qquad \begin{aligned} N &= \text{Normaldruck}, \\ k &= 100 \div 200 \text{ kg bei Guß auf Guß}, \\ k &= 400 \div 600 \text{ kg bei Stahl auf Bronze.} \end{aligned}$$

Wirkungsgrad von Schraubenrädern ist:

$$\eta = 70\% \text{ bis } 75\%.$$

10. Schneckengetriebe.

Das Schnecken- oder Wurmgetriebe (Abb. 261) ist ein Rädergetriebe, das vielfach an Stelle von Schraubenrädern Verwendung findet und zwar fast ausnahmsweise für die Bewegungsübertragung zwischen rechtwinkligen im Raum sich kreuzenden Wellen.

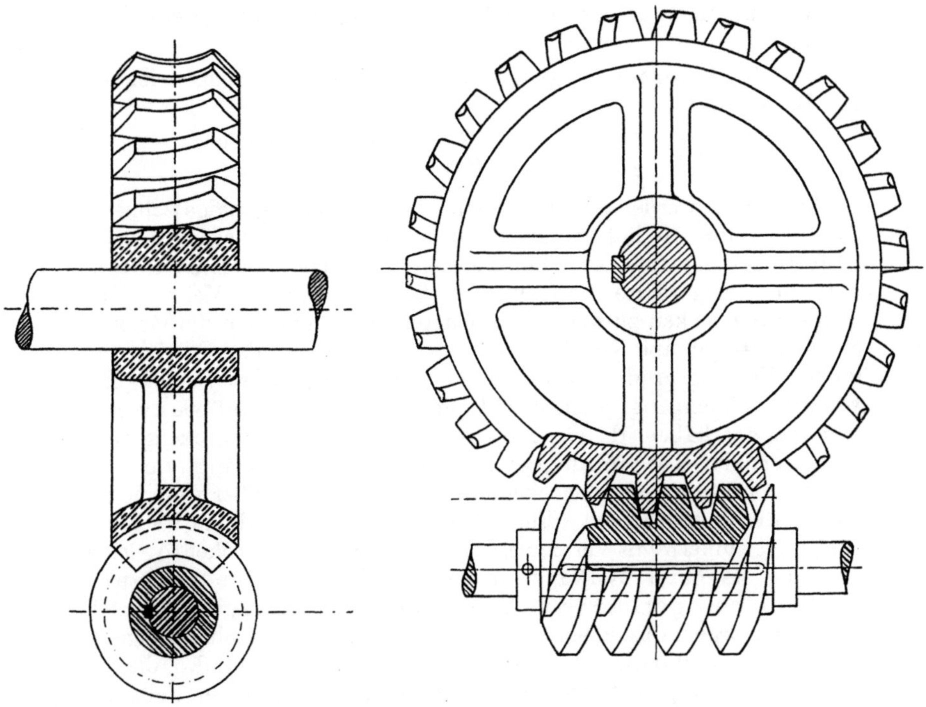

Abb. 261. Schneckengetriebe.

Bewegungsverhältnisse.

Wenn sich eine Schnecke dreht und dabei am Fortschreiten gehindert wird, so muß sich das Schneckenrad, das an seinem Umfang das Muttergewinde trägt, um seine Achse drehen, d. h. die Zähne des Rads schreiten in Richtung der Schneckenachse fort. Die Bewegung von Schnecke und Schneckenrad ist also identisch mit der Bewegung von Schraube und Mutter.

Die Ganghöhe der Schnecke ist bei eingängiger Schnecke gleich der Zahnteilung des Schneckenrads und zwar der Stirnteilung, nicht der Normalteilung, bei zweigängiger Schnecke gleich der doppelten Teilung usw.

Der Hauptvorteil eines Schneckengetriebes liegt in einer verhältnismäßig großen Übersetzungsmöglichkeit, ohne daß zu große Abmessungen nötig wären, denn während bei den gewöhnlichen Zahnrädern mit der kleinsten Zähnezahl des Getriebes im Hinblick auf brauchbare und normal herstellbare Zahnformen nicht gern unter 10 gegangen wird, womit die größte praktisch anwendbare Übersetzung bei etwa 1 : 10 liegt, kann man bei Schneckengetrieben mit dieser kleinsten Zähnezahl auf 1 heruntergehen (eingängige Schnecke), braucht also für dieselbe Übersetzung zehnmal weniger Platz. Die Übersetzung geht fast durchweg vom Schnellen ins Langsame, umgekehrt fast nie und ist auch nur unter der Voraussetzung eines genügend großen Steigungswinkels der Schnecke möglich.

Für das Übersetzungsverhältnis eines Schneckengetriebes gilt die Beziehung:

$$\varphi = \frac{i}{z} \qquad \begin{aligned} i &= \text{Gangzahl der Schnecke,} \\ z &= \text{Zähnezahl des Rades.} \end{aligned}$$

Verwendet werden gewöhnlich ein-, zwei- und dreigängige Schnecken, sowohl rechts- als linksgängige. Ob rechts- oder linksgängig, ist bei motorischem Antrieb der Schnecke einerlei, bei Handantrieb entscheidet evtl. der festgesetzte Drehsinn der Schneckenwelle. Mehr als dreigängige Schnecken zu nehmen, verbietet im allgemeinen die Rücksicht auf nicht zu plumpe Konstruktion der Räder. Wenn das Getriebe einen guten Wirkungsgrad haben soll, so sind mehrgängige Schnecken zu wählen, weil eingängige einen schlechteren Wirkungsgrad wie zwei- und mehrgängige haben, da ja der Wirkungsgrad eines Schneckengetriebes (s. später) von dem Steigungswinkel α der Schnecke abhängt, und dieser für einen bestimmten Schneckendurchmesser desto größer wird, je mehr Gänge die Schnecke hat. Für ein und dieselbe Steighöhe wächst der Steigungswinkel α mit Verkleinerung des mittleren Schnecken$\varnothing$, deshalb verlangt ein guter Wirkungsgrad möglichst großen Steigungswinkel, bei geringstem Schnecken$\varnothing$. Eingängige Schnecken haben naturgemäß kleineren Steigungswinkel wie mehrgängige (bei gleicher Zahnteilung), daher der schlechtere Wirkungsgrad. Allerdings besitzen steilgängige Schnecken nicht die Eigenschaft der Selbsthemmung, welche den Schnecken mit einem Steigungswinkel $\alpha \leqq \varrho$ (Reibungswinkel) eigen ist und die für gewisse Zwecke der Anwendung evtl. wünschenswert ist (Hebezeuge). Nach umfangreichen Versuchen von Ernst empfiehlt dieser, den Schnecken einen Steigungswinkel von mindestens $14 \div 18^0$ zu geben, was zweigängige Schnecken voraussetzt. Hierbei ergeben sich günstige Verhältnisse bezüglich Eingriffsfeld und Wirkungsgrad. Ferner soll sein: kleinste Zähnezahl des Rades $z \geqq 28$, also kleinste Übersetzung bei zweigängigen Schnekken $\varphi \geqq 1:14$.

Verzahnungsverhältnisse.

Die einfachste, aber auch unvollkommenste Art der Verzahnung besteht darin, die Zähne des Rades als schräg aufgesetzte Prismen auszuführen, wobei die Schräge der Zähne natürlich dem Steigungswinkel der Schnecke entsprechen muß. Nachteilig dabei ist, daß die Berührung zwischen Schnecke und Schneckenradzahn anfangs nur in einem Punkt stattfindet.

Richtiger ist es, wenn man die Zähne des Rades so formt, daß sie sich den Zahnflanken der Schnecke möglichst anschmiegen, was am

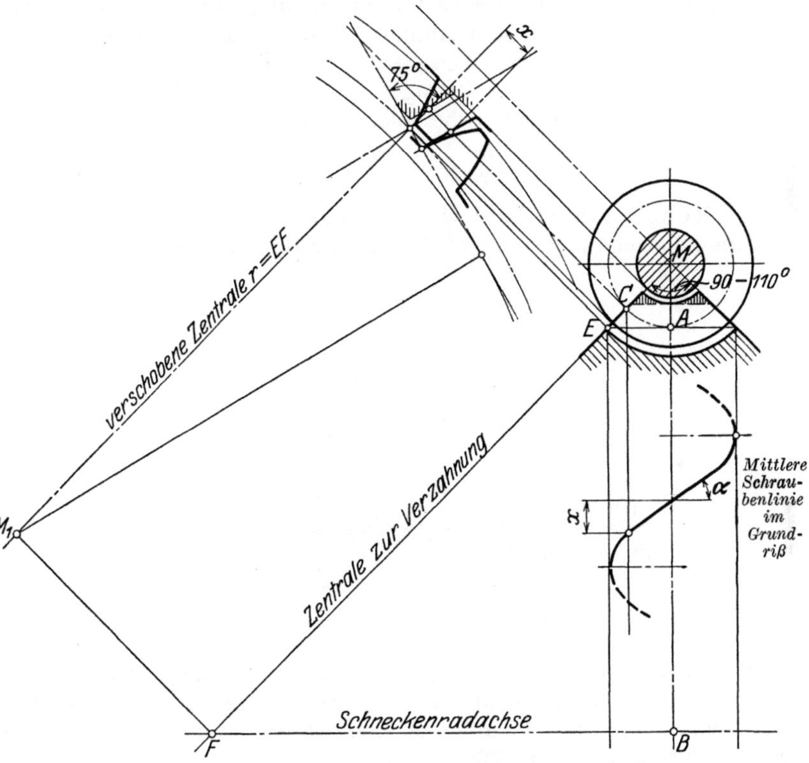

Abb. 262. Verzahnungsverhältnisse bei Schneckengetrieben.

vollkommensten dadurch erreicht wird, daß die Schneckenradzähne mit einem Fräser bearbeitet werden, welcher der Arbeitsschnecke genau gleicht. Für die Zeichnung und Ausführung genügt es deshalb, den Mittelschnitt der Verzahnung zu zeichnen. Die Schnecke erscheint in diesem Schnitt als Zahnstange mit trapezförmigen Zähnen, weil als Verzahnungsform die Evolventenverzahnung gewählt ist. Diese bildet bei fast allen Schneckengetrieben die übliche Verzahnung, weil auch Schneckengetriebe mit anderer Verzahnung nach einiger Zeit des Einlaufens die den Evolventen entsprechende Zahnform annehmen.

Will man auch die Verzahnung in einem anderen Schnitt des Zahnes zeichnerisch darstellen, so ist es am zweckmäßigsten, hierbei einen Radialschnitt zu machen (weil dann das Profil der Schnecke gleich bleibt). Für die Verzahnung z. B. in der Stirnfläche der Zähne, gilt dann (Abb. 262) das Stück ME als Teilkreisradius für die Schnecke und EF als Teilkreisradius für die Verzahnung des Schneckenrades, denn nur diejenigen Punkte, welche auf der durch A gehenden Horizontalen liegen, sind solche, die sich bezüglich Schnecke und Rad mit derselben Geschwindigkeit, also gleichförmig, fortbewegen, wie dies auch für den Teilkreispunkt A im Mittelschnitt der Verzahnung der Fall war, und was für Teilkreise nach ihrer Definition grundlegende Voraussetzung ist. Beim Festlegen der Stirnverzahnung ist dann noch zu beachten, daß in dieser Ebene das Schnecken-, sowohl wie Radzahn-Profil gegenüber dem Mittelschnitt um den Betrag x vorgeschoben ist, was beim Aufzeichnen der Verzahnung zu berücksichtigen ist.

Kraftverhältnisse

a) Heben einer Last Q (Abb. 263). Dies vollzieht sich derart, daß die Schnecke so gedreht wird, daß ihr Zahn 1 auf den Schneckenrad-

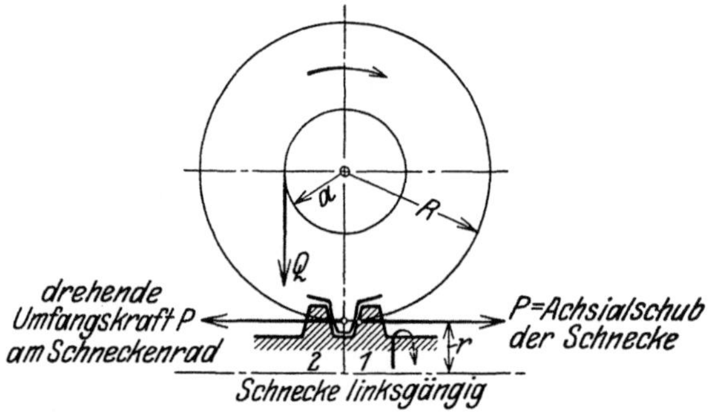

Abb. 263. Kräfte an Schnecke und Rad.

zahn drückt und diesen damit in die nächste Lücke der Schnecke schiebt, also gleichsam so, als ob der Radzahn längs der schiefen Ebene des Schneckenzahnes hinaufgeschoben würde. Damit ergibt sich folgendes Kräftebild (Abb. 264).

Die Kräfte an Schnecke und Rad sind jeweils gleich groß, jedoch entgegengesetzt gerichtet.

Ohne Reibung wäre:

N = Normaldruck auf den Schneckenzahn. P_r = Vertikalkraft, welche Schnecke und Rad auseinanderzutreiben sucht und beide Wellen verbiegt. P_{uo} = Kraft, welche die Schnecke im Sinne des Lastsenkens zu drehen sucht, also eine drehende Umfangskraft an der Schnecke; zum Lastheben ist eine ebenso große Kraft entgegengesetzt notwendig. P_o = der Achsialschub der Schnecke, zugleich drehende Umfangskraft am Rad.

Mit Reibung ist:

Normaldruck N: bleibt gleich.

Vertikalkraft P_r: bleibt gleich und zwar ist $P_r = N \cdot \sin\beta$.

Schneckenumfangskraft P_u: vergrößert sich auf $P_u = P_{uo} + R \cdot \cos\alpha$.

Achsialkraft P: verkleinert sich, damit auch das durch Schneckendrehung auf das Rad übertragene Drehmoment, $P = P_o - R \cdot \sin\alpha$.

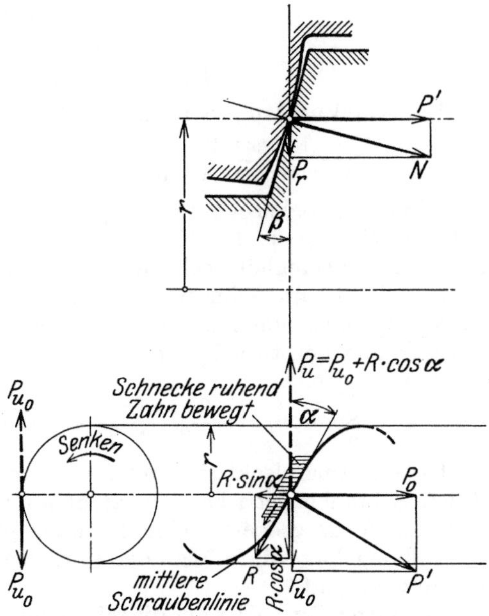

Abb. 264. Kräfte an der Schnecke.

Von diesen Kräften sei nun P als gegeben angenommen (wie P aus den gegebenen Kraftverhältnissen von Schnecke und Rad zu ermitteln, wird später gezeigt). Die übrigen Kräfte können dann in P ausgedrückt werden und sind gemäß Abb. 264:

$$N = \frac{P'}{\cos\beta}; \quad P' = \frac{P_o}{\cos\alpha} \quad \text{also } N = \frac{P_o}{\cos\alpha \cdot \cos\beta}$$

$$P_o - R \cdot \sin\alpha = P; \quad R = \mu \cdot N = \frac{\mu \cdot P_o}{\cos\alpha \cdot \cos\beta} = \frac{P_o}{\cos\alpha} \cdot \frac{\mu}{\cos\beta}$$

$$R = \mu' \cdot \frac{P_o}{\cos\alpha} \qquad \left(\frac{\mu}{\cos\beta} = \mu' = tg\,\varrho'\right)$$

damit wird:

$$P_o\,(1 - \mu' \cdot tg\,\alpha) = P \qquad P_o = \frac{P}{1 - \mu' \cdot tg\,\alpha}$$

Ferner wird:

$$N = \frac{P}{(1 - \mu' \cdot tg\,\alpha)\cos\alpha \cdot \cos\beta} = \frac{P}{\cos\alpha \cdot \cos\beta - \mu' \cdot \sin\alpha \cdot \cos\beta}$$

$$N = \frac{P}{\cos\alpha \cdot \cos\beta - \mu \cdot \sin\alpha}$$

$$P_r = N \cdot \sin\beta = \frac{P \cdot \sin\beta}{\cos\alpha \cdot \cos\beta - \mu \cdot \sin\alpha}$$

$$P_r = \frac{P \cdot tg\,\beta}{\cos\alpha - \mu' \cdot \sin\alpha}$$ es genügt immer, wenn gesetzt wird

$$P_r = \sim P \cdot tg\,\beta$$

$$P_u = P_{uo} + R \cdot \cos\alpha \qquad P_{uo} = P_o \cdot tg\,\alpha$$

$$P_u = \frac{P \cdot tg\,\alpha}{(1 - \mu' \cdot tg\,\alpha)} + \frac{\mu' \cdot P}{(1 - \mu' \cdot tg\,\alpha)} = \frac{P}{1 - \mu' \cdot tg\,\alpha}\,(tg\,\alpha + \mu')$$

$$P_u = P\,\frac{tg\,\alpha + tg\,\varrho'}{1 - tg\,\alpha \cdot tg\,\varrho'}$$

$$P_u = P \cdot tg\,(\alpha + \varrho')$$

Der Wirkungsgrad ist definiert als:

$$\eta = \frac{\text{Nutzarbeit}}{\text{Aufgewendete Arbeit}} \text{ oder ganz allgemein } = \frac{\text{Erfolg}}{\text{Aufwand}}$$

Wenn die Schnecke einmal gedreht wird, dann ist der Arbeitsaufwand $P_u \cdot 2\,\pi \cdot r$. Der Erfolg davon ist, daß der Zahn des Schneckenrads um eine Ganghöhe gehoben wird, daß also die geleistete Arbeit ist: $P \cdot s$, weil die am Schneckenradzahn in Richtung der stattfindenden Bewegung hängende Last nichts anderes als die drehende Umfangskraft P und der zurückgelegte Weg gleich der Ganghöhe s ist, d. h. $s = 2\,\pi \cdot r \cdot tg\,\alpha$.

$$\text{Somit } \eta = \frac{P \cdot 2\,\pi \cdot r \cdot tg\,\alpha}{P_u \cdot 2\,\pi \cdot r} \quad \text{oder} \quad \eta = \frac{tg\,\alpha}{tg\,(\alpha + \varrho')}$$

Diese Formel deckt sich mit der Wirkungsgradformel eines gewöhnlichen Schraubengetriebes, nur steht an Stelle des Reibungswinkels ϱ hier der etwas größere Reibungswinkel ϱ', was seine Ursache in der Keilreibung hat, die infolge der schrägen Schneckenflanken hier zur Geltung kommt.

Bei obiger Formel ist nur die reine Gewindereibung, d. h. die Reibung zwischen den Zähnen, berücksichtigt.

Der Wirkungsgrad des kompletten Getriebes verlangt noch die Berücksichtigung der Lagerreibung der Schnecken- und Schneckenradwelle und beträgt deshalb:

$$\eta = 0{,}9 \div 0{,}95\,\frac{tg\,\alpha}{tg\,(\alpha + \varrho')}$$

je nachdem Gleit- oder Kugellagerung der Wellen vorhanden.

Obige rechnerische Lösungen wären in einfacher Weise auch graphisch zu finden gewesen.

b) Senken der Last Q. Graphische Behandlung. Ist die am Schneckenradzahn in Richtung der Schneckenachse angreifende Last P (Achsialschub der Schnecke) die schiefe Ebene des Schneckenganges hinaufgewunden, so würde sie, sich selbst überlassen, wieder zurücksinken, d. h. die Schneckenwelle selbsttätig rückwärts drehen, aber nur dann, wenn $P \cdot \sin\alpha \geq R$ somit $\geq \mu' \cdot P \cdot \cos\alpha$, d. h. wenn $tg\,\alpha \geq \mu' \geq tg\,\varrho'$, also wenn $\alpha \geq \varrho'$.

Ist $\alpha = \varrho'$, dann schwebt die Last frei, d. h. sie ist im Grenzzustand zwischen Ruhe und Bewegung.

Ist $\alpha < \varrho'$, dann vermag keine noch so große Kraft P und damit auch keine noch so große am Schneckenrad hängende Last Q ein selbsttätiges Herunterrutschen von der schiefen Ebene, d. h. ein Rückwärtsdrehen der Schnecke, zu veranlassen. Die Schnecke ist dann selbsthemmend, wirkt also als Sperrgetriebe. Eine Übersetzung vom Langsamen ins Schnelle ist mit einem derartigen Getriebe unmöglich. Zum Senken der gesperrten Last muß die Schnecke rückwärts gedreht werden, man braucht also Kraft im Senksinn. Die schwebende Last drückt dabei, wie beim Heben, in gleicher Richtung auf die Schnecke, ändert also den Achsialschub nicht. Dies setzt jedoch voraus, daß die Last groß genug ist, um eine selbsttätige Rückwärtsdrehung zu veranlassen, sobald sie sich selbst überlassen wird, daß es sich also um sog. durchziehende Lasten handelt. Ist dies nicht der Fall, dann muß zum Zweck des Lastensenkens der Zahn 2 der Schnecke (Abb. 263) auf den Schneckenradzahn drücken und ihn zur Drehung veranlassen, wodurch sich der Achsialschub, solange rückwärts gedreht wird, umkehrt.

Ist $\alpha > \varrho'$, dann sinkt, wie schon erwähnt, die Last von selbst und zwar mit zunehmender Geschwindigkeit. Will man eine gleichförmige Senkbewegung haben, so braucht man auch in diesem Falle Kraft zum Senken, und zwar Bremskraft, also im Sinne des Lasthebens wirkend. Während der ganzen Dauer des Lastsenkens bleibt dabei der Schneckenradzahn drückend auf den Schneckenzahn 1 (Abb. 263).

Durchziehende Lasten vorausgesetzt, bleibt also der Achsialschub der Schnecke beim Heben, Stillhalten und Senken in gleicher Richtung.

Er kehrt sich um, wenn ganz leichte Lasten gesenkt werden, die zur Überwindung der Reibungswiderstände im Triebwerk nicht hinreichen, wie z. B. der leere Haken, doch ist der Achsialschub in diesem Falle minimal.

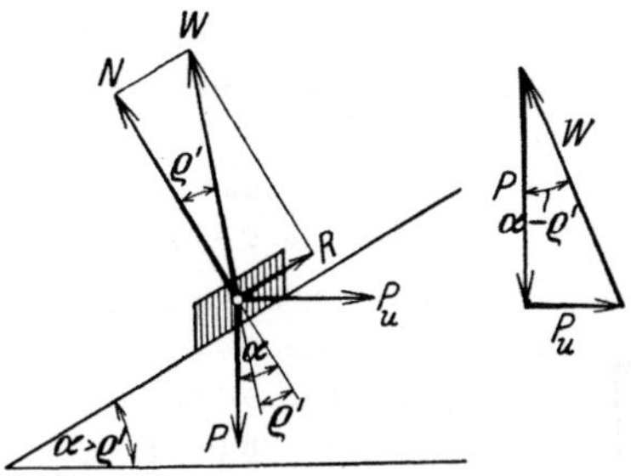

Abb. 265. Kräfteplan für Lastsenken mit steilgäng. Schnecken.

Beim Senken von Lasten sind also die zwei Fälle zu unterscheiden:

α) Senken mit nicht selbstsperrenden (steilgängigen) Schnekken.

β) Senken mit selbstsperrenden Schnecken.

Der erstere Fall ist auch identisch mit der Übersetzung vom Langsamen ins Schnelle.

Fall α (Abb. 265). Das Krafteck ergibt: $P_u = P \cdot tg\,(\alpha - \varrho')$. Im Idealfall (ohne Reibung) würde P_u größer, die Reibung ist also für das gleichförmige Senken erwünscht und ergibt die kleinere Triebkraft, so daß:

$$\eta = \frac{\text{Triebkraft mit Reibung}}{\text{Triebkraft ohne Reibung}} \quad \text{also} \quad \eta = \frac{tg\,(\alpha - \varrho')}{tg\,\alpha} \text{ wird.}$$

Dies wäre zugleich auch der Wirkungsgrad bei der Übersetzung vom Langsamen ins Schnelle.

Für $\alpha = \varrho'$ wird $\eta = 0$. Das bedeutet: Von dieser Größe des Steigungswinkels ab wird seitens der Last Q keine mechanische Arbeit mehr geleistet, es wird also keine Senkbewegung mehr zustande gebracht: Das Getriebe ist selbsthemmend geworden.

Fall β (Abb. 266). Das Krafteck ergibt: $P_u = P \cdot tg\,(\varrho' - \alpha)$. Von einem Wirkungsgrad kann man hier nicht sprechen, da nichts Positives geleistet wird (siehe Fall α).

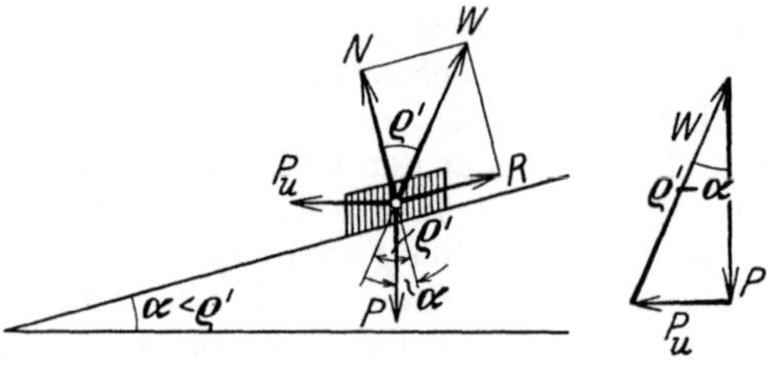

Abb. 266. Kräfteplan für selbsthemmende Schnecken.

Durch Multiplikation der errechneten Schneckenkräfte P_u mit dem mittleren Schneckenradius r erhält man die zum Heben bzw. zum Senken von Lasten nötigen Drehmomente, ausgedrückt im Achsialschub P. Es ist:

a) $M_d = P \cdot r \cdot tg\,(\alpha + \varrho')$ (cmkg)

b) α) $M_d = P \cdot r \cdot tg\,(\alpha - \varrho')$,,

β) $M_d = P \cdot r \cdot tg\,(\varrho' - \alpha)$,,

Der Achsialschub P ist zu rechnen aus dem gegebenen Lastmoment der Schneckenradwelle $P = \frac{M_d}{R}$

Ist das Kraftmoment, bzw. die Leistung der angetriebenen Schneckenwelle gegeben, dann kann auch hieraus der Achsialschub und damit das Lastmoment, das überwunden werden kann, bestimmt werden, denn es ist z. B. für das Lastheben:

$$P = \frac{M_d}{r \cdot (tg\,\alpha + \varrho')}\ \text{(kg)} \quad \text{bzw.} \quad P = \frac{71\,620 \cdot N}{r \cdot (tg\,\alpha + \varrho') \cdot n}\ \text{(kg)}$$

Für die Bemessung des Reibungswinkels ϱ' sind bei allen obigen Rechnungen die ungünstigeren Verhältnisse beim Anlaufen (Reibung der Ruhe) zugrunde zu legen, wofür gesetzt werden kann: $\varrho' = 6^0$, entsprechend $\eta = 75\%$.

Ist der Beharrungszustand erreicht, so hat man es mit der Reibung der Bewegung zu tun, die wesentlich kleiner ist, als die Reibung der Ruhe und in ihrer Größe abhängt von der vorhandenen Gleitgeschwindigkeit der reibenden Flächen. Nach angestellten Versuchen sinkt dabei der Wert von ϱ' herunter bis auf $1{,}5 \div 3^0$, so daß Kraftaufwand und Wirkungsgrad günstiger wirken. Bei mehrgängigen Schnecken und tadelloser Schmierung sind Wirkungsgrade bis zu 90% zu erreichen.

Herstellung und Betrieb.

Die Schnecken sind, sofern es sich um größere Geschwindigkeit handelt, stets aus bestem Werkzeugstahl herzustellen, sauber zu fräsen und zu polieren (schleifen) und womöglich zu härten, da sie sehr starker Abnützung ausgesetzt sind. Noch besser ist, naturharten Stahl zu verwenden (keine Härterisse und kein Verziehen). Für Handbetrieb finden sich auch Schnecken aus Stahlguß oder Gußeisen (Abb. 261), die dann mit einer Nabe auf die Welle aufgekeilt sind.

Die Schnecke wird gewöhnlich auf der Drehbank geschnitten oder mit Scheiben- oder Fingerfräser gefräst, wobei man aber kein genaues

Profil erzielt. Der Fingerfräser arbeitet genauer als der Scheibenfräser, nutzt sich aber rasch ab. Eine gerade Flanke der Schnecke läßt sich nur mit einem Fräser herstellen, dessen Profilpunkte gegen den Normalschnitt der Zahnlücke entsprechend zurückgesetzt sind. Ein guter Eingriff zwischen Schnecke und Rad läßt sich nur erzielen, wenn die Arbeitsschnecke und der Schneckenfräser mit dem das Rad hergestellt wird, mit dem gleichen Fräser geschnitten werden.

Die Radzähne werden mit einem kegelförmig hinterdrehten Schnekkenfräser ausgeschnitten, der dem im Übersetzungsverhältnis des Triebes gedrehten Rade entweder bis auf den Achsenabstand in radialer Richtung genähert wird, oder der von vornherein den richtigen Achsenabstand hat und gegen das zu schneidende Rad in Richtung seiner Achse vorgeschraubt wird.

Schneckengetriebe müssen ohne Benutzung eines Schleifmittels in dem mit gewöhnlichem Maschinenöl gefüllten Gehäuse bei hohen Gleitgeschwindigkeiten und allmählich gesteigertem Zahndrucke einlaufen, wobei das Gehäuse mehrmals gereinigt und mit reinem Öl gefüllt werden muß. Zuletzt läßt man das Getriebe bei starker Belastung in dickem Zylinderöl laufen.

Die Schneckenräder werden vielfach aus einem gußeisernen Armstern in Verbindung mit einem Zahnkranz aus Bronze (Phosphorbronze) hergestellt (Abb. 267). Für mäßige Geschwindigkeit (Handbetrieb) genügen ganze Gußeisenräder. Um den bei dem raschen Gang des Schneckengetriebes sich einstellenden starken Verschleiß so sehr wie möglich zu beschränken, ist in erster Linie, neben genauester Arbeit und Vermeiden jeglicher Montageungenauigkeiten, für eine sorgfältige und dauernd reichliche Schmierung Sorge zu tragen (womöglich Öl). Dies kann man nur dadurch erreichen, daß man das ganze Schneckengetriebe in einem staubdichten Kasten im Ölbad laufen läßt (Abb. 185).

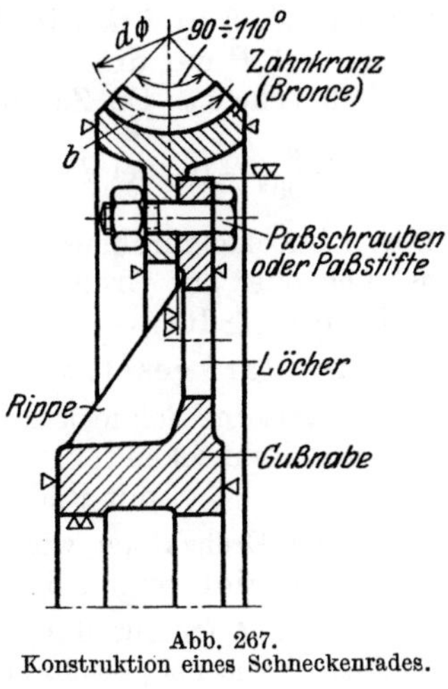

Abb. 267. Konstruktion eines Schneckenrades.

Lagert man die Schnecke oben im Gehäuse, so wird die Gehäuseform einfacher und die Schnecke zugänglicher, auch die Schmierung meist besser, da kein Ölschaum erzeugt wird, und der Schleifstaub nicht zwischen die Zähne gelangen kann. Die Lagerschmierung ist unabhängig vom Öl des Gehäuses zu halten.

Um die starke gleitende Reibung beim Schneckengetriebe herabzusetzen, hat man die Zähne des Schneckenrads durch Rollen ersetzt (Pekrun-Getriebe) und, um einen besseren Eingriff zu erzielen, der Schnecke die dem Radumfang sich anschmiegende Form eines Globoids gegeben. Die Firma Pekrun in Coswig i. Sachsen gibt für ihre Globoid-Rollschneckengetriebe Wirkungsgrade bis 95% an.

Eine neuere Konstruktion von Globoid-Getrieben ist das von der Zahnradfabrik Renk in Augsburg gebaute Bostock-Renk-Globoid-Schneckengetriebe, das bei 45^0 Steigungswinkel einen Wirkungsgrad von 97,3% versuchsgemäß ergibt.

Berechnung von Schneckengetrieben.

Für die Größe der erforderlichen Teilung t gilt analoges wie bei den sonstigen Zahnrädern. Es ist nämlich:

$$t = 10 \sqrt[3]{\frac{450}{\psi \cdot i \cdot c} \cdot \frac{N}{n} \cdot \eta} \quad \text{bzw.} \quad t = \sqrt[3]{\frac{2\pi \cdot M_d}{\psi \cdot i \cdot c} \cdot \eta}$$

N, n, M_d und i beziehen sich auf die Verhältnisse der Schnecke; ψ im allgemeinen $= 2{,}5$. $\eta =$ Wirkungsgrad des Schneckentriebes.

Es empfiehlt sich auch hier, den Weg, den die Praxis vielfach geht, einzuschlagen, nämlich von einer gewissen Teilung t, die man wählt, auszugehen und gemäß der Grundgleichung:

$$P = c \cdot b \cdot t$$

nachzuprüfen, ob der Koeffizient c sich innerhalb der zulässigen Grenze bewegt oder nicht. Es ist:

$$c = \frac{P}{b \cdot t} \quad \text{und} \quad P = \frac{M_d}{R} = \frac{71\,620 \cdot N}{R \cdot n}$$

wo für N, n und R die Verhältnisse des Rades einzusetzen sind, weil P nur drehende Umfangskraft des Rades, nicht aber auch der Schnecke ist. Die Zahnbreite b ist abhängig von Winkel β, nämlich:

$$b = \frac{\pi \cdot d \cdot \beta^0}{360^0} \text{ (wobei } d = \varnothing \text{ der Schnecke), für } \beta = 90^0 \text{ wird } b = \frac{\pi}{4} \cdot d.$$

Der Schneckendurchmesser d ist entweder aus den Katalogen zu entnehmen oder auf Grund der Annahme des Steigungswinkels α zu berechnen ($\alpha \geq 16^0$).

Für c darf gesetzt werden bei intermittierendem Betrieb:

Für gußeiserne Schnecken mit gußeisernen Rädern	$c = 15 \div 25$	kg/cm²
„ Stahlschnecken „ „ „	$c = 25 \div 35$	„
„ „ mit Rädern mit Bronzezähnen	$c = 35 \div 50$	„

Für hohe Drehzahlen wird der niedere Wert von c genommen. Für Dauerbetrieb wegen der größeren Erwärmung 25% weniger.

Teilung t (Stirnteilung beim Rad und achsiale Teilung bei der Schnecke) wie bei gewöhnlichen Zahnrädern in Modulmaß, d. h. als ein vielfaches von π ausführen.

Zähnezahl z der Räder: $z \geq 28$, bei Dauerbetrieb $z \geq 30$. Schneckenlänge $l = 4 \div 5\,t$.

Der Achsialschub P der Schnecke verlangt zu seiner Aufnahme ein Drucklager, das vielfach als Kugeldrucklager, und zwar für beide Druckrichtungen, ausgeführt wird (Abb. 185).

Für die Kugelberechnung gilt: $P = k \cdot i \cdot d^2$ cm.

Für k ist üblich:
$k \leq 100$, bei gehärteten Stahlrillen mit $r = {}^2/_3\, d$.
$k \leq 50$, für ebene, gehärtete Laufflächen.

Festigkeitsberechnung der Schneckenwelle (Abb. 268). Die Schnecke ist aufzufassen als Balken auf zwei Stützen. Der gefährdete Querschnitt ist der Kernquerschnitt in der Balkenmitte. Die Schneckenwelle ist dort beansprucht.

1. Auf Biegung durch P_r (Vert.-Ebene).
2. Auf Biegung durch P (Vert.-Ebene).
3. Auf Biegung durch P_u (Horiz.-Ebene).
4. Auf Drehung durch P_u
5. „ Druck od. Zug durch P

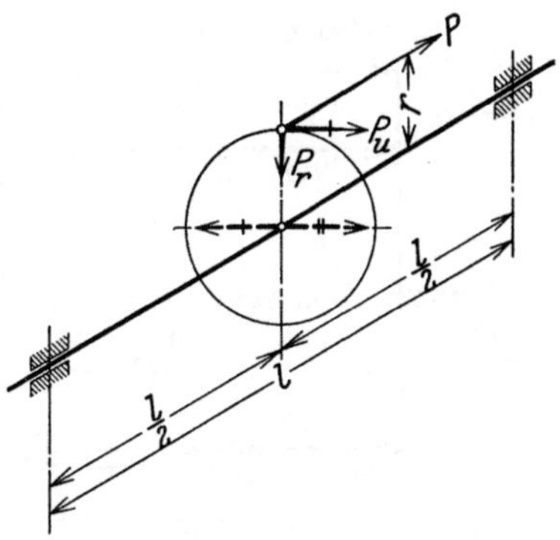

Abb. 268.
Zur Berechnung der Schneckenwelle.

(ob Druck oder Zug vorhanden, hängt von der Lage des Drucklagers ab)

Größtes Moment durch Pr: $M_{b1} = P_r \cdot \frac{l}{4}$ (Vert.-Ebene).

„ „ „ P: $M_{b2} = P' \cdot \frac{l}{2}$ (Vert.-Ebene). Abb. 269.

$= \frac{P \cdot r}{2}$ weil $P' \cdot l = P \cdot r$, also $P' = \frac{P \cdot r}{l}$

also res. Moment in V-Ebene: $M_{bV} = M_{b_1} + M_{b_2} = P_r \cdot \frac{l}{4} + \frac{P \cdot r}{2}$

größtes Moment in H-Ebene: $M_{bH} = P_u \cdot \frac{l}{4}$ (Abb. 269),

somit resultierendes Biegungsmoment für die Schneckenwelle:

$$M_b = \sqrt{M_{bV}^2 + M_{bH}^2}.$$

Dem entspricht eine resultierende Biegungsspannung von der Größe:

$$\sigma_b = \frac{M_b}{W} = \frac{10\, M_b}{d^3} \text{ kg/qcm}; \qquad d = \text{Kern}\varnothing \text{ der Schnecke.}$$

Zu dieser größten Biegungsspannung tritt als weitere Normalspannung eine Druck- bzw. Zugspannung vom Achsialschub herrührend, welche beträgt:

$$\sigma = \frac{P}{f} = \frac{4\, P}{\pi \cdot d^2} \text{ kg/qcm}$$

so daß im gefährdeten Querschnitt eine größte Normalspannung herrscht von:

$$\sigma_n = \sigma_b + \sigma \text{ kg/qcm}.$$

Das den gefährdeten Querschnitt beanspruchende Drehmoment beträgt:

$$M_d = P_u \cdot r \text{ cmkg},$$

was einer Drehungsspannung entspricht von:

$$\tau = \frac{5\,M_d}{d^3}\ \text{kg/qcm}.$$

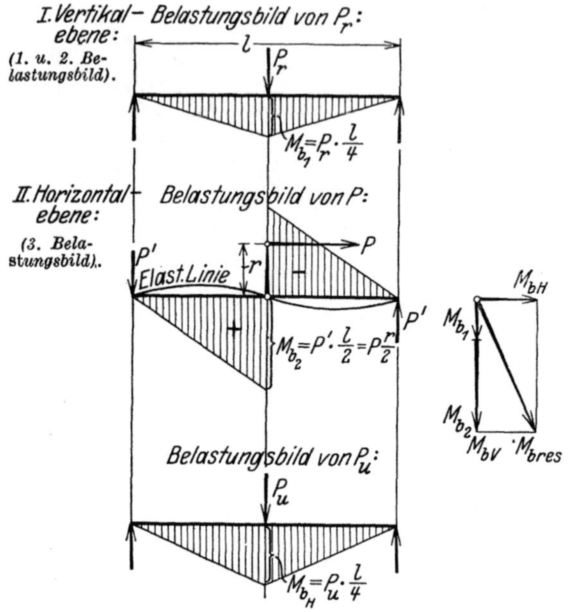

Abb. 269. Zur Berechnung der Schneckenwelle.

Aus der größten Normalspannung zusammen mit der gleichzeitig vorhandenen Drehungs- oder Tangentialspannung, ergibt sich schließlich für den gefährdeten Querschnitt eine resultierende Spannung (ideelle Spannung), welche beträgt:

$$\sigma_{res} = 0{,}35\,\sigma_n + 0{,}65\sqrt{\sigma_n^{\,2} + 4\,(a_o\cdot\tau)^2}$$

$$a_o = \frac{k_b}{1{,}3\,k_d}$$

wobei die Bedingung erfüllt sein muß:

$$\sigma_{res} \leqq k_b\ \text{kg/qcm}.$$

Berechnungsbeispiel. Für die in Abb. 270 skizzierte elektrische Winde sollen das Schnecken- und die Stirnradgetriebe berechnet werden.

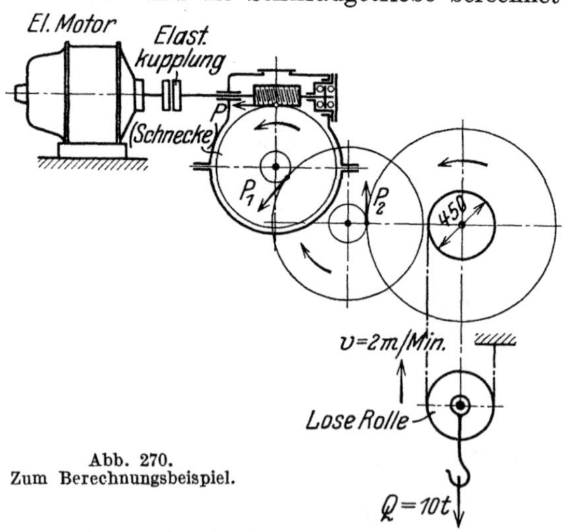

Abb. 270.
Zum Berechnungsbeispiel.

a) Berechnung der erforderlichen Motorstärke.

$$N = \frac{Q\cdot v}{60\cdot 75\cdot \eta};\ \eta = \eta_1\cdot\eta_2\cdot\eta_3\cdot\eta_4 = 0{,}75\cdot 0{,}93\cdot 0{,}93\cdot 0{,}96 = \sim 0{,}63$$

$$\left\{\begin{array}{l}\eta_1 = 0{,}75 \text{ (Schneckengetriebe)} \\ \eta_2 = 0{,}93 \text{ (Stirnrädergetriebe)} \\ \eta_3 = 0{,}93 \text{ (Stirnrädergetriebe)} \\ \eta_4 = 0{,}96 \text{ (Trommel + lose Rolle)}\end{array}\right\}$$

Somit $$N = \frac{10\,000 \cdot 2}{60 \cdot 75 \cdot 0{,}63} = \sim 7 \text{ PS}.$$

Diese Leistung braucht keine Dauerleistung, sondern nur eine sog. intermittierende Leistung zu sein, da der Motor mit Zwischenpausen arbeitet. Gewählt sei (aus der Liste der Lieferfirma) ein Elektro-Motor mit $N = 6{,}82 \text{ PS}_{int.}$ bei $n = 950/\text{Min.}$ (Die fehlende Leistung ist belanglos.)

b) Berechnung der erforderlichen Gesamtübersetzung $1:\varphi$.

Es ist $$\varphi = \frac{n_{\textit{schnelle Welle}}}{n_{\textit{langs. Welle}}} = \frac{n_{\textit{Motor}}}{n_{\textit{Trommel}}} = \frac{935}{2{,}85} = 335.$$

$$n_{\textit{Trommel}} = \frac{v \cdot 60}{\pi \cdot D} = \frac{4}{\pi \cdot 0{,}45} = 2{,}85/\text{Min.}$$

($v \cdot 60$ = m/Min. = Seilgeschw. = $2 \cdot 2 = 4$ m/Min, wegen der losen Rolle)

also Gesamtübersetzung 1:335.

Sie sei unterteilt in:

a) Schneckengetriebe 1:20,
b) 1. Stirnradgetriebe 1:5,
c) 2. Stirnradgetriebe 1:3,35.

c) Berechnung des Schneckengetriebes für 1:20.

Gegeben: $N = 6{,}82/5{,}1$ PS ($5{,}1 = 6{,}82 \cdot 0{,}75$); $n = 950/47{,}5$.
Achsiale Schneckenteilung

$$t = \sqrt[3]{\frac{450\,000}{c \cdot \psi \cdot i} \cdot \frac{N}{n} \cdot \eta}$$

angenommen: $c = 30$ (Stahl/Guß)
$\psi = 2{,}5$
$i = 2$ (zweigängige Schnecke)

somit

$$t = \sqrt[3]{\frac{450\,000}{30 \cdot 2{,}5 \cdot 2} \cdot \frac{6{,}82}{950} \cdot 0{,}75} = \sqrt[3]{17} = \sim 2{,}6 \text{ cm}$$

Gewählt $t = 9\,\pi$ mm.

Steigung der Schnecke $s = 2 \cdot 9\,\pi = 18\,\pi$ mm.
Länge ,, ,, $l = 4$—$5\,t = 130$ mm.
Teilkreis⌀ der Schnecke aus der Beziehung (s. Abb. 271):

$$tg\,\alpha = \frac{s}{\pi \cdot d}; \quad \alpha = 16^0 \text{ gewählt},$$

gibt $$d = \frac{s}{\pi \cdot tg\, 16^0} = \frac{18\,\pi}{\pi \cdot 0{,}286} = 63 \text{ mm}.$$

gewählt $d = 60$ mm ∅;

damit genauer Steigungswinkel:

$$tg\,\alpha = \frac{18\,\pi}{60\,\pi} = 0{,}3; \quad \alpha = 16^0\,40'.$$

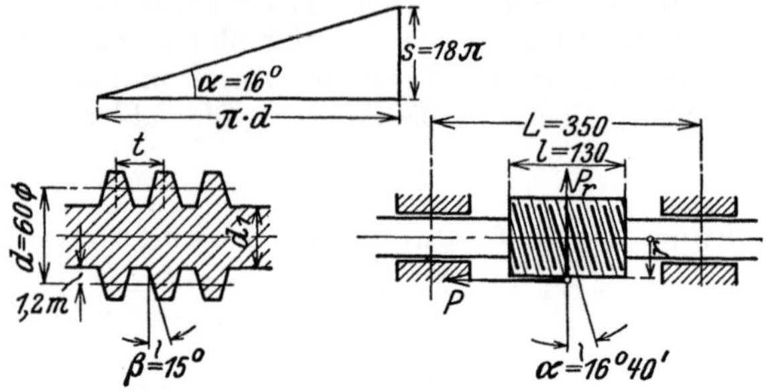

Abb. 271 und 272. Zum Berechnungsbeispiel.

Damit Wirkungsgrad des Schneckengetriebes für Lastheben:

a) beim Anfahren: $\eta = 0{,}95 \cdot \frac{0{,}30}{0{,}417} = 0{,}7,$
($\varrho' = 6^0$)

b) im Beharrungszustand: $\eta = 0{,}95\,\frac{0{,}30}{0{,}357} = 0{,}8,$
($\varrho' = 3^0$)

also durchschnittlich $\eta = 0{,}75$, wie in Rechnung gesetzt.

Zähnezahl des Schneckenrads $z = 2 \cdot 20 = 40$,
Stirnteilung des Schneckenrads $t = 9\,\pi$ mm.
somit Teilkreis∅ des Rads: $D = 9 \cdot 40 = 360$ mm.

Achsabstand des Getriebes $A = \frac{360 + 60}{2} = 210$ mm.

Achsialschub der Schnecke P = drehende Umfangskraft des Rads (s. Abb. 270),

also $$P = \frac{71\,620 \cdot 5{,}1}{18 \cdot 47{,}5} = 430 \text{ kg}.$$

Kugeldrucklager nach Katalog der Lieferfirma für $P = 430$ kg Längsdruck bei 950 Tour./Min.

Schneckenradwelle $$d_2 = \sqrt[3]{\frac{M_d}{24}} = \sqrt[3]{\frac{430 \cdot 18}{24}}$$
$$= \sqrt[3]{287} = 6{,}59 = 65 \text{ mm}.$$

Festigkeitsberechnung der Schneckenwelle.

Die Lagerentfernung sei zu 350 mm angenommen (vgl. Abb. 272). Es ist nach dieser Abbildung

$d_1 = d - 2 \cdot 1{,}2\,\text{m} = 60 - 2 \cdot 1{,}2 \cdot 9 = \sim 38$ mm.

Es ist: $\sigma_{res} = 0{,}35\,\sigma_n + 0{,}65\sqrt{\sigma_n^2 + 4\,(\alpha_0\,\tau)^2}$

$$\alpha_0 = \frac{k_b}{1{,}3\,k_d} = \frac{500}{1{,}3 \cdot 600} = \frac{2}{3}$$

Hierbei ist:

$$\sigma_n = \sigma_b + \sigma = \sigma_b + \frac{4\,P}{\pi \cdot d_1^2} = 420 + \frac{4 \cdot 430}{\pi \cdot 3{,}8^2} = \frac{430}{11{,}34} = \sim 460 \text{ kg/qcm}$$

$$\sigma_b = \frac{M_b}{W} = \frac{10\,M_b}{d_1^3} = \frac{2300 \cdot 10}{3{,}8^3} = \frac{23\,000}{54{,}87} = 420 \text{ kg/qcm}$$

$$M_b = \sqrt{M_{b_V}{}^2 + M_{b_H}{}^2} = \sqrt{1650^2 + 1600^2} = 2300 \text{ cmkg}$$

$$M_{b_V} = M_{b_1} + M_{b_2} = 1000 + 650 = 1650 \text{ cmkg}$$

$$M_{b_1} = \frac{P_r \cdot L}{4} = \frac{P \cdot tg\,\beta \cdot L}{4} = \frac{430 \cdot 0{,}268 \cdot 35}{4} = 1000 \text{ cmkg}$$

$$M_{b_2} = \frac{P \cdot r}{2} = \frac{430 \cdot 3}{2} = \sim 650 \text{ cmkg}$$

$$M_{b_H} = \frac{P_u \cdot L}{4} = \frac{P \cdot tg\,(\alpha + \varrho') \cdot L}{4} = \frac{430 \cdot 0{,}417 \cdot 35}{4} = 1600 \text{ cmkg}$$

$$\tau = \frac{5\,M_d}{d_1^3} = \frac{5 \cdot P_u \cdot r}{d_1^3} = \frac{5 \cdot P \cdot tg\,(\alpha + \varrho') \cdot r}{d_1^3} = \frac{5 \cdot 430 \cdot 0{,}417 \cdot 3}{3{,}8^3}$$

$$= \sim 50 \text{ kg/qcm}$$

$$\frac{2}{3}\,\tau = \sim 35 \text{ kg/qcm}$$

Somit $\sigma_{res} = 0{,}35 \cdot 460 + 0{,}65\sqrt{460^2 + 4 \cdot 35^2}$

$$= 160 + 300$$

$$\sigma_{res} = 460 \text{ kg/qcm}$$

Zugelassen wäre $\sigma_{res} \leq k_b \leq 500$ kg/qcm, so daß die Schneckenwelle fest genug ist.

d) Berechnung des 1. Stirnradvorgeleges für 1:5.

Gegeben: $N = 5{,}1/4{,}7$ PS $(4{,}7 = 5{,}1 \cdot 0{,}93)$ und $n = 47{,}5/9{,}5$. Gewählt: Stirnräder, Guß/Guß, mit geraden, gefrästen Zähnen; $t = 12\,\pi$ mm; $z = 14/70$; $\varnothing = 168/840$ mm; $\psi = 3$; $b = 110$ mm. Damit drehende Umfangskraft

$$P_1 = \frac{71\,620 \cdot 5{,}1}{8{,}4 \cdot 47{,}5} = 910 \text{ kg}$$

und $$c = \frac{P_1}{b \cdot t} = \frac{910}{11 \cdot 3{,}77} = 22 \text{ kg/cm}^2$$

Umfangsgeschw. $v = \dfrac{\pi \cdot 0{,}168 \cdot 47{,}5}{60} = 0{,}42$ m/sek, d. h. langsam laufend, dafür wäre nach Tabelle $c = 28$ kg/cm² zugelassen, also wurde richtig gewählt.

e) Berechnung des 2. Stirnradvorgeleges für 1:3,35.

Gegeben: $N = 4{,}7/4{,}3$ PS $n = 9{,}5/2{,}85$.

Gewählt: Stirnräder, Guß/Guß, mit geraden, gefrästen Zähnen; $t = 18\,\pi$ mm; $z = 15/50$; $\varnothing = 270/900$ mm; $\psi = 3$; $b = 170$ mm.

Damit drehende Umfangskraft

$$P_2 = \frac{71\,620 \cdot 4{,}7}{13{,}5 \cdot 9{,}5} = 2650 \text{ kg}$$

$$\text{und } c = \frac{P_2}{b \cdot t} = \frac{2650}{17 \cdot 5{,}65} = 27{,}6 \text{ kg/cm}^2.$$

Zugelassen ist für langsam laufende Räder $c = 28$ kg/cm², also richtig gewählt.

B. Kettengetriebe.

In Verwendung kommen als Transmissionsketten nur Gelenkketten, keine gewöhnlichen Gliederketten wie im Transportbetrieb und zwar dann, wenn wegen zu großem Achsabstand Zahnräder ausscheiden oder bei zu kleinen Verhältnissen Riemen- und Seiltrieb unmöglich.

Vorteil: Unempfindlichkeit gegen Feuchtigkeit und minimaler Raumbedarf in seitlicher Richtung; ruhiger Gang; positives Durchziehen ohne Geschwindigkeitsverlust, also präzise Bewegungsübertragung bei sehr gutem Wirkungsgrad (bis zu 98%).

Nachteil: Starkes Längen der Kette bei Stößen und großen Kräften, damit unregelmäßiges Arbeiten. Erfordernis genauester Montage (genau parallele Wellen), sonst starker Verschleiß wegen Fehlens der seitlichen Elastizität.

In der Praxis finden sich folgende Formen von Ketten:

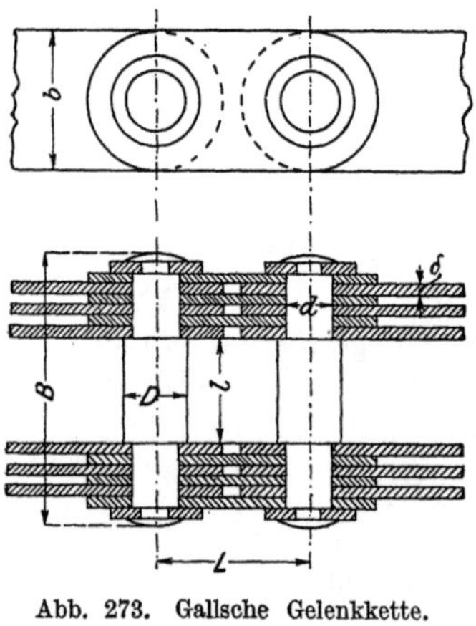

Abb. 273. Gallsche Gelenkkette.

1. Gallsche Kette (Abb. 273). Heute mehr für Hebezeuge und im Transportbau gebräuchlich. Sie besteht aus stählernen Bolzen und stählernen oder auch schmiedeeisernen Laschen. Brauchbar bis zu 3 m/sek Kettengeschwindigkeit. Nachteilig ist die Bewegung der schmalen Laschen auf den Zapfen und die damit verbundene hohe Flächenpressung an den Zapfen, die frühzeitig eine starke Abnützung an diesen Stellen und damit ungenaues Arbeiten verursachen. Deshalb besser

2. Treibkette (Abb. 274) von Zobel, Neubert & Co., Schmalkalden, desgl. von Kötter in Barmen. Hierbei ist die innere Lasche auf eine besondere Hülse aus Stahl gesetzt (aufgedornt oder durch Abflachung gegen Drehung gesichert). Die äußere Lasche ist ebenso auf dem durch die Stahlhülse hindurchgesteckten Innenbolzen festgemacht, meist

festgenietet, Schlußglied versplintet. Die Hülsen haben Löcher zur Schmierung der Gleitflächen zwischen Bolzen und Hülse. Bei der Bewegung der Kette tritt an den Auf- und Ablaufstellen der Kettenräder eine Gleitbewegung auf zwischen Hülse und Zahnflanke, was nachteilig ist und die Lebensdauer des Getriebes mindert. Von 2 t Zugkraft an haben die Ketten Doppellaschen und hohle Bolzen; von 4 t an dreifache Laschen. Vervollkommnung dieser Ketten durch

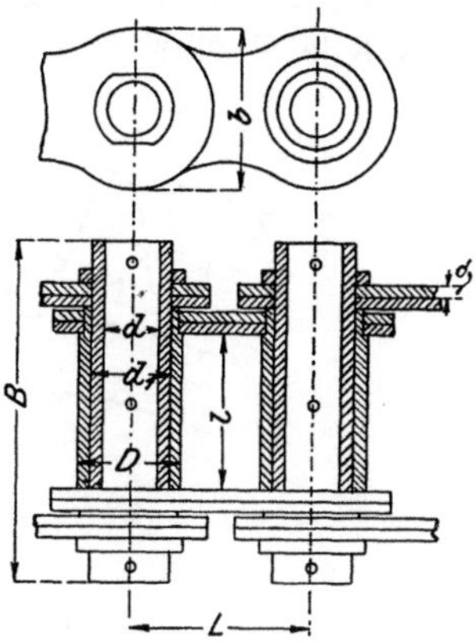

Abb. 274. Treibkette.
(Zobel, Neubert & Co., Schmalkalden.)

3. Rollkette von Stolzenberg & Co., Berlin Reinickendorf; gleiche Bauarten von Wippermann in Hagen, und Kötter in Barmen (Abb. 275). Es ist hier um die Hülse für die innere Lasche noch eine besondere Rolle angeordnet, die sich bei Richtungsänderung der Kette auf den Radzähnen, unter Gleiten auf der Hülse, abrollt. Rolle und Hülse sind gehärtet. Zulässige Belastung $\frac{1}{10} \div \frac{1}{30}$ der Bruchlast. (Vgl. Tafel 19 im Anhang.) Bei kurzen Ketten ist eine größere Sicherheit nötig, weil die einzelne Rolle öfter arbeitet, als bei langen Ketten. Mit größer werdender Geschwindigkeit wird die Kette leichter, aber es wächst die Abnützung. Kettengeschwindigkeit bis zu 5 m/sek. Kettenradzähne erhalten Triebstockverzahnung, doch genügt Kreisbogenersatz vollkommen (Abb. 276).

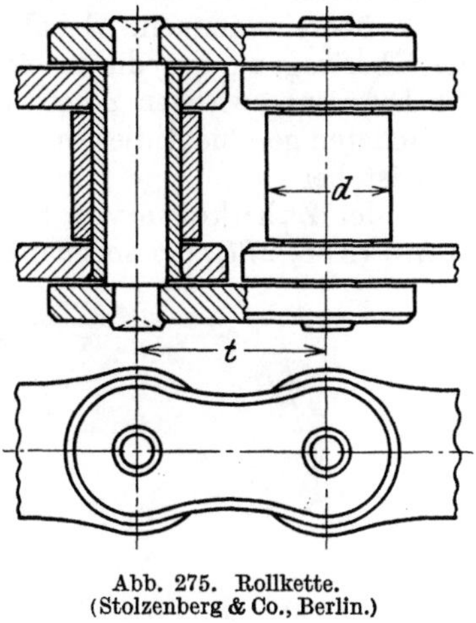

Abb. 275. Rollkette.
(Stolzenberg & Co., Berlin.)

Grundsätzlich ist zu beachten, daß die Gelenkbolzen im Zahngrund der Räder anliegen sollen, die Laschen dürfen am Radkranz nicht aufliegen, da sie sonst durchgebogen würden.

Die Kettenteilung t ist zugleich als Sehne Teilung des Rads, womit der Kettenraddurchmesser wird:

$$D = \frac{t}{\sin \frac{180}{z}}$$

Zähnezahl $Z \gtrless \begin{smallmatrix} 10 \\ 70 \end{smallmatrix}$; große Zähnezahl anstreben. Infolgedessen maximale Übersetzung 1:7, besser 1:5. Als Kettenschloß dient ein Schraubenbolzen, bei ungerader Gliederzahl ist ein geschweißtes Zwischenglied einzuschalten.

Achsabstand $\leq$ 4 m, mindestens aber 1,5 $\times$ großer Rad $\varnothing$. Zweckmäßig ist der Einbau von Spannrollen, oder eines der Kettenräder verschiebbar anordnen zur Regulierung der Kettenspannung. Die Ketten sind im Betrieb zu schmieren! Bei staubigem Betrieb sind sie einzukapseln, dies auch bei höheren Geschwindigkeiten als 4 m/sek zur Erzielung einer einwandfreien Schmierung (Ölbad). Kettentriebe laufen

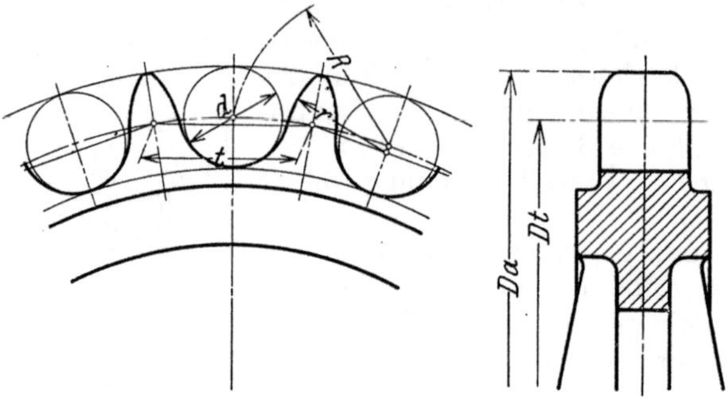

Abb. 276. Kettenrad für Rollketten.

am besten in wagrechter oder leicht geneigter Anordnung. Ziehendes Kettentrum meistens oben. Bei vertikalen Trieben wandert die Kette bei zunehmendem Durchgang nach außen, weshalb diese Anordnung nur möglich mit verzahnter Spannrolle an der Innenseite. Glatte Spannrollen an der Außenseite sind zu vermeiden.

Rollketten arbeiten nur einwandfrei, solange Zahn- und Kettenteilung genau übereinstimmen. Sobald eine Streckung vorhanden ist, erfolgt die Übertragung nur durch einen Zahn allein, weshalb ein Ausgleich der Differenz zwischen Zahn- und Kettenteilung notwendig wird. Am einfachsten geschieht dies durch Selbsteinstellung der Kette, wie es der Fall ist bei

4. der Zahnkette von Stolzenberg, desgleichen von Wippermann (Abb. 277), der sogenannten Renold-Kette (von Hans Renold,

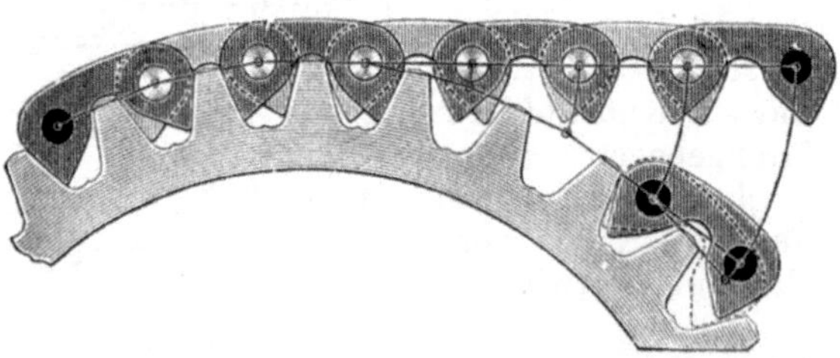

Abb. 277. Renoldsche Zahnkette. (Stolzenberg & Co., Berlin.)

Manchester). Bei dieser bestehen die einzelnen Kettenglieder aus doppelzähnigen Stahllamellen, die scherenartig zwischen die Zähne des Kettenrades greifen. Die Verzahnung des Kettenrads (Abb. 278) besteht gemäß der Form der Kettenlamellen aus geraden Profilstücken und wird damit einfach und genau. Bei vergrößerter Kettenteilung infolge Streckens der Kette rückt diese auf dem Rad radial nach außen bis zu der Lage, welche der vergrößerten Kettenteilung entspricht. Bei allen im

Eingriff sich befindenden Zähnen bleibt aber eine vollkommene Flächenberührung, also das günstige Auflageverhältnis erhalten. Die Zahnketten arbeiten mit nur ganz geringer Gleitbewegung, völlig stoßfrei und auch bei großen Geschwindigkeiten nahezu geräuschlos. Wirkungsgrad mindestens 98%.

Das Abgleiten der Kette vom Rad verhindern Führungslamellen, die entweder außen zu beiden Seiten oder in der Mitte der Kette angebracht sind. Im letzteren Falle muß das Kettenrad eine besondere Nut haben.

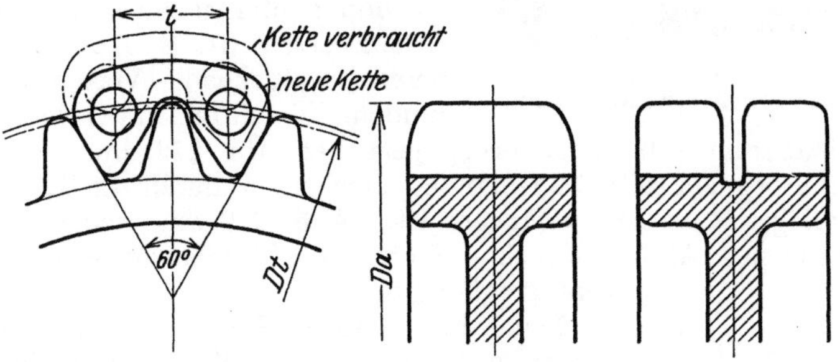

Abb. 278. Kettenräder für Zahnketten.

Kettengeschwindigkeit max. $6^1/_2$ m/sek. Bei mehr wird das Öl abgespritzt und wird dann Unterbringung in geschlossenem Gehäuse und Lauf im Ölbad erforderlich. Übersetzung max. 1:8, besser $\leq$ 1:6,5.

Zähnezahl $z \gtrless \frac{13}{100}$; Achsenentfernung $\geq 50 \cdot t$ oder $\leq$ 4—6 m. Die Ketten sind mit mindestens dreißigfacher Sicherheit gegen Bruch zu berechnen. Betr. Angabe über Abmessungen und Tragfähigkeit von Roll- und Zahnketten siehe Tafel 19 und 20 im Anhang.

Verwendet werden Zahnketten hauptsächlich für die direkten elektrischen Antriebe von Werkzeugmaschinen, auch für Antriebe von Pumpen, Kompressoren, Zündapparaten und Steuerungsorganen von Kraftmaschinen. Höchste Umdrehungszahl ist bei kleinen Leistungen 3000/Min.

Gemäß des Aufbaues der Zahnketten kann ein eintretendes Spiel der Ketten naturgemäß nur ein ganz minimales sein. Es gibt aber Fälle, wie z. B. beim Antrieb von Nockenwellen an Werkzeugautomaten u. dgl., wo die allergrößte Genauigkeit unumgänglich notwendig ist und jegliches Spiel beseitigt werden muß. Diesem Zweck dient eine selbsttätige Kettenspannvorrichtung, bei welcher ein die Spannrolle beim Riementrieb ersetzendes Kettenrad angeordnet ist, das auf einer exzentrisch ausgebohrten Buchse sitzt, die unter Federwirkung verdreht wird. Dies vollzieht sich so, daß sobald die Kette sich dehnt, eine Schraubenfeder die Buchse und damit das Spannkettenrad in solchem Sinn dreht, daß die Kette nachgespannt wird. Die neue Stellung der Buchse wird durch eine Sperrklinke gesichert. Diese Art von Kettenspannung mit automatischer Justage, die aus Amerika (Link-Belt Co.) stammt, hat auch bei Kraftwagenantrieben Eingang gefunden.

Die Westinghouse-Eisenbahnbremsen-Gesellschaft in Hannover vertreibt eine ähnliche Treibkette (Morse-Kette), bei der die Zapfen durch Schneiden ersetzt sind, so daß statt gleitender Zapfenreibung nur rollende Reibung auftritt, wodurch der Wirkungsgrad erhöht und die Abnutzung vermindert wird. Morseketten sind angewendet für Übertragung bis 5000 PS.

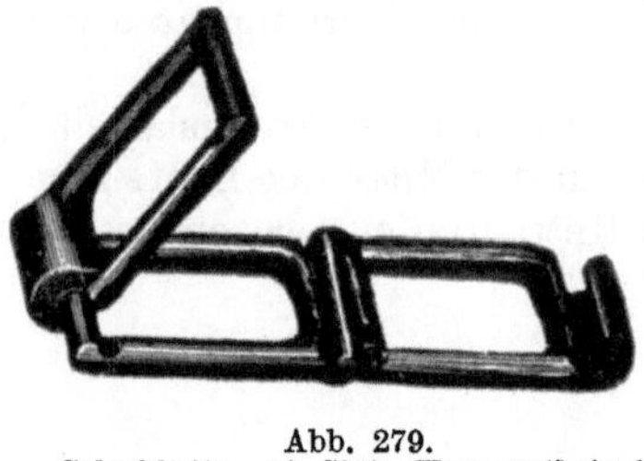

Abb. 279. Gelenkkette. (A. Stotz, Kornwestheim.)

Für kleine Leistungen und Geschwindigkeiten haben die Stotzschen Gelenkketten (A. Stotz, Kornwestheim) weitgehende Verbreitung gefunden. Die einzelnen Glieder sind aus schmiedbarem Guß, hakenförmig gestaltet (Abb. 279) und lassen sich dadurch bequem seitlich ineinander schieben, wodurch die Kette leicht zu zerlegen und zu verlängern ist. Abb. 279 zeigt eine Stotzsche Gelenkkette, Abb. 280 eine Stotzsche Stahlbolzenkette für größere Tragfähigkeit.

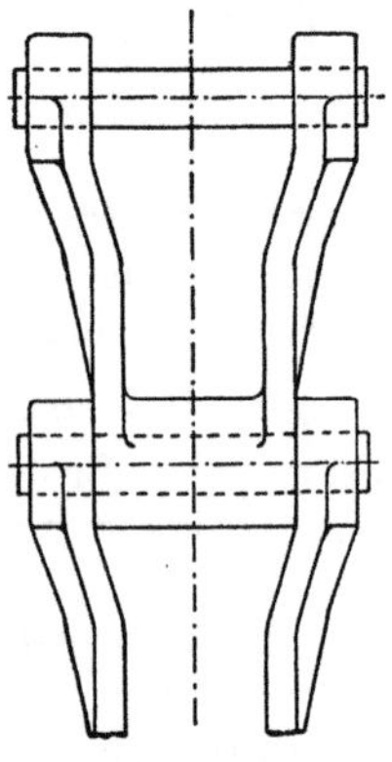

Abb. 280. Stahlbolzenkette. (A. Stotz, Kornwestheim.)

Neuerdings haben Kettengetriebe eine sehr wertvolle Anwendung im Werkzeugmaschinenbau als stufenlose Reguliergetriebe der Drehzahlen erhalten, in der Konstruktion der P.J.V.-Kettengetriebe, hergestellt von der P.J.V. Ketten- u. Getriebe G. m. b. H., Bad Homburg v. d. H. Diese Getriebe haben sich, selbst für höhere Leistungen bei großem Regelbereich der Drehzahlen, gut bewährt. Die P.J.V.-Kette ist eine Lamellengliederkette mit unendlich variabler Zahnteilung. Die Kette läuft zwischen gezahnten Kegelrädern, die sich je nach der Übersetzung achsial verschieben bei gleichzeitigem Verschieben der Kettenlamellen, welche sich in den Zahnlücken halten und damit stets ein zwangläufiges, ohne jeglichen Schlupf arbeitendes Getriebe herstellen.

C. Riemen- und Seiltrieb.

Er dient zur Fortpflanzung von Drehbewegungen zwischen beliebig gegeneinander gerichtete Wellen bei gleichbleibendem oder wechselndem Drehsinn und größeren Entfernungen. Es ist hierbei keine starre Kupplung zwischen den sich drehenden Wellen wie bei Zahn- und Kettenrädern vorhanden, sondern es findet eine elastische Übertragung statt. Dies bringt den unvermeidlichen Nachteil mit sich, daß die Übertragung nicht ohne Geschwindigkeitsverluste möglich ist, dem aber der nicht unbedeutende Vorteil gegenübersteht, daß der Riemen- und Seiltrieb sich durch eine ziemlich große Anpassungsfähigkeit an die zu übertragenden Kräfte auszeichnet, was durch Nachgiebigkeit bei Überlastungen, Unempfindlichkeit gegen plötzlich auftretende starke Stöße, zum Ausdruck kommt. Weitere Vorteile sind der geräuschlose Betrieb, sowie die Ausrückbarkeit. Eine absolut präzise Bewegungsübertragung läßt sich nur durch Zahnräder erreichen.

1. Theoretische Grundlagen.

Legt man über die Umfänge zweier Scheiben ein endloses Band (Abb. 281), so wird dies bei der Drehung der einen Scheibe die Bewegung mitmachen und sie auf die zweite Scheibe fortpflanzen, sobald sich das Band mit genügender Kraft gegen die Umfänge preßt, so daß eine Reibungskraft wachgerufen wird, welche einmal die Bewegung des Riemens und dann die Drehung der Scheibe hervorruft, damit also die Übertragung einer gewissen Umfangskraft P möglich macht. Die genügend große Reibung bedingt somit eine gewisse Vorspannung, mit welcher der Riemen von vornherein aufzulegen ist. Diese Vorspannung muß gegenüber der Umfangskraft P, welche im Betrieb vom Riemen zu übertragen ist, offenbar eine ganz bestimmte Größe haben. Ist sie zu klein, dann rutscht der Riemen, ist sie zu groß, dann wird der Riemen unnötig verspannt und ist nicht ausgenützt. Sie sei vorläufig so groß angenommen, daß der Riemen absolut straff gespannt ist und bleibt und habe die Größe S_o *kg*.

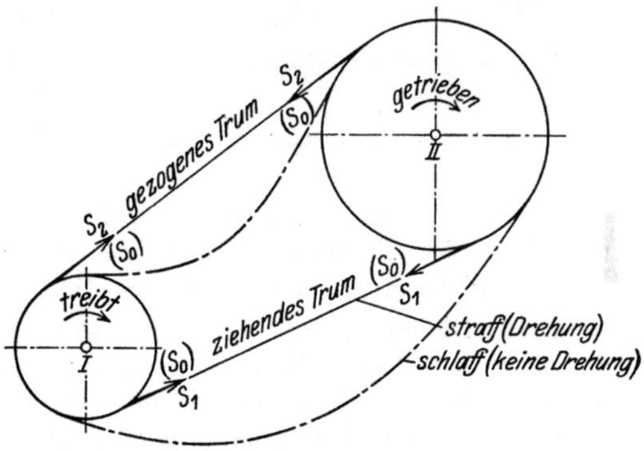

Abb. 281. Riemen- und Seilauflage.

Im Ruhezustand ist — abgesehen vom Eigengewicht, das belanglos ist und deshalb unberücksichtigt bleibt — diese Vorspannung S_o die einzige Spannkraft, die im Riemen tätig ist und wirkt gleichmäßig über seine ganze Länge.

Die Sache ändert sich, sobald der Riemen läuft, d. h. im Betriebszustand, denn die getriebene Scheibe wird sich erst drehen, wenn die Spannung im ziehenden Trum größer ist als im gezogenen Trum, d. h. es muß sein:

$$S_1 > S_2.$$

Es zeigt sich dies sehr deutlich, wenn man sich die Vorspannung des Riemens durch Federn erzeugt denkt (Abb. 282). Sobald sich die Scheibe dreht, steigt die Federspannung im auflaufenden Trum der treibenden Scheibe und sinkt in deren ablaufendem Trum. Umgekehrt ist es dann bei der getriebenen Scheibe. Der nähere Zusammenhang zwischen S_1 und S_2 ergibt sich aus folgendem:

Dreht sich die Scheibe und bleibt der Riemen dabei relativ zu ihr in Ruhe, dann ist die absolute Bewegung des Riemens im Raum hierbei die gleiche, wenn die Scheibe fest und der Riemen in Bewegung gedacht wird. Die Bewegung des Riemens über die Scheibe hinweg soll aber erst im Begriff des Entstehens gedacht sein, denn für diesen Grenzzustand besteht noch statisches Gleichgewicht am Riemenelement und gilt auch das **Coulombsche** Reibungsgesetz. Aus der Kräftebetrachtung an einem Riemenelement ergibt sich damit die bekannte **Eulersche** Gleichung:

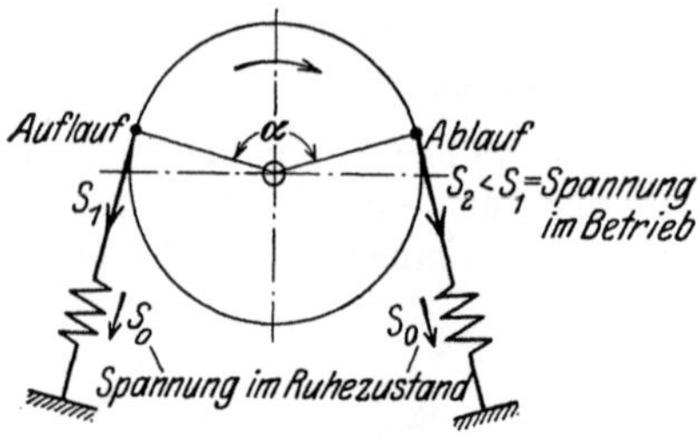

Abb. 282.
Spannkräfte im Ruhezustand und Betrieb.

$$S_1 = S_2 \cdot e^{\mu \widehat{\alpha}}$$

e = Basis der natürl. Log. = 2,718,
$\widehat{\alpha}$ = kleinster Umschlingungswinkel der Scheiben im Bogenmaß,
μ = Reibungskoeffizient zwischen Band und Scheibe.

Diese Gleichung gilt nur dann, wenn der Riemen bei der Drehung der Scheiben keine Relativbewegung gegenüber diesen macht, d. h. **nicht gleitet**, was praktisch nie der Fall ist. Dieses Gleiten ist nicht identisch mit dem Rutschen ungenügend gespannter Riemen, sondern ist die Folge der Streckung bzw. Zusammenziehung der elastischen Riementeile beim Übergang der Spannung S_2 auf S_1 und S_1 auf S_2. Durch dieses Dehnen verändert sich die geometrische Gestalt der einzelnen Riementrume und dadurch verschiebt sich auch das ursprüngliche Kräftebild. Dies ist im besonderen der Fall beim wagrechten Riementrieb, wo der Riemen von Haus aus nicht straff um die Scheibe geht, sondern durchhängt, der Durchhang aber je nach Belastung und Geschwindigkeit ein verschiedener ist.

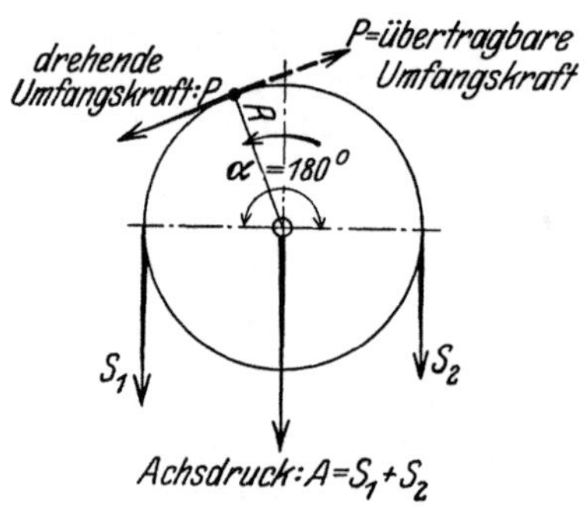

Abb. 283. Kräfte an der Scheibe.

Am nächsten kommen der obigen Entwicklung die Verhältnisse bei solchen Riementrieben, bei denen nur kleine und mittlere Geschwindigkeiten und damit ganz geringe Gleitbewegungen vorliegen und solche, bei denen der Riemen absolut straff aufliegt, so daß die geometrische Gestalt bei allen Belastungen gleich der bei Stillstand bleibt (senkrechter Riementrieb).

Die Entwicklung der Gleichung hat gezeigt, daß sobald der Riemen in Bewegung übergeht, die Spannung S_0 im ziehenden Ende auf S_1 ansteigt und im gezogenen auf S_2 sinkt. Die Differenz dieser Spannkräfte ist gleichbedeutend mit der übertragbaren Umfangskraft P, denn es ist nach Abb. 283 gemäß der Gleichgewichtsbedingung $\Sigma\,(M) = o$:

$$P \cdot R = S_1 \cdot R - S_2 \cdot R,$$
$$\text{oder } P = S_1 - S_2.$$

hieraus: $P = S_2\,(e^{\mu\widehat{\alpha}} - 1)$ oder $P = S_1 \frac{e^{\mu\widehat{\alpha}} - 1}{e^{\mu\widehat{\alpha}}}$

P ist also unabhängig vom Scheibendurchmesser!

Achsdruck bei Stillstand: $A_0 = 2\,S_0$
,, im Betrieb: $A = S_1 + S_2$ } bei gleichem Scheiben∅.

Für den durchschnittlich üblichsten Fall der halben Umschlingung ist ungefähr $e^{\mu\widehat{\alpha}} = 2$, womit sich ergibt:

$$P = S_2 \text{ und } A = 3\,S_2 = 3\,P.$$

Die eingangs erwähnte Vorspannung, die zur Übertragung einer bestimmten Umfangskraft notwendig ist, wird praktisch auf verschiedene Weise zustande gebracht:

1. Durch Spannen von vornherein und dauerndes Nachspannen (Betrieb mit Dehnungsspannung). Schmale Riemen werden von Hand gespannt, breite mittelst Riemenspanner. Größere Lederriemen werden zur Erzeugung der Vorspannung um etwa 1% ihrer Gesamtlänge gekürzt, kleinere Riemen bis 1,5 und 2%. Der Betrieb mit Dehnungsspannung ist nur für Riemen und elastische Seile möglich. Er wird ausgeführt bei kleineren Achsabständen (Transmissionen in Werkstätten) und stark steilem, besonders senkrechtem Betrieb, Nachteilig, weil lästig, ist das öftere Nachspannen (Kürzen des Riemens) im Betrieb, das namentlich auch unter dem Einfluß der veränderlichen Luftfeuchtigkeit notwendig wird. Achs- und Lagerdrücke werden, dem vielfach rein gefühlsmäßig und dabei zu stark vorgenommenen Spannen entsprechend, ziemlich groß. Die Wellen sind deshalb mit 5—6 *P* Achsdruck zu berechnen.

2. Durch besondere Spannvorrichtungen (Betrieb mit Belastungsspannung). Hierbei wird entweder ein Spannschlitten verwendet oder besser eine Spannrolle angeordnet, wie z. B. beim bekannten Lenix - Getriebe (Abb. 284 und 285), wodurch sich eine ständig gleich starke, automatisch sich einstellende Vorspannung ergibt. Die Spannrollen werden in einer Schwinge gelagert und durch ihr Eigengewicht oder ein verstellbares Laufgewicht, evtl. auch Feder gegen das lose Trum, angepreßt. Ist die Schwinge um die Achse der Riemenscheibe drehbar, so kann die Lage des Riemens beliebig geändert werden. Den Durchmesser der Spannrolle macht man in der Regel gleich dem der kleinen Scheibe, man kann aber bei besonders beschränktem Platz auf das 0,6fache heruntergehen. Grundsätzlich ist festzuhalten, daß stets

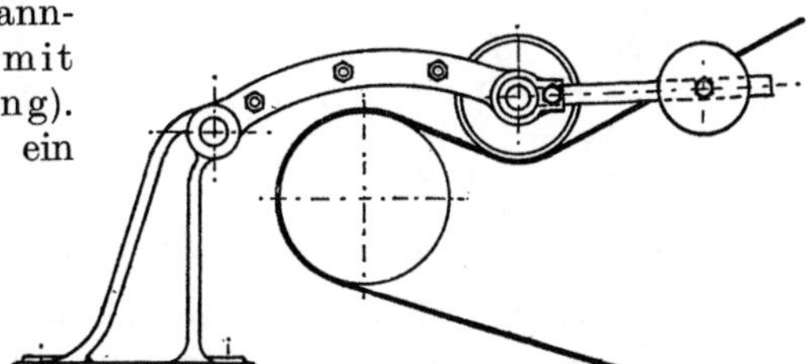

Abb. 284. Lenix-Spannrollentrieb.

das schlaffe, gezogene Ende zu spannen und dieses weit einzudrücken ist, weil sich dadurch, sofern die Spannrolle nahe an der kleineren Scheibe sitzt, eine beträchtliche Vergrößerung der umspannten Bögen ergibt. Dies hat eine bedeutende Verringerung des Spannungsverhältnisses $S_1:S_2$ zur Folge, das unter Umständen bis auf 1:10 heruntergedrückt

einseitig gelagert doppelseitig gelagert

Abb. 285. Spannrollentrieb. Lagerung der Spannrolle.

werden kann, gegenüber rund 1:2 beim Betrieb ohne Spannrolle. Die Gegenüberstellung des Betriebs mit und ohne Spannrolle ergibt für diesen günstigsten Fall:

mit Spannrolle	ohne Spannrolle
$S_1 = 10\,S_2;\quad S_2 = 0{,}1\,S_1$	$S_1 = 2\,S_2;\quad S_2 = 0{,}5\,S_1$
$S_1 - S_2 = P;\quad 0{,}9\,S_1 = P$	$S_1 - S_2 = P;\quad 0{,}5\,S_1 = P$
$S_1 = 1{,}1\,P$	$S_1 = 2\,P$
$S_2 = 0{,}1\,P$	$S_2 = P$
Achsdruck $A < S_1 + S_2 < 1{,}2\,P$	Achsdruck $A = \sim S_1 + S_2 = \sim 3\,P$

Man erkennt, daß beim Spannrollenbetrieb die Bandspannungen für dieselbe Umfangskraft ganz wesentlich kleiner werden, als sie ohne Spannrollenanordnung sind, was kleinere Abmessungen des Riemens mit sich bringt. Man erreicht also mit Spannrollen eine ziemlich bedeutende Verbesserung der Kraftübertragung. Das Belastungsgewicht G der Spannrolle ergibt sich aus:

$$G \cdot a = Q \cdot b.$$

Q ist die Resultierende in dem Kräfteparallelogramm mit S_0 als Seiten (Abb. 286).

Die geringeren Lagerdrücke machen den Spannrollenbetrieb besonders für hohe Umdrehungszahlen wertvoll (Elektromot. Antrieb). Nachteilig ist nur, daß die doppelseitige Biegung des Riemens dessen Lebensdauer etwas beeinträchtigt und daß nicht jeder beliebige Riemen, sondern nur solche, die außen ganz glatt (geleimt) sind, verwendet werden können.

3. Durch das Eigengewicht des Riemens, was bei wagrechter bzw. nicht zu steiler Anordnung der Scheiben in Frage kommt (**Betrieb mit Durchhangspannung**) (Abb. 287). Die Vorspannung und damit zugleich die Spannungen im Betrieb sind abhängig von der geometrischen Form des durchhängenden Riemens. Es ist:

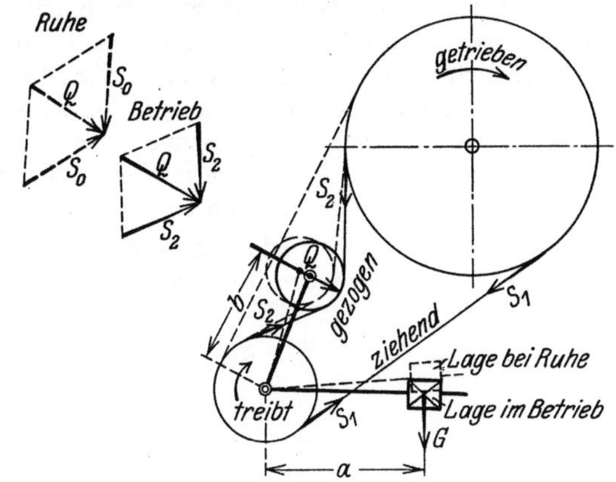

Abb. 286. Kraftverhältnisse beim Spannrollentrieb.

$$S_0 = \frac{q \cdot m_1 \cdot n_1}{2\,h_1} = \frac{q \cdot m_2 \cdot n_2}{2\,h_2}\ \text{kg}.$$

$$q = \text{Gewicht pro lfd. Meter.}$$

Für vollständig horizontalen Betrieb ist bei a Meter Spannweite:

$$S_0 = \frac{q \cdot a^2}{8\,h}\ \text{kg}.$$

Die Durchhänge h_1 und h_2 werden sich bei Stillstand so einstellen, daß der Riemen im ganzen und jeder Einzelteil von ihm im Gleichgewicht

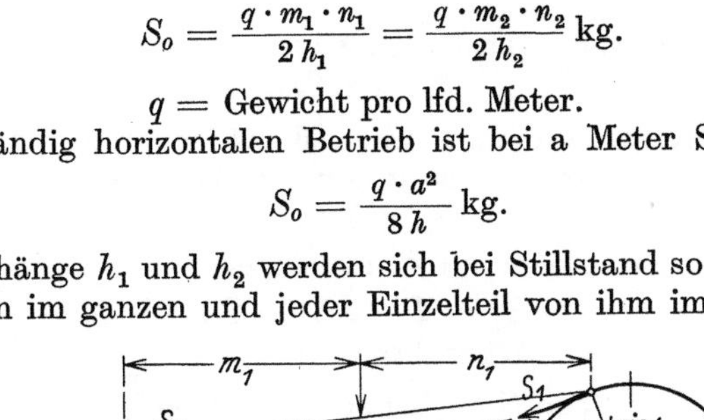

Abb. 287. Betrieb mit Durchhangspannung.

sich befindet, so daß S_0 ringsum gleich wird. Sobald dann der Riemen läuft, verändern sich die Durchhänge und zwar vermindert er sich im ziehenden Trum, so daß dessen Spannung wächst und vergrößert sich im gezogenen, schlaffen Trum, dessen Spannung also abnimmt.

Die im Betrieb sich zeigenden Bandspannungen entwickeln sich somit ganz selbsttätig aus der beim Stillstand herrschenden Vorspannung und es ist jetzt noch zu untersuchen, **wie groß diese Vorspannung sein muß**, damit sich im Betriebszustand die der Übertragung einer bestimmten Umfangskraft P entsprechenden Spannkräfte S_1 und S_2 richtig einstellen.

Solange **kein Gleiten des Riemens** auf den Scheiben stattfindet, bleibt die Längenstreckung des Riemens im Betrieb im ganzen unverändert, d. h. das eine Bandende wird um ebensoviel länger, wie das andere kürzer wird. Unter Voraussetzung einer Proportionalität zwischen Dehnung und Spannung (die aber z. B. fürs Leder nicht genau zutrifft), wäre dann die Spannungsabnahme, die sich beim Übergang von der Ruhe in den Betrieb im gezogenen Trum einstellt, so groß, wie die Spannungszunahme im ziehenden Bandende und damit auch:

Σ der Spannungen im Betrieb $= \Sigma$ der Spannungen in Ruhe

$$\text{oder} \quad S_1 + S_2 = 2\,S_0,$$

d. h. der Achsdruck wäre im Betrieb, bei Leerlauf und Stillstand konstant.

Es folgt: $\quad S_o = \dfrac{S_1 + S_2}{2} \quad$ oder $\quad S_o = \dfrac{S_2 \cdot (e^{\mu\widehat{\alpha}} + 1}{2}$

nun war $\quad S_2 = \dfrac{P}{e^{\mu\widehat{\alpha}} - 1} \quad$ und somit

Vorspannung $\quad S_o = \dfrac{P}{2} \cdot \dfrac{e^{\mu\widehat{\alpha}} + 1}{e^{\mu\widehat{\alpha}} - 1}$

bei halber Umschlingung beider Scheiben wird:

$$S_o = \tfrac{3}{2}\,P.$$

Für **Spannrollentriebe** wird durchschnittlich $e^{\mu\widehat{\alpha}} = 5$ angenommen werden können, woraus sich als notwendige Vorspannung ergibt:

$$S_o = \tfrac{3}{4}\,P.$$

Allgemein folgt aus $S_1 - S_2 = P$ mit obigem:

$$S_1 = P + 2\,S_o - S_1,$$
$$2\,S = 2\,S_o + P$$

also: $\quad S_1 = S_o + \dfrac{P}{2}$ und $S_2 = S_o - \dfrac{P}{2}$

d. h. die Spannung im ziehenden Trum nimmt im Betrieb gegenüber dem Stillstand um die halbe Umfangskraft zu, die im gezogenen Trum um die gleiche Kraft ab.

Obigen Gleichungen kommt keine große praktische Bedeutung zu, denn sie gelten nicht allgemein, sondern nur für den gedachten Fall, daß der Riemen

1. nicht über die Scheiben gleitet,
2. sich gerade an der Gleitgrenze befindet,
3. ein vollkommen straffes Band bildet, d. h. daß beide Trume symmetrisch zu der Scheibe sind und bleiben, die geometrische Gestalt also gleich bleibt, und daß
4. Proportionalität zwischen Dehnung und Spannung herrscht.

Praktisch trifft keine dieser Voraussetzungen zu.

Sobald ein **Gleiten des Riemens** auf der Scheibe eintritt, bestimmt sich die Änderung der in den Bändern entstehenden Spannungen gegenüber dem Ruhezustand nach einem anderen Reibungsgesetz, wie seither angenommen. Daneben sind noch die Einflüsse, die sich vor allem aus der geometrischen Form des sich einstellenden Durchhangs der Bänder und aus der zustandekommenden Zentrifugalkraft ergeben, zu berücksichtigen. (Der Luftdruck hat, wie Versuche ergaben, keinerlei Einfluß.)

Einfluß der Reibung.

Um einen klaren Einblick in die tatsächlichen Reibungsverhältnisse zwischen Scheibe und Riemen zu erlangen, sind eine Reihe von Untersuchungen, besonders experimenteller Art, angestellt worden. Ausführliche Behandlung aller bisher veröffentlichten Theorien und Versuchsergebnisse über den Riementrieb siehe Stiel, Dr. ing. W. Theorie des Riementriebs, Berlin: Julius Springer 1919.

Die Versuche haben alle ergeben, daß für die Kraftübertragung bei größeren Geschwindigkeiten nicht die Beschaffenheit des Riemenmaterials ausschlaggebend ist, sondern die Fettschicht zwischen Riemen und Scheibe, die bei eingelaufenen Riemen stets bis zu einem gewissen Grad vorhanden ist (nur neue Riemen sind fettarm). Es handelt sich demnach nicht mehr um die trockene Reibung fester Körper, die im Coulombschen Reibungsgesetz ihren Ausdruck findet und die der Eulerschen Gleichung zugrunde liegt, sondern mehr oder weniger um die innere Reibung flüssiger Körper (keine Flüssigkeit im engeren Sinn, sondern ein Gemenge von zähem, halbflüssigem Fett mit Teilchen fester Körpers, herrührend von Riemen und Scheibe). Dadurch steigt der Morinsche Reibungswert zwischen Leder und Eisen von 0,25 auf das Doppelte bis Dreifache an. Ist zwischen Riemen und Scheibe ein gleichmäßig dünner, glatter Fettüberzug vorhanden, der sich im Betrieb dauernd hält (was bei großem v anzunehmen ist, weil zum Wegdrücken keine Zeit), so wird eine gewisse Adhäsionswirkung zustande kommen, der Riemen vom Fett an der Scheibe gewissermaßen an diese herangesaugt und damit stark an ihr anhaften und so eine Übertragung größerer Kräfte möglich machen. Von dieser Fettschicht wird ein Teil in den Riemen eindringen und ihn dadurch zum Aufquellen bringen, was im weiteren Verlauf eine Zusammenziehung des Riemens und damit ein stärkeres Anpressen auf die Scheiben verursacht. Naturgemäß werden breite Riemen eine größere Fettschicht aufweisen als schmale, werden daher bei großen Geschwindigkeiten am Platze sein. Die Größe der gleitenden Flächen spielt somit für die Übertragung ebenfalls eine Rolle.

Danach scheint sich die Richtigkeit des von Skutsch und Stiel aufgestellten Reibungsgesetzes zu bestätigen, wonach die Reibungskraft ist:

$$R = \mu \cdot N + \nu \cdot F.$$

Für die Größe der Koeffizienten μ und ν sind aber noch keine für jeden praktischen Fall gültigen Werte festgestellt worden.

Man kann den Reibungswert $\nu \cdot F$ dadurch ganz wesentlich erhöhen, daß der Riemen mit geeigneten Mitteln getränkt wird. Versuche mit Riemen, die mit dem von der Firma Leonard Bishop & Meyer, G. m. b. H., Köln gelieferten Imprägnierungsmittel „Cling-Surface" behandelt waren (Kutzbach, Ztschrft. Der Maschinenbau, 1928, Heft 1) ergaben, daß die Spannungen im gezogenen Trum nahezu auf 0 sank, dieser Riemenstrang damit ganz schlaff und der ziehende ganz straff war, wodurch eine bedeutende Vergrößerung des Umschlingungswinkels und damit der Durchzugskraft zustande kam, also eine Wirkung sich ergab, wie sie sonst nur mit Spannrollen möglich war. Der in Amerika gebrauchte „Vim-Riemen" (Schuchardt & Schütte, Berlin) ist ebenfalls ein solcher getränkter Riemen.

Friedrich wies an Hand von Versuchen nach, daß die Reibung zwischen Riemen und Scheibe von der Gleitgeschwindigkeit, damit also auch von der Riemengeschwindigkeit abhängt, und er gibt für die Größe $e^{\mu\widehat{\alpha}}$ der Eulerschen Gleichung den Wert an:

$$e^{\mu\widehat{\alpha}} = 0{,}263\,v + 1{,}344.$$

Dieser Wert hat aber keine allgemeine Gültigkeit, denn er ist nur das Durchschnitts-Ergebnis für einen ganz bestimmten Fall der Anordnung und der äußeren Abmessungen eines Riementriebs.

Es wird, wie aus dem Ganzen hervorgeht, überhaupt nicht möglich sein, der seither für die Berechnung von Riemen- und Seiltrieben gebräuchlichen Gleichung:

$$S_1 = S_2 \cdot e^{\mu\widehat{\alpha}}$$

dadurch allgemeine Gültigkeit zu verschaffen, daß für den Reibungskoeffizienten μ ein allen vorkommenden Verhältnissen Rechnung tragender Wert gefunden und eingesetzt wird.

Eine präzise rechnerische Ableitung der Größe der Bandspannungen, deren Kenntnis für die Dimensionierung erforderlich ist, gibt es bis heute nicht, und deshalb gründet sich die Berechnung der Riemen und Seile rein auf praktische Erfahrungstatsachen (s. später).

Einfluß der geometrischen Form der laufenden Bänder.

Diese kommt in Frage bei geneigtem Betrieb, vor allem beim wagrechten Riementrieb. Solange das Band absolut straff über die Scheibe läuft, wie beim vertikalen Riementrieb, sind die entstehenden Spannungen von der geometrischen Form des Ganzen unabhängig, werden sich gegenseitig auch nicht ändern, weil die Trume in geometrischer Symmetrie sind und bleiben. Sobald diese Symmetrie aufhört und die einzelnen Bänder durchhängen, wird dies in einer Änderung der Bandspannungen seinen Ausdruck finden, deren Größe jetzt vom neuen Durchhang der einzelnen Trume abhängt. Dieser Durchhang ist beim ziehenden und gezogenen Ende schon beim Stillstand ungleich, hinwiederum im Stillstand anders wie im Betrieb, weshalb die Summe der Bandspannungen in Ruhe und im Betrieb nicht mehr dieselben sind, d. h. es ist:

$$2\,S_0 \neq S_1 + S_2.$$

Damit ändert sich auch der Achsdruck im Betrieb, der bei gleichem Scheiben⌀ gleich der Summe der Bandspannungen ist.

Die Größe der Bandspannungen und damit die des Achsdrucks kann also nur aus der im Betrieb sich einstellenden geometrischen Form genau ermittelt werden, nicht aus irgendeinem Reibungsgesetz. Die Einwirkung der Reibung käme erst an der Gleitgrenze in Frage, für den normalen Betrieb nicht, denn die tatsächliche Umfangskraft, die mit Sicherheit übertragen werden soll, muß ja immer kleiner sein, als die höchstens mögliche übertragbare Umfangskraft.

Für den vollkommen wagrechten Riementrieb ergaben Versuche, daß das Verhältnis der Bandspannung $S_1 : S_2$, das nach der Eulerschen Gleichung als konstant $= 2:1$ angenommen werden kann, stark schwankt, teilweise kleiner ist (bei kleiner Belastung), bei größeren Nutzlasten aber erheblich darüber hinauswächst. Die gleiche Veränderlichkeit zeigt entsprechend der Achsdruck.

Einfluß der Zentrifugalkraft.

Für das in Betracht kommende Riemenstück (Abb. 288), ist ihre Größe:

$$C = m \cdot r \cdot \omega^2.$$

wobei: $$m = \frac{G}{g} = \frac{\pi \cdot D \cdot q}{2 \cdot g}\left(\frac{kg}{m/sek^2}\right);$$

$$q = \text{Gewicht pro lfd. Meter} = \frac{b \cdot \delta \cdot \gamma}{10}\ (\text{kg}),$$

b = Riemenbreite in cm, δ = Riemendicke in cm; γ = spez. Gew.

$$r = \frac{D}{\pi}\ (m) \qquad \omega^2 = \frac{v^2}{R^2} = \frac{4\ v^2}{D^2}\left(\frac{1}{sek^2}\right)$$

damit wird: $$C = \frac{\pi \cdot D \cdot q \cdot D \cdot 4\, v^2}{2\, g \cdot \pi \cdot D^2}$$

oder: $$C \quad \frac{2\, q \cdot v^2}{g}\ (\text{kg}).$$

Durch C wird nun nicht etwa ganz allgemein der Riemen von der Scheibe abgehoben und die Scheibe dadurch entlastet, sondern die Zentrifugalkraft wird von den beiden Riementrumen aufgenommen, deren hieraus sich ergebender Spannungszustand je nach der vorliegenden Betriebsart verschieden ist.

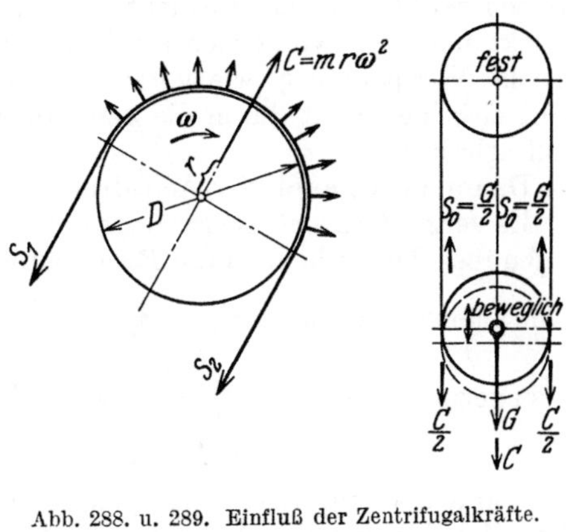

Abb. 288. u. 289. Einfluß der Zentrifugalkräfte.

a) Dehnungsspannungsbetrieb. Die Vorspannung, d. h. die Spannung, die den Riemen gegen den Umfang der Scheibe preßt und dadurch die Übertragung einer Umfangskraft P möglich macht, wird durch C vermindert und zwar in jedem Riementrum um $\frac{C}{2}$, so daß die übertragbare Umfangskraft sich ebenfalls vermindert und ebenso der Achsdruck, der beim vertikalen Riementrieb = Null wird, sobald $\frac{C}{2}$ = der ursprünglichen Vorspannung S_0 wird.

In diesem Zustand ist der Riemen durch die Zentrifugalkraft allein voll beansprucht und vermag keinerlei sonstige Belastung mehr aufzunehmen, er läuft leer. Die dieser Sachlage entsprechende Riemengeschwindigkeit errechnet sich aus der Beziehung:

$$S_1 = S_2 = \frac{C}{2}, \text{ wobei } S_1 = S_2 = b \cdot \delta \cdot k_z.$$

$$k_z = 50 \text{ kg/qcm für Leder.}$$

Somit
$$b \cdot \delta \cdot k_z = \frac{q \cdot v^2}{g} \quad \text{oder} \quad b \cdot \delta \cdot 50 = \frac{b \cdot \delta \cdot \gamma \cdot v^2}{10\,g}$$

$$\text{d. h. } v = \sqrt{\frac{5000}{0,9}} = \sim 74 \text{ m/sek.}$$

Da keine Verlängerung des Riemens auftritt, so behält das einzelne Riementrum selbst die gleiche Spannung, es löst eben die Zentrifugalkraft die Vorspannung ab.

b) Betrieb mit Durchhangspannung. Die Streckung der Riementrume durch C bewirkt einen stärkeren Durchhang und damit eine Abnahme der Seilspannung, die aus der geometrischen Form des neuen Durchhangs zu bestimmen wäre. Es vermindert sich also die übertragbare Umfangskraft und ebenso der Achsdruck wie bei Fall a, doch mit dem Unterschied, daß beides nie gleich Null werden kann, weil der Riemen sonst gewichtlos sein müßte. Die Zentrifugalkraft ersetzt nur einen Teil der ursprünglichen Vorspannung, niemals diese ganz, wie bei Fall a.

c) Betrieb mit Belastungsspannung (Abb. 289). (Durch Gewicht oder Spannrolle.) Sobald C wirkt und den Riemen zu strecken beginnt, folgt die unter dem Einfluß von G stehende Scheibe nach (bei Spannrollentrieben senkt sich das Gewicht, was deutlich wahrzunehmen ist) und drückt nach wie vor gleich stark gegen den Riemen, erzeugt also die gleiche Vorspannung, wie vor dem Wirken von C. Die Vorspannung wird also hier nicht durch die Zentrifugalkraft abgelöst, sondern bleibt voll erhalten.

Damit bleibt auch der Achsdruck im Betrieb konstant.

Es vergrößern sich aber infolge der Streckung des laufenden Riemens gegenüber dem ruhenden die Bandspannungen. Sie werden:

$$\left.\begin{array}{ll} \text{im ziehend. Trum:} & S'_1 = S_1 + \frac{q \cdot v^2}{g} \\ \text{im gezogen. Trum:} & S'_2 = S_2 + \frac{q \cdot v^2}{g} \end{array}\right\} \begin{array}{l} S_1 \text{ und } S_2 = \text{Bandspan-} \\ \text{nungen ohne Zentrifugal-} \\ \text{kraft.} \end{array}$$

$$\text{somit } P = S'_1 - S'_2 = S_1 - S_2,$$

d. h. die übertragbare Umfangskraft hat durch das Hinzutreten der Zentrifugalkraft keine Änderung erfahren.

Die günstigsten Verhältnisse bei laufenden Riemen und großen Geschwindigkeiten ergibt also der Fall γ, d. h. der Betrieb mit Belastungsspannung, der deshalb auch bei Übertragung großer Kräfte und gleichzeitig großen Geschwindigkeiten, wie sie die Hauptbetriebe von Transmissionen zeigen, sehr stark verbreitet ist.

Die beiden anderen Betriebsarten ergaben unter der Einwirkung der Zentrifugalkraft ein Nachlassen der Vorspannung und damit auch eine verminderte übertragbare Umfangskraft. Zu deren Bestimmung gilt folgendes:

Umfangskraft ohne Rücksicht auf C, zugleich Umfangskraft bei Belastungsspannung, nach früherem:

$$P = S_1 \frac{e^{\mu\widehat{\alpha}} - 1}{e^{\mu\widehat{\alpha}}}$$

Unter Einschluß von C geht S_1 über in S'_1, das um $\frac{C}{2}$ kleiner als S_1 ist also $S'_1 = S_1 - \frac{q\,v^2}{g}$, so daß die Umfangskraft bei Berücksichtigung von C:

$$P = \left(S_1 - \frac{q\,v^2}{g}\right) \frac{e^{\mu\widehat{\alpha}} - 1}{e^{\mu\widehat{\alpha}}}$$

Mit $S_1 = b \cdot \delta \cdot k_z$ ergibt sich:

$$P = \left(b \cdot \delta \cdot k_z - \frac{q \cdot v^2}{g}\right) \frac{e^{\mu\widehat{\alpha}} - 1}{e^{\mu\widehat{\alpha}}}$$

$$= \left(b \cdot \delta \cdot k_z - \frac{b \cdot \delta \cdot \gamma \cdot v^2}{10\,g}\right) \frac{e^{\mu\widehat{\alpha}} - 1}{e^{\mu\widehat{\alpha}}}$$

$$P = b \cdot \delta \left(k_z - \frac{\gamma \cdot v^2}{10\,g}\right) \frac{e^{\mu\widehat{\alpha}} - 1}{e^{\mu\widehat{\alpha}}}$$

Wäre in dieser Gleichung $e^{\mu\widehat{\alpha}}$ eine konstante Größe, unabhängig von v, so wäre letzteres die einzige Veränderliche, die auf P einen Einfluß hätte, und die Umfangskraft P würde desto größer sein, je niedriger v, was den Tatsachen zuwiderläuft.

Somit muß $e^{\mu\widehat{\alpha}}$, d. h. der Reibungskoeffizient μ eine von der Umfangsgeschwindigkeit v abhängige Größe sein!

Benützt man den von Friedrich für $e^{\mu\widehat{\alpha}}$ angegebenen Wert, so erhält man:

$$P = b \cdot \delta \left(k_z - \frac{\gamma \cdot v^2}{10\,g}\right) \frac{0{,}263\,v + 0{,}344}{0{,}263\,v + 1{,}344}$$

Die weitere Rechnung ergibt, daß P_{max} erreicht wird bei einem v von ungefähr 20 m/sek und daß die größte Umfangskraft selbst wird:

$$P_{max} = 40 \cdot b \cdot \delta$$

Tatsächlich liegt, wie die Erfahrung lehrt, die günstigste Riemengeschwindigkeit noch höher, etwa bei $v = 30$ m/sek, weil eben der Friedrichsche Wert für $e^{\mu\widehat{\alpha}}$ nicht allgemein gültig ist. Ganz allgemein erkennt man aber, daß gilt:

übertragbare Umfangskraft $P = k \cdot b \cdot \delta$,

wo k eine durch Versuche und Erfahrung festgelegte, also empirische Größe bedeutet.

2. Der Riementrieb.

Material.

Das Riemenmaterial soll möglichst elastisch sein und die Behandlung derart, daß die Elastizität erhalten bleibt. Als Material kommt in Frage:

Leder von Ochsen-, Stier- oder Rinderhäuten. Kuhleder ist zu ungleichförmig. Durchschnittliche Stärke 5 mm, sie schwankt zwischen $3^1/_2$ und 9 mm. Am gleichmäßigsten ist die mittlere Bahn der Haut (entlang der Wirbelsäule), aus ihr wird das sog. Kernleder hergestellt, das für bessere Riemen zu nehmen ist. Aus den Flanken geschnittene Riemen krümmen sich.

Die größte Breite sog. einfacher Riemen soll möglichst 500 bis 600 mm nicht übersteigen, andernfalls der Riemen als Doppelriemen auszuführen ist, bei welchem bis auf 1200 mm gegangen werden kann, aber auch nur ausnahmsweise. Dreifache Riemen sind selten, da man im allgemeinen mit Doppelriemen auskommt.

Der Doppelriemen entsteht durch Zusammenleimen zweier einfacher Riemen (Fleischseite auf Haarseite). Seine Biegsamkeit vermindert sich dadurch beträchtlich.

Die Länge der einzelnen Stücke (Croupons) beträgt bis 1500 mm, macht also in den meisten Fällen eine Zusammenfügung mehrerer Einzelteile notwendig, was durch Leimen evtl. mit gleichzeitigem Nähen, geschieht.

Größe der Leimfläche 15—25 qcm pro qcm Riemenquerschnitt. Enden werden zugespitzt und beim Leimen mit dem Spezialleim (Leim mit Zusatz von Terpentin und Essig) durch geheizte Platten stark zusammengepreßt. Die Festigkeit der Verbindungsstelle ist etwa 20—30% geringer als die des unverletzten Riemens.

Die Zerreißfestigkeit des Leders beträgt etwa 350 kg/qcm; als Beanspruchung wird $k_z = 50$ kg/qcm in Rechnung gesetzt.

Die Verbindung der Stoßstellen der Riementrume geschieht entweder ebenfalls durch Leimen (geleimte Riemen laufen am ruhigsten) und Nähen (letzteres bei Riemen in feuchten Räumen), oder in einfacherer Weise durch Benützung sog. Riemenverbinder (Riemenschlösser), von denen eine ganze Reihe in der Praxis Verwendung gefunden hat. Am besten sind die Gelenkkonstruktionen aus Drahtspiralen oder Riemenklammern.

Es ist üblich, die Fleischseite die Scheiben berühren zu lassen. Neuere Versuche ergaben bei eingelaufenen Riemen auf der Haarseite größere Reibung als auf der Fleischseite, so daß das Auflegen des Riemens auf der Haarseite zu empfehlen ist (wie in Amerika). Fertige Riemen sollen vor dem Auflegen 1—2 Tage belastet aufgehängt werden, damit eine bleibende Dehnung von ca. 4—5% zustande kommt. Belastungsgewicht dabei etwa gleich der fünffachen zu übertragenden Umfangskraft. Statt dessen kann man den Riemen auch auf einer Streckmaschine einige Stunden laufen lassen.

Krumme Stellen in guten Riemen kann man durch Anfeuchten der kurzen Seite mit warmem Wasser unter gleichzeitigem Klopfen und Anspannen beseitigen.

Für feuchte Räume ist zweckmäßig ein anderes Riemenmaterial wie Leder zu verwenden, da dieses gegen Feuchtigkeit sehr empfindlich ist.

Chromleder (grünlichhell) ist dafür brauchbar. Vor Öl ist Leder zu schützen. Der Esha-Chromleder-Hochkantriemen der Firma Ernst Siegling, Hannover besteht aus mehreren aneinander gereihten endlosen Hautstreifen, die hochkant gestellt sind und auf der Schnittfläche laufen, wodurch sich der Riemen zur Aufnahme großer Belastungsstöße besonders eignet.

Außer der normalen rechteckigen Querschnittsform finden sich bei Lederriemen noch:

Der massive runde Querschnitt, 2—10 mm ∅ für Triebwerke der Feinmechanik (für kleinste Kräfte Darmsaiten).

Kordelriemen: spiralförmig gewundener schmaler Riemen, vielfach aus Chromleder, bis ca. 15 mm äußerem Durchmesser, ebenfalls für kleine Triebwerke. Rillenwinkel der Scheiben 45°.

Keilriemen: sind mehrfache Riemen, geleimt, genäht oder vernietet, von etwa 10—15 mm Stärke und 20—40 mm Breite, welche mit schräg geschnittenen Seiten in passend gedrehten Rillen, also nicht auf dem Umfang der Scheiben laufen. Flankenneigung 1 : 3; werden im Kraftmotorenbau für kleine und mittlere Kräfte benützt.

Gliederriemen: bestehen aus einzelnen aus Lederabfällen zusammengesetzten Laschenstücken, die durch eiserne Stifte gelenkig verbunden sind. Die Anwendung beschränkt sich wegen der geringeren Elastizität auf horizontalen Betrieb bei kleinerem Achsabstand.

Außer Lederriemen kommen noch Textilriemen (getränkte und reine), sowie Stahlbänder zur Benützung:

Gummiriemen: sie sind nicht Vollgummi, sondern bestehen aus mehreren Lagen von Baumwollgeweben, die mit Gummilösung getränkt sind. Teurer als Lederriemen, aber unempfindlich gegen feuchte Räume, besonders gegen Dämpfe, ausgenommen Mineralöle.

Balatariemen: besteht aus mehreren mit Balataharz getränktem Hanf- oder Baumwollgeweben. Verwendbar für feuchte Räume bis 35° Temp. (die Balatamasse wird aus dem Saft eines südamerikanischen Baumes gewonnen).

Baumwollriemen: bestehen aus 4—10 untereinander verflochtenen Lagen von Baumwollgeweben, die zur Verwendung in feuchten Räumen imprägniert werden. Sie sind billiger als Lederriemen, strecken sich aber im Betrieb ziemlich stark. Riemen aus Wildseide benützt man vorteilhaft für kleine Scheibendurchmesser und größte Geschwindigkeiten.

Hanfriemen: in ähnlicher Zusammensetzung wie Baumwollriemen, sind aber, weil weniger elastisch, wenig im Gebrauch.

Haartreibriemen: sind feste dichte Gewebe aus Kamelhaaren oder dem Haar der Angoraziege, mit Baumwolleintrag. Sie können in beliebiger Breite hergestellt werden, sind recht gut im Lauf, sehr fest und gleichmäßig, aber weniger dehnbar und teurer als Lederriemen, reiben sich auch zwischen Riemengabeln leicht auf. Gegen Feuchtigkeit sind sie zu imprägnieren.

Textilriemen: können in gleichmäßiger Stärke hergestellt werden, sind aber für den Lauf im Ausrücker weniger geeignet.

Stahlbänder: sie dienen zur Übertragung besonders großer Kräfte und sind für stark stoßenden, aber nur offenen, nicht gekreuzten Betrieb geeignet. Die Bänder der Eloesser-Kraftband-Gesellschaft in Charlottenburg haben eine Stärke zwischen 0,2 und 1 mm und 12 bis 200 mm Breite. Zur Verbindung der Enden dient ein Metallschloß, das mit den Bandenden verschraubt und verlötet wird. Der Achsabstand ist geringer als bei Lederriemen gewählt, da das Band straff umgelegt wird. Die Scheiben müssen zu diesem Zweck verschiebbar sein. Nachteilig ist die schwierige Montage, die äußerst genau bezüglich der Lagerung der Scheiben sein muß, weil sich sonst das Stahlband nicht hält. Für fliegende Scheibenanordnung ungeeignet, ebenso nicht für Stufenscheiben und Gabellauf. Bei schlechtem Rundlauf unterliegt das Band der Gefahr des Zerspringens. Deshalb sorgfältige Umhüllung des Bandes erforderlich. Um das Rutschen des Bandes auf den Scheiben zu mindern, werden diese mit Leinwand oder Korkblättern beklebt.

Berechnung des Riemens.

Sie erfolgt, wie schon nachgewiesen, der Erfahrung entsprechend aus der Beziehung:

übertragbare Umfangskraft $P = k \cdot b \cdot \delta$ kg.

Hierin ist zu setzen:

Für Leder; $k = 10$—20 kg/qcm $\left\{\right.$ kl. Wert bei kl. Scheiben $\varnothing$, kl. Achsabst. u. Übersetzung ins Langsame; gr. Wert bei gr. Scheiben $\varnothing$, gr. Achsabstd. u. Übersetzung ins Schnelle.

Hiervon 10—20% weniger bei Doppelriemen, wegen geringerer Biegsamkeit,

5—15% „ „ halbgeschränkten Riemen,

10—30% „ „ gekreuzten „

Für Kordelschnüre ist üblich $\varnothing\ d = 4\sqrt{P}$ mm, P = Umfangskraft.

Für Gummi-, Balata-, Baumwolle- und Haarriemen kann gesetzt werden: $k = 8$—15 kg/qcm.

Für Stahlbänder: $k = 600$—800 kg/qcm und $D \geqq 300$—400 mm oder $s/D = {}^1/_{1650}$.

Günstigste Riemengeschwindigkeit $v = 25$—30 m/sek.

Maximale Geschwindigkeit $v = 50$ m/sek. (Vorsicht wegen Zentrifugalkraft.) Nebentriebe haben meist geringere Geschwindigkeit, etwa bis 15 m/sek.

Da die Riemenstärke δ im Durchschnitt eine ungefähr konstante Größe, nämlich 5 mm ist, so kommt es für die Übertragung einer bestimmten Umfangskraft nur auf die Riemenbreite an.

Ist die pro cm Riemenbreite übertragbare Kraft k_n kg, so gilt:

$$P = b \cdot k_n \text{ kg}.$$

Die Werte für k_n richten sich nach der Riemengeschwindigkeit, dem kleinsten vorhandenen Scheiben∅ und dem Material. Für Lederriemen siehe nachfolgende Tabellen.

Übertragbare Umfangskraft k_n kg pro cm Riemenbreite nach C. Otto Gehrckens, Wandsbek.

(Linke Zahlen für einfache Riemen, rechte Zahlen für Doppelriemen.)

D/mm	$V = 3$	5	10	15	20	25	30	40	50m/sek
100	2	2,5	3	3	3,5	3,5	3,5	3,5	3
200	3	4	5	5,5	6	6,5	6,5	6,5	6,5
300	4 5	5 6	6 7	7 8	7,5 9	8 10	8,5 10	9 10	9 10
400	5 6,5	6 8	7 9	8 10	9 11	9,5 11,5	10 12	10,5 12,5	11 12,5
500	6 8	7 9,5	8 11	9 12	10 13	10,5 13	11 13,5	11,5 14	12 14
600	7 9,5	8 11	9 12	10 13	11 15	12 15	12,5 16	13 16,5	13,5 17
750	8 11	9 12,5	10 14	11 15,5	12 17,5	12,5 17,5	13 18,5	13,5 19,5	14 20
1000	9 13	10 15	11 17	12 19	13 20	13,5 21	14 22	14,5 23	15 24
1500	10 15	11 17	12 19	13 21	13,5 23	14 25	14,5 26	15 27	15,5 28
2000	11 17	12 19	13 21	13,5 23	14 25	14,5 27	15 28	15,5 29	16 30

Für Spannrollentriebe können 10—15% höhere Werte genommen werden, doch empfiehlt Gehrckens auf Grund langer Erfahrungen auch bei Spannrollentrieben vorsorglich zu dimensionieren und möglichst die obigen Werte zu benützen, denn beim Arbeiten über Spannrollen wird der Riemen einer ganz scharfen Massage unterworfen, wodurch eine Lockerung der Fasern hervorgerufen wird und damit ein schnellerer Verschleiß als beim offenen Riementrieb zustande kommt. Dem Verfasser sind Gehrckenssche Riementriebe bekannt, die seit 17 Jahren ununterbrochen Tag und Nacht laufen, ohne den geringsten Anstand gezeigt zu haben.

Übertragbare Umfangskraft k_n kg pro cm Riemenbreite für den „Luckhaus-Original"-Riemen der Firma Frdr. Hannke jun., Berlin-Tegel. Tabelle s. S. 264.

Bei Drehbänken und anderen Werkzeugmaschinen findet man häufig ganz erheblich höhere Riemenbelastungen als bei Transmissionsriemen. Da die Drehbankriemen nicht dauernd vollbelastet sind, kann man wohl das Doppelte obiger Werte zulassen, geht man noch höher, so wird der Riemen gleiten und häufig nachgespannt werden müssen. Gewöhnlich rechnen die Werkzeugmaschinenfabriken mit

k_n = 6— 8 kg/cm bei kleinen Drehbänken
k_n = 11—12 „ „ mittleren „
k_n = 16—18 „ „ großen „

Die Riemengeschwindigkeit nimmt man bei Stufenscheibenbänken 8—10 vereinzelt bis 15 m/sek und mehr, bei Einscheibenantrieben bis 18, zuweilen bis 30 m/sek.

Riemenbreiten nach Din 111:

b mm = 30, 40, 50, 60, 70, 85, 100, 120, 140, 170, 200, 230, 260, 300, 350, 400, 450, 500, 550.

Abmaß —2 bis —10 mm.

Übertragbare Umfangskraft k_n kg pro cm Riemenbreite
für den „Luckhaus-Original"-Riemen der Firma Frdr. Hannke jun., Berlin-Tegel.

Linke Werte für 1fache Riemen, rechte Werte für Doppelriemen. Oberer Wert ohne Spannrollen, unterer Wert mit Spannrollen.

D/mm	$V = 5$	7,5	10	12,5	15	17,5	20	25	30	35	40	45	50m/sek
100	2,7	2,9	3,1	3,2	3,2	3,3	3,7	3,7	3,5	3,4	2,8	—	—
	3	3,9	5,0	5,1	5,5	—	6,0	6,5	7,0	6,6	6,0		—
200	4,2	4,7	5,2	5,5	5,8	6,0	6,3	6,8	6,5	6,0	5,3	4,5	3,6
	4,5	5,5	6,6	7,2	7,8	—	8,5	9,0	10,0	9,0	7,9	6,3	4,5
300	5,5	6,1	6,6	7,0	7,5	7,9	8,3	9,1	9,0	8,3	7,7	7,0	6,4
	6,8	7,3	8,5	8,7	9,5	—	10,5	11,4	10,5	9,6	8,8	8,0	7,4
400	6,7 8,7	7,0 8,2	7,7 9,0	8,2 9,0	8,8 10,0	9,2 10,2	9,8 10,5	10,6 11,4	10,5 12,3	9,9 12,9	9,2 12,7	8,6 12,0	8,0 11,2
	7,8 10,0	8,4 10,6	9,7 11,0	9,9 11,4	11,0 12,0	— —	11,8 12,7	12,9 13,5	12,0 14,0	11,3 13,1	10,7 13,1	9,7 12,6	8,9 11,7
500	7,3 9,4	7,9 10,0	8,4 10,4	8,9 11,0	9,5 11,6	9,8 12,0	10,5 12,7	11,5 13,7	11,3 14,5	10,7 15,0	10,3 14,6	9,6 13,8	9,0 13,1
	9,0 11,3	9,8 12,0	10,5 13,0	11,5 14,4	12,0 15,0	— —	13,0 15,7	14,0 17,0	14,0 18,3	12,2 17,1	11,6 16,5	10,8 15,6	9,9 14,4
750	8,4 11,3	9,0 12,0	9,8 12,8	10,2 13,8	10,8 14,5	11,1 14,9	11,6 15,6	12,6 16,5	12,3 17,0	12,0 16,7	12,0 16,5	11,4 15,6	10,5 14,7
	9,8 12,0	10,5 14,8	11,9 15,0	12,3 16,2	13,2 17,0	— —	13,9 18,0	15,1 19,0	15,0 20,0	13,7 18,8	13,7 18,6	12,6 17,6	11,6 16,2
1000	8,8 12,6	9,8 13,5	10,5 14,7	11,0 15,9	11,5 16,8	11,9 17,0	12,5 17,8	13,6 19,0	13,3 18,8	12,9 18,4	13,1 18,4	12,5 17,6	11,5 16,0
	10,5 14,0	11,8 16,8	12,9 16,0	13,3 20,4	14,0 21,0	— —	15,0 21,5	16,0 23,0	16,0 21,5	15,2 21,4	15,0 20,9	13,9 19,6	12,6 17,9
1250	9,4 13,5	10,4 15,0	11,2 16,5	11,5 17,7	12,2 19,0	12,5 19,2	13,3 19,9	14,4 21,0	13,8 20,0	13,7 19,7	13,5 19,1	12,8 18,6	11,9 17,1
	10,6 14,4	11,9 17,4	13,1 19,7	13,5 21,5	14,3 22,0	— —	15,2 23,0	16,2 24,5	16,5 23,0	15,8 22,5	15,4 20,9	14,3 20,5	13,1 18,5
1500	9,9 14,3	10,8 16,0	11,7 18,2	12,2 19,5	12,8 20,5	13,2 21,0	13,8 21,8	15,0 22,8	14,3 21,0	14,1 20,6	13,7 19,9	13,1 19,0	12,2 17,6
	10,6 15,0	12,0 18,0	13,3 21,0	13,8 22,5	14,5 23,0	— —	15,4 24,5	16,5 25,0	16,8 24,0	16,0 23,5	15,8 22,9	14,8 21,1	13,4 18,9
1750	10,2 15,0	11,3 17,2	12,2 19,7	12,8 21,1	13,4 22,5	13,6 22,8	14,3 23,5	15,5 25,0	14,8 21,8	14,3 21,2	13,9 20,6	13,3 19,5	12,3 18,0
	10,8 15,7	12,0 18,7	13,5 22,4	14,0 23,3	14,7 24,0	— —	15,7 25,8	16,8 27,5	17,0 25,0	16,3 24,4	15,9 23,6	15,0 21,8	13,7 19,4
2000	10,5 15,8	11,5 18,4	12,6 21,0	13,2 22,5	13,6 24,0	14,0 24,3	14,6 25,5	15,9 26,4	15,0 22,5	14,6 21,8	14,2 21,0	13,4 20,0	12,5 18,5
	10,9 16,0	12,1 19,5	13,5 22,0	14,2 24,0	15,0 25,0	— —	16,0 27,0	17,0 29,0	17,5 26,0	16,7 26,1	16,1 24,6	15,1 22,4	13,8 20,0

Größter Achsabstand etwa 15 m, mindestens aber 4 m, bzw. $1{,}5 \cdot (D_1 + D_2)$ oder $2\,D_1$, nur mit Hilfe von Spannrollen noch weniger ($D_1 = \varnothing$ der großen Scheibe.)

Normal soll die Übersetzung nicht über 1:5 hinausgehen. Bei Anordnung von Spannrollen ist ein größeres Übersetzungsverhältnis möglich. Man findet Ausführungen bis 1:15, 1:20 und noch mehr.

Für das Übersetzungsverhältnis $1:\varphi$ zwischen langsamer und schneller Scheibe (Abb. 290) gilt:

$$\varphi = \frac{D_1 + \delta}{D_2 + \delta}$$

Wegen des unvermeidlichen Dehnungsschlupfes, der bei Riemen durchschnittlich 2% und bei Seilen wegen ihrer geringeren Elastizität 1% beträgt, stimmt dieses Verhältnis mit der tatsächlichen Umdrehungsübersetzung nicht genau überein, so daß die aus dem Übersetzungsverhältnis errechneten Scheiben $\varnothing$ nachträglich zu korrigieren sind, indem man entweder die treibende Scheibe um 1—2% größer oder die getriebene um ebensoviel kleiner ausführt.

Für überschlägige Rechnungen kann genügend genau gesetzt werden:

$$\varphi = \frac{D_1}{D_2}$$

Die Gleitverluste, zusammen mit Verlusten durch Zapfenreibung, Riemen- und Seilsteifigkeit, bedingen einen Arbeitsverlust, der zum Ausdruck kommt im mechanischen Wirkungsgrad, welcher beträgt:

$$\eta = 0{,}96 - 0{,}97.$$

Berechnungsbeispiel. Es sollen von einem Elektromotor aus auf eine Transmissionswelle 15 PS bei 720 Umdrehungen übertragen werden. Drehzahl der Transmissionswelle 150/Min., Durchmesser der Antriebsriemenscheibe 320 mm. Welche Riemenbreite ist erforderlich:

a) ohne Spannrolle, b) mit Spannrolle.

Für jede Riemenberechnung ist festzustellen:

1. zu übertragende Umfangskraft P,
2. Riemengeschwindigkeit v (sind die Größen der Riemenscheiben nicht gegeben, so ist v zu wählen),
3. kleinster Scheibendurchmesser, weil dieser für die Wahl des Koeffizienten k_n maßgebend ist.

Für den vorliegenden Fall wird

$$P = \frac{71\,620 \cdot N}{r \cdot n} = \frac{71\,620 \cdot 15}{16 \cdot 720} = 93 \text{ kg}.$$

Wird von der Riemengeschwindigkeit v ausgegangen, so berechnet man P aus der Beziehung

$$\frac{P \cdot v}{75} = N, \text{ zu } P = \frac{75\,N}{v} \text{ kg}.$$

$$\text{Riemengeschw. } v = \frac{\pi \cdot D \cdot n}{60} = \frac{\pi \cdot 0{,}32 \cdot 720}{60} = 12{,}1 \text{ m/sek}.$$

Damit wird nach den Tabellenwerten von Gehrckens für den kleinsten Scheiben $\varnothing$ von 320 mm:

$k_n = 6{,}5$ kg/cm für einfachen Riemen ohne Spannrolle

und nach den Tabellenwerten von Luckhaus:

$k_n = 9$ kg/cm für einfache Riemen mit Spannrolle.

Somit Riemenbreite

$$b = \frac{P}{k_n} = \frac{93}{6{,}5} = 14{,}3 \text{ cm}$$

bzw. $$b = \frac{93}{9} = 10{,}3 \text{ cm},$$

so daß unter Berücksichtigung der Dinormen ausgeführt wird:

$b = 140$ mm für den Riemen ohne Spannrolle

und $b = 100$ mm „ „ „ mit „

Der Durchmesser der getriebenen Scheibe bestimmt sich aus dem Übersetzungsverhältnis 1 : φ zwischen der langsamen und schnellen Scheibe. Bei diesem ist

$$\varphi = \frac{n \text{ schnell}}{n \text{ langsam}} = \frac{720}{150} = 4{,}8; \text{ d. h. Übersetzung} = 1 : 4{,}8$$

nun gilt auch: $\varphi = \dfrac{D_1 + \delta}{D_2 + \delta}$; hieraus $D_1 = \varphi\,(D_2 + \delta) - \delta$

mit 5 mm Riemenstärke wird

$$D_1 = 4{,}8\,(320 + 5) - 5 = 1555 \text{ mm}$$

mit Berücksichtigung von 2% Dehnungsschlupf des Riemens wird schließlich: $D_1 = 1555 \cdot 0{,}98 = 1520$ mm.

Äußere Anordnung der Riementriebe.

Lage, Größe und Drehsinn der Scheiben richtet sich nach den örtlichen Verhältnissen.

Liegen die beiden Scheibenachsen parallel zueinander und die Scheiben in einer Ebene, so hat man den offenen Riementrieb, (Abb. 290), der gleichen Drehsinn der Wellen aufweist; kreuzen sich die Achsen im Raum, so ergibt dies den geschränkten Riementrieb, von dem der gekreuzte Riementrieb (Abb. 291), einen Spezialfall bildet (Schränkung um 180°), der einen Wechsel im Drehsinn mit sich bringt.

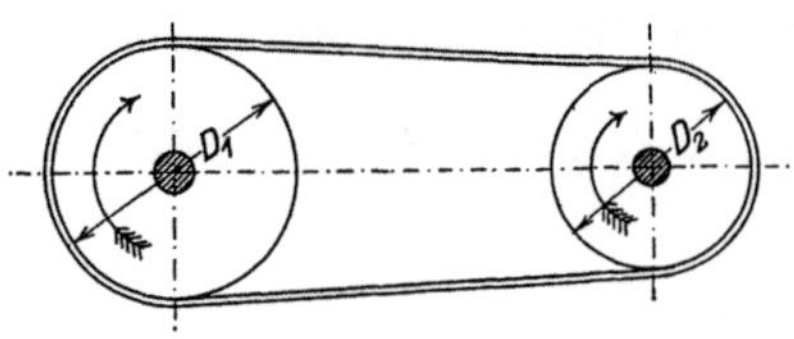

Abb. 290. Offener Riementrieb.

Die Riemenlängen sind, wenn A der Achsabstand, R_1 und R_2 die Scheibenradien und $2\,\alpha$ der Betrag ist, um welchen der Umschlingungswinkel größer oder kleiner als der halbe Scheibenumfang ist:

beim offenen Betrieb:

$$L = 2\,\pi\,R_1\,\frac{180 + 2\alpha}{360} + 2\,\pi\,R_2\,\frac{180 - 2\alpha}{360} + 2\,A\cos\alpha$$

α zu bestimmen aus: $\sin\alpha = \dfrac{R_1 - R_2}{A}$

beim gekreuzten Betrieb:

$$L = 2\,\pi\,R_1\,\frac{180 + 2\alpha}{360} + 2\,\pi\,R_2\,\frac{180 + 2\alpha}{360} + 2\,A\cos\alpha$$

oder $$L = (R_1 + R_2)\, 2\,\pi \frac{180 + 2\,\alpha}{360} + 2\,A \cos \alpha$$

$$\text{hiebei } \alpha \text{ aus: } \sin \alpha = \frac{R_1 + R_2}{A}$$

Bei diesem Betrieb bleibt, wie die Gleichung zeigt, bei konstantem A auch L konstant, für den Fall, daß die Summe der Scheibenradien ($R_1 + R_2$) gleich bleibt, wie dies z. B. bei Stufenscheibentrieben der Fall ist. Beim offenen Betrieb ist dies nicht der Fall; die kleinste Länge hat man bei $R_1 = R_2$, doch ist bei großem A der Unterschied praktisch gleich Null, weil (wenigstens beim geneigten Betrieb) noch der Durchhang hinzukommt, der beim gekreuzten Betrieb nicht in Frage kommt.

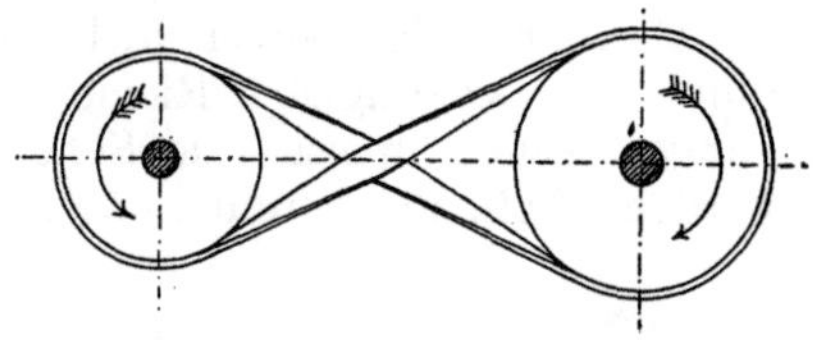

Abb. 291. Gekreuzter Riementrieb.

Bei kleineren Scheiben läßt man das schlaffe Trum ca. 50—100 mm, größeren Scheiben ca. 100—200 mm durchhängen. Bei wagrechtem Riementrieb sollte stets das untere Trum das ziehende sein.

Damit sich der Riemen gut in der Scheibenmitte hält, wird die Scheibe ein wenig gewölbt (ballig gedreht). Der Riemen sucht dann nach der Mitte, wo er stärker gespannt ist und deshalb straffer anliegt, zu wandern und hält sich damit. Es wird im allgemeinen nur eine Scheibe gewölbt und zwar die getriebene, auf die der Riemen ungespannt aufläuft und sich deshalb leichter der Wölbung anpassen kann. Bei ganz großen Geschwindigkeiten (30 m/sek. und mehr), wölbt man vielfach beide Scheiben. Scheiben für sich kreuzende Wellen und solche, auf denen der Riemen verschoben werden muß, oder auf denen mehrere Riemen laufen, sind nicht zu wölben; ebenfalls nicht die Scheiben für Stahlbänder und Spannrollentriebe. Ränder an den Scheiben sind zu vermeiden, da sie den Riemen verletzen. Eine Ausnahme wird gemacht bei sehr schmalen Scheiben und solchen mit vertikaler Achse.

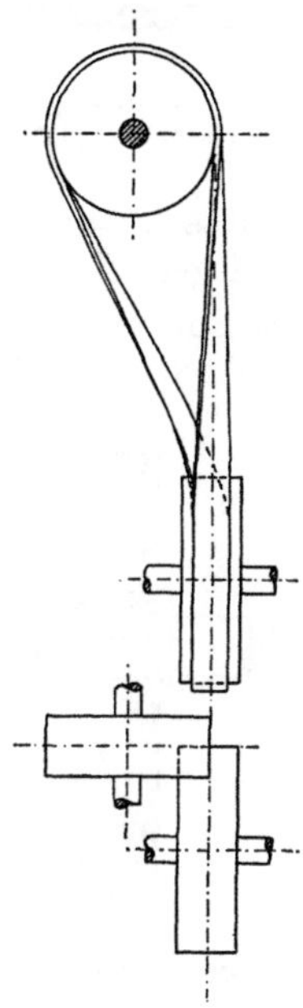

Abb. 292. Halbgeschränkter Riementrieb.

Für den guten Lauf eines geschränkten Riemens ist die Bedingung zu erfüllen, daß der Riemen gerade auf die Scheiben aufläuft, d. h. daß bei jeder Rolle die Mittellinie des auflaufenden Riemens in die Mittelebene der Rolle fällt. Der Riemen muß sich daher auch beim Ablaufen von der einen Scheibe in der Ebene der andern Scheibe befinden, d. h. der Ablauf muß in der Schnittlinie der Mittelebenen der Scheiben vor sich gehen. Der geschränkte Riementrieb ist somit nur für einen bestimmten Drehsinn möglich. Die Erfüllung der obigen Bedingung macht vielfach die Anordnungen von Leitrollen nötig, die dann am besten eine nach allen Seiten freie Beweglichkeit (Universaleinstellbarkeit) durch kugelige Lagerung, haben sollten. Geschränkte Riementriebe sind nur bis etwa 10 m Riemengeschwindigkeit und etwa 150 mm Riemenbreite zulässig.

Abb. 292 zeigt einen halbgeschränkten Riementrieb. Der durch die Drehung des Riemens verursachten ungleichmäßigen Spannungen wegen müssen die Scheiben etwas nach außen verschoben werden (Abb. 293), und zwar nach Bach die getriebene Scheibe um

$$e_2 = 0{,}5\text{—}0{,}6\,b$$
$(b =$ Riemenbreite),

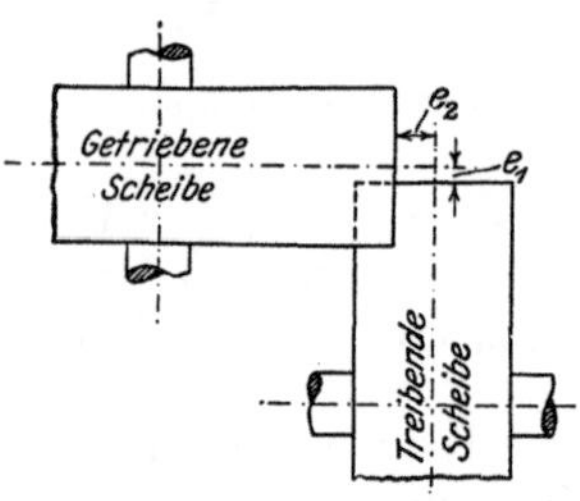

Abb. 293. Scheibenlage für halbgeschränkten Riementrieb.

die treibende Scheibe um

$$e_1 = 0{,}1\text{—}0{,}2\,b;$$

dabei ist die getriebene Scheibe um etwa $^1/_3$, die treibende um etwa $^1/_4$ breiter zu nehmen als für geradlaufende Riemen. Da die Werte dieser Verschiebung der Veränderlichkeit der Spannung wegen sich nicht genau berechnen lassen, empfiehlt es sich, die Keilnut reichlich lang zu machen, so daß man die Scheiben noch nachträglich verschieben kann.

Abb. 294. Riemen für halbgeschränkte Triebe.

Gehrckens liefert für halbgeschränkte Riemen treppenförmig zusammengesetzte (Abb. 294), im abgerollten Zustande sichelförmige Riemen, um die größte Spannung von der äußeren Kante nach der Mitte zu zu verlegen.

Für veränderliche Übersetzung sind Stufenscheiben (Abb. 295) oder kegelförmige Trommeln (Abb. 296) mit gekreuzten Riemen zu verwenden. In beiden Fällen müssen die Scheiben so konstruiert sein, daß bei der Verschiebung die Riemenlänge dieselbe bleibt, was der Fall ist, wenn die Summe der zusammengehörigen Radien gleichbleibt. Diese Regel gilt allerdings wie schon erwähnt, bei kleinerem Scheibenabstand nur für geschränkten Riementrieb, bei offenem Riementrieb ist sie nur bei größerem Scheibenabstand gültig.

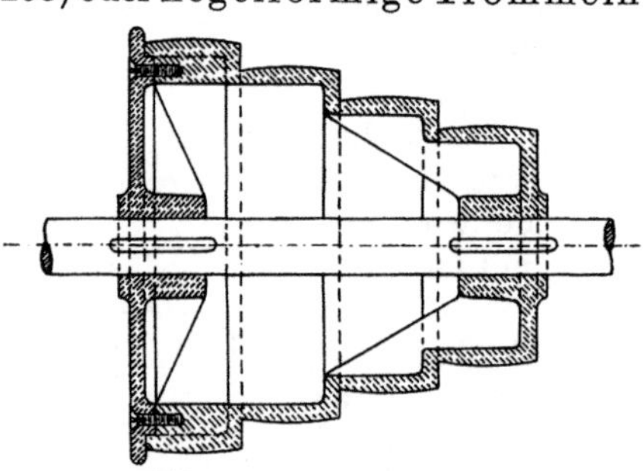
Abb. 295. Stufenscheibe.

Bemerkenswerte Konstruktionen von Geschwindigkeitsreglern mit konischen Trommeln sind die der Sächsischen Maschinenfabrik, vorm. Rich. Hartmann A.-G., Chemnitz, ferner das Saxonia-Vorgelege der Peniger Maschinenfabrik A.-G., Penig, das Viktoria-Vorgelege des Saxonia-Werkes Paul Heuer, Dresden, desgl. der Flender

„Variator" von Flender & Co., Düsseldorf mit Keilgliederriemen. Der konstruktive Aufbau dieses stufenlosen Drehzahländerers ist ähnlich dem des P. J. V.-Kettengetriebes.

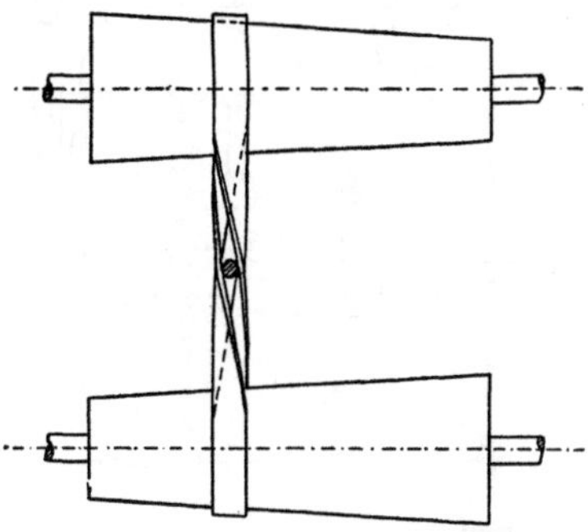

Abb. 296. Stufenlose Drehzahlregelung.

Bei der Berechnung der Stufenscheiben geht man davon aus, daß sich die günstigsten Schnittgeschwindigkeiten mit einer Annäherung von $\pm$ 10—15% einhalten lassen, jede folgende Umdrehungszahl darf also die vorhergehende nur um 20—30 höchstens $33^1/_3$% übersteigen. Die Abstufung nach einer geometrischen Reihe (bei der das Verhältnis φ je zweier aufeinanderfolgenden Glieder dasselbe ist), bietet gegenüber der bei den Stufenscheiben meist üblichen Abstufung nach einer arithmetischen Reihe (bei der der Unterschied je zweier aufeinanderfolgenden Glieder gleich ist) den Vorteil, daß der prozentuale Abfall der Schnittgeschwindigkeit für alle Umdrehungszahlen der gleiche ist, während er bei Abstufung nach einer arithmetischen Reihe um so größer wird, je kleiner die Umdrehungszahl ist. Man nimmt das Abstufungsverhältnis $\varphi = 1{,}2$—$1{,}3$ höchstens 1,5. Handelt es sich um m verschiedene Umdrehungszahlen und ist die größte n_m, die kleinste n_1, so ist

$$\varphi = \sqrt[n-1]{\frac{n_m}{n_1}},$$

und es ist $n_2 = \varphi\, n_1$; $n_3 = \varphi\, n_2$ usw.

Wird die Stufenzahl zu groß, schaltet man ein Rädervorgelege ein und macht die Stufenzahl gleich $\frac{m}{2}$.

Bei Abstufung nach der geometrischen Reihe müssen sich bei gerader Stufenzahl die mittleren Durchmesser wie $\frac{1}{\sqrt{\varphi}}$ und $\frac{\sqrt{\varphi}}{1}$, die sich anschließenden wie $\frac{1}{\sqrt{\varphi^3}}$ und $\frac{\sqrt{\varphi^3}}{1}$, bei ungerader Stufenzahl die mittelsten wie $\frac{1}{1}$, die anschließenden wie $\frac{1}{\varphi}$ und $\frac{\varphi}{1}$; $\frac{1}{\varphi^2}$ und $\frac{\varphi^2}{1}$ usw. verhalten. Das Grenzübersetzungsverhältnis ist, damit der umspannte Bogen nicht zu klein wird, 1 : 2.

Zur zeitweiligen Unterbrechung der Kraftübertragung kombiniert man auf der einen Welle eine Fest- und Losscheibe miteinander (Abb. 297). Die Gegenwelle erhält dann eine doppelbreite Festscheibe, die nicht gewölbt sein darf und die eine Welle steht still, sobald der Riemen über der Losscheibe liegt. Der Riemen selbst steht auch still, wenn die Losscheibe auf der dauernd laufenden Welle sitzt, er bewegt sich aber dauernd mit, wenn die Losscheibe auf der abzustellenden Welle angeordnet ist. Letztere Ausführung ist trotz größeren Kraftverlustes der ersteren dann vorzuziehen, wenn die Umschaltung sehr rasch und oft sich vollziehen muß. Wo diese aber nur selten und nach sehr langen Pausen notwendig wird, ist die erste Art die richtige. Es ist stets der auflaufende Riemen an der getriebenen Scheibe zu verschieben. Die Länge der Nabe der Losscheibe soll mindestens gleich dem doppelten Wellendurchmesser sein. Die Scheibe muß gegen seitliche Verschiebung geschützt sein, die Lauffläche muß gut geschmiert werden. Vielfach wird die Nabe mit Rotguß ausgebuchst, besser ist jedoch die Anordnung einer die Welle lose umschließenden Buchse, auf der die Scheibe läuft, auch geteilte Leerlaufbuchsen, ähnlich wie Stellringe durch Schrauben zusammengehalten, werden verwendet. Häufig wird auch die Leerlaufbuchse als Vorratsbehälter für Fett ausgebildet, das bei der Drehung durch die Zentrifugalkraft auf die Schmierfläche gepreßt wird. Neuerdings führt man auch die Losscheiben mit Kugellagern aus. (Abb. 298.)

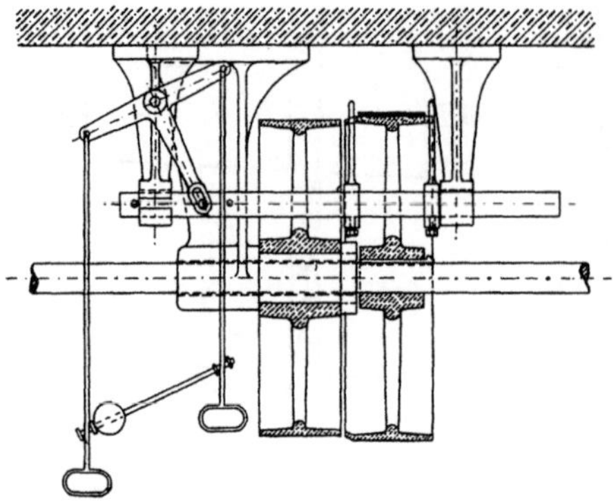

Abb. 297. Fest- und Los-Scheibenanordnung.

Der Riemen wird durch einen ihn gabelförmig umfassenden Riemenausrücker je nach Bedarf auf die Festscheibe oder die Losscheibe verschoben. Der gabelförmige Führer wird durch einen Hebel, der bei leichten Trieben direkt von Hand bewegt wird, bei schweren durch eine Schraubenspindel bewegt. Bei den ersteren sichert man den Riemen in den Endstellungen durch ein am Führerhebel angebrachtes Gewicht, welches nach der einen oder der anderen Seite umkippt und ein selbsttätiges Verschieben des Riemens hindert. Ist die Anordnung derartig, daß der Riemen während des Ausgerücktseins ruht, so muß die Losscheibe durch Anpressen an die Festscheibe in Bewegung gesetzt werden, ehe der Riemen auflaufen kann. Die beiden Scheiben erhalten dann auf einer Seite einen Anpreßrand.

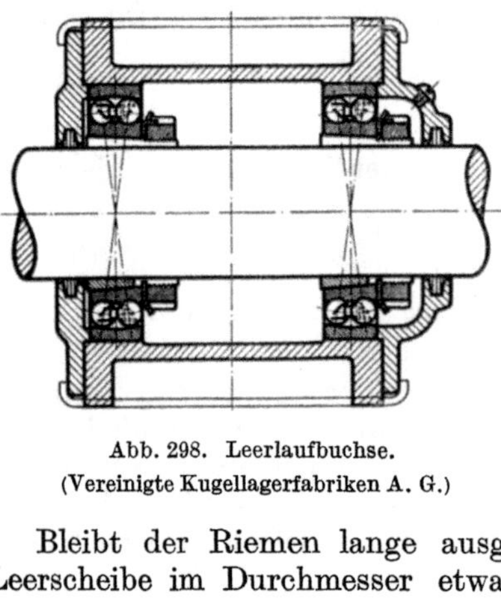

Abb. 298. Leerlaufbuchse.
(Vereinigte Kugellagerfabriken A. G.)

Bleibt der Riemen lange ausgerückt, so empfiehlt es sich, die Leerscheibe im Durchmesser etwas kleiner zu machen (Abb. 297), um Riemen und Lager zu entlasten; die Festscheibe erhält dann einen kegelförmigen Anlauf.

An Stelle der Riemenausrückung wendet man heute gerner die Umschaltung mittels Reibungskupplungen (meist Konuskupplungen) an, da sie viel rascher arbeiten, den Riemen schonen und weniger Kraft erfordern.

Man kann von einer Scheibe aus zugleich mehrere Scheiben antreiben, indem man entweder einen sog. Kreisriemenantrieb anordnet, d. h. den Riemen nacheinander über die einzelnen Scheiben gehen läßt, unter eventueller Zuhilfenahme von Spannrollen, oder aber dadurch, daß man mehrere Riemen nebeneinander oder übereinander laufen läßt. Es sind schon solche Betriebe mit vier übereinander laufenden Riemen ausgeführt worden, aber nur für kleinere Geschwindigkeiten. Am üblichsten und besten ist die Anordnung mehrerer Riemen nebeneinander.

Nicht mehr genügend durchziehende Riemen sind auf der Laufseite mit Talg leicht einzufetten, wodurch ein Anschwellen und damit eine Kürzung entsteht, die ein besseres Durchziehen zur Folge hat. Harzige Stoffe, z. B. Kolophonium, sind zur Erreichung dieses Zwecks durchaus zu verwerfen, die Scheiben werden zu sehr verschmutzt, erhalten nach kurzer Zeit eine harte, glatte Kruste, über welche der Riemen hinwegrutscht. Man kann die Haltbarkeit des Riemens sehr erhöhen, wenn man ihn ein- bis zweimal jährlich mit warmem Wasser abwäscht und nach dem Trocknen aufs neue eintalgt. Die Betriebsdauer eines gut behandelten Riemens beträgt über 20 Jahre.

Konstruktion der Riemenscheiben (Abb. 299 und 300).

Material: Gußeisen (mit Schablonen geformt oder mit Formmaschinen), geeignet für Geschwindigkeiten bis 30 m/sek; Stahlblech für höhere Geschwindigkeiten und Holz.

Anzustreben ist: Große Festigkeit bei leichtestem Gewicht, genauestes Auswuchten, damit guter Rundlauf erzielt wird und keine Schleuderkräfte auftreten.

Der Riemenscheiben⌀ richtet sich nach der gegebenen Drehzahl und der Riemengeschwindigkeit. Womöglich soll sein:

$$D \geq 100\,\delta$$

δ = Riemendicke. Wenn dies nicht durchführbar, dann Doppelriemen vermeiden und dafür breite einfache Riemen nehmen.

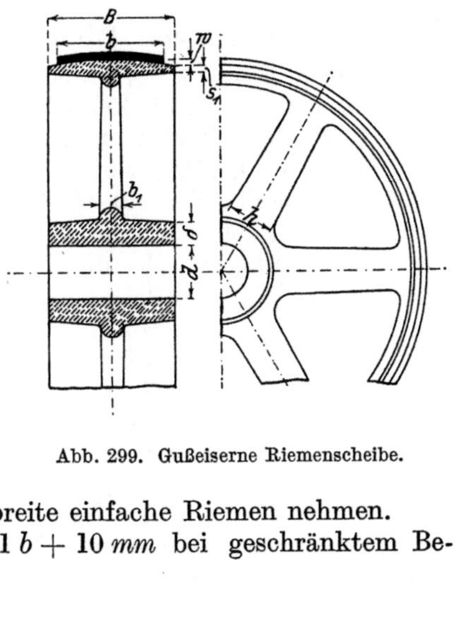

Abb. 299. Gußeiserne Riemenscheibe.

Riemenscheibenbreite: $B = 1{,}1\,b + 10\,mm$ bei geschränktem Betrieb etwa 25% mehr.

Kranz: möglichst leicht, entweder zylindrisch oder gewölbt (ballig) abgedreht; Wölbung $w = \frac{B}{60} + 1\,mm.$

Randstärke: $s_1 = \frac{D}{200} + 2\,mm$ für flache Scheiben,

und: $s_1 = \frac{D}{300} + 3\,mm$ für ballige Scheiben.

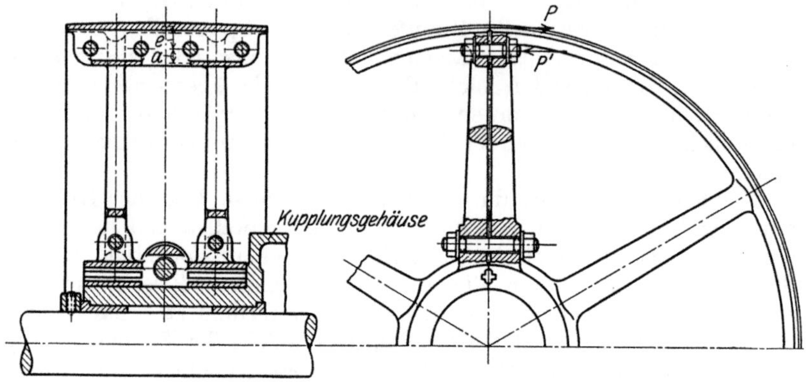

Abb. 300. 2 teilige gußeiserne Riemenscheibe.

Die innere Flanke des Kranzes bis zum Armanschluß ansteigend im Verhältnis von etwa 1:40. Die Innenflanke ist ebenfalls ein wenig anzudrehen, damit ein ringsum gleich breiter Randstreifen entsteht, der bei ungleicher Stärke den Eindruck des Schwankens der ganzen Scheibe machen würde.

Abmessungen von Riemenscheiben nach Dinorm 111.

Außen ∅ D = 50, 63, 80, 90, 100, 112, 125, 140, 160, 180, 200, 225, 250, 280, 320, 360, 400, 450, 500, 560, 630, 710, 800, 900, 1000, 1120, 1250, 1400, 1600, 1800, 2000, 2250, 2500, 2800, 3200, 3600, 4000, 4500, 5000, 5600, 6300, 7100, 8000, 9000, 10 000.

Scheibenbreite B = 40, 50, 60, 70, 85, 100, 120, 140, 170, 200, 230, 260, 300, 350, 400, 450, 500, 600.

Wölbung $w = 1$ mm für $B =$ 40—100 mm
$w = 1{,}5$ „ „ $B =$ 120—170 „
$w = 2$ „ „ $B =$ 200 u. 230 mm
$w = 2{,}5$ „ „ $B =$ 260 u. 300 „
$w = 3$ „ „ $B =$ 350 mm
$w = 3{,}5$ mm für $B =$ 400 mm
$w = 4$ „ „ $B =$ 450—600 mm.

Arme: Zahl $i = \frac{1}{6} \div \frac{1}{7} \sqrt{D\,mm}$ oder auch $i = \frac{D}{300} + 2.$

Die Regel bilden 3—8 Arme; kleinere Scheiben erhalten einen vollen evtl. mit runden Löchern ausgesparten Boden. Durchweg gerade Form,

S-Form vergrößert Gewicht, nicht aber Festigkeit, vermindert auch nicht die inneren Spannungen, wie vielfach angenommen. Querschnitt elliptisch, Achsenverhältnis $1:2 \div 1:4$, nach außen im Verhältnis $5:4$ verjüngt.

Berechnung der Arme auf Biegung, wie bei den Zahnrädern, aber — weil zu der Umfangskraft noch der Gesamtriemenzug hinzukommt — unter der Annahme, daß $^1/_5$ der Arme an der Kraftübertragung teilnehmen. Dies liefert mit $k_b = 300$ kg/qcm für Gußeisen für die Stärke h des Arms an der Nabe (Abb. 299) die Formel:

$$h = \sqrt[3]{\frac{P \cdot y}{2{,}4 \cdot i}} \text{ cm.} \qquad \begin{aligned} i &= \text{Armzahl} \\ y &= \text{Armlänge.} \end{aligned}$$

Wenn $B > \frac{D}{10} + 200$ mm ist, dann sind zwei Armsterne anzuordnen, deren Mittelebenen um $0{,}5 \div 0{,}6\,B$ voneinander entfernt sind (Abb. 300).

Das Einarmsystem sitzt normal in der Mitte der Scheibe. Eine Ausnahme wird gemacht bei fliegend aufgesetzten Scheiben, um das biegende Moment der Welle zu verkleinern. Zum gleichen Zweck macht man die Anordnung öfters so, daß das Lager nicht die Welle, sondern die Scheibe direkt abstützt und die Welle von der Scheibe getragen wird.

Nabe: Gestaltung wie bei den Zahnrädern. Nabenlänge $= B$, aber $\geq 1{,}2 — 1{,}5\,d$.
Bei breiten Scheiben meist weniger als B.

Nabenlänge der Losscheiben $L \geq 2\,d$, um frühzeitiges Auslaufen zu verhüten. Dafür auch Ausbüchsen mit Rotguß oder Ausgießen mit Weißmetall. Nabenstärke $\delta = \frac{d}{3} + 5$ mm bis $\delta = 0{,}4\,d + 10—15$ mm.

Diese Formeln setzen gleiche Scheiben- und Wellenleistung voraus. Ist Scheibenleistung wesentlich kleiner als Wellenleistung, so wird auch die Nabe schwächer gehalten.

Von etwa 2 m $\varnothing$ ab sind die Scheiben zu teilen. Man gießt sie entweder schon geteilt, oder besser einteilig, legt aber beim Formen dünne mit Lehm bestrichene Bleche ein, die einen schmalen Gußrand stehen lassen und sprengt sie dann von innen nach außen auf. Die Verbindung der beiden Scheibenhälften erfolgt durch Schrauben an der Nabe und am Kranz, bei ganz großen Ausführungen auch noch in der Mitte der Arme. Um einem Auseinanderklaffen der Fugen und damit übermäßiger Beanspruchung von Schrauben und Verbindungsflanschen an Kranz und Nabe vorzubeugen, sind die Sprengflächen stets auf beiden Seiten der Schrauben anzuordnen (Abb. 300).

Die Teilfuge legt man am sichersten durch ein Armpaar, gesprengt wird aber zweckmäßig nicht den ganzen Arm entlang, sondern nur außen am Kranz und innen an der Nabe, so daß zwischen den Halbarmen ein kleiner Zwischenraum bleibt. Abmessungen der Halbarme etwa $^1/_4$ größer wie die der ganzen Arme, um das gleiche Widerstandsmoment zu erhalten.

Die Stärke der Verbindungsschrauben kann gewählt werden nach der Formel:

$d = 0{,}2\sqrt{L \cdot \delta} + 7$ mm: $\delta =$ Nabenwandstärke.
$L =$ Nabenlänge.

Es empfiehlt sich aber bei größeren Kräften die Beanspruchung der Schrauben nachzurechnen.

Für die Nabenschrauben (möglichst nahe an der Welle) pflegt man zu fordern, daß die durch die Anpreßkraft N der Nabenhälften an der Welle entstehende Reibungskraft R ohne Mitwirkung des Keils die Mitnahme einer normalen, d. h. der der Leistungsübertragung entsprechenden Welle sichert.

Es muß also sein: $M_R \geqq M_d \geqq P\frac{D}{2}$. $P =$ Umfangskraft

$M_R = R \cdot d = \mu \cdot N \cdot d.$ $N = \Sigma Z.$ $N = z \cdot \frac{\pi d_1^2}{4} \cdot k_z$

$Z =$ Schraubenkraft
$z =$ Anzahl der Schrauben
$k_z = 600$ kg/qcm
$d_1 =$ Kern∅ der Schrauben
$\mu = 0{,}2.$

Somit $0{,}2 \cdot z \cdot \frac{\pi}{4} d_1^2 \cdot k_z \cdot d \geqq P\frac{D}{2}$.

Die Kranzschrauben rückt man soweit wie möglich an den Kranz heran (Anwendung von Doppelmutterschrauben), um möglichst viel von ihrer Spannkraft als Klemmkraft in der Fuge auszunützen, so daß bei z Schrauben an jeder Verbindungsstelle gilt (Abb. 300):

$$P' = z \cdot \frac{\pi}{4} d_1^2 \cdot k_z = P\frac{a+e}{a}$$

Die Klemmkraft ist gleich der Umfangskraft P und erzeugt eine Schraubenbelastung von

$$P_1 = P\frac{a+e}{z \cdot a} \text{ kg.}$$

Der Vergleich mit dem Kranzquerschnitt F liefert außerdem als erforderlichen Schraubenquerschnitt: $z \cdot \frac{\pi}{4} d_1^2 = \frac{F}{6}$ bis $\frac{F}{5}$ sofern die Beanspruchung des Schraubeneisens etwa 5—6 mal größer als die des Gußeisens gesetzt wird.

Bei großem v gesellt sich zu der Beanspruchung durch P noch die durch die Zentrifugalkraft C der halben Scheibe. Diese beträgt nach Früherem:

$$C = \frac{F \cdot \gamma \cdot v^2}{5\,\mathrm{g}}.$$

An jeder Verbindungsstelle wirkt also

$$\frac{C}{2} = \frac{F \cdot \gamma \cdot v^2}{10\,\mathrm{g}}.$$

Diese Kraft ist zu P zu addieren.

Bei größeren, stärker belasteten und vor allem rasch laufenden Scheiben ist eine genauere Berechnung von Kranz und Armen erforderlich.

Der Kranz wird rückwirkend von den Armen her durch die zu übertragende Umfangskraft P, dgl. durch den Achsdruck, vor allem auf Biegung beansprucht. Die zustandekommenden Spannungen sind aus den auftretenden Formänderungen heraus zu bestimmen. Diese Betrachtung, die natürlich etwas schwierig und nur unter bestimmten Annahmen durchführbar ist, liefert als größtes Biegungsmoment an der Armanschlußstelle etwa

$$M_{b1} = \frac{4\,P \cdot R}{i^2} \text{ cmkg; } R = \text{Scheibenradius in cm.}$$

Zu diesem Biegungsmoment addiert sich das von der Zentrifugalkraft des Kranzsegments herrührende hinzu, welches beträgt:

$$M_{b_2} = \frac{Z}{\frac{l}{R} \cdot \frac{F}{f} + \frac{ctg\,\alpha}{2}} \cdot \frac{L}{12} \text{ cmkg,}$$

$$\text{wobei } Z = \frac{F \cdot \gamma \cdot v^2}{10\,g} \text{ kg}$$

F = Kranzquerschnitt, f = Armquerschnitt, jeweils in qcm, l = Armlänge in cm, R = Scheibenradius in cm, γ = kg/cdm, L = Segmentlänge $= \frac{2\,\pi \cdot R}{i}$ cm, $g = 9{,}81$, α = halber Segmentwinkel.

Die Zentrifugalkraft erzeugt auch eine Zugspannung im Kranz, welche gemäß früherem beträgt:

$$\sigma_z = \frac{\frac{C}{2}}{F}; \text{ also } \sigma_z = \frac{\gamma \cdot v^2}{10\,g} \text{ kg/qcm.}$$

Aus M_{b1} und M_{b_2} ergibt sich eine Biegungsspannung im Kranz von der Größe $\sigma_b = \frac{M_{b_1} + M_{b_2}}{W}$ und es muß dann schließlich sein: $\sigma_z + \sigma_b \leqq k_b$.

Die Arme werden durch Umfangskraft und Achsdruck auf Biegung und Zug beansprucht.

Die biegende Kraft ist, wie schon oben bei der Armberechnung so eingesetzt, $\frac{5\,P}{i}$ kg; die ziehende Kraft ist etwa $7{,}5\,\frac{P}{i}$; dazu kommt noch eine weitere ziehende Kraft, herrührend von der Zentrifugalkraft des Armes und des von ihm zu tragenden Kranzsegments, sie beträgt für den mittleren Armquerschnitt:

$$Q = \frac{2}{3}\,C + \frac{Z}{\frac{l}{R} \cdot \frac{F}{f} + \frac{ctg\,\alpha}{2}} \text{ kg}$$

C = Zentrifugalkraft des Armes $= m \cdot r \cdot \omega^2$

$$\text{wobei } m = \frac{f \cdot l \cdot \gamma}{1000 \cdot g}; \quad r = \sim \frac{w + 0{,}45\,l}{100} \; (w = \text{Nabenhalbmesser in cm})$$

$$\text{und } \quad \omega = \frac{\pi \cdot n}{30}$$

Die resultierende Spannung aus den genannten drei Kräften ist gleich der Summe der Einzelspannungen.

Stählerne Riemenscheiben sind theoretisch den gußeisernen überlgen, weil sie geringes Gewicht und große Festigkeit haben, aber sie sind meist teurer als gußeiserne Riemenscheiben. Am üblichsten ist die Konstruktion mit gußeisernen vollen oder geteilten Naben, in welche Rundeisenstäbe als Arme eingegossen oder konisch eingepreßt sind. Das stählerne zweiteilige Kranzblech, das durch Laschen zusammengehalten (hälftig geschraubt, hälftig genietet), legt sich gegen angestauchte Bunde an den Armen und ist mit diesen versenkt vernietet.

Es sind außerdem eine Reihe von Konstruktionen entstanden, die aber die gußeiserne Scheibe nicht zu verdrängen vermochten. Zu erwähnen ist besonders die Scheibe der S. K. F.-Norma, Cannstatt.

Holzriemenscheiben haben den Vorzug der größten Leichtigkeit und günstiger Reibungsverhältnisse. Der Kranz besteht entweder aus gebogenem Holz oder besser aus mehreren, versetzt zusammenstoßenden und verleimten Felgenstücken. Statt zusammengesetzten Segmenten findet man neuerdings auch einzelne übereinander gelegte dünne, gebogene und sperrholzartig verleimte Schichten, wodurch die Scheiben noch leichter werden. Bis ungefähr $^1/_2$ m $\varnothing$ macht man die Scheiben voll, bis 1 m $\varnothing$ zweiarmig, größere vierarmig. Die Arme gehen bis zum äußeren Kranzumfang durch. Die Scheiben sind durchweg zweiteilig, ihre Befestigung auf den Wellen geschieht durch Festklemmen. Holz-Leerlaufscheiben erhalten eine geteilte eiserne Laufbuchse.

Nachteil der Holzriemenscheiben: Sie verziehen sich leichter in feuchten Räumen und fangen beim Lockerwerden Feuer.

Auch aus Hartpapier sind Riemenscheiben hergestellt worden.

3. Der Seiltrieb.

Das Material der Seile ist entweder Hanf oder Baumwolle oder aber Eisen- oder Gußstahldraht.

Der Drahtseiltrieb wird zur Fortleitung größerer Kräfte auf größere Entfernungen, besonders auch für außerhalb der Gebäude liegende, den Witterungseinflüssen ausgesetzte Triebe verwendet und erfordert der geringen Biegsamkeit des Drahtseiles wegen große Scheiben. Der Hanfseil- und Baumwollseiltrieb eignet sich zur Übertragung größerer oder kleinerer Kräfte auf mittlere Entfernungen, erfordert einen größeren Achsenabstand und größere Scheiben als der Riementrieb, gestattet aber die Übertragung größerer Kräfte als die durch die größten Riemenabmessungen gegebenen und ermöglicht vor allen Dingen eine bequeme Verteilung der Kraft von derselben Antriebsscheibe auf verschiedene Wellen.

Die erforderliche Anpressung des Seiles gegen den Umfang der Rillen kann durch das Eigengewicht des Seiles (Drahtseiltrieb), durch Dehnung des Seiles (Betrieb mit Dehnungsspannung) oder auch durch besondere Spannrollen geschehen (Betrieb mit Belastungsspannung). Die beiden letzten Arten finden sich sowohl beim Hanfseil- als beim Baumwollseiltrieb.

Der Hanfseiltrieb.

(Siehe Tafel 21 im Anhang.)

Der Hanfseiltrieb wird für Scheibenentfernung von 5—25 m angewandt, ist jedoch der geringen Schmiegsamkeit des Seiles wegen nur für Scheiben von mehr als 1,5 m Durchmesser zweckmäßig.

Das Material der Hanfseile ist italienischer Hanf, badischer Schleißhanf, Manilahanf oder auch Jute. Für Transmissionshanfseile wählt man am besten badischen Schleißhanf für Innenräume, Manilahanf für Triebe im Freien. Die Seile bestehen aus drei Litzen, welche wieder aus einer größeren Anzahl Hanffäden zusammengewunden sind.

Für Transmissionsseile sind festgeschlagene Seile zu empfehlen; lose geschlagene sind zwar biegsamer und deshalb für kleinere Scheibendurchmesser anwendbar, außerdem leichter und billiger, verändern aber im Betriebe ihren Durchmesser zu stark.

Außer den gewöhnlichen runden Seilen hat man auch quadratische (Patent Bek), drei-, sechs- und achtkantige Hanfseile (Abb. 301). Das Quadratseil wird durch über Kreuz flechten von vier links- und vier rechts gedrehten Litzen hergestellt, verdreht sich dadurch im Betrieb nicht, ist

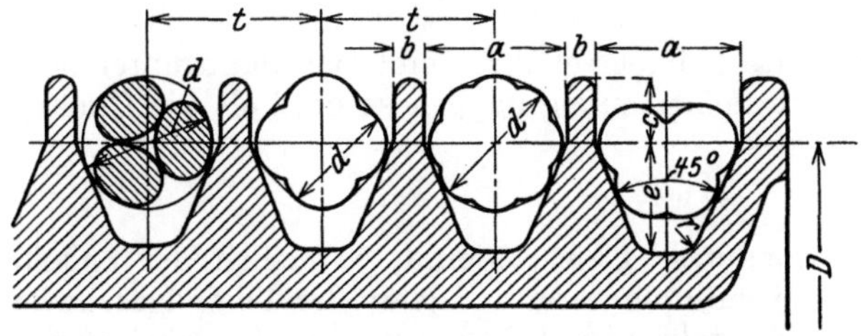

Abb. 301. Hanfseilformen und Hanfseilrillen. (Maße siehe Tafel 21.)

biegsamer, fester und um 12—15% leichter als ein Rundseil von gleichem Querschnitt. Sie lassen sich besser verspleißen und können nach längerer Betriebsdauer um 90° gedreht in die Rillen eingelegt werden, wodurch der Verschleiß gleichmäßiger und deshalb die Haltbarkeit größer wird.

Zur Verbindung der Seilenden sind etwa 3 m erforderlich.

Die Dauer eines Hanfseiles beträgt bei sorgfältiger Behandlung bis zu sechs Jahren und darüber.

Das Hanfseil muß vor der Benutzung sorgfältig getrocknet und gestreckt und nach dem Auflegen gründlich mit warmem Talg oder Mineralöl getränkt werden. Diese Einfettung ist während des Betriebes alle zwei bis drei Monate zu wiederholen, bei Seilen, die im Freien laufen, noch öfter. Seile, die im Freien laufen, werden zweckmäßig mit Teer getränkt, wodurch sie unempfindlicher gegen Witterungseinflüsse und auch etwas fester werden, dafür aber schwerer und weniger biegsam.

Die Anschaffungskosten für Hanfseiltriebe sind für größere Entfernungen gewöhnlich niedriger als für Riementriebe, doch haben Hanfseiltriebe einen ziemlich bedeutenden Kraftverlust durch Gleiten der Seile, besonders bei großer Seilzahl wegen der Verschiedenartigkeit der einzelnen Seile. Schon unter normalen Verhältnissen kann dieser Verlust bis 10% betragen. Dies bringt es mit sich, daß man heute dem Riementrieb gegenüber dem Seiltrieb den Vorzug gibt und Seiltriebe in Riementriebe umbaut.

Zur Schmierung der Seile werden von den Seilfabriken besondere Schmieren in den Handel gebracht.

Der Baumwollseiltrieb (s. Tafel 21 im Anhang).

Baumwollseile sind teurer, aber geschmeidiger wie Hanfseile und können deshalb für kleinere Scheidendurchmesser (bis herab auf die zwanzigfache Seilstärke) und kleineren Wellenabstand (bis herab auf 3 m) verwendet werden, auch werden sie bei stoßendem Gang bevorzugt.

Berechnung der Hanfseiltriebe und Baumwollseiltriebe. Diese geschieht zunächst wie die Berechnung der Riementriebe. Man berechnet aus der Umfangsgeschwindigkeit, die man 15—20 m/sek (ausnahmsweise bis 30 m/sek) bei Baumwollseilen bis 25 m/sek annimmt, den Durchmesser der Scheibe

$$D\pi = \frac{60\,v}{n}$$

und hierauf die Umfangskraft

$$P = \frac{75\,N}{v}.$$

Der gesamte Seilquerschnitt ergibt sich dann unter der Annahme, daß die größte Seilspannung doppelt so groß als die Umfangskraft ist, aus der Formel

$$F = \frac{2\,P}{k_z},$$

wobei man k_z um so kleiner nimmt, je kleiner der Scheibenabstand und der Scheibendurchmesser und je größer die Seilgeschwindigkeit ist. Man kann k_z der folgenden Tabelle entnehmen, wobei man der Berechnung den vollen Seilquerschnitt $\frac{\pi d^2}{4}$ zugrunde zu legen hat.

Seilgeschwindigkeit $v =$	5	10	15	20 m/sek
Hanfseile . . . . . . $k_z =$	12—14	11—13	10—12	8—10 kg/qcm
Baumwollseile . . . . $k_z =$	15—20	14—10	13—18	10—16 „

Man wählt nun den Seildurchmesser, den man bei Haupttrieben 40—50 mm, nur ausnahmsweise 60 mm annimmt und bestimmt die Anzahl z der Seile aus der Formel

$$z = \frac{F}{\frac{\pi d^2}{4}}.$$

Da die Inanspruchnahme des Seiles in erster Linie auch vom Scheibendurchmesser D abhängig ist, so kann man den Seildurchmesser einfacher nach folgenden Formeln berechnen, die für Geschwindigkeiten bis zu 20 m/sek gelten:

für Hanfseile

$P = 3\,d^2$ bis $4\,d^2$, wenn $D \geqq 30\,d$;

$P = 5\,d^2$ „ $6\,d^2$, „ $D \geqq 50\,d$;

zuweilen geht man bis $8\,d^2$, sogar bis $12\,d^2$;

Quadratseile $P = 6\,d^2$ bis $8\,d^2$, $D \geqq 20\,d$;

für Baumwollseile

P bis zu $9\,d^2$, wenn $D \geqq 30\,d$;

ausnahmsweise $D \geqq 20\,d$.

Bei Betrieb mit Belastungsspannung kann man P bis zu 25% höher nehmen.

Der Wirkungsgrad, der mit zunehmender Nutzspannung rasch ansteigt und bei einem Seil den Höchstwert 0,96, bei vier Seilen 0,94, beim Kreisseiltrieb nur 0,9 erreicht, sinkt jedoch mit zunehmender Geschwindigkeit merklich, so daß für große Geschwindigkeiten der Riementrieb wirtschaftlicher ist als der Seiltrieb. Die Abnahme des Wirkungsgrades mit dem Durchmesser ist natürlich bei Seiltrieben auch größer als bei Riementrieben. Der Reibungswert ist bis 0,6 beobachtet worden, ohne daß Gleitschlupf eintrat. Der Dehnungswechsel zwischen straffem und losem Trum scheint sich nicht auf dem Scheibenumfang, sondern erst beim Ablauf von der Scheibe zu vollziehen. Der Wirkungsgrad der Trapezseile ist etwas geringer als der der Rundseile, weil sie eine höhere Vorspannung erhalten müssen, um schwankungsfrei zu laufen.

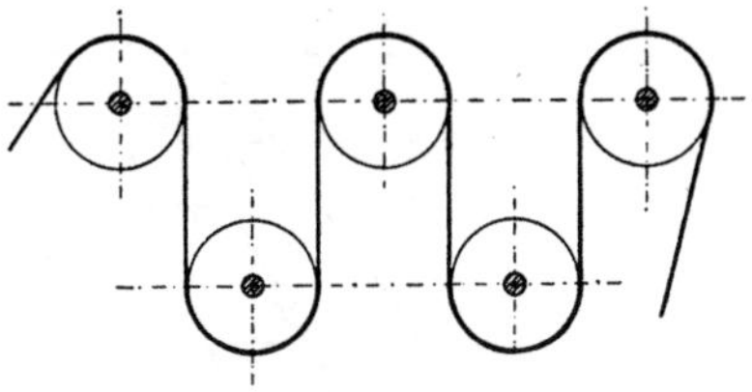

Abb. 302. Kreisseiltrieb.

Das Seil muß mit 3—5% Dehnung auf die Scheiben aufgebracht werden.

Das ziehende Trum ist unten anzuordnen, das obere schlaffe Trum vergrößert dann den Umschlingungsbogen. Bei kleinen Scheibendurchmessern ist aber darauf zu achten, daß nicht das obere lose Trum das untere streift.

Längere Seile stützt man in Abständen von 20—25 m durch Tragrollen.

Um die Kraft auf mehrere Wellen zu verteilen, kann man ein endloses Seil der Reihe nach ein oder mehrere Male um die einzelnen Seilscheiben schlingen. Der von Reuleaux angegebene Kreisseiltrieb (Abb. 302) ist dabei nicht zu empfehlen, weil das Seil hier immer wieder in der entgegengesetzten Richtung gebogen wird, wobei es sehr ungünstig beansprucht ist. Bei derartigen Seiltrieben ist es vielmehr zu empfehlen, den Trieb, wenn irgend möglich, so anzuordnen, daß das Seil nur nach einer Richtung gebogen wird und nach jeder Umschlingung einer getriebenen Scheibe wieder auf die treibende Scheibe zurückkehrt (Abb. 303). Die erforderliche Anpressung erreicht man dadurch, daß man das Seil über eine Spannrolle führt, welche in einem in Schienen gleitenden Spannwagen gelagert ist und durch ein Gewicht belastet wird. Es empfiehlt sich, die Spannrolle in eine lose Schlingung des Seiles zu legen, besonders wenn die zu übertragende Kraft stark wechselt. Das Belastungsgewicht muß in diesem Falle gleich der doppelten Seilspannung, also ungefähr 2 P sein, liegt die Spannrolle in einer ziehenden Schlingung, dagegen etwa 4 P. Das Belastungsgewicht besteht aus einzelnen Scheiben, so daß es je nach der zu übertragenden Kraft verändert werden kann. Die Weglänge des Spannwagens ist bei Antrieben in Gebäuden etwa 2,5%, bei Antrieben im Freien 3—3,5% der gesamten Seillänge zu nehmen. Ist eine derartige Gleislänge bei den vorliegenden örtlichen Verhältnissen nicht möglich, so muß das Seil später gekürzt werden.

Das Eisenwerk Wülfel vor Hannover rechnet bei seinen Hanfseiltrieben mit Belastungsspannung

$$P = 5\,d^2,$$

wobei der Durchmesser der Treibrollen mindestens 30 bis 40 d, der Durchmesser der Leit- und Spannrollen 30 d genommen wird. Die Leit- und Spannrollen erhalten kreisförmige Rillen, in denen das Seil am Grunde aufliegt, also nicht klemmt.

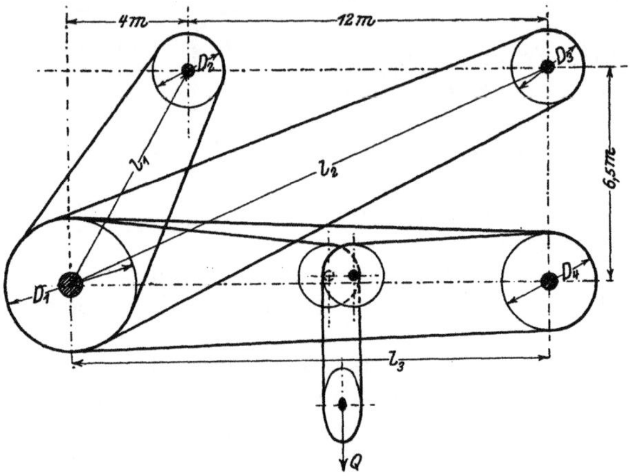

Abb. 303. Kreisseiltrieb mit Belastungsspannung.

Der beschriebene Kreisseiltrieb hat den Vorteil von nur einer Spleißstelle im Seil und daß dieses unter einer regelbaren Spannung arbeitet, aber den großen Nachteil, daß bei Beschädigungen des Seiles der ganze Betrieb stilliegt. Man zieht deshalb vielfach die Anordnung mehrerer in sich geschlossener Einzelseile in Parallelschaltung dem Kreisseiltrieb vor und reguliert die Seilspannungen wie beim Riementrieb durch eine für alle Seile gemeinsame Spannrolle, die man auf der Seite der gezogenen Trume an der treibenden Scheibe anordnet. Für eine spätere Vergrößerung der Anlage braucht man nur von vornherein einige Rillen mehr auf den Scheiben vorzusehen. Man findet 2—25 Seile nebeneinander an den Scheiben. In der größeren Zahl der Seile liegt der Vorteil des Hanf- und Baumwoll-Seilbetriebs gegenüber dem Drahtseil- oder Riemenbetrieb. Reißen eines Seils veranlaßt hier keine Betriebsstörung.

Der Seiltrieb findet nicht nur bei gleicher Drehrichtung der Welle (offener Betrieb) Verwendung, sondern auch bei entgegengesetztem Drehsinn (gekreuzter Betrieb). Die Scheiben erhalten in diesem Fall abnormale Profile (reine Keilprofile) und zweckmäßig sind dann die Seile so zu schlingen, daß stets zwei ziehende Seilenden nebeneinander laufen und je ein loses Trum rechts und links an den beiden ziehenden läuft. Gekreuzt laufende Seile haben bei richtiger Ausführung des Seiltriebs fast dieselbe Lebensdauer, wie offen laufende, da die losen Enden der

Seile bei der geringsten Berührung mit den ziehenden zur Seite gestoßen werden und so — in pendelnder Bewegung gehalten — fast jede Reibung der Seile vermieden wird.

Die Berechnung der Hanfseiltriebe soll an nachstehenden Beispielen gezeigt werden.

1. Beispiel: Vom Schwungrad einer Dampfmaschine, welches 4,5 m Durchmesser hat und 80 Umdrehungen in der Minute macht, sollen 200 PS auf die Vorgelegewelle übertragen werden, deren Umdrehungszahl 150 pro Minute ist.

Der Durchmesser der Seilscheibe ergibt sich aus

$$\frac{D_2}{D_1} = \frac{n_1}{n_2}$$

zu

$$D_2 = D_1 \frac{n_1}{n_2} = 4,5 \frac{80}{150} = 2,4 \text{ m}.$$

Die Seilgeschwindigkeit ist

$$v = \frac{D \pi n}{60} = \frac{4,5 \pi 80}{60} = 18,84 \text{ m/sek}$$

und die Umfangskraft

$$P = \frac{75 N}{v} = \frac{75 \cdot 200}{18,84} = 796 \text{ kg}.$$

Der gesamte Seilquerschnitt ergibt sich dann aus der Formel

$$F = \frac{2 P}{k_z} = \frac{2 \cdot 796}{10} = 159,2 \text{ qcm}.$$

Nimmt man einen Seildurchmesser von 45 mm an, so hat ein Seil einen Querschnitt von 15,9 qcm, wir erhalten also

$$z = \frac{F}{\frac{\pi d^2}{4}} = \frac{159,2}{15,9} = 10 \text{ Seile}.$$

Da der kleinste Scheibendurchmesser $D = 240$ cm größer als $50\, d = 50 \cdot 4,5 = 225$ cm ist, so würde die Formel

$P = 5\, d^2$ bis $6\, d^2 = 5 \cdot 20,25$ bis $6 \cdot 20,25 = 100$ bis 120 kg

als diejenige Kraft ergeben, mit welcher ein Seil beansprucht werden darf. Hiernach würden wir nur 7—8 Seile nötig haben; unser erstes Resultat gibt also größere Sicherheit. (Es ist immer zu empfehlen, ein Seil mehr zu nehmen, als die Rechnung ergibt.)

2. Beispiel: Von der Scheibe I sollen auf Scheibe II (Abb. 303) 90 PS, auf Scheibe III 150 PS und auf Scheibe IV 250 PS übertragen werden. Die Tourenzahlen sind $n_1 = 80$, $n_2 = 150$, $n_3 = 150$, $n_4 = 100$ pro Minute. Es soll ein Hanfseiltrieb mit Belastungsspannung angewendet werden, die Seilgeschwindigkeit sei 15 m/sek.

Die Scheibendurchmesser werden

$$D_1 \pi = \frac{60\, v}{n_1} = \frac{60 \cdot 15}{80} = 11,25\,; \qquad D_1 = 3,58 \text{ m};$$

$$D_2 \pi = \frac{60\, v}{n_2} = \frac{69 \cdot 15}{150} = 6\,; \qquad D_2 = 1,91 \text{ m};$$

$$D_3 = D_2 = 1,91 \text{ m}.$$

$$D_4 \pi = \frac{60\, v}{n_4} = \frac{60 \cdot 15}{100} = 9; \qquad D_4 = 2,87 \text{ m}.$$

Alle diese Scheibendurchmesser entsprechen, wenn wir ein Seil von 50 mm Durchmesser wählen, der Forderung

$$D \geqq 30 \text{ bis } 40\,d.$$

Den Durchmesser der Leitrollen und der Spannrolle nehmen wir

$$D = 30\,d = 30 \cdot 5 = 150 \text{ cm}.$$

Die Umfangskräfte an den einzelnen Scheiben ergeben sich zu

$$P_2 = \frac{75 \cdot N_2}{v} = \frac{75 \cdot 90}{15} = 450 \text{ kg},$$

$$P_3 = \frac{75 \cdot N_3}{v} = \frac{75 \cdot 150}{15} = 750 \text{ kg},$$

$$P_4 = \frac{75 \cdot N_4}{v} = \frac{75 \cdot 150}{15} = 1250 \text{ kg}.$$

Setzt man die von einem Seile zu übertragende Kraft

$$P = 5\,d^2 = 5 \cdot 5^2 = 125 \text{ kg},$$

so braucht man für

Scheibe II: $z_2 = \frac{450}{125} = 4$ Umschlingungen,

„ III: $z_3 = \frac{750}{125} = 6$ „

„ IV: $z_4 = \frac{1250}{125} = 10$ „

für die treibende Scheibe I also 20 Umschlingungen.

Wenn man die Durchhängung der Seile und die verschiedenen Durchmesser der Scheiben zunächst nicht berücksichtigt, so erhält man die Seillänge, indem man die Summe der halben Umfänge bildet und die Mittelpunktsentfernungen der Scheiben für jede Umschlingung zweimal zuzählt.

Man erhält dann

$$l_1 = \sqrt{4^2 + 6{,}5^2} = \sqrt{78{,}25} = \sim 7{,}9 \text{ m},$$

$$l_2 = \sqrt{16^2 + 6{,}5^2} = \sqrt{298{,}25} = \sim 17{,}3 \text{ m},$$

$$l_3 = 16 \text{ m};$$

$$L = 20\frac{D_1\pi}{2} + 4\frac{D_2\pi}{2} + 6\frac{D_3\pi}{2} + 10\frac{D_4\pi}{2} + 8\,l_1 + 12\,l_2 + 20\,l_3$$

$$= 20 \cdot 5{,}6 + 4 \cdot 3 + 6 \cdot 3 + 10 \cdot 4{,}5 + 8 \cdot 7{,}9 + 12 \cdot 17{,}3 + 20 \cdot 16$$

$$= 777{,}8 \text{ m}.$$

Hierzu kommt noch die Schleife für die Spannrolle, welche wir vorläufig dadurch berücksichtigen wollen, daß wir

$$L = 785 \text{ m}$$

setzen.

Die Weglänge des Spannwagens müßte dann, vorausgesetzt, daß der Trieb in einem geschlossenen Raume liegt, 2,5% dieser Länge, also ∼20 m sein. Da diese Länge zu groß ist, muß man die Weglänge des Spannwagens so groß nehmen, als es die räumlichen Verhältnisse zulassen, wird aber dann das Seil nach einiger Zeit kürzen müssen.

Hängen wir, wie die Abb. zeigt, den Spannwagen in eine lose Schlingung, so ist die Seilspannung P. Die Belastung des Spannwagens muß also $2\,P = 250$ kg sein.

Verwenden wir ein zylindrisches Gußeisengewicht und setzen $h = 2\,d$; spez. Gewicht $\gamma = 7{,}3$, so muß sein

$$\frac{\pi\, d^2}{4} \cdot h\,\gamma = 250$$

und mit $h = 2\,d$

$$\frac{2\,\pi\, d^3}{4}\,\gamma = 250;$$

$$d^3 = \frac{250 \cdot 2}{\pi \cdot 7{,}3} = \frac{500}{22{,}9} = 22; \qquad d = 2{,}8\,dm = 28\text{ cm};$$

$$h = 2\,d = 56\text{ cm}.$$

Zum größeren Teil, also etwa mit einer Höhe von 40 cm, gießt man dieses Gewicht aus einem Stück und ersetzt die fehlende Höhe durch geschlitzte Scheiben, etwa 8 Stück von 2 cm Stärke, die sich nach Bedarf wegnehmen lassen, wodurch man die Seilspannung ändern kann.

(Über die Kurve, in der sich das Seil durchhängt, siehe unter Drahtseiltrieb.)

Der Drahtseiltrieb.

(Siehe Tafel 22 im Anhang.)

Das Material der Drähte ist schwedisches Holzkohleneisen oder Tiegelgußstahl. Die Drähte sind schraubenförmig um weiche Kerndrähte gewunden und mehrere (6—20) solcher Litzen wieder um eine gemeinschaftliche Hanfseele (siehe Abb. 304). Drahtseile, bei welchen die Hanfseele durch eine Einlage aus weichem ausgeglühten Draht ersetzt ist, sind unelastischer und selten im Gebrauch. Die Gußstahldrahtseile sind ca. 50% teurer als die Eisendrahtseile und weniger biegsam, weshalb sie größere Scheibendurchmesser bedingen.

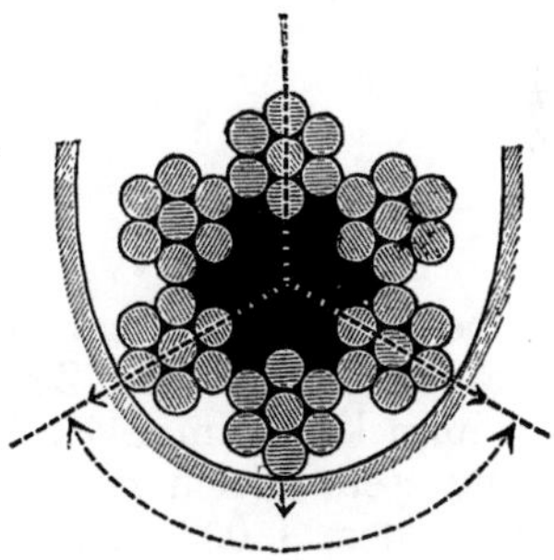

Abb. 304. Transmissions-Drahtseil.

Zum Schutze gegen das Rosten werden die Drähte vielfach verzinkt.

Beim Verspleißen der Seilenden werden diese aufgeflochten und die Hanfseelen abgeschnitten. Die Litzen werden dann ineinandergesteckt und verflochten. Hierzu sind etwa 3 m Seil erforderlich.

Im Betriebe ist das Seil alle 3—6 Wochen derart zu schmieren, daß das Schmieröl auch in das Innere eindringt. Gekochtes Leinöl oder gekochter Talg mit Graphit sind als Seilschmiere zu empfehlen. Bei guten Betriebsverhältnissen halten die Seile einen zwei- bis dreijährigen Betrieb aus.

Die geringste Achsenentfernung der Drahtseilscheiben ist bei kleinen Kräften 15—25 m, bei großen Kräften 30—50 m. Als größte Entfernung ist etwa 150 m anzusehen.

Bei größeren Scheibenabständen ordnet man mehrere Drahtseiltriebe mit etwa je 100 m Achsenabstand an und verwendet für die Zwischenscheiben Seilscheiben mit zwei Rillen. Der Wirkungsgrad der Drahtseiltriebe ist bei 100 m Achsenabstand ungefähr 96%, bei 1000 m Achsenentfernung noch 90%. Um die Durchhängung möglichst gering zu halten, legt man das straffe Seil unten, das lose oben hin, wird sie trotzdem zu groß, so ordnet man Tragrollen an.

Der Durchhang von Drahtseilen beträgt im ziehenden Trum etwa 1,5 m, im gezogenen Trum etwa 3 m pro 100 m Scheibenabstand.

Der Drahtseiltrieb wird mehr und mehr durch die elektrische Kraftübertragung verdrängt.

Berechnung der Drahtseiltriebe. Aus der Umfangsgeschwindigkeit ermittelt man, wie bei den Hanfseilscheiben, den Durchmesser nach der Formel

$$D\pi = \frac{60\,v}{n}$$

und hierauf die Umfangskraft

$$P = \frac{75\,N}{v}$$

Die Umfangsgeschwindigkeit (Seilgeschwindigkeit) nimmt man dabei

für kleinere Kräfte	$v = 10$ m/sek
,, mittlere ,,	$v = 15$—20 m/sek
,, große ,,	$v = 20$—30 ,,

Man wählt nun den Drahtdurchmesser δ und berechnet die Anzahl i der Drähte nach der Formel

$$i\,\frac{\pi\,\delta^2}{4} = \frac{2\,P}{k_z},$$

also

$$i = \frac{2\,P}{\frac{\pi\,\delta^2}{4}\cdot k_z},$$

wobei k_z so zu wählen ist, daß die Biegungsanstrengung und die Anspannung infolge der Zentrifugalkraft eingeschlossen sind.

Man kann unter der Voraussetzung, daß der Scheibendurchmesser mindestens gleich dem 150fachen Seildurchmesser, gleichzeitig aber gleich dem 1500fachen Drahtdurchmesser ist, wählen:

	$v =$	10	15	20	25	30 m/sek
für Seile aus Eisendraht oder Bessemerstahl	$k_z =$	620	610	590	570	550 kg/qcm
für Seile aus Tiegelgußstahl .	$k_z =$	800	790	770	750	730 ,,

Ist der Scheibendurchmesser mindestens das 2000fache vom Drahtdurchmesser, so kann man diese Werte um 25%, wenn der Scheibendurchmesser mindestens gleich dem 2500fachen Drahtdurchmesser ist, um 35% erhöhen.

Nachdem man die Drahtzahl i ermittelt hat, hat man aus der Preisliste eines Seilwerkes ein passendes Drahtseil auszuwählen (siehe

Tafel 22 im Anhang), ist ein solches nicht vorhanden, unter Annahme eines anderen Drahtdurchmessers die Rechnung zu wiederholen.

Da die Festigkeit der Drahtseile sich nach der Qualität des verwendeten Drahtmateriales richtet, ist zu erwägen, ob an Stelle obiger Durchschnittswerte von k_z die von dem betreffenden Seilwerk garantierte zulässige Belastung einzusetzen ist.

Aus der der Riemenberechnung analogen Formel

$$P = k \cdot d^2$$

erhält man mit $k = 100$ für den zur Übertragung von N PS bei n-Umdrehungen/Min. erforderlichen Seildurchmesser, sofern $D = 200\,d$ gesetzt wird:

$$d = \sqrt[3]{\frac{45\,N}{2\pi \cdot n}}\ \text{cm}$$

Nachdem man das erforderliche Seil ermittelt hat, berechnet man seine Durchhängung nach den Formeln

$$x = \frac{l^2 G}{8\,P} \text{ für das lose Seilstück,}$$

$$y = \frac{l^2 G}{8 \cdot 2\,P} \text{ für das straffe Seilstück,}$$

wobei l der Scheibenabstand in Meter und G das Gewicht von 1 m Seil ist, welches der Seiltafel entnommen werden muß (Abb. 305).

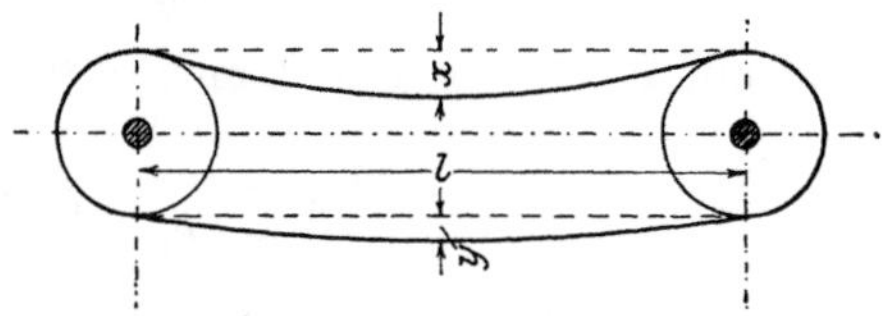

Abb. 305. Durchhangbestimmung.

Die Durchhängung im betriebslosen Zustande ist

$$z = \frac{x + y}{2}.$$

Beim schiefen Seiltrieb, bei welchem die Scheiben in verschiedener Höhe liegen, kann man näherungsweise die Einsenkung $h = x$ bzw. $h = y$ eines horizontalen Seiltriebs von gleichem Achsenabstand l berechnen und hierauf die Einsenkung des Scheitels h' der Seilkurve unter den tiefer gelegenen Auflaufpunkt (Abb. 306) nach der Formel

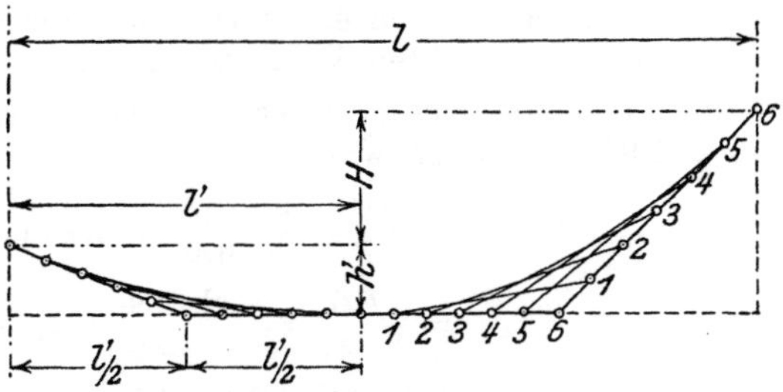

Abb. 306. Seilkurve.

$$h' = h\left[1 + \frac{1}{16}\left(\frac{H}{h}\right)^2\right] - \frac{H}{2}$$

und die Entfernung l' des Scheitels vom tieferen Auflaufspunkt nach der Formel

$$l' = \frac{l}{2}\left(1 - \frac{1}{4}\,\frac{H}{h}\right)$$

ermitteln, wobei H der Höhenunterschied der Scheibenmitten ist.

Wird l', nach obiger Formel berechnet, negativ, so bedeutet das, daß der Scheitel nicht zwischen den Scheiben, sondern außerhalb der tieferliegenden Scheibe gelegen ist.

Die Seilkurve kann man näherungsweise wie aus der Abb. 306 ersichtlich verzeichnen; bei horizontalem Seiltrieb liegt der Scheitel natürlich in der Mitte.

Die Länge des Drahtseiles kann nach der Formel

$$L = \pi R_1 + \pi R_2 + 2\,l\left(1 + 2\,\frac{z^2}{l^2}\right)$$

berechnet werden.

Beispiel: Durch einen Drahtseiltrieb sollen 175 PS auf 80 m Entfernung übertragen werden.

Wählen wir die Umdrehungszahl zu 100 pro Minute und die Seilgeschwindigkeit zu 25 m/sek, so erhalten wir

$$D\pi = \frac{60 \cdot v}{n} = \frac{60 \cdot 25}{100} = 15\text{ m}; \qquad D = 4{,}8\text{ m}$$

$$P = \frac{75\,N}{v} = \frac{75 \cdot 175}{25} = 525\text{ kg}$$

und mit $k_z = 570$; $\delta = 2\text{ mm} = 0{,}2\text{ cm}$

$$i = \frac{2\,P}{\frac{\pi\,\delta^2}{4} \cdot k_z} = \frac{1050}{0{,}0341 \cdot 570} = 58.$$

In der Tafel 22 im Anhang finden wir ein Drahtseil von 60 Drähten zu 2 mm Durchmesser. Der Durchmesser dieses Seiles ist $d = 26$ mm, also

$$150\,d = 150 \cdot 26 = 3900\text{ mm}$$
$$1500\,\delta = 1500 \cdot 2 = 3000\text{ ,,}$$

Unsere Scheiben von 4,8 m Durchmesser entsprechen also den bei Wahl von k_z gemachten Voraussetzungen.

Der laufende Meter unseres Seiles wiegt nach Tafel 22 1,8 kg ($G = 1{,}8$ kg), folglich wird

$$x = \frac{l^2\,G}{8\,P} = \frac{80^2 \cdot 1{,}8}{8 \cdot 600} = 2{,}4\text{ m},$$

$$y = \frac{l^2\,G}{8 \cdot 2\,P} = \frac{80^2 \cdot 1{,}8}{8 \cdot 1200} = 1{,}2\text{ m},$$

$$z = \frac{x + y}{2} = \frac{2{,}4 + 1{,}2}{2} = 1{,}8\text{ m},$$

$$L = \pi R_1 + \pi R_2 + 2\,l\left(1 + 2\,\frac{z^2}{l^2}\right)$$

$$\pi R_1 + \pi R_2 = \pi D \text{ (da } R_1 = R_2\text{)},$$

also

$$L = 15 + 160\left(1 + 2\,\frac{3{,}24}{6400}\right) = 175{,}2\text{ m}.$$

Konstruktion der Hanf- und Drahtseilscheiben.

Für Hanfseilscheiben verwendet man keilförmige Rillen, welche das Seil etwas einklemmen. Abb. 301 zeigt das durch Dinorm 121 festgelegte Rillenprofil. Für Vierkantseile ist ein Keilwinkel von 75° besser, weil dann die Seile nicht so tief und ungleichmäßig eindringen und damit eine gleichmäßigere Übertragung der einzelnen Seile ergeben. Kreisrunde Rillen, welche das Seil nicht klemmen, haben sich nicht bewährt, da zur Erzeugung der am Umfange nötigen Reibung eine viel größere Seilspannung erforderlich ist als bei keilförmigen Rillen. Die Rillen sind genau auszudrehen, in manchen Werkstätten werden sie gefräst. Leitrollen und Spannrollen erhalten halbkreisförmige Rillen, der Radius ihrer Rundung ist wenig größer als der Seilradius.

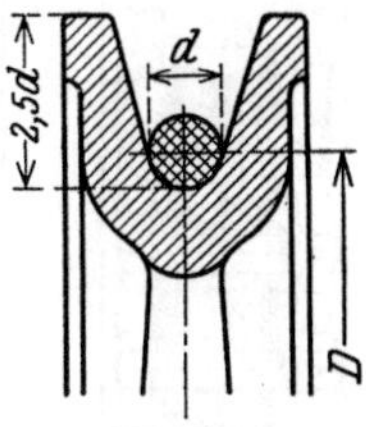

Abb. 307. Drahtseilrollenkranz.

Nabe und Arme sowie die Verbindungsschrauben bei mehrteiligen Scheiben sind nach den unter „Berechnung der Riemenscheiben" gegebenen Formeln zu dimensionieren. Besondere Sorgfalt ist den Kranzverbindungen zuzuwenden, namentlich bei geringer Armzahl, der durch die Zentrifugalkraft hervorgerufenen Biegungsanstrengung des Kranzes wegen. Da der Kranz steifer ist als bei Riemenscheiben, so kann die Teilfuge zwischen die Arme gelegt werden.

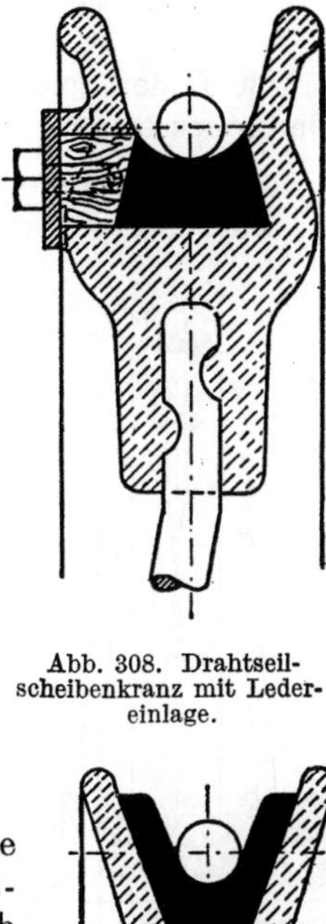
Abb. 308. Drahtseilscheibenkranz mit Ledereinlage.

Die Drahtseilscheiben erhalten entweder Rillen nach Abb. 307, bei welchen das Seil direkt in der gußeisernen Rille aufliegt, oder Rillen nach Abb. 308, welche mit Leder, Guttapercha oder Holz ausgefüttert sind. Am besten hat sich Leder bewährt. Bei nicht ausgefütterten Scheiben muß die Vorspannung etwa 30 % größer sein. Bei Holzausfütterung soll die Faser radial stehen. Das Einbringen der Holz- oder Ledersegmente geschieht gewöhnlich durch ein an der Seite der Rille ausgespartes Loch, welches durch eine Verschraubung geschlossen wird. Lederscheiben können auch schräg durch die Rille eingebracht und dann gerade geklopft werden. Als Schlußstück verwendet man dann einen mit Leim bestrichenen Holzkeil. Eine von Heckel in St. Johann-Saarbrücken ausgeführte Ausfütterung zeigt Abb. 309. Die Lederscheiben werden hier durch eine Drahtlitze, die an den Armen befestigt ist, zusammengehalten. Die Rillen sind stets auszudrehen.

Abb. 309. Drahtseilscheibenkranz mit Ledereinlage. (G. Heckel G. m. b. H., Saarbrücken.)

Sofern Drahtseilscheiben gußeiserne Arme erhalten, sind diese wie die Arme der Riemenscheiben oder Zahnräder zu berechnen. Bei großen Drahtseilscheiben verwendet man rechteckige oder runde stählerne Arme, die am Kranze und an der Nabe verschraubt oder auch eingegossen werden (Enden aufgerauht und verzinnt), wie Abb. 310 bzw. 311 zeigt. Die Arme sind abwechselnd nach rechts und links gebogen, die Nabe ist reichlich lang zu machen, um die Stabilität der Scheibe zu erhöhen.

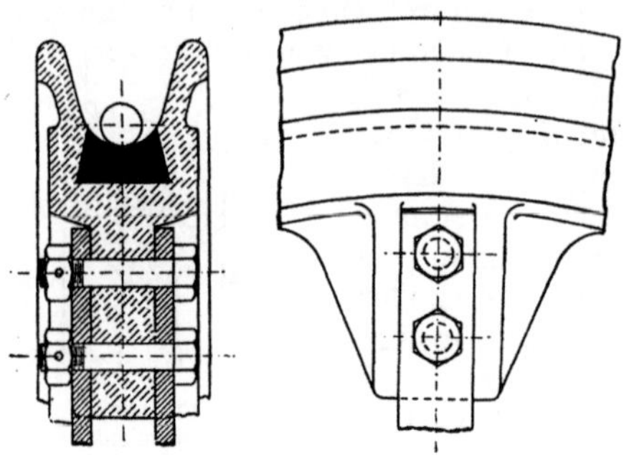

Abb. 310. Verschraubte Scheibenarme.

Ist D der Scheibendurchmesser, d der Seildurchmesser und d_0 der Durchmesser der Bohrung, so kann man nehmen:

die Nabenlänge $l = 0{,}08\,D + 5\,d$,
die Nabenstärke $s = 0{,}85\,d_0 + 2$ cm.

Die Anzahl der stählernen Arme nimmt man, um den Kranz an recht vielen Punkten zu stützen, möglichst groß, so viel auf dem Umfang der Nabe bei der gewählten Befestigungsart Platz haben. Ihre Entfernung soll am Umfang der Scheibe möglichst nicht größer sein als die dreißigfache Seilstärke. Die Dimensionen der Arme berechnet man aus der Biegungsfestigkeitsformel:

$$P\,\frac{D}{2} = z\,W\,k_b,$$

wobei z = Anzahl der Arme,

$$W = \frac{d^3}{10} \text{ bei kreisförmigem Querschnitt,}$$

$$W = \frac{b\,h^2}{6} \text{ bei rechteckigem Querschnitt}$$

ist, und k_b etwa 750 kg/qcm genommen werden kann.

Die Breite der rechteckigen Arme nimmt man gewöhnlich $b = \frac{h}{6}$.

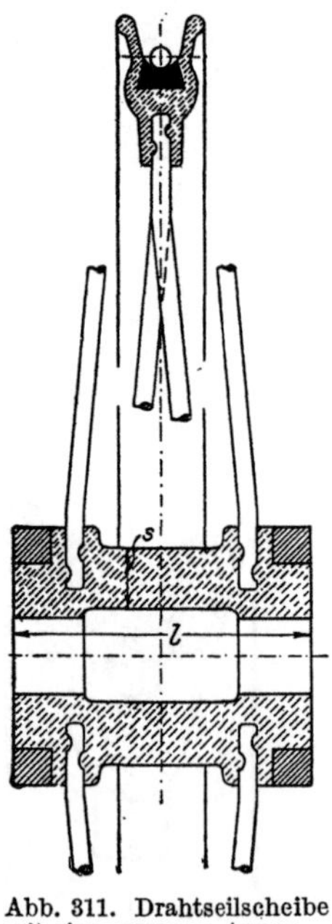

Abb. 311. Drahtseilscheibe mit eingegossenen Armen.

Da gewöhnliche Keile große Scheiben oft merklich schief ziehen, sind Tangentialkeile zu empfehlen.

D. Reibungsräder.

Während bei den Riemen- und Seilscheiben ein Zwischenglied (der Riemen oder das Seil), das durch die Reibung am Umfange der Scheiben mitgenommen wird, die Bewegung überträgt, wird bei den Reibungs- oder Friktionsrädern die Mitnahme durch die Reibung zwischen den direkt aufeinander gepreßten Umfängen der Scheiben bewirkt.

Die Umdrehungsrichtung der Scheiben ist dabei, von dem selten vorkommenden Falle des inneren Eingriffs (den Zahnrädern mit Innenverzahnung entsprechend) abgesehen, die entgegengesetzte.

Wenn Mitnahme erfolgen soll, so muß die Reibung am Umfange mindestens gleich der Umfangskraft

$$P = \frac{75\,N}{v}$$

sein, es muß also (Abb. 312), wenn Q der Druck ist, mit dem die Umfänge gegeneinandergepreßt werden, und μ der Reibungskoeffizient,

$$Q\,\mu \geqq P \quad \text{oder} \quad Q \geqq \frac{P}{\mu}$$

sein.

Den Reibungskoeffzienten μ kann man hierbei setzen:

Gußeisen auf Gußeisen	0,1 —0,15,
Leder auf Gußeisen	0,2 —0,3,
Gepreßtes Papier auf Gußeisen .	0,15—0,2,
Holz auf Gußeisen	0,3 —0,5,
Holz auf Holz	0,3 —0,4.

Der Wirkungsgrad der Reibungsräder ist, wenn der Scheibendurchmesser im Vergleich zum Zapfendurchmesser nicht zu klein genommen wird ($D \geqq 10\,d$), bei Stirnrädern

Gußeisen auf Gußeisen	~ 0,85,
„ „ Holz, Leder oder Papier	~ 0,9.

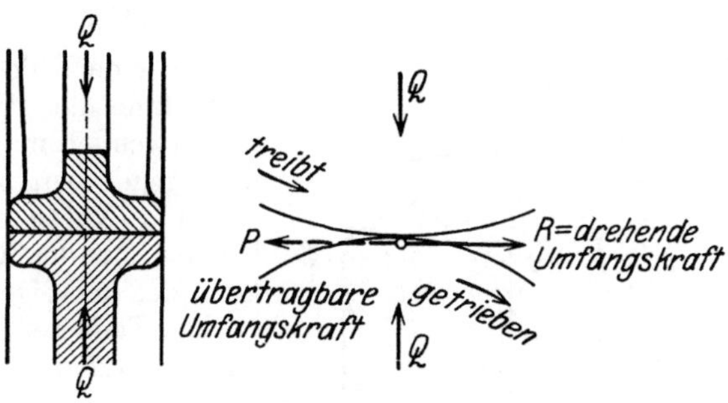

Abb. 312. Zylindrische Reibräder.

Gewöhnlich versieht man, um die Reibung zu erhöhen, das treibende Rad mit Holz- oder Ledersegmenten, Papierscheiben, die zwischen Bordscheiben stark zusammengepreßt und dann abgedreht werden, oder aufgekitteten Lederriemen. Gummi wird nur bei kleineren Kräften angewendet, Holz nützt sich schnell ab, Stahl auf Gußeisen versagt ganz.

Soll eine zu starke Zusammenpressung des Umfanges vermieden

werden, so muß das Rad genügende Breite haben. Die zulässige Anpressung pro Zentimeter Radbreite beträgt bei Gußeisen 75—100 kg, bei Papier 60 kg, bei Leder 36 kg, bei Holz 8—10 kg.

Die Reibungsräder führt man, um den Kranz gleichmäßig zu stützen, gewöhnlich voll aus; wählt man bei größeren Rädern Arme, so ist der Kranz genügend steif zu machen.

Die Reibungsräder haben, da die Anpressung sich auf die Zapfen überträgt und infolgedessen hohe Zapfenreibung erzeugt, einen geringeren Wirkungsgrad als die Zahnräder, bieten jedoch eine elastische Übertragung, die Stöße ausgleichen kann.

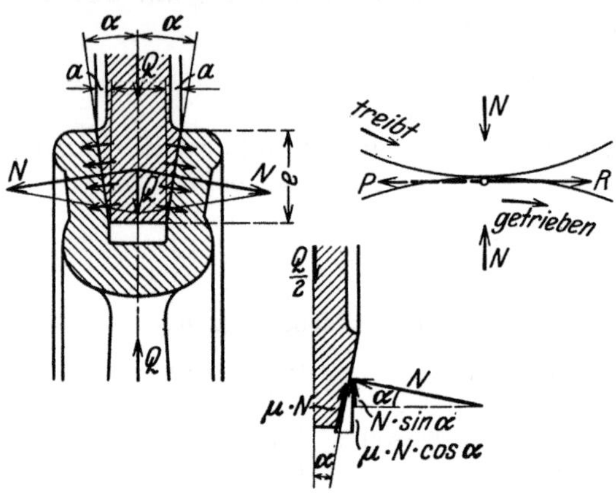

Abb. 313 und 314. Kräfte an Keilrädern.

Um den erforderlichen Anpressungsdruck zu verringern, verwendet man Reibungsräder mit keilförmigen Rillen (Keilräder) (Abb. 313 und 315). Der die Reibung erzeugende Normaldruck ergibt sich dann durch Zerlegen des Anpressungsdruckes Q in zwei zu den Reibungsflächen senkrechte Komponenten (Abb. 313).

Den Winkel 2α nimmt man meist 30 bis 40^0. Statt $P \leqq \mu Q$ hat man dann gemäß Abb. 314:

$$P \leqq \frac{\mu Q}{\sin \alpha + \mu \cos \alpha} \text{ oder } P \leqq \mu' Q.$$

Dies gibt mit $\alpha = 15^0$ und $\mu = 0{,}1$ ungefähr:

$$P \leqq 0{,}3\, Q.$$

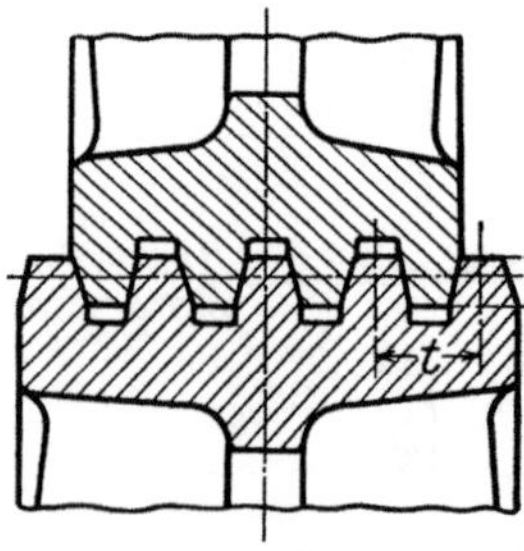

Abb. 315. Keilreibräder.

Da eine Rille in der Regel nicht zur Aufnahme der Umfangskraft ausreicht, so verwendet man mehrere nebeneinanderliegende Nuten und zwar $z = 3$—6.

Mehr Nuten zu nehmen, ist zwecklos, da mit der Rillenzahl die Schwierigkeit gleichmäßigen Anliegens wächst.

Die Tiefe der Eingriffsstrecke e wählt man 1—1,2 cm. Hierbei wird der Wirkungsgrad $\eta = 0{,}9$. Größere Tiefe der Eingriffsstrecke hat große Arbeitsverluste durch Gleiten und starke Abnutzung zur Folge, da nur die mittleren Kreise sich aufeinander abrollen können.

Für die Stärke der Kämme genügt etwa 10 mm, die Stirnkämme etwas stärker (15 mm), da sie auf Biegung beansprucht sind.

Zur Bestimmung der erforderlichen Rillenzahl geht man von der Pressung p_o pro cm Berührungslänge senkrecht zum Anpreßdruck Q aus und erhält, sofern a diese Projektionslänge von e ist (Abb. 313):

$$Q = 2\,a \cdot z \cdot p_o$$

Es ist üblich zu setzen: $p_o = 120$—150 kg/cm.

Mit $p_o = 130$ kg/cm, $\mu = 0{,}1$ und $e = 1$ cm ergibt sich: $P \leq 20 \cdot z$ kg bis max. $P = 30 \cdot z$ kg unter besonders günstigen Verhältnissen.

Da wegen der kleineren Anpressung Q auch die Zapfenreibung geringer wird, die Herstellungskosten der mit Rillen versehenen Räder aber höher sind als die glatter Reibungsräder, so kann man den Durchmesser geringer nehmen, etwa $D > 6$ bis $7\,d$.

Die Anpassung des einen Rades gegen das andere erfolgt mittels Gewicht, Feder oder Druckschraube.

Beispiel: Von einer Welle mit 150 Umdrehungen pro Minute sollen 3 PS durch Keilräder auf eine Welle übertragen werden, welche 90 Umdrehungen in der Minute macht.

Da der Wirkungsgrad 0,9 genommen werden kann, so muß die treibende Welle

$$N_1 = \frac{N_2}{0{,}9} = \frac{3}{0{,}9} = 3{,}35 \text{ PS}$$

abgeben.

Der Durchmesser der treibenden Welle wird dann

$$d_1 = \sqrt[3]{3000\,\frac{N}{n}} = \sqrt[3]{3000\,\frac{3{,}35}{150}} = \sim 4 \text{ cm},$$

der der getriebenen Welle

$$d_2 = \sqrt[3]{3000\,\frac{N}{n}} = \sqrt[3]{3000\,\frac{3}{90}} = \sim 5 \text{ cm}.$$

Nehmen wir

$$D_1 = 6\,d_1 = \sim 24 \text{ cm},$$

so ergibt sich

$$D_2 = \frac{D_1\,n_1}{n_2} = \frac{24 \cdot 150}{90} = 40 \text{ cm}.$$

Die Umfangsgeschwindigkeit wird dann

$$v = \frac{D_1 \pi n_1}{60} = \frac{0{,}24 \cdot \pi\,150}{60} = 1{,}88 \text{ m/sek},$$

somit die Umfangskraft

$$P = \frac{75\,N_1}{v} = \frac{75 \cdot 3{,}35}{1{,}88} = 133 \text{ kg},$$

und die Anpressung

$$Q = \frac{P}{0{,}3} = \frac{133}{0{,}3} = 445 \text{ kg}$$

Rillenzahl

$$z = \frac{P}{20} = \frac{133}{20} = \sim 6.$$

Bei sich schneidenden Wellen verwendet man kegelförmige Reibungsräder (Abb. 316). Wenn kein Gleiten stattfinden soll, so müssen die Übersetzungsverhältnisse aller sich berührenden Kreise dieselben sein, was der Fall ist, wenn die Kegelspitzen zusammenfallen. Damit dies dauernd der Fall ist, müssen die Wellen sehr sicher gelagert sein. Die Anpressung Q muß hier senkrecht zur Berührungslinie stehen, wozu, wenn α der Neigungswinkel der Kegelseite gegen die Wellenmittellinie ist, eine axiale Pressung

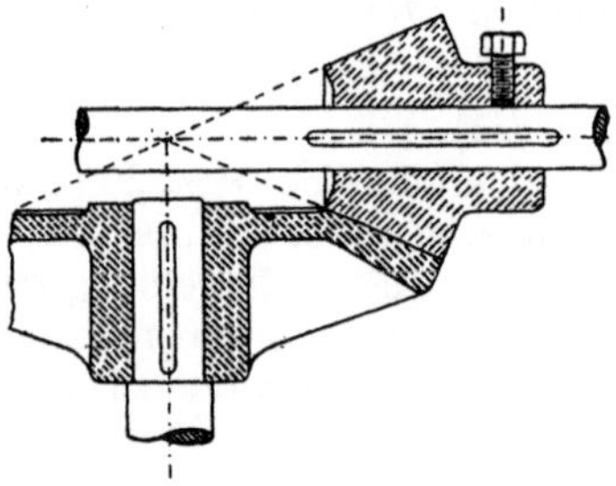

Abb. 316. Konische Reibräder.

$$Q_1 = Q \sin \alpha$$

erforderlich ist, also weniger als bei zylindrischen Reibrädern.

Hyperboloiden- oder Hyperbelräder für windschiefe Wellen erhalten hyperboloidisch gekrümmte Berührungsflächen. Sie sind der schwierigen Herstellung wegen wenig im Gebrauch und können in den meisten Fällen durch Anordnung einer Zwischenwelle vermieden werden.

Das obige Beispiel zeigt deutlich den allgemein großen Nachteil der Reibungsräder, daß nämlich ein unverhältnismäßig großer Anpressungsdruck notwendig wird (etwa doppelt so groß als beim Riementrieb), wenn eine nennenswerte Leistung übertragen werden soll, was große Lagerverluste nach sich zieht. Als reine Kraftübersetzungsgetriebe wurden deshalb Reibräder seither weniger benützt, in der Hauptsache als Triebräder für Landfahrzeuge und bei kleineren Windwerken.

Das in neuester Zeit aufgekommene Kruppsche Reibradgetriebe (Patent Garrard) stellt jedoch eine bedeutende Verbesserung gegenüber den seitherigen Konstruktionen dar. Die Wirkungsweise des Getriebes zeigt die Schemafigur 317: a treibt, b getrieben, c Umkehrrolle, d Ring mit Rechteckquerschnitt, der die drei Rollen mit geringer Vorspannung umfaßt, die aber nicht genügt, um ein Drehmoment zu übertragen. Der hierzu nötige größere Anpressungsdruck wird selbsttätig erzeugt, sobald das Getriebe läuft und zwar dadurch, daß mit dem Drehen der Rolle a der Punkt A des Ringes d etwas in die Höhe gehoben wird, wodurch die ursprünglich wagrechte Mittellinie AB zur schrägen Sehne CB wird,

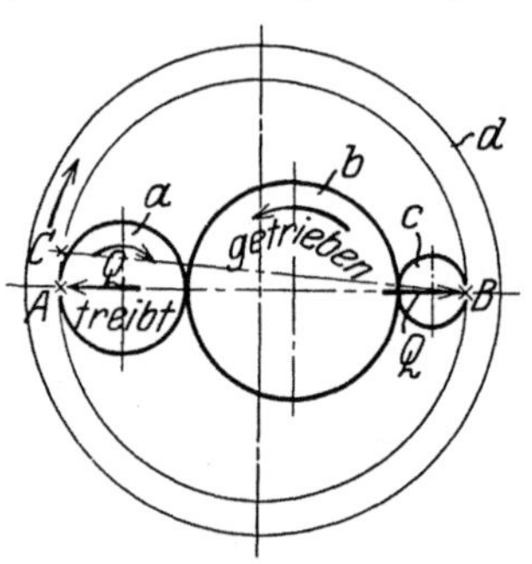

Abb. 317. Reibradgetriebe.
(Fried. Krupp A.-G., Essen.)

die kleiner als der Durchmesser ist. Die Folge ist, daß die Anpressung der Rollen sich solange selbsttätig vergrößert, bis sie zur Übertragung der in Frage kommenden Leistung genügt. Da der Anpreßdruck jeweils beiderseitig wirkt, so sind die Lager von ihm nicht beansprucht, sondern entlastet, so daß der sonst unvermeidliche Lagerverlust hier wegfällt. Der Wirkungsgrad entspricht mindestens dem guter Zahnräder, das

Getriebe bietet außerdem völlig ruhigen Gang bei kleinem Platzbedarf. Ausgeführt für Übersetzungen bis 1:15, Drehzahl bis 3000/Min. und Leistungen bis 350 PS. Rollenlaufteile aus Kugellagerchromstahl, Ring Chromnickelstahl, Lauffläche gehärtet und geschliffen. Das Getriebe läuft in Öl und geschlossenem Gehäuse.

Der Ring wird durch den Anpreßdruck auf Zug und Biegung beansprucht. Ist Q dieser Anpreßdruck (zu bestimmen aus der drehenden Umfangskraft $P = \mu \cdot Q$, die an zwei Stellen sich äußert), so kann das größte Biegungsmoment im Ring gesetzt werden:

$M_b = 0{,}32 \cdot Q \cdot r$, wo r der mittlere Ringradius ist.

Häufiger Anwendung finden Reibungsgetriebe, bei denen ein ballig gedrehtes zylindrisches Reibrad (Diskusrad) auf einem kegelförmigen oder einem Planrad verschiebbar ist, wobei das Übersetzungsverhältnis veränderlich ist: Wechselgetriebe. Bei der Anwendung zweier Planräder auf einer in ihrer Achsenrichtung hin- und herschiebbaren Welle erhält man ein Wendegetriebe, das bei der bekanntesten Anwendung, bei der Schraubenpresse, bei welcher das Diskusrad auf der Schraubenspindel sitzt und sich mit dieser verschiebt, zugleich Wechselgetriebe ist.

Bei der Konstruktion der Maschinenfabrik Hasenclever, Düsseldorf sitzen die beiden Seitenscheiben nicht auf gleicher Welle, sondern sind so versetzt, daß sie stets von ihrer Mitte zum Rand arbeiten.

Ein Wechselgetriebe, das aus Amerika stammt und sich auch in Deutschland eingebürgert hat (Eisenwerk Wülfel) sind die Stevensschen Reibungstrommeln, oder Evans-Friktionskonen, zwei gleiche kegelförmige Trommeln, zwischen denen ein die eine Trommel lose umschließender endloser Riemen, der in der Längsrichtung der Trommeln zwecks Änderung der Übersetzungsverhältnisse verschiebbar ist, die Übertragung bewirkt. Das Einklemmen des Riemens zwischen die Trommeln geschieht durch Verstellen der beiden Lager der einen Trommel mittels Schrauben, besser aber durch Feder oder Gewichtsbelastung. Das Getriebe eignet sich zufolge der durch das Riemenmaterial bedingten geringen spezifischen Pressung für größere Kraftübertragungen als Diskusräder. Abnützung tritt nur an dem leicht zu ersetzenden Riemen auf.

Hierher gehört auch das Reibrädergetriebe von Hoppe, Berlin, bei welchem sich zwei durch Federn oder Gummipuffer elastisch miteinander verbundenen Druckrollen (mit Belag) zwischen die festgelagerte treibende und getriebene Scheibe pressen und so die Übertragung an zwei Stellen bewirken, ferner noch das Planeten-Reibradgetriebe (Zentrator-Kupplung) von W. H. Hilger & Co., Bonn.

Nabe, Arme und Radkranz der Reibungsräder sind etwas kräftiger auszuführen, als für Zahnräder angegeben ist.

IV. Maschinenelemente zur Umwandlung von Bewegungen.

Umwandlungen von Bewegungen werden notwendig, wenn bei einem Triebwerk die erzeugte Bewegung anderer Art sein muß, wie die erzeugende. Die Bewegungen selber sind entweder geradlinig oder drehend und es handelt sich dann darum, eine geradlinige Bewegung in eine drehende Bewegung (vollkommen oder teilweise, d. h. schwingend) umzusetzen und umgekehrt, oder eine drehende Bewegung in eine schwingende Bewegung und umgekehrt, überzuführen. Die geradlinige Bewegung kann entweder fortschreitend oder periodisch hin- und hergehend sein.

1. Umwandlung von rotierenden Bewegungen in fortschreitende und umgekehrt.

Man hat diesen Fall bei Windwerken, wo das Heben und Senken von Lasten durch eine Drehbewegung von Hand oder durch einen Motor bewerkstelligt wird. Die erforderlichen Elemente bestehen in Schraube und Mutter, Handkurbel, Haspelrad, Rollen, Trommeln, Seilen, Ketten, Haken.

Die Wirkungsweise und Konstruktion von Bewegungsschrauben ist aus Abschnitt I bekannt. Die übrigen genannten Maschinenteile sind ausgesprochene Spezialelemente des Hebezeugbaues, so daß an diesem Ort nicht näher auf dieselben eingegangen werden soll und auf die Spezialliteratur verwiesen sei.

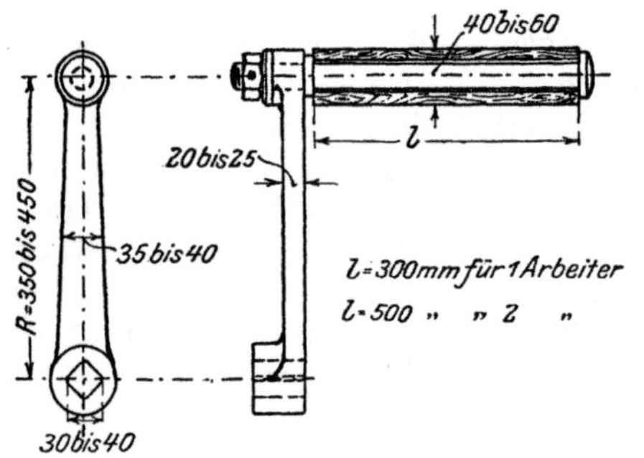

Abb. 318. Handkurbel.

Die Konstruktion einer Handkurbel zeigt Abb. 318. Sie besteht aus Kurbelarm und Griffdorn (beide aus zähem Flußstahl), über welchen zwecks bequemen Anfassens ein Gasrohr oder Holzhülse geschoben wird. Der Griffdorn kann auch in das Auge des Kurbelarms eingenietet oder mit diesem ein Stück sein. Die Mitnahme der Welle kann statt mit Vierkant durch Konusbefestigung in Verbindung mit Schraube und Sicherung durch Paßfeder vollzogen werden.

Als Kurbeldruck rechnet man pro Mann 15 kg (vorübergehend 20 kg), als Umfangsgeschwindigkeit 0,8 m/sek. Beim Senken von Lasten ist die Kurbel abzunehmen, darf jedenfalls nicht mit herumschlagen, da bei zu schnellem Senken große Fliehkräfte am Griff entstehen, die ihn nach außen biegen und denen der Dorn einer normalen Handkurbel nicht gewachsen ist. Die üblichen Abmessungen normaler Handkurbeln sind in Abb. 318 eingetragen.

2. Umwandlung von Schwingungsbewegungen in geradlinige Bewegung und umgekehrt.

Unter Schwingungsbewegung sind hierbei teilweise Drehbewegungen nach der einen oder der anderen Richtung zu verstehen. Diese Verhältnisse sind bei Regulier- und Steuerungsgetrieben der verschiedensten Art anzutreffen. Die Übertragung erfolgt durch Hebelgetriebe. Abb. 319, 320 und 321 zeigen derartige Anordnungen. Die Verbindung der Hebel mit den Stangen geschieht durch Gelenke. Vgl. hierüber das unter Gelenkzapfen im Abschnitt II Gesagte und die Abb. 90 und 101 bis 107.

Muß der gerade bewegte Teil seine Lage im Raum quer zur Achse beibehalten, so ist entweder dem Hebelauge ein Langloch zu geben

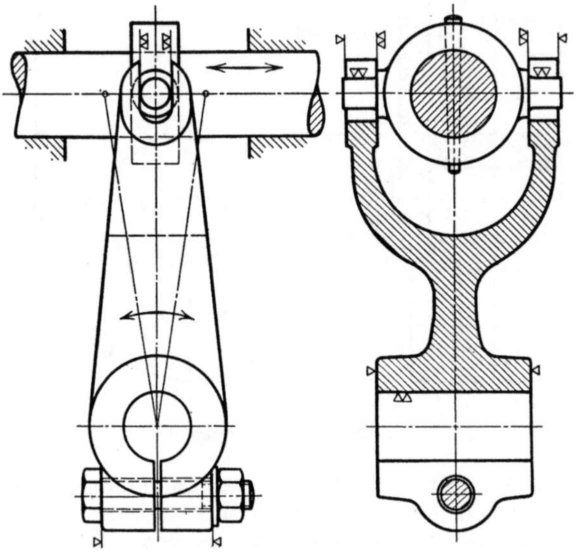

Abb. 319. Hebelgetriebe.

(Abb. 319) oder ist ein Doppelgelenk nach Abb. 320 zu gestalten. Auch mit einem Kugelgelenk nach Abb. 321 läßt sich dieser Zweck erreichen.

Prinzipiell wichtig bei allen Hebelübersetzungen ist, daß auch in den Endstellungen der Hebel die Stangenkraft noch günstig angreift. Der Anschlagwinkel darf deshalb nicht zu groß genommen werden (allerhöchstens 120^0) und in der Mittelstellung muß Stange und Hebel die für den Kraftangriff günstigste Lage haben (möglichst 90^0 oder in dessen Nähe).

Die Hebel selbst sind, wenn die bewegenden Kräfte nicht allzu groß, aus Gußeisen oder Stahlguß, andernfalls geschmiedet oder gepreßt. Im ersten Fall Querschnitt am besten elliptisch, auch rechteckig oder [- und I-förmig, im letzteren Fall gibt man dem Hebel möglichst einfache Form mit Rechteckquerschnitt.

Die Berechnung des Armes der Hebel geschieht auf Biegung durch die größte Stangenkraft, bei einseitig befestigten Gelenkzapfen außerdem noch auf Verdrehung. Die Augen und Gabeln der Hebel sind auf Zug und Biegung zu berechnen. Siehe hierüber bei Schubstangenköpfen.

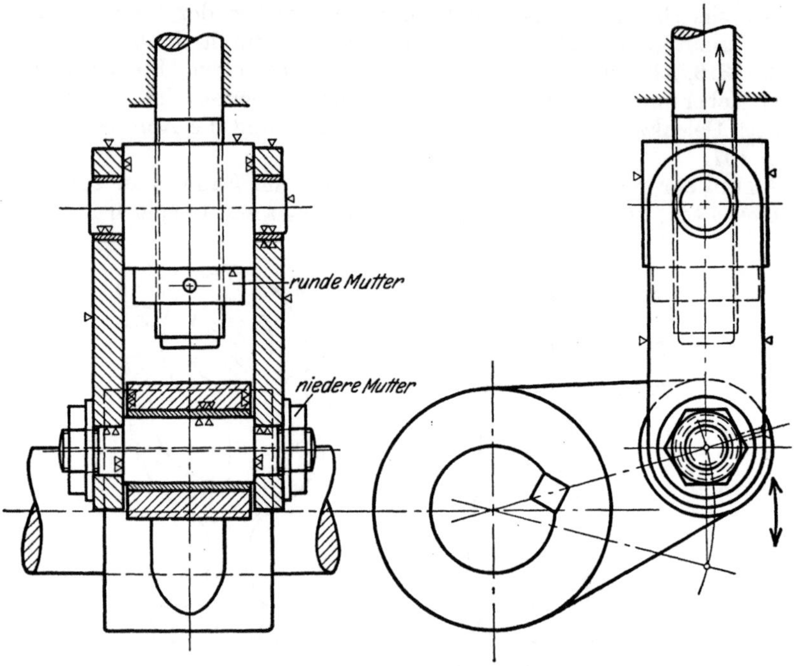

Abb. 320. Regulierhebelgetriebe.

Hierher gehören auch die Bewegungsumwandlungen mittels Wälzhebel und Nockenscheiben (Daumengetrieben), mit denen eine bestimmte Geschwindigkeitsabstufung des geradlinig bewegten Teiles erzielt werden kann, ferner die Klinken- und Zahngetriebe. Die Erörterung dieser Teile gehört aber nicht in den Rahmen dieses Buches.

3. Umwandlung geradlinig hin- und hergehender Bewegung in Dreh- oder Schwingungsbewegung und umgekehrt.

Dieser Fall kommt bei allen Kolbenkraftmaschinen und in umgekehrter Weise bei Werkzeugmaschinen vor. Die Umwandlung wird fast durchweg mit dem Kurbelgetriebe vorgenommen, dessen normale Ausführungsform — gerader Schubkurbeltrieb — in Abb. 322 im Schema gezeichnet ist. Er findet sich auch gelegentlich als sogenannter schiefer oder geschränkter Kurbeltrieb vor, wobei zwecks Verminderung des seitlichen Drucks auf den Kolben die Zylinderasche nicht durch den Kurbelkreismittelpunkt geht, wie beim gewöhnlichen (geraden) Kurbelgetriebe, sondern gegenüber diesem Punkt versetzt ist. Diese Ausführung wird aber nur bei kleinen, stehenden Maschinen gemacht.

Das **normale Kurbelgetriebe**, Abb. 322, besteht aus der auf der Kurbelwelle sitzenden Kurbel von der Länge r und der mit ihr durch

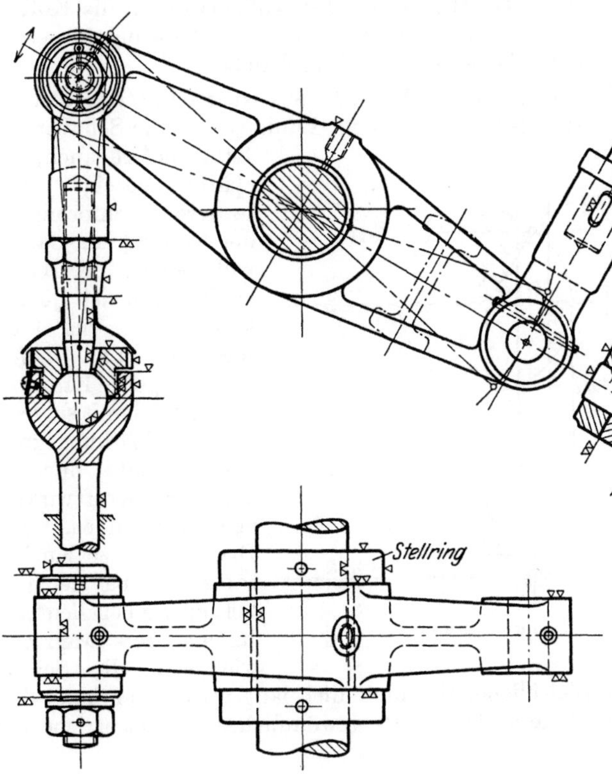

Abb. 321. Steuerhebelgetriebe.

den Kurbelzapfen gelenkig verbundenen Schub- oder Pleuelstange von der Länge l. Der geradlinig sich bewegende Endpunkt dieser Stange

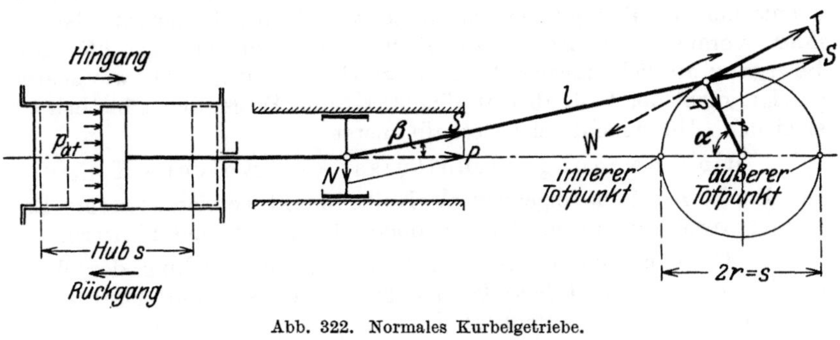

Abb. 322. Normales Kurbelgetriebe.

ist gelenkig mit dem Kreuzkopf, oder direkt mit dem Kolben der Maschine, verbunden, je nachdem es sich um eine Maschine mit geschlossenem Zylinder (doppelt wirkend) oder offenem Zylinder (einfach wirkend) handelt. Die Führung des Kreuzkopfs geschieht durch die Geradführung oder die Gleitbahn, die des Kolbens durch die Kolbenstange. Alle diese Teile, zu denen sich noch das Schwungrad gesellt, gehören somit zu den Elementen des Kurbeltriebs.

Ein Spezialfall des normalen Kurbeltriebs ist die Kurbelschleife (Abb. 323). Sie bietet den Vorteil kurzer Baulänge, da die Schubstange fehlt, liefert auch, wie später gezeigt wird, bessere Gleichförmigkeit des Ganges, als das gewöhnliche Kurbelgetriebe. Sie ist jedoch konstruktiv viel komplizierter und liefert ungünstigere Kraftverhältnisse, damit schlechteren Wirkungsgrad, wird deshalb nur bei kleineren Kraftwirkungen verwendet. Der Druck auf den Kurbelzapfen ist bei der Kurbelschleife bei allen Stellungen stets wagrecht, wie wenn die Schubstange immer parallel bliebe, also unendlich lang wäre. Man kann deshalb die Kurbelschleife auffassen als gewöhnliches Kurbelgetriebe mit $l = \infty$.

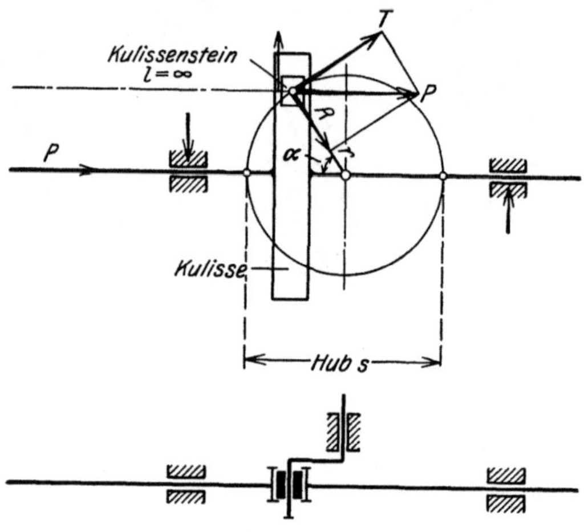

Abb. 323. Kurbelschleife.

Die konstruktive Behandlung des Kurbelgetriebes setzt die Kenntnis der bewegenden Kräfte, also der dynamischen Verhältnisse des Getriebes voraus, die deshalb zuerst zu erörtern sind.

Von den drei bemerkenswerten Punkten des Kurbelgetriebs $A\ O\ K$ kennt man die Bewegungsverhältnisse von A und O insofern, als von ihnen vorausgesetzt bzw. verlangt wird, daß sie eine gleichförmige Bewegung an sich haben. An und für sich ist dies zwar, wie später gezeigt, nicht der Fall, aber es gibt Mittel und Wege, dies künstlich zu erreichen. Untersucht seien deshalb zuerst

die Bewegungsverhältnisse des Kolbens K.

Der Punkt K ist im folgenden als Kolbenpunkt bezeichnet, seine Bewegungsverhältnisse sind aber mit denen des Kreuzkopfs identisch.

Die Untersuchung erstreckt sich auf die Ergründung der Weg-Geschwindigkeits- und Beschleunigungsverhältnisse dieses Punktes im Vergleich zu denen des Punktes A.

Bestimmung des Kolbenwegs.

a) Rechnerische Bestimmung. Den inneren Totpunkten T_i und T_a auf dem Kurbelkreis entsprechen die Totpunkte K_i und K_a des Kolbens und es ist: Kolbenhub $s = 2\,r = K_i\,K_a$.

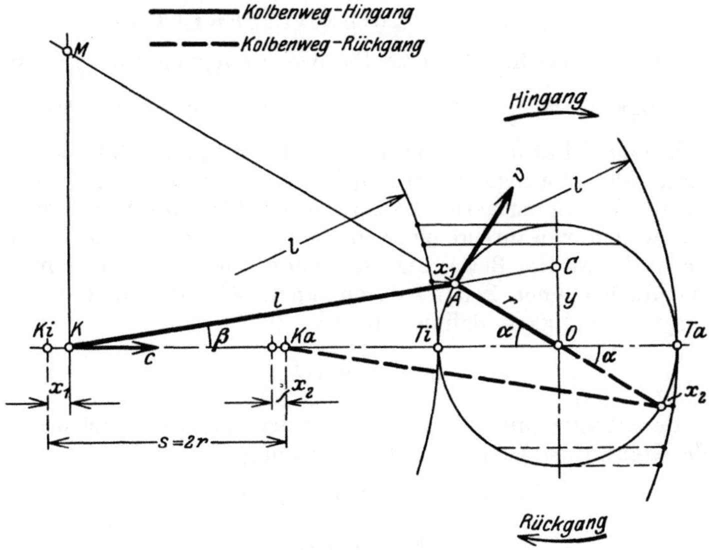

Abb. 324. Kolbenwegbestimmung.

Es ist nach Abb. 324:

$$x_1 = r + l - (l \cdot \cos \beta_1 + r \cdot \cos \alpha_1)$$

oder $$x_1 = r\,(1 - \cos \alpha_1) + l\,(1 - \cos \beta_1)$$

analog wird $$x_2 = r\,(1 - \cos \alpha_2) - l\,(1 - \cos \beta_2)$$

allgemein also $$x = r\,(1 - \cos \alpha) \pm l\,(1 - \cos \beta)$$

$+$ für Hingang, $-$ für Rückgang.

Durch entsprechende Umformungen erhält man hieraus schließlich:

$$x = r\,(1 - \cos \alpha) \pm \frac{r^2}{2\,l} \sin^2 \alpha.$$

Das Verhältnis $\frac{r}{l}$ heißt das Lenkstangenverhältnis λ, bei liegenden Maschinen meist 1:5 betragend, bei stehenden Maschinen bis 1:4,5 und 1:4 (bei Fahrzeugmotoren gelegentlich bis 1:3,5). Bei Lokomotiven ist $\lambda = 1:8$ bis 1:9.

Damit wird $$x = r\,(1 - \cos \alpha) \pm \frac{\lambda}{2} \cdot r \cdot \sin^2 \alpha.$$

Es wird für

$$\alpha = 0^0 : x = 0$$

$$\alpha = 90^0 : x = r + \frac{\lambda}{2} r = r\left(1 + \frac{\lambda}{2}\right)$$

$$\alpha = 180^0 : x = 2\,r + 0 = 2\,r$$

$$\alpha = 270^0 : x = r - \frac{\lambda}{2} r = r\left(1 - \frac{\lambda}{2}\right)$$

$$\alpha = 360^0 : x = 2\,r - 0 = 2\,r.$$

Gleichen Kurbelwinkeln entsprechen also ungleiche Wege: Die Kolbenbewegung ist daher ungleichförmig.

β) Zeichnerische Bestimmung. Das Verfahren geht aus Abb. 324 ohne weiteres hervor.

Bestimmung der Kolbengeschwindigkeit.

α) Rechnerisch. Bei gleichförmiger Bewegung wäre die Kolbengeschwindigkeit $c = \frac{x}{t}$. Da sie aber, wie aus dem vorhergehenden ersichtlich, ungleichförmig ist, so muß, weil der Begriff Geschwindigkeit stets mit Gleichförmigkeit verknüpft ist, die Zeitspanne t, während welcher die Bewegung verfolgt wird, auf ein kleinstes Maß beschränkt werden, weil nur während einer unendlich kurzen Zeit angenommen werden darf, daß die Bewegung unveränderlich bleibt. Ist nun der in der unendlich kleinen Zeit $d\,t$ durchlaufene Weg dx, so ist damit die Kolbengeschwindigkeit definiert durch

$$c = \frac{dx}{dt} \text{ m/sek.}$$

Die Differentialrechnung liefert für die dem Kurbelwinkel α entsprechende Kolbengeschwindigkeit die Beziehung:

$$c = v \cdot \sin\alpha\,(1 \pm \lambda \cdot \cos\alpha) \text{ m/sek.}$$

Für
$$\begin{aligned} \alpha &= 0^0 \text{ wird } : c = o \\ \alpha &= 90^0 \;\;,, \;\; : c = v\,(1 + 0) = v \\ \alpha &= 180^0 \;\;,, \;\; : c = o \\ \alpha &= 270^0 \;\;,, \;\; : c = v\,(1 - 0) = v \\ \alpha &= 360^0 \;\;,, \;\; : c = o \end{aligned}$$

Wie groß und an welcher Stelle ist nun das Maximum der Kolbengeschwindigkeit?

Diese Aufgabe läuft darauf hinaus, zu untersuchen, für welchen Wert der Veränderlichen α die Funktion: $v \cdot \sin\alpha\,(1 + \lambda\cos\alpha)$ ein Maximum wird. Um dies zu finden, muß bekanntlich diese Funktion differenziert und die Ableitung $= 0$ gesetzt werden. Dies führt zu der Gleichung

$$dc = v \cdot \cos\alpha\, d\alpha + v \cdot \lambda\,(-\sin^2\alpha + \cos^2\alpha)\, d\alpha = 0$$

somit $\lambda \cdot \cos^2\alpha - \lambda\sin^2\alpha + \cos\alpha = 0$

oder $\lambda \cdot \cos^2\alpha + \lambda \cdot \cos^2\alpha - \lambda + \cos\alpha = 0$

d. h. $2\,\lambda \cdot \cos^2\alpha + \cos\alpha - \lambda = 0$

also $\cos\alpha = \frac{-1 \pm \sqrt{1 + 8\lambda^2}}{4\lambda}$

für $\lambda = \frac{r}{l} = \frac{1}{5}$ wird $\cos\alpha = 0{,}185$ u. $\alpha = 79^0\,16'$

für $\lambda = \frac{1}{4}$ wird $\alpha = 76^0\,43'$.

Die Kolbengeschwindigkeit wird also beim Hingang vor der Hubmitte ein Maximum und zwar ungefähr dann, wenn Kurbel und Schubstange einen rechten Winkel bilden.

Der max. Wert wird für $\lambda = \frac{1}{5}$:

$$c_{max} = v \sin 79^0\,16' \cdot (1 + \frac{1}{5} \cos 79^0\,16')$$
$$= v \cdot 0{,}982 \left(1 + \frac{0{,}185}{5}\right)$$
$$c_{max} = 1{,}02\, v$$

Also $\quad c_{max} \sim 2\%$ größer als v.

Um einen Vergleichswert über die Geschwindigkeits-Verhältnisse von Kraftmaschinen zu erlangen, hat man den Begriff der mittleren Kolbengeschwindigkeit eingeführt und versteht darunter die durchschnittliche, gleichförmig gedachte Geschwindigkeit des Kolbens. Sie beträgt:

$$c_m = \frac{2\,s\,n}{60} = \frac{s \cdot n}{30} \text{ (m/sek)}.$$

In Gegenüberstellung davon beträgt die Kurbelzapfengeschwindigkeit:

$$v = \frac{\pi \cdot s \cdot n}{60}$$

Hieraus ergibt sich $\quad c_m : v = 1 : \frac{\pi}{2} = 2 : \pi$, so daß

$$c_m = 0{,}637\, v \text{ und } v = 1{,}57\, c_m.$$

β) Graphisches Verfahren zur Bestimmung der Kolbengeschwindigkeit. Errichtet man auf den Bahnen der Punkte K und A der Schubstange Lote (Abb. 324), die sich in M treffen, so kann für einen ganz kurzen Moment dieser Punkt M angesehen werden als der Punkt um den die Schubstange bei ihrer Bewegung im Raum sich herum, gedreht hat. Dieser Punkt M heißt deshalb auch das Momentan-Zentrum der Bewegung. Es verhalten sich in diesem Falle die Geschwindigkeiten c und v zueinander wie ihre Radien, also $\frac{c}{v} = \frac{\overline{MK}}{\overline{MA}}$.

Durch die Ähnlichkeit der Dreiecke folgt:

$$\overline{MK} : \overline{MA} = \overline{OC} : \overline{OA} = y : r.$$

Somit: $\quad c = \frac{v}{r} \cdot y$ oder $c = \omega \cdot y$

Da nun ω, die Winkelgeschwindigkeit der Maschine, eine konstante Größe ist, so stellt jeweils der Wert y, in einem gewissen Maßstab gemessen, die Kolbengeschwindigkeit c dar. In der Abb. 325 sind die Stücke y an den betreffenden Kolbenstellungen als Ordinaten aufgetragen, woraus man die c-Kurve erhält. Um die tatsächliche Kolbengeschwindigkeit zu erhalten, muß dann noch der Maßstab festgelegt werden, der dem Geschwindigkeitsdiagramm zugrunde liegt.

Es sei z. B. der Zeichenmaßstab für das Kurbelgetriebe 1:10, ferner sei $n = 120$ (Umdr./Minute), dann ist $\omega = \frac{\pi \cdot n}{30} = 12{,}56 \left(\frac{1}{\text{sek}}\right)$.

Bei der Stellung 1 sei nun $y_1 = 23$ (mm), in m ausgedrückt sind dies unter Berücksichtigung des Zeichenmaßstabes $\frac{23 \cdot 10}{1000} = 0{,}23$ (m). Das tatsächliche c für die Kolbenstellung 1 ist dann $c_1 = 12{,}56 \cdot 0{,}23 = 2{,}89$ (m/sek). Im Diagramm sind nun diese 2,89 (m/sek) Geschwindig-

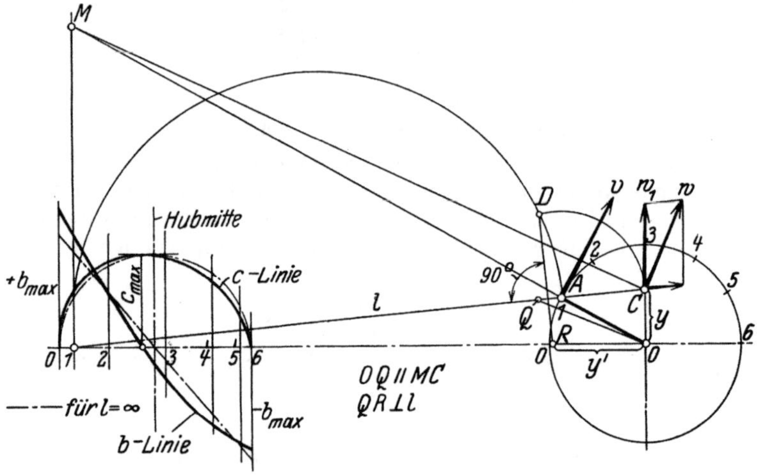

Abb. 325. Kolbengeschwindigkeit und Kolbenbeschleunigung.

keit dargestellt durch 23 (mm), also versinnbildlicht jedes (mm) in der Ordinatenrichtung des Diagramms: $\frac{2{,}89}{23} = 0{,}1256$ (m/sek). Dies ist der Geschwindigkeitsmaßstab.

Beschleunigung des Kolbens.

Sie ist rechnerisch ausgedrückt durch die Beziehung $b = \frac{c}{t}$, wo aber unter c nicht die Geschwindigkeit, sondern der Geschwindigkeitszuwachs während t sek gemeint ist. Diese Gleichung gilt jedoch nur bei gleichförmigem Geschwindigkeits-Zuwachs. Ist dieser ungleichförmig, wie in unserem Fall, so muß die Beobachtungszeit t wieder auf ein unendlich kleines Maß beschränkt werden (dt), während welcher Zeit der unendlich kleine Geschwindigkeits-Zuwachs dc gleichförmig gedacht werden kann. Es ist also in unserem Fall:

$$b = \frac{dc}{dt}$$

Ist nun am Anfang der dt sek die Kolbengeschwindigkeit $= 0$, so ist der Geschwindigkeits-Zuwachs am Ende der dt sek auch gleich der Geschwindigkeit selbst und das Differential des Geschwindigkeits-Zuwachses ist damit = dem Differential der Geschwindigkeit, also $= dc$.

Es war nun nach früherem:

$$c = v \sin \alpha\, (1 \pm \lambda \cdot \cos \alpha)$$

hieraus: $$dc = v \cdot \cos \alpha \cdot d\alpha \pm v\,\lambda\, (\cos^2 \alpha - \sin^2 \alpha)\; d\alpha$$

$$\frac{d\,c}{d\,t} = v \cdot \cos \alpha \cdot \frac{d\,\alpha}{d\,t} \pm v\,\lambda\, (\cos 2\,\alpha) \frac{d\,\alpha}{d\,t} \qquad \frac{d\,\alpha}{d\,t} = \omega = \frac{v}{r}$$

damit wird: $$b = \frac{v^2}{r} \cdot (\cos \alpha \pm \lambda \cos 2\,\alpha)$$

Es wird für $\alpha = 0^0 \quad : b_{max} = \frac{v^2}{r}(1 + \lambda)$

„ $\alpha = 79^0\,16' : b_{min} = \frac{v^2}{r}(0{,}187 - \frac{1}{5}\,0{,}927) = 0$

„ $\alpha = 90^0 \quad : b \;= \frac{v^2}{r}(0 + \frac{1}{5} \cdot 1) = \frac{v^2 \cdot r}{r \cdot l} = \frac{v^2}{l}$

Zeichnerische Bestimmung der Kolbenbeschleunigung.

Sie beruht auf folgender Anschauung: Es ist bereits nachgewiesen worden, daß die Größe y einen Maßstab bildet für die Kolbengeschwindigkeit. Die Art und Weise nun, wie diese Geschwindigkeit sich ändert, d. h. die Schnelligkeit der Geschwindigkeits-Änderung, charakterisiert nach der Definition der Beschleunigung diese letztere. Die Schnelligkeit aber, mit der die Größe y sich ändert, drückt sich aus durch die Geschwindigkeit des Punktes C in Richtung von y (Abb 325), so daß also diese Geschwindigkeit w_1 einen Maßstab für die Kolbenbeschleunigung bildet. w_1 wäre direkt die Kolbenbeschleunigung, wenn y die Kolbengeschwindigkeit wäre. Da diese aber gleich $\omega \cdot y$ ist, so ist auch die Kolbenbeschleunigung $b = \omega \cdot w_1$ Punkt C sei aufgefaßt als zur Schubstange gehörig (Schubstange verlängert gedacht), und es sei seine Geschwindigkeit beim Herumschlagen der Stange gleich w, dann ist nach dem Satz vom Momentan-Zentrum:

$$\frac{v}{w} = \frac{\overline{MA}}{\overline{MC}} = \frac{\overline{OA}}{\overline{OQ}} = \frac{r}{\overline{OQ}}; \quad \overline{OQ} = \frac{r \cdot w}{v}; \quad \frac{\overline{OQ}}{\overline{OR}} = \frac{w}{w_1}$$

somit wird:

$$\frac{r \cdot w}{v \cdot \overline{OR}} = \frac{w}{w_1}; \quad w_1 = \frac{v}{r} \cdot OR; \text{ mit } \frac{v}{r} = \omega \text{ wird } w_1 = \omega \cdot OR = \omega \cdot y'$$

und damit: $$b = \omega^2 \cdot y'.$$

Die zeichnerische Konstruktion von y' bietet bei größer werdendem Kurbelwinkel nach obigem Verfahren Schwierigkeiten, daher Verfahren nach Abb. 325: Halbkreis über l. Kreisbogen CD um $A \cdot DQR \perp l$.

Wie bei der Geschwindigkeitskurve, so ist auch bei der Beschleunigungskurve der Beschleunigungsmaßstab festzulegen.

In Abb. 325 ist zu den jeweiligen Kolbenstellungen die Beschleunigung eingetragen und man erkennt den Zusammenhang zwischen Geschwindigkeit und Beschleunigung.

Die Bewegungsverhältnisse des Kurbelzapfens.

Sie wurden seither als gleichförmig vorausgesetzt. Die genaue Untersuchung setzt, wie bei jeder bewegten Masse so auch hier, die Kenntnis der treibenden Kräfte voraus, denn sie sind für eine bewegte Masse das die Bewegung charakterisierende Merkmal.

Wenn eine Masse m im Raum eine Bewegung ausführt, die anders gestaltet ist, als sie kurz vorher war, so ist die Ursache dieser veränderten Bewegung eine Kraft, die beschleunigende Kraft heißt, wenn die Geschwindigkeit der Masse zunimmt und verzögernde Kraft, wenn sie abnimmt. Sie stellt die treibende Kraft an der Masse vor und ist die Resultierende aus allen an ihr angreifenden Kräften. Wird diese Resultierende sämtlicher Kräfte gleich Null, dann ist keine treibende Kraft vorhanden. Der Körper wird dann auch keine Ursache haben den vorhandenen Bewegungszustand zu ändern, mit andern Worten: Er wird in seinem momentanen Bewegungszustand verharren, man sagt, der Körper ist im Beharrungszustand. Der Körper braucht deshalb nicht in Ruhe zu sein, sondern kann auch irgend eine gleichförmige Bewegung vollführen. Beidesmal ist der Körper im Sinn der Mechanik im Gleichgewicht, das eine Mal in absoluter, das andere Mal in relativer Ruhe. Er ist es nicht mehr, sobald die Resultierende der Kräfte am Körper nicht gleich Null, sondern irgend eine reelle Größe besitzt. Der Körper gerät dann vermöge dieser resultierenden treibenden Kraft in Bewegung und zwar in beschleunigte, wenn die Kraft positiv ist, und in verzögerte, wenn sie negativ ist.

Welches sind nun die am Kurbelzapfen bei der Bewegung angreifenden Kräfte? Die Schubstange l drückt auf den Zapfen mit der Kraft S (Abb. 322), die ihrerseits von der Kolbenkraft herrührt. S zerlegt sich in R und T. Letztere ist an der Bewegung des Kurbelzapfens aktiv beteiligt, sie ist die drehende Umfangskraft desselben. Weiter greift am Kurbelzapfen die Kraft W an, die den über die ganze Drehung des Kurbelzapfens konstant gedachten Widerstand der an die Kurbelwelle angehängten Arbeitsmaschine darstellt. T ist nicht konstant, sondern hängt ab von der jeweiligen Kurbellage. Sie ist bald klein, bald groß, so daß also auch die Resultierende aus T und W, d. h. nach obigem die treibende Kraft am Kurbelzapfen, während der Drehbewegung in jedem Augenblick eine andere Größe haben wird, woraus folgt, daß die Umlaufbewegung des Kurbelzapfens keinesfalls gleichförmig sein kann. Sie ist charakterisiert durch die jeweilige Größe der Drehkraft T, deren veränderlicher Verlauf in dem sog. Tangentialdruckdiagramm zum Ausdruck kommt. Die Kraft T hinwiederum hängt ab von P, mit welcher Kraft das im Zylinder arbeitende Gas auf den Kolben drückt, und bekanntlich ist auch die Spannung dieser Gase während des Arbeitsprozesses Veränderungen unterworfen, worüber das Indikatordiagramm Aufschluß gibt.

Abb. 326 zeigt das theoretische Indikatordiagramm eines Viertakt-Dieselmotors. Zur besseren Übersicht über die Druckverhältnisse während der einzelnen Hübe empfiehlt es sich, das Diagramm abzuwickeln,

d. h. die vier Hübe zeichnerisch hintereinander anzureihen (Abb. 327). Zuerst wird der Linienzug des absoluten Gasdrucks, d. h. des Drucks vor dem Kolben p_v aufgezeichnet. Diesem Druck wirkt während aller

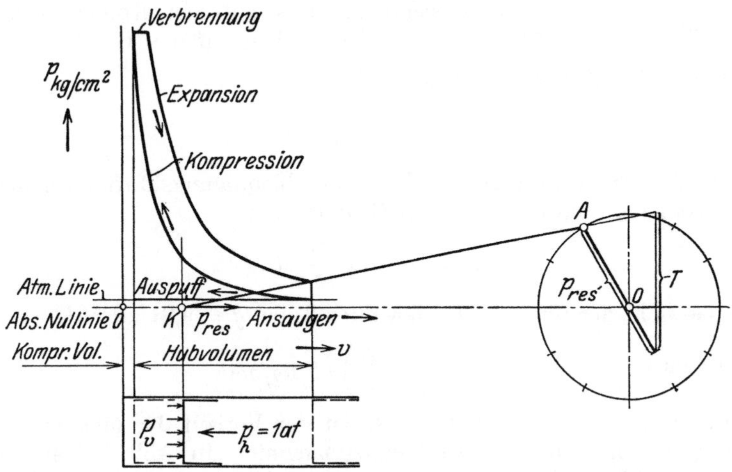

Abb. 326. Indikatordiagramm.

vier Hübe der Druck hinter den Kolben p_h, der 1 at ist, entgegen, derdeshalb von p_v abzuziehen ist, was dann den Linienzug des Kolbenüberdrucks $p_ü = p_v - p_h$ ergibt. Nun ist noch zur Beschleunigung der hin- und hergehenden Massen (Kolben mit Kolbenbolzen, Schubstangenkopf, dazu evtl. Kolbenstange und Kreuzkopf), d. h. zur Steigerung

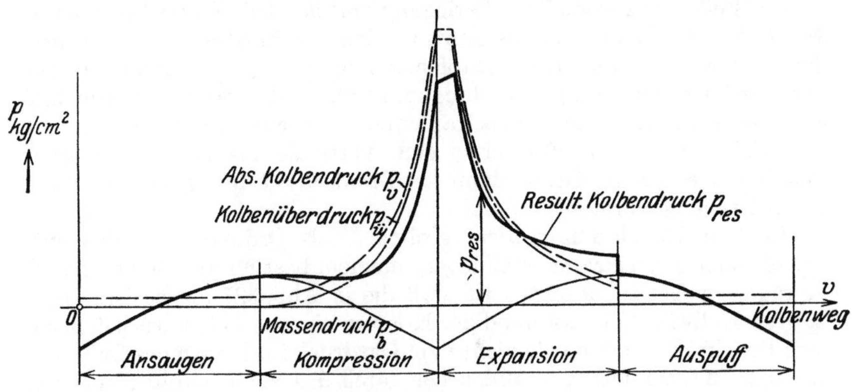

Abb. 327. Kolbendrucklinien.

der lebendigen Kraft dieser Teile eine gewisse Gasspannung p_b notwendig, die sich während der Beschleunigungsperiode kraftverzehrend äußert, so daß der Gasdruck weiter sinkt. Die Arbeit dieser Massendrücke wird aber während der Verzögerungsperiode wieder restlos zurückgewonnen, indem die Massen die zuvor erhaltene lebendige Kraft wieder hergeben (Gesetz von der Erhaltung der Energie), so daß also, weil jetzt der Kolben auf das Gas drückt und nicht umgekehrt, der Gasdruck wieder steigt. Der resultierende Kolbendruck wird damit

$$p_{res} = p_v - p_h \mp p_b \begin{cases} - & \text{wenn das Gas auf den Kolben drückt,} \\ + & \text{,, der Kolben auf das Gas ,,} \end{cases}$$

Die Größe des Massendrucks ist

$$p_b = \frac{P'}{F} \text{ kg/qcm}$$

F = Kolbenfläche in qcm und P' = Beschleunigungskraft im ganzen. Diese ist nach dem dynamischen Grundgesetz

$$P' = m \cdot b = \frac{G}{g} \cdot b;$$

G = Gewicht der hin- und hergehenden Teile, $g = 9{,}81$ m/sek².

Somit wird
$$p_b = \left(\frac{1}{F} \cdot \frac{G}{g}\right) \cdot b \text{ kg/qcm.}$$

Da hierin nur b veränderlich ist, so ist der Verlauf der Massendrucklinie p_b analog dem der Beschleunigungslinie. In Abb. 327 sind die Massendrucklinien für die vier Hübe eingezeichnet (negativer Teil nach unten und positiver Teil nach oben). Unter Einbezug dieser Drücke p_b ergibt sich schließlich die Linie des resultierenden Kolbendrucks p_{res}. Dieser Druck $p_{res} = \frac{P_{res}}{F}$ pflanzt sich durch das Gestänge hindurch fort und kommt an den Kurbelzapfen, wo er, wie in Abb. 322 für die beliebige Kolbenkraft P dargestellt, sich in die Drehkraft T umwandelt.

An Stelle der zweimaligen Zerlegung von p_{res} bei K und bei A kann die Drehkraft T einfacher bestimmt werden, wie in Abb. 326 am Kurbelkreis für eine beliebige Kurbelzapfenstellung gezeigt ist: Man trägt das der jeweiligen Kurbelzapfenstellung im Indikatordiagramm der Abb. 327 entsprechende p_{res} vom Kurbelzapfenpunkt A aus radial einwärts auf und zieht durch den Endpunkt eine Vertikale bis zur verlängerten Schubstange, welche Größe dann die Drehkraft T in kg/qcm für diese Kurbelstellung vorstellt.

In Abb. 328 sind nun diese Kräfte T als Ordinaten zu den entsprechenden Kurbelzapfenstellungen in einem bestimmten Maßstab aufgetragen, wobei zu beachten ist, daß die in Abb. 327 als positiv angezeigten Kolbendrücke während der Kompressionsperiode natürlich negative Drehkräfte sind, da sie nicht vom Gasdruck im Innern des Zylinders erzeugt sind, sondern von außen her durch das Schwungrad eingeleitet wurden. Der so erhaltene Linienzug versinnbildlicht das Drehkraft- oder Tangentialdruckdiagramm und die von ihm eingeschlossenen Flächenstücke (algebraisch addiert) verkörpern die theoretische Arbeit der Drekhraft T am Kurbelzapfen während des Arbeitsspiels, d. h. während zwei Umdrehungen. Da auf dem Weg zwischen Zylinder und Kurbelzapfen — von Reibung abgesehen — nichts an Energie verloren gegangen ist, so ist die theoretische Leistung der Drehkraft genau so groß wie die indizierte Zylinderleistung, d. h. der Inhalt des Indikatordiagramms muß mit dem Inhalt des Tangentialdruckdiagramms übereinstimmen.

Da die effektive Leistung der Maschine wegen der Reibungsverluste etwas kleiner als die indizierte Zylinderleistung ist, so verkleinern sich damit auch die effektiven Tangentialdrücke auf $T \cdot \eta$, wo η den Wirkungsgrad der Kolbenkraftmaschine bedeutet, der zwischen 85 und 92% liegt. Entsprechend verkleinern sich auch die Diagrammflächen auf etwa 90%.

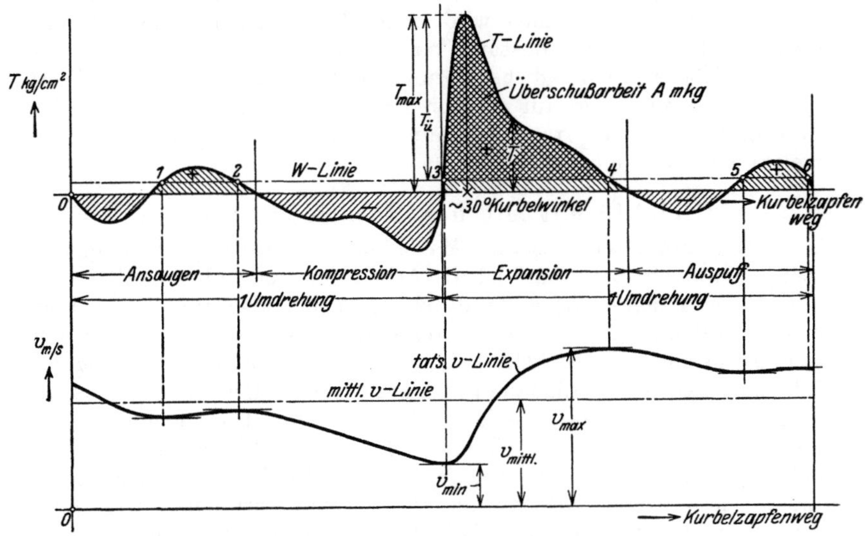

Abb. 328. Tangentialdruckdiagramm.

Verwandelt man die Fläche des Tangentialdruckdiagramms in ein Rechteck von der gleichen Länge, so stellt dessen Inhalt die Arbeit des von der Drehkraft zu überwindenden Widerstandes W vor, dessen konstante Größe durch die Höhe des Rechtecks selbst verkörpert wird.

Der Vergleich der T-Linie mit der W-Linie in Abb. 328 ergibt, daß sechsmal im Verlauf des Arbeitsspiels, nämlich in den Punkten 1, 2, 3, 4, 5 und 6 die Drehkraft T momentan so groß ist wie der zu überwindende Widerstand W. In diesen Augenblicken ist damit die Resultierende der am Kurbelzapfen angreifenden Kräfte Null, d. h. die Kurbelzapfengeschwindigkeit v sucht in diesem Augenblick ihre Größe beizubehalten, so daß also die v-Kurve in diesen Stellungen eine horizontale Tangente aufweist. Diese Beharrungszustände sind aber immer nur momentane, im gesamten übrigen Teil der T-Linie ist entweder $T > W$ oder $W > T$, so daß also immer entweder eine positive oder eine negative resultierende treibende Kraft am Kurbelzapfen vorhanden ist und als Folge davon v entweder steigt oder sinkt. Zum Beispiel auf dem Weg von 2 — 3 ist dauernd $W > T$, so daß v sinkt, umgekehrt ist auf dem Weg von 3 — 4 stets $T > W$, so daß v steigt und zwar bald stärker bald schwächer, je nach dem Größenunterschied von T und W. Die Linie der Kurbelzapfengeschwindigkeit v ist damit ein bald steigender, bald fallender Linienzug, wie Abb. 328 darstellt.

Die aus dem Diagramm sich ergebende Höchstgeschwindigkeit sei v_{max}, die geringste v_{min}. Tatsache ist also, daß bei Kraftmaschinen mit Kurbeltrieb die Umlaufgeschwindigkeit des Kurbelzapfens, und damit auch die der Kurbelwelle zwischen einem Wert v_{min} und v_{max} schwankt.

Man verlangt nun von den Kraftmaschinen, daß sie die Welle, von der die Leistung abgenommen wird, in gleichmäßige Rotationsbewegung versetzen, d. h. in einen Zustand, bei dem das v eines auf dieser Welle sitzenden Körpers in möglichst geringen Grenzen schwankt. Der Wert $(v_{max} - v_{min})$ muß also auf ein der Erfahrung entnommenes Maß beschränkt werden. Es fragt sich nun, wie ist dies möglich, d. h. wie erreicht man eine möglichst gute

Gleichförmigkeit der Rotationsbewegung.

Das T-Diagramm zeigt, daß die Maschine ihre Leistung sehr ungleichmäßig entwickelt, denn bald ist die Arbeit der treibenden Kraft $>$ als die zu überwindende Widerstandsarbeit, so daß also auf diesem Weg ein Überschuß an Energie vorhanden ist, bald reicht die von der Kraftmaschine entwickelte Leistung nicht aus zur Überwindung der Widerstandskraft, so daß man eine Periode des Unterschusses an Energie hat. Die überschüssige und die fehlende Energie gleicht sich innerhalb einer Umdrehung ihrer Größe nach vollkommen aus. Die ungleichmäßige Leistungsabgabe an der Kurbelwelle ist die Ursache der starken Geschwindigkeitsschwankung des Kurbelzapfens. Um diese zu mindern, müßte offenbar mit letzterem ein Organ verbunden sein, das die Fähigkeit besitzt, während der Periode des Unterschusses, während welcher die Maschine infolge zu geringer Wucht der im Kurbelzapfen rotierenden Masse zum Stillstand zu kommen droht, von sich aus Energie zur Weiterbelebung der Bewegung abgeben zu können. Eine solche Fähigkeit besitzt nun jede rotierende Schwungmasse, sofern sie groß genug ist und ihr periodisch — wie dies beim Kurbeltrieb der Fall ist — ein Energieimpuls erteilt wird, denn durch diesen Energiezustrom erhöht sich die lebendige Kraft der Schwungmasse, was einer Art innerem Spannungszustand gleichkommt und sowie die Energiezufuhr von außen aufhört, wird die Spannung sich Luft machen, d. h. sie wird sich in Bewegungsenergie umsetzen, die nachlassende Umlaufbewegung damit neubeleben, also im Sinn eines Geschwindigkeitsausgleichs wirken.

Die erwähnte rotierende Schwungmasse wird bei den Kolbenkraftmaschinen, allgemein bei allen den Maschinen, die eine ungleichmäßige Leistungsabgabe aufweisen, in Form von Schwungrädern angeordnet, die auf der Kurbelwelle der Maschine aufgesetzt werden und es fragt sich nun noch, wie der Zusammenhang ist zwischen der Größe der eingeschalteten Schwungmasse und den aus ihr sich ergebenden Geschwindigkeitsverhältnissen.

Der größte Energieunterschied, positiv oder negativ, den das Tangentialdruckdiagramm aufweist, habe die Größe A mkg. Werden nun diese A mkg Energie hineinverpflanzt in eine Schwungmasse m, die vorerst am Kurbelzapfen konzentriert gedacht sei, dann erhöht sich deren Umfangsgeschwindigkeit z. B. von v_1 auf v_2 und damit ihre lebendige Kraft von $\frac{1}{2}\,\mathrm{m}\,v_1^2$ auf $\frac{1}{2}\,\mathrm{m}\,v_2^2$, also um den Betrag $\frac{1}{2}\,\mathrm{m}\,(v_2^2 - v_1^2)$. Nach der technischen Mechanik ist nun die Änderung der lebendigen Kraft einer bewegten Masse gleich der diese Änderung hervorrufenden Energiezufuhr, d. h. es ist:

$$A = \frac{1}{2}\,\mathrm{m}\,(v_2^2 - v_1^2)\ \mathrm{mkg}.$$

Die infolge der Energiezufuhr von A mkg auftretende Geschwindigkeitsschwankung beträgt hienach:

$$(v_2 - v_1) = \frac{A}{\frac{1}{2}\,\mathrm{m}\,(v_2 + v_1)}\ \mathrm{m/sek.}$$

Sollte diese Geschwindigkeitsschwankung $= 0$ sein, so müßte die erforderliche Schwungmasse m unendlich groß werden, was praktisch unmöglich ist. Ein vollkommener Geschwindigkeitsausgleich ist also ebenfalls unmöglich. Das Maß nun, mit dem man sich in der Praxis bezüglich der Geschwindigkeitsschwankung begnügt, kommt zum Ausdruck in dem sog. Ungleichförmigkeitsgrad der Maschine. Man versteht unter ihm das Verhältnis:

$$\frac{\text{Geschwindigkeitsschwankung}}{\text{mittl. Kurbelzapfengeschwindigkeit}},\ \text{d. h.}\ \delta = \frac{v_{max} - v_{min}}{v_m}$$

Für den vollkommenen Geschwindigkeitsausgleich wäre $\delta = 0$; bezüglich des praktisch zulässigen Werts für δ siehe nachfolgende Tabelle.

Übliche Werte von δ:

Antrieb	von	Pumpen, Gebläse und Schneidwerke	1 : 15—1 : 30
„	„	Werkstättentriebwerken	1 : 30—1 : 40
„	„	Webstühlen und Papiermaschinen	1 : 40
„	„	Mühlen	1 : 50
„	„	Spinnereimaschinen	1 : 60—1 : 100
„	„	Gleichstromdynamos	1 : 100—1 : 200
„	„	Lichtdynamos	1 : 150—1 : 300

Ist nun die Geschwindigkeitsschwankung nicht $(v_2 - v_1)$, sondern, wie in unserem Fall $= (v_{max} - v_{min})$, so ist der Zusammenhang zwischen dieser Geschwindigkeitsschwankung und der sie hervorrufenden Energiezufuhr analog dem obigen rechnerisch gegeben durch:

$$A = \frac{1}{2}\,\mathrm{m}\,({v_{max}}^2 - {v_{min}}^2) = \frac{1}{2}\,\mathrm{m}\cdot(v_{max} + v_{min})\,(v_{max} - v_{min})$$

nun ist: $\frac{v_{max} + v_{min}}{2} = v_m$ und $(v_{max} - v_{min}) = \delta \cdot v_m$

so daß sich ergibt: $A = \mathrm{m} \cdot v_m \cdot \delta \cdot v_m$ oder $A = \mathrm{m} \cdot \delta \cdot {v_m}^2$.

Da in Wirklichkeit die Schwungmasse nicht im Kurbelzapfen, sondern im sog. Trägheitskreis des Schwungkranzes, der bei Speichenschwungrädern mit genügender Genauigkeit durch den Schwerpunktskreis dieses Ringes ersetzt werden darf, vereinigt ist, so ist auch auf diesen Kreis die Geschwindigkeit v zu beziehen, d. h. durch v_k zu ersetzen und man erhält als die erforderliche Schwungmasse:

$$m = \frac{A}{\delta \cdot v_k^2} \text{ Massen-Einheiten.}$$

A ist die größte Über- bzw. Unterschußfläche aus dem T-Diagramm in mkg.
δ ist der verlangte Ungleichförmigkeitsgrad.
$v_k = \frac{\pi \cdot D \cdot n}{60}$ wo $D = \varnothing$ des Schwerpunktskreises des Schwungkranzes und n die mittlere Drehzahl der Maschine.

Hieraus ist das Gewicht des Schwungrades zu berechnen:

$$G = m \cdot g.$$

Hiervon verlegt man 90% in den Kranz, 10% in die Arme.

Ist F der Kranzquerschnitt in qcm,
R der Schwerpunktsabstand dieses Querschnitts von der Drehachse in m
γ das spez. Gewicht,

so gilt: Kranzgewicht $G_r = \frac{F \cdot 2\pi R \cdot \gamma}{10}$

hieraus: $F = 0{,}22 \frac{Gr}{R}$ qcm für Gußeisen

und $F = 0{,}203 \frac{Gr}{R}$ qcm für Stahlguß.

Bei Scheibenschwungrädern ist deren Massenträgheitsmoment zu bestimmen aus der Formel:

$$J = \frac{A}{\delta \cdot \omega^2} \text{ mkg/sek}^2\text{; wobei } \omega = \frac{\pi \cdot n}{30}$$

In der Elektrotechnik wird mit dem Begriff des Schwungmoments gerechnet, worunter man die Größe $G \cdot D^2$ versteht. $D =$ Schwungkranz $\varnothing$ im Schwerpunktkreis in m. Es folgt dann aus $v = \frac{\pi \cdot D \cdot n}{60}$ die Beziehung:

$$G \cdot D^2 = \frac{3580\, A}{\delta \cdot n^2}.$$

Der Zusammenhang zwischen $G \cdot D^2$ und J ist:

$$G \cdot D^2 = 4\, g \cdot J = 39{,}2\, J.$$

Unter Umgehung der Aufzeichnung des Tangentialdruckdiagramms kann man annäherungsweise das Schwungradgewicht bestimmen aus der Formel:

$$G = \frac{C}{\delta} \cdot \frac{N}{n \cdot v^2} \text{ kg}$$

wobei: $N =$ zu übertragende PS_e
$n =$ Umdrehungen/Min.
$a =$ Umfangsgeschwindigkeit des Schwungkranzes im Schwerpunkt in m/sek.

δ = verlangter Ungleichförmigkeitsgrad
C = eine Konstante, die zu setzen ist:
C = 7000 für Einzylinder- oder Verbundmaschinen in Tandemanordnung.
C = 2500—4000 für Mehrzylindermaschinen mit versetzten Kurbeln.

Desgl. gilt:

$$G \cdot D^2 = \frac{C}{\delta} \cdot \frac{N}{n^3} \text{ kg},$$

wobei für Einkurbelmaschinen $C = 2\,500\,000$, für Mehrzylindermaschinen mit versetzten Kurbeln $C = 900\,000 — 1\,400\,000$.

Es ist dann beidesmal wieder $G_r = 0{,}9\,G$.

Die Teile des Kurbelmechanismus.

1. Das Schwungrad.

Außendurchmesser so wählen, daß v nicht größer als 30 m/sek (bei Dampfmaschinen ist gewöhnlich der Radius = Schubstangenlänge).

Kranzquerschnitt bei reinen Massenschwungrädern ungefähr rechteckig 2:1 oder 3:2, bei Riemenscheibenschwungrädern besser T-förmig, an den Seitenrändern und außen abgedreht, um guten Rundlauf zu kontrollieren. Für das Auswuchten sind Aussparungen vorzusehen zum Eingießen von Blei oder Einlegen von Schrott. Am inneren Rand, oder außen in der Mitte vertieft, ist ein Zahnkranz zum Schalten anzuordnen. Nachrechnung des Kranzes auf Festigkeit wie bei den Riemenscheiben[1]. Zulässige Zugspannung $k_z = 100$ kg/qcm bei Gußeisen.

Arme mit elliptischen Querschnitt, Achsenverhältnis 1:2 — 1:2,5. oder kreisringförmig. Sehr große Räder erhalten vielfach schmiedeeiserne, angeschraubte Arme mit rechteckigem Querschnitt, welche die besonders gegossenen Kranzsegmente mit der Nabe verbinden. Breiten Scheiben gibt man zwei Armsterne. Nach dem Kranz zu sind die Arme im Verhältnis 5:4 zu verjüngen.

$$\text{Armzahl } i = \frac{1}{9}\sqrt{D} \quad D \text{ in mm.}$$

Berechnung der Arme auf Biegung (an der Nabe eingespannt). Biegend am äußeren Ende des Armes wirkt der auf den einzelnen Arm entfallende Anteil des größten überschüssigen Drehmoments (Beschleunigungsmoments), welches das Schwungrad aufzunehmen hat und das sich aus dem Tangentialdruckdiagramm ergibt (doppelt schraffierter Teil in Abb. 328). Ist in diesem Diagramm $T_ü$ der größte überschüssige Tangentialdruck, r der Kurbelradius und R der Schwungradhalbmesser, dann ist das biegende Moment des Armes am Nabenanschluß:

$$M_{b_1} = \frac{T_ü}{i} \cdot \frac{r}{R} \cdot l \text{ cmkg, bei } l \text{ cm Armlänge.}$$

Zu diesem Moment gesellt sich, wenn die Leistung der Maschine durch Riemen oder Seil abgegeben wird, der auf einen Arm entfallende Teil

[1] Siehe S. 275.

der Gesamtumfangskraft P, wobei anzunehmen ist, daß diese Kraft von $^1/_3$ Armen aufgenommen wird. P ist dabei zu bestimmen aus der mittleren, von der Maschine abgegebenen Leistung N, ist also:

$$P = \frac{71620 \cdot N}{R \cdot n} \text{ kg}$$

und das Biegungsmoment im Arm wird damit

$$M_{b_2} = \frac{3}{i} P \cdot l \text{ cmkg}.$$

Daneben ist noch der Einfluß der Zentrifugalkraft zu berücksichtigen, wofür das gleiche wie das bei Riemenscheiben S. 275 Gesagte, gilt.

Die resultierende Gesamtspannung soll bei gußeisernen Armen nicht mehr als 180 kg/qcm betragen.

Die Nabe erhält eine Bohrung gemäß dem der Übertragung der größten Drehkraft T_{max} (aus dem Tangentialdruckdiagramm zu entnehmen) entsprechenden Wellendurchmesser. Die Länge macht man $l = 1{,}7\,d$—$2\,d$ mit innerer Aussparung. Wandstärke $w = (0{,}3$—$0{,}4)\,d + 1$ cm. Womöglich zwei Keile und zwar entweder um 90^0 versetzte Nutenkeile oder besser Tangentialkeile.

Räder über 2,5 m $\varnothing$ müssen geteilt werden (einteilig gießen und nachträglich aufsprengen), Sprengleisten möglichst schmal. Trennfuge entweder durch einen Arm legen oder einfacher durch die Mitte des Kranzsegments (Abb. 329). Zum Zusammenhalten der beiden Radhälften werden an der Nabe an beiden Stirnseiten stählerne Schrumpfringe von quadratischem Querschnitt angeordnet. Schrumpfmaß 1:750, Stärke $0{,}5\,w + 5$ mm, außerdem noch Schrauben von etwa $0{,}6\,w$ Stärke. (w = Nabenwandstärke.) Nachrechnung erforderlich, siehe Riemen- und Seiltrieb S. 274.

Der genauen Berechnung der Schrumpfringe wird die Annahme zugrunde gelegt, daß ohne Rücksicht auf die Verbindung im Kranz und auf die Schrauben in der Nabe die Schrumpfringe allein imstande sein sollen, selbst bei Überschreiten der normalen Umdrehungszahl und einem Anwachsen der Umfangsgeschwindigkeit auf etwa 40—45 m/sek, ein Abheben der beiden Teilungsflächen des Schwungrades voneinander zu verhindern, ohne dabei mehr als bis zur Elastizitätsgrenze, d. h. etwa 2000 kg/qcm, beansprucht zu sein.

Es sei die Zentrifugalkraft bei $v = 30$ m/sek $= C$, dann entspricht der um ca. 40% erhöhten Geschwindigkeit eine solche von $C' = 1{,}4^2 \cdot C = 2\,C$. Damit diese Kraft kein Abheben der Radhälften voneinander zuwege bringt, d. h. damit der Fugendruck ≥ 0 bleibt, müssen die Schrumpfringe mit einer Vorspannung aufgebracht werden, welche ebenfalls mindestens $= 2\,C$ sein muß. Dies wäre dann zugleich die Belastung der Schrumpfringe im Ruhezustand. Sie ist es auch bei normalem Betrieb, wenn man von der Formänderung der Nabe durch das Zusammenpressen absieht, die Nabe also als starr annimmt.

Gibt man den Ringen, wie vielfach üblich, quadratischen Querschnitt von der Seitenlänge a, so hat man für deren Bestimmung die Beziehung:

$$2 \cdot 2\,a^2 \cdot 2000 = 2\,C,$$

vorausgesetzt, daß eine gleichmäßige Spannungsverteilung über den ganzen Querschnitt vorliegt, was aber desto weniger zutrifft, je kleiner der Ring ist und zwar wird die Spannung innen im Querschnitt größer wie außen.

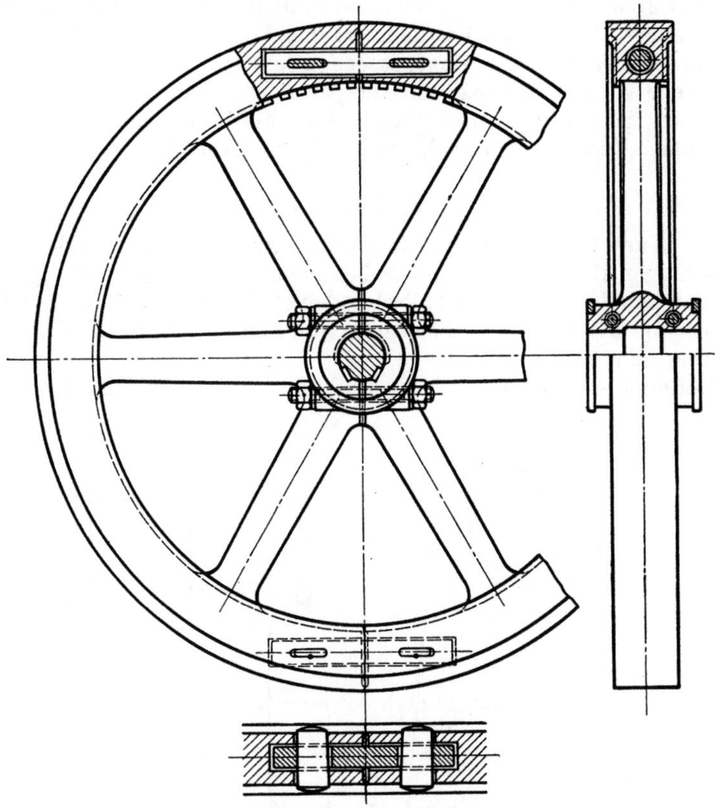

Abb. 329. Schwungrad.

Unter der Annahme, daß der Sitz der Schrumpfringe nicht nachgiebt, würde sich der einzelne Ring am mittleren Durchmesser D_m ausdehnen um den Betrag:

$$\lambda = \alpha \cdot l \cdot \sigma_z = \frac{\pi \cdot D_m \cdot 2000}{2\,000\,000} \text{ cm}$$

und müßte also in seinem Durchmesser enger gedreht werden um:

$$\frac{\lambda}{\pi} = \frac{D_m \cdot 2000}{2\,000\,000} \text{ cm}$$

Ist auch der Sitz der Ringe elastisch, so daß er nachgeben kann, so ist das ausgerechnete Maß $\frac{\lambda}{\pi}$ etwas größer zu nehmen. Man nennt das Verhältnis

$$\frac{\frac{\lambda}{\pi}}{\text{mittl. Durchmesser}} \text{ das Schrumpfmaß,}$$

welches bei stählernen Ringen auf Gußnaben zu 1:750 in der Praxis gewählt wird.

Die Kranzfuge schließt man entweder auch durch Schrumpfringe, die über angegossene Hörner gelegt werden (Abb. 16—18), oder durch Schrumpfbänder (Abb. 19), oder am einfachsten und zweckmäßigsten durch eine stählerne Lasche, die in entsprechende, möglichst in der Nähe des Kranzschwerpunktes eingegossene, Löcher hineingesteckt und durch Querkeile mit den Kranzenden verspannt wird (Abb. 329). Außerdem sind zur Sicherung gegen seitliches Verschieben ein oder zwei Fugenschrauben (nicht zu schwach) anzubringen (Abb. 16).

2. Kurbeln.

Die Kurbeln sind von den Maschinenelementen zur Umänderung der geradlinigen Bewegung in eine drehende oder umgekehrt diejenigen, die mit der sich drehenden Welle verbunden sind bzw. aus einem Stück bestehen und die Kraft und Bewegung von den schwingenden Teilen aufnehmen oder an diese abgeben.

Befindet sich die Kurbel am Ende der Welle (Abb. 330), so nennt

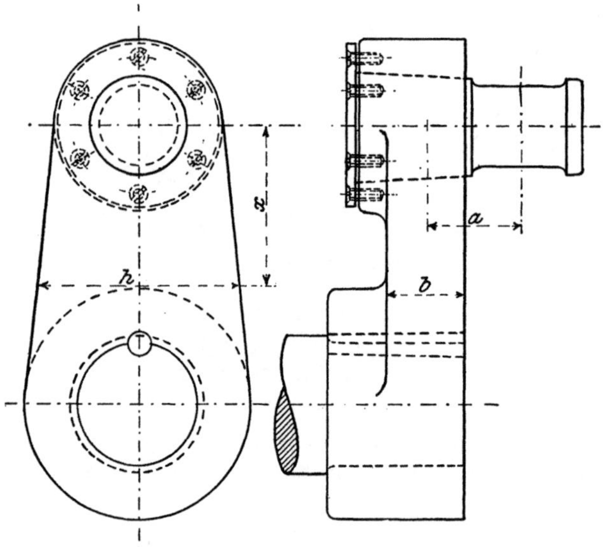

Abb. 330. Stirnkurbel.

man sie **Stirnkurbel**, im anderen Falle Krummachse oder **gekröpfte Welle** (Abb. 338).

Vorteil der Stirnkurbel gegenüber der gekröpften Welle: leichtere Herstellung, kleinerer Zapfendurchmesser, Zapfen auswechselbar. Nachteil: einseitige Kraftwirkung im Gestell und stärkere Lagerbeanspruchung.

Material: S. M. Stahl, allseitig bearbeitet, bei ganz kleinen Kräften mit der Welle aus einem Stück. Für kleinere Kräfte kommt auch Stahlguß vor, Gußeisen nur für Handbetrieb.

Die Hauptbestandteile einer Kurbel sind: Der Kurbelzapfen, das ist dasjenige Element, an welches sich die schwingenden Teile anschließen, der Kurbelarm und die Nabe, welche zur Befestigung auf der Welle dient.

Die Berechnung des Kurbelzapfens ist bereits im II. Abschnitt behandelt worden.

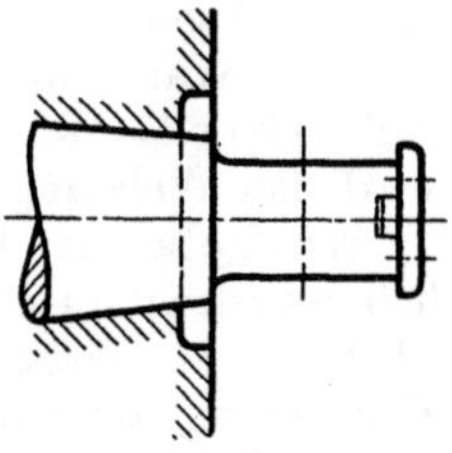

Abb. 331. Kurbelzapfen.

In der Regel ist der Zapfen in das Kurbelauge besonders eingesetzt, weil damit auswechselbar und besonderer Werkstoff möglich. Dieser ist Gußstahl, gehärtet und geschliffen. Das Wichtigste ist genauer Sitz, was einwandfrei durch Kegelsitz und sauberes Einschleifen erreicht wird. Sicherung durch Querkeil (konischer Stift) oder Feder und Nut, auch durch Mutter auf der Gegenseite. Große Zapfen werden vielfach durch Schrumpf- oder Preßsitz befestigt (siehe bei Kurbelnabe). Bolzenloch erst nach dem Festmachen der Kurbel auf der Welle gleichachsig zu dieser ausdrehen.

Den Durchmesser des Auges für den Kurbelzapfen macht man gleich dem doppelten Zapfendurchmesser, den Anzug des Konus beiderseitig 1:20 bis 1:25, die Länge des Auges 1,6 d bei Kegelsitz und 1,0—1,2 d bei Schrumpf- und Preßsitz, die Keilhöhe 0,5 d bis 0,6 d, die Keilstärke 0,2 d bis 0,25 d, falls der Anzug des Zapfens durch Schraube erfolgt, den Schraubendurchmesser gleich $\frac{d}{2}$.

Wird der Konus von hinten eingezogen, so wird er verbohrt oder durch eine aufgeschraubte Platte gesichert (Abb. 330).

Mit Rücksicht auf zweckmäßige Herstellung ist zu vermeiden, daß der Zapfenkegel mit der Vorderfläche der Kurbel abschließt, weil man in diesem Falle die Fläche der Kurbel um das Zapfenloch herum schlichten muß, während man bei etwas vorstehendem Konus die Kurbel nur mit grobem Span zu hobeln oder zu drehen braucht.

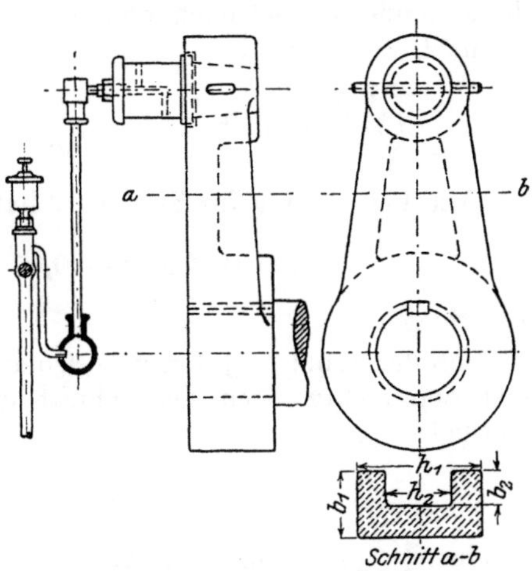

Abb. 332. Kurbel mit Schmierkurbel.

Um a klein zu erhalten, ist es zweckmäßig, den Zapfen, wie in Abb. 331 gezeigt, einzupassen. Der Zapfen hat als Bund eine abnehmbare Endscheibe. In Abb. 332 trägt diese zugleich das Rohr für die Zentrifugalschmierung des Kurbelzapfens.

Kurbelnabe: Der Durchmesser D des Wellenzapfens wird einige Millimeter kleiner genommen als der Durchmesser der Lagerstelle, die

Nabenstärke $0{,}4\,D + 1$ cm, die Nabenlänge $l = 0{,}8\,D$ bis $1{,}0\,D$, wenn die Kurbel warm oder mittels Presse genau aufgezogen, $l \geq 1{,}25\,D$, wenn sie aufgekeilt wird.

Auch die warm aufgezogenen Kurbeln werden meist noch mit einem Rundkeil gesichert.

Beim Warmaufziehen macht man die Bohrung um 2,5- bis 5 Tausendstel kleiner als den Zapfen, beim Aufziehen mit der Druckwasserpresse wird das Wellenende im Verhältnis 1:100 konisch abgedreht.

Kurbelarm: In der Regel Rechteckquerschnitt, Kanten womöglich tangential an die Naben von Welle und Kurbelzapfen anlaufen lassen (Abb. 330). Seitliches Einziehen derselben, wie in Abb. 332, verteuert Herstellung ohne wesentliche Materialersparnis.

Die Beanspruchung des Kurbelarmes setzt sich, die Schubstangenkraft in allen Fällen rund gleich P gesetzt, aus folgenden Einzelbeanspruchungen zusammen:

1. In der einen Totpunktstellung: Zugbeanspruchung durch P und Biegungsbeanspruchung durch das Moment $P \cdot a$ (die Durchbiegung erfolgt in der Richtung von b, das Widerstandsmoment ist also $\frac{h\,b^2}{6}$).

2. In der Stellung, in der Schubstange und Kurbel einen rechten Winkel miteinander bilden: Schubbeanspruchung durch P, Biegungsbeanspruchung durch das Moment $P \cdot x$ (in der Richtung von h, das Widerstandsmoment ist $\frac{b\,h^2}{6}$) und Verdrehungsbeanspruchung durch das Moment $M_d = P \cdot a$.

Meist ist die Beanspruchung in der Totpunktstellung maßgebend. Da die Höhen des Kurbelarmes sich aus den Nabendurchmessern ergeben und die Breiten meist gleich groß genommen werden, nimmt man diese an und rechnet nach, ob die auftretende Gesamtspannung zulässig ist nach der Formel

$$\frac{P\,a}{\frac{h\,b^2}{6}} + \frac{P}{b \cdot h} \leq k_b\,. \qquad \begin{array}{l} k_b = 600 \text{ kg/qcm für Stahl,} \\ \text{und } \quad 450 \text{ kg/qcm für Stahlguß.} \end{array}$$

(Die Berechnung für Stellung 2 hätte, wenn nötig, nach der Formel

$$\frac{b\,h^2}{6}\,k_b = 0{,}35\,P\,x + 0{,}65\,\sqrt{(P \cdot x)^2 + (\alpha_0\,P \cdot a)^2}$$

zu erfolgen.)

Soll der Arm ⊔-förmigen Querschnitt erhalten, so berechnet man erst den rechteckigen Querschnitt und verwandelt diesen nach der Formel

$$\frac{b\,h^2}{6} = \frac{b_1\,h_1^3 - b_2\,h_2^3}{6\,h_1}$$

in einen ⊔-förmigen, wobei man

$$\frac{b_2}{b_1} = \frac{h_2}{h_1} = 0{,}6$$

setzen kann (Abb. 332).

Hiermit erhält man

$$\frac{b\,h^2}{6} = \frac{b_1\,h_1^3 - 0{,}6\,b_1\,(0{,}6\,h_1)^3}{6\,h_1} = \frac{0{,}87\,b_1\,h_1^2}{6},$$

woraus sich ergibt, wenn $h_1 = h$ genommen wird,

$$b_1 = 1{,}15\,b.$$

Der Kurbelwellenzapfen ist zu berechnen für das resultierende Moment aus dem vom größten Kolbendruck hervorgerufenen Biegungsmoment (Abb. 333):

$$M_b = P\,(a + e)\ \text{cmkg};$$

(e vorläufig geschätzt) und dem gleichzeitig auftretenden größten Drehmoment:

$$M_d = T_{max} \cdot r\ \text{cmkg}$$

(T_{max} aus Tangentialdruckdiagr.)

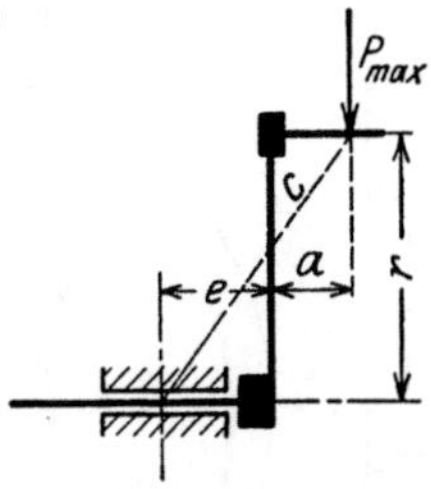

Abb. 333. Zur Wellenzapfenberechnung.

Für Überschlagsrechnung kann M_d vernachlässigt werden, wenn man beim Biegungsmoment M_b als Hebelarm die Strecke c einführt. Der Abstand $(a + e)$ ist möglichst zu beschränken. Günstig in diesem Sinne ist das Vorspringenlassen der Kurbelnabe an der Außenseite des Kurbelarms (Abb. 334), soweit es der ungehemmte Durchgang des Schubstangenschafts gestattet.

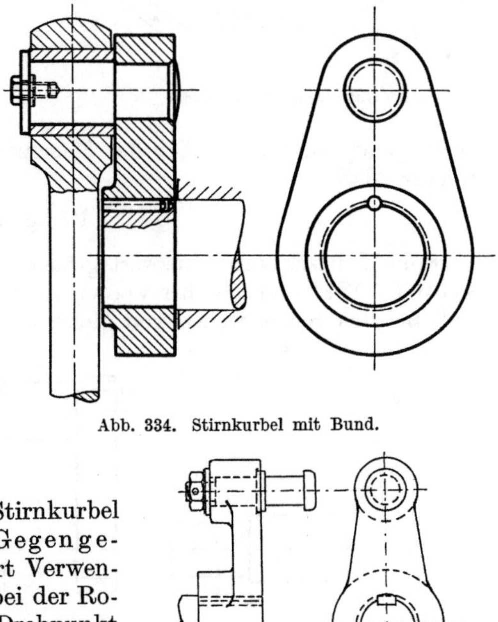

Abb. 334. Stirnkurbel mit Bund.

Besondere Formen der Stirnkurbel sind die Kurbeln mit Gegengewicht (Abb. 335), die dort Verwendung finden, wo man die bei der Rotation der einseitig vom Drehpunkt angehäuften Masse auftretende Zentrifugalkraft ausgleichen will, und die Kurbelscheibe (Abb. 336), die hauptsächlich bei kleinem Kurbelradius Verwendung findet.

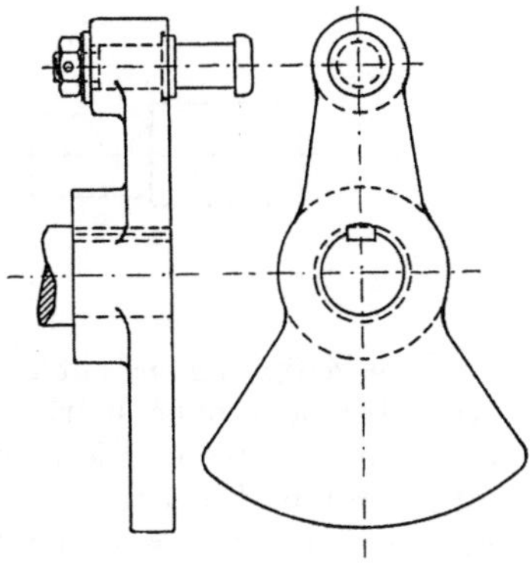

Abb. 335. Kurbel mit Gegengewicht.

Man rechnet bei den Kurbeln mit Gegengewicht die Hälfte des Stangengewichts und die Zentrifugalkraft von $^1/_3$ der Stangenmasse im Kurbelzapfen vereinigt.

Abb. 337 zeigt eine Kurbel mit Gegenkurbel. Die Berechnung der Gegenkurbel geschieht genau so, wie die Berechnung einer Stirnkurbel, nur ist bei der Berechnung des eigentlichen Kurbelzapfens die biegende und drehende Wirkung der an der Gegenkurbel angreifenden Kraft zu berücksichtigen.

Ganz allgemein setzt die Ausbildung von Kurbeln als Stirnkurbeln

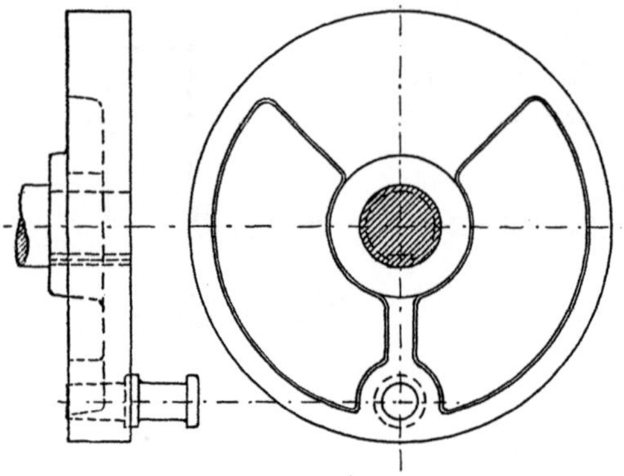

Abb. 336. Gußeiserne Kurbelscheibe.

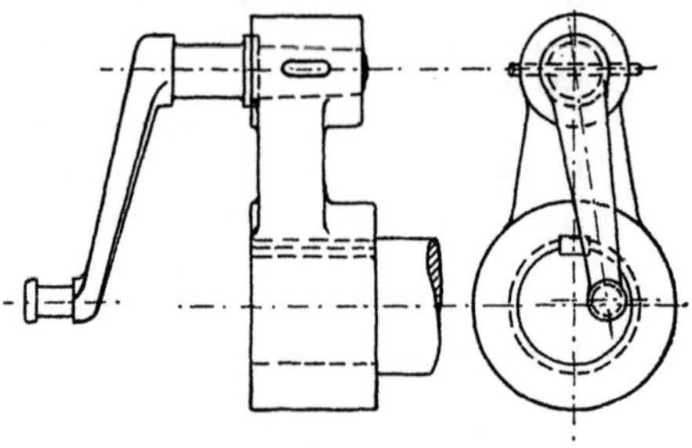

Abb. 337. Kurbel mit Gegenkurbel.

einen genügend großen Hub der Maschinen voraus und zwar ist notwendig, daß

$$\frac{P_{max}}{r^2} \leqq 10 \text{ kg/cm}^2 \text{ ist.}$$

Sobald dieser Verhältniswert größer wird, muß die Kurbel als **gekröpfte Welle** ausgeführt werden (Abb. 338). Dasselbe ist auch der Fall bei den Kurbelwellen von Mehrzylindermaschinen.

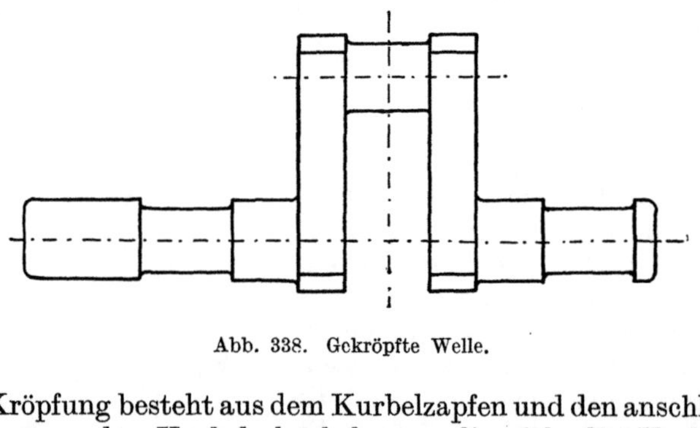

Abb. 338. Gekröpfte Welle.

Jede Kröpfung besteht aus dem Kurbelzapfen und den anschließenden Kurbelwangen oder Kurbelschenkeln, an die sich die Kurbelwellenzapfen anschließen. Diese rückt man so nah wie möglich an die Kröpfung heran und macht sie zweckmäßig gleich stark, vielfach gleich dick, wie den am stärksten belasteten Kurbelzapfen. Den Kurbelwangen gibt man rechteckigen Querschnitt, allseitig bearbeitet, ihre Stärke wird zu 0,6—0,7 d gewählt. In der Breite sind sie unbedingt etwas größer als die Zapfendurchmesser zu halten, um eine gute Überleitung der Kräfte zu bekommen. Vorteilhaft ist, die Zapfen nicht direkt an die Schenkel anzusetzen, wie in Abb. 338, sondern Anlaufbunde anzuordnen, wie

Abb. 339 zeigt, da hierdurch die Bearbeitung der Zapfen (Schleifen) erleichtert wird. Bei Kurbeln von schnellaufenden Maschinen sind alle unnötigen Massen zu vermeiden, sie werden deshalb nach Abb. 340 ausgeführt.

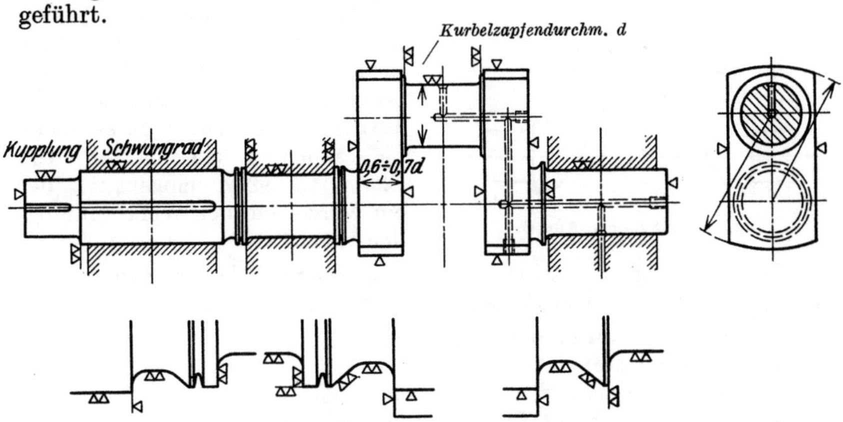

Abb. 339. Gekröpfte Kurbelwelle.

Die sogenannten „gebauten Kurbeln“ nach Abb. 341 mit aufgeschrumpften und durch Stifte gesicherten Armen (siehe auch Abb. 94) werden vor allem für Maschinen größter und stärkster Bauart (Schiffsmaschinen) verwendet, jedoch höhstens für $\frac{P_{max}}{r^2} = 50\ \text{kg/cm}^2$, da sonst zwischen den Zapfen nicht genügend Material zur Verspannung übrig bleibt. Abhelfen läßt sich dem dadurch, daß Kurbelzapfen und Wangen aus einem Stück hergestellt und nur die Wellenstücke eingeschrumpft werden. Auch im Fahrzeugbau werden neuerdings gebaute Kurbeln (Kurbel von **Hirth**) verwendet, was den Vorteil mit sich bringt, einteilige Schubstangen mit Rollenlagern verwenden zu können. Allgemein haben die gebauten Kurbeln den Vorteil, infolge Verwendung des geeigneten Werkstoffes (zäher Stahl für die Kurbelwangen und harter Stahl für die Zapfen) höhere Belastung aushalten zu können, dazu noch die einfachere Herstellung.

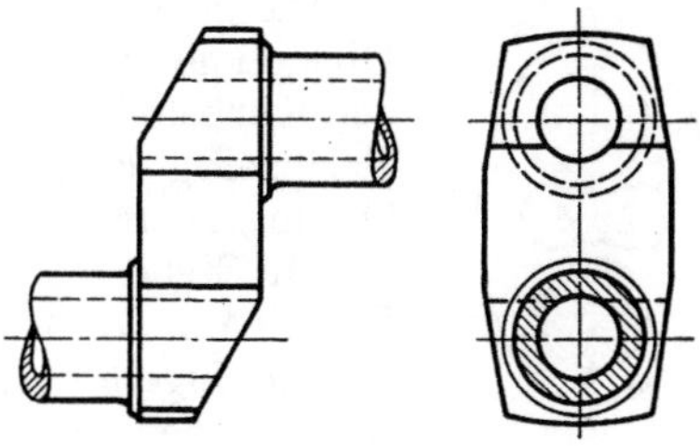

Abb. 340. Schnelläufer-Kurbel.

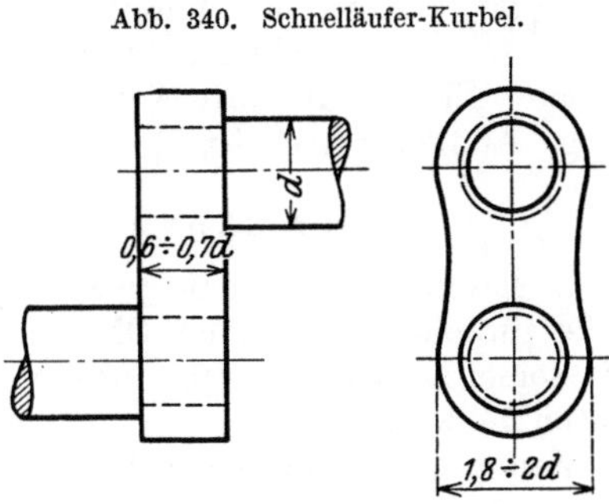

Abb. 341. Gebaute Kurbel.

Leichtere Kurbelwellen werden aus geschmiedetem Rundstahl gebogen (Abb. 342) oder ins Gesenk gepreßt (Fahrzeugmotorenkurbeln).

Bei stärkeren Wellen wird die Kröpfung als voller Block unter dem Hammer geschmiedet, aus welchem dann durch Ausbohren und Ausstoßen die richtige Form entsteht. Zum Bearbeiten der Kurbelwelle auf der Drehbank wird zwischen die Wangen zur gegenseitigen Versteifung derselben ein Rohr- oder Holzstück gepreßt. Bei Kurbelwellen, die ausgeglüht werden, wird zwischen die Schenkel ein Kasten von Chamottesteinen eingebaut, der ein Verziehen der Welle unmöglich macht.

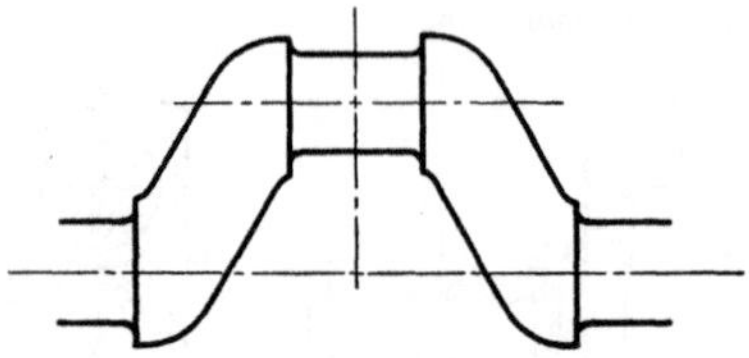

Abb. 342. Gebogene Kurbel.

Der Fertigungsplan für die Herstellung einer gekröpften Kurbelwelle ist folgender:

1. Schmieden unter dem Hammer.
2. Schaft vordrehen.
3. Wangen hobeln (flach und hochkant).
4. Hub ausbohren (2 Löcher) und frei stoßen.
5. Kurbelzapfen vordrehen.
6. Hub vergüten.
7. Lagerstellen fertig drehen und schleifen.
8. Kurbelzapfen fertig drehen und schleifen.

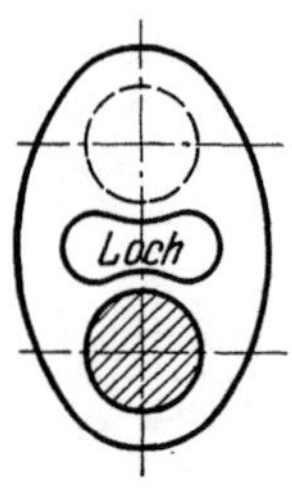

Abb. 343. Frémont-Kurbel.

Die gefährlichen Punkte bei Kurbelwellen sind die Übergänge zwischen den zylindrischen Wellenteilen und den Kurbelteilen, weil in diesen Kerbstellen, in denen gleichzeitig Biegung und Drehung auftritt, die Rißbildung zuerst beginnt. Deshalb sind scharfe Ecken an diesen Stellen unter allen Umständen zu vermeiden. Die Frémont-Kurbel (Abb. 343), die im Lokomotivbau eingeführt ist, vermeidet durch Wegnahme von Material den Spannungsübergang zwischen diesen kritischen Punkten und verlegt ihn damit an gut durchgeschmiedete Stellen. Gleichzeitig erhält man eine bessere Elastizität zur Aufnahme von Stößen beim Kräftedurchgang. Ähnlicher Art ist die Kurbel nach Bauart Klose.

Berechnung einer Kurbelwelle.

Es handle sich um eine zweimalgelagerte, einfach gekröpfte Kurbelwelle für einen stehenden Dieselmotor mit 35 at Verbrennungsdruck, der seine Leistung durch direkte Kupplung mit der anzutreibenden Maschine weitergibt.

Man rechnet die Kurbelwelle wie einen geraden durchlaufenden Balken auf zwei Stützen.

a) Totpunktstellung (Abb. 344). Die belastenden Kräfte der Kurbelwelle sind:

a) Schwungradgewicht G;

b) entwickeltes Drehmoment M_d der Maschine, das aber in der

Totpunktstellung Null ist. Das vom Schwungrad abgegebene Moment berührt die Kurbelwelle nicht, es verdreht nur den angekuppelten Wellenteil.

c) Größte Kolbenkraft $P_{max} = \frac{\pi}{4} D^2 \cdot p$; ($D$ = Zyl. ∅

$p = 35$ kg/qcm).

d) Trägheitswiderstand C der beschleunigt abwärts bewegten Massen von Kolben, Kolbenbolzen, Schubstangenkopf, vom Gewicht G' kg, welcher beträgt:

$C = \frac{G'}{g} \cdot b$ oder nach früherem:

$$C = \frac{G'}{g} \cdot \frac{v^2}{r} (1 + \lambda) \text{ kg};$$

v = Kurbelzapfengeschwindigkeit.

e) Auflagerwiderstände R_1 und R_2; es ist

$$R_1 = \frac{(P_{max} - C) \cdot e_2 - G \cdot a}{e_1 + e_2} \text{ kg}$$

$$R_2 = G + P_{max} - C - R_1 \text{ kg}.$$

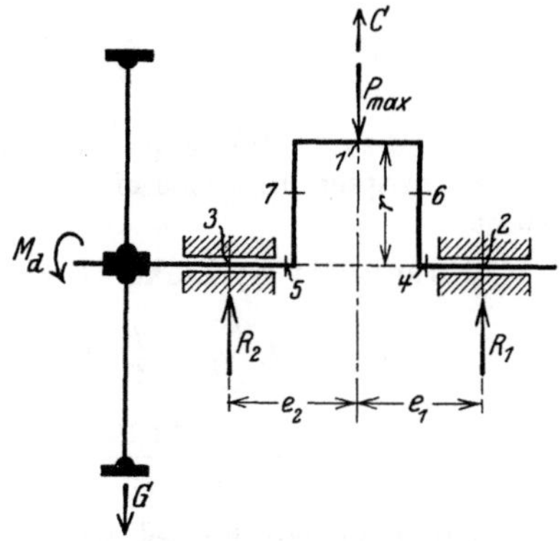

Abb. 344. Zur Kurbelwellenberechnung. Totpunktstellung. (Abstand d. Schwungrads v. Lager = a).

Die für die Berechnung wichtigen Querschnitte 1—7 sind in Abb. 344 gekennzeichnet, für welche im nachfolgenden der Rechnungsgang angegeben ist. Die eingeschriebenen Maße seien gegeben (andernfalls sind sie zu schätzen).

Querschnitt 1: Kurbelzapfen, ∅ d_1.

$$M_b = R_1 \cdot e_1 \text{ cmkg}; \ \sigma_b = \frac{M_b}{W} = \frac{10\, M_b}{d_1^3} \leq k_b; \ k_b = 500—600 \text{ kg/qcm}.$$

Die Zapfenlänge l ergibt sich aus der Nachprüfung des Zapfens auf Pressung und Wärmeableitung (s. Abschnitt II). Als Zapfendruck für die Wärmeableitung ist der mittlere Kolbendruck in Rechnung zu stellen, der sich aus dem Indikatordiagramm ergibt. Es kann für ihn etwa 9 kg/qcm angenommen werden.

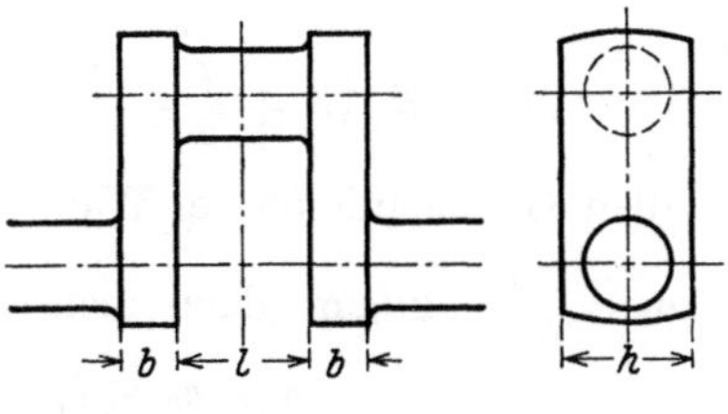

Abb. 344a. Zur Kurbelwellenberechnung.

Querschnitt 2: Stirnzapfen, ∅ d_2.

Seine Stärke richtet sich nach dem Wellendurchmesser bei Querschnitt 4. Der Zapfen ist wieder auf Pressung und Wärmeableitung zu kontrollieren, bei welch letzterer der Zapfendruck aber nicht R_1 ist, sondern die Reaktion R_1', die sich aus der mittleren Kolbenkraft ergibt.

Querschnitt 3: Halszapfen, ∅ d_3.

$$M_b = G \cdot a \text{ cmkg}; \quad \sigma_b = \frac{10\, M_b}{d_3^3} \leq k_b$$

$$k_b = 500 \text{ kg/qcm (nahezu wechselnde Belastung).}$$

Außerdem ist dieser Zapfen, analog wie der Stirnzapfen, auf Pressung und Wärmeableitung zu kontrollieren.

Querschnitt 4: Rechter Kurbelwellenschenkel, $\varnothing$ d_4.

$$M_b = R_1 \left(e_1 - \frac{l}{2} - b\right) \text{cmkg}; \quad \sigma_b = \frac{10\, M_b}{d_4^3} \leq k_b$$

$$k_b = 600 \text{ kg/qcm (ungefähr schwellende Belastung).}$$

Der Stirnzapfendurchmesser d_2 wird einige Millimeter schwächer gemacht.

Querschnitt 5: Linker Kurbelwellenschenkel, $\varnothing$ d_5.

$$M_b = R_1 \left(e_1 + \frac{l}{2} + b\right) - (P_{max} - C) \left(\frac{l}{2} + b\right) \text{cmkg}$$

$$\sigma_b = \frac{10\, M_b}{d_5^3} \leq k_b; \quad k_b = 500 \text{ kg/qcm.}$$

Die beiden Wellenschenkel werden gleich stark gemacht, ebenso die beiden Kurbelwellenzapfen. Der Schwungradsitz wird wegen der starken Keilverschwächung (Tangentialkeile) stärker als der Zapfen gemacht.

Querschnitt 6: Rechte Kurbelwange, Querschnitt $b \cdot h$ angenommen und nachgeprüft.

$$M_b = R_1 \left(e_1 - \frac{l}{2} - \frac{b}{2}\right) \text{ in allen Querschnitten der Wange}$$

$$\sigma_b = \frac{6\, M_b}{h \cdot b^2} \text{ kg/qcm; dazu noch Druckspannung } \sigma = \frac{R_1}{b \cdot h}$$

$$\sigma + \sigma_b \leq k_b; \quad k_b = 600 \text{ kg/qcm.}$$

Querschnitt 7: Linke Kurbelwange, Querschnitt $b \cdot h$

$$M_b = R_1 \left(e_1 + \frac{l}{2} + \frac{b}{2}\right) - (P_{max} - C) \left(\frac{l}{2} + \frac{b}{2}\right) \text{cmkg},$$

in allen Querschnitten der Wange.

$$\sigma_b = \frac{6\, M_b}{h \cdot b^2} \text{ kg/qcm; dazu noch Druckspannung } \sigma = \frac{P_{max} - C - R_1}{b \cdot h}$$

$$\sigma + \sigma_b \leq k_b; \quad k_b = 600 \text{ kg/qcm.}$$

Die beiden Wangen erhalten gleiche Abmessungen.

b) Stellung bei größter Drehkraft. Diese ist, wie das Tangentialdruckdiagramm ausweist (Abb. 328) bei ungefähr 30° Kurbelwinkel. Dabei herrscht noch laut Indikatordiagramm im Zylinder der maximale Kolbendruck, also P_{max}.

Den Zusammenhang zwischen Kolbenkraft und Drehkraft zeigt Abb. 345. Der Trägheitswiderstand der bewegten Massen kann bei dieser Stellung, weil die Beschleunigung ziemlich klein, vernachlässigt werden.

Stangenkraft $S = \frac{P_{max}}{\cos \beta}$; β bestimmt sich aus:

$$\frac{\sin \beta}{\sin 30^0} = \frac{r}{l} = \frac{1}{5} = 0{,}2; \ \sin \ \beta = 0{,}2 \cdot \sin 30^0 = 0{,}2 \cdot 0{,}5 = 0{,}1$$

$$\beta = \sim 6^0; \ \cos \beta = 0{,}995,$$

also $S = \sim P_{max}$, so daß die resultierende Kraft am Kurbelzapfen die gleiche ist, wie bei der Totpunktstellung.

$$T_{max} = S \cdot \sin \gamma = P_{max} \cdot \sin 36^0 = \sim 0{,}6 \ P_{max}$$
$$R \quad = S \cdot \cos \gamma = \sim 0{,}8 \ P_{max}.$$

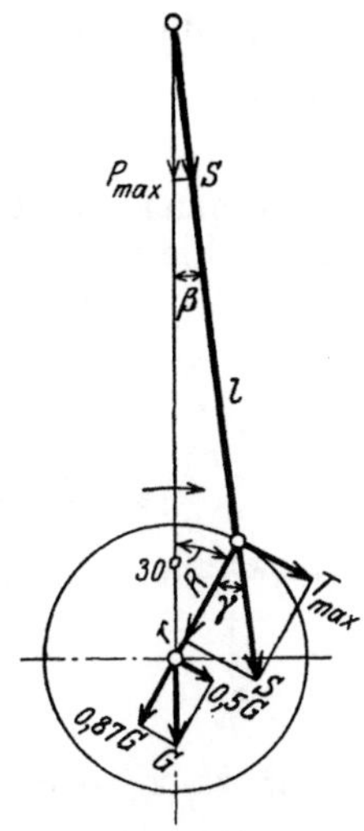

Abb. 345. Zur Kurbelwellenberechnung. Stellung bei größter Drehkraft.

Abb. 346 zeigt in perspektivischer Darstellung die Kurbelwelle mit den an ihr wirkenden äußeren Kräften, die in zwei aufeinander senkrecht stehenden Ebenen liegen. Die Auflagerwiderstände werden jetzt

in der Vertikalebene:

$$R_{1V} = \frac{T_{max} \cdot e_2 - 0{,}5 \ G \cdot a}{e_1 + e_2}$$
$$R_{2V} = 0{,}5 \ G + T_{max} - R_{1V}$$

in der Horizontalebene:

$$R_{1H} = \frac{R \cdot e_2 - 0{,}87 \ G \cdot a}{e_1 + e_2}$$
$$R_{2H} = R + 0{,}87 \ G - R_{1H}$$

Die nicht auf Drehung beanspruchten Querschnitte, das sind Querschnitt 2 und 4, brauchen nicht mehr berechnet zu werden, da die resultierende biegende Kraft S gleich groß ist wie P_{max}. Nur die auf Biegung und Drehung zugleich beanspruchten Querschnitte 1, 3, 5, 6 und 7 sind zu untersuchen.

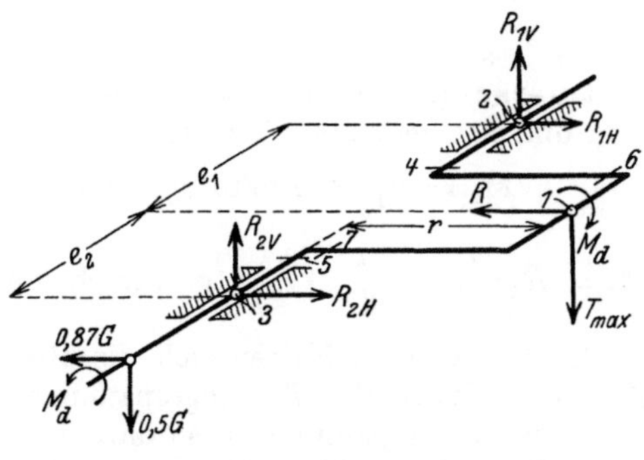

Abb. 346. Zur Kurbelwellenberechnung.

Querschnitt 1: Kurbelzapfen, $\varnothing \ d_1$. Abb. 347.

$$M_{b_V} = R_{1V} \cdot e_1; \ M_{b_H} = R_{1H} \cdot e_1$$
$$M_b = \sqrt{M_{b_V}{}^2 + M_{b_H}{}^2} \text{ cmkg}$$
$$M_d = R_{1V} \cdot r \text{ cmkg}.$$

Aus M_b und M_d ergibt sich ein resultierendes Moment und eine resultierende (ideelle) Spannung (s. b. Wellenberechnung), für welche gilt:

$$\sigma_{res} = 0{,}35 \ \sigma_b + 0{,}65 \sqrt{\sigma_b{}^2 + 4 \ (\alpha_0 \ \tau)^2} \leq k_b.$$

Die Schubbeanspruchung durch R_{1H} kann vernachlässigt werden.

Querschnitt 3: Halszapfen, $\varnothing\, d_3$.

Biegungsbeanspruchung wie bei der Totpunktstellung, daneben wieder Kontrolle auf Pressung und Wärmeableitung. Außerdem erfährt der Zapfen eine Drehungsbeanspruchung, da das Drehmoment M_d der Maschine durch ihn hindurchgeleitet wird.

Es ist $$M_d = T_{max} \cdot r \text{ und } \tau = \frac{5\, M_d}{d_3^3} \text{ kg/qcm.}$$

Aus Biegungs- und Drehungsspannung ergibt sich wieder wie oben eine resultierende Spannung $\sigma_{res} \leq k_b$.

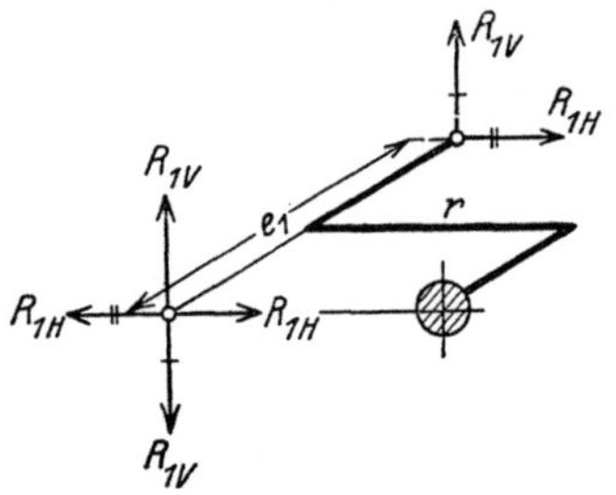

Abb. 347. Zur Kurbelwellenberechnung.

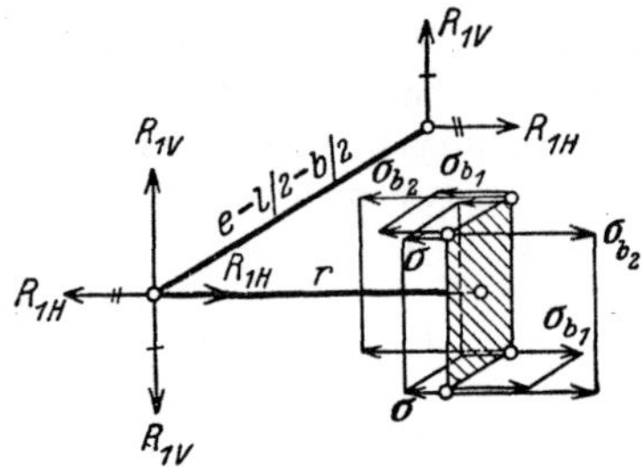

Abb. 348. Zur Kurbelwellenberechnung.

Querschnitt 5: ist ebenfalls auf Biegung und Drehung beansprucht. Biegungsmoment wie bei Totpunktstellung. Drehmoment wie bei Querschnitt 3, resultierende Spannung analog dem seitherigen

$$\sigma_{res} \leq k_b.$$

Querschnitt 6: Rechter Kurbelarm, Querschnitt $b \cdot h$ (angenommen und nachgeprüft), Abb. 348.

$$M_{b_1} = R_{1_V} \cdot r, \text{ größte Spannung } \sigma_{b_1} \text{ in der kurzen Seite}$$

$$M_{b_2} = R_{1_H} \cdot \left(e_1 - \frac{l}{2} - \frac{b}{2}\right); \text{ größte Spannung } \sigma_{b_2} \text{ in der langen Seite.}$$

In den Ecken addieren sich die Biegungsspannungen algebraisch. Zu der resultierenden Biegungsspannung addiert sich die von R_{1H} herrührende Druckspannung σ, so daß eine größte Normalspannung entsteht, für welche gilt:

$$\sigma_n = \sigma + \sigma_{b1} + \sigma_{b2} \leq k_b.$$

Die Schubspannung durch R_{1V} wird vernachlässigt.

Außerdem wird der Kurbelarm verdreht durch das Moment

$$M_d = R_{1V} \cdot \left(e_1 - \frac{l}{2} - \frac{b}{2}\right); \ \tau = \frac{9\, M_d}{2\, b^2 \cdot h} \text{ kg/qcm}$$

in der Mitte der langen Seite.

Diese Drehungsspannung ist nun mit der in der Mitte der langen

Seite herrschenden Normalspannung, dies ist $\sigma' = \sigma_{b2} + \sigma$ zu einer resultierenden Spannung zusammenzusetzen, für welche gilt:

$$\sigma_{res} = 0{,}35\sigma' + 0{,}65\sqrt{\sigma'^2 + 4\,(\alpha_0\,\tau)^2} \leqq k_b$$

Querschnitt 7: Linker Kurbelarm, Querschnitt $b \cdot h$, Abb. 349,

$$M_{b1} = T_{max} \cdot r; \quad (\sigma_{b1} \text{ in der kurzen Seite}),$$

$$M_{b_2} = R \cdot \left(\frac{l}{2} + \frac{b}{2}\right) - R_{1H} \cdot \left(e_1 + \frac{l}{2} + \frac{b}{2}\right)$$

(σ_{b2} in der langen Seite),

dazu Druckspannung σ herrührend von $R - R_{1H}$;

größte Normalspannung $\sigma_n = \sigma + \sigma_{b_1} + \sigma_{b_2} \leqq k_b$;

$$\text{ferner ist } M_d = T_{max} \cdot \left(\frac{l}{2} + \frac{b}{2}\right) - R_{1V} \cdot \left(e_1 + \frac{l}{2} + \frac{b}{2}\right)$$

$$\tau_1 = \frac{9}{2} \cdot \frac{M_d}{b \cdot h^2} \text{ in der Mitte der kurzen Seite}$$

und $$\tau_2 = \frac{9}{2} \cdot \frac{M_d}{b^2 \cdot h} \text{ ,, ,, ,, ,, langen ,,}$$

Die größte Normalspannung in der Mitte der kurzen Seite ist:

$$\sigma_1 = \sigma_{b_1} + \sigma \text{ kg/qcm}$$

und in der Mitte der langen Seite:

$$\sigma_2 = \sigma_{b2} + \sigma \text{ kg/qcm}$$

Es ist nun σ_1 und τ_1 zu einer resultierenden Spannung zusammenzusetzen welche ist:

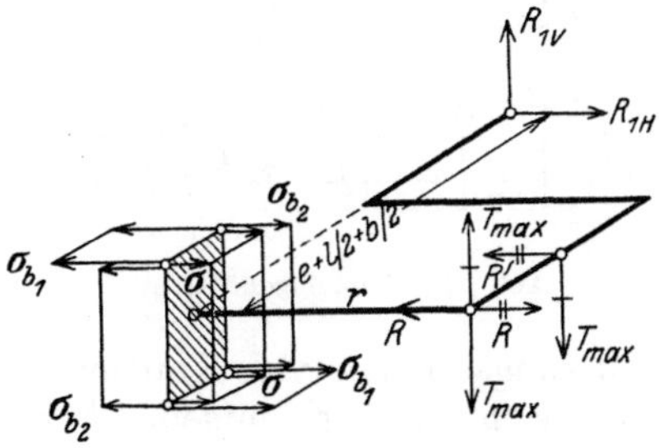

Abb. 349. Zur Kurbelwellenberechnung.

$$\sigma_{res1} = 0{,}35\,\sigma_1 + 0{,}65\sqrt{\sigma_1^2 + 4\,(\alpha_o\,\tau)^2} \text{ kg/qcm},$$

desgl. gibt σ_2 und τ_2 eine resultierende Spannung von der Größe:

$$\sigma_{res_2} = 0{,}35\,\sigma_2 + 0{,}65\sqrt{\sigma_2^2 + 4\,(\alpha_0\,\tau)^2} \text{ kg/qcm}$$

und es muß sein:

$$\sigma_{res_1} \leqq k_b; \text{ ebenso } \sigma_{res_2} \leqq k_b.$$

Die Berechnung mehrfach gekröpfter und mehrfach gelagerter Wellen ist naturgemäß ziemlich schwierig. Überschlägig kann so vorgegangen werden, daß man eine solche Welle in einzelne statisch bestimmte Stücke zwischen je zwei Lagern zerlegt und dasjenige Kurbelwellenstück, durch welche das gesamte Drehmoment hindurchgeht, wie oben berechnet.

Es empfiehlt sich auch bei mehrfach gekröpften Wellen die einzelnen Schenkel kräftig in der Dicke zu halten[1].

[1] Vgl. Dr. Geiger: Biegungsbeanspruchung in mehrfach gekröpften Kurbelwellen mit mehreren Lagern, Ztschft. „Der Maschinenbau“ 1925, Heft 18.

Zu einer genauen Kurbelwellenberechnung gehört auch die Untersuchung der Formänderung. Näheres hierüber siehe in der grundlegenden Arbeit von Dr. Enßlin[1], desgleichen Dr. Geßner[2], ebenso noch Dr. Enßlin[3].

3. Exzenter.

Ist der Kurbelradius zu klein, um eine Kurbel der bisher beschriebenen Konstruktionen anwenden zu können, so setzt man (Abb. 350) eine exzentrisch ausgebohrte Scheibe auf die Welle und läßt diese von einem mit der Schubstange verbundenen ringförmigen Körper umschließen. Der ehemalige Kurbelradius r heißt jetzt Exentrizität ϱ, die sehr klein gehalten werden kann. Der besondere Vorteil der Exzenter ist, daß man sie an jeder beliebigen Stelle einer Welle anbringen kann und Kröpfungen damit vermeidet. Dafür hat aber das Exzenter den Nachteil großer Reibungsarbeit als Folge des großen Zapfendurchmessers, der mit dem Hub wächst. Man benützt deshalb Exzenter nur für geringe Hübe, wie sie z. B. bei Steuerungsorganen von Kraftmaschinen, auch bei Pumpen und Werkzeugmaschinen vorkommen. Wegen der starken Reibung läßt sich ein Exzenter auch nur für die Kraftabgabe, die von der Welle ausgeht, benützen, nicht aber für die Kraftabgabe an die Welle, da in diesem Fall Selbsthemmung entstünde.

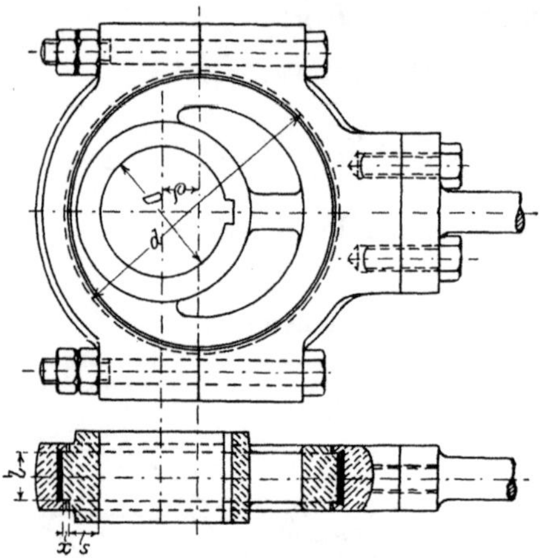

Abb. 350. Einteiliges Exzenter.

Ist D der tatsächliche Durchmesser der Welle und D_d der Durchmesser derjenigen Welle, welche dem drehenden Moment, das die Bewegung des Exzenters erfordert, entspricht (zu berechnen aus $M_d = \frac{D_d^3}{5} k_d\Big)$, so kann man setzen (s. Abb. 350)

$$s = \frac{1}{5}\left(D_d + \frac{D}{2}\right) + 5 \text{ bis } \frac{1}{4}\left(D_d + \frac{D}{2}\right) + 5\,\text{mm}$$

für gußeiserne Exzenter.

[1] Enßlin: Mehrmals gelagerte Kurbelwellen mit einfacher und doppelter Kröpfung. Ihre Formänderung und Anstrengung. Leipzig: Verlag von A. Kröner.

[2] Geßner: Mehrfach gelagerte, abgesetzte und gekröpfte Kurbelwellen. Berlin: Verlag Julius Springer.

[3] Enßlin: Elementare Ermittlung der Formänderung einer gekröpften Kurbelwelle, Ztschft. f. gewerbl. Unterricht 1910, Nr. 21 und 22.

Für geschmiedete Exzenter kann man s um $^1/_5$ bis $^1/_3$ kleiner nehmen.

Die Größe x nimmt man

$$x = \frac{Dd}{16} + 5\,\text{mm} \quad \text{bis} \quad \frac{Dd}{10} + 5\,\text{mm}.$$

Die Breite der exzentrischen Scheibe ist nach der unter „Zapfen" gegebenen Formel

$$l \geq \frac{P \cdot n}{w}$$

zu berechnen, wobei man setzen kann $w = 10\,000$ für Stahlbügel auf Gußeisenexzentern, $w = 20\,000$ für mit Weißmetall gefütterte Bügel auf Gußeisenexzentern; für Lokomotiven kann man der Kühlung durch den Luftzug wegen w höher nehmen.

Der Flächendruck ist gering zu halten. Er ist

$$p = \frac{P}{l \cdot d}\,\text{kg/qcm}$$

und darf betragen:

bei Stahl auf Gußeisen 10 kg/qcm
„ Weißmetall auf Guß 20 kg/qcm.

Die Nabe der Exzenter soll hinreichend breit genommen werden. Die Lauffläche wird bei kleinen Exzentern auch doppelt-kegelförmig ausgebildet, wobei aber infolge Keilwirkung noch größere Reibung entsteht. Am besten und einfachsten sind zylindrische Laufflächen. Der Durchmesser der Exzenterscheibe ist, wenn ϱ die Exzentrizität:

$$d = D + 2\,s + 2\,x + 2\,\varrho.$$

Rings um die Scheibe laufende, vorspringende Ränder sichern den Bügel gegen seitliche Verschiebung. Bügel dabei zweiteilig, durch Schrauben zusammengehalten (eingepaßt, oder Verwendung von eingelegten Paßstücken in der Teilfuge) und mit Zwischenlager aus Messingblech so angezogen, daß sie nicht klemmen.

Für die Schraubenberechnung ist $k_z = 200$ kg/qcm zu nehmen.

Damit der Bügel steif bleibt und sich nicht verbiegt und dadurch klemmt, berechnet man seinen Querschnitt in der Mitte auf Biegung mit

$k_b = 300$ kg/qcm für Stahl,
$k_b = 200$ „ „ Stahlguß,
und $k_b = 100$ „ „ Gußeisen.

Für die Bügelstärke h gilt, wenn P die belastende Kraft und e der Schraubenabstand ist, für den gewählt werden kann $e = 1{,}1\,d + \delta$ (δ = Schrauben$\varnothing$)

$$M_b = \frac{P}{2} \cdot 0{,}3\,e = \frac{1}{6}\,l \cdot h^2 \cdot k_b\,.$$

Um das Exzenter unter einem bestimmten Winkel genau einstellen zu können, verwendet man statt des Keiles einen geriffelten Mitnehmer (Abb. 351), der durch eine Schraube auf ein in die Welle eingesetztes Gegenstück aufgepreßt wird.

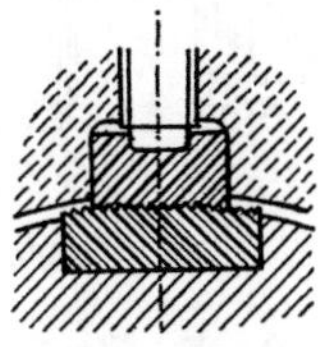
Abb. 351. Mitnehmer.

Die Exzenterstangen sind mit dem Exzenterbügel so solid und kräftig wie möglich zu verbinden (Spannungsverbindung und Fixierung durch

Ansatz und Nut). Als Querschnittsform der Stangen ist Rechteck oder Kreis üblich. Sie sind wie die Schubstangen auf Knickung zu berechnen, wobei man den Sicherheitskoeffizienten $m = 40$ setzen kann. Gleichzeitig hat man aber darauf zu achten, daß die höchste durch Stangenkraft, Eigengewicht (und evtl. Durchbiegung) hervorgerufene Druckspannung nicht größer wird als 300 kg/qcm bei Stahl oder 150 kg/qcm bei Gußeisen oder Bronze. Siehe auch Berechnung der Schubstangen.

4. Schubstangen.

Die Schubstangen (Pleuel-, Treib-, Lenkerstangen) dienen dazu, die Bewegung zwischen Zapfen zu übertragen, welche rotierende, schwingende oder geradlinige Bewegungen ausführen. Sie bestehen aus den lagerartig einen Zapfen umschließenden oder selbst einen Zapfen tragenden Schubstangenköpfen und dem die Köpfe verbindenden Schubstangenschaft.

Schubstangenköpfe. Die Schubstangenköpfe sind bewegliche Lager oder Träger von Zapfen. Ihre Hauptdimensionen richten sich deshalb nach den Abmessungen der Zapfen.

Die Hauptanforderungen, die man an Schubstangenköpfe stellen muß, sind nach Bach folgende:

1. die Achsen beider Köpfe müssen genau parallel laufen;

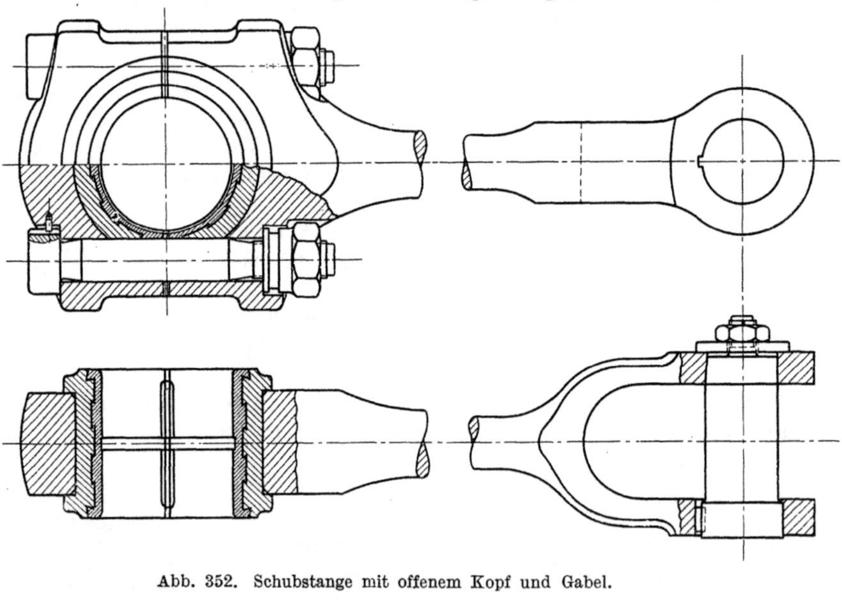

Abb. 352. Schubstange mit offenem Kopf und Gabel.

2. die Berührung zwischen Zapfen und Lagerschalen muß auf der ganzen Länge der letzteren stattfinden;

3. die Abnutzung der Lagerschalen soll so ausgleichbar sein, daß die Entfernung der Lagermitten sich nicht ändert;

4. die Köpfe sollen möglichst leicht sein;
5. vorspringende Teile und Ecken sind tunlichst zu vermeiden.

Im übrigen gilt das über Lager und Zapfen Gesagte.

Material für die Schubstangen: Zäher Stahl, geschmiedet, bei kleineren Abmessungen und Massenherstellung ins Gesenk gepreßt, auch Stahlguß. Für Fahrzeugmotoren Leichtmetalle (Aluminium und seine Legierungen), Holz für die Stangenschäfte von Sägegattern.

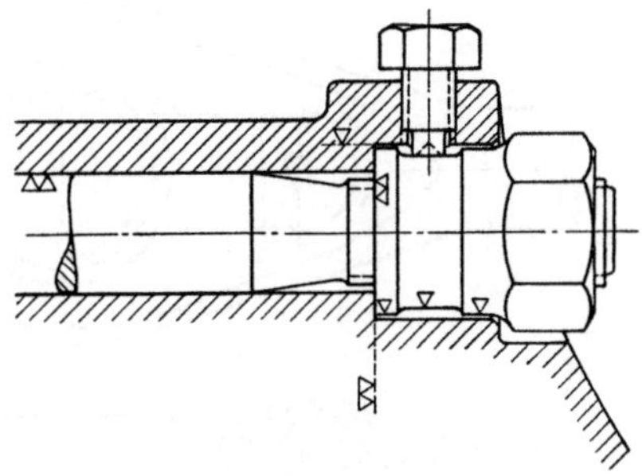

Abb. 352a. Richtige Anordnung der Pennschen Sicherungsschraube.

Die Abbildungen 352—358 zeigen verschiedene Konstruktionen von Schubstangenköpfen.

Die Formen der Köpfe sind entweder geschlossen, oder offen, oder gabelförmig. Der geschlossene Kopf ist vorzuziehen. Offene Köpfe muß man bei gekröpften Wellen und Kurbeln mit Gegenkurbeln, also dort, wo man weder den Kopf auf den Zapfen aufschieben, noch den Zapfen durchschieben kann, anwenden. Die Köpfe für den Kreuzkopfbolzen sind in der Regel geschlossener Form oder als Gabeln ausgebildet.

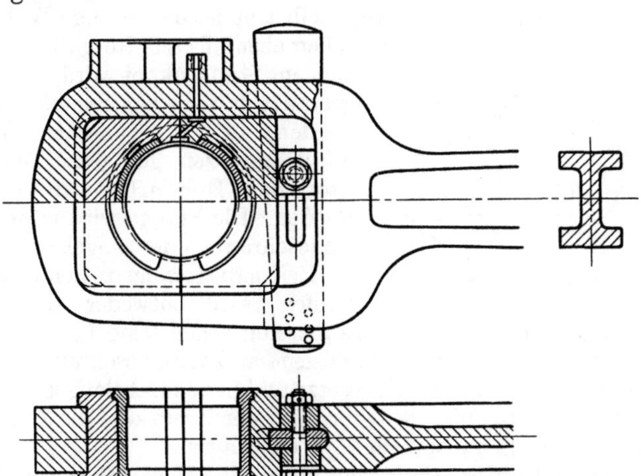

Abb. 353. Geschlossener Schubstangenkopf für Lokomotiven.

Abb. 352 zeigt die bei stationären Maschinen meist übliche Form der Schubstangen mit Marinekopf und Gabel. Abb. 353 zeigt den Kopf einer Lokomotivschubstange. Neuerdings werden diese beiderseits mit geschlossenen Köpfen ausgeführt nach Art der Abb. 363.

Die Nachstellung der Schalen geschieht bei geschlossenen Köpfen durch Keile, die entweder senkrecht zum Zapfen (Abb. 353) oder parallel zu ihm verschiebbar sind (Abb. 354). Anzug der Keile 1:5 bis 1:8, bei möglichster Breite des Keils. Beim Nachstellen ist grundsätzlich zu beachten, daß der eine Zapfen nach innen, der andere nach außen bewegt wird, so daß die Stangenlänge gewahrt bleibt.

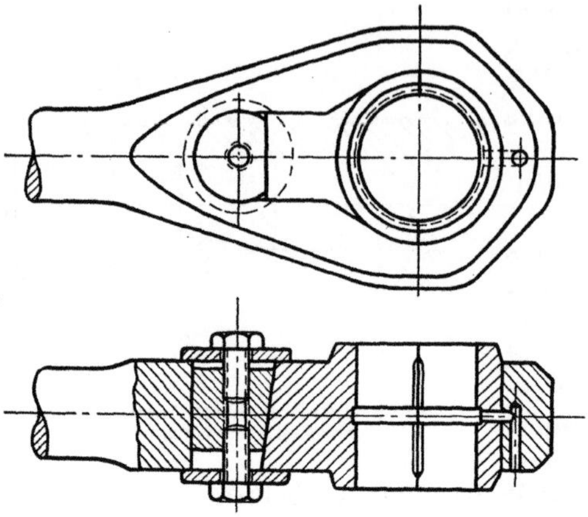

Abb. 354. Geschlossener Stangenkopf für stationäre Maschinen.

Abb. 354 zeigt einen geschlossenen Kopf für den Kreuzkopfbolzen. Es ist eine mit Rücksicht auf die Herstellung sehr einfache und zweckmäßige Konstruktion. Der Keil wird zylindrisch gedreht, die Keilfläche angefräst. Ein besonderes Druckstück zwischen Keil und Lagerschale, wie gelegentlich angeordnet, ist hier nicht vorhanden. Die Schalen sind Rotguß.

Für Steuerungen von Kraftmaschinengestänge genügt ein einfacher Rotgußkopf (Abb. 355). Der Kopf selbst bildet das vordere Widerlager, hintere Lagerschale und Keil bestehen ebenfalls aus Rotguß, der Lagersitz im Stangenkopf wird hydraulisch gestanzt, hintere Lagerschale und Keil werden auf hydraulischen Pressen durch Matrizen gezogen. Die teure Stoß- oder Hobelarbeit wird also vermieden. Die Stange wird in den Kopf eingeschraubt oder eingekeilt.

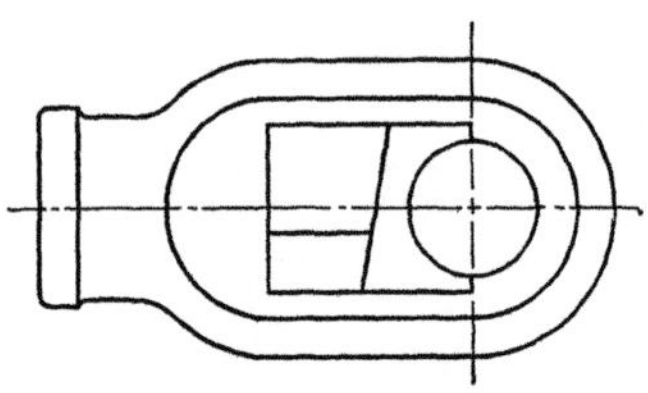

Abb. 355. Steuerstangenkopf.

Bei gabelförmigen Schubstangenköpfen wird entweder der Zapfen nach Abb. 352 konisch mit Schraube eingezogen (eine Lösung des anderen Konus kann man evtl. durch eine außen aufgeschraubte Scheibe verhindern) oder zylindrisch eingesetzt und in den Gabelaugen mit Querkeilen befestigt (Abb. 90). Seltener trägt der Kreuzkopf die Zapfen und der gabelförmige Schubstangenkopf die Lager.

Bei offenen Köpfen erhält man durch das Nachstellen der Schalen eine Verkürzung der Stangenlänge. Dies läßt sich dadurch ausgleichen, daß man Kopf und Schaft voneinander trennt und zwischen Stange und unterer Schale Scheiben legt (Abb. 356), wie dies besonders bei Schubstangen für Dieselmotoren üblich geworden ist. Es läßt sich dadurch eine genaue Einstellung des Kompressionsraums und damit des Verdichtungsdrucks bewerkstelligen. Das geschlossene Auge zur Aufnahme des Kolbenbolzens besitzt Nachstellung der Bronzeschalen durch Druckschraube.

Abb. 356 zeigt auch die bei größeren Maschinen meist übliche Schmierung der Zapfen. Das Öl wird durch ein Rohr vom Kurbelzapfen, der Preßschmierung hat, zum Kolbenbolzen gedrückt. Man findet auch hohle Stangen oder Gelenk- und Posaunenrohre. Lokomotivstangen haben Dochtschmierung für die Zapfen (Abb. 353).

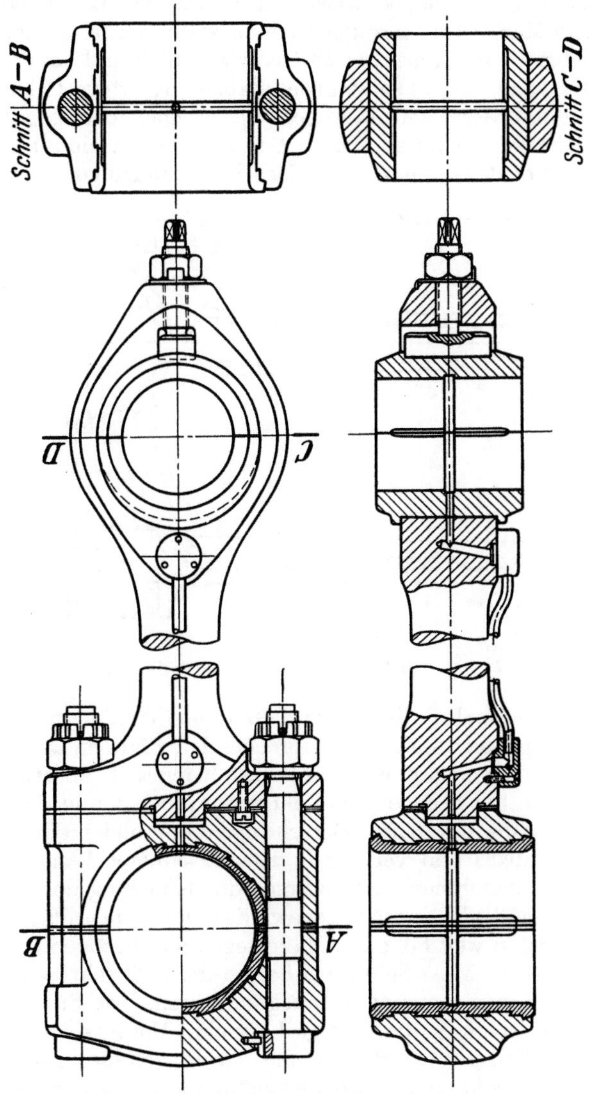

Abb. 356. Diesel-Schubstange.

Abb. 357 zeigt eine Schubstange für Fahrzeugmotoren, die im Hinblick auf die hier besonders großen Massenkräfte so leicht wie möglich gebaut ist. Als Material ist Duraluminium gewählt.

Eine sehr bemerkenswerte Sonderkonstruktion eines offenen

Schubstangenkopfes für ganz große Abmessungen und Kräfte zeigt die Abb. 358. Die von Ing. Marwitz stammende Konstruktion ist von der Maschinenfabrik Eßlingen für eine Reihe von Groß-Kompressoren, stehender und liegender Bauart (4000 PS und darüber), ausgeführt worden. Bei derart großen Anlagen mit ihren gewaltigen Stößen im Betrieb mehren sich die Schwierigkeiten, die die sonst übliche Bauart mit offenem Marinekopf bezüglich genauestem Einweisen der Stange in die Mittelebene von Kreuzkopf und Kurbelzapfen und damit exaktester Druckübertragung bei absolut gleichmäßiger Kräfteverteilung mit sich bringt und erfordern ein ständiges Überwachen des Lagerspiels, um Bolzenbrüche zu verhüten. Diese Schwierigkeiten sind bei der Marwitzschen Konstruktion in genialer Weise umgangen:

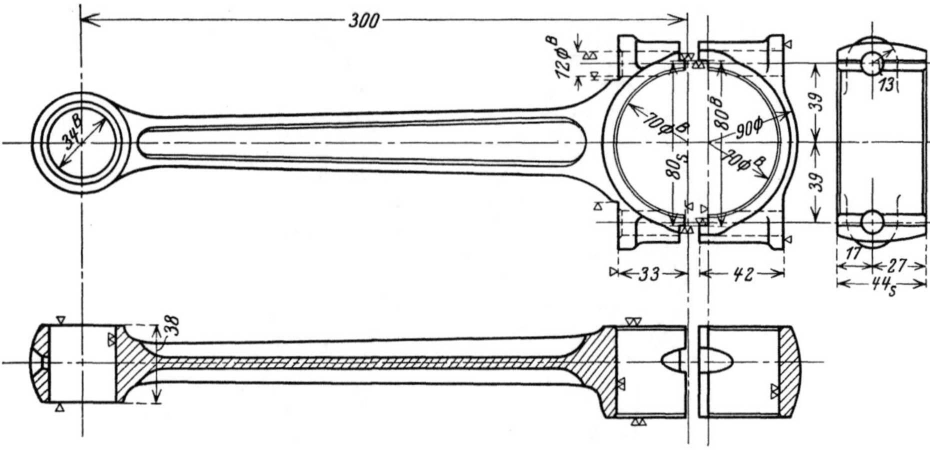

Abb. 357. Auto-Schubstange. (C. D. Maginus A.-G., Ulm a. D.)

Die Lagerschalen (Spezialgußeisen mit Weißmetallausguß) sind außen kugelig und ruhen in entsprechenden Pfannen aus S.M.-Stahl, die den Zapfendruck auf ein stählernes Kopfstück absetzen, das mit Sägegewinde in die Stangengabel eingeschraubt ist und dabei noch als Klammer dieselbe umgreift. Der Stangenkopf bildet dadurch ein geschlossenes Ganzes und vermag in ausgezeichneter Weise Längs- und Querkräfte aufzunehmen. Das zufolge der Kugelung der Lagerschalen absolut gleichmäßig belastete Sägegewinde mit seinem großen Querschnitt ist naturgemäß in weit höherem Maße gegenüber heftigen Stößen widerstandsfähig, als dies bei Schraubenbolzen der Fall sein kann. Eine ungleichmäßige Kraftabsetzung ist ausgeschlossen. Die Stange weist sich leicht und selbsttätig in die richtige Lage ein. Voraussetzung hierfür ist aber eine peinlich genaue Herstellung der Einzelteile, insonderheit der Kugelteile, was nicht einfach, aber erreichbar ist. Des weiteren steht und fällt die ganze Konstruktion mit der Frage einer einwandfreien und reichlichen Schmierung, um die freie Beweglichkeit der Kugelteile auch wirklich zu gewährleisten. Das Schmieröl muß mit absoluter Sicherheit zwischen die Kugeln gelangen. Bei der vorliegenden Ausführung liegen die spezifischen Flächenmessungen bei Zapfen und Schale zwischen 30 und 120 at. Dies machte die Anordnung einer Ölpumpe erforderlich, die stündlich 1600 ltr Schmieröl an die gepreßten Teile liefert, bei einem durchschnittlichen Öldruck von 80 at.

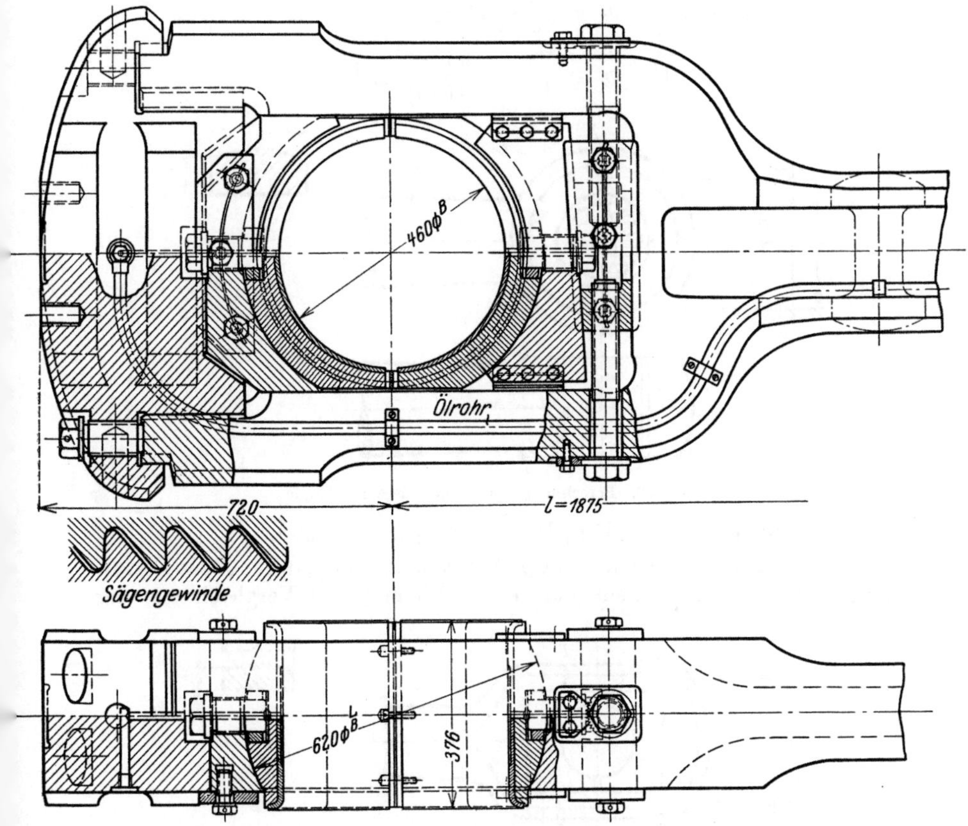

Abb. 358. Offener Schubstangenkopf mit Kugelung der Schalen für größte Kräfte.

Bis zum Ende des Jahres 1929 lief die Anlage mit den beschriebenen Stangen über 1500 Betriebstage zu je 24 Stunden, ohne Nachsehen und Nachstellen der Lager.

Berechnung von Schubstangen.

a) Schubstangenkopf. Eine exakte Berechnung ist kaum möglich, wegen des Einflusses des wechselnden Zapfenspiels und der Unsicherheit bezüglich der Kraftübertragung durch die mehr oder wenig steifen Lagerschalen. Man ist deshalb auf Näherungswege angewiesen und rechnet dabei für alle auf Zug, Druck und Biegung beanspruchten Teile die zulässige Spannung für Stahl 400 kg/qcm (bei vorzüglichem Material kann man 600 kg/qcm annehmen).

a) Geschlossener, runder Kopf. Abb. 359.

Man faßt das belastete Kopfstück als geraden, doppelt eingespannten Balken auf (statt gekrümmt), nimmt aber dafür Einzellast an und erhält:

$$\text{Querschnitt I: } \sigma_z = \frac{P}{2\,b \cdot s_1} \leq k_z$$

$$\text{,, II: } \sigma_b = \frac{M_b}{W} = \frac{6\,P \cdot l}{8\,b \cdot s_2^2} \leq k_b.$$

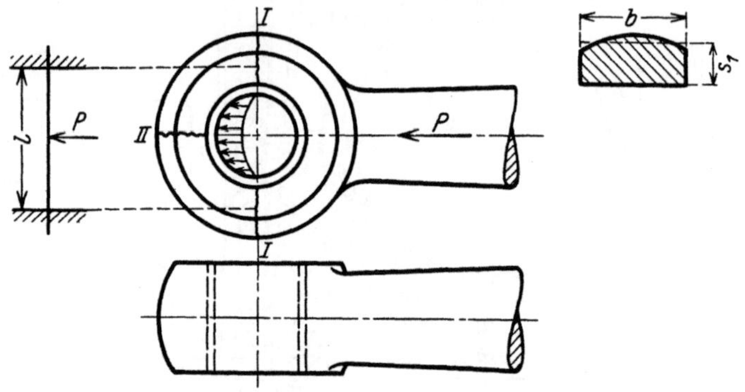

Abb. 359. Berechnung runder geschlossener Köpfe.

b) Geschlossener, länglicher Kopf. Abb. 360.

Wie bei a Annahme einer doppelten Einspannung, dafür P als Einzellast. Bei größeren Dimensionen empfiehlt sich ein Vergleich mit der

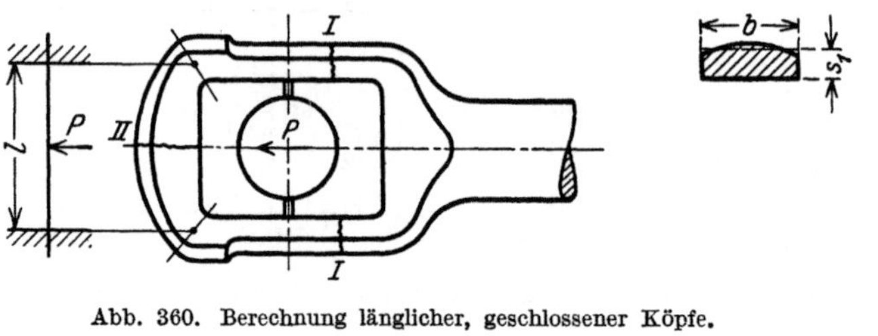

Abb. 360. Berechnung länglicher, geschlossener Köpfe.

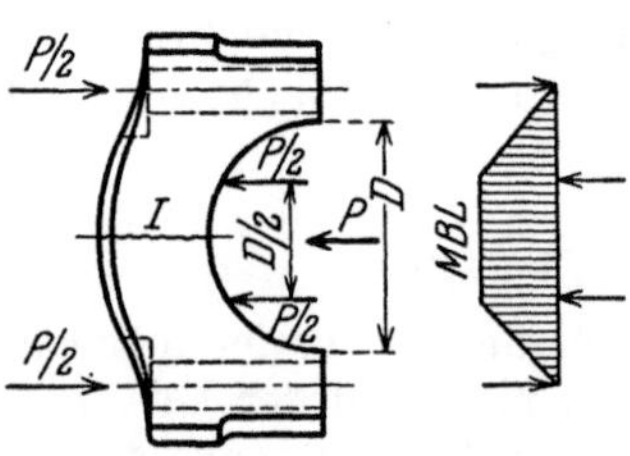

Abb. 361. Berechnung eines Marinekopfes.

Annahme freier Auflage und gleichmäßig verteilter Belastung über die Lagerschalenbreite.

c) Offener Marinekopf. Abb. 361.

Querschnitt I $(b \cdot h)$: Schraubenabstand $= e$.

$$\sigma_b = \frac{M_b}{W} = \frac{\frac{P}{2}\left(\frac{e}{2} - \frac{D}{4}\right)}{\frac{1}{6}\,b \cdot h^2} \leq k_b.$$

Die Deckelschrauben sind aus bestem Material zu machen (zäher Stahl), sauber einzupassen und gegen Verdrehen zu sichern. $k_z =$

300 kg/qcm. Das Schraubengewinde ist als Feingewinde auszuführen (größtmöglicher Kernquerschnitt) und die Mutter gegen Lösen zu sichern (Kronenmutter oder Pennsche Sicherung).

d) Gabelkopf. Abb. 362.

$$\text{Querschnitt I:}\quad \sigma_z = \frac{\frac{P}{2}}{f} \text{ u. } \sigma_b = \frac{\frac{P}{2} \cdot x}{W}$$

$$\sigma_z + \sigma_b \leqq k_b \leqq 300 \text{ kg/qcm.}$$

$$\text{,, II:}\quad \sigma_z = \frac{N}{f};\ \sigma_b = \frac{\frac{P}{2} \cdot y}{W};$$ Schubspannung vernachlässigt,

$$\sigma_z + \sigma_b \leqq k_b \leqq 300 \text{ kg/qcm.}$$

b) Schubstangenschaft. Der Schubstangenschaft wird abwechselnd durch Zug- und Druckkräfte beansprucht, da aber infolge seiner Länge ein seitliches Ausbiegen eintritt, so ist er auf Knickung zu berechnen. Die Schubstange führt eine hin und her schwingende Bewegung aus. Hierbei muß sie ihre Bewegungsrichtung fortgesetzt umkehren. Die schwingenden Massen suchen aber infolge der Trägheit ihre Bewegungsrichtung beizubehalten. Hierdurch wird die Schubstange in der Richtung der Schwingungsebene nach außen durchgebogen. Eine weitere Biegung, die aber nicht nennenswert ist, erfährt die Stange durch ihr Eigengewicht, sowie durch das Reibungsmoment am Kurbelzapfen.

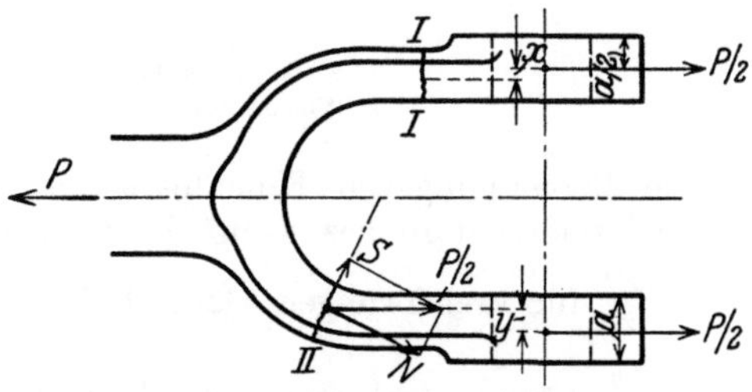

Abb. 362. Berechnung einer Gabel.

Die größte die Schubstange beanspruchende Kraft setzt man meist gleich der durch die Kolbenstange übertragenen Kraft P.

Bei geringen Geschwindigkeiten kann man diese Durchbiegung vernachlässigen und setzen für stählerne Schubstangen von:

rundem Querschnitt . . . . . . $P = 40000 \frac{\Delta^4}{l^2}$,

rechteckigem Querschnitt . . . . $P = 200000 \frac{b^4}{l^2}$,

wenn $h = 1{,}8\, b$ ist.

Für Schubstangen aus Holz, mit $h = 1{,}5\, b$,

$$P = 10000 \frac{b^4}{l^2}.$$

Die aus diesen Formeln berechneten Werte von Δ und h sind die mittleren Maße, nach dem Kurbelzapfen hin nimmt der Schubstangendurchmesser bis $0{,}8\, \Delta$, nach dem Kreuzkopfzapfen hin bis $0{,}7\, \Delta$ ab

(Abb. 363) bei großem Kurbelzapfen aber vielfach nach dem Kurbelzapfen auch auf 1,3 Δ zu; die Seiten sind dann abgeflacht (Abb. 364). Die Breite b rechteckiger Stangen ist unveränderlich, die Höhe am Kurbelzapfenkopf $= 1{,}2\,h$, die am Kreuzkopf $= 0{,}8\,h$.

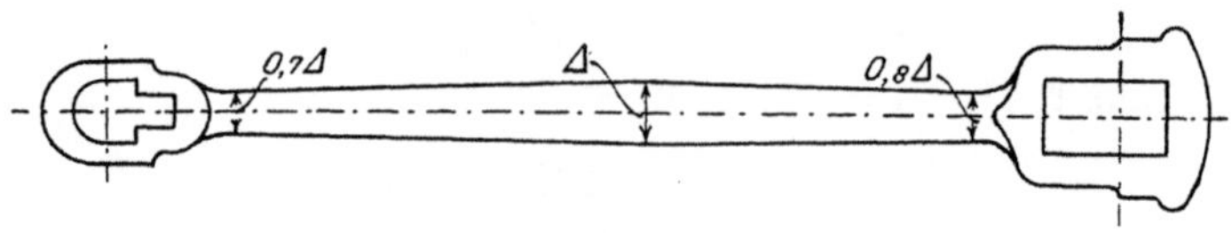

Abb. 363.

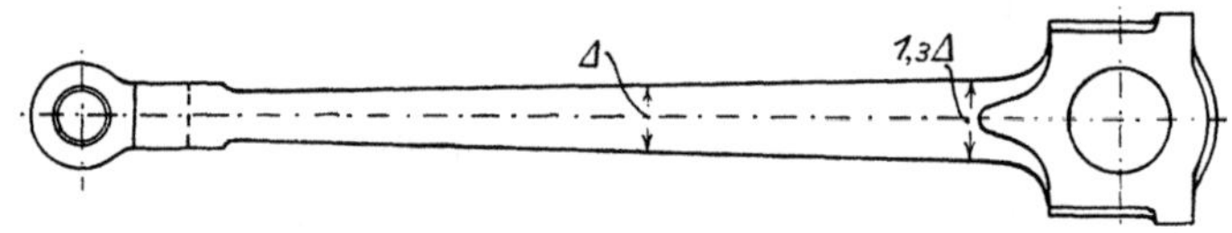

Abb. 364.

Abb. 363 und 364. Übliche Stangenformen.

Die Berechnung auf Knickfestigkeit liefert, wenn J das kleinste Trägheitsmoment in bezug auf die neutrale Achse:

$\frac{\Delta^4}{20}$ für kreisförmigen Querschnitt,

$\frac{b^3 h}{12}$ für rechteckigen Querschnitt (mit $b = 0{,}5$ bis $0{,}6\,h$),

E der Elastizitätsmodul des Materiales in Kilogramm pro Quadratzentimeter, l die Schubstangenlänge in Zentimeter und m ein Sicherheitskoeffizient ist, die Formel

$$J = \frac{m P l^2}{\pi^2 E}.$$

Man wählt:

$m = 25$ bei normalen Dampfmaschinen,
$m = 20$,, Verbrennungsmotoren,
$m = 8$,, Automotoren und Stangen aus Stahl,
$m = 5$,, Automotoren und Stangen aus Duraluminium,
$m = 40$—60 bei stoßweise arbeitenden Maschinen, wie z. B. Pumpen.

Bei Lokomotivschubstangen setzt man

$$P = 500000 \frac{b^4}{l^2} \text{ bis } 1000000 \frac{b^4}{l^2},$$

wenn $h = 2\,b$ ist.

Diese Werte, welche den Sicherheitskoeffizienten $m = \frac{20}{3}$ und $m = \frac{10}{3}$ entsprechen, sind hier zulässig, weil sich bei dem raschen Wechsel von Zug und Druck Formänderungen nicht ausbilden können. Um das Gewicht der Schubstangen möglichst zu vermindern, gibt man ihnen hier auch I-Querschnitt.

Bei größeren Geschwindigkeiten dürfen die Trägheitskräfte der Schubstange nicht vernachlässigt werden.

Die Trägheitskräfte werden bekanntlich bei der Beschleunigung einer Masse hervorgerufen. Sie sind der Größe nach gleich der Beschleunigungskraft der Masse, d. h. $= m \cdot b$, der Richtung nach dieser entgegengesetzt. Es ist also nötig, für jeden Punkt der Stange die Richtung, in der er beschleunigt wird, festzustellen, damit auch die Richtung der die Formänderung der Stange bewirkenden Trägheitskräfte ermittelt werden kann.

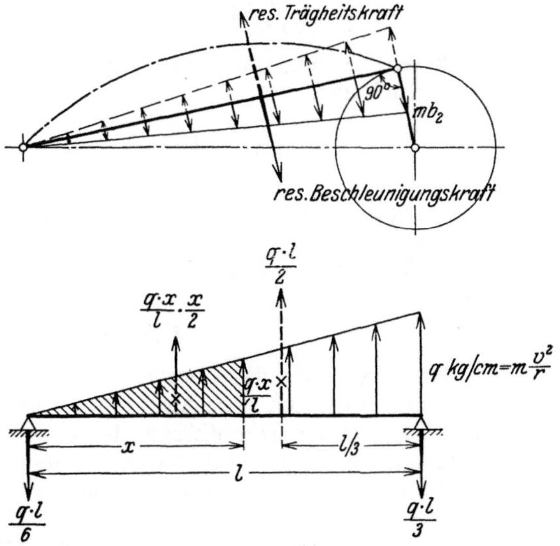

Abb. 365 und 366. Trägheitskräfte an Schubstangen.

Für diese Ermittlung der einzelnen Beschleunigungen der Schubstangenpunkte gilt der Satz aus der Kinematik, wonach die Endpunkte der Beschleunigungs- und Geschwindigkeitsstrecken einer beliebig bewegten starren, geraden Stange auf einer geraden Linie liegen müssen, die von diesen Endpunkten in demselben Verhältnis geteilt wird, in welchem die Anfangspunkte die Stange teilen.

Die größte biegende Wirkung der Trägheitskräfte hat man, wenn sie senkrecht zur Stange stehen, wie dies Abb. 365 veranschaulicht.

Das Belastungsschema der Stange (Abb. 366) ergibt für den beliebigen Querschnitt im Abstand x von links:

$$M_{b_x} = \frac{q \cdot l}{6} \cdot x - \frac{q \cdot x}{l} \cdot \frac{x}{2} \cdot \frac{x}{3}$$

Das Biegungsmoment wird am größten für den Abstand

$$x = \frac{l}{3} \sqrt{3} = 0{,}577\,\mathrm{l}.$$

Das größte Biegungsmoment durch die Trägheitskräfte ist also in der Nähe der Balkenmitte zu suchen. Es rückt um so näher an den Kurbelzapfen, je höher die Drehzahl der Maschine ist. Es ist an Größe:

$$M_{b_{max}} = \sim \frac{1}{16} q \cdot l^2 \,\mathrm{cmkg}.$$

Hieraus ergibt sich eine größte Biegungsbeanspruchung, welche beträgt:

a) für Rechtecksquerschnitt $b \cdot h$ und $h = 2\,b$:

$$\sigma_b = \frac{1}{30} \left(\frac{n}{1000}\right)^2 \cdot \frac{r \cdot l^2}{h} \,\mathrm{kg/qcm} \quad (r = \text{Kurbelradius}).$$

b) für Kreisquerschnitt vom $\varnothing\, d$ cm:

$$\sigma_b = \frac{1}{22{,}5}\left(\frac{n}{1000}\right)^2 \cdot \frac{r \cdot l^2}{d}\ \text{kg/qcm}.$$

Beispiel: Automotor, $n = 2000$/Min., Hub 150 mm; mittl. $\varnothing$ des Schubstangenschafts 30 mm; $\lambda = \frac{1}{4}$, also $l = 300$ mm.

$$\sigma_b = \frac{1}{22{,}5}\left(\frac{2000}{1000}\right)^2 \cdot \frac{7{,}5 \cdot 30^2}{3} = \frac{9000}{22{,}5} = 400\ \text{kg/qcm}.$$

Zu dieser Biegungsbeanspruchung gesellt sich noch eine statische Zugbeanspruchung

$$\sigma_z = \frac{P_{max}}{b \cdot h} \text{ bzw. } \sigma_z = \frac{P_{max}}{\frac{\pi}{4} d^2}\ \text{kg/qcm}$$

und streng genommen noch die dynamische Zugkraft, herrührend von der Massenbeschleunigung (Trägheitskraft) des Kolbens, hinzu. Schließlich muß die Stange, wie oben erwähnt, noch auf Knickung untersucht werden.

5. Kreuzköpfe.

Der Kreuzkopf oder das Querhaupt ist dasjenige Organ beim Kurbeltrieb, das die hin- und hergehende Bewegung ausführt.

Der gleitende Kreuzkopfkörper ist entweder ein offenes, vielfach kugeliges und mit Hülse zur Aufnahme der Kolbenstange versehenes Gefäß (Abb. 367—369), in welchem der Kreuzkopfbolzen festgemacht

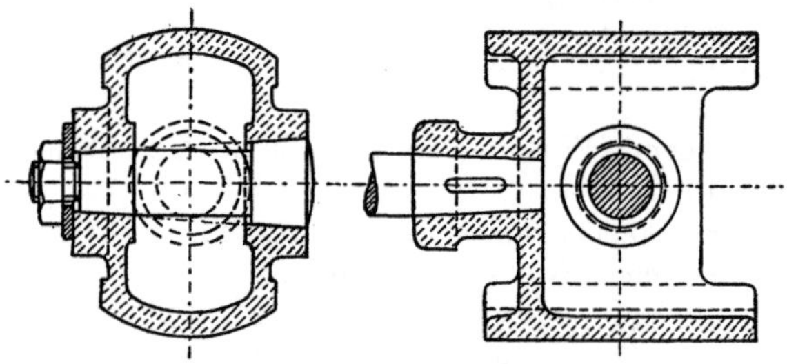

Abb. 367. Einfacher Kreuzkopf.

ist, um welchen die Schubstange schwingt, oder ein geschlossener Block (Abb. 370), innerhalb dem dann der in der Gabel der Schubstange befestigte Kreuzkopfbolzen sich dreht. Seltener sind solche geschlossene Kreuzköpfe mit nach beiden Seiten vorstehenden Zapfen, deren Lager die Gabel der Schubstange trägt.

Die offenen oder gabelförmigen Kreuzköpfe sind aus Gußeisen oder Stahlguß, die geschlossenen aus Stahlguß oder geschmiedetem Stahl. Der Hohlraum bei ersteren muß so groß sein, daß der Schubstangenkopf bei ungünstigster Stellung nirgends anstößt.

Um der Abnützung in den Gleitflächen Rechnung zu tragen, trennt man diese vom eigentlichen Kreuzkopfkörper und erhält so besondere

Gleitschuhe, die nachgestellt werden können (Abb. 368 u. 370). Die Form der Gleitflächen richtet sich nach denen der Geradführung. Man hat entweder Rundführung (zumeist bei stationären liegenden Maschinen)

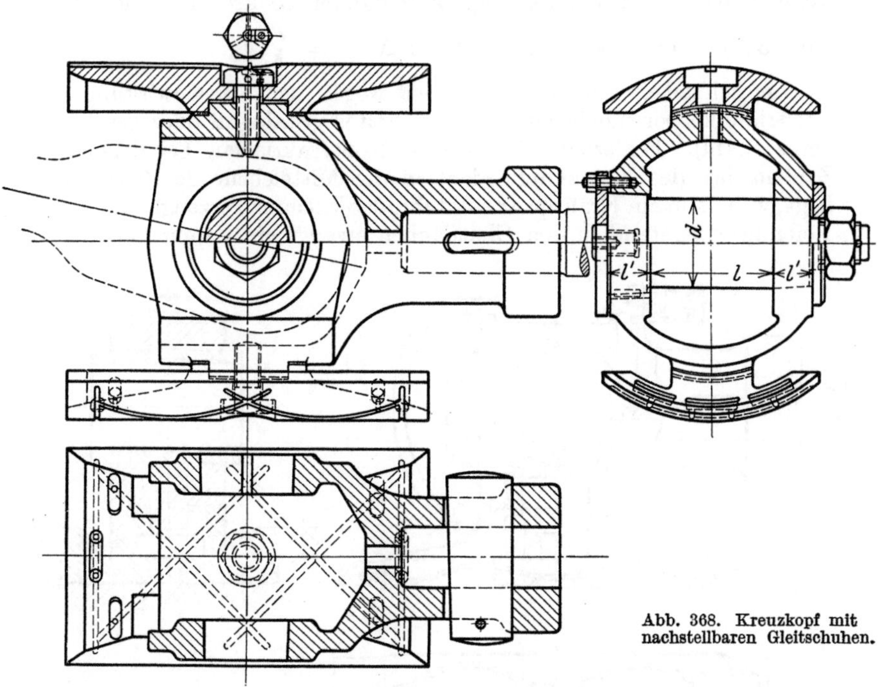

Abb. 368. Kreuzkopf mit nachstellbaren Gleitschuhen.

oder Planführung (bei stehenden Maschinen und bei Lokomotiven). Die Gleitschuhe sind in der Regel aus weichem Gußeisen, geschliffen,

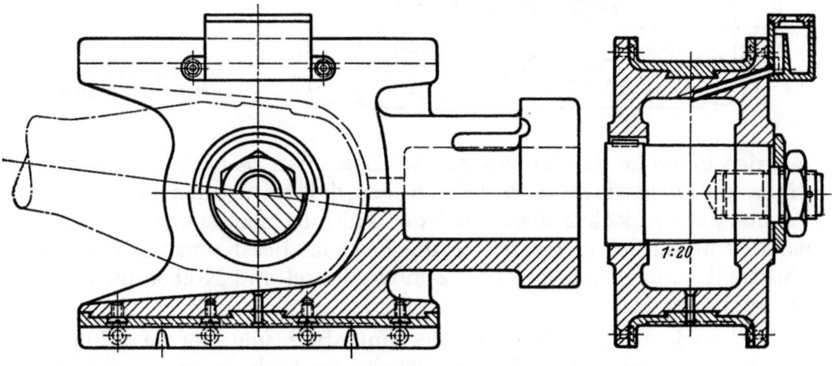

Abb. 369. Einfacher Lokomotivkreuzkopf.

und meist ohne Weißtmetallfütterung. Die Gleitfläche macht man so groß, daß die spezifische Pressung $p = 2$—3 kg/qcm nicht überschreitet (bei Weißmetall bis 4 kg/qcm), so daß eine nennenswerte Abnützung erst nach sehr langer Betriebsdauer zu erwarten ist. Bei Lokomotiven geht man etwas höher, bis zu 6 kg/qcm. Man rechnet zur Sicherheit mit dem größten Kreuzkopfdruck gegen die Gleitbahn, der dann eintritt, wenn Kurbel und Schubstange aufeinander senkrecht stehen (vgl. Abb. 322). Für $r/l = 1/_5$ ist dabei $N_{max} = \frac{P}{5}$ kg.

Für schnellaufende Maschinen ist wegen der Massenwirkung der Kreuzkopfkörper möglichst leicht zu halten (Stahlguß oder geschmiedeter Stahl). Fehlerhaft sind solche Konstruktionen, bei denen die Zapfenachse des Kreuzkopfs nicht in der Mittelebene der Gleitfläche liegt, weil dann ein Kräftepaar entsteht, das Klemmen erzeugt. Auch der Reibungswiderstand in den Gleitflächen erzeugt ein Kippmoment, das

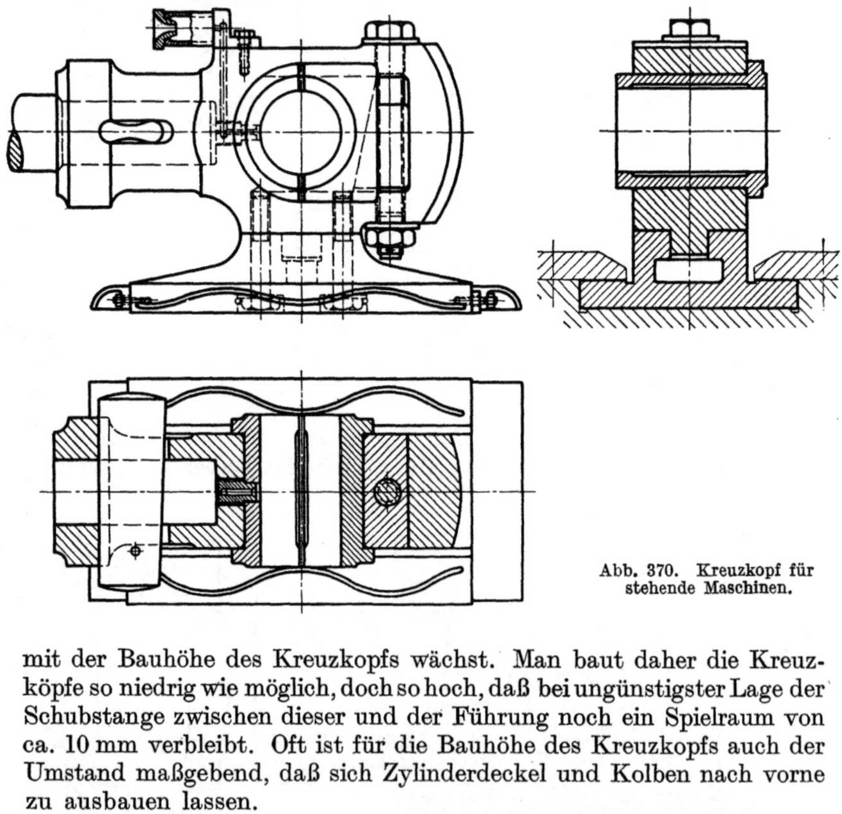

Abb. 370. Kreuzkopf für stehende Maschinen.

mit der Bauhöhe des Kreuzkopfs wächst. Man baut daher die Kreuzköpfe so niedrig wie möglich, doch so hoch, daß bei ungünstigster Lage der Schubstange zwischen dieser und der Führung noch ein Spielraum von ca. 10 mm verbleibt. Oft ist für die Bauhöhe des Kreuzkopfs auch der Umstand maßgebend, daß sich Zylinderdeckel und Kolben nach vorne zu ausbauen lassen.

Da auch bei gleichbleibender Umlaufrichtung der Maschine der Druck des Kreuzkopfs auf die Gleitbahn wechselt, wenn die Triebkraft nicht mehr vom Kolben, sondern vom Schwungrad ausgeht, so muß bei Anordnung von nur einem Gleitschuh für den Kreuzkopf auch im Hinblick auf die einseitigen Massenkräfte, die das von der gleitenden Reibung herrührende Kippbestreben vergrößern, der Gleitschuh schwalbenschwanzförmig geführt werden, oder ist der Schuh mit Deckleisten zu versehen (Abb. 370).

Abb. 367 zeigt einen einfachen gußeisernen Kreuzkopf offener Bauart, mit angegossenen Gleitflächen für kleine Kraftverhältnisse; Abb. 368 einen solchen mit nachstellbaren Gleitschuhen. Nachstellung durch Einlegen von Papier- oder dünnen Blechringen zwischen Schuh und Kreuzkopfkörper. Abb. 369 stellt einen Lokomotivkreuzkopf vor, der zwischen zwei verstellbaren Linealen läuft. Bei Lokomotivkreuzköpfen mit nur einem Lineal umfaßt der Kreuzkopfkörper das Lineal ringsum. Abb. 370 zeigt einen Kreuzkopf mit einem Gleitschuh für eine stehende Maschine. Der geschlossene Kreuzkopfkörper enthält die nachstellbaren Rotgußlagerschalen für den Kreuzkopfzapfen.

Der Kreuzkopfbolzen ist ein zweiseitig unterstützter Zapfen (Gabelzapfen) und ist, da er stoßender Belastung durch Kraftrichtungswechsel unterworfen ist, so exakt wie möglich einzupassen und zu befestigen. Dies erfolgt am besten durch konische Gestaltung der Sitzfläche und zwar im Interesse genauer Herstellung der Löcher mit durchlaufendem Konus, für welchen 1:10 bis 1:20 üblich ist. Befestigung in der Regel mittels Schraube und Mutter auf der einen Seite (Sicherung durch Splint), bei größeren Kräften empfiehlt sich Anordnung einer Druckscheibe auf der Gegenseite (Abb. 368), um eine beiderseitige Spannungsverbindung zu erhalten. Sicherung gegen Verdrehen durch Feder und Nut oder durch Nase. Geschmiert wird der Kreuzkopfbolzen entweder durch Abstreifer (Abb. 368) oder durch Ölgefäß am Kreuzkopf mit Dochtschmierung (Abb. 369 und 370) oder durch den ausgebohrten Zapfen hindurch.

Die Länge der zylindrischen Lauffläche (im Einsatz gehärtet und geschliffen) kann genommen werden (Abb. 368): $l = 1{,}4$ bis $1{,}5\,d$, für die Stützlänge: $l' = 0{,}4$ bis $0{,}5\,d$. Bei gedrängter Bauart (Lokomotiven) finden sich etwas kleinere Werte.

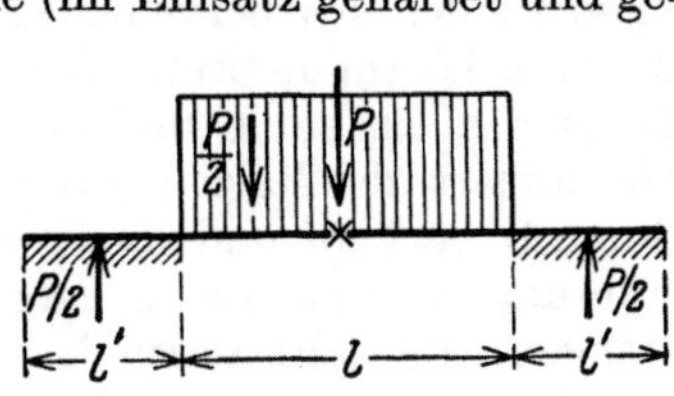

Abb. 371. Zur Berechnung des Kreuzkopfbolzens.

Die Berechnung des Bolzens hat auf Biegung und Pressung zu geschehen. Wärmeableitung kommt wegen der nur schwingenden Bewegung hier kaum in Frage. Es gilt nach Abb. 371 für den gefährdeten Querschnitt in der Zapfenmitte:

$$M_b = \frac{P}{2}\left(\frac{l}{2} + \frac{l'}{2}\right) - \frac{P}{2} \cdot \frac{l}{4} = \frac{P}{2}\left(\frac{l}{4} + \frac{l'}{2}\right) = \frac{d^3}{10} \cdot \mathrm{k}_b$$

$$k_b = 500 \text{ kg/qcm.}$$

Für die zulässige Pressung $k = \frac{P}{l \cdot d}$ kann gewählt werden:

$k = 80$— 90 kg/qcm für normale Verhältnisse,
$k = 100$—150 ,, ,, besonders günstige Verhältnisse,
$k = 150$—300 ,, ,, Lokomotiven.

Die Befestigung der Kolbenstange im Kreuzkopfhals geschieht in den häufigsten Fällen durch Querkeile. Über deren Berechnung siehe dort. Das einfachste ist, das Stangenende zylindrisch in die Hülse einzupassen und sie entweder mit ihrer Stirnfläche am inneren Boden der Hülse, der ein Loch zum Herausschlagen der Stange hat, zu verspannen (Abb. 368) oder durch einen kurzen Kegel mit 1:1 Neigung außen an der Hülse (Abb. 370). Trotz der teueren Herstellung und der Sprengwirkung in der Nabe ist aber die Konusbefestigung mit schlankem Kegel besonders im Lokomotivbau noch immer zu finden. Paßt man den Konus so ein, daß nach dem Eintreiben des Keils die gut abgerundete Stirnfläche des Konus den Boden der Hülse infolge Streckens gerade berührt, so kann im Betrieb keinerlei Schlag entstehen.

Die durch die Sprengkraft in der Hülse von f qcm Querschnitt entstehende Zugspannung beträgt bei P kg Stangenkraft und einem halben Keilwinkel von α^0:

$$\sigma_z = \frac{P}{2\pi \cdot tg\,(\alpha + \varrho) \cdot f} \text{ kg/qcm.}$$

$\varrho = 9^0$ nach Versuchen von Bonte. Eine Einstellbarkeit der Kolbenstange gegenüber dem Kreuzkopf erzielt man durch Einschrauben der Stange in die Hülse mit Anwendung von Gegenmutter oder durch Anordnung nach Abb. 380, die eine Konstruktion von A. Borsig, Berlin darstellt.

6. Geradführungen.

Der Kreuzkopf erfordert zu seiner Bewegung einer besonderen Geradführung in Gestalt einer festen Gleitbahn. Bei liegenden Maschinen ist diese mit dem Kurbelwellenlager zusammengegossen und bildet den sogenannten Lagerbalken. Bei stehenden Maschinen bildet die Gleitbahn für sich allein ein Gußstück, das auf die die Kurbellager enthaltende Grundplatte der Maschine aufgeschraubt ist. An Stelle der Geradführung durch Kreuzkopf und Gleitbahn kann eine solche auch erfolgen durch Führung in besonderen Lagern oder Buchsen, oder durch Gelenkstangen. Bei schwereren Maschinen hat man stets starre Gleitbahnen mit Kreuzkopfführung. Die Form der Gleitbahn ist, der Kreuzkopfausführung entsprechend, entweder eben oder zylindrisch. Die zylindrische Führung bietet den großen Vorteil, daß man durch Ausbohren derselben (dem Kreuzkopfdurchmesser entsprechend) eine zum Zylinder genau zentrische Lage in einfachster Weise erreicht und damit die Montage sehr erleichtert. Die Länge der Gleitfläche muß um 2—3 cm kleiner sein, als die Summe von Hub und Gleitschuhlänge, damit der Gleitschuh an beiden Seiten überläuft und an der Bahn kein Grat entsteht.

Bei Maschinen mit Stirnkurbelwelle wird der Lagerbalken als Bajonettrahmen ausgeführt (Abb. 372). Der Führungskörper muß reichliche Abmessungen erhalten, so daß Durchfederungen vom Bahndruck herrührend, keinen erheblichen Betrag erreichen. In dieser Beziehung sind die Konstruktionen am vollkommensten, bei denen der

Führungsbalken in seiner ganzen Länge auf dem Fundament aufruht, so daß eine Durchbiegung ausgeschlossen ist.

Bei kleinen Ausführungen finden sich auch freitragende oder am Zylinderende auf einen Fuß sich abstützende Gleitbahnen.

Zu verschiedene Stärken der einzelnen Teile sind der Gußspannungen wegen zu vermeiden. Balkenschrauben zum Anschrauben des Zylinders sechs Stück, nur bei ganz großen Zylindern mehr. Die Bauhöhe des Lagerbalkens richtet sich nach der Konstruktion des Kurbellagers. Sie soll möglichst gering sein. Zum Herausnehmen des Kreuzkopfbolzens und Herausschlagen des Keils im Kreuzkopfhals ist in der geschlossenen Rückwand ein entsprechendes Loch vorzusehen.

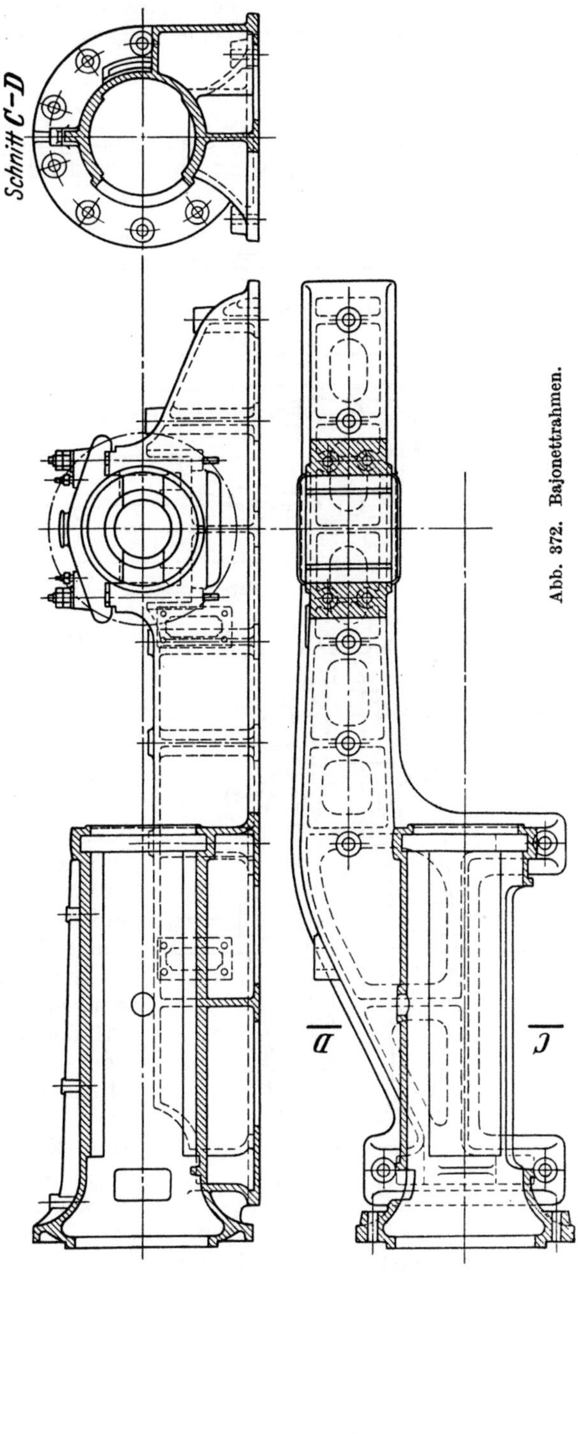

Abb. 372. Bajonettrahmen.

Da die Schmierung der unteren Bahn leichter und sicherer ausgeführt werden kann, so erhalten die Maschinen möglichst Rechtslauf, bei dem der Bahndruck in der Hauptsache abwärts gerichtet ist. Zugeführt wird das Öl durch besonders aufgesetzte Ölgefäße an der oberen Bahn. Das Entweichen des Öls an der unteren Bahn wird durch angegossene oder angeschraubte Leisten (Ölfangschuhe) bewirkt.

Für Maschinen mit

gekröpften Kurbelwellen wird der Lagerbalken so ausgeführt, daß die Gleitbahn zwischen den beiden Kurbellagern liegt. Abb. 373 zeigt einen solchen Gabelrahmen für eine kleinere Maschine, Abb. 374 einen Gabelrahmen für eine größere Maschine. Vorteilhaft bei dieser Ausführung ist die beiderseitige gute Zugänglichkeit zu Kreuzkopf und Stopfbuchse.

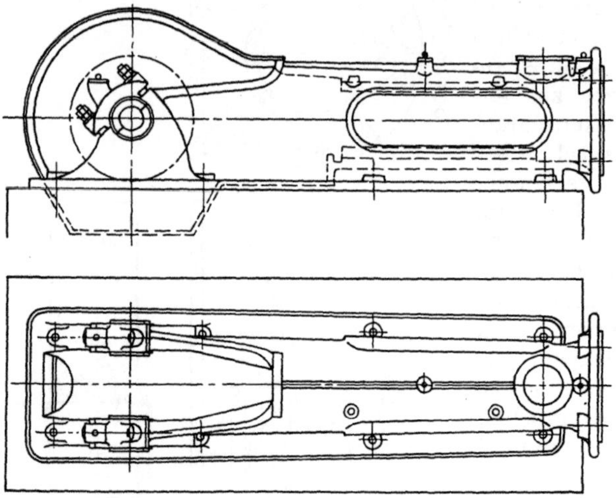

Abb. 373. Gabelrahmen für kleinere Maschinen.

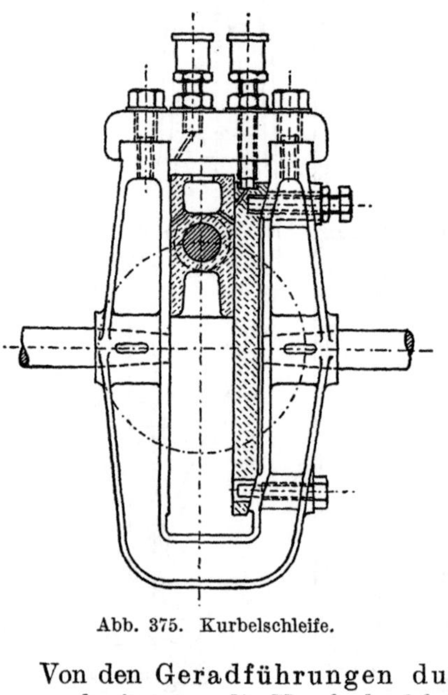

Abb. 375. Kurbelschleife.

Das Lagerbalkenende macht man, um die Biegungsbeanspruchung an der gefährdeten Stelle beim Übergang vom Rahmen zum Lager zu mildern, lang ausgreifend. Für k_b rechnet man mit 150 kg/qcm für Gußeisen. Bei kleinen Rahmen kommt man mit 12 mm, bei den größten mit 30 mm Wandstärke aus. Ansätze für Fundamentanker sind kräftig zu gestalten (hohe Augen).

Stehende Maschinen erhalten entweder einseitige Führungsständer mit ebenen Gleitflächen oder zweiseitige, sogenannte A-Ständer mit zylindrischer Führung. Die einseitigen haben bessere Zugänglichkeit zum Kreuzkopf und werden deshalb bevorzugt.

Von den Geradführungen durch Lager oder Buchsen sind am verbreitetsten die Kurbelschleifen (Abb. 375). Die Kulisse muß

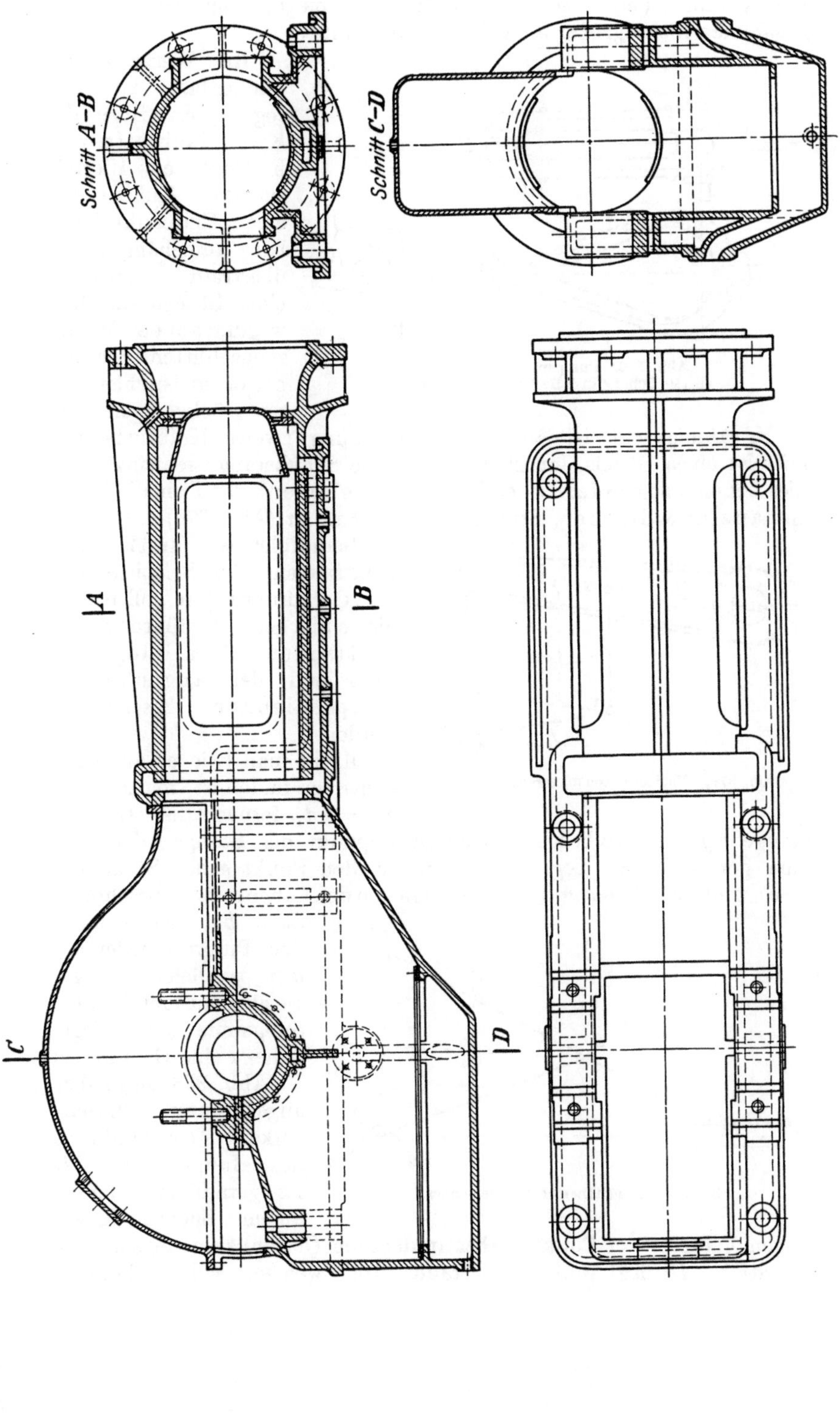

Abb. 374. Gabelrahmen für größere Maschinen. (Maschinenfabrik Eßlingen.)

kräftig dimensioniert sein, damit die Durchbiegung der beiden Stege zusammen nicht größer als 0,1—0,15 mm wird.

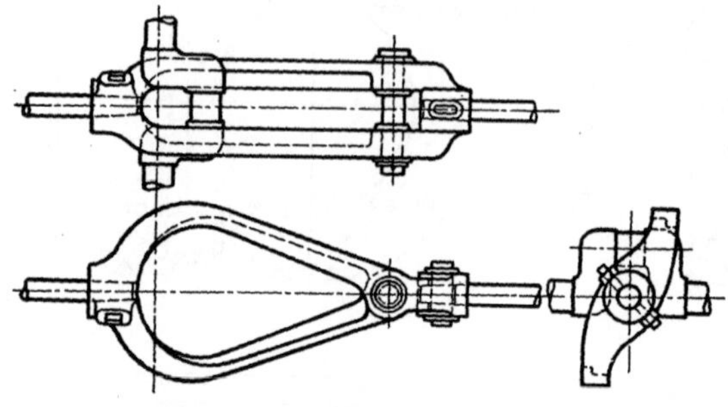

Abb. 376. Pumpengeradführung. (Klein, Schanzlin & Becker, Frankenthal.)

Im Werkzeugmaschinenbau ist die sog. schwingende Kurbelschleife viel im Gebrauch. Hierbei ist die Kulisse an einem Endpunkt drehbar aufgehängt und überträgt mittelst einer Stange die Bewegung auf den Werkzeugschlitten, der dabei einen beschleunigten Rückgang erfährt.

Erwähnenswert ist auch die Verbindung zweier Kolbenstangen mittelst eines Bügels, innerhalb dessen die Schubstange schwingt, wie dies bei dem sog. Kleinschen Maschinenelement der Firma Klein, Schanzlin & Becker, Frankenthal der Fall ist (Abb. 376).

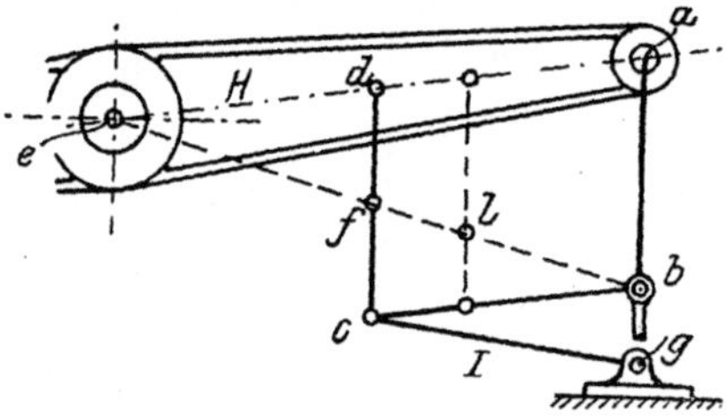

Abb. 377. Wattsche Gelenkgeradführung.

Geradführung durch Gelenkstangen. Als Beispiele dieser Geradführungen sollen hier die einfachste Ausführung des Wattschen Parallelogrammes und der angenäherte Ellipsenlenker beschrieben werden.

Macht man (wie es am häufigsten zu finden ist) in Abb. 377 $ed = ad$, ferner die Gelenkstange $cg = ed$, so beschreibt der Mittelpunkt der Stange cd nahezu eine gerade Linie. Legt man nun an den Punkt a eine Stange $ab = cd$ und zwischen c und b eine Stange von der Länge ad, so beschreibt auch b, ebenso auch der Punkt l jeder zu ab parallelen Stange, welcher auf der Verbindungslinie eb liegt, nahezu eine Gerade.

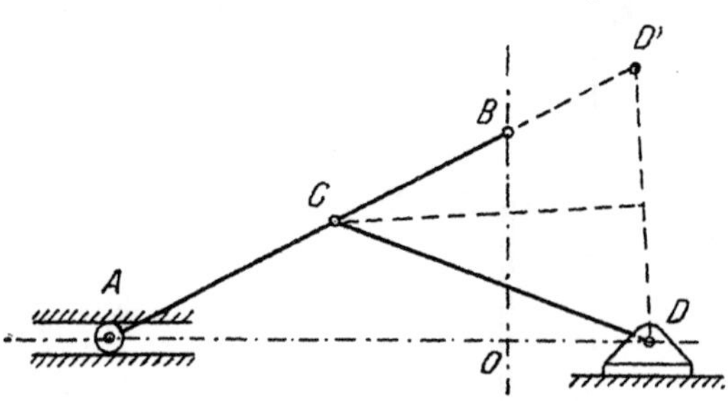

Abb. 378. Angenäherter Ellipsenlenker.

Abb. 378 zeigt den angenäherten Ellipsenlenker. Der Punkt A des Hauptlenkers AB ist geradlinig oder in einem flachen Kreisbogen geführt, der Punkt C aber an dem um D drehbaren Gegenlenker befestigt. D liegt auf der Geraden, auf welcher sich A bewegt.

Der Punkt B beschreibt dann eine zu AD senkrechte Gerade, sofern die Punkte C und D so gewählt sind, daß C in der äußersten Stellung des Hauptlenkers senkrecht über der Mitte der Strecke D' liegt. Den Punkt D^1 auf der Verlängerung von AB findet man, wenn man $BD' = OD$ macht.

7. Kolbenstangen.

Die Kolbenstange (Abb. 379 und 380) ist der Maschinenteil, welcher entweder Kraft und Bewegung vom Kolben weg — oder nach dem Kolben hinleitet.

Material: hochwertiger Stahl, vor dem Fertigdrehen ausgeglüht.

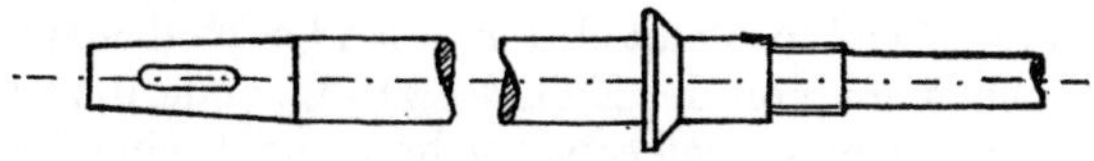

Abb. 379. Kolbenstange.

Herstellung: Vorschmieden, Schruppen, Schlichten, Lauffläche schleifen.

Beim Schmieden schwerer Kolbenstangen ist der Lunkerbildung im oberen Teile des Blockes wegen, dieser obere Teil als hinteres Ende, das weniger beansprucht ist, zu verwenden.

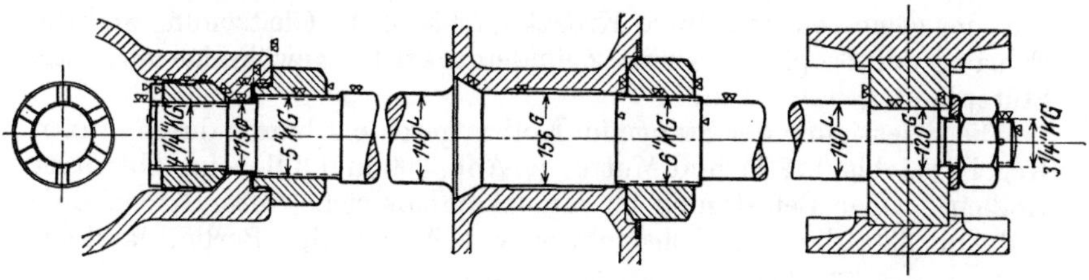

Abb. 380. Kolbenstange für große Maschinen. (A. Borsig, G. m. b. H., Berlin.)

Der Querschnitt der Kolbenstange ist kreisförmig oder ringförmig.

Die Kolbenstange stehender Maschinen ist auf Knickfestigkeit beansprucht. Ist m der Sicherheitskoeffizient, l die Länge vom Kolben bis zum Kreuzkopf in cm, $P = \frac{\pi}{4} D^2 \cdot p$ die von der Kolbenstange zu übertragende Kraft, E der Elastizitätsmodul, welcher beträgt:

für gewöhnlichen Stahl 2 000 000 kg/qcm
„ hochwertigen „ 2 150 000 „

und ist J das Trägheitsmoment, welches beträgt:

für vollen kreisförmigen Querschnitt $\frac{d^4}{20}$ cm^4

„ ringförmigen Querschnitt $\frac{d_1^4 - d_2^4}{20}$ cm^4

so hat man zu setzen:

$$m \cdot P = \frac{\pi^2 \cdot J \cdot E}{l^2} = \sim \frac{10\,J \cdot E}{l^2}$$

Den Sicherheitskoeffizienten nimmt man 8—11, wenn die Belastung zwischen Null und der Maximalkraft P schwankt (einfach-wirkende Maschinen), dagegen $m = 15—22$, wenn sie zwischen $+P$ und $-P$ schwankt (doppelt wirkende Maschinen).

Einfacher rechnet man

$$d = \sqrt[4]{\frac{P}{P_o} l^2} \text{ cm}$$

wobei l = Länge in Meter,
$P_o = 10$, wenn die Belastung zwischen 0 und P,
$P_o = 5$, „ „ „ „ $+P$ und $-P$ schwankt.
Ungefähr ist $l = 1{,}3 \cdot$ Kolbenhub.

Bei liegenden Maschinen mit durchlaufender Kolbenstange kommt, wenn der Kolben nicht von der Zylinderwand, sondern von der Stange getragen wird, zur Knickungsbeanspruchung noch eine Biegungsbeanspruchung hinzu.

Die Durchbiegung in der Mitte soll höchstens 0,1—0,2 cm betragen. Allgemein berechnet sich die Größe der Stangendurchbiegung zu

$$y = \left(G_K + \frac{5}{8} G_s\right) \cdot \frac{l^3}{48\, E \cdot J} \text{ cm}$$

G_K = Kolbengewicht und G_s = Stangengewicht.
l in cm, gemessen von Mitte Kreuzkopf bis Mitte Gleitschuh, weil die Führung der Stopfbuchsen im Zylinderdeckel für gewöhnlich nicht als Stützpunkt gelten kann.

Die Befestigung der Stange im Kolben geschieht häufig durch kurzen Kegel (1:1 bis 1:2,5) und Mutter (s. Abb. 390 und 391 beim Abschnitt Kolben). Über Befestigung im Kreuzkopfhals siehe unter Kreuzköpfe und Abb. 380, die eine Konstruktion von A. Borsig, Berlin, darstellt.

Zulässige Flächenpressung im Konus:
Bei Stahl/Guß $p = 400$ kg/qcm Projektionsfläche
„ Stahl/Stahl $p = 800$ „ „
Schraubengewinde möglichst als Feingewinde. Die Beanspruchung im Kern und die Pressung im Gewinde soll 400 kg/qcm nicht überschreiten, was die Mutterhöhe bestimmt.

8. Kolben.

Kolben haben die Aufgabe, Kraft oder Bewegung vom Getriebe der Maschine auf Flüssigkeiten, Dämpfe oder Gase, die in einem Gefäße, dem Zylinder, eingeschlossen sind, zu übertragen oder umgekehrt.

Kolben und Zylinderwandung müssen gegeneinander abgedichtet sein. Ist der Zylinder mit der Dichtung oder Liderung ausgerüstet, so nennt man den Kolben Tauch- oder Plungerkolben, ist der Kolben damit versehen, Scheibenkolben.

Die Bewegung des Kolbens ist meist eine geradlinig hin- und hergehende, seltener eine drehende.

Tauchkolben.

Die Tauch- oder Plungerkolben (Abb. 381 und 382) kommen hauptsächlich bei Pumpen, hydraulischen Pressen usw. zur Verwendung. Die Kolben von Gas-, Öl- und Fahrzeugmotoren sind ebenfalls in Form von Tauchkolben ausgebildet, tragen aber wie die Scheibenkolben ihre Dichtung selbst. (Siehe bei Scheibenkolben.)

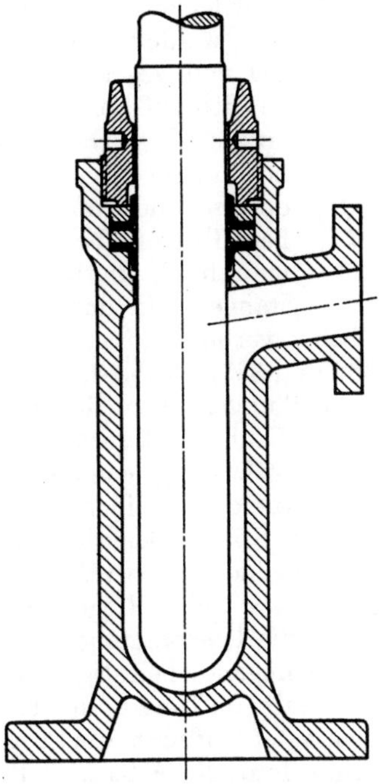

Abb. 381. Massiver Tauchkolben.

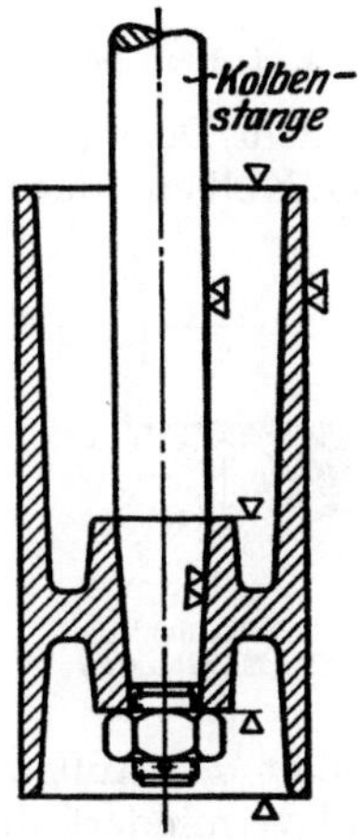

Abb. 382. Tauchkolben mit Kolbenstange.

Die Abdichtung geschieht in der Regel durch Stopfbuchsen (siehe dort) in Verbindung mit Leder- oder Gummimanschetten. Seltener findet sich unmittelbare Dichtung durch sauberes Einschleifen des Kolbens (bei Preßpumpen für besonders hohe Drücke). Über Labyrinthdichtung siehe bei Stopfbuchsen.

Die gebräuchlichsten Formen der Lederdichtung sind in den Abb. 381, 384 und 385 dargestellt und zwar zeigt Abb. 381 eine Dichtung für kleinere Saug- und Druckpumpen, sie dichtet sowohl gegen äußeren als gegen inneren Überdruck; Abb. 384 zeigt eine im Pumpenbau viel verwendete Stulpdichtung, die nur gegen inneren Überdruck dichtet; das Wasser muß unter die Manschette treten können.

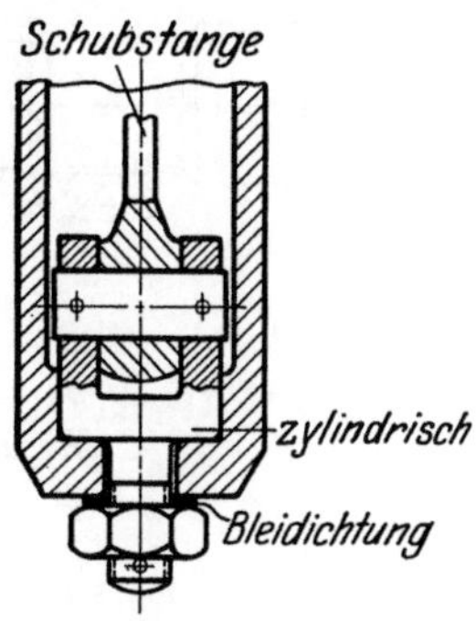

Abb. 383. Hohler Tauchkolben.

Die Herstellung der Lederringe geschieht mit Hilfe geeigneter Formen, in die das vorher in warmem Wasser eingeweichte Leder langsam hineingepreßt wird. Abb. 385 zeigt eine patentierte Dichtung des Gruson-Werkes, bei welcher durch die dachförmigen Metallringe die Lederscheiben nach beiden Seiten hin angepreßt werden.

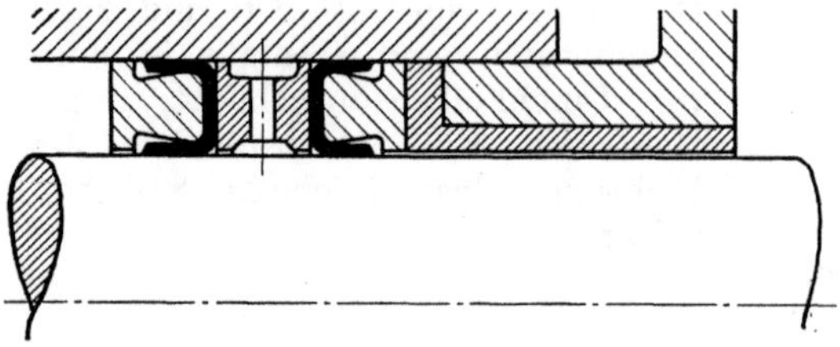

Abb. 384. Lederstulpdichtung.

Kleinere Tauchkolben werden wie Abb. 381 voll gegossen bzw. aus Rotguß oder Stahl hergestellt. Die Kolbenstange greift am oberen Ende an. Größere Tauchkolben gießt man hohl, die Kolbenstange kann dann entweder mit dem Deckel des hohlen Kolbens verbunden sein, oder auch in den Kolben hineinragen (Abb. 382 und 383). Abb. 386 zeigt einen gegossenen Plungerkolben für große Verhältnisse. Der Kolben ist stehend zu gießen; zur Kernentfernung genügt die untere Öffnung, die durch einen eingepreßten und mit Stampfblei abgedichteten Deckel verschlossen wird. Die Kolbenstange ist durch Riegel und Mutter auch für die Übertragung wechselnder Kräfte genügend befestigt. Die eingeschlossene Luft im Innern des Kolbens vergrößert den Auftrieb im Wasser, entlastet dadurch die Stopfbuchsen und vermindert die zur Bewegung erforderliche Kraft. Berechnung der Wandstärke hohler Tauchkolben siehe bei Zylindern.

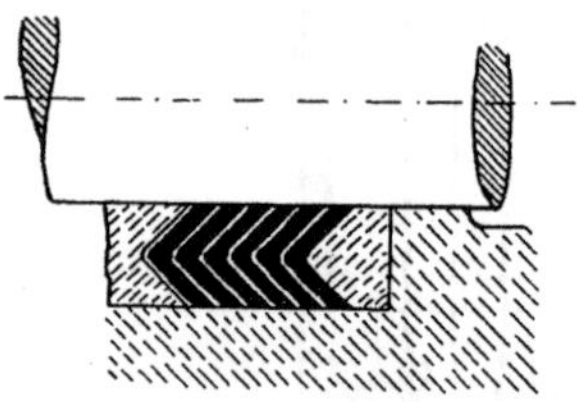

Abb. 385. Lederstulpdichtung.
(O. Gruson & Co., Magdeburg.)

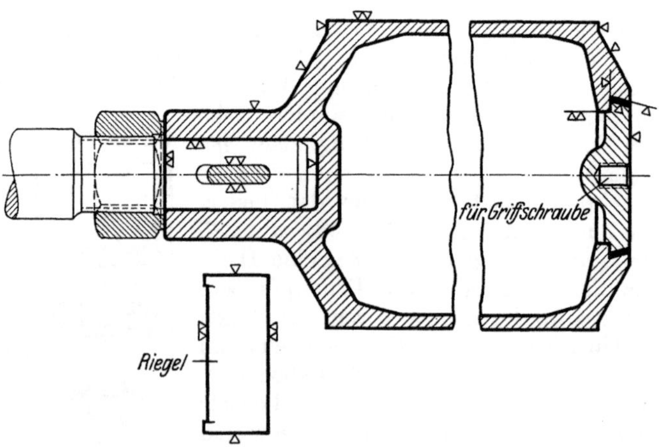

Abb. 386. Großer Tauchkolben.

Für Flüssigkeiten, welche Eisen angreifen, verwendet man Kolben aus Rotguß oder Bronze, oder umgibt die gußeisernen Kolben mit warm aufgezogenen nahtlosen Kupfer- oder Messingrohren, deren Enden umgebördelt werden. Für Säuren und Laugen benützt man ganz aus Steinzeug hergestellte Pumpen.

Sitz der Tauchkolben: Schlichtlaufsitz.

Scheibenkolben.

Der Kolbenkörper besteht gewöhnlich aus Gußeisen oder geschmiedetem Stahl, aus Bronze des hohen Preises wegen nur dort, wo chemische Einflüsse dies nötig machen.

Als Dichtungsmaterial finden für Scheibenkolben Verwendung: Hanf oder ähnliches Material, Leder, Holz und Metall.

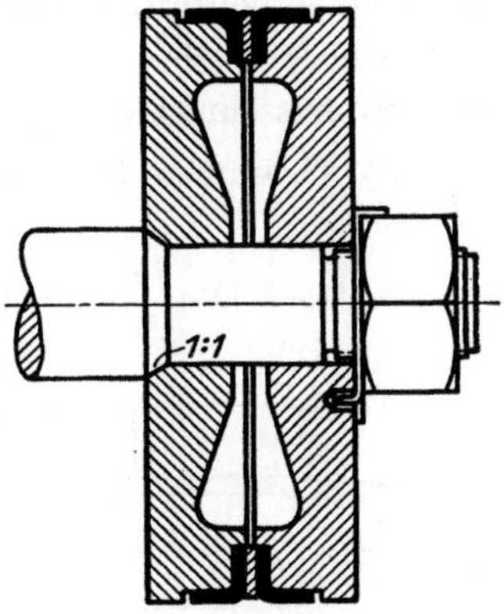

Abb. 387. Geteilter Scheibenkolben für Wasserpumpen.

1. Hanfliderung wird nur selten verwendet, hauptsächlich bei kaltem und warmem Wasser und feuchten Dämpfen von niedriger Temperatur. Mit Vorteil verwendet man sie dort, wo ein einseitig ausgelaufener Zylinder nicht nachgebohrt werden kann. Da sie leicht festbrennt und häufig nachgezogen und erneuert werden muß, ist sie durch die Metallpackung fast ganz verdrängt worden.

2. Lederliderung. Diese ist nur für Flüssigkeiten und Gase bis zu einer Temperatur von 30—40° zu verwenden. Für saure Grubenwässer darf sie nicht angewandt werden. Abb. 387 zeigt einen Kolben für doppelt wirkende Wasserpumpen. Die abdichtende Manschettenhöhe nimmt man 12—20 mm, die Lederstärke 3—6 mm. Bei der Huberpresse verwendet man mehrere flache zusammengepreßte Lederscheiben, deren Rand nach unten umgebogen ist, mit zwischengelegten Metallringen.

3. Holzliderung. Diese wird hauptsächlich für Warmwasserpumpen der Kondensationsmaschinen verwandt, soll gut dichten und wenig Abnützung ergeben.

4. Metalliderung. Sie ist die wichtigste. Nur selten, z. B. bei Feuerspritzen, sind die Kolben direkt eingeschliffen; bei den Feuerspritzen nimmt man die hohen Herstellungskosten eines solchen Kolbens der Betriebssicherheit wegen in Kauf.

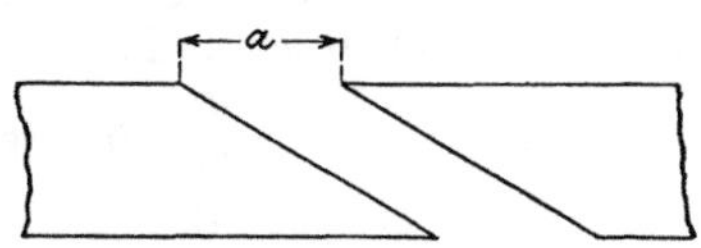

Abb. 388. Schräger Kolbenringstoß.

Bei allen Kolben für Dampf- und Verbrennungsmaschinen erfolgt die Abdichtung durch Ringe (Abb. 388—394) aus zähem, nicht zu weichem Gußeisen oder Bronze, seltener aus weichem Stahl oder gezogenen Kupfer- oder Messingstangen, die sog. Liderungsringe oder Kolbenringe.

Die Kolbenringe sollen der Abnützung wegen aus nicht zu weichem

Material sein. Meist verwendet man zähes Gußeisen, Bronze gewöhnlich nur, wenn die chemische Wirkung der Flüssigkeiten dies notwendig macht, noch seltener Stahl. Bei Dampfmaschinen verwendet man ein bis drei Ringe, bei Gas- und Dieselmaschinen vier bis acht und noch mehr.

Man hat heute durchweg Selbstspanner, welche aus einem Ring von etwas größerem Durchmesser hergestellt, mit einem schrägen (Abb. 388) oder treppenförmigen (Abb. 389) Ausschnitt, der ausgebohrt oder besser ausgefräst wird, versehen, zusammengespannt und auf den Durchmesser der Zylinderbohrung abgedreht werden. Sie federn dann auseinander und schmiegen sich so der Zylinderwandung dicht an. Rechnet man auf den Ausschnitt $a = \frac{D}{10}$ und auf die Bearbeitung (Vor- und Fertigdrehen) zusammen 6—12 mm, so muß der Durchmesser des rohen Ringes

$$D_1 = D + \frac{a}{\pi} + 5 \text{ bis } 10 \text{ mm} = D + \frac{0{,}1\,D}{\pi} + 5 \text{ bis } 10 \text{ mm}$$
$$= 1{,}032\,D + 5 \text{ bis } 10 \text{ mm sein.}$$

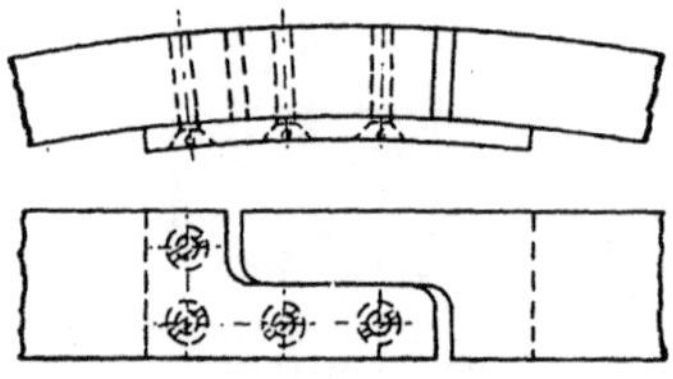

Abb. 389. Überlappter Kolbenringstoß.

Außer den erwähnten Kolbenringverschlüssen gibt es noch eine Reihe anderer, so z. B. der von Buchhold & Beer, G. m. b. H., Wiesbaden, der unabhängig von der Abdichtung stets gasdicht abschließen soll. Auch gute amerikanische Konstruktionen sind eingeführt.

Beim Abdrehen der Kolbenringe nach dem Schlitzen sind besondere Spannbüchsen und Dorne nötig, man schruppt deshalb den mit einem Aufspannring versehenen Gußkörper auf einem senkrechten Lehr- oder Drehwerk innen und außen, sticht den Aufspannring ab, schlitzt den Hohlzylinder auf einer senkrechten Fräsmaschine, spannt ihn mit Schellen zusammen und dreht nun außen und innen fertig. Hierauf wird der Zylinder in die einzelnen Ringe zerlegt und deren Stirnflächen geschliffen.

Die Stärke der Ringe nimmt man nach Bach, wenn sie aufgebogen über den Kolben gestreift werden sollen:

$$s \geqq \frac{D}{30} \text{ für gleich starke Ringe,}$$

$$s \geqq \frac{D}{25} \text{ ,, ungleich starke Ringe,}$$

die an den Enden bis auf $0{,}7\,s$ abnehmen. Sie sind seltener, da umständlicher herzustellen.

Die Höhe der Ringe ist $h = s$ bis $3\,s$, gewöhnlich $h = 2\,s$.

Werden die Ringe nach Abnahme eines besonderen Kolbendeckels in die Nut eingelegt, so kann man sie stärker nehmen, und zwar

$$s = \frac{D}{20}\,; \quad h = s \text{ bis } 1{,}5\,s; \quad a = 0{,}075\,D.$$

Vergleiche auch die Listen der Sonderfirmen, die Kolbenringe als Spezialität herstellen.

Die Kolbenringe für Kolben von Kraftfahrzeugen sind genormt durch Dinorm Kr M 101 und 102.

Die Kolbenringe müssen mit äußerster Sorgfalt hergestellt und in die Nuten des Kolbens gut eingepaßt werden. Sie dürfen in diesen nicht klappern, aber auch nicht klemmen. Die Schnittstellen müssen, wenn ein Kolben mehrere Ringe hat, gegeneinander versetzt werden, am besten um 180°.

Bei stehenden Maschinen sind die Kolben durchweg Schwebekolben, d. h. es liegen ringsum nur die Ringe auf. Dasselbe hat man bei liegenden Maschinen, wenn der Kolben von der Stange getragen wird. Das übliche radiale Kolbenspiel bei Schwebekolben, die man des Gewichtes wegen so schmal wie möglich macht, etwa $^1/_4$—$^1/_6$ D, beträgt 1—2 mm.

Nicht mehr genügend federnde Kolbenringe kann man durch Hämmern auf der Innenseite wieder elastischer machen. Die Davy-Robertson-Kolbenring-Gesellschaft in Berlin hämmert bei ihren Ringen an der Innenfläche Nuten mit dreieckförmigem Querschnitt ein und läßt den Nutquerschnitt gleichmäßig bis auf Null an der Teilfuge abnehmen, wodurch der Ring auch bei eingetretener Abnützung sich überall gleichmäßig anlegen wird.

Der Kolbenkörper muß natürlich allen Beanspruchungen, evtl. Stößen usw. mit genügender Sicherheit widerstehen können und ist, was die Form betrifft, so zu konstruieren, daß er möglichst wenig schädliche Räume bietet, d. h. er ist möglichst geschlossen zu konstruieren. Vorspringende Teile sind, da sie entsprechende Aussparungen in den Zylinderdeckeln notwendig machen, möglichst zu vermeiden. Nur selten ist der Kolben voll gegossen, gewöhnlich ist er mit Rippen versehen oder hohl, also doppelwandig (geschlossene Form), gegossen. In diesem Fall sind Kernlöcher anzuordnen, um den Kern aus dem Innern entfernen zu können, sie werden durch Gewindestücke verschlossen.

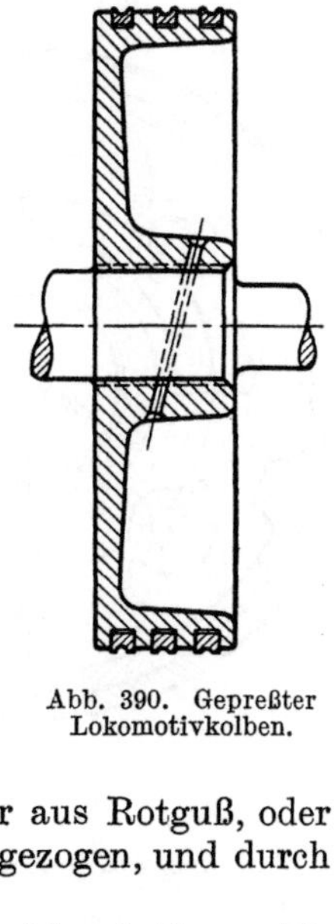

Abb. 390. Gepreßter Lokomotivkolben.

Freiwandige, sog. offene Formen, sind zwar bedeutend leichter, haben aber den Nachteil eines lebhafteren Wärmeaustausches zwischen beiden Seiten.

Abb. 390 zeigt einen einwandigen Kolben, wie er wegen seines leichten Gewichts hauptsächlich bei großen Geschwindigkeiten vorkommt (Lokomotiven und Schiffsmaschinen). Kolbenkörper aus Rotguß, oder meist aus gepreßtem Stahl, warm auf die Stange aufgezogen, und durch vernietete Mutter gehalten.

Abb. 391 zeigt einen doppelwandigen Dampfmaschinenkolben mittlerer Größe und Abb. 392 einen solchen größerer Abmessung — Hochdruckkolben von A. Borsig, Berlin — für durchlaufende Kolbenstange. Der Kolben wird von der Zylinderwand getragen und hat zu diesem

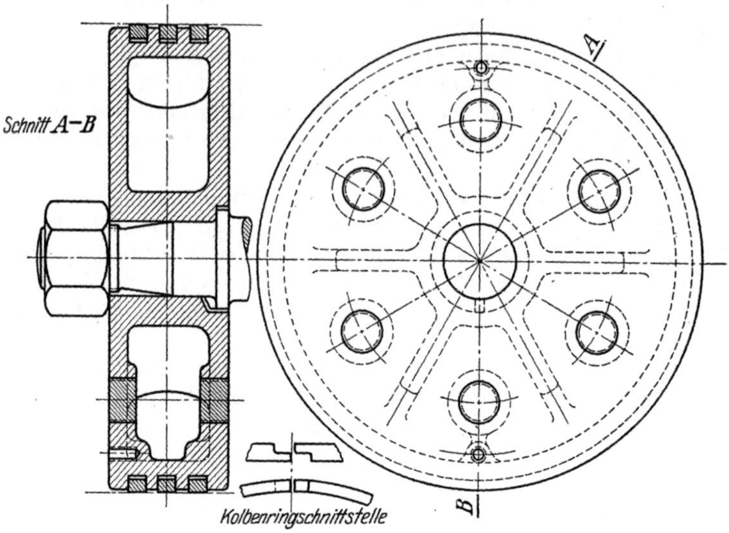

Abb. 391. Selbsttragender Dampfmaschinenkolben.

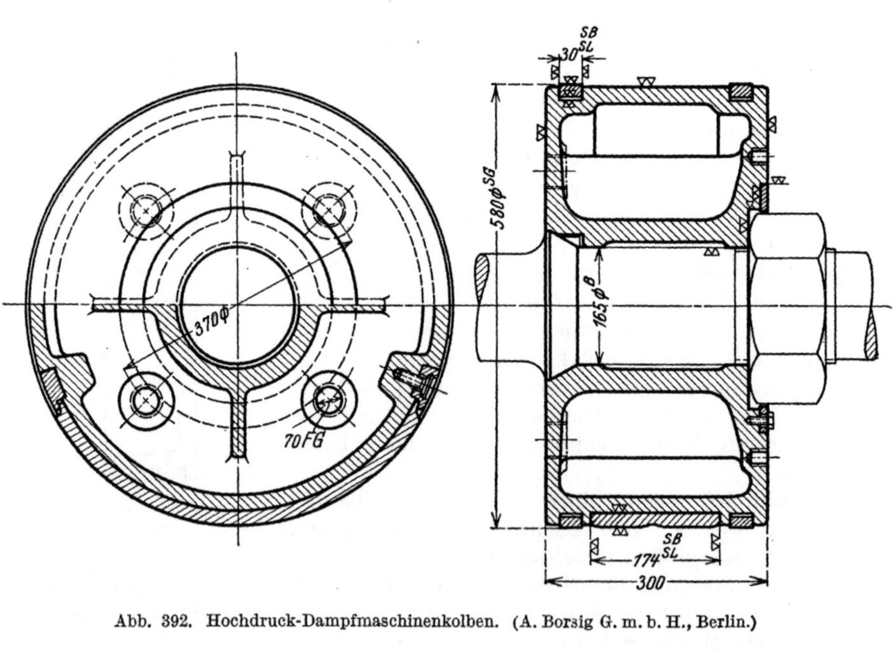

Abb. 392. Hochdruck-Dampfmaschinenkolben. (A. Borsig G. m. b. H., Berlin.)

Zweck ein eingesetztes Tragsegment aus Spezialgußeisen. Fläche desselben so groß, daß die spezifische Pressung $p = 0{,}3$ bis $0{,}5$ kg/qcm.

Abb. 393 stellt den Tauchkolben für einen Dieselmotor vor. Material Gußeisen, für schnellaufende Kolben besser Leichtmetall. Oberer Dichtungsring nicht zu nahe an die Kolbenkante wegen Verschmutzung. Stoßfuge der Ringe, der Wärmeausdehnung wegen, nach oben zunehmend. Kolbenboden flach, gewölbt oder ausgehöhlt. Lose Passung des Führungsteils in der Laufbuchse wegen starker Wärmeausdehnung: Kolben∅ bis zu 0,1 mm je 100 mm∅ kleiner geschliffen. Unterhalb der Kolbenringe Lagerung des Kolbenbolzens in zwei Augen, nicht zu weit oben wegen Wärmeableitung und Strahlung vom Kolbenboden aus. Einpassung zylindrisch, evtl. mit Absätzen zum leichten Einbau und um Lauffläche nachschleifen zu können. Befestigung mit Keil oder Schraube, häufig auch im Stangenauge, aber zwecks gleichmäßiger Abnützung „schwimmend" mit seitlichen „Pilzen" zur Halterung des Kolbenbolzens (Abb. 395). Schmierung des Kolbens durch Schleuderöl vom Triebwerk aus. Zusatzschmierung bei Anlauf und Überlast durch besondere Schmierstutzen an der Laufbuchse. Kolbenbolzen erhält Schmieröl durch hohl gebohrte Pleuel oder durch angeschraubtes Rohr vom Kurbellager aus. Kühlung des Kolbens durch Kurbelgehäuseluft und Spritzöl. Zunehmende Drehzahl zwingt zu Öl- oder Wasserkühlung, dann häufig Trennung von gekühltem Dichtungs- und ungekühltem Tragteil.

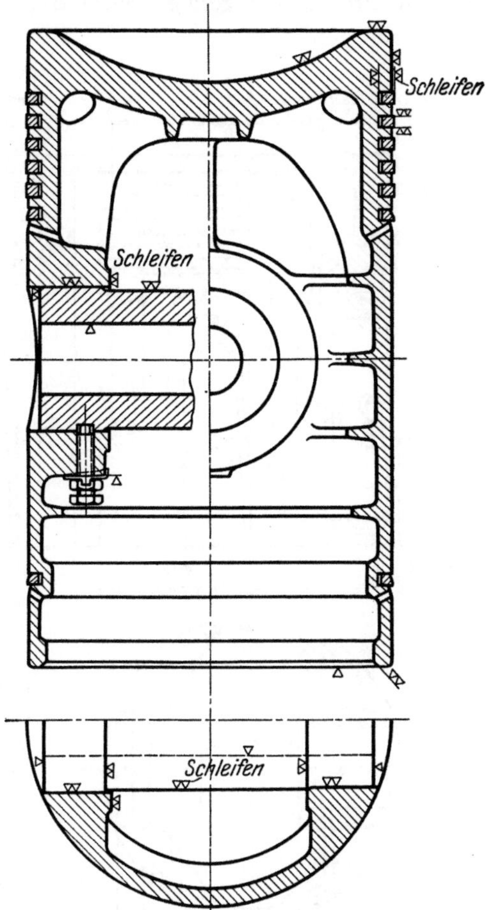

Abb. 393. Dieselmotorkolben.

Die Anforderungen, welche an die Kolben von Kraftfahrzeugmotoren zu stellen sind, beziehen sich auf geringes Gewicht, gutes Wärmeleitvermögen, geringe Wämeaufnahme, geringe Wärmeausdehnung. Bis auf letztere werden diese Eigenschaften am besten durch Leichtmetalle erfüllt. Um eine zu große Ausdehnung des Kolbendurchmessers und Festklemmen in der Bohrung zu vermeiden, wählt man den Kolbenmantel aus Grauguß, den Boden aus Leichtmetall oder gar Kupfer, hält die Wärme von den Teilen des Kolbenmantels, welche den Seitendruck des als Kreuzkopf wirkenden Kolbens übertragen, durch Einschnitte im Mantel unterhalb der Kolbenringe ab, oder gießt in Verbindung mit letzterer Maßnahme Invarstahl-Streifen ein, welche durch ihre äußerst geringe Wärmeausdehnung (ca. $^1/_{15}$ derjenigen des

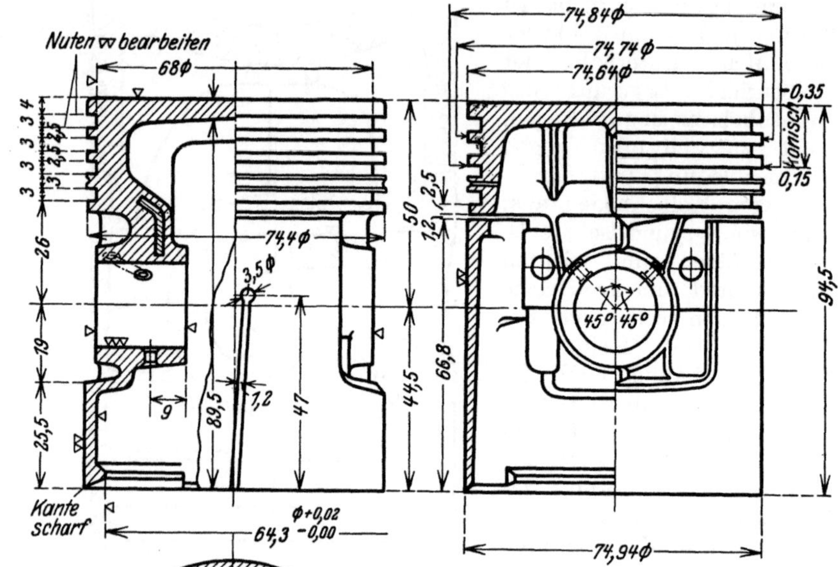

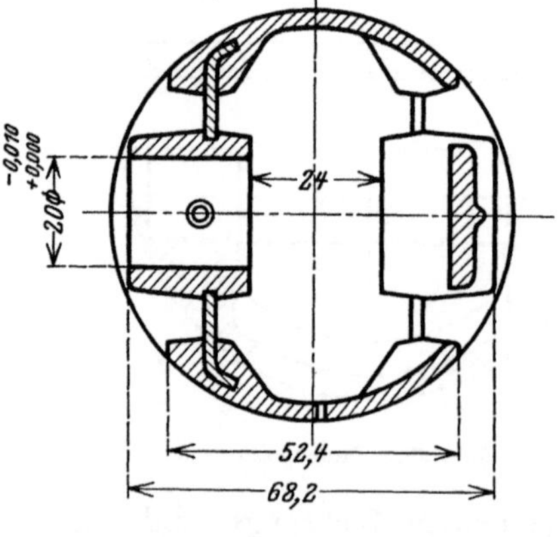

Abb. 394. Nelson-Bohnalite-Kolben für Fahrzeugmotoren. (Elektronmetall G. m. b. H., Stuttgart-Cannstatt.)

gewöhnlichen Stahls) die gesamte Ausdehnung des Kolbens noch unter derjenigen des Graugußkolbens halten. Diese letztere Ausführung hat in letzter Zeit die größte Ausbreitung als Nelson-Bohnalite-Kolben, hergestellt von Elektronmetall G. m. b. H. Cannstatt, gefunden und wird zunächst noch aus Aluminium gegossen, Versuche mit Elektronmetall sind im Gange. Abb. 394 zeigt den Nelson-Bohnalite-Kolben. Ein weiterer bemerkenswerter Leichtmetallkolben ist der Alusil-Kolben der Firma K. Schmidt, G. m. b. H., Neckarsulm. Die Vorteile der Leichtmetallkolben liegen in höherer Leistung der Maschine und geringerem Brennstoffverbrauch, besonders wenn infolge der guten Wärmeeigenschaften der Leichtmetalle die Verdichtung gegenüber der Verwendung von Graugußkolben erhöht wird.

Abb. 395 zeigt einen Kolbenbolzen für Tauchkolben mit Sicherung durch Pilze (aus Elektronmetall) oder durch sog. Seeger-Ringe (Seeger, Frankfurt a/M.).

Die Kolbenbolzen von Tauchkolben entsprechen den Kreuzkopfbolzen und sind wie diese zu berechnen. Es kann dabei gewählt werden (einsatzgehärteter Stahl):

Flächenpressung $p = 125$—150 kg/qcm und $k_b = 1000$ kg/qcm.

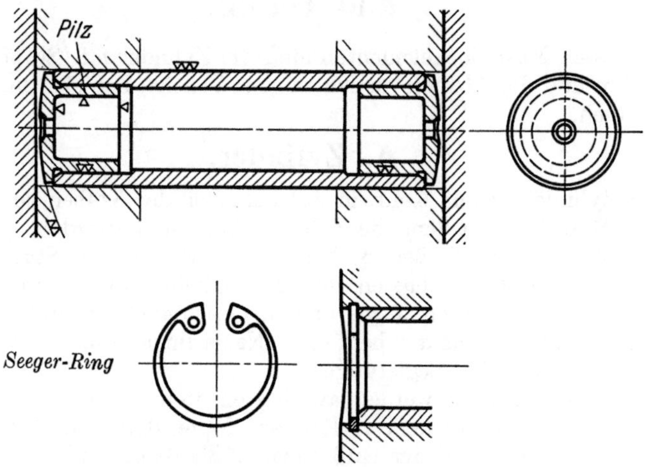

Abb. 395. Kolbenbolzen mit verschiedenen Sicherungen.

Bei Verbrennungskraftmaschinen ist als Verhältnis der Länge der Kolben zu ihrem Durchmesser üblich:

für mittlere Leistungen $\frac{l}{D} = 1{,}8$—2

„ große Leistungen $= 1{,}5$—$1{,}6$

„ Automotorenkolben $= 1$ —$1{,}4$.

Die genaue Festigkeitsberechnung einwandiger und vor allem doppelwandiger Kolben ist sehr schwierig. Siehe diesbezüglich die Arbeiten von Enßlin, Dingl. polyt. Journal 1904, Bd. 319 und 1907, Bd. 322, dgl. Pfleiderer, Z. d. V. D. I., Bd. 54, 1910 und Bd. 55, 1911.

Einen Anhalt für die Wandstärke einwandiger geschmiedeter Kolben gibt die Formel:

$$s = 0{,}014\, D \cdot \sqrt{p} + 0{,}5 \text{ cm}.$$

Bei doppelwandigen Kolben mit ausgesparten Rippen, denkt man sich eine kreisrunde Platte zwischen zwei Rippen herausgeschnitten, deren Radius r sei, und berechnet deren Wandstärke des mit p at belasteten Kolbens aus der Formel:

$$s = r \cdot \sqrt{\frac{p}{k_b}} \text{ cm}.$$

Nach der gleichen Formel berechnet man auch die ebenen Böden von Tauchkolben (Gasmaschinenkolben). Die Dicke der zylindrischen Wand kann zu $0{,}06\,D$ bis $0{,}07\,D$ gewählt werden, im vorderen Teil auf etwa die Hälfte ermäßigt.

V. Maschinenelemente zur Aufnahme und zur Fortleitung von Flüssigkeiten, Dämpfen und Gasen.

Zu diesen Maschinenelementen sind die Zylinder mit Stopfbuchsen, die Rohre und die Absperrvorrichtungen: Ventile, Schieber und Hähne zu rechnen.

A. Zylinder.

Der Zylinder ist das Rohr, in welchem sich der Kolben bewegt.

Das Material, aus dem die Zylinder hergestellt werden, ist in der Regel festes, dichtes Gußeisen, bei starken Pressungen Stahlguß; wo die chemischen Eigenschaften der Flüssigkeiten dies nötig machen, auch Bronze oder andere Legierungen. Geschmiedeter Stahl wird bei besonders hohen Drücken benützt. Neuerdings auch Leichtmetalle (Aluminium und seine Legierungen).

Gegossene Zylinder werden am besten stehend gegossen, mit genügend hohem und starkem verlorenen Kopfe, damit die Wandstärke überall gleich stark und der Guß gleichmäßig dicht wird.

Die Formgebung der Zylinder ist je nach dem Verwendungszweck sehr mannigfaltig. Die nachfolgenden Ausführungen bringen nur allgemeine Angaben. Wegen näheren Details muß auf die betreffende Spezialliteratur über Kraft- und Arbeitsmaschinen verwiesen werden.

1. Zylinder für Pumpen und Pressen. (Abb. 381.)

Die Wandstärke eines nicht auszubohrenden gußeisernen Zylinders muß nach Bach mit Rücksicht auf Herstellung und Aufstellung mindestens sein:

$$s = 0{,}02\,D + 10 \text{ mm}$$

bei stehend gegossenen,

und

$$s = 0{,}025\,D + 12 \text{ mm}$$

bei liegend gegossenen Zylindern;

die eines auszubohrenden, stehend gegossenen Zylinders

$$s = 0{,}02\,D + 13 \text{ mm},$$

eines liegend gegossenen Zylinders

$$s = 0{,}025\,D + 15 \text{ mm}.$$

Diese Werte sind jedoch nur dann anzuwenden, wenn die Festigkeitsrechnung keine höhere Wandstärke ergibt.

Mit Rücksicht darauf, daß der Zylinder der Pressung der Flüssigkeiten oder Gase mit hinreichender Sicherheit widerstehen kann, hat man, wenn

R_a der äußere Radius,
R_i der innere Radius,
a ein Zuschlag ist (alles in cm)
nach Bach zu setzen,
wenn der Zylinder einem inneren Überdruck p_i widerstehen soll:

$$R_a = R_i \sqrt{\frac{k_z + 0,4 p_i}{k_z - 1,3\, p_i}} + a,$$

wenn der Zylinder einem äußeren Überdruck p_a widerstehen soll:

$$R_a = R_i \sqrt{\frac{k}{k - 1,7\, p_a}} + a\,.$$

Die zulässigen Spannungen kann man hier setzen:

für Pumpenzylinder

Gußeisen	$k_z \leq 200$ kg/qcm,	$k = 600$ kg/qcm
Stahlguß	$k_z \leq 500$,,	, $k = 900$,,

für Preßzylinder

Gußeisen	$k_z = 400$—750 kg/qcm
Bronze	$k_z = 300$—600 ,,
Phosphorbronze	500—1000 ,,
Stahlguß	1000—1500 ,,
Stahl	1000—2000 ,,

Bei der Wahl von k_z nimmt man um so niedrigere Werte, je größer die auftretenden Stöße sind und je nachteiliger ein eventuell eintretender Bruch werden kann.

Den Zuschlag a nimmt man bei nicht auszubohrenden Zylindern 3—6 mm, bei auszubohrenden Zylindern 8—16 mm. Bei Preßzylindern mit großer Wandstärke kann man $a = 0$ setzen.

Die Wandstärke eines ebenen Zylinderdeckels nimmt man

$$s_1 \geq R_1 \sqrt{\mu \frac{p}{k_b}},$$

wobei R_1 der Radius, gemessen bis Mitte der Deckelschrauben, p der innere oder äußere Überdruck, k_b die zulässige Biegungsspannung (etwa gleich den unteren Werten der oben gegebenen Zugspannungen) und μ ein Koeffizient ist, den man bei innerem Überdruck $= 1,2$, bei äußerem Überdruck $= 0,8$ setzt.

Ist der Deckel gewölbt oder durch Rippen verstärkt, so kann man s_1 natürlich kleiner wählen. Zu beachten ist ferner, daß der Abstand der Schrauben von der Dichtungsstelle möglichst klein wird, weil sonst der Deckel durch das Anziehen der Schrauben stark auf Biegung beansprucht wird.

Anzahl und Durchmesser der Schrauben kann, wie später bei den „Flanschenrohren" gegeben, gewählt werden.

Hohlzylinder, welche sehr großen inneren Überdruck auszuhalten haben, stellt man auch aus einem gußeisernen Zylinder mit aufgezogenen stählernen Schrumpfringen her.

2. Dampfzylinder.

Zu einem Dampfzylinder gehören folgende Teile: Zylinder mit Zylinderlaufbahn, Zylinderdeckel, Schieberkasten oder Ventilgehäuse, Stopfbuchsenraum, Dampfeintrittstutzen, Dampfaustrittstutzen, Dampfkanäle, Entwässerungsstutzen, Schmierstutzen, Indikatorstutzen, Verbindung mit dem Lagerbalken, mit einem Zwischenstück oder mit einem anderen Zylinder, Verkleidungsmantel und Verkleidungsdeckel. Unter Umständen sind noch weiter erforderlich: Mantel- und Deckelheizung bei Sattdampfzylindern, Thermometerstutzen bei Heißdampfzylindern, Angüsse für Steuerwellenböcke bei Ventilzylindern, Zylinderfuß bei mittleren und größeren Zylindern.

Das verwendete Material, meist Gußeisen, muß dicht sein, der Abnutzung durch Kolben und Schieber wegen eine gewisse Härte, der nicht zu vermeidenden Gußspannungen wegen aber auch eine gewisse Zähigkeit haben. Die Zylinder sind stehend zu gießen.

Der äußere Aufbau der Zylinder hängt in erster Linie ab von der gewählten Steuerungsart. Danach hat man: Schieberzylinder mit Flachschieber, die aber heute nur noch sehr selten sind, Schieberzylinder mit Kohlenschieber (Abb. 396), Hahnzylinder mit Drehschieber- oder Corlißsteuerung (heute auch kaum mehr zu finden), Ventilzylinder mit Dampfein- und Auslaßventilen am Ende jeder Zylinderseite (Abb. 397), Gleichstrommaschinenzylinder, bei denen sich der Dampf vom Eintritt am Ende jeder Zylinderseite aus gegen die Mitte des Zylinders bewegt und dort durch Schlitze ausströmt, also keine Änderung der Strömungsrichtung erfährt, wie bei den übrigen Dampfmaschinenarten.

Die Wandstärke an den zylindrischen Teilen, ausgenommen der Lauffläche, kann angenommen werden zu

$$s = 0{,}0025\, p \cdot D + 10\,\text{mm}.$$

Flanschenstärke $= 1{,}3$ bis $1{,}4\,s$, aber so dick, daß genügend Gewindelänge für Stiftschrauben vorhanden. Die Wandstärke für die Laufbahn ist etwas stärker zu wählen (wegen späterer Nachbearbeitung) und zwar

bei Drücken bis 10 at: $s = 0{,}02\, D + 15$ mm,
„ „ von 11 „ 15 „ $s = 0{,}025\, D + 15$ mm,
„ „ über 15 „ $s = 0{,}0025\, p \cdot D + 12$ mm,
bei Gleichstromdampfmaschinen 1 bis 2 mm mehr.

Die Zylinder stehender Maschinen, bei welchen keine Biegungsspannungen auftreten und die Abnutzung sich auf den ganzen Umfang gleichmäßig verteilt, und sehr kurze Zylinder können 10 bis 20% schwächer ausgeführt werden.

An den Enden des Zylinders (Abb. 396) vergrößert man bei Schieberzylindern den Durchmesser, damit durch die Abnützung kein Ansatz erzeugt wird. Die Kolbenringe müssen in ihren äußersten Stellungen etwa 1—3 mm in diese Erweiterung hineinragen, also über die eigentliche Zylinderbohrung vorstehen. Diese Erweiterung darf jedoch nicht unnötig groß gewählt werden, da sie den sog. schädlichen Raum vergrößert.

Aus demselben Grunde sind vorspringende Rippen an der Innenseite des Zylinderdeckels zu vermeiden und die Verschlußschrauben der Indi-

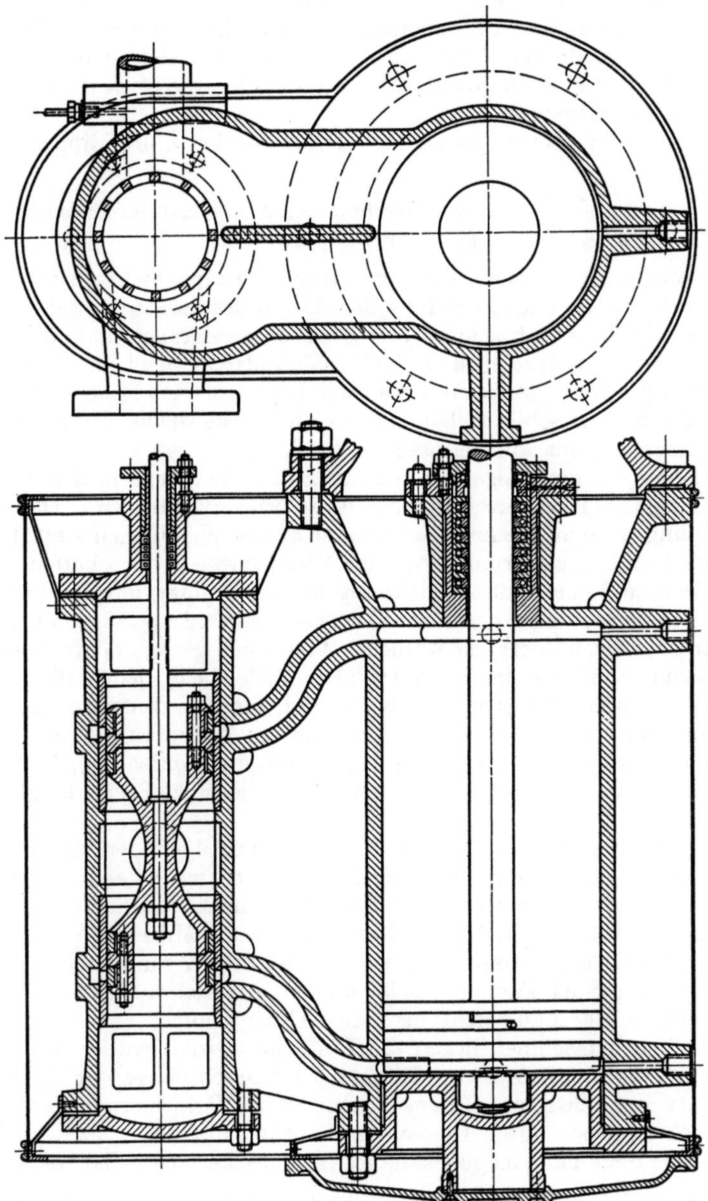

Abb. 396. Dampfzylinder mit Kolbenschieber.

katorstutzen möglichst so lang zu machen, daß sie bis nahe an das Zylinderinnere reichen.

Die Zylinderdeckel müssen abgenommen werden können, ohne daß andere Teile beseitigt werden müssen, außerdem muß für ausreichende Schmierung der Lauffläche sowie Ableitung des Kondenswassers Sorge getragen werden. Die Dampfkanäle sollen deshalb, wenn möglich, bis zur tiefsten Stelle des Zylinders reichen, ist dies nicht möglich, sind Sicherheitsventile anzuordnen. Weite dieser Ventile etwa 8—10% des Zylinderdurchmessers.

Wandstärke ebener gegossener Zylinderdeckel ohne Rippen nach der Formel:

$$s = r \cdot \sqrt{\frac{p}{k_b}}\ \text{cm}; \qquad r = \text{Halbmesser der belasteten Fläche}; \quad k_b = 250\ \text{kg/qcm}.$$

Bei Deckeln mit Rippen, die den ganzen Dampfdruck allein aufzunehmen imstande sind, ist unter r der Radius des zwischen zwei Rippen und dem Umfang einbeschriebenen Kreises zu verstehen und zu der errechneten Wandstärke noch ein kleiner Zuschlag zu machen. Jedenfalls ist immer die Wandstärke an den ebenen Stellen etwas stärker zu halten, als an den zylindrischen Teilen, deren Wandstärke wie bei den Zylindern zu rechnen ist, nur mit geringerem Zuschlag.

Wichtig ist ganz allgemein, daß schroffe Übergänge in den Wandstärken und zu große Verschiedenheit derselben vermieden wird. Materialanhäufungen beim Zusammentreffen mehrerer Wandungen sind durch entsprechende Aussparung einer der Wandungen wegzuschaffen. Für alle Teile muß eine freie Ausdehnung bei Erwärmung möglich sein.

Durchmesser und Anzahl der Deckelschrauben ist wie bei den Flanschenrohren (siehe dort) zu wählen. Womöglich gerade Schraubenzahl und keine Schraube in der vertikalen Mittelebene, jedenfalls unten keine Schraube. Sämtliche Deckel u. dgl. müssen Zentrierungen und Gewinde für Abdrückschrauben (bei größeren Zylindern 3) haben. Als Flanschenpackung hat sich Klingerit (Asbestgummipappe), 1—2 mm stark, gut bewährt. Packung am besten über die ganze Breite des glatten Flanschs.

Schieberzylinder bis 500 mm Hub und Ventilzylinder bis 600 mm Hub können ohne Zylinderfuß ausgeführt werden, wenn der Lagerbalken seiner ganzen Länge nach auf dem Fundament aufliegt. Größere Zylinder erhalten einen Fuß, am besten hinten auf Mitte der Ventile, gespreizt, bei Gleichstrommaschinen auch auf Mitte Zylinder. Der Zylinderfuß darf auf der Fundamentplatte nicht festgeschraubt werden, sondern muß in der Längsrichtung verschiebbar sein.

Bei Ventilmaschinen liegen die Ein- und Auslaßventile häufig auf Ende der Zylinderlaufbahn. Dies gibt kurze Baulänge der Zylinder, aber etwas großen schädlichen Raum. Eine Verkleinerung desselben läßt sich erreichen durch Einbau der Ventile ganz hinter, bzw. vor der Zylinderlaufbahn und möglichst nahes Heranrücken an die Zylinderachse.

Um eine zu starke Abkühlung des Dampfes zu vermeiden, werden größere Sattdampfzylinder und sämtliche Niederdruckzylinder der Verbundmaschinen mit einem Dampfmantel versehen, der mit Frischdampf geheizt wird. Diese Heizung erstreckt sich vorteilhaft auch auf die

Zylinderböden und Zylinderdeckel. Gewöhnliche Heißdampfmaschinen werden in der Regel ohne Mantel- und Deckelheizung gebaut.

Bei der Konstruktion des Dampfmantels ist vor allem darauf zu

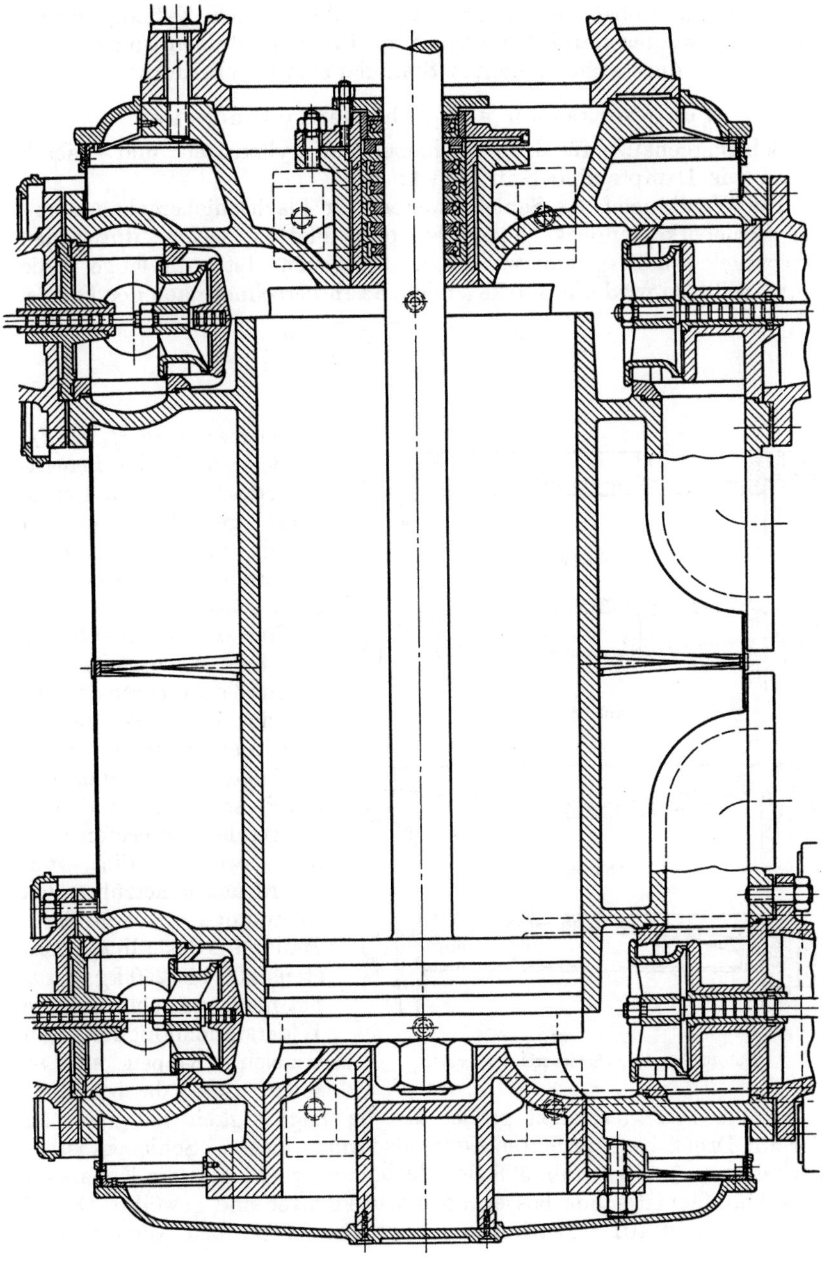

Abb. 397. Ventil-Dampfzylinder.

achten, daß der Dampf aus ihm nicht in das Innere des Zylinders gelangen kann und daß das im Dampfmantel sich bildende Kondenswasser abgeleitet werden kann.

Um die Wärmeverluste nach außen zu vermindern, erhalten Heißdampfzylinder nebst Deckel einen Kieselguhraufstrich, Zylinder großer Maschinen werden durch Ummauern mit Chamottesteinen isoliert. Das Ganze wird durch ein oxidiertes Stahlglanzblech verkleidet.

Schieberkasten und Schieberkastendeckel.

Schiebergehäuse für Kolbenschieber sind zylindrisch und deshalb genau wie Dampfzylinder zu berechnen.

Die Wandungen des Schieberkastens für Flachschiebergehäuse und der Schieberkastendeckel sind als ebene Platten, welche durch den Überdruck p beansprucht werden, zu berechnen. Ist a die lange, b die kurze Seite, so wird die Stärke s nach Bach berechnet nach der Formel

$$s \geqq \frac{b}{2} \sqrt{\mu \frac{2}{1 + \left(\frac{b}{a}\right)^2} \frac{p}{k_b}},$$

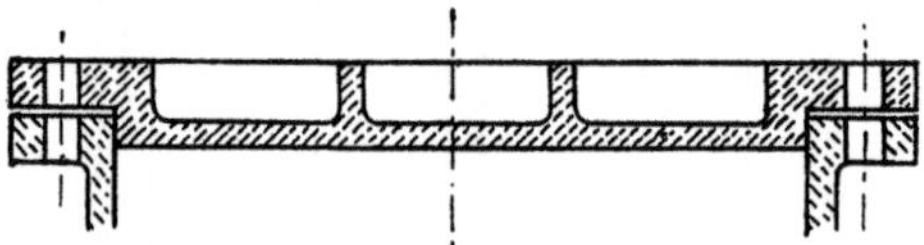

Abb. 398.

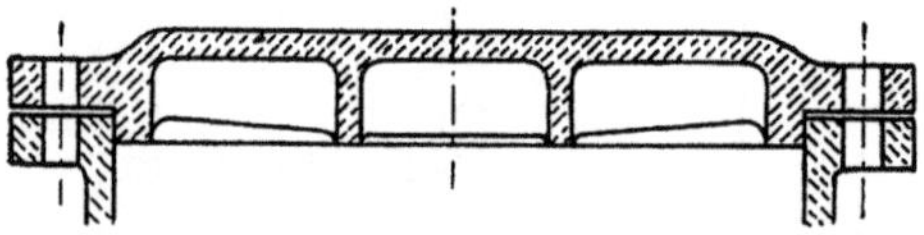

Abb. 399.

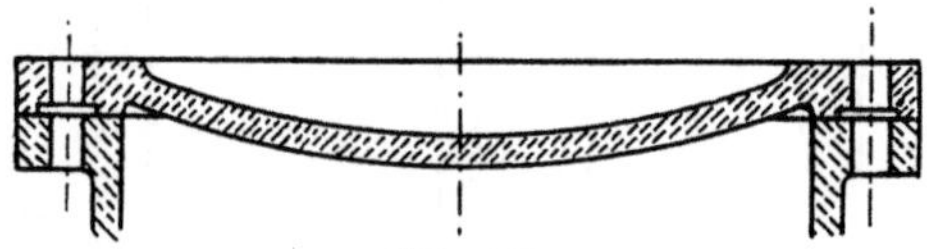

Abb. 400.

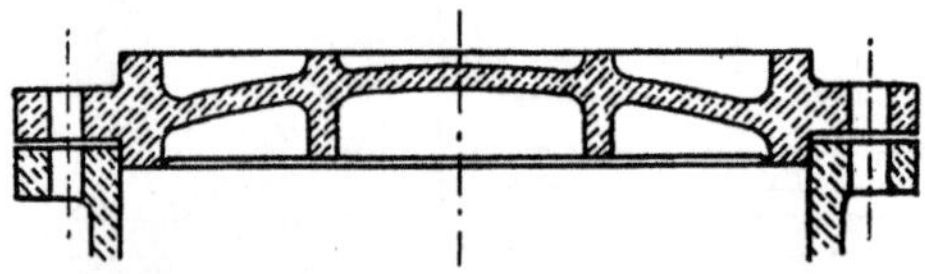

Abb. 401.

Abb. 398 bis 401. Schieberkastendeckel.

wobei man $\mu = {}^3/_4$ bis ${}^9/_8$ setzt, je nach der Befestigung des Deckels. Der erste Wert gilt für eine am Rande fest eingespannte, der andere für eine frei aufliegende Platte.

Bei der Wahl von k_b hat man zu berücksichtigen, daß die inneren Schichten des Materials eine höhere Temperatur haben als die äußeren und daß dadurch schon Materialspannungen hervorgerufen werden, welche die vom Überdruck p herrührenden Spannungen vergrößern. Man wählt deshalb k_b höchstens 200 bis 250 kg. Ordnet man, um eine größere Widerstandsfähigkeit zu erzielen, Rippen an, so sollen diese, da bei Gußeisen die Druckfestigkeit größer als die Zugfestigkeit ist, stets an der auf Druck beanspruchten Seite, also innen, liegen. Schieberkastendeckel nach Art der Abb. 398 sind deshalb zu verwerfen, die Konstruktion Abb. 399 ist schon besser, noch vorteilhafter sind gewölbte Deckel (Abb. 400 und 401). Bei hohen Pressungen und großen Abmessungen wendet man an Stelle des Gußeisens besser zähen Stahlguß oder geschmiedete Deckel an.

Bei Deckeln, die durch Rippen in einzelne Felder zerlegt werden, oder kastenförmigen hohlen Deckeln, muß natürlich die einzelne Fläche der Berechnung der Wandstärke zugrunde gelegt werden, insbesondere ist darauf zu achten, daß der Anschluß der Flanschen genügend stark ist und daß bei hohlgegossenen Deckeln die Putzlöcher so angeordnet werden, daß sie die Festigkeit möglichst wenig verringern.

Was die Deckelschrauben betrifft, so ist zu beachten, daß sich bei elliptischen und rechteckigen Deckeln die Kraft nicht wie bei den runden Deckeln gleichmäßig über alle Schrauben verteilt. Man kann die auf die am stärksten beanspruchte Schraube entfallende Zugkraft, wenn Q die gesamte Pressung auf die Fläche,

$$Q = F \cdot p,$$

t die Schraubenteilung und e der kleinste Abstand der Schraube vom Schwerpunkte der Fläche ist, nach der Abelschen Formel

$$P = \frac{Q \cdot t}{2\pi e}$$

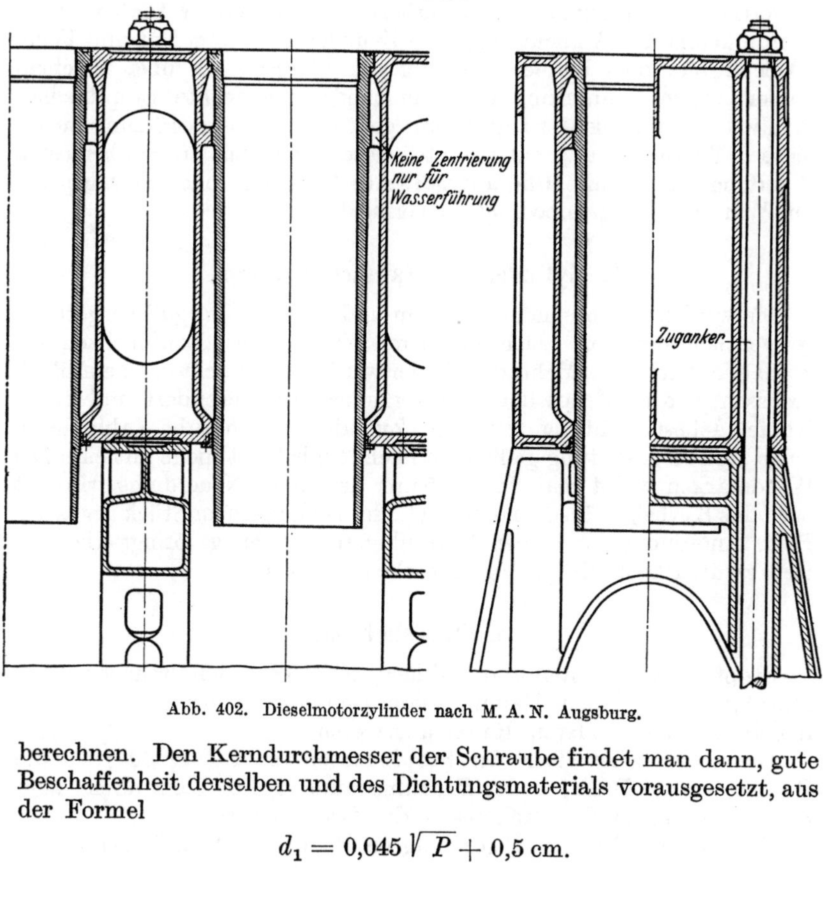

Abb. 402. Dieselmotorzylinder nach M. A. N. Augsburg.

berechnen. Den Kerndurchmesser der Schraube findet man dann, gute Beschaffenheit derselben und des Dichtungsmaterials vorausgesetzt, aus der Formel

$$d_1 = 0{,}045 \sqrt{P} + 0{,}5 \text{ cm}.$$

Im übrigen kann man sich auch hier nach dem unter „Flanschenrohre“ Angegebenen richten.

Kopfschrauben sind prinzipiell geeigneter als Stiftschrauben, da sie bei auftretenden Stößen diese wegen ihrer größeren Verspannungslänge besser aufnehmen können, als Stiftschrauben. Jedenfalls müssen zum gemeinsamen Tragen stets gleichartige Schrauben (nur Kopfschrauben oder nur Stiftschrauben) verwendet werden.

3. Zylinder für Gas- und Ölmaschinen.

Nur bei kleineren Maschinen einteilig, bei größeren Maschinen Laufbuchse und Wassermantel getrennt wegen Wärmeausdehnungen, passender Wahl des Werkstoffs, einfacherem Gießen und leichter Auswechselbarkeit. Laufbuchse aus hartem und dichtem Gußeisen, bei leichten Schnelläufern auch Stahl, Wassermantel aus Stahlguß, Gußeisen oder Leichtmetall. Evtl. Ankerschrauben zur Entlastung gegenüber Längszugkräften, wie bei dem stehenden Dieselmotorzylinder der Abb. 402. Länge der Laufbuchse so, daß der Kolben auch bei verschränktem Kurbelgetriebe die Führung nicht verliert, evtl. unterster Ölabstreifring gerade überläuft. Abdichtung gegen Zylinderdeckel mit Nut und Feder (Weichkupfer oder Kupferasbest), gegen Wasserdruck oben Zeichenpapier, unten Gummiring in Keilnut oder regelrechte Stopfbuchse. Kühlwasserraum nicht zu groß, um genügend Wasserströmung zu erhalten. Wasserführung mit erhöhter Geschwindigkeit an den heißesten Wandungsstellen mit Hilfe angegossener Kreisring- oder Spiralrippen, um Wärmestauung unbedingt zu vermeiden.

4. Zylinder für Fahrzeugmotoren.

Sie werden aus besonders dichtem und hartem Grauguß hergestellt, gelegentlich auch aus Leichtmetall mit eingezogenen Laufbuchsen aus Stahl oder Grauguß. Mehrere Zylinder werden bis zu acht in einem Block gegossen, der Kopf mit dem Verbrennungsraum gesondert und durch Kupfer-Asbest-Dichtung mit dem Zylinder verschraubt (Abb. 403). Saug- und Abgasleitung gießt man nach Möglichkeit nicht mit ein. Die Wandstärken wählt man bis zu 5 mm herunter. Neuerdings wird oft auch das Kurbelgehäuse mit dem Zylinderblock in einem Stück gegossen. Diese Anordnung ist in der Massenherstellung billig, bringt aber bei Reparaturen kostspielige Montagearbeiten mit sich.

5. Stopfbuchsen.

Stopfbuchsen dichten hin- und hergehende oder sich drehende Stangen ab, die aus einem Raum, indem sich Flüssigkeit oder Gase befinden, in einen anderen Raum übertreten.

Die wesentlichen Teile der Stopfbuchsen sind (Fig. 404): *a* die Buchse, *b* die Brille, *c* der Packungsraum, *s* die Schrauben zum Zusammenpressen der Packung, *e* die Grundbuchse.

Von den veralteten, abgeschrägten Böden der Stopfbuchsen und den abgeschrägten Brillenhalsflächen ist man abgekommen, da bei planebenen Bodenflächen Zerreibungen der Stange und des Packungs-

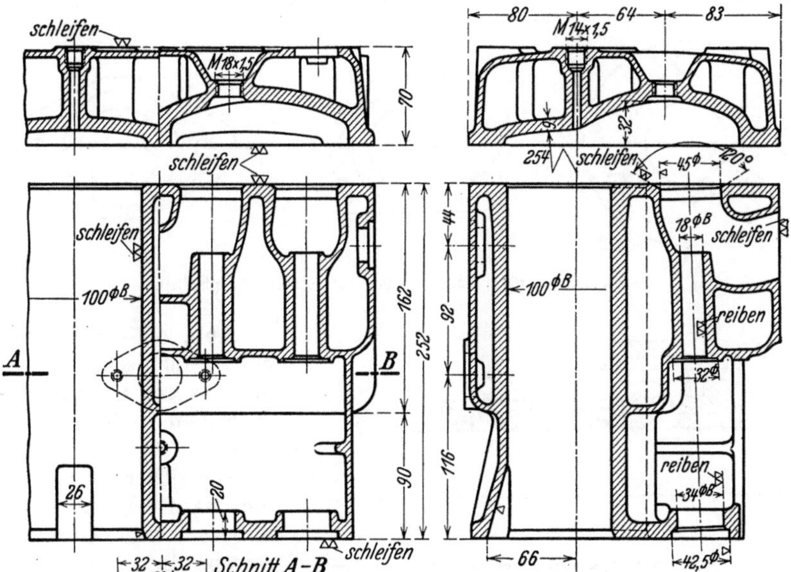

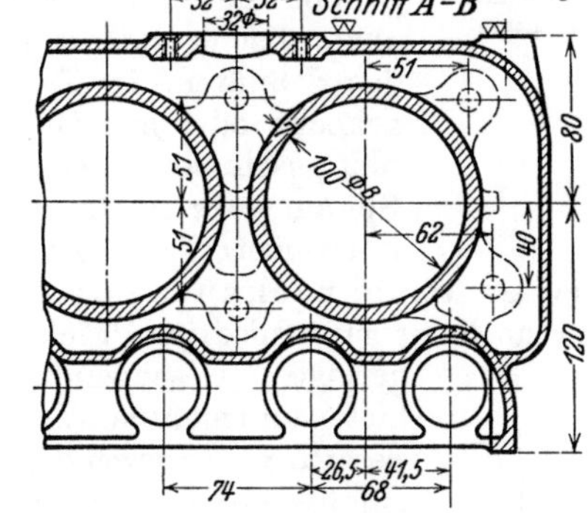

stoffs weniger vorkommen. Die deutsche Kriegsmarine war bereits vor dem Kriege für diese Vereinfachung bahnbrechend.

Abb. 403. Automobilzylinder. (C. D. Magirus A.-G., Ulm a. D.)

Um die Gestänge vor Beschädigung durch schiefes Anziehen zu schützen, werden die Brillen mit

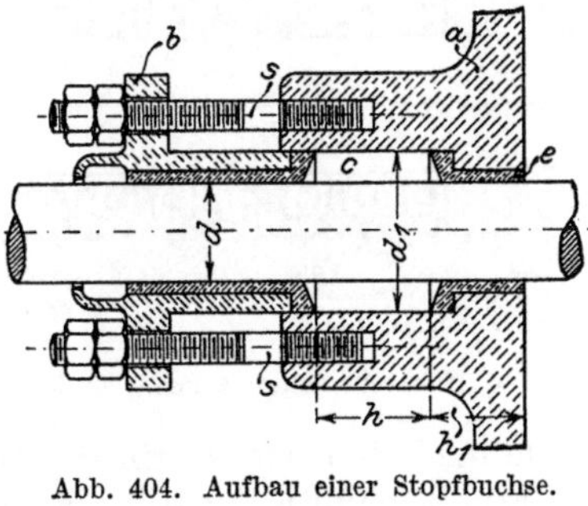

Abb. 404. Aufbau einer Stopfbuchse.

Bronze oder Weißguß ausgefüttert. Die Ausfütterung erübrigt sich an solchen Stopfbuchsen, die an Stelle der Brillen eine muffenförmige Verschlußmutter haben (Abb. 409). Die Brillen sollen außen gute Führung haben. Die Zahl der Stopfbuchsenschrauben soll mindestens drei betragen. Bei Verwendung von nur zwei Schrauben ist ein gleichmäßiger Sitz schwer zu erreichen. Große Stopfbuchsen erhalten je nach dem Verwendungszweck Anziehvorrichtungen durch Zahnradübertragungen (Muttern als Zahn- oder Schneckenräder ausgebildet).

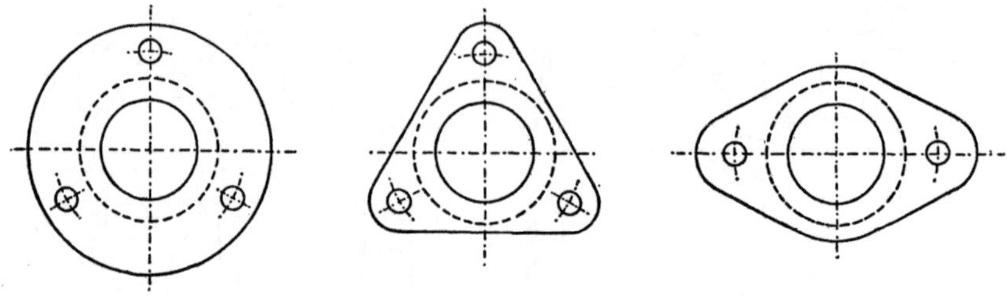

Abb. 405 bis 407. Flanschformen von Stopfbuchsenbrillen.

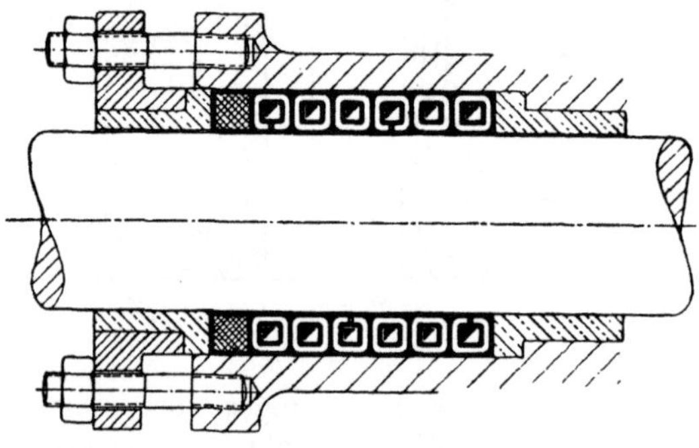

Abb. 408. Selbstschmierende Metallpackung. (Gust. Huhn, Berlin.)

Abb. 405—407 zeigen verschiedene Formen von Stopfbuchsenbrillen in Vorderansicht.

Die alther gebrauchten Hanf-, Baumwoll-, Asbest- und Gummigewebe in Form von quadratischen oder runden Schnüren, in Talg gekocht oder mit Graphit geschmiert, in einer Spirale oder in Ringen mit versetzt schräg geschnittenen Teilstellen eingelegt, die als Weichpackungen zu bezeichnen sind, werden heutzutage nur noch für ganz niedrige Drücke, geringe Geschwindigkeiten und niedrige Temperaturen verwendet. Infolge ihrer polierenden Wirkung, insbesondere bei Hartwerden der vegetabilischen Stoffe, bevorzugt man heutzutage bei Hochdruck und hohen Temperaturen für Gase, Dämpfe, Wasser und Säuren Metallpackungen. Führend seit Jahrzehnten ist hierin die Huhnsche selbstschmierende, hohle, mit Graphit gefüllte Metallpackung, Abb. 408 (Gust. Huhn, Berlin), die von den kleinsten Abmessungen für Brennstoffnadeln beispielsweise, bis zu ganz großen Abmessungen für Rohrstopfbuchsen und in

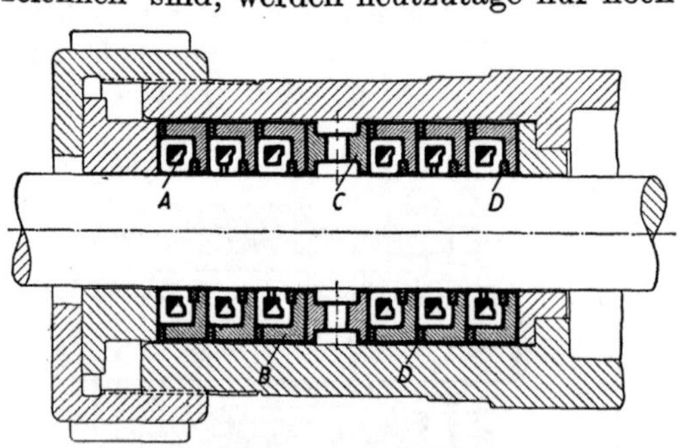

Abb. 409. Huhnsche Metallpackung für Kältemaschinen.

der Hydraulik an Pressen und Akkumulatoren hergestellt werden (Abb. 409 Huhnsche Packung für Kältemaschinen). Infolge ihrer Selbstschmierung verhindert sie eine Zerreibung der Gestänge. Das schmierende Graphit entweicht durch Löcher an der Innenwand.

Abmessungen von Stopfbuchsenpackungen.

Den Durchmesser d_1 der Buchse nimmt man, wenn d der Durchmesser der Stange in cm ist, bei Hanf-, Baumwoll- und Asbestpackungen u. dgl.

$$d_1 = d + 1{,}6\sqrt{d},$$

die Höhe der Packung $h = d_1$, die Wandstärke etwa $\frac{d}{10} + 1{,}5$ cm. Bei Wasser darf h etwas kleiner, bei Luft etwas größer gewählt werden. Je höher die Packung, um so dauerhafter ist sie im Betriebe und um so geringer ist die Reibungsarbeit.

Die Grundbuchse soll eine Länge $h_1 = d$ bei liegenden und $h_1 = \frac{d}{2}$ bei stehenden Kolbenstangen haben.

Den Durchmesser δ der Schrauben kann man nach folgender Tabelle nehmen:

$d =$	30;	40 bis 50;	60 bis 70;	80 bis 90;	100 bis 110;	120 mm
$\delta =$	$^1/_2$	$^5/_8$	$^3/_4$	$^7/_8$	1	$1^1/_8{}''$ engl.

Zur Nachrechnung der Schraubenbeanspruchung ist davon auszugehen, daß Weichpackungen durch Anziehen der Schrauben erst zum Abdichten gebracht werden müssen, weshalb man als belastende Kraft für die Schrauben allgemein setzt:

$$P = c \cdot \frac{\pi}{4}(d_1^2 - d^2) \cdot p \text{ kg},$$

wo $c = 3$ bei Weichpackungen für normalen Betrieb,
$c = 1{,}25$ „ „ „ sehr hohen Druck (Pumpen),
u. $c = 1$ für Metallpackungen, die nicht wesentlich angezogen werden.

Bewährte Stopfbuchsenabmessungen für Metallpackungen geben die Huhnschen Normentabellen, die in Tafel 23—28 im Anhang verzeichnet sind.

Alle Metallpackungen haben den Nachteil, daß sie an bereits abgenutzten oder riefigen Stangen sich nicht verwenden lassen. Dafür kommen Weichpackungen in Betracht. Den „Huhnschen" ähnlichen Packungen sind die von Götze & Lechler, die an Stelle des Graphitkernes eine schnurartige Füllung besitzen.

Massive Metallpackungen aus konischen Weißmetallringen, gegen die Stangen wirkend und nach außen aus bronzenen Ringen bestehend, sind jahrzehntelang nach Katzenstein & Howaldt an Schiffs- und großen stationären Kolbenmaschinen gebräuchlich gewesen (Abb. 410). Die auf gleicher Wirkung beruhenden Schmidtschen Heißdampflokomotivpackungen eroberten sich wegen des um den Packungsraum vorgesehenen Luftraumes, durch den die Wärmeübertragung vom Zylinderkopf auf die Packung stark verhindert wird, den Weltmarkt.

Alle diese konischen Ringe genügen den modernen Anforderungen in bezug auf unbeschränkte radiale freie Bewegung nicht mehr, weil auch außer der beschränkten radialen Bewegungsfreiheit Heißdampf- und Reibungstemperatur sehr oft die Weißmetallringe zum Ausschmelzen brachte.

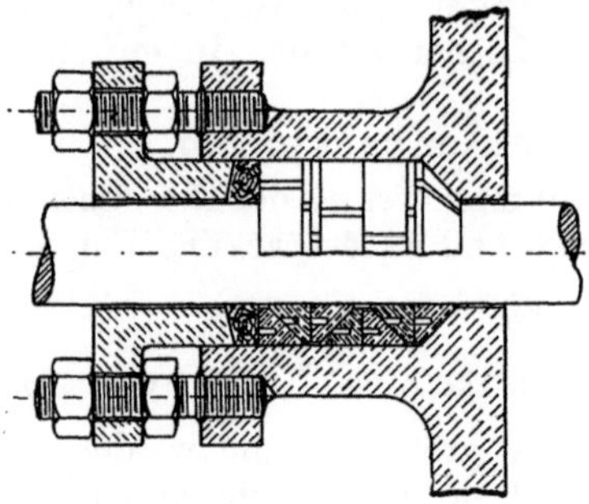

Abb. 410. Howaldt-Metallpackung.

Die U. S. A. federnden Metallpackungen und deren Abarten — Dreyersche Metallpackung — geben den Stangen wohl freie seitliche Bewegung, doch weit einfacher als diese sind die durch Schwabe, Huhn, Proell u. a. erprobten gußeisernen Federpackungen, die aus mehrteiligen, durch eine umgelegte Schlauchfeder zusammengehaltenen Ringen bestehen, die in einzelnen L-förmigen Kammerwinkeln gelagert, radial sich hinreichend leicht bewegen können (Abb. 411).

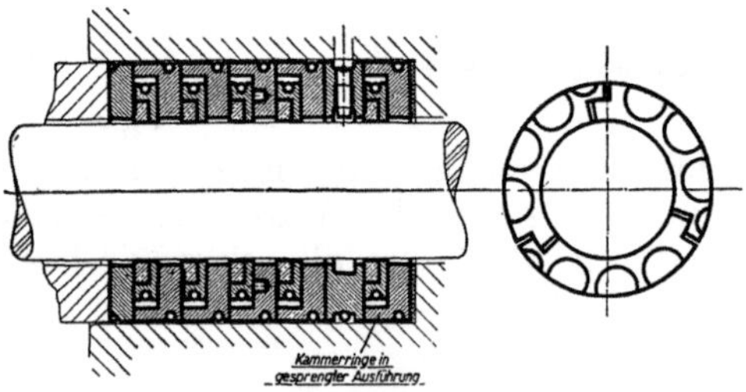

Abb. 411. Huhnsche gußeiserne Federpackung.

Zwecks einfacherer Montage und Demontage, ohne den Kreuzkopf abzukoppeln, schuf Huhn einen zweiteiligen Halbschalentopf (Abb. 412), an dem, zwecks Bildung der Kammerräume, Rippen angegossen sind. Der zweiteilige Topf wird an den Teilstellen durch

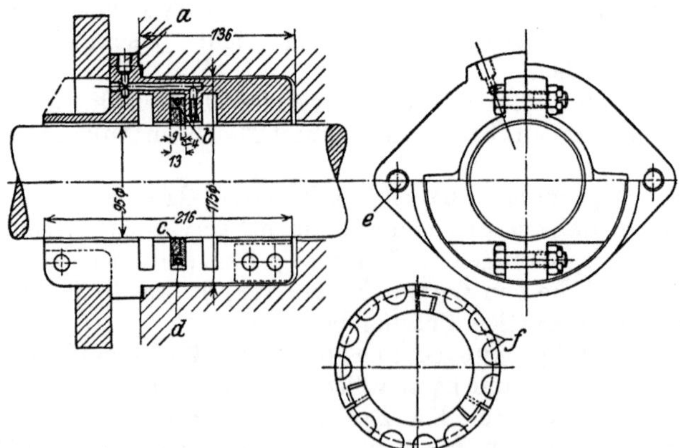

Abb. 412. Huhns Patent-Federpackung. a) Anschluß für Preßölschmierung, b) Mat. Gußeisen, c) Mat. Nickelbronze, d) Schlauchfeder Stahldraht. e) für Rodruckschraube, f) Entlastungen.

den um den Topf wirkenden Mediumsdruck vollkommen dicht zusammengehalten, weil nach der hintersten Kammer in den folgenden

Kammerräumen ein erheblicher Druckabfall erfolgt. Durch die am angegossenen Flansch angeordneten zwei Druckschrauben kann das Gehäuse samt Packung auch dann mit Leichtigkeit entfernt werden, wenn starke Verkrustungen oder Verkokungen entstanden sind. Die freie Ausdehnungsmöglichkeit nach hinten, die Ausbildung des zweiten radialen Steges gleichzeitig als Schmierlaterne, verbunden mit einem im Gehäuse achsial angebrachten Schmierkanal, durch welche mit absoluter Sicherheit das Schmieröl verlustlos an die richtige Stelle gelangt, sind neben dem leichten Ein- und Ausbau besondere Vorzüge dieser modernen Stopfbuchse.

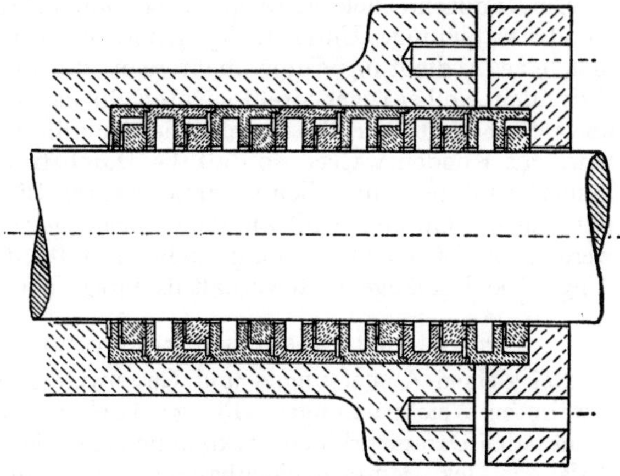

Abb. 413. Lenzsche Metallpackung.

Gußeisen wurde schon seit Jahrzehnten an Großgasmotoren und den modernen Dieselmotoren mit Erfolg angewandt. Grundbedingung ist, daß hierfür neben Spezialgußeisen als Stangenmaterial hochwertiger Stahl gewählt wird. Die Oberflächen der Stangen müssen gleichmäßig und rund geschliffen sein. Die Ansicht, daß die gebräuchlichen Schrauben- oder Schlauchfedern die Abdichtung vermittelst der Ringteile bewerkstelligen, ist eine irrige. Richtig ist vielmehr, daß der um den Dichtungsring wirkende Mediumsdruck die Dichtungsringteile auf die Stange drücken läßt. Die Federn haben lediglich den Zweck, die einzelnen Dichtungssegmente zu einem Ring zusammenzuhalten.

Fast alle in Kammern angeordneten Federpackungen besitzen pro Kammerbesetzung zwei Ringe oder einen Ring mit davor liegender Deckscheibe. Letztere überdecken den Spalt der auf Vorspannung eingestellten eigentlichen Dichtungsringe.

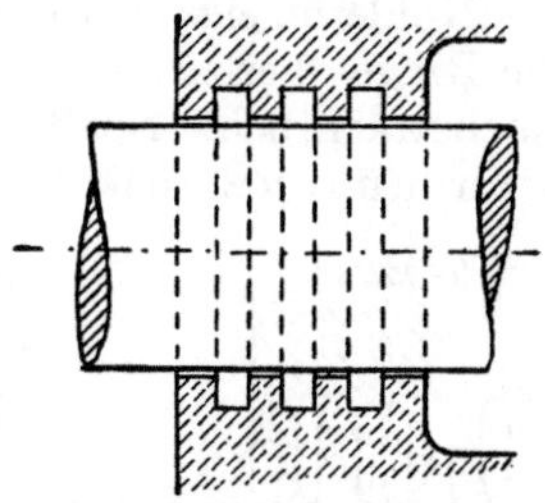

Abb. 414. Labyrinthdichtung.

An den modernen Höchstdruckmaschinen und bei sehr hohen Temperaturen hat sich Gußeisen als ungeeignet erwiesen. Bronze, die gegenüber Gußeisen den doppelten spezifischen Druck aushält, wäre weit geeigneter als Gußeisen, hat aber im Heißdampf den Nachteil, daß sie im strömenden Dampf brüchig wird.

Huhn hat bei seinem neuesten, durch Nut und Feder überlappten dreiteiligen Dichtungsring (Abb. 412) Nickel oder Bemeco-Bronze mit Gußeisen dergestalt kombiniert, daß die Stange nur mit der Bronze in Berührung kommt. Die übrigen Ringflächen sind mit Gußeisen umgeben. Radial zu den Kammerstegen hat der Ring taschenförmige Entlastungen. Auch zur Stange zu ist der Ring mit sinnreichen Entlastungen ausgestattet. Angeblich dichtet Huhn mit einem einzigen solchen Ring in der Praxis gegen 18 at, ohne daß eine Abnützung entsteht.

Die Lenzsche Packung (Abb. 413) beruht auf Labyrinthsystem durch Kondensatbildung. Unter Labyrinthdichtung (Abb. 414) versteht man eine Abdichtung durch mehrere in die Stange oder die Buchse (bzw. den Kolben) eingedrehte Nuten, in denen die Flüssigkeit einen unelastischen Stoß erfährt; auch füllen sich die Rillen mit Öl oder Fett, bzw. mit Kondenswasser, so daß die Durchströmung um so mehr gehindert wird, je mehr Rillen vorhanden sind. Die Ausfüllung der Rillen mit einem dichteren Stoff als demjenigen, gegen welchen abgedichtet werden soll, ist jedenfalls von großem Einfluß auf die Güte dieser Dichtung. Die Baulänge muß verhältnismäßig sehr groß sein.

Stopfbuchsen für rotierende Wellen.

Bei kleinen Abmessungen und Geschwindigkeiten benützt man die erwähnten Weichpackungen. Für große Geschwindigkeiten, wie sie besonders bei Dampfturbinen vorkommen, sind sie ungeeignet. Die in den Anfängen des Dampfturbinenbaues verwendeten Wellenstopfbuchsen hatten weißmetallene konische Dichtungsringe.

Nachdem Temperatur, Druck und Umfangsgeschwindigkeit gesteigert wurden, kam man zur Verwendung von graphithaltigen Kohleringen, wie solche am Kollektor der Elektromotoren usw. gebräuchlich sind. Die bei kleinen Umfangsgeschwindigkeiten mit Vorspannung und bei größeren Geschwindigkeiten ohne Vorspannung eingestellten mehrteiligen Ringe sind meistens mit Schraubenfedern elastisch zusammengehalten. Weil bei diesen aber eine einfache und dauernde Fernhaltung des Kohleringeigengewichtes nicht erreicht werden konnte, nutzten sich die Ringe oberhalb der Welle gar bald ab, so daß unterhalb der Welle ein beträchtlicher Spalt entstand. Man kam dann auf die Labyrinthdichtungen zurück, bei welchen die rotierende Welle als Kammzapfen mit vielen schmalen Kämmen ausgebildet ist, die in Gegenkämme des Gehäuses eingreifen, unter radialem Spiel und Vorhandensein eines kleinen Spaltes in achsialer Richtung während des Betriebs. Radiale Bohrungen am Ende der Buchse dienen zum Entweichen des Dampfschleiers oder zum Zuführen von Sperrdampf. Abb. 415 zeigt die Ausführung der Siemens-Schuckert-Werke für ihre Dampfturbinen. Die Wellenkämme laufen in einer Spitze aus, die sich bei Berührung mit der Gehäusewand ohne großen Widerstand abschleift.

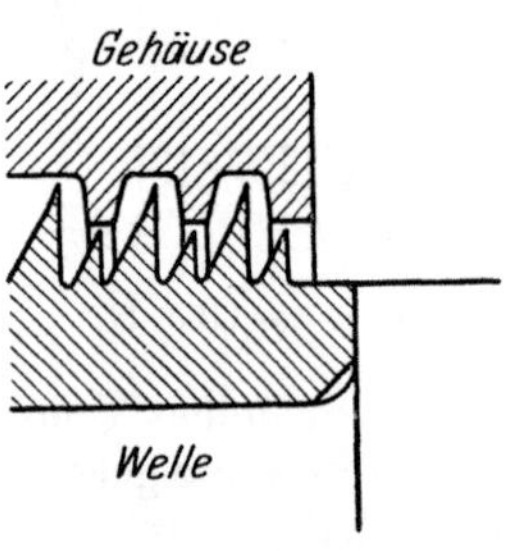

Abb. 415. Labyrinthdichtung der Siemens-Schuckert-Werke Berlin.

Alle bekannt gewordenen Labyrinthstopfbuchsen sind ziemlich vollkommen, wenn die Baulänge hinreichend lang bemessen wird. Bei kurzen

Baulängen muß man sich durch Absaugen behelfen. Zu berücksichtigen beim Labyrinth ist der achsiale Schub durch Wärmeausdehnung. Bei der Kohlenstopfbuchse ist die achsiale Wellenausdehnung belanglos. Zweifelsohne läßt sich vermittelst Kohle ein engerer Spalt gefahrloser erreichen als mit Labyrinth.

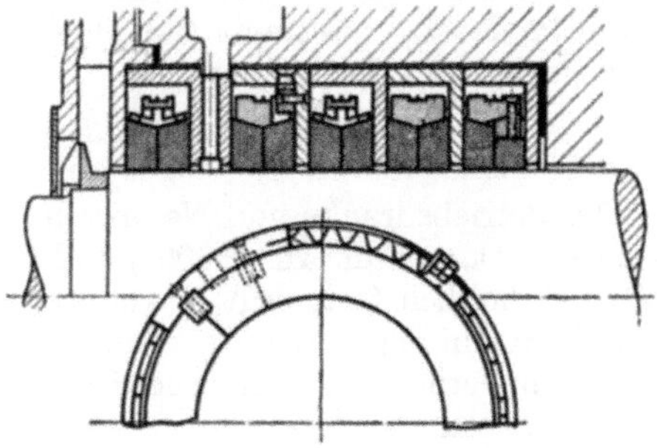

Abb. 416. Huhns Kohle-Wellfederpackung.

Die Huhnsche Kohlenstopfbuchse (Abb. 416) bringt das Eigengewicht der Dichtungsringe durch entsprechenden Federdruck gegen die radialen Kammerstege zur Aufhebung. Hierdurch bleibt die die Welle kaliberartig eng umschließende Kohledichtung lange ohne Abnützung erhalten. Die auf Druck beanspruchte, aber auf Zug wirkende Wellenfeder, aus nicht rostendem Stahl hergestellt, erschlafft selbst bei allerhöchster Temperatur nicht. Sie ist in einem leichten Keilring eingeschaltet, der auf das mit konischem Rücken ausgestattete Kohleringpaar drückt. Das mehrteilige Ringpaar an den Teilstellen wird dadurch nicht nur dicht aufeinander gehalten, sondern der eine Ring wird nach rechts und der andere nach links gegen die radiale Stegwand abdichtend gedrückt. Die Einstellung erfolgt so, daß das Ringpaar frei in der Kammer schwebt, ohne die Welle zu berühren.

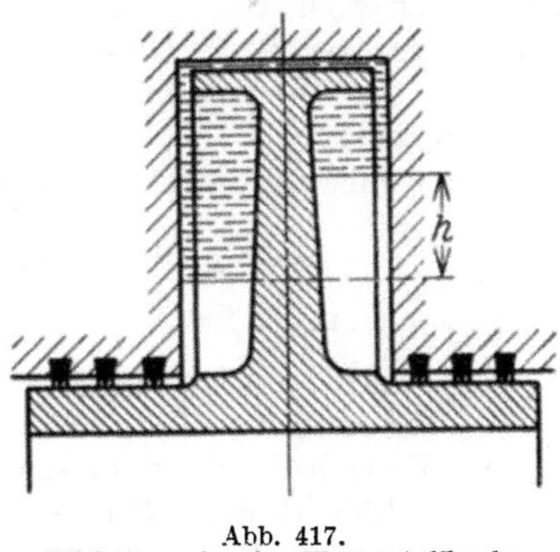

Abb. 417.
Wirkungsweise der Wasserstoffbuchse.

Zur Abdichtung bei sehr hohen Drücken wird an Stelle von Dampf auch Wasser benutzt. Abb. 417 zeigt im Schema die Wirkungsweise einer solchen Wasserstopfbuchse. Die Zentrifugalkraft treibt das Wasser an die Außenwand der Kammer, wobei sich der Wasserspiegel gemäß dem vorhandenen Druckunterschied abstuft. Das verdunstende Wasser muß durch Zufuhr von außen her wieder ersetzt werden. Die Abdichtung ist eine vollkommene.

B. Rohre und Rohrverbindungen.

Rohre werden gefertigt aus Gußeisen, Stahlguß, Flußstahl, Schweißstahl, Kupfer, Messing und anderen Legierungen, Blei, Zinn, Holz, Asphalt- oder Teerpappe, Stein, Zement, Steinzeug usw. Eine besondere Art von Rohren bilden die Schläuche.

Hier können nur die Metallrohre behandelt werden.

Nach der Art ihrer Verbindung unterscheidet man Flanschenrohre und Muffenrohre.

Alle Rohre dienen dem Zweck Flüssigkeiten oder Gase fortzuleiten. Aus deren sekundlicher Durchflußmenge V in cbm und ihrer Geschwindigkeit v in m/sek, bestimmt sich der erforderliche Rohrdurchmesser d in m gemäß der Beziehung:

$$\frac{\pi}{4} d^2 \cdot v = V.$$

Die Betriebsdrucke und Nennweiten der Rohrleitungen für Wasser, Gas (bzw. Dampf unterhalb 300°) und Heißdampf sind vom Normenausschuß einheitlich festgelegt in Dinorm 2401 und 2402, die in Tafel 29 und 30 im Anhang verzeichnet sind. Dinorm 2410 gibt eine Übersicht über gußeiserne und stählerne Rohre, die in Tafel 31 des Anhangs aufgeführt ist.

1. Gußeisenrohre.

Stehend gegossene Rohre sind dichter (da die sich beim Gießen entwickelnden Gase besser entweichen können), ferner gleichmäßiger in der Wandstärke und haben keine Gußnaht. Bei liegend gegossenen Rohren müssen Kernstützen angewendet werden, welche vielfach undichte Stellen verursachen. Übliche Baulänge 5—6,5 m.

Für die Berechnung der Wandstärke der Rohre gilt Dinorm 2411:

Die Rohrwanddicken werden berechnet nach der Formel:

$$s = s_0 + c, \text{ oder } s = \frac{p \cdot d}{200 \cdot \sigma_{zul}} + c \text{ mm.}$$

Darin bedeuten:

s wirkliche Wanddicke in mm,
s_0 theoretische Wanddicke in mm,
p Betriebsdruck in kg/qcm,
d lichter Rohr∅ (Nennweite) in mm,
σ_{zul} zulässige Beanspruchung in kg/qmm,
c Zuschlag aus Herstellungsrücksichten und zum Ausgleich von Herstellungsungenauigkeiten, Rostangriff u. dgl.

Die zulässige Beanspruchung σ_{zul} beim Nenndruck wurde zu 2,5 kg/qmm gewählt, dem entspricht eine Höchstbeanspruchung bei „Wasser" von 2,5 kg/qmm, bei „Gas und Dampf" von 2,0 kg/qmm.

Der Zuschlag c wurde veränderlich gewählt in Abhängigkeit von dem Produkt $p \cdot d$ (Nenndruck mal Nennweite) oder von der theoretischen Wanddicke beginnend mit 6 mm bei kleinsten Wanddicken und linear abnehmend bis auf 0 bei Wanddicken von 55 mm und darüber, und zwar gilt:

$$c = 6\left(1 - \frac{p \cdot D}{27500}\right) \text{ mm.}$$

Bei Rohrstücken mit Abzweigungen (Stutzen) und sonstigen zusammengesetzten Rohrteilen müssen an den inneren und äußeren

Durchdringungsstellen gute Ausrundungen gewählt werden, da dort erhöhte Spannung herrscht und Neigung zur Rißbildung vorhanden ist. Eventuelles Verstärken der Wandung oder Kehlenverstärkung durch äußere Rippen.

Flanschenrohre (Abb. 418—424).

Die Rohrenden sind mit angegossenen Flanschen versehen, deren Stirnfläche durch Schrauben unter Zwischenlegen von Dichtungsmaterial zusammengepreßt werden. Bearbeitet wird nur die Arbeitsleiste. Damit das Dichtungsmaterial nicht zwischen den Flächen herausgepreßt wird, dreht man zwei oder drei Nuten in die Dichtungsflächen ein.

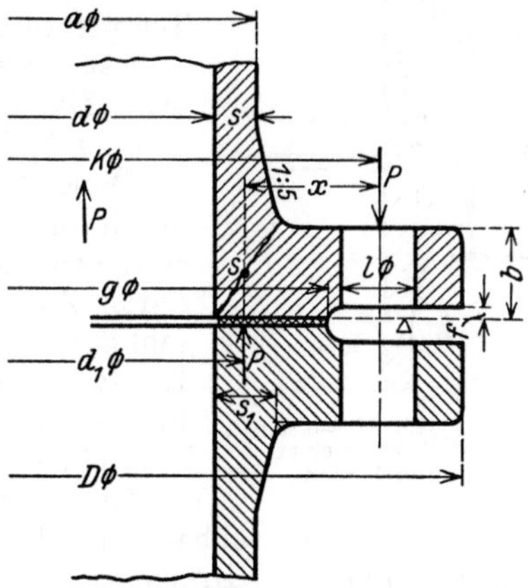

Abb. 418. Flanschenform für Gußeisenrohre und Dinorm.

Die Abmessungen normaler gußeiserner Flanschenrohre, die bis Nenndruck 10 Verwendung finden, sind in Dinorm 2422 festgelegt und finden sich in Tabelle 32 im Anhang, die sich auf Abb. 418 bezieht. Außer der in dieser Abbildung gezeichneten flachen Abdichtung, wie sie für gußeiserne Gas- und Wasserleitungsrohre allgemein üblich ist, finden sich im speziellen noch weitere Flanschenformen:

Bei größeren Pressungen verwendet man Flanschen mit Vorsprung und Rücksprung (Abb. 419), ferner um ein Herauspressen des Dichtungs-

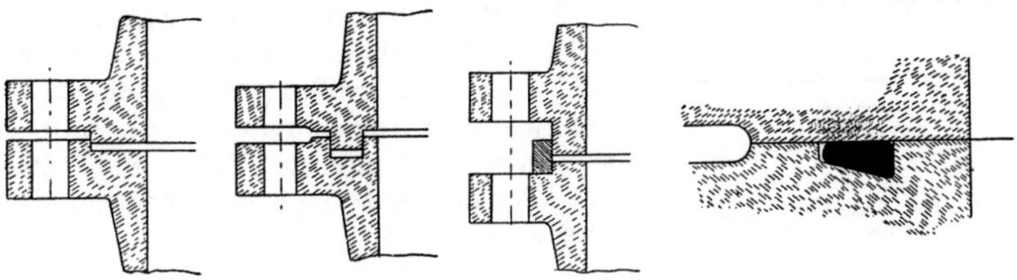
Abb. 419 bis 422. Verschiedene Flanschenformen für Gußeisenrohre.

materials nach innen zu verhüten, Flanschen mit Nut und Feder (Abb. 420). Dabei ist die Nut auf der Eintrittsseite und die Feder auf der Austrittsseite der Flußrichtung anzuordnen. Das hierbei erschwerte Auseinandernehmen längerer Rohrleitungen vermeidet die Konstruktion nach Abb. 421 (Schmitzscher Ring). Abb. 422 zeigt eine Dichtung mit rundem Gummiring von Haniel & Lueg.

Grundsätzlich ist bei jeder Flanschenkonstruktion zu beachten:

1. Schrauben so nah wie möglich an die Rohrwand setzen,

2. allmählicher Übergang vom Flansch zum Rohr,
3. gute Ausrundung in den Kehlen.

Als Dichtungsmaterialien finden Verwendung: Scheiben aus Klingerit, Asbest, vorteilhaft mit dünnem Kupferblech armiert, Preßpappe oder Papier in Öl getränkt, Gummi in Schnüren oder mit Einlagen von Hanf oder feinem Drahtgeflecht, gewellte Metallringe mit und ohne Einlage, Bindfaden mit Mennigkitt, Kupferringe, Hartblei. Röhren, welche hohen Temperaturen ausgesetzt sind, sollen nur mit Asbest, Klingerit oder Metall gedichtet werden. Die Stärke der Dichtungsscheiben soll 2 mm möglichst nicht überschreiten.

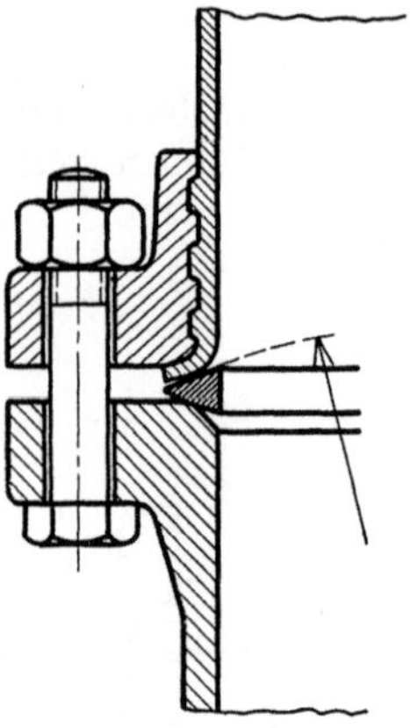

Abb. 423. Metallische Abdichtung einer Rohrverbindung.

Ohne Zwischenlage läßt sich die Dichtheit durch Aufschleifen der Flächen aufeinander erreichen. Den gleichen Zweck erreicht man durch Zwischenlegen von beiderseits aufgeschliffenen Dichtungslinsen aus Bronze oder Kupfer (Abb. 423), die infolge der kugeligen Fläche zugleich eine gewisse Schiefstellung der Flanschen gegeneinander zulassen.

Die Anzahl der Flanschenschrauben soll immer durch vier teilbar sein, die Entfernung zweier Schrauben höchstens 160 mm sein. In den zwei Hauptachsen sollen keine Schrauben liegen.

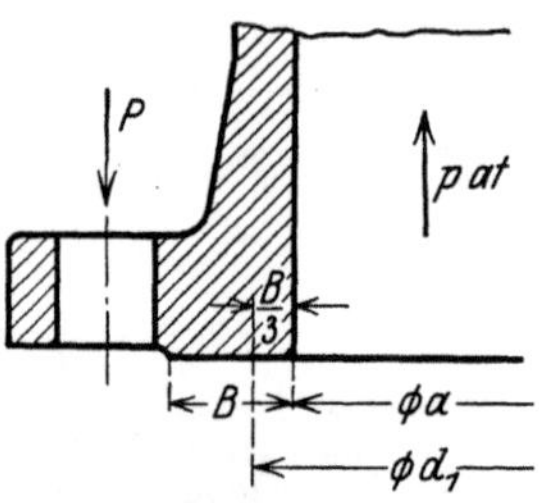

Abb. 424. Zur Berechnung der Flanschenschrauben.

Die Abmessungen der Flanschen und Schrauben sind gemäß den im Anhang verzeichneten Dinormen zu wählen. Bei größeren Kräften empfiehlt sich aber eine genaue Nachrechnung:

Die Berechnung der Flanschenschrauben gründet sich gemäß Dinorm 2507 auf einen größten Flüssigkeitsdruck, von welchem angenommen wird, daß er sich in voller Höhe noch über ein Drittel der Dichtfläche B (Abb. 424) erstreckt, so daß er beträgt:

$$P = \frac{\pi}{4}\left(D + \frac{2}{3}B\right)^2 \cdot p \text{ kg}.$$

Ist die Kraft pro Schraube P_o kg und d_o der theoretisch notwendige Schrauben$\varnothing$, so bestimmt sich dieser aus der Beziehung:

$$P_o = \frac{\pi}{4} d_o^2 \cdot p \text{ kg}$$

für k_z ist bei den Betriebsdrücken „Wasser" zugelassen:

$k_z = 8$ kg/qcm für Schraubeneisen St. 38 · 13, zulässig bis Nenndruck 40

u. $k_z = 11{,}2$ kg/qcm für Vergütungsstahl St. C 35 · 61, für Drücke über 40 at.

Der zusätzlichen Belastung durch den Dichtungsdruck und durch die erfahrungsgemäß bei kleinen Schraubendurchmessern sehr beträchtlichen Montagespannungen wurde durch einen Zuschlag c auf den rechnerisch ermittelten Schraubenkern⌀ d_0 Rechnung getragen, so daß also wirklicher Schrauben⌀

$$d = d_0 + c, \text{ wobei zu wählen ist}$$

$$c = 5 \text{ für } d \leq 18{,}5 \text{ mm}$$

$$c = 6{,}5\left(1 - \frac{d}{80}\right) \text{ für } d > 18{,}5 \text{ mm.}$$

Die zulässigen Höchstbelastungen in kg pro Schraube sind aus folgender Tabelle zu ersehen:

Werkstoff	Betriebsdruck	Schraubendurchmesser											
		M 10	1/2″	5/8″	3/4″	7/8″	1″	1 1/8″	1 1/4″	1 3/8″	1 1/2″	1 3/4″	2″
St. 38.13	Wasser	53	156	394	733	1165	1725	2357	3269	4053	5225	7491	10362
	Gas und Dampf	43	125	315	586	932	1380	1886	2615	3242	4180	5993	8290
StC 35.61	Wasser	75	219	551	1026	1632	2415	3300	4577	5675	7316	10488	14507
	Gas und Dampf	60	175	441	821	1305	1932	2640	3662	4540	5853	8390	11605
	Heißdampf	48	140	353	657	1044	1546	2112	2929	3632	4682	6712	9284

Die Berechnung der Flanschenabmessungen b u. s_1 (Abb. 418) hat gemäß Dinorm 2505 zu erfolgen aus den Gleichungen:

$$b = \sqrt{1{,}12\left(1 + \frac{p}{150}\right)\frac{p \cdot d \cdot x}{100\, k_b}}$$

und

$$s_1 = \sqrt{0{,}62\left(1 + \frac{p}{150}\right)\frac{p \cdot d \cdot x}{100\, k_b}}$$

Maße in mm, Pressungen in kg/qcm und Beanspruchung in kg/qmm; dabei ist zu setzen:

$$k_b = 1{,}5 \text{ kg/qmm, im Höchstfall } k_{b_{max}} = 3{,}75 \text{ kg/qmm.}$$

Eine spezielle Art von Flanschenrohren sind die Rippenheizrohre für Heizungsanlagen. Über die üblichen Formen und Abmessungen siehe Dinorm 2480.

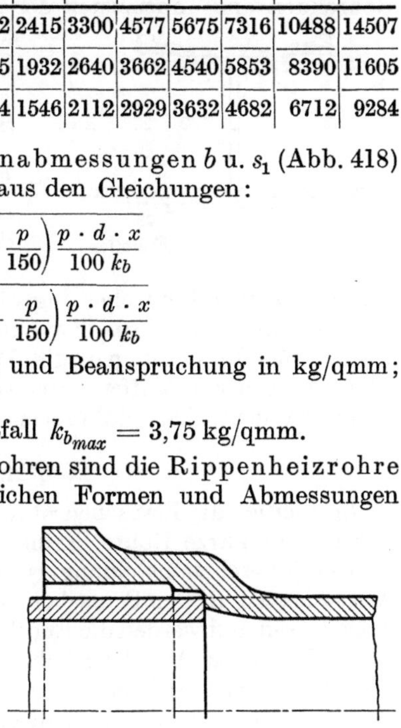

Abb. 425. Gußeisernes Muffenrohr.

Muffenrohre (Abb. 425—427).

Abb. 425 zeigt ein Muffenrohr gewöhnlicher Art. Die Abdichtung geschieht, nachdem das Rohrende auf dem Grunde der Muffe aufgesetzt ist, durch Einschlagen eines geteerten Hanfseiles und Vergießen mit Blei, welches nach dem Erkalten noch verstemmt wird. Diese Abdichtung gestattet eine gewisse Beweglichkeit. Größere Beweglichkeit besitzt die Muffendichtung nach Abb. 426.

Abb. 427 zeigt eine Überschiebungsmuffe für zylindrische Rohre, geteilte Muffen dieser Art können auch zum Abdichten gesprungener Rohre verwendet werden.

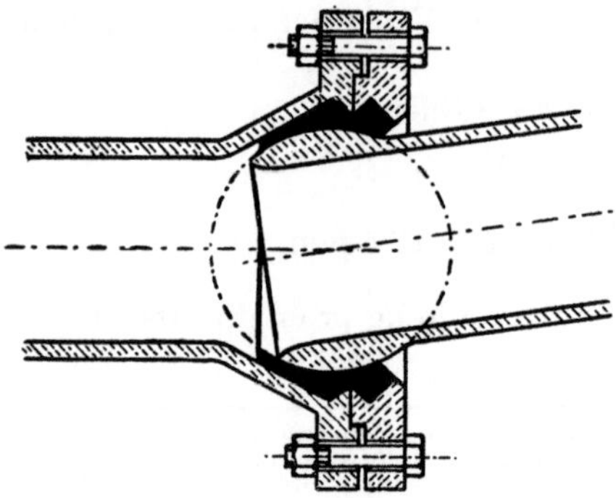

Abb. 426. Bewegliche Muffenrohrverbindung.

Die Rohre sind möglichst auf gewachsenen Boden zu legen und gut zu unterstopfen. Ein fertig gelegter Rohrstrang kann im Gegensatz zu den Flanschenrohren nicht mehr auseinander genommen werden.

Gußeiserne Muffenrohre werden nur für Gas- und Wasserleitungen verwendet, für Dampfleitungen nicht. Um sie gegen Rost zu schützen, werden sie auf 100—150° erwärmt und längere Zeit in heißen Asphalt oder Teer getaucht. Die Rohrenden und Innenseiten der Muffen, die keinen Überzug erhalten sollen, bestreicht man vorher mit Kalkmilch.

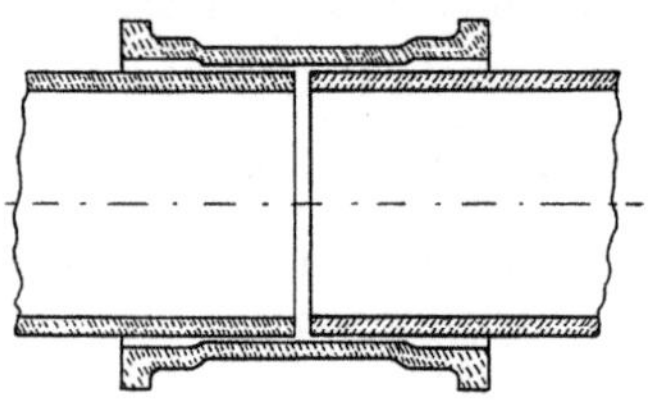

Abb. 427. Überschiebmuffe.

Muffenrohre aus Stahl siehe Seite 383.

Bei Rohrleitungen für tropfbare Flüssigkeiten sollen Richtungsänderungen immer allmählich erfolgen. Für die für Richtungsänderungen und Abzweige erforderlichen Formstücke haben der Verein Deutscher Ingenieure und der Verein der Gas- und Wasserfachmänner Normalien aufgestellt. Eine Übersicht über Formstücke für Rohrleitungen gibt Dinorm 2430, Bl. 1—4. Bezüglich der Abmessungen von Muffenrohren sei auf die im Anhang, Tabelle 33, aufgeführten deutschen Rohrnormalien verwiesen.

2. Stahlgußrohre.

Sie werden als Flanschenrohre für hohe Drücke (über 15 at benützt) und nur als kurze Rohre, Krümmer und Formstücke hergestellt.

Die Flanschenausbildung ist durch Dinorm 2543—2547 genormt. Arbeitsleisten an den Flanschen sind bei den Rohren bis Nenndruck 40 weggelassen und werden die Endflächen auf der ganzen Breite bearbeitet. Rohre für höhere Drücke erhalten Flanschen mit Vor- und Rücksprung oder mit Feder und Nut.

Die Rohrwanddicke wird gemäß Dinorm 2412 nach der gleichen Formel berechnet wie die für gußeiserne Rohre Seite 374 angegebene. In dieser Formel ist aber zu setzen:

σ_{zul} = 6 kg/qmm für Wasser
= 5 ,, ,, Gas und Dampf
= 4 ,, ,, Heißdampf

$$\text{und} \quad c = 6\left(1 - \frac{p \cdot d}{6600}\right) \text{ mm.}$$

Für die Flanschenabmessungen b und s_1 gelten gemäß Dinorm 2505 die Formeln:

$$b = \sqrt{1{,}12\left(1 + \frac{p}{500}\right) \cdot \frac{p \cdot d \cdot x}{100\, k_b}}$$

$$\text{und} \quad s_1 = \sqrt{0{,}62\left(1 + \frac{p}{500}\right) \cdot \frac{p \cdot d \cdot x}{100\, k_b}}$$

$k_b = 1{,}25$ kg/qmm, im Höchstfall $k_{b_{max}} = 7{,}5$ kg/qmm.

3. Stahlrohre.

Für die Berechnung der Rohrwanddicke gilt nach Dinorm 2413 die Formel:

$$s = \frac{p \cdot d}{200 \cdot \sigma_{zul} \cdot \varphi} + c \text{ mm}$$

worin bedeutet:

p = Betriebsdruck in kg/qcm
d = lichter ∅ in mm
σ_{zul} = zulässige Beanspruchung in kg/qmm
φ = Verhältnis der Festigkeit der Rohrnaht zur Festigkeit der vollen Rohrwand
c = konstanter Zuschlag = 1 mm.

Für σ_{zul} gelten die Werte der nachfolgenden Tabelle:

Flußstahl mit Festigkeit	Betriebsdrücke in kg/qcm		
	Wasser	Gas u. Dampf	Heißdampf
34—45 kg/qmm	8	6,4	5
45—55 „	10	8	6,4

Die Verhältniszahl φ ist zu wählen:
für nahtlose Rohre = 1
„ geschweißte Rohre = 0,8 für jede Art der Schweißung
„ genietete Rohre = 0,57—0,63 für einreihige Längsnaht. (Siehe auch bei Nietverbindungen.)

Rohre aus Schweißstahl und Flußstahl können genietet, geschweißt, hart gelötet oder nahtlos gewalzt werden.

Genietete Rohre.

Sie finden Verwendung für Windleitungen, Wasserleitungen für Turbinen, Flußübergänge usw. und nur für große Durchmesser von 600 mm ab und mäßige Drücke.

Die Verbindung der einzelnen Rohre geschieht vermittelst Schrauben durch an den Rohrenden aufgenietete Winkeleisen oder Stahlgußflanschen.

Genietete Flußstahlrohre von 620—2020 mm äußerem ∅ für 1—6 at Nenndruck sind in Dinorm 2455—2516 aufgeführt.

Geschweißte Rohre.

Die Kanten der Streifen, aus denen die geschweißten Rohre hergestellt werden, sind entweder stumpf gegeneinander gestoßen oder abgeschrägt und überlappt. Die letzteren Rohre sind natürlich fester als die ersteren.

Geschweißte Rohre finden Verwendung als Siederohre (überlappt geschweißt, auf Wunsch an den Enden erweitert oder verengt, oder mit aufgelötetem Kupferstutzen versehen, übliche Länge 4—5 m), Gasrohre (stumpf geschweißt in Lichtweiten von $^1/_8$ bis 4″ engl. siehe Tabelle 7 im Anhang), Rohre für Dampf- und Warmwasserheizungen, Turbinenrohre, und Rohre für hohen Druck bis 50 at (Manometer, hydraulische Pressen usw.).

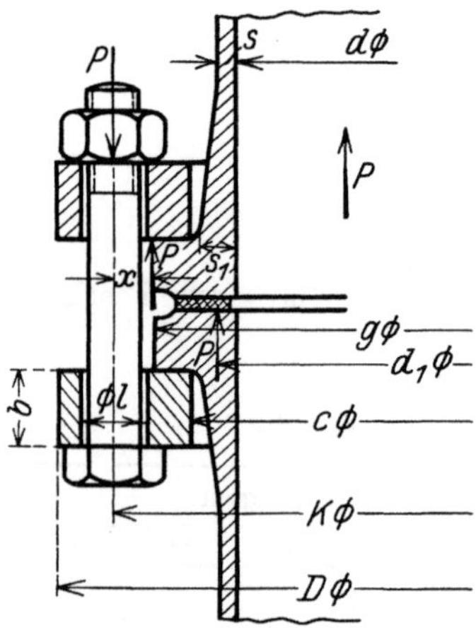

Abb. 428. Stahlrohrverbindung durch lose Flansche.

Eine besondere Art geschweißter Rohre sind die spiralgeschweißten Rohre der Rheinischen Metallwaren und Maschinenfabrik, Düsseldorf. Sie kommen heute seltener vor.

Die Verbindung der Siederohre, wie sie zu Dampfleitungen usw. verwendet werden, geschieht mittels auf- oder vorgeschweißter Bunde, die mit glatten Flächen gegeneinander stoßen (Abb. 428) und mittelst loser, kräftiger Flanschen aus Stahl oder Stahlguß.

Es können aber auch besondere Rohrflanschen aufgeschraubt, aufgenietet (wobei auf gutes Anliegen und sorgfältiges Verstemmen auch der inneren Nietköpfe zu achten ist), aufgelötet, aufgeschweißt oder aufgewalzt werden. Hierbei wird das Rohr mit einer besonderen Vorrichtung durch Aufweiten in die zylindrische (Abb. 429) oder etwas konische Flanschenbohrung (Abb. 430) die, um eine größere Anlagefläche zu erzielen, mit eingedrehten Rillen oder feinem Gewinde versehen werden kann, eingewalzt.

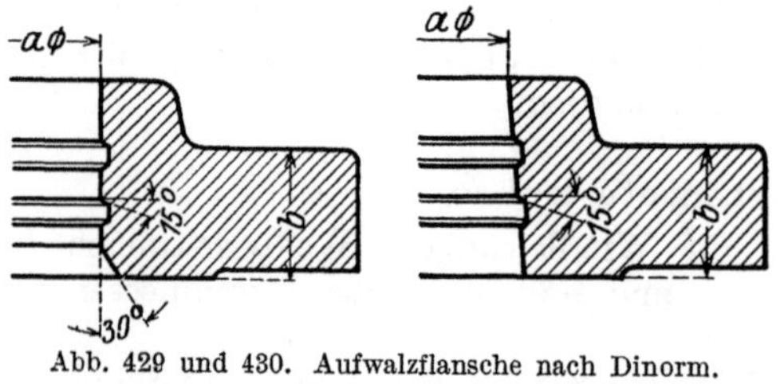

Abb. 429 und 430. Aufwalzflansche nach Dinorm.

Da Gußeisen bei Hochdruckrohrleitungen als Material für die Flanschen unzulässig ist, stählerne Flansche aber vielfach aus minderwertigem Material, z. B. Abfallblechen, gestanzt wurden, vor den bewährten durch Pressen oder Schmieden aus Siemens-Martin-Stahl hergestellten Flanschen das Gießverfahren aber Vorteile bietet, sind Versuche mit aufgewalzten Stahlgußflanschen gemacht worden, die ergeben haben, daß die aufgewalzten Stahlgußflanschen gegenüber Flußeisenflanschen einen größeren Haftwiderstand aufwiesen, und die Wandungen der Verbindungsrohre in die Profilierung der Flanschbohrung der Stahlgußflanschen inniger verwalzt wurden, als dies bei Flußstahlflanschen unter gleichen Bedingungen der Walzarbeit der Fall war. Es ist dies damit zu erklären, daß zwei miteinander verwalzte Materialien gleicher Härte aufeinander deformierend wirken, während bei Verwendung von Materialien verschiedener Härte sich nur das weichere Rohr dem härteren als Matritze wirkenden Stahlgußflansch anzupassen hat. Aus dem gleichen Grunde müssen auch beim Einwalzen von Rohren in Wände die Rohrenden besonders sorgfältig ausgeglüht bzw. weich gemacht werden, um Deformationen der Rohrlöcher zu vermeiden. Vor dem Einwalzen ist der Zunder am Rohr sorgfältig zu entfernen. Abb. 431 zeigt ein eingewalztes und danach umgebördeltes Siederohr.

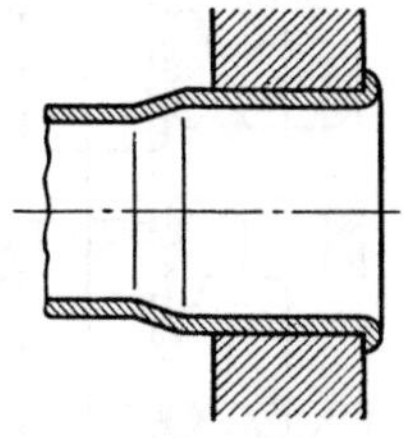

Abb. 431. Eingewalztes Siederohr.

Bei großen Kräften werden die Flanschen eingewalzt und bei Drücken über 25 at noch mit einer Sicherheitsnietung, oder statt der Niete mit Gewindestiften, versehen, oder werden die Enden der Walzflanschen mit den Rohren verschweißt.

Das Aufwalzen der Flanschen ist aber nur bis höchstens 8 mm Rohrwandstärke möglich. Bei größerer Wandstärke (Drücke von 60—100 at) werden die Flanschen aufgenietet und verschweißt oder besser aufgeschraubt und verschweißt.

Die Dichtungsflächen der Flanschen sind wie die der gußeisernen Flanschen ausgebildet. Flache Abdichtung ist bis höchstens 32 at zulässig, darüber hinaus ist Vor- und Rücksprung, oder Feder und Nut an den Flanschen nötig.

Für kleine Drücke genügt das Umbördeln der Enden um 90° und Zusammenpressen durch Überwurfflanschen (Abb. 432). Schiefziehen der Flanschen läßt sich durch Anbringen von Rändern außen an den losen Scheiben verhüten.

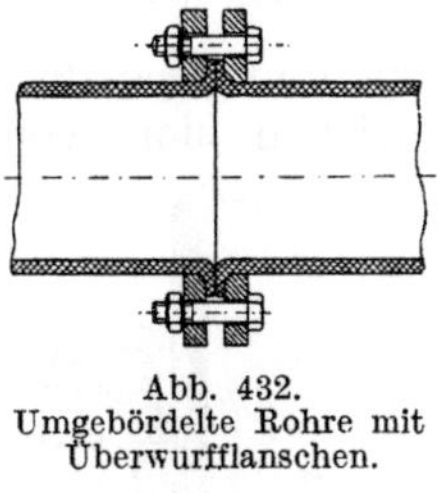

Abb. 432. Umgebördelte Rohre mit Überwurfflanschen.

Aufgeschweißte Bunde mit losen Flanschen geben gute Verbindungen mit günstiger Beanspruchung, sind aber teurer als aufgewalzte Flanschen.

Bei aufgenieteten Flanschen für Rohrwandstärken über 8—10 mm werden die Niete außen versenkt, um kurze Schenkel zu erhalten.

Eingeschraubte stählerne Flansche genügen für kleinere Drücke, wie sie bei Gas- und Wasserleitungen üblich sind. Die Flansche sind entweder glatt (gestanzt), oder besser mit Bund für längeres Gewinde versehen (gepreßt), ihre Form ist zumeist oval, wie in Abb. 433, oder eliptisch, auch rund, weniger quadratisch.

Hart gelötete Flanschen ebenfalls für kleinere Drücke und Temperaturen bis 200°. Das Anschweißen von Flanschen an Rohre wird wegen seiner Einfachheit viel gemacht.

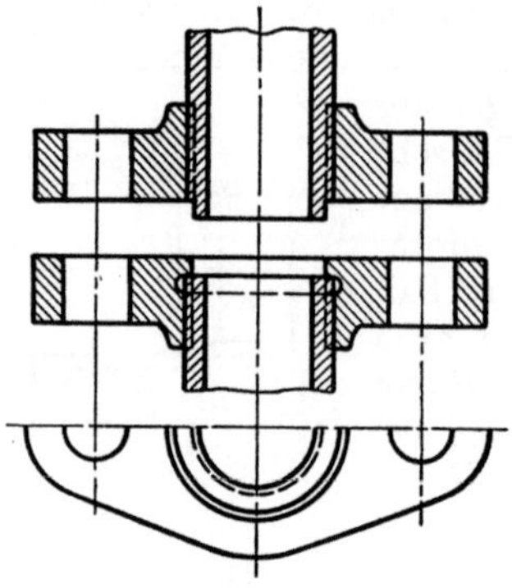

Abb. 433. Ovale Schraubflanschen nach Dinorm.

Leicht lösbare Verbindungen erhält man durch Rohrverschraubungen nach Abb. 434, welche Form durch Dinorm 2360—66 genormt ist.

Die Berechnung der losen Flanschen erfolgt nach Dinorm 2506 nach der Gleichung (siehe Abb. 428):

$$b = \sqrt{1{,}5\,\frac{d_1^2 \cdot p \cdot x}{(D - c - 2\,l) \cdot 100\,k_b}}$$

Maße in mm, Pressungen in kg/qcm, Beanspruchung in kg/qcm.

Hierbei ist zu setzen:

$d_1 = \frac{2\,d + g}{3}$; $k_b = \beta \cdot k_z$; wobei für Flußstahl $\beta = 1$ und für Stahlguß $\beta = 1{,}25$.

Höchstwerte:

für Flußstahl St 34 · 11 $k_{b_{max}} = 8$ kg/qmm

„ „ St 42 · 11 $k_{b_{max}} = 10$ „

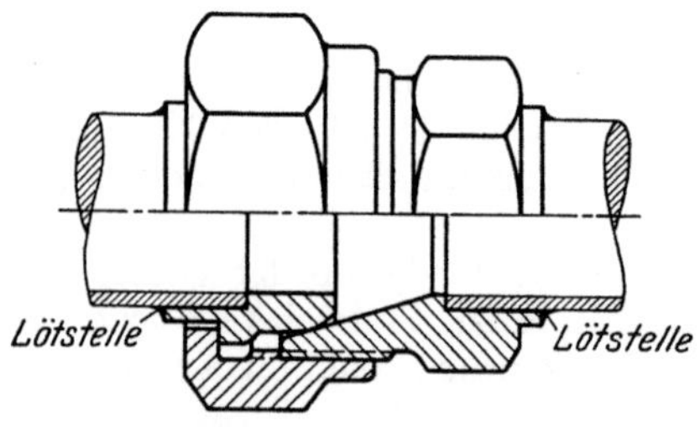

Abb. 434. Rohrverschraubung nach Dinorm.

Nimmt man eine Abschrägung der losen Flansche und der Bordkante nach Abb. 435 vor (45°), so fällt die Biegungsanstrengung der Flansche und des Bordringes geringer aus.

Für die übrigen Dimensionen von Rohrleitungen mit Flanschen für Dampf von hoher Spannung hat der V. d. I. 1912 besondere Normalien aufgestellt. Desgleichen sind vom N. D. I. in den letzten Jahren die wichtigsten Flanschenarten von Stahlrohren für Druckstufen von 1 bis 40 at genormt worden.

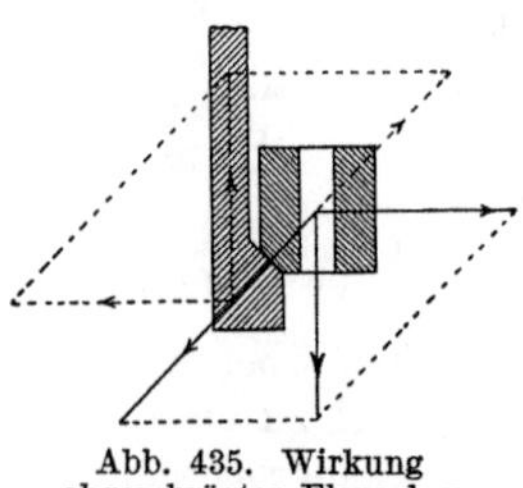

Abb. 435. Wirkung abgeschrägter Flanschen.

Bezüglich Abdichtung gilt das Gleiche wie das bei gußeisernen Flanschen Gesagte. (Vgl. Abb. 436—438.)

Die Befestigung der Rohrenden in Wandungen geschieht durch Einschrauben, zumeist aber durch Aufwalzen mit der Rohrdichtmaschine und evtl. noch durch Umbördeln und Verstemmen. Abb. 431 zeigt ein derart befestigtes Siederohr.

Um die Rohre zu biegen, erhitzt man sie und füllt sie mit Sand, kleinere Rohre auch mit Blei. Rohre für Hoch- und Höchstdruck sollten nach dem Biegen ausgeglüht werden, zur Beseitigung vorhandener Materialspannungen.

Die Gasrohre sind an den Enden mit Gewinde versehen (Tabelle 7 im Anhang) und werden durch übergeschraubte Muffen verbunden. Für Krümmungen, Abzweigungen, Übergang eines stärkeren Rohres in ein schwächeres, Verschluß eines Rohres usw. hat man besondere Formstücke (**Fittings**), die meist aus schmiedbarem Guß sind.

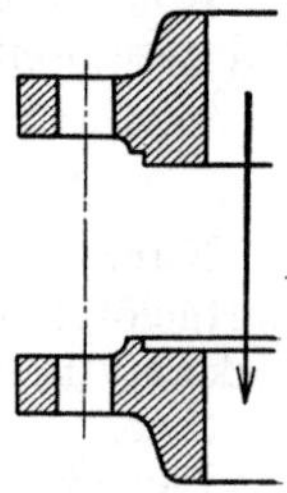

Für Wasserleitungen finden die Gasrohre und ihre Verbindungsstücke auch in verzinktem Zustand Verwendung.

Gelötete Rohre, hartgelötet, werden zu Dampfheizungen u. dgl. verwendet.

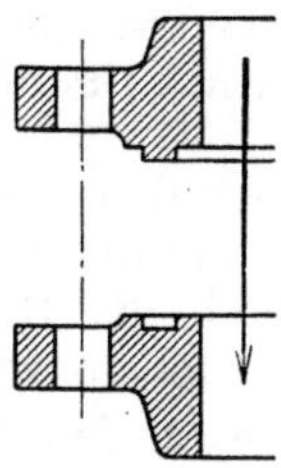

Nahtlose Rohre.

Diese werden nach dem Walzverfahren von **Mannesmann** (Deutsch-Österreichische Mannesmann-Röhrenwerke) oder nach dem Loch- und Ausziehverfahren von **Ehrhardt** (Rheinische Metallwaren- und Maschinenfabrik, Düsseldorf) hergestellt und finden Verwendung als Siederohre für Dampfkessel, Heizrohre, Dampfleitungen und namentlich Hochdruckleitungen, für welche die anderen Röhren nicht fest genug sind. Zu letzterem Zwecke werden sie, wie die Gußeisenrohre, mit Muffen geliefert. Abb. 439 zeigt eine Muffenverbindung der **Ferrum-A.-G., Kattowitz** für Turbinenleitungen.

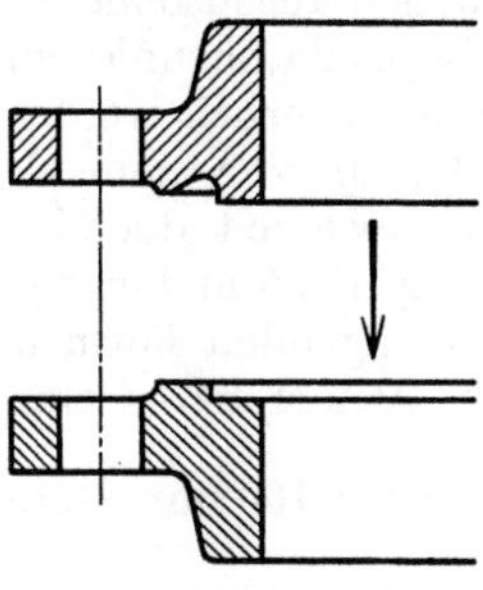

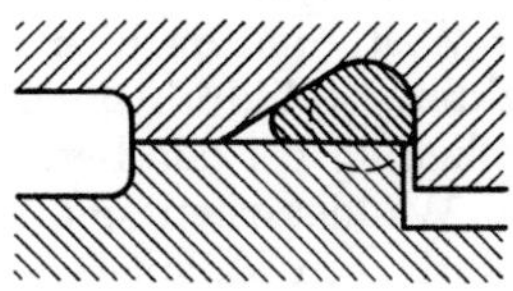

Abb. 436 bis 438. Flanschen für Stahlrohre nach Dinorm.

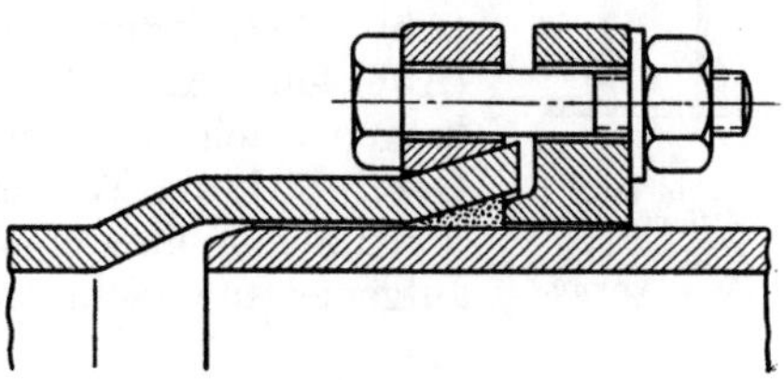

Abb. 439. Stählernes Muffenrohr. (Ferrum A.-G., Kattowitz.)

Auch für Gas- und Wasserleitungen benützt man neuerdings wegen der größeren Drucksicherheit bei Bodensenkungen vielfach solche Rohre an Stelle der gußeisernen. Die Rohrenden passen ziemlich genau in die Muffe, die durch Kehlschweißung an Ort und Stelle mit dem Rohr verschweißt wird. Rohrlänge ca. 15 m. Auch Leitungsmaste, Lagerbuchsen usw. werden aus nahtlosen Rohren hergestellt.

Rohrverbindungen von nahtlosen Rohren durch Flansche genau wie bei geschweißten Rohren.

4. Rohre von Kupfer und Messing.

Kupfer- und Messingrohre (Tabelle 34 im Anhang) werden entweder hartgelötet oder nahtlos gewalzt oder gezogen, Kupferrohre auch auf elektrolytischem Wege hergestellt (Elmore-Verfahren). Übliche Längen 3—7 m.

Der mittlere Radius der Krümmungen solcher Rohre soll mindestens gleich dem 2—3fachen Rohr∅, bei weiteren Rohren gleich dem 4—5-fachen Rohr∅ sein. Um die Rohre zu biegen, gießt man sie mit Pech aus.

Bei der Verwendung von Kupfer- und Messingrohren muß man berücksichtigen, daß die Festigkeit bei höherer Temperatur wesentlich abnimmt, weshalb die Reichsmarine als Höchstbeanspruchung der Kupferrohre 200 kg/qcm vorschreibt.

Ferner sind nach den Bestimmungen der Reichsmarine gelötete Rohre für höhere Dampfspannungen auszuschließen, zu verwenden sind entweder gezogene oder mit Doppellaschennietnaht aus Kupferblech hergestellte Rohre. Zur größeren Sicherheit werden Rohre von 125 mm lichter Weite und darüber für Dampf von mehr als 8 at Spannung mit verzinktem Stahldrahttau dicht umwickelt, doch ist die Festigkeit dieser Umwickelung bei der Berechnung nicht in Betracht zu ziehen.

Die Wandstärken sind nach folgenden Formeln zu berechnen, wobei s und D in Millimeter, p in Atmosphären einzusetzen sind:

$$s = \frac{pD}{400} + 1{,}5 \text{ für Rohre bis 100 mm Durchmesser,}$$

$$s = \frac{pD}{400} \text{ für Rohre von 125 mm Durchmesser und darüber.}$$

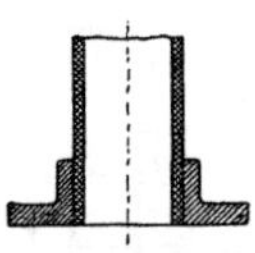

Abb. 440. Lötflansch für Kupfer- und Messingrohre.

Die Verbindung der Kupferröhren erfolgt entweder durch Umbördeln des Randes und stählerne Flanschen (Abb. 432) oder durch aufgelötete Bronzeflanschen (Abb. 440). Außerdem hat man verschiedene Rohrkupplungen nach Art der Abb. 434 und 441 (letztere von Gebr. Sulzer, Winterthur). Kupferne Dampfleitungen von 120 mm innerem Durchmesser aufwärts sind mit aufgenieteten, nicht aufgelöteten, Flanschen zu versehen.

5. Rohre von Blei und Zinn.

Rohre von Blei und Zinn, die durch Hindurchpressen des Metalls durch eine Düse mit Dorn hergestellt werden, haben den Vorteil, sich leicht biegen zu lassen. Man hat zu unterscheiden: Weichbleirohre, Hartbleirohre (Zusatz von 10—15% Antimonblei, wodurch größere Festigkeit und Elastizität erzielt wird, Verwendung besonders für Dampfleitungszwecke), Zinnrohre und Zinnrohre mit Bleimantel (Wasserleitungen). Bei Verwendung von Bleirohren für Wasserleitungen soll durch Behandlung der Innenfläche mit Schwefelnatrium die Auflösung des Bleies verhindert werden.

Die Verbindung solcher Rohre geschieht durch Auftreiben des einen Rohrendes, Ineinanderschieben und Verlöten mit Zinn oder durch Muffen, ähnlich wie Abb. 441.

Die Firma Felten & Guilleaume liefert Rohre aus weichem Metall mit Drahtumhüllung.

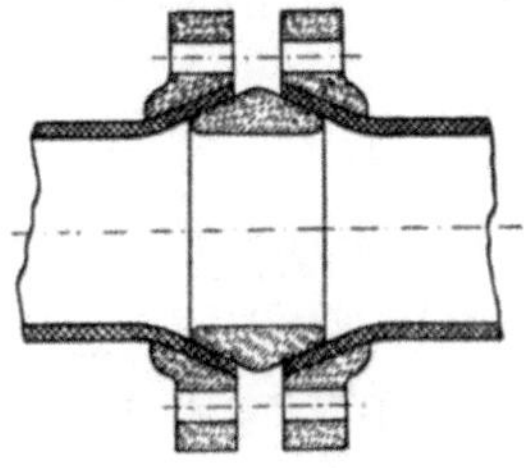

Abb. 441. Kupferrohrverbindung von Gebr. Sulzer, Winterthur.

6. Andere biegsame Rohre.

Hier sind zu nennen die nahtlosen Tombak-Wellrohre der Berlin-Karlsruher Industriewerke A.-G. in Karlsruhe und die gewickelten Metallschläuche der Metallschlauchfabrik Pforzheim u. a., ferner die patentarmierten Seilrohre der Felten & Guilleaume A.-G., Carlswerk in Mülheim a./Ruhr.

Die Wellrohre kommen zustande durch Einwalzen schraubenförmig verlaufender Wulste (Rillen) in nahtlos gezogene Rohre. Betriebsdruck bei 100 mm ∅ 5 at, bei 6 mm ∅ 50 at. Durch entsprechende Bewehrung (Umwickeln mit Messingdraht und Geflechtsüberzug) kann der Druck bis auf das 10fache gesteigert werden. Verbindung durch eingelötete Muffen.

Die Metallschläuche bestehen aus einem Metallband (Stahl, Kupfer, Messing), das einen derartigen Querschnitt hat, daß durch schraubenförmiges Aufwickeln derselben die Bänder beweglich ineinandergreifen (vgl. Abb. 118). In die entstehenden Rinnen wird ein Dichtungsmittel eingelegt. Es kommen auch Doppelschläuche mit innerer linksgängiger und äußerer rechtsgängiger Wicklung, die bei allen Bewegungen dicht bleiben, in Anwendung, und schließlich erhalten die Schläuche noch verschiedene Schutzüberzüge durch Drahtgeflecht, Umspinnung usw. Angewendet wurden solche Metallschläuche zuerst für Leuchtgas, heute aber auch für Wasser (Pumpen, Feuerspritzen, Garten- und Straßensprenger, Warmwasserbereiter), für Dampf, Druckluft und Druckwasser, Desinfektionsapparate, Haartrockenapparate, Luftheizkörper, Vakuumreiniger, Span- und Absaugeleitungen für Holzbearbeitungs- und Schleifmaschinen, Schachtwetterleitungen, Sprachrohre und Signalhupen, Petroleum-, Spiritus-, Öl- usw. Leitungen, Schutz für elektrische Kabel. Zur Verbindung der Schläuche hat man besondere Schlauchkupplungen konstruiert.

Die Seilrohre sind Bleirohre, die mit asphaltiertem Hanfgarn umgeben und durch Drahtumwicklung bewehrt sind.

7. Ausgleichs- oder Dehnungsrohre.

Bei geringen Temperaturunterschieden kann man die Längsänderungen durch elastische Packungen von genügender Stärke (Asbestpappe, Gummischeiben und Messingdrahteinlage) oder durch genügend große Krümmer an den Stellen, an denen sich die Richtung der Rohrleitung ändert, oder auch dadurch unschädlich machen, daß man die Leitung in kaltem Zustande mit Zugspannung montiert.

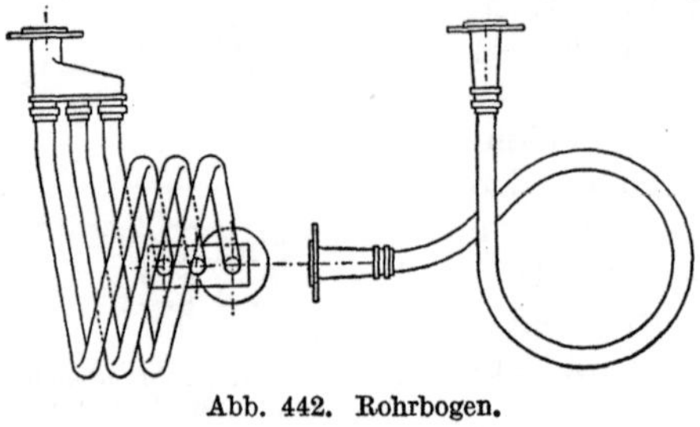

Abb. 442. Rohrbogen.

Man muß mit etwa 1,1 mm Verlängerung pro 100° Temperaturunterschied rechnen. Bei höheren Temperaturen muß man deshalb Ausgleichsrohre — Kompensatoren — nach Art der Abb. 442—445 (Feder- oder Lyrabogen aus Stahl besser Kupfer) oder auch Rohrstopfbuchsen (Abb. 446 und 447) anbringen.

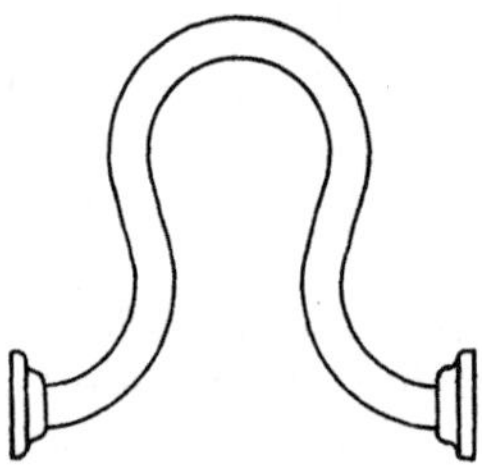

Abb. 443. Lyrabogen.

Am einfachsten sind die Rohrbogen (Abb. 442 und 443), noch günstiger, wenn sie als Wellrohr- oder Faltenrohrbogen (Abb. 444 und 445) (Franz Seiffert & Co., A.-G., Berlin) ausgeführt werden. Rohrstopfbuchsen (Abb. 446) halten schwer dicht und sind, wenn sie zu fest angezogen werden, unwirksam. Dem Einrosten begegnet man dadurch, daß man das im Scheidenrohr gleitende Degenrohr aus Bronze macht. Um die Längskräfte aufzunehmen, die besondere Abstützung verlangen, verwendet man entlastete Gleitrohr-Kompensatoren, die aber noch empfindlicher sind. Desgleichen die Ausgleichvorrichtungen mit selbstdichtenden Kugelgelenken und geschliffenen Dichtungsflächen, die wegen der großen Reibung leicht fressen.

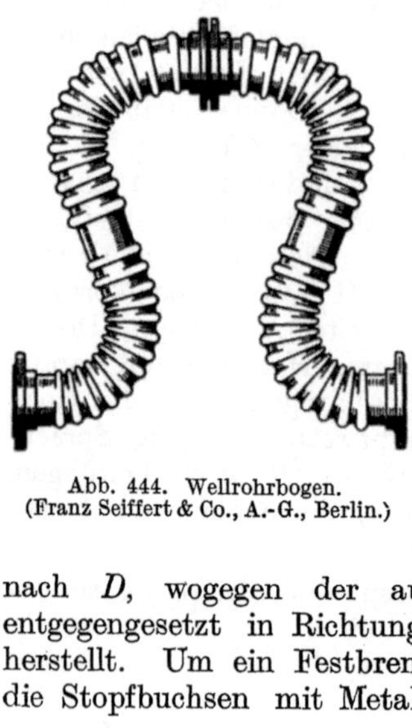

Abb. 444. Wellrohrbogen.
(Franz Seiffert & Co., A.-G., Berlin.)

Abb. 447 zeigt einen Gleitrohr-Kompensator für Höchstdruckdampfleitung (bis 100 at und 450° C) von Franz Seiffert & Co., A.-G., Berlin. Der durchströmende Dampf zieht das Degenrohr a in Richtung nach D, wogegen der auf den Ringkolben c wirkende Dampf entgegengesetzt in Richtung nach E drückt und so die Entlastung herstellt. Um ein Festbrennen der Degenrohre zu verhüten, sind die Stopfbuchsen mit Metallpackung versehen und zudem von strömendem Dampf umgeben, so daß sie gleiche Temperatur und damit gleiche Ausdehnung wie das Degenrohr haben. Bei *g* und *h* sind Entwässerungen. Die Stopfbuchsen sind von außen nachstellbar. Die Füße *i* sind Festpunkte für den Ausgleicher.

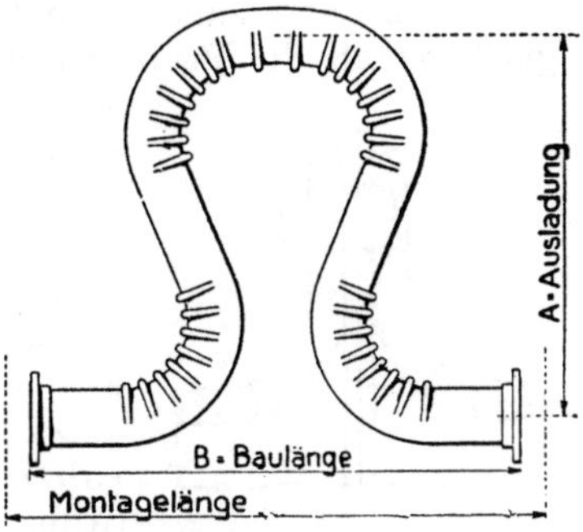

Abb. 445. Faltenrohrbogen.
(Franz Seiffert & Co., A.-G., Berlin.)

Ausführliches über das Gebiet der Kompensationsvorrichtungen siehe in den Preislisten der maßgebenden Firmen, z. B. Franz Seiffert & Co., A.-G., Berlin-Eberswalde, A. L. G. Dehne, Halle a/S., Allg. Rohrleitungs A.-G., Düsseldorf, und Ges. für Hochdruckrohrleitungen, Berlin, die besonders Gelenkkompensatoren nach System „König" herstellt.

Auch die im letzten Abschnitt erwähnten biegsamen Rohre können als Ausgleichsrohre verwendet werden.

Bei der Lagerung der Rohrleitung ist natürlich darauf Rücksicht zu nehmen, daß die Ausgleichsrohre nicht unwirksam werden, und daß andererseits die infolge der Ausdehnung im Rohr auftretenden Biegungsspannungen nicht zu groß werden.

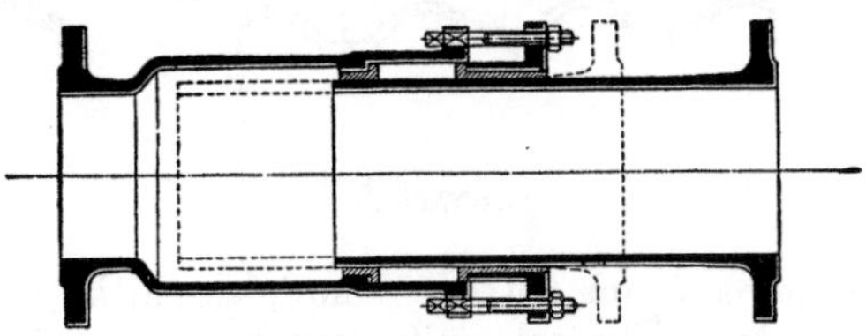

Abb. 446. Rohrstopfbuchse.
(Franz Seiffert & Co., A.-G., Berlin.)

Betreffs Anlage von Hochdruckrohrleitungen siehe auch Ztschrft. „Der Maschinenbau" 1923/24, S. 742 u. 747.

Die Kennzeichnung von Rohrleitungen durch besondere Far-

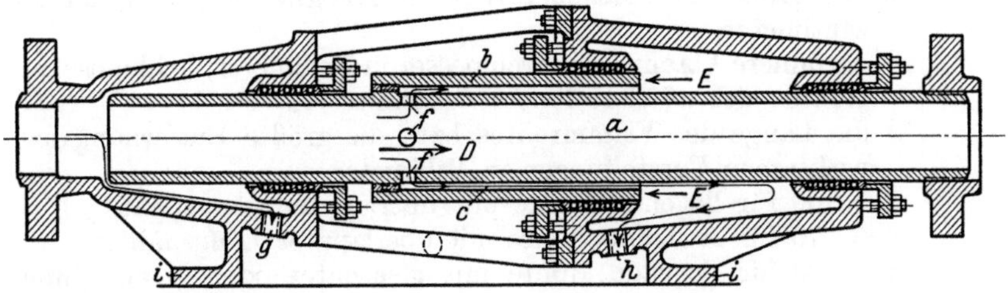

Abb. 447. Entlasteter Gleitrohrkompensator für Höchstdruck. (Franz Seiffert & Co., A.-G., Berlin.)

ben ist besonders bei umfangreichen Anlagen geboten. Vom Normenausschuß sind hierfür einheitliche Farben festgelegt worden, die in Dinorm 2403 aufgeführt sind. Die gleichen Farben sind auch auf den Rohrplänen zu benützen. Über Sinnbilder von Rohrleitungen siehe Dinorm 2429 und 2430.

8. Rohre, welche durch äußeren Überdruck beansprucht werden (Dampfkesselflammrohre).

Die Beanspruchung durch äußeren Überdruck ist wesentlich ungünstiger als die Beanspruchung durch inneren Überdruck. Während innerer Überdruck Abweichungen von der Kreisform auszugleichen sucht, sucht äußerer Überdruck solche zu vergrößern. Die Rohre müssen deshalb hinreichend versteift werden. Abb. 448 zeigt eine solche Versteifung.

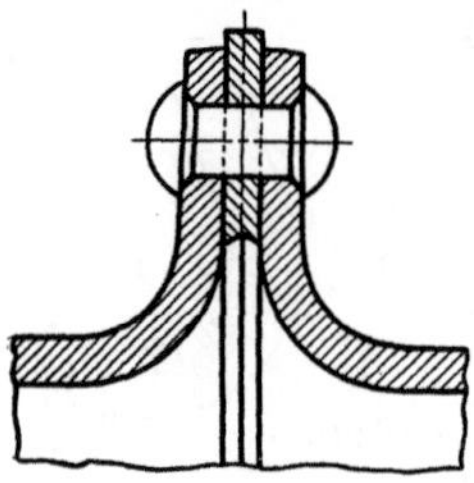

Abb. 448. Flammrohrversteifung.

Die Flammrohre werden vernietet oder geschweißt, neuerdings auch aus einem Stück gewalzt. Besser als Versteifungen sind die Wellrohre von Fox (Abb. 449) und Morison (Abb. 450), die keinerlei sonstige Versteifungen brauchen. Bei Gallowayrohren (Rohre mit Quersiedern) kann man diese Quersieder teilweise als wirksame Versteifungen ansehen.

Die Berechnung der Wandstärke eines Flammrohres, welche mindestens 7 mm betragen muß, geschieht nach den Bauvorschriften für Landdampfkessel, gültig seit 9. Januar 1910, nach der Formel:

Abb. 449. Fox-Wellrohr.

Abb. 450. Morison-Wellrohr.

$$s = \frac{p\,D}{2400}\left(1 + \sqrt{1 + \frac{a}{p}\,\frac{l}{l+d}}\right) + 2\,\text{mm},$$

wobei

s die Blechstärke in Millimeter,
p der größte Betriebsüberdruck in Kilogramm pro Quadratzentimeter,
d der innere Flammrohrdurchmesser in Millimeter, bei konischen Rohren der mittlere innere Durchmesser,
l die Länge des Flammrohres bzw. die größte Entfernung der wirksamen Versteifungen in Millimeter,
$a = 100$ für liegende Rohre mit überlappter Längsnaht,
$a = 70$ für stehende Rohre mit überlappter Längsnaht,
$a = 80$ für liegende Rohre mit gelaschter oder geschweißter Längsnaht,
$a = 50$ für stehende Rohre mit gelaschter oder geschweißter Längsnaht.

Bei Wellrohren oder gerippten Rohren kann man, da jede Welle als wirksame Versteifung anzusehen ist, $l = 0$ setzen und erhält dann

$$s = \frac{p\,D}{1200} + 2.$$

C. Absperrvorrichtungen.

Die Absperrvorrichtungen, bei welchen das Öffnen durch Anheben oder Aufklappen des abschließenden Organs erfolgt, nennt man Hub- bzw. Klappenventile, diejenigen, bei welchen das Öffnen und Schließen durch Gleiten der abschließenden Flächen aufeinander erfolgt, Schieber, und zwar Schieber im engeren Sinne, wenn die Verschiebung der abschließenden Flächen eine geradlinige, Drehschieber oder Hähne, wenn diese Verschiebung eine drehende ist.

Die Entscheidung, ob Ventile, Schieber oder Hähne zu verwenden, richtet sich nach deren Vor- und Nachteilen:

Ventile haben den Vorteil des schnellen Öffnens und Schließens und leichterer Herstellung der Dichtungsfläche. Als Nachteil: Stromrichtungsänderung beim Durchgang und damit Druckverlust. Auch Schmutzablagerung in den toten Räumen und Stöße in der Leitung beim Öffnen und Schließen.

Bei den Schiebern ist vorteilhaft der gerade, querschnittsgleiche Durchgang, der Druckverluste und Stöße vermeidet, kurze Baulänge. Nachteilig ist der erforderliche große Hub und damit beträchtliche Bauhöhe, schwierigere Bearbeitung der Dichtflächen, verbunden mit gleitender Reibung, deren Beseitigung teuere Sonderkonstruktionen verlangt.

Hähne sind einfach und billig, haben geraden Durchgang und sind leicht nachzuarbeiten. Sie halten aber schlecht dicht, besonders bei größeren Abmessungen und unreinen Flüssigkeiten und gestatten kein stoßfreies Öffnen und Schließen.

Bei der Konstruktion einer Absperrvorrichtung ist zu beachten, daß

1. der Abschluß ein sicherer ist;
2. der Flüssigkeitsstrom möglichst wenig Querschnitts- und Richtungsänderungen erfährt. Dies gilt besonders für tropfbare Flüssigkeiten, für Gase und Dämpfe kommt dieser Gesichtspunkt weniger in Frage;
3. die Dichtungsflächen leicht zugänglich sind, um Beschädigungen derselben ausbessern und Schmutz entfernen zu können.

Das Material der Dichtungsflächen ist Messing, Rotguß oder andere Legierungen, Gußeisen, Nickel, nicht rostender Sonderstahl, Blei, Leder, Gummi, Holz, Filz, Vulkanfiber usw. Leder, Gummi, Filz werden verwendet, wenn das Ventil Verunreinigungen der Flüssigkeit gegenüber unempfindlich sein soll, oder der Schlag beim Aufsetzen vermieden werden soll, Metalle bei höheren Temperaturen. Von den Metallen ist Gußeisen das billigste; Messing-, Rotguß und Nickellegierungen werden hauptsächlich verwendet, weil sie chemischen Einflüssen und höheren Temperaturen gegenüber widerstandsfähiger sind.

1. Ventile.

Wir unterscheiden Absperrventile (von Hand bewegt), selbsttätige Ventile (durch den Flüssigkeitsdruck bewegt) und gesteuerte Ventile (durch besonderen Mechanismus zwangläufig bewegt).

Ist die abdichtende Fläche eben, so nennt man das Ventil **Tellerventil**, ist sie kegelförmig, **Kegelventil**, und ist sie kugelförmig, **Kugelventil**.

Absperrventile.

Die Bewegung des Ventilkegels erfolgt durch Handrad und Schraube. Anordnung und Abmessungen des Handrades müssen derart sein, daß die Hand durch die Schraubenköpfe, Kanten usw. des Ventils nicht verletzt wird.

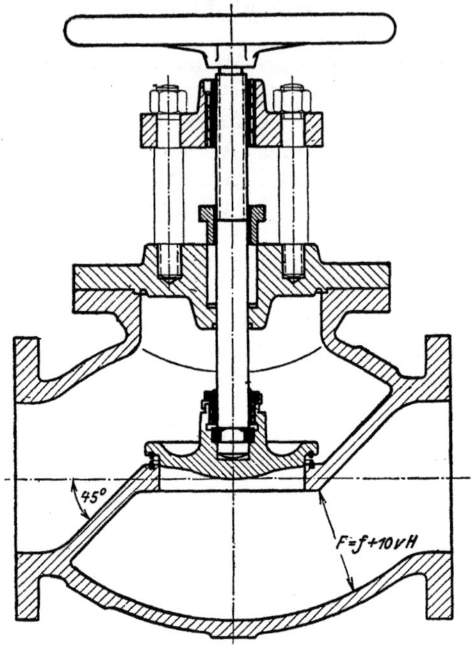

Abb. 451. Durchgang-Absperrventil nach Dinorm.

Der Abschluß des Ventils hat durch Drehung im Uhrzeiger zu erfolgen. Auf gute Zugänglichkeit aller Schrauben und Muttern ist besonders zu achten.

Ventile, bei welchen die Spindel das Gewinde im Innern des Ventilgehäuses hat (Abb. 458), sind billiger, haben auch geringere Bauhöhe, doch setzt sich, wenn das Ventil lang in einer Stellung bleibt, das Gewinde leicht voll Schmutz oder Wasserstein. Deshalb findet man auch gelegentlich das Rundgewinde nach Dinorm 405 (siehe bei Schrauben) für innenliegende Spindeln benützt. Natürlich darf das Gewinde nicht in den Packungsraum eindringen. Ganz allgemein sind Ventile mit äußerem Gewinde (Abb. 451 und 454) vorzuziehen.

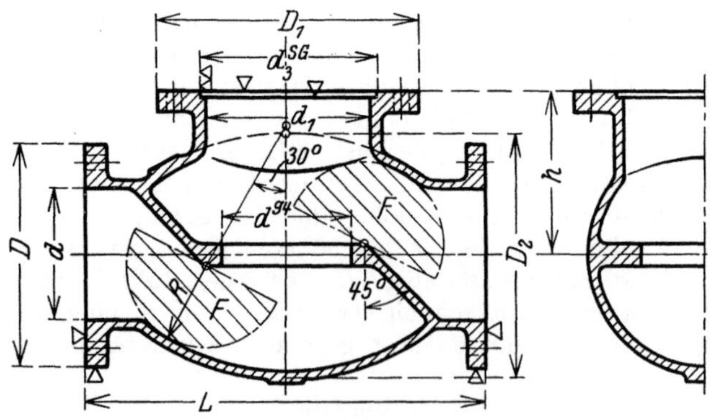

Abb. 452. Genormtes Gehäuse für Absperrventile.

Verpackt werden die Stopfbuchsen mit Weich- oder Metallpackung (siehe bei Stopfbuchsen).

Die Form der Ventilgehäuse richtet sich nach dem Verwendungszweck. Ventile, bei denen der Flüssigkeitsstrom seine Richtung beibehält, nennt man Durchgangsventile (Abb. 451 und 454), Ventile nach Art der Abb. 455 Eckventile. Hat ein Durchgangsventil noch einen Querstutzen, so entsteht ein Wechselventil, für Verbindungen mit zwei verschiedenen Anschlüssen.

Für Durchgangs- und Eckventile sind vom N. D. I. einheitliche Formen und Abmessungen festgesetzt worden, in Übereinstimmung mit den Normen für Rohre und Rohrleitungen.

Die Abb. 451—455 zeigen solche normgerechten Ventile:

Abb. 451, normales Durchgangsventil (Dinorm 3301—3318),

Abb. 452 und 453, Einzelteile dazu.

Abb. 454, Durchgangsventil für Hoch- und Höchstdruck,

Abb. 455 Gehäuse für Eckventile (Dinorm 3322—3331).

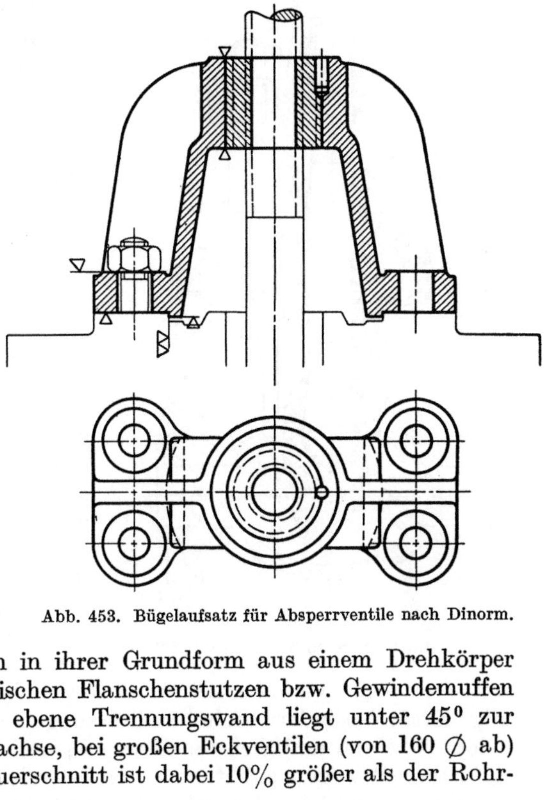

Abb. 453. Bügelaufsatz für Absperrventile nach Dinorm.

Die Gehäuse bestehen in ihrer Grundform aus einem Drehkörper mit angegossenen zylindrischen Flanschenstutzen bzw. Gewindemuffen (Abb. 452). Die innere ebene Trennungswand liegt unter 45° zur Durchgangs- bzw. Hauptachse, bei großen Eckventilen (von 160 ∅ ab) unter 30°. Der engste Querschnitt ist dabei 10% größer als der Rohrquerschnitt.

Als Werkstoff kommt Gußeisen und für Drücke über 10—15 at, dgl. für Heißdampf, Stahlguß in Betracht. Für kleine Drücke Rotguß und Messing.

Für die Ventilsitze werden für Temperaturen bis 275° eingepreßte Ringe aus Rotguß oder Messing, für höhere Temperaturen Ringe aus Nickellegierungen verwendet. Aus dem gleichen Werkstoff sind die Ventilkegel kleinerer Größe, die größeren aus Stahlguß oder Flußstahl.

Die Kegel haben keinerlei Führungsrippen, sondern sind mit Grobsitzpassung nur durch Spindel und Sitzbohrung geführt. Druckpunkt der Spindel im Kegel möglichst in der Ebene der Dichtungsflächen der Sitzringe. Die Sitzflächen werden mit feinem Schmirgel aufeinander aufgeschliffen. Beide Sitze sind gleich breit, um Gratbildung zu verhüten. Bei Dampfventilen hat das Einschleifen unter Dampf zu geschehen, um der Wärmeausdehnung Rechnung zu tragen.

Verbindung der Ventilkegel mit der Spindel durch zweiteiligen Ring und gesicherte Überwurfschraube. Diese Verbindungsart verlangt eine solche Durchströmrichtung im Ventil, daß der geschlossene Kegel von untenher belastet ist. Die Spindeln sind je nach Verwendungszweck aus Messing oder Rundstahl, haben Trapezgewinde und sind mit dem gußeisernen Handrad durch ein verjüngtes Vierkant (1:20) und Kopfschrauben verbunden.

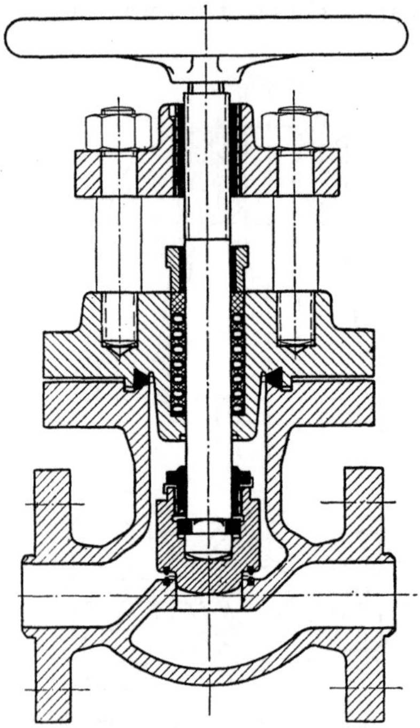
Abb. 454. Durchgangsventil für hohe Drücke.

Der Abschlußdeckel des Ventilgehäuses trägt entweder einen Säulenaufsatz mit Brücke aus Stahl oder Stahlguß (Abb. 451), oder einen Bügelaufsatz (Abb. 453) von gleichem Werkstoff wie Gehäuse und Deckel, zur Aufnahme der Gewindebuchse aus Messing oder Rotguß für die Spindel. Bei größeren Kräften sind Bügelaufsätze vorzuziehen.

Belastet der Flüssigkeitsstrom das geschlossene Ventil von unten her, so kann man die Stopfbuchse neu verpacken, während die Leitung unter Druck steht. Dagegen ist die zum Schließen und Dichthalten des Ventils nötige Kraft, besonders bei hohen Pressungen und großem Durchmesser, größer als bei der umgekehrten Bewegungsrichtung. Man dreht deshalb bei letzterer Bewegungsrichtung vielfach der Spindel einen kleinen Konus an (Abb. 456 und 458), der sich bei vollständig geöffnetem Ventil gegen eine entsprechende konische Eindrehung im Stopfbuchsengehäuse setzt und damit zum Verpacken der Stopfbuchse nach außen abdichtet. Bei der letztgenannten Bewegungsrichtung wird aber die Kraft zum Öffnen des Ventils ebensoviel größer, als bei der erstgenannten die Kraft zum Schließen und Dichthalten, weshalb man durch ein kleineres Ventil, das vor dem Hauptventil öffnet, oder einen Hahn einen Ausgleich des Druckes über und unter dem Ventilteller herbeiführen kann, ehe man ihn anhebt. Solche Ventile nennt man entlastete Ventile.

Ist das Ventil nicht entlastet, so hat man dafür Sorge zu tragen, daß die Verbindung zwischen Spindel und Ventil genügend widerstandsfähig ist, um die Anziehungskraft beim Öffnen aushalten zu können.

Allgemein gilt für die Verbindung des Ventiltellers mit der Spindel die Bedingung, daß diese etwas Spielraum gibt, damit sich das Ventil, falls die Achsen der Spindel und der Sitzfläche nicht genau zusammenfallen, nicht schief aufsetzt und der Druck, welcher die Abdichtung bewirkt, nicht durch die Verbindung, sondern direkt von der Spindel auf den Ventilteller übertragen wird.

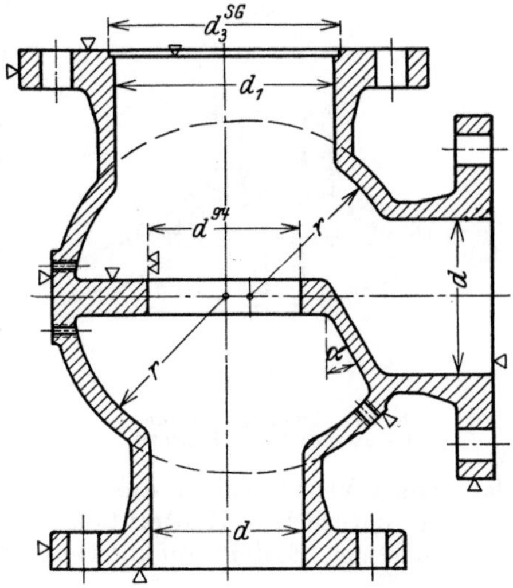

Abb. 455. Genormtes Gehäuse für Eckventile.

Bei kleinen Ventilen genügt die Befestigung mit einem an beiden Seiten durch eine Ringnut an der Spindel geschobenen ⊔ förmig gebogenen Draht, der durch Umbiegen der Enden am Herausfallen gehindert wird. Bei größeren Ventilen schiebt man den Spindelkopf seitlich ein, auch findet sich die Befestigung mit durchgesteckter Spindel und auf das Spindelende geschraubter Mutter (Abb. 456).

Da der Flüssigkeitsstrom den Kegel gewöhnlicher Ventile leicht schief stellt, bauen A. L. G. Dehne in Halle Ventile, bei denen sich der Flüssigkeitsstrom teilt, so daß er von beiden Seiten gleichmäßig auf den Ventilkegel einwirkt (Wiß-Ventil).

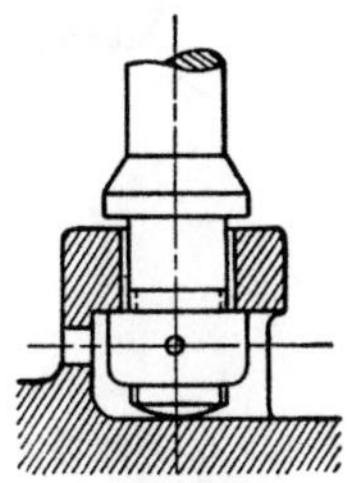

Abb. 456. Verbindung von Ventilteller und Spindel.

Baulänge der Durchgangsventile nach Din 3302—3306.

Nennweite. . .	10	13	16	20	25	32	40	50	60	mm
Baulänge . . .	120	130	140	150	160	180	200	230	250	mm

Nennweite. . .	70	80	90	100	110	125	140	150	160	175	200	mm
Baulänge . . .	290	310	330	350	370	400	450	480	500	550	600	mm

Nennweite. . .	225	250	275	300	325	350	375	400	450	500	mm
Baulänge . . .	660	730	790	850	900	980	1040	1100	1200	1350	mm

Die Richtung des Flüssigkeitsstroms wird auf dem Ventilgehäuse durch einen Pfeil angegeben.

Weitere Formen von Ventilkegeln sind die in Abb. 457 und 458, (Abb. 457 von Dreyer, Rosenkranz und Droop in Hannover) gezeichneten, wobei der Kegel durch Rippen oder Stift geführt ist. Die

Rippen müssen Luft haben und sollen womöglich nicht im Flüssigkeitsstrom liegen (obere Rippenführung), oder kurz sein, wie bei dem Niederdruckventil der Abb. 458. (Betr. Gehäuse dieser Ventile siehe Dinorm 3271—3273.)

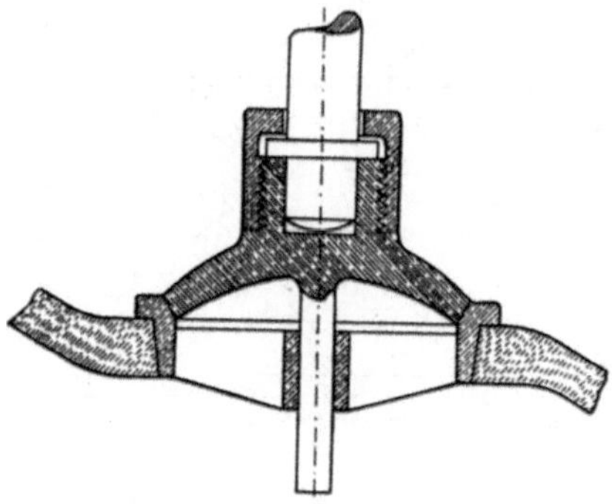

Abb. 457. Ventilkegel von Dreyer, Rosenkranz & Droop, Hannover.

Ein besonders widerstandsgeringes Absperrventil für Dämpfe ist das Koswa-Ventil von Schumann & Co., Leipzig-Plagwitz (Abb. 459 und 460). Bei ihm ist die Absperrung an die Stelle der größten Einschnürung, die ein Flüssigkeitsstrom bei Richtungsänderung stets erfährt, gelegt. Ventilsitz deshalb etwas enger als die Anschlußlichtweite. Damit fällt das ganze Ventil leichter aus als Normalventile. Das Gehäuseinnere ist der natürlichen Kontraktion des Flüssigkeitsstromes angepaßt, was günstigen Einfluß auf die Durchgangswiderstände hat. Versuche ergaben z. B. bei 50 m/sek Dampfgeschwindigkeit einen Druckverlust von ca. 0,2 at gegen ca. 0,38 at bei gewöhnlichen Ventilen. Koswa-Ventile sind für alle Flüssigkeiten und Gase zu verwenden und werden auch als Schnellschlußventile gebaut, zum plötzlichen Schließen von entfernt gelegener Stelle aus, durch Schließen eines elektrischen Stromkreises, durch Drahtzug oder ähnliches.

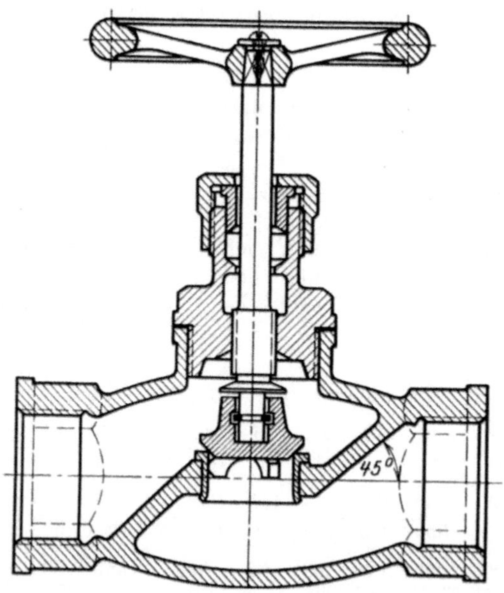

Abb. 458. Niederdruck-Absperrventil mit innenliegendem Spindelgewinde.

Schäffer u. Budenberg G.m.b.H. Magdeburg-Buckau bauen ebenfalls ein Ventil in Stromlinienform, das sog. Rhei-Ventil, das sehr ausführlich in der Zeitschrift „Der Maschinenbau" 1929, Heft 5 Seite 143 beschrieben ist.

Eine weitere neue Ventilkonstruktion derselben Firma ist ein geschmiedetes Ventil für Drücke von 16 bis 250 at und Temperaturen von 300 bis 500° C. Das Gehäuse mit Flanschen ist in einem Stück aus Stahl geschmiedet.

Eine besondere Ventilart bilden die Reduzierventile, die die Aufgabe haben, den Dampfdruck durch Drosselung zu vermindern

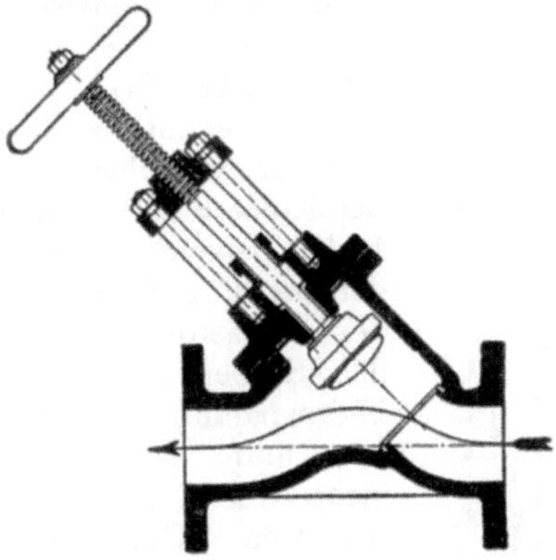

Abb. 459 und 460. Koswa-Ventil von Schumann & Co., Leipzig-Plagwitz.

und auf einer möglichst gleichbleibenden Höhe zu halten. Sie finden überall da Anwendung, wo Dampf von geringerem Druck aus einer Leitung entnommen wird, die unter einem höheren Druck steht, ganz besonders für Heiz- und Kochzwecke.

Die Druckverminderung wird durch einen Drosselkegel bewirkt, der von einem unter dem Einfluß des verminderten Druckes stehenden Kolben betätigt wird. Der Kolben wird durch einen Hebel mit Gewicht oder durch eine Feder belastet. Die genaue Einstellung auf den gewünschten Enddruck geschieht unter Beobachtung eines auf der Niederdruckseite angebrachten Manometers durch Verschieben des Belastungsgewichtes oder durch Spannen der Feder.

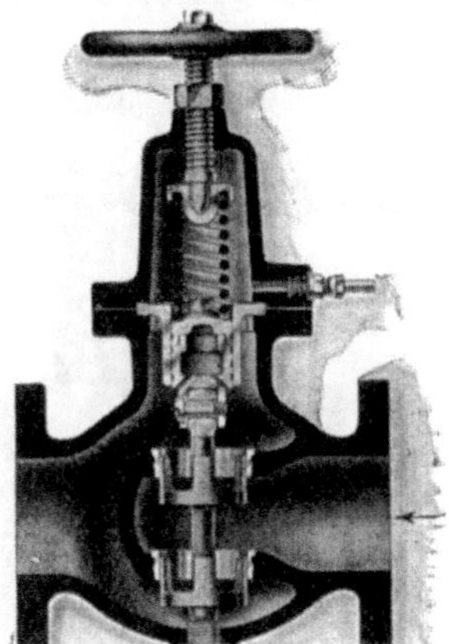

Abb. 461.
Dampfdruck-Reduzierventil von Schumann & Co., Leipzig-Plagwitz.

Der Einbau des Dampfdruckverminderungsventiles erfolgt am zweckmäßigsten möglichst nahe an der Dampfverbrauchsstelle. Da das Druckverminderungsventil nicht als Absperrventil benützt werden kann, ist es notwendig, vor demselben ein besonderes Absperrventil anzuordnen, um den Dampf abzusperren, wenn kein verminderter Dampf mehr gebraucht wird. Außerdem bedingt die zeitweise notwendig werdende Kontrolle des Druckverminderungsventiles den Einbau eines besonderen Absperrventiles.

Abb. 461 zeigt eine Ausführung von Schumann & Co., Leipzig-Plagwitz. Der Drosselkegel ist infolge der Doppelsitzanordnung entlastet und oberhalb mit einem Kolben verbunden, der in einem zwischen den Deckelflanschen eingespannten Zylinder möglichst dicht eingeschliffen ist. Der Dampfeintritt erfolgt auf der durch einen Pfeil gekennzeichneten Ventilseite. Der verminderte Druck lastet auf der unteren Kolbenseite, von oben wird der Kolben durch eine Feder belastet. Steigt der Druck auf der Niederdruckseite, so wird der Kolben gegen die Federspannung angehoben und das Ventil mehr oder weniger geschlossen. Umgekehrt hat ein Sinken des Druckes eine Abwärtsbewegung des Kolbens und ein Öffnen des Ventiles zur Folge. Die oberhalb des Kolbens angeordnete Verschraubung mit Röhrchen dient zur Abführung des infolge von Undichtheiten des Kolbens entweichenden Dampfes bzw. Kondenswassers.

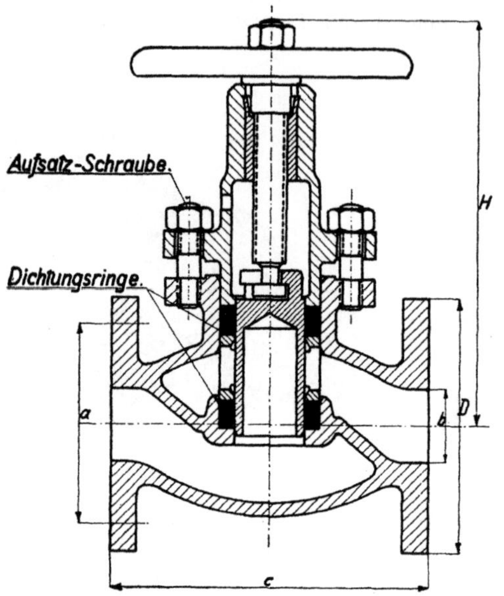

Abb. 462. Drossel-Ventil von R. Klinger, A.-G., Berlin.

Bei Drosselung von Dampf oder anderen Medien entstehen in dem Ringschlitz sehr große Durchflußgeschwindigkeiten. Diese bringen es mit sich, daß die durchfließenden Medien eine schleifende und zerstörende Wirkung an den Sitzflächen hervorrufen, der kein noch so hartes Material auf die Dauer standhalten kann. Diesen Übelstand vermeidet das Klinger-Ventil (Abb. 462, von R. Klinger, A.-G., Berlin-Tempelhof), bei dem die dichtenden Flächen außerhalb der großen Strömungsgeschwindigkeit liegen. Die Abdichtung erfolgt stets zwischen dem zylindrischen Teil des Kolbens und den zylindrischen Dichtungsringen. Die Ventile bieten in geschlossener Stellung auch bei höchstem Druck eine sehr gute Abdichtung, werden deshalb als Hochdruck-Ventile gerne benützt und gestatten durch Anziehen der Aufsatzschrauben ein bequemes Nachdichten

Abb. 463. Schlamm-Ablaßventil. (Bopp & Reuther, Mannheim.)

während des Betriebs. Zwischen den elastischen Dichtungsringen liegt eine Laterne.

Ein Ventil besonderer Art ist auch das Dampfkessel-Schlamm-Ablaßventil von Bopp & Reuther, Mannheim (Abb. 463). Der Ventilkegel wird durch den Kesseldruck geschlossen gehalten, das Öffnen erfolgt mittelst eines durch Hand oder Fuß betätigten Hebels. Der Kegel, dessen Form möglichste Unempfindlichkeit gegen den Schlamm gewährleistet, kann während des Betriebs mit dem auf der Spindel sitzenden Handrad auf seinen Dichtungsflächen gedreht und somit aufgeschliffen werden. Bis 12 at Druck wird das Ventilgehäuse aus Gußeisen, bis 20 at aus Stahlguß, die Spindel aus Rotguß ausgeführt.

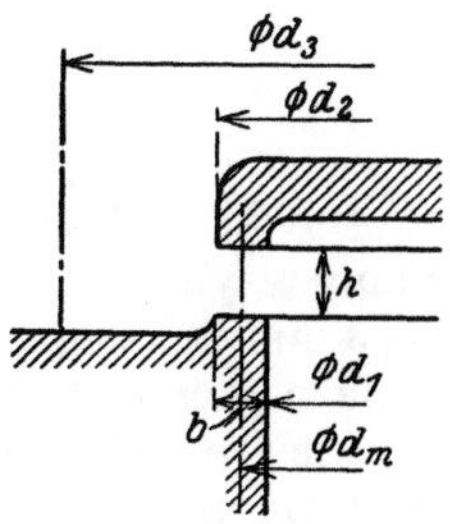

Abb. 464. Zur Berechnung der Absperrventile.

Berechnung der Absperrventile. Die Hubhöhe h ergibt sich aus der Forderung, daß der Durchgangsquerschnitt zwischen Ventil und Sitz gleich dem Querschnitt des Rohres $\frac{\pi}{4}\, d_1^2$ sein soll, also (Abb. 464):

$$\pi\, d_1 \cdot h = \frac{\pi}{4}\, d_1^2$$

zu

$$h = \frac{d_1}{4}$$

Bei konischen Ventilen muß die Höhe des konischen Sitzes zugegeben werden, auch gibt man einen Zuschlag, um den Kegel möglichst aus dem Flüssigkeitsstrom heraus zu verlegen, nimmt also

$$h = \frac{d_1}{4} + 10 \text{ bis } 20 \text{ mm}.$$

Hat das Ventil Rippen, so sind diese in der Rechnung zu berücksichtigen, da sie die Durchgangsquerschnitte vermindern. Die Gleichung für die Bestimmung von h heißt dann:

$$h \cdot (d_1 \cdot \pi - \text{Rippenbreite}) = \frac{\pi}{4}\, d_1^2 - \text{Rippenquerschnitt}.$$

Die Sitzbreite b (bei kegeliger Sitzfläche ist die Projektion senkrecht zur Druckrichtung zu nehmen) nimmt man möglichst schmal, um gutes Einschleifen und kleinen Anpreßdruck zu erreichen.

Ist F die Druckfläche des Ventils in qcm $= \frac{\pi}{4}\, d_2^2$,

p der Flüssigkeitsdruck in kg/qcm,

f die Sitzfläche des Ventils in qcm $= \pi \cdot d_m \cdot b$,

k die zulässige Flächenpressung,

so muß sein:

$$f \cdot k \geq F \cdot p$$

oder

$$\pi \cdot d_m \cdot b \cdot k \geq \frac{\pi}{4}\, d_1^2 \cdot p.$$

Hierbei nimmt man bei stoßfreiem Gange des Ventils:

für Nickeldichtung . .	$k =$ 300	kg/qcm
„ Phosphorbronze . .	250	„
„ Bronze	200	„
„ Rotguß	150	„
„ Gußeisen	80	„
„ Gummi und Leder	30—50	„

Die Wandstärken der Ventilgehäuse können nach den für Pumpenzylinder bzw. Rohre gegebenen Formeln berechnet werden mit 2—3 mm Aufschlag, die Wandstärke von Stahlgußventilen ist $^2/_3$ derjenigen von Gußeisenventilen.

Die Berechnung der Spindeln hat je nach der Durchströmungsrichtung auf Druck- bzw. Knickfestigkeit oder auf Zugfestigkeit zu erfolgen, wobei man zu dem Druck P auf den Ventilkegel auch den Dichtungsdruck $P' = 50—80$ kg/qcm Dichtungsfläche zuzunehmen hat; die Spindel ist damit auf Knickung zu berechnen mit einer Gesamtkraft von

$$Q = P + P' = \frac{\pi}{4} d_1^2 \cdot p + \pi \cdot d_m \cdot b \cdot p'.$$

Hierzu kommt noch eine Drehungsbeanspruchung, hervorgerufen durch das Drehmoment M_d an der Spindel, das im Maximum beträgt:

$$M_d = Q \cdot \gamma \cdot tg\,(\alpha + \varrho) \text{ cmkg};$$

r = mittl. Gewinderadius
$\alpha =$ „ Steigungs ∢
$\varrho =$ Reibungs ∢ $= 6^0$.

Da mit sehr kräftigem Aufpressen gerechnet werden muß, so ist k_d niedrig anzunehmen und zwar:

bei Stahl $k_d = 400—500$ kg/qcm
bei Messing $k_d = 200—300$ „ „

Für die Umfangskraft K am Handrad kann ebensoviel Kilogramm angenommen werden, wie der Durchmesser D in cm beträgt (10 kg bei 10 cm, 50 kg bei 50 cm), so daß aus:

$$K \cdot \frac{D}{2} = M_d \text{ sich ergibt: } K = D = \sqrt{2\,M_d}$$

Die Flächenpressung im Gewinde kann man 200 kg/qcm wählen, da der höchste Druck nur beim Aufsetzen wirkt. Bei außergewöhnlich hohen Muttern spart man die Gewindegänge teilweise aus, da sie nicht gleichmäßig tragen. Die Säulen werden durch dieselbe Kraft wie die Spindeln auf Zug oder Druck beansprucht, man nimmt $k_z = 300$ kg/qcm, bei den auch auf Biegung beanspruchten Bügeln $k_z = 150$ kg/qcm bei Gußeisen und 300 kg/qcm bei Stahlguß. Bei der Berechnung der Brücke auf Biegung setzt man $k_b = 500$ kg/qcm bei Stahl und 300 kg/qcm bei Stahlguß.

Die selbsttätigen Ventile.

Hier sollen nur die bei Rohrleitungen vorkommenden selbsttätigen Ventile erörtert werden und diese sind Sicherheitsventile, Rückschlagventile und Rohrbruchventile. Betreffs der selbsttätigen Pumpen-, Kompressoren- und Gebläseventile muß auf die Spezialliteratur verwiesen werden.

Sicherheitsventile werden durch Gewichts- oder Federbelastung geschlossen gehalten und öffnen sich selbsttätig bei Überschreitung des höchst zulässigen Drucks.

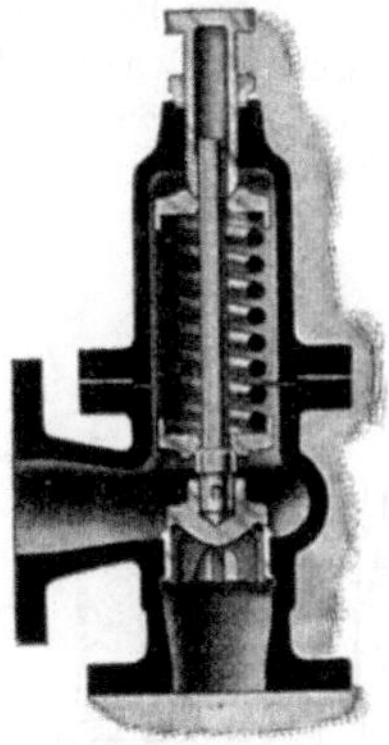

Abb. 465.
Feder-Sicherheitsventil.
(Schumann & Co.,
Leipzig-Plagwitz.)

Abb. 465 zeigt ein einfaches Federsicherheitsventil von Schumann & Co., Leipzig-Plagwitz, wie es für Preßdruckleitungen vielfach Verwendung findet. Gehäuse aus Guß oder Stahlguß, Sitz und Kegel aus Hartbronze, Druckschraube mit Gegenmutter aus Rotguß, Druckspindeln aus Stahl mit gehärteter Spitze, Federteller Stahlguß.

Für Dampfkessel verwendet man fast ausnahmslos nur noch Sicherheitsventile mit vollem Kegelhub.

Diese bieten gegenüber den gewöhnlichen Sicherheitsventilen älterer Bauart, die einen geringen Hub besitzen und nur wenig Dampf abzuführen in der Lage sind, eine unbedingte Sicherheit gegen eine übermäßige Beanspruchung der Kessel. Sie besitzen infolge wesentlich kleineren lichten Querschnittes kleinere Belastungsgewichte und sind billiger als gewöhnliche Sicherheitsventile für die gleiche Kesselheizfläche.

Die Vollhub-Sicherheitsventile sind in der Lage, richtige Bemessung des lichten Querschnittes entsprechend der Größe der Kesselheizfläche und der Höhe des Dampfdruckes vorausgesetzt, den gesamten im Kessel erzeugten Dampf abzuführen und eine Überschreitung der genehmigten Kesselspannung über etwa 10% auch bei ungehemmtem Zug und fortgesetzter Feuerung zu verhindern. Abb. 466 und 467 zeigt die Ausführung eines Vollhub-Sicherheits-Ventils von Schumann & Co., Leipzig-Plagwitz.

Wie die Abb. 466 erkennen läßt, ist über dem eigentlichen Sicherheits-Ventilkegel, der von einem zylindrischen Mantel umgeben ist, eine Hubplatte angeordnet, die den Hohlraum über dem Ventilkegel nahezu abschließt. Überschreitet die Kesselspannung die zulässige Grenze, so hebt sich der Ventilkegel etwas und das Ventil wird wie ein gewöhnliches Sicherheitsventil abgeblasen. Bei weiterer Drucksteigerung im Kessel wird in dem Hohlraum unter der Hubplatte eine Spannung erzeugt, die auf die Hubplatte wirkt und diese mit dem Ventilkegel allmählich bis zum vollen Kegelhub anhebt. Der Vollhub tritt ein bei Überschreitung des eingestellten Druckes um etwa 10%. Ist die Normalspannung des Kessels wieder erreicht, so findet ein dichter und stoßfreier Schluß des Ventils statt.

Die Vollhub-Sicherheitsventile werden sowohl aus Gußeisen als auch aus bestem Siemens-Martin-Stahlguß mit Sitz und Kegel aus harter Nickellegierung ausgeführt. Alle Teile sind so kräftig bemessen, daß die Ventile bis zu 18 at und darüber verwendet werden können.

Die Druckspitzen sind gehärtet und in einer gehärteten Stahlspur gelagert. Der Angriffspunkt des Druckstiftes liegt in der Sitzebene des Kegels. Der Verengung des lichten Querschnittes durch die Führungsflügel des Kegels ist durch eine Vergrößerung des lichten Sitzdurchmessers Rechnung getragen. Die Kegel der Vollhub-Sicherheitsventile können während des Betriebes ohne Lösen eines Splintes od. dgl. nachgeschliffen und angelüftet werden. Die Hebel sind nur auf Schneiden gelagert und bewegen sich fast reibungsfrei. Bei geschlossenem Ventil und belastetem Hebel bilden der Aufhängepunkt des Hebels im Zugkloben, der Stützpunkt auf der Druckspitze und der Aufhängepunkt der Gewichtsöse eine horizontale Linie. Die Schneiden für die Hebelauflage sind reichlich breit bemessen. Die Aufhängung der Belastungsgewichte erfolgt mittels einer Gewichtsöse nebst Keil und Splint.

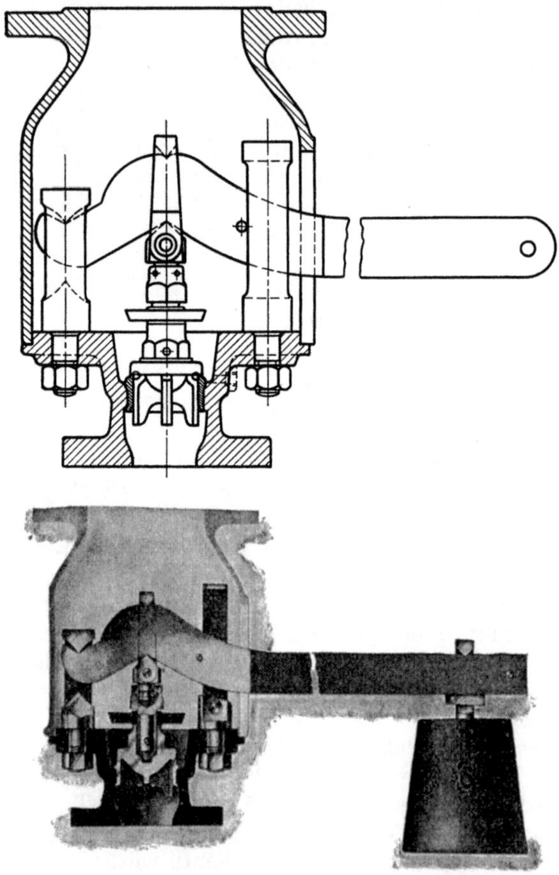

Abb. 466 und 467. Vollhub-Sicherheitsventil. (Schumann & Co., Leipzig-Plagwitz.)

Es ist empfehlenswert, die Vollhub-Sicherheitsventile stets mit einer Ausblasehaube zu versehen und an diese ein Abzugsrohr anzuschließen, um den ausströmenden Dampf direkt ins Freie führen zu können. Die lichten Anschlußmaße der Ausblasehauben für das Abzugsrohr sind reichlich groß bemessen, um eine störende Rückwirkung des ausströmenden Dampfes auf den Vollhubkegel zu vermeiden. Für eine gute Wirkung der Vollhub-Sicherheitsventile ist es ferner unerläßlich, daß die Anbringung auf dem Kesselstutzen genau wagrecht erfolgt.

Die Querschnittsfläche von Vollhub-Sicherheitsventilen, deren Hub mindestens ein Viertel ihres Durchmessers beträgt, ist nach der für Dampfkessel vorgeschriebenen Formel zu bestimmen:

$$F = 5\,H \cdot \sqrt{\frac{1000}{p \cdot \gamma}} \text{ qmm.}$$

worin bedeutet: H = Heizfläche des Kessels in qm,
p = Dampfüberdruck in at,
γ = Gewicht des Dampfes von 1 cbm in kg.

Zulässiger Dampfdruck auf ein Ventil 600 kg. Ventilsitz eben und möglichst schmal (2—2,5 mm), Flügelführung des Ventils möglichst lang.

Federn an Stelle der Gewichte werden bei solchen Ventilen angeordnet, die Erschütterungen ausgesetzt sind (fahrbare Kessel).

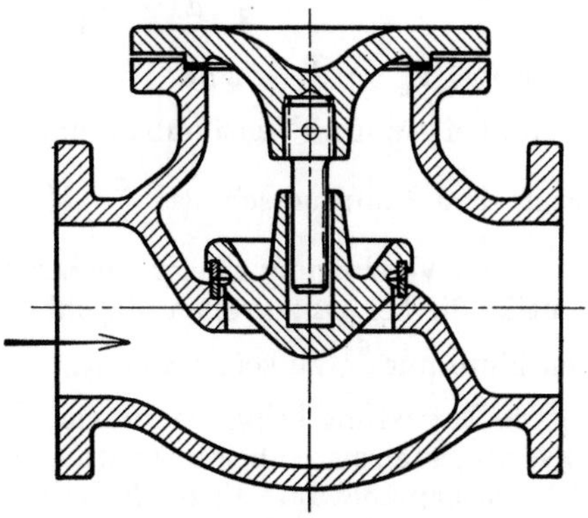

Abb. 468. Rückschlagventil. (Schumann & Co., Leipzig-Plagwitz.)

Abb. 468 stellt ein Rückschlagsventil dar, in der Form als Speisewasserventil für einen Kessel. Es gestattet freien Durchfluß in der einen Richtung, verhindert aber die Rückströmung bei Stillsetzen der Speisevorrichtung.

Um bei Rohrbrüchen u. dgl. einen sofortigen Abschluß zu bewirken, baut man vor das Absperrventil ein Ventil ein, welches durch die auftretende Druckdifferenz automatisch geschlossen wird.

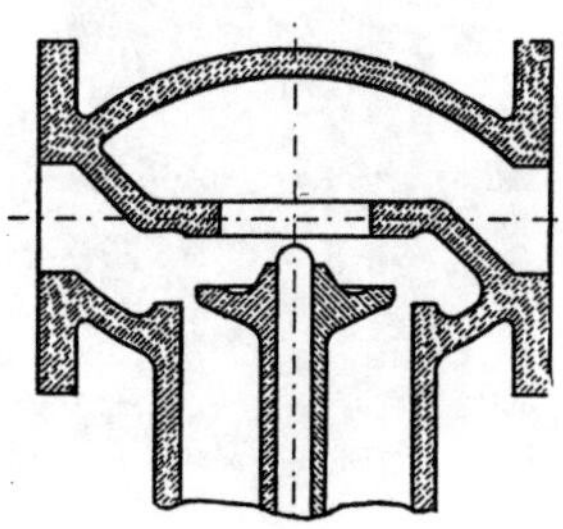

Abb. 469. Selbstschlußventil. (Dreyer, Rosenkranz & Droop, Hannover.)

Abb. 469 zeigt ein solches Selbstschluß- oder Rohrbruchventil von Dreyer, Rosenkranz & Droop, Hannover. Wünschenswert ist, daß das Ventil von Zeit zu Zeit von außen her angehoben werden kann. Eine sehr einfache Konstruktion ist die von Schäffer und Budenberg, Magdeburg, bei welcher eine im Ventilgehäuse sich befindliche Kugel bei entstehendem Druckunterschied vom Dampfstrom mitgerissen wird und die Leitung verschließt.

Gesteuerte Ventile.

Solche Ventile kommen in Verwendung für Kraftmaschinen, Pumpen und Gebläse. Bei Dampfmaschinen werden sie, um den Ventilhub kleiner zu machen, mit Doppelsitz ausgeführt in der Form von entlasteten Rohrventilen mit ebenem Sitz (Abb. 397). Ventile und Sitze aus dichtem Gußeisen.

Die Forderung (siehe Berechnung der Ventile), daß der Durchgangsquerschnitt gleich dem Querschnitt $\frac{\pi}{4}\,d_1^2$ sein muß, ergibt dann:

$$2\pi \cdot d_1 \cdot h = \frac{\pi}{4} d_1^2, \text{ d. h. } h = \frac{d_1}{8}.$$

Die Weite d_3 des Gehäuses (Abb. 464) ergibt sich aus der Forderung, daß der Durchgangsquerschnitt

$$\frac{\pi}{4} d_3^2 - \frac{\pi}{4} d_2^2 \geq \frac{\pi}{4} d_1^2$$

ist (wobei $d_2 = d_1 + 2\,b$).

Nur bei geringem Ventilhub nimmt man diesen Durchgangsquerschnitt gleich dem Rohrquerschnitt $\frac{\pi}{4} d_1^2$, meist 1,5 bis 1,8 $\frac{\pi}{4} d_1^2$.

Durch Vereinigung zweier solcher Ventile entstehen die viersitzigen Ventile, die bei ganz großen Maschinen anzutreffen sind, bei denen der Ventilhub nur $\frac{d_1}{16}$ zu sein braucht.

Die Entlastung bringt es mit sich, daß die Dichtungsflächen nur lose aufsitzen, auch sitzen beide Dichtungsflächen der Wärmedehnung wegen nicht gleichmäßig auf. Es ist deshalb zweckmäßig, entweder den oberen oder unteren Sitz federnd auszuführen.

Die gesteuerten Ein- und Auslaßventile der Verbrennungsmotoren werden als einfache Tellerventile mit kegeligem Sitz (45°) ausgeführt. Auslaßventile werden öfter gekühlt. Spindelführung der Ventilkegel möglichst lang, mit Labyrinthdichtung (Abb. 397). Die Belastung aller gesteuerten Ventile erfolgt durch Federn.

Abb. 470. Rückschlagklappe. (Schumann & Co., Leipzig-Plagwitz.)

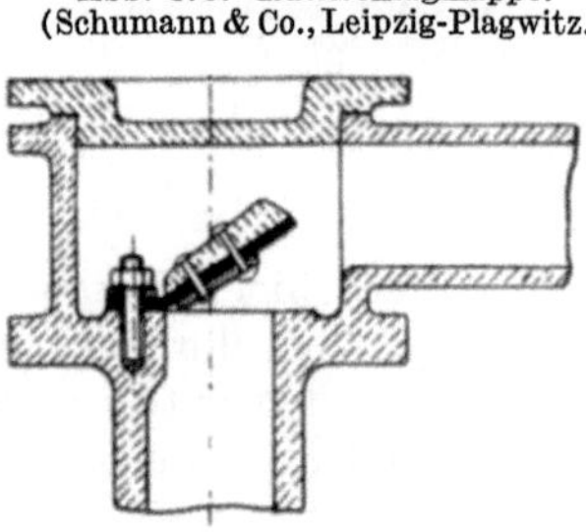

Abb. 471. Lederklappenventil.

Klappenventile.

Klappen haben gegenüber Ventilen den Vorteil einer geringeren Stromablenkung beim Durchgang, bedürfen aber eines größeren Hubes. Sie öffnen sich entweder (zumeist) durch Drehung um eine Achse (Abb. 470 und 474), oder Kante (Abb. 471), oder durch Aufwölben elastischer Stoffe (Gummiplatten) um die festgehaltene Mitte herum (Abb. 472).

Klappen nach Abb. 471 und 472 finden sich als selbsttätige Ventile bei Pumpen.

Ventile mit Lederklappen (Abb. 471) können dabei nur für Flüssigkeiten, welche das Leder nicht angreifen und niedrige Temperaturen haben (Kaltwasser und Luft), Verwendung finden. Ventile mit Gummiklappen (Abb. 472) werden verwendet für Pumpen mit hoher Umdrehungszahl. Auch Gummi kann nur für niedrige Temperaturen verwendet werden, da er bei höheren Temperaturen weich wird. Die Gittersitze müssen verrundete Kanten haben.

Für höhere Temperaturen und für Maschinen, welche längere Zeit stillstehen und dann sofort betriebsfertig sein müssen, wie Feuerspritzen, muß man Metallklappen verwenden, welche sorgfältig aufgeschliffen werden müssen. Der Führungsstift muß 1—2 mm Luft haben, damit sich das Ventil sicher aufsetzen kann.

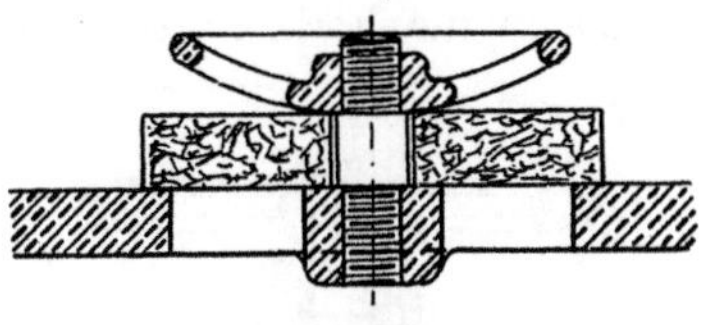

Abb. 472. Gummiklappe für Pumpenventile.

Gutermuth verwendet Klappen aus Tombakblech, deren Ende zu einer federnden Spirale aufgewunden ist, die die Klappe anpreßt. Diese Klappen sind sehr leicht.

Um eine feste Achse drehbare Klappen hat man bei den Rückschlagklappen und bei Drosselklappen, sowie bei dem sogenannten „Ideal"-Ventil von A. Borsig, G. m. b. H., Berlin-Tegel.

Abb. 470 zeigt eine Rückschlagklappe von Schumann & Co., Leipzig-Plagwitz, die dem gleichen Zweck dient wie die Rückschlagventile. Geeignet für Drücke bis 10 at. Gehäuse, Deckel und Klappen sind aus Guß, Dichtungsringe aus Rotguß. Statt dessen kann auch, je nach Flüssigkeit und Temperatur, Leder oder Gummi verwendet werden. Die Modelle werden mit und ohne Umlaufvorrichtung gebaut.

Abb. 473 zeigt eine Drosselklappe, welche bestimmt ist, den Querschnitt zu verengen; einen vollständigen Abschluß kann dieselbe nicht herbeiführen, erfordert aber wegen der ziemlich vollständigen Entlastung nur geringe Bewegungskräfte.

Das „Ideal"-Ventil von Borsig (Abb. 474a und 474b) ist ein Klappenventil, das die Vorzüge des Ventils (Absperrdruck senkrecht zur Sitzfläche) mit dem der Schieber (absolut freier Durchgang) vereinigt.

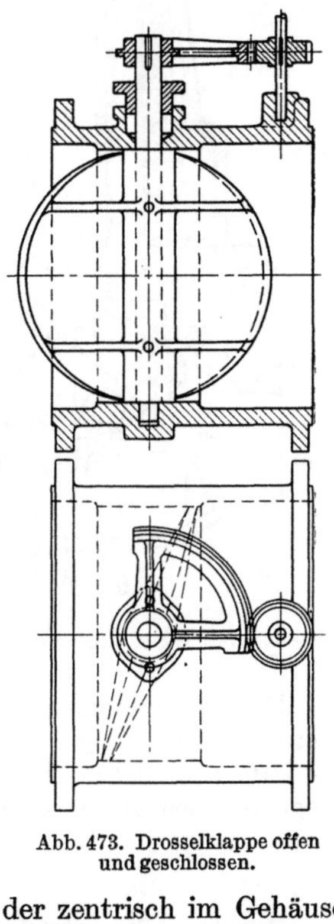

Abb. 473. Drosselklappe offen und geschlossen.

Durch Drehung der Spindel bewegt sich der zentrisch im Gehäuse geführte Schlitten 3, der seine Bewegung mittelst einer in 4 und 16 gelagerten Druckstelze auf den Hebel 18 überträgt Dieser hat seinen Drehpunkt in dem oberhalb des Ventilsitzes liegenden Bolzen 21. Im Hebel 18 ist, unter Zwischenschalten einer Feder, der Ventilteller 14 mittelst des Bolzens 5 frei drehbar gelagert. Die Feder verhindert Schwingungsbewegungen des Ventiltellers. Beim Schließen führt sich dieser durch seine außen etwas konische Form im Gehäuse selbst und zentriert die Dichtungsflächen. Der nötige Anpreßdruck wird durch die Kniehebelwirkung der Druckstelze erzeugt. Durch das Aufsetzen des Schlittens auf Knaggen im Gehäuse wird vermieden, daß die Druckstelze in die horizontale Lage kommt.

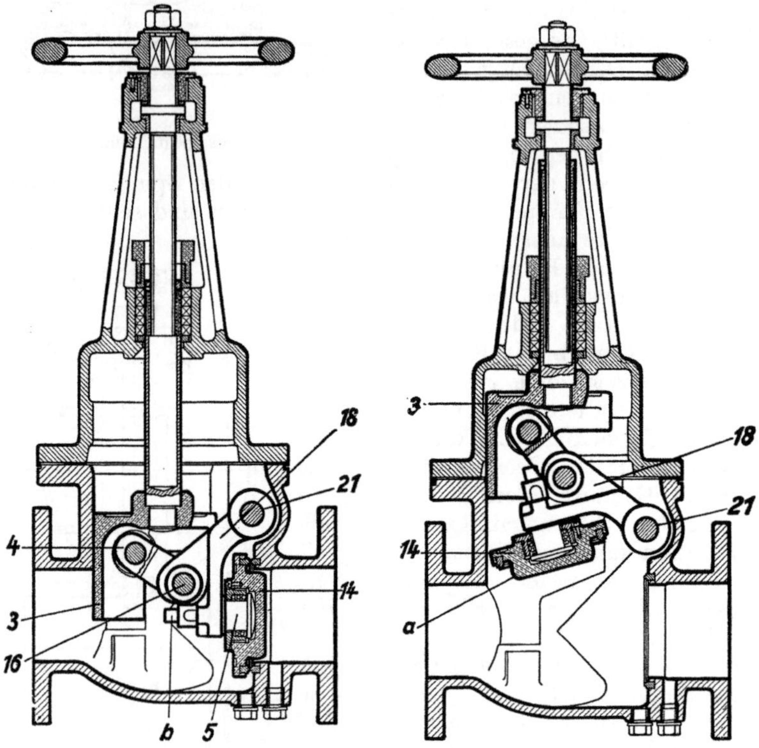

Abb. 474 a und b. „Ideal"-Ventil von A. Borsig, G. m. b. H., Berlin, geschlossen und offen.

Der Druckverlust im Borsigschen „Ideal"-Ventil beträgt nachgewiesenermaßen nur etwa $^1/_{10}$ desjenigen gewöhnlicher Ventile und können deshalb hohe Dampfgeschwindigkeiten (50 bis 80 m/sek) und damit enge Rohrleitungen zugelassen werden.

2. Schieber.

Der Abschluß erfolgt durch Verschieben der abdichtenden Flächen.

Ist die Kraft, welche diese Flächen aufeinanderdrückt, senkrecht zu denselben gerichtet, so nennt man den Schieber Normalschieber, ist diese Kraft parallel den abdichtenden Flächen, Achsialschieber.

Zu den Normalschiebern, die zur Absperrung der Rohrleitungen benutzt werden, gehören die Plattenschieber, zu den Achsialschiebern die Drehschieber und Hähne.

Dem Ventil gegenüber bietet der Schieber den Vorteil, daß er den Flüssigkeitsstrom nicht zu Richtungsänderungen zwingt.

Normalschieber.

Man benutzt sie für Flüssigkeiten, Gase und Dämpfe.

Die Konstruktion des Gehäuses ist durch das absperrende Organ und dessen Bewegung bestimmt. Der eigentliche Schieber ist eine runde Scheibenplatte, die für Wasserschieber allgemein keilförmig gehalten ist, auf beiden Seiten mit eingepreßten Dichtungsringen aus Bronze, die auch der Schieberspiegel im Gehäuse erhält (Abb. 475). Bei hohen Drücken ist zur leichten Bewegung und Verminderung des Verschleißes der gleitenden Fläche eine Entlastung angebracht, wie sie z. B. Abb. 476 zeigt, die in einem Voröffnen des kleinen Ventils *v* besteht, wodurch der Entlastungskanal *o*—*o* freigegeben wird. Für hohe Temperaturen sind die Keilscheiben wegen der unvermeidlichen Klemmwirkung ungeeignet und werden deshalb Heißdampfschieber nur mit parallelen Dichtungsflächen ausgeführt. Die Abb. 477 zeigt einen Heißdampfschieber von F. Seiffert & Co., Berlin mit äußerer Entlastung und parallelen Dichtungsflächen. Die in einem Bügel gelagerten Abschlußplatten hängen, wie die Abbildung zeigt, in der Schlußstellung lose zwischen den Abdichtflächen des Schiebergehäuses und wird die Abdichtung lediglich durch den Dampfdruck veranlaßt. Das sich auf der Dampfseite bildende Kondenswasser fließt in der Mitte des Gehäuses ab. Der die Abdichtungsplatten tragende Bügel endigt in einem Rohr, in welches sich die Schieberspindel hineinschraubt, so daß letztere vom Dampf nicht angegriffen werden kann.

Abb. 475. Wasserschieber. (Schumann & Co., Leipzig-Plagwitz.)

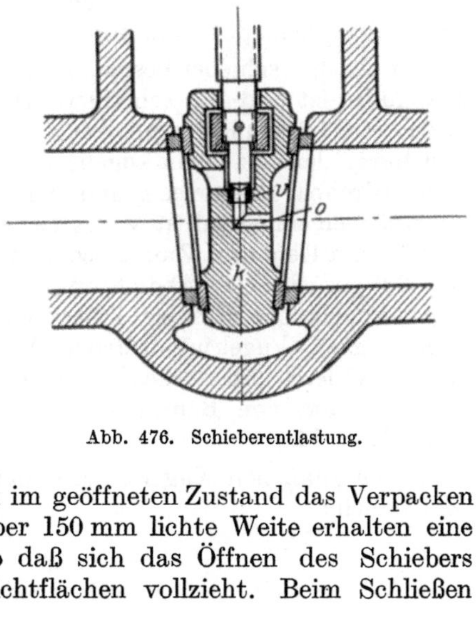

Abb. 476. Schieberentlastung.

Durch die Vermeidung jeder drehenden Bewegung in der Stopfbuchse wird diese gut dicht erhalten und ist auch im geöffneten Zustand das Verpacken derselben möglich. Schieber über 150 mm lichte Weite erhalten eine Umführung zur Entlastung, so daß sich das Öffnen des Schiebers ohne jede Reibung auf den Dichtflächen vollzieht. Beim Schließen ist die Betätigung dieser Entlastung nicht erforderlich. Die Dichtflächen sind aus glashartem Nickel hergestellt und widerstehen dem nur im letzten Moment des Schließens eintretenden Druck ohne Anstand.

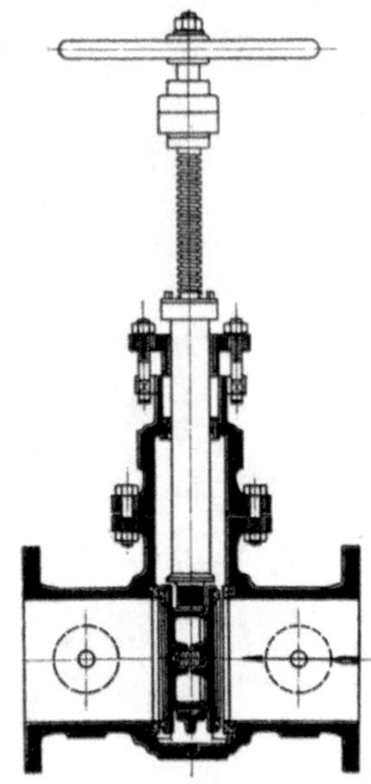

Abb. 477. Heißdampfschieber mit äußerer Entlastung. (Franz Seiffert & Co., Berlin.)

Seiffert & Co. bauen diese bewährten Heißdampfschieber auch mit elektr. Antriebsvorrichtung, die aber nur zum schnellen Schließen, nicht auch zum Öffnen benutzt wird. Das Öffnen eines Abschlußorgans darf grundsätzlich nicht zu schnell erfolgen, da sonst durch mitgerissenes Kondenswasser leicht Gefahr für die Leitung und die angeschlossenen Maschinen entstehen könnte.

Bei der Konstruktion von Schumann & Co., Leipzig-Plagwitz sind die beiden parallelen Schieberplatten durch einen Bolzen mit Rechts- und Linksgewinde verbunden, der beim Öffnen durch Drehung die Dichtflächen zuerst senkrecht voneinander entfernt und beim Schließen sie ebenso wieder einander nähert, so daß jede gleitende Reibung vermieden wird[1].

Ein sog. Parallelschieber ist auch der Peet-Schieber, bei dem der Schieber in zwei Hälften geteilt ist, die durch schräge Flächen an der Mutter kurz vor dem Abschluß auseinandergedrückt und senkrecht gegen den Sitz gepreßt werden.

Ein Absperrschieber besonderer Art, der im Wasserturbinenbau aufgekommen ist und sich sehr bewährt hat, ist der Kugelschieber mit entlasteten Dichtungsringen von Escher, Wyss & Co., Zürich und Ravensburg, der aus einem kugeligen Gehäuse besteht, in das ein in zwei Zapfen drehbar gelagertes zylindrisches Rohrstück mit kugelringförmigen Stirnflächen eingebaut ist, vom gleichen Durchmesser wie der Anschlußstutzen am Gehäuse. Zum Abschließen der Leitung wird der Schieber um 90° gedreht. Die Abdichtung besorgt eine im Drehkörper bewegliche, kugelhaubenförmige Dichtungsplatte, die durch Wasserdruck gegen einen kugelringförmigen Dichtungsring am Gehäuse gepreßt wird. Näheres über diesen Schieber, der große Vorzüge besitzt, siehe Aufsatz von Baurat Treiber, Ztschrft. „Der Maschinenbau“ **1925, Heft 14.**

Einen ähnlichen Kugelschieber baut auch die Firma J. M. Voith, Heidenheim.

[1] Näheres siehe „Der Maschinenbau“ 1922, Heft 11, S. 691.

Achsialschieber.

Bei den Achsialschiebern ist dauernde Abdichtung weniger gesichert als bei den Normalschiebern, da sich die Dichtungsflächen ungleich abnutzen.

Abb. 478 zeigt einen Drehschieber, der früher viel als Dampfabsperrschieber verwendet wurde.

Abb. 479 zeigt einen gewöhnlichen Hahn. Der innere Kegel wird meist Küken, auch Hahnschlüssel, Hahnwirbel oder Hahnreiber genannt. Damit die Mutter beim Drehen des Kükens sich nicht lösen kann, sitzt die Unterlegscheibe auf einem Vierkant. Des Nachschleifens wegen sollen die Flächen dort, wo die Berührung aufhört, zylindrisch sein; auch ist es vorteilhaft, wenn die beiden aufeinander zu schleifenden Teile verschiedene Härte haben. Die Entstehung eines Grats ist dann unmöglich.

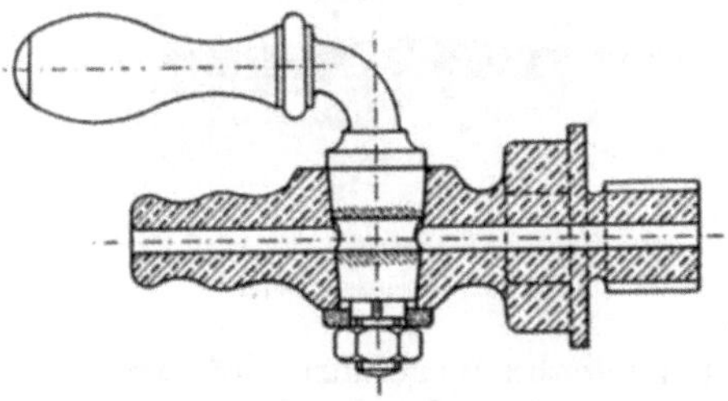

Abb. 479. Gewöhnlicher Hahn.

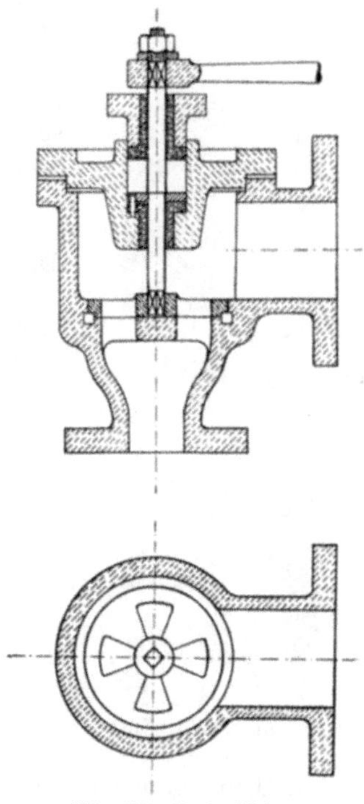

Abb. 478. Drehschieber.

Abb. 480 zeigt den Kleinschen Hahn, bei welchem die Flüssigkeitspressung selbst den zum Abdichten erforderlichen Druck ausübt.

Abb. 481 zeigt einen Dreiweghahn. Die Flüssigkeit kommt von unten und kann entweder nach *A* oder nach *B* geleitet, oder ganz abgeschlossen werden.

Die Neigung der Kegelfläche gegen die Mittellinie soll 1:8 bis 1:15 sein, die Breite der Dichtungsfläche bei kleinen Hähnen mindestens 10 mm.

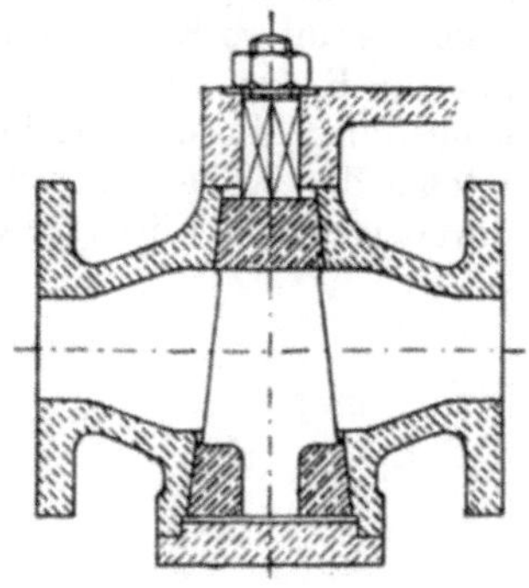

Abb. 480. Selbstdichtender Hahn.

Das Gehäuse muß kräftig genug sein, sonst tritt ein Lecken infolge Verziehens ein. Um dieses zu vermeiden, bildet man die Hähne als Stopfbuchsenhähne aus. Der kreisförmige Querschnitt wird beim Durchgang durch den Hahn meist in einen trapezförmigen übergeführt, so daß also eine Änderung der Querschnittsform vor sich geht. Die Querschnittsgröße soll aber, wenn irgend möglich, beibehalten werden.

Die Öffnung in dem Küken hat ungefähr Rechteckform, die Höhe ist gleich dem 1,8- bis 2,5fachen der Breite. Im Normenausschuß einigte man sich auf das Schlitzverhältnis 1:2,75 als Mittelweg für alle Hahngrößen.

Über Normung von Hähnen siehe Dinorm 3497 und 3498. Die Baulänge der Stopfbuchsenhähne ist danach gleich der eines Ventils von gleichem Durchmesser, um einen Austausch vornehmen zu können.

Dinorm 3451 beschreibt Indikatorhähne, Dinorm 3713 und 3714 Manometerhähne.

Als Beispiel eines Steinzeughahnes zeigt Abb. 482 den Oska-Hahn der Steinzeugröhrenfabrik G. m. b. H., Muskau in Lugknitz, O.-L.,

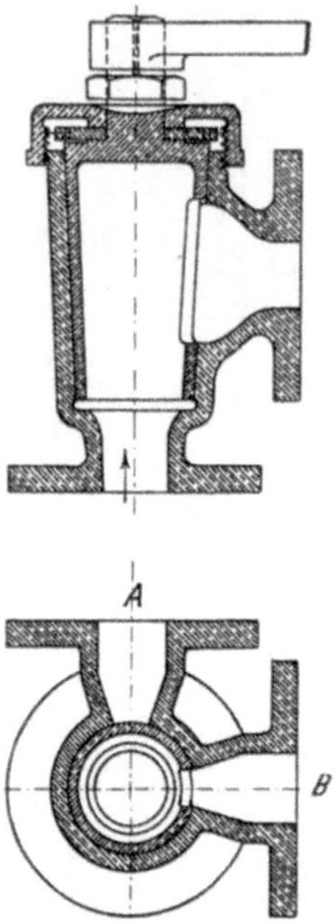

Abb. 481. Dreiweghahn.

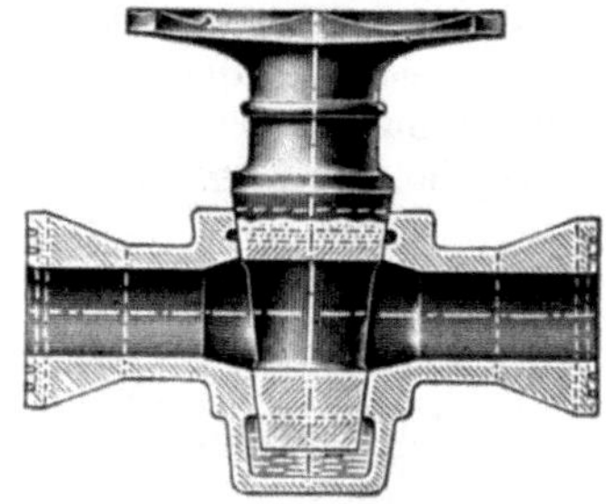

Abb. 482. Steinzeughahn.

der als Durchgangshahn und Schnabelhahn ausgeführt wird. Das unten geschlossene Hahngehäuse ist zur Aufnahme der den Hahn durchströmenden Betriebsflüssigkeit sackartig erweitert. In diese Flüssigkeit ragt das untere Ende des Kükens hinein, so daß die Flüssigkeit federnd auf das Küken wirkt. Am Küken oder im Gehäuse angebrachte Dichtungsnuten, die sich gleichfalls mit Betriebsflüssigkeit füllen, verhindern infolge der Kohäsionswirkung derselben auf die bei leichtem Lecken durchsickernde Flüssigkeit, ein Tropfen des Hahns.

Anhang.

Berechnung der Federn.

(Nach „Hütte“, Ingenieurs Taschenbuch.)

Nach der Beanspruchung unterscheiden wir Biegungsfedern und Drehungsfedern.

Ist

P die Tragfähigkeit der Federn,
f die Durchbiegung bei der Belastung P,
l die Länge der Feder in Zentimeter,
V das Volumen derselben in Kubikzentimeter,
k_b die zulässige Biegungsspannung in Kilogramm pro Quadratzentimeter,
E der Elastizitätsmodul des Materials

und

J das Trägheitsmoment des Querschnittes

für rechteckigen Querschnitt $J = \frac{b\,h^3}{12}$,

„ runden „ $J = \frac{d^4}{20}$,

so erhalten wir für rechteckige

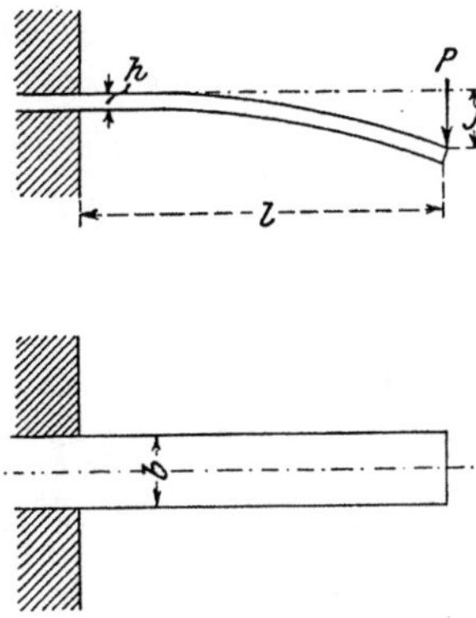

Abb. 483.

Biegungsfedern

(Abb. 483, 484 und 485) die Festigkeitsgleichung:

$$P \cdot l = \frac{b\,h^2}{6} \cdot k_b$$

oder

$$P = \frac{b\,h^2}{6} \cdot \frac{k_b}{l}.$$

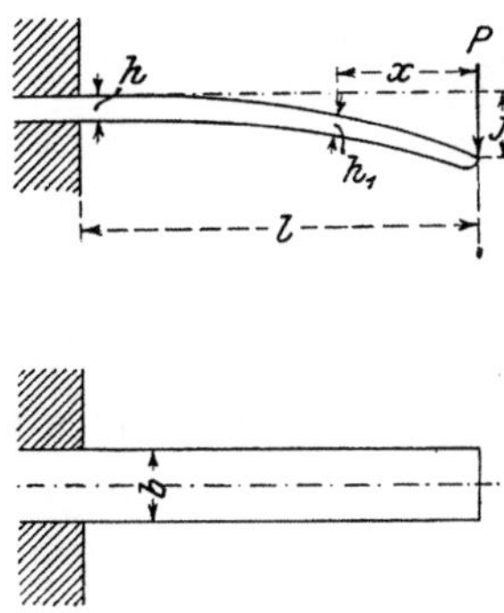

Abb. 484.

Die Durchbiegung einer Feder von gleicher Breite und gleicher Höhe (Abb. 483) erfolgt nach der sogenannten elastischen Linie und beträgt

$$f = \frac{P\,l^3}{3\,EJ}$$

oder, wenn man für P und J die oben gegebenen Werte einsetzt,

$$f = \frac{b\,h^2}{6} \cdot \frac{k_b}{l} \cdot \frac{l^3 \cdot 12}{3\,E\,b\,h^3} = \frac{2}{3}\,\frac{l^2}{h} \cdot \frac{k_b}{E}\,.$$

Die Arbeit, die von einer Feder aufgenommen wird, indem sich dieselbe um f cm durchbiegt, ist

$$A = \frac{P\,f}{2} \left(\text{mittlere Kraft } \frac{P}{2} \text{ mal Durchbiegung}\right).$$

Setzt man diese Gleichung in die oben gefundenen Werte von P und f ein, so erhält man

$$A = \frac{1}{2}\,\frac{b\,h^2}{6}\,\frac{k_b}{l} \cdot \frac{2}{3}\,\frac{l^2}{h} \cdot \frac{k_b}{b} = \frac{1}{18} \cdot \frac{k_b^2}{E} \cdot b \cdot h \cdot l,$$

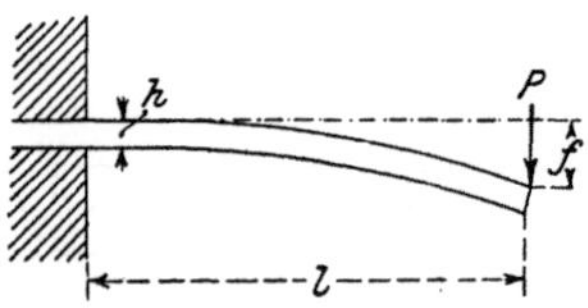

$b \cdot h \cdot l$ ist aber das Volumen der Feder in Kubikzentimeter, also ist

$$A = \frac{1}{18} \cdot \frac{k_b^2}{E} \cdot V.$$

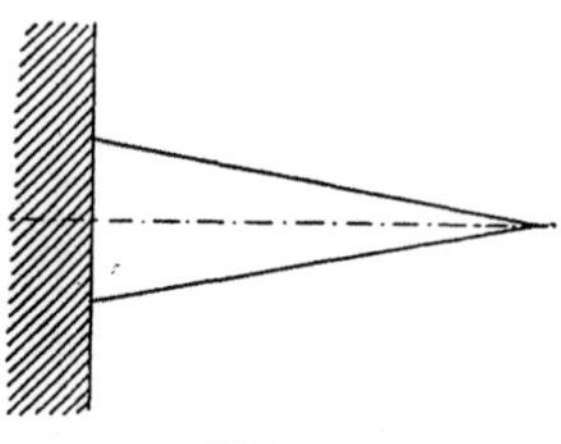

Abb. 485

Für eine nach der kubischen Parabel zugeschärfte Feder (Abb. 484), welche sich kreisbogenförmig krümmt, ist zunächst der Querschnitt an der Einspannungsstelle genau so zu berechnen wie bei der vorigen Feder, die Feder wird nun gleichbreit ausgeführt, während die Höhen abnehmen und zwar, wenn x der Abstand der zu berechnenden Höhe vom Angriffspunkte der Kraft ist, nach der Gleichung

$$\frac{h_1^3}{h^3} = \frac{x}{l}\,.$$

Die Durchbiegung wird hier

$$f = \frac{P}{E\,J}\,\frac{l^3}{2} = \frac{b\,h^2}{6} \cdot \frac{k_b}{l} \cdot \frac{l^3\,12}{2\,E\,b\,h^3} = \frac{l^2}{h} \cdot \frac{k_b}{E}$$

und die Federungsarbeit

$$A = \frac{P\,f}{2} = \frac{1}{9}\,\frac{k_b^2}{E} \cdot V.$$

Auch die Dreieckfeder (Abb. 485) krümmt sich kreisbogenförmig; der Querschnitt an der Einspannungsstelle wird wieder wie früher berechnet, nur bleibt jetzt die Höhe konstant, während die Breite nach der Spitze zu gleichmäßig bis auf Null abnimmt. Die Durchbiegung ist ebenso groß wie die der vorigen Feder, die Federungsarbeit

$$A = \frac{1}{6}\,\frac{k_b^2}{E}\,V.$$

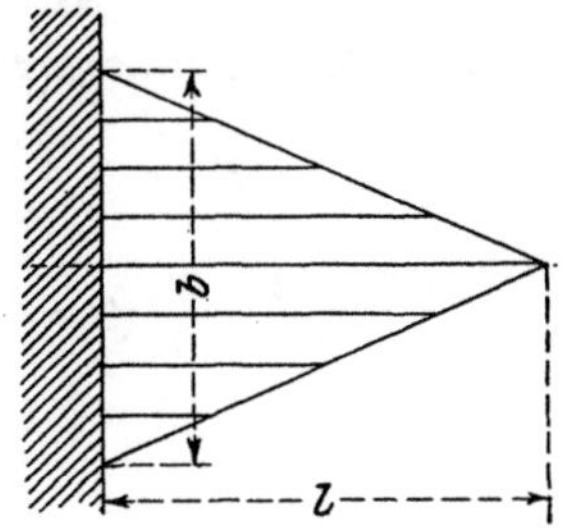

Abb. 486.

Aus der Dreiecksfeder kann man sich, indem man diese, wie Abb. 486 zeigt, zerlegt und die Streifen nach Abb. 487 übereinandergelegt, das Blattfederwerk entstanden denken. Dieses kann als einfache Dreieckfeder berechnet werden. Statt die Enden der einzelnen Blätter dreieckig zuzuschärfen, kann man sie auch nach der kubischen Parabel (wie in Abb. 484) zuschärfen.

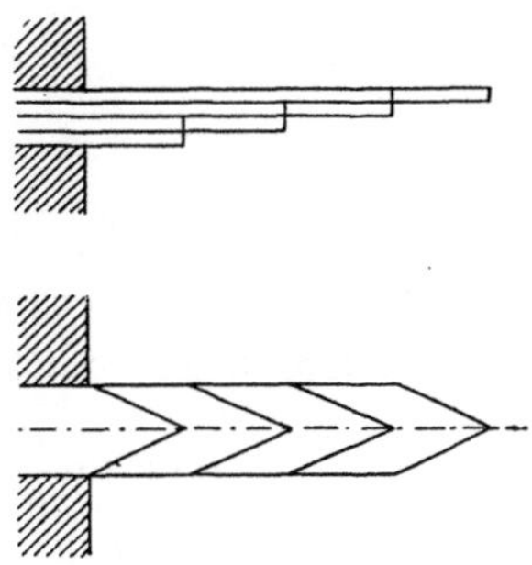
Abb. 487.

Für auf Biegung beanspruchte gewundene Federn (Spiralfedern) gelten, wenn die Kraft P am Radius r wirkt, bei rechteckigem Querschnitt (Abb. 488 und 489) die Formeln:

$$P \cdot r = \frac{b\,h^2}{6} \cdot k_b \qquad \text{oder} \qquad P = \frac{b\,h^2}{6} \cdot \frac{k_b}{r}$$

$$f = 2\,\frac{r\,l}{h} \cdot \frac{k_b}{E},$$

$$A = \frac{1}{6} \cdot \frac{k_d^2}{E} \cdot V,$$

bei rundem Querschnitt

$$P\,r = \frac{d^3}{10} \cdot k_b \quad \text{oder} \quad P = \frac{d^3}{10} \cdot \frac{k_b}{r},$$

$$f = 2\,\frac{r\,l}{d} \cdot \frac{k_b}{E}$$

und

$$A = \frac{1}{8}\,\frac{k_b^2}{E} \cdot V.$$

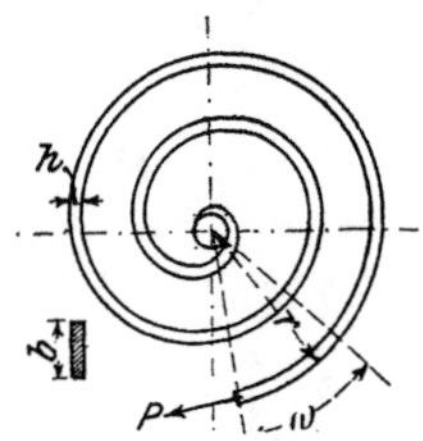

Abb. 488.

Während die nach Art der in Abb. 488 und 489 eingezeichneten Kräfte belasteten Federn auf Biegung beansprucht sind, werden gerade Federn, welche wie in Abb. 490 belastet sind, sowie Spiralfedern, welche zusammengedrückt oder auseinandergezogen werden, auf Verdrehungsfestigkeit in Anspruch genommen und deshalb

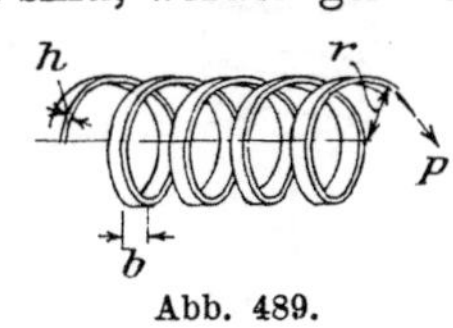

Abb. 489.

Drehungsfedern

genannt. Für diese gelten folgende Formeln:

Abb. 490, gerade Drehungsfeder, bei rundem Querschnitt

$$P \cdot r = \frac{d^3}{5} \cdot k_d \qquad \text{oder} \qquad P = \frac{d^3}{5} \cdot \frac{k_d}{r},$$

$$f = 2\,\frac{r\,l}{d} \cdot \frac{k_d}{G}$$ (G = Schubelastizitätsmodul oder Gleitmodul)

$$A = \frac{1}{4}\,\frac{k_d^2}{G} \cdot V,$$

für rechteckigen Querschnitt (Abb. 490)

$$P \cdot r = \frac{2\,b^2 \cdot h}{9} \cdot k_d \qquad \text{oder} \qquad P = \frac{2}{9} \cdot \frac{b^2\,h}{r} \cdot k_d,$$

$$f = 0{,}8\,r\,l\,\frac{b^2 + h^2}{b\,h^2} \cdot \frac{k_d}{G},$$

$$A = \frac{4}{45}\left(\frac{b^2}{h^2} + 1\right)\frac{k_d^2}{G} \cdot V.$$

Abb. 491, Schraubenfeder, bei rundem Querschnitt

$$P \cdot r = \frac{d^3}{5} \cdot k_d \qquad \text{oder} \qquad P = \frac{d^3}{5} \cdot \frac{k_d}{r},$$

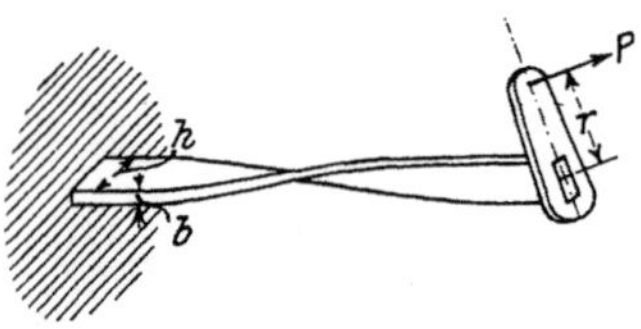

Abb. 490.

$$f = \frac{4\,\pi\,n\,r^2}{d} \cdot \frac{k_d}{G},$$

$$A = \frac{1}{4}\,\frac{k_d^2}{G} \cdot V,$$

bei rechteckigem Querschnitt (Abb. 491)

$$P\,r = \frac{2\,b^2\,h}{9} \cdot k_d \qquad \text{oder} \qquad P = \frac{2}{9}\,\frac{b^2\,h}{r} \cdot k_d,$$

$$f = 1{,}6\,\pi\,n\,r^2\,\frac{b^2 + h^2}{b\,h^2} \cdot \frac{k_d}{G},$$

$$A = \frac{4}{45}\left(\frac{b^2}{h^2} + 1\right)\frac{k_d^2}{G} \cdot V.$$

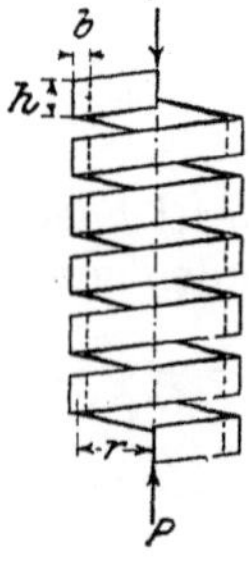

Abb. 491.

Abb. 492, Kegelfeder, bei rundem Querschnitt

$$P \cdot r = \frac{d^3}{5} \cdot k_d \qquad \text{oder} \qquad P = \frac{d^3}{5} \cdot \frac{k_d}{r},$$

$$f = \frac{r\,l}{d} \cdot \frac{k_d}{G} = \pi\,n\,\frac{r^2}{d} \cdot \frac{k_d}{G}\,,$$

$$A = \frac{1}{8}\,\frac{k_d^2}{G} \cdot V,$$

bei rechteckigem Querschnitt (Abb. 492),

$$P\,r = \frac{2\,b^2 h}{9} \cdot k_d \quad \text{oder} \quad P = \frac{2}{9}\,\frac{b^2 h}{r} \cdot k_d\,,$$

$$f = 0{,}4\,\pi\,n\,r^2\,\frac{b^2 + h^2}{b\,h^2} \cdot \frac{k_d}{G_s}\,,$$

$$A = \frac{2}{45}\left(\frac{b^2}{h^2} + 1\right)\frac{k_d^2}{G} \cdot V\,.$$

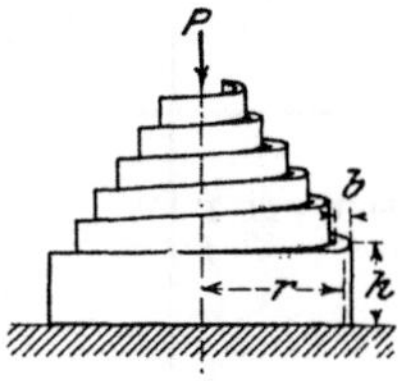

Abb. 492.

(Hierbei ist l die Länge der ausgestreckt gedachten Feder, n die Anzahl der Windungen.)

Bei rechteckigen Drehungsfedern wird die Federungsarbeit A am größten, wenn $\frac{b^2}{h^2} = 1$, also $b = h$ ist, d. h. wenn der Federquerschnitt quadratisch ist.

Verzeichnis der in den Tafeln aufgeführten Normenblätter.

Der Abdruck der nachstehend angegebenen Normenblätter erfolgte mit Genehmigung des Deutschen Normen-Ausschusses. Verbindlich für die in den Tafeln enthaltenen Angaben bleiben die Dinormen. Normenblätter sind durch den Beuth-Verlag G. m. b. H., Berlin S 14, Dresdener Straße 97 zu beziehen.

Din 776: Passungen.
Din 265: Nietverbindungen.
Din 239 u. 240: Whitworth-Feingewinde.
Din 259: Whitworth-Rohrgewinde.
Din 13 u. 14: Metrisches Gewinde.
Din 243: Metrisches Feingewinde.
Din 103: Eingängiges Trapezgewinde.
Din 141: Treibkeile, Einlegekeile, Nasenkeile.
Din 271: Tangentialkeilnuten.
Din 269: Paßfedern, Gleitfedern.
Din 117: Wandarme für Transmissionen.
Din 118: Stehlager für Transmissionen.
Din 119: Hängelager für Transmissionen.
Din 189: Sohlplatten für Transmissionen.
Din 619: Übersicht über Kugellager.
Din 2401: Druckstufen bei Rohrleitungen.
Din 2402: Nennweiten von Rohrleitungen.
Din 2410: Rohre für Rohrleitungen.
Din 2422: Gußeiserne Flanschenrohre.

Tafel 1.

Härtestufen und Verwendungs-

nach Werkstoff-Handbuch Stahl und Eisen.

Stahl (Normbezeichnung)	Kohlenstoffgehalt %	Spez. Gewicht kg/cdm	Wärmebehandlung: Glüh- bzw. Härtetemp. ° C	Wärmebehandlung: Schmiedetemperatur ° C	Festigkeitseigenschaften: Härte H_n	Streckgrenze kg/qmm	Zugfestigkeit kg/qmm	Dehnung % δ_5	Dehnung % δ_{10}	Einschnürung %
St 00 · 11, St 00 · 12	< 0,1	7,85	920	1200 bis 900	84 bis 110	20 bis 25	30 bis 40	30	25	70 bis 60
St 34 · 11, St 34 · 12	~ 0,1	7,85	920	1200 bis 900	94 bis 116	22 bis 27	34 bis 42	30	25	70 bis 60
St 37 · 11, St 37 · 12	> 0,1	7,85	920	1200 bis 900	102 bis 126	24 bis 28	37 bis 45	25	20	65 bis 55
St 42 · 11, St 42 · 12	0,25	7,845	880 bis 900	1150 bis 900	115 bis 140	25 bis 50	42 bis 50	24	20	60 bis 50
St 44 · 12	~ 0,25	7,845	850 bis 880	1150 bis 900	120 bis 145	24 bis 35	44 bis 52	24	20	60 bis 50
St 50 · 11	~ 0,35	7,84	820 bis 850	1150 bis 850	138 bis 165	30 bis 40	50 bis 60	22	18	55 bis 45
St 60 · 11	~ 0,45	7,84	800 bis 820	1100 bis 850	166 bis 205	30 bis 45	60 bis 70	17	14	45 bis 35
St 70 · 11	~ 0,60	7,835	780 bis 800	1100 bis 850	205 bis 250	40 bis 50	70 bis 85	12	10	40 bis 30

Im geglühten Zustande hat der Werkstoff die jeweils größte Dehnung bei gleichzeitig niedrigster Festigkeit. Die in Spalte „Maximaleigenschaften" für gezogenes Material aufgeführten Werte beziehen sich auf gezogenen Draht mit etwa 70—80% Kaltreckung. Zwischen diesem

zweck von Normalstählen

Herausgeber: Verein deutscher Eisenhüttenleute

Maximaleigenschaften				Verwendung
geglüht		gezogen		
Zugfestigkeit kg/qmm	Dehnung δ_5 %	Zugfestigkeit kg/qmm	Dehnung δ_5 %	
30 bis 35	35 bis 30	80 bis 100	5 bis 4	Nur für untergeordnete Zwecke, z. B. einfache rohe Geländerstäbe. Schweißbar auf alle Arten.
30 bis 35	35 bis 30	80 bis 100	5 bis 4	Alle Arten von Formeisen, Stabeisen, Breitflacheisen (Universaleisen), Draht für allgemeine Verwendungszwecke (Bindedraht, Zaundraht, Gewebedraht); Teile, von denen hohe Zähigkeit verlangt wird, z. B. Schrauben, Schrumpfringe, Gestänge (soweit die Festigkeit ausreicht); ferner für einzusetzende Teile, wie Zapfen und Bolzen, Buchsen usw. Schweißbar auf alle Arten.
35 bis 37	30 bis 25	90 bis 110	5 bis 4	Geeignet für rohbleibende Teile, für die eine Festigkeit zu gewährleisten ist. Für Schmiedestücke, die bearbeitet werden, weniger geeignet. Auf jede Art schweißbar.
42 bis 44	28 bis 25	120 bis 130	4 bis 2	Teile, die wechselnden Beanspruchungen unterliegen, wie Treibstangen, Kurbeln; laufende Teile, die weich sein dürfen, wie Wellen, bei denen wesentlicher Verschleiß nicht zu befürchten ist, für Wellen und Achsen mit geringer Durchfederung; für Teile mit höherer Festigkeit als St 34. Für Preßstücke, gering beanspruchte Stirnräder, Gewinde (gut schneidbar). Schwer schweißbar.
44 bis 50	27 bis 24	130 bis 140	4 bis 2	Kurbelwellen, Kurbelzapfen, Bauteile im Maschinenbau, Beschlagteile, Hebel, Zug- und Schubstangen, ungehärtete Ritzel.
50 bis 55	22 bis 20	140 bis 160	4 bis 2	Höher beanspruchte Triebwerksteile, stärker belastete Wellen, gekröpfte Kurbelwellen, Antriebswellen, schnell laufende Wellen, Turbinenwellen, Andrehkurbeln nebst Spindeln, ferner für Teile, die eine gewisse natürliche Härte besitzen müssen, wie Kolben, Schieberstangen, Steuerhebel, Bolzen, Gewinderinge, Schrauben für Sonderzwecke, nicht beanspruchte ungehärtete Zahnräder.
60 bis 65	20 bis 17	160 bis 180	4 bis 2	Wie St 50, jedoch für höhere Beanspruchung, namentlich für Teile, bei denen an Raum und Gewicht gespart werden soll, ferner für Teile mit hohem Flächendruck, wie Paßstifte, Keile, Ritzel, Schnecken, Preßspindeln. Bei stark wechselnden Beanspruchungen ist Vergütung zu empfehlen.
70 bis 75	14 bis 12	180 bis 190	4 bis 2	Für Teile mit Naturhärte, wie aufeinander arbeitende ungehärtete Steuerungsteile, harte Walzen, ferner für höchst und nicht wechselnd beanspruchte Teile wie unter St 60 (sonst Vergütung): ferner für naturharte Werkzeuge, wie Gesenke, Ziehringe und Preßdorne.

Zustand und dem geglühten Zustand kann das Material je nach dem Grade der Kaltverarbeitung beliebige Werte annehmen. Bei schwachgezogenem Rundstahl liegt die Spannungszunahme bei etwa 10 bis 15 kg/qmm über der Spannung des Ausgangswerkstoffs.

Tafel 2.
Zulässige Spannungen der Werkstoffe.
kg/qcm.

Art der Festigkeit	Art der Belastung[1]	Schweißstahl	Flußstahl bis 50 kg/qmm Festigkeit	Flußstahl über 50 kg/qmm Festigkeit	Stahlguß	Gußeisen					
						roh			bearbeitet		
Zug k_z . . .	I II III	900 600 300	900—1500 600—1000 300— 500	1200—1800 800—1200 400— 600	600—1200 400— 800 200— 400	300—350 200—230 100—120					
Druck k. . .	I II	900 600	900—1500 600—1000	1200—1800 800—1200	900—1500 600—1000	900—1000 600— 660					
						○	▭	I	○	▭	I
Biegung k_b .	I II III	900 600 300	900—1500 600—1000 300— 500	1200—1800 800—1200 400— 600	750—1200 500— 800 250— 400	460—600 310—400 150—200	370—480 250—320 120—160	310—400 210—270 100—130	560—720 370—480 190—240	460—600 310—400 150—200	400—510 270—340 130—170
						○ ○	◎ ◎		□		▭ L + T I
Drehung k_d .	I II III	360 240 120	600—1200 400— 800 200— 400	900—1440 600— 960 300— 480	480— 960 320— 640 160— 320	270—350 180—230 90—120	220—290 150—190 70—100		330—500 250—330 130—160		420—550 280—370 140—180
Schub k_s . .	I II III	720 480 240	720—1200 480— 800 240— 400	960—1440 640— 960 320— 480	480— 960 320— 640 160— 320	300—350 200—230 100—120					

[1] Die Belastung eines Maschinenteils wirkt entweder ruhend: Fall I,
oder zwischen Null und einem Größtwert pulsierend (schwellend): Fall II,
oder zwischen dem plus und minus Größtwert schwingend (wechselnd): Fall III.
Außerdem kommen alle Zwischenwerte vor.

Tafel 3.

Passungen
Bezeichnung der Gütegrade und Sitze

DIN 776

Gütegrad			Einheitsbohrung		Sitze	Einheitswelle	
			Kennzeichen			Kennzeichen	
Benennung	Kurzzeichen	Kennfarbe der Lehre	Bohrung	Wellen		Bohrungen	Welle
Edelpassung	e	kornblumenblau	eB		Ruhesitze		eW
				eF	Edelfestsitz	eF	
				eT	Edeltreibsitz	eT	
				eH	Edelhaftsitz	eH	
				eS	Edelschiebesitz	eS	
					Bewegungssitz		
				eG	Edelgleitsitz	eG	
Feinpassung	—	schwarz	B		Ruhesitze		W
				P	Preßsitz	P	
				F	Festsitz	F	
				T	Treibsitz	T	
				H	Haftsitz	H	
				S	Schiebesitz	S	
					Bewegungssitze		
				G	Gleitsitz	G	
				EL	Enger Laufsitz	EL	
				L	Laufsitz	L	
				LL	Leichter Laufsitz	LL	
				WL	Weiter Laufsitz	WL	
Schlichtpassung	s	gelb	sB		Bewegungssitze		sW
				sG	Schlichtgleitsitz	sG	
				sL	Schlichtlaufsitz	sL	
				sWL	Weiter Schlichtlaufs.	sWL	
Grobpassung	g	hellgrün	gB		Bewegungssitze		gW
				g1	Grobsitz g1	g1	
				g2	Grobsitz g2	g2	
				g3	Grobsitz g3	g3	
				g4	Grobsitz g4	g4	

Die Kennzeichen dienen: zur Beschriftung der Grenzlehren (siehe DIN 249), zur Angabe der Lehren auf den Zeichnungen (siehe DIN 406, Blatt 6).

Die Bohrungslehren im System Einheitsbohrung stimmen mit den Bohrungslehren für die Gleitsitze und Grobsitz g1 im System Einheitswelle überein und sind wie folgt gezeichnet:

eB = eG B = G sB = sG gB = g1.

Die Wellenlehren im System Einheitswelle stimmen mit den Wellenlehren für die Gleitsitze und Grobsitz g1 im System Einheitsbohrung überein und sind wie folgt gezeichnet:

eW = eG W = G sW = sG gW = g1.

Tafel 4.

Nietverbindungen
Übersicht

DIN 265

	Halbrundniete für Kesselbau DIN 123	Halbrundniete für Eisenbau DIN 124	Halbversenkniete DIN 301	Senkniete DIN 302	Linsensenkniete DIN 303
	Setzkopf-Halbrundkopf		Setzkopf-Halbversenkkopf	Setzkopf-Senkkopf	Setzkopf-Linsensenkkopf
Rohniet	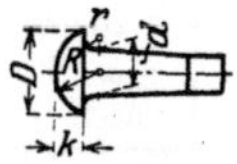 DIN 123 Bl. 1	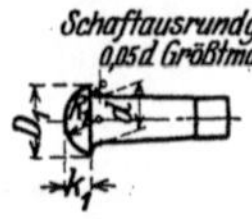 DIN 124 Bl. 1	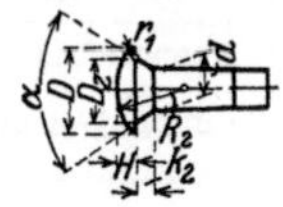 DIN 301 Bl. 1	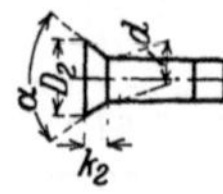 DIN 302 Bl. 1	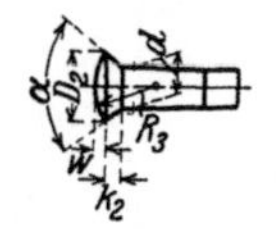 DIN 303 Bl. 1
Nietverbindungen (Setzkopf links — Schließkopf rechts)					
Schließkopf: Halbrundkopf für Kesselbau	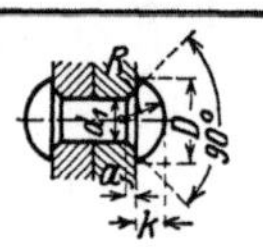 DIN 123 Bl. 2		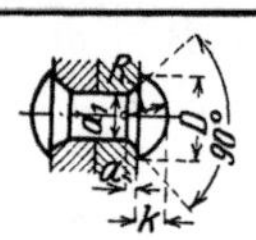 DIN 301 Bl. 3	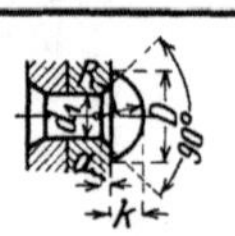 DIN 302 Bl. 4	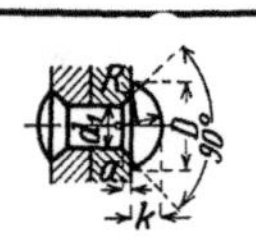 DIN 303 Bl. 4
Schließkopf: Halbrundkopf für Eisenbau		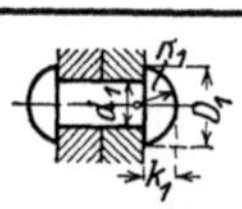 DIN 124 Bl. 2		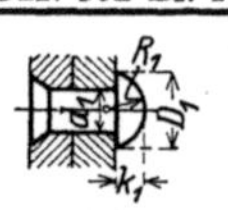 DIN 302 Bl. 5	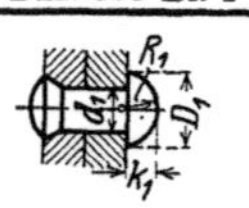 DIN 303 Bl. 5
Schließkopf: Senkkopf	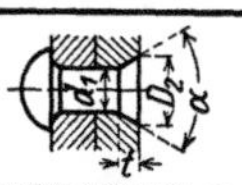 DIN 123 Bl. 3	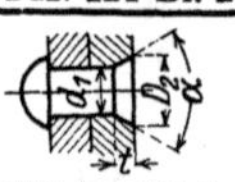 DIN 124 Bl. 3	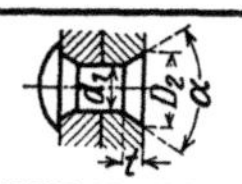 DIN 301 Bl. 4	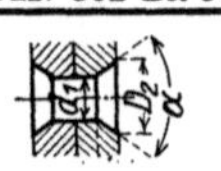 DIN 302 Bl. 2	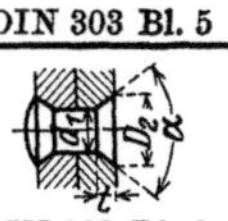 DIN 303 Bl. 3
Schließkopf: Linsensenkkopf	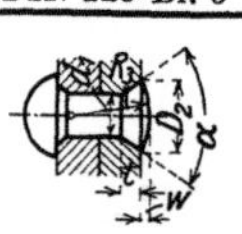 DIN 123 Bl. 4	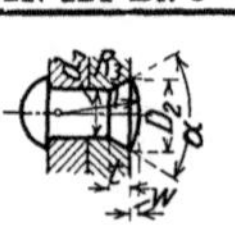 DIN 124 Bl. 4		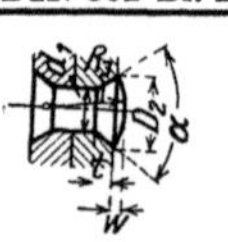 DIN 302 Bl. 3	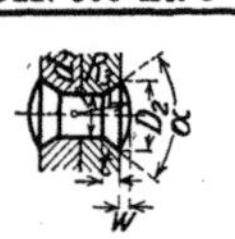 DIN 303 Bl. 2
Schließkopf: Halbversenkkopf	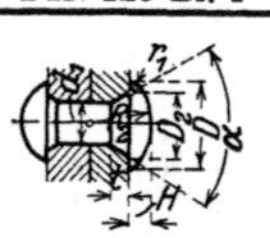 DIN 123 Bl. 5		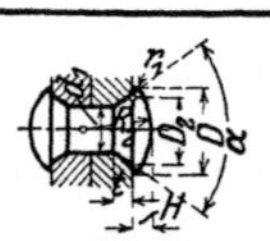 DIN 301 Bl. 2	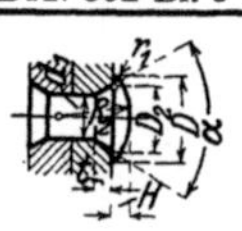 DIN 302 Bl. 6	

mm

Rohnietdurchmesser d	Setz- und Schließköpfe																Geschlagener Nietdurchmesser d_1	Rohnietdurchmesser d
	D	k	R ≈	r	a	D_1	k_1	R_1 ≈	D_2	k_2	H	R_2 ≈	r_1	R_3 ≈	w	α	t		
10	18	7	9,5	1		16	6,5	8	15,4	3,5	4,5	16	3	20,5	1,5		2,8	11	**10**
13	23	9	12	1,5		21	8,5	11	21	5	5	26,5	3,5	28,5	2	75°	4,3	14	**13**
16	30	12	15,5	2		26	10	13,5	27	7	6,5	29	4	37,5	2,5		6,3	17	**16**
19	35	14	18	2		30	12	15,5	30	9,5	6,5	41,5	4	39	3		8,5	20	**19**
22	40	16	20,5	2		35	14	18	35	11	7	50,5	4	45,5	3,5	60°	10	23	**22**
25	45	18	23	2,5		40	16	20,5	39,5	12,5	7,5	60	4,5	51	4		11,5	26	**25**
28	50	20	25,5	3		45	18	23	39,5	14	10,5	47,5	6	51	4		12,5	29	**28**
31	55	22	28	3		50	20	25,5	44	15,5	10,5	62,5	6,5	56	4,5		14	32	**31**
34	60	24	30,5	3,5		55	22	28	48	17	11,5	69,5	7	60	5		15,5	35	**34**
37	67	26	34,5	4		60	24	30,5	52,5	18,5	12,5	80	7,5	65,5	5,5	45°	17	38	**37**
40	72	28	37	4		64	26	32,5	57	20	13,5	83	8	70	6		18,5	41	**40**
43	77	30	40	4		69	28	35,5	61	21,5	14	89	8	75	6,5		20	44	**43**

Tafel 5. Whitworthsches Gewinde.

Äußerer Durchmesser des Gewindes d engl. Z.	Äußerer Durchmesser des Gewindes d mm	Kern-Durchmesser d_1 mm	Kern-Querschnitt $\frac{\pi\, d_1^2}{4}$ qcm	Anzahl der Gewindegänge auf einen engl. Z.	Anzahl der Gewindegänge auf die Länge d	Höhe der Mutter, abgerundet h_1 mm	Höhe d. Kopfes, abgerundet h_0 mm	Schlüsselweite abgerundet S_0 mm	Tragkraft $Q = {}^1/_4\,\pi\, d_1^2\, k_z$, wenn (in kg/qcm) $k_z = 480$ kg	Tragkraft $k_z = 600$ kg
$^1/_4$	6,35	4,72	0,175	20	5	6	5	11	85	105
$^5/_{16}$	7,94	6,13	0,295	18	$5^3/_8$	8	6	14	140	175
$^3/_8$	9,52	7,49	0,441	16	6	9	7	17	210	265
$^7/_{16}$	11,11	8,79	0,607	14	$6^1/_8$	11	8	19	290	365
$^1/_2$	12,70	9,99	0,784	12	6	13	9	22	375	470
$^5/_8$	15,87	12,92	1,311	11	$6^7/_8$	16	11	27	630	785
$^3/_4$	19,05	15,80	1,961	10	$7^1/_2$	19	13	32	940	1 175
$^7/_8$	22,22	18,61	2,720	9	$7^7/_8$	22	16	36	1 305	1 630
1	25,40	21,33	3,573	8	8	25	18	41	1 715	2 145
$1^1/_8$	28,57	23,93	4,498	7	$7^7/_8$	28	20	46	2 160	2 700
$1^1/_4$	31,75	27,10	5,768	7	$8^3/_4$	32	22	50	2 770	3 460
$1^3/_8$	34,92	29,50	6,836	6	$8^1/_4$	35	24	55	3 280	4 100
$1^1/_2$	38,10	32,68	8,388	6	9	38	27	60	4 030	5 030
$1^5/_8$	41,27	34,77	9,495	5	$8^1/_8$	41	30	65	4 560	5 700
$1^3/_4$	44,45	37,94	11,31	5	$8^3/_4$	45	32	70	5 430	6 780
$1^7/_8$	47,62	40,40	12,82	$4^1/_2$	$8^7/_{16}$	48	34	75	6 150	7 690
2	50,80	43,57	14,91	$4^1/_2$	9	50	36	80	7 160	8 950
$2^1/_4$	57,15	49,02	18,87	4	9	55	40	85	9 060	11 320
$2^1/_2$	63,50	55,37	24,08	4	10	60	45	95	11 560	14 450
$2^3/_4$	69,85	60,55	28,80	$3^1/_2$	$9^5/_8$	65	49	105	13 820	17 280
3	76,20	66,90	35,15	$3^1/_2$	$10^1/_2$	68	53	110	16 870	21 090
$3^1/_4$	82,55	72,57	41,36	$3^1/_4$	$10^9/_{16}$	75	58	120	19 850	24 820
$3^1/_2$	88,90	78,92	48,92	$3^1/_4$	$11^3/_8$	78	62	130	23 480	29 350
$3^3/_4$	95,25	84,40	55,95	3	$11^1/_4$	82	67	135	26 960	33 570
4	101,60	90,75	64,68	3	12	85	71	145	31 050	38 810
$4^1/_4$	107,95	96,65	73,37	$2^7/_8$	$12^7/_{32}$	92	76	155	35 220	44 020
$4^1/_2$	114,30	102,98	83,29	$2^7/_8$	$12^{15}/_{16}$	95	80	165	39 980	49 970
$4^3/_4$	120,65	108,84	93,04	$2^3/_4$	$13^1/_{16}$	100	85	175	44 660	55 820
5	127,00	115,19	104,2	$2^3/_4$	$13^3/_4$	105	89	180	50 020	62 530
$5^1/_4$	133,35	121,67	116,3	$2^5/_8$	$13^{25}/_{32}$	108	93	190	55 810	69 760
$5^1/_2$	139,70	127,51	127,7	$2^5/_8$	$14^7/_{16}$	112	98	200	61 300	76 620
$5^3/_4$	146,05	133,05	139,0	$2^1/_2$	$14^3/_8$	118	102	209	66 740	83 420
6	152,40	139,39	152,6	$2^1/_2$	15	122	106	220	73 250	91 560

Tafel 6. **Whitworth-Feingewinde.**

D = innerer ⌀ der Mutter = d + Spiel		20, 22, 24, 27 30, 33	36, 39, 42, 45, 48, 52	56, 60, 64, 68, 72, 76, 80, 84—189 (Endziffern 4 u. 9
Gänge auf 1″	nach Din. 240	10	8	6
	nach Din. 239			4
Din. 240	Spiel mm . . .	0,188	0,235	0,313
	Gewindetiefe mm	1,439	1,798	2,398
Din. 239	Spiel mm . . .			0,47
	Gewindetiefe mm			3,597

Tafel 7. **Whitworth-Rohrgewinde nach Din 259.**

Innerer Rohr ⌀ Zoll	Gewinde Außen ⌀ mm	Gänge auf 1 Zoll	Innerer Rohr ⌀ Zoll	Gewinde Außen ⌀ mm	Gänge auf 1 Zoll	Innerer Rohr ⌀ Zoll	Gewinde Außen ⌀ mm	Gänge auf 1 Zoll
$^1/_8''$	9,7	28	$1^1/_2''$	47,8	11	$4^1/_2''$	125,7	11
$^1/_4''$	13,2	19	$1^3/_4''$	53,7	11	5″	138,4	11
$^3/_8''$	16,7	19	2″	59,6	11	$5^1/_2''$	151,1	11
$^1/_2''$	21,0	14	$2^1/_4''$	65,7	11	6″	163,8	11
$^5/_8''$	23,0	14	$2^1/_2''$	75,2	11	7″	189,2	10
$^3/_4''$	26,4	14	$2^3/_4''$	81,5	11	8″	214,6	10
$^7/_8''$	30,2	14	3″	87,9	11	10″	265,4	10
1″	33,3	11	$3^1/_2''$	100,3	11	11″	290,8	8
						12″	316,2	8
$1^1/_4''$	42,0	11	4″	113,0	11	15″	398,3	8
						18″	474,5	8

Tafel 8. **Metrisches Gewinde nach Din 13 u. 14.** Maße in mm.

Außen ⌀	Kern ⌀	Ganghöhe	Mutterhöhe	Kopfhöhe	Schlüssel-weite
1	0,652	0,25	—	—	—
1,4	0,984	0,3	—	—	—
2	1,444	0,4	2	1,4	4,5
2,6	1,974	0,45	2,6	1,8	5,5
3	2,306	0,5	3	2	6
4	3,028	0,7	4	2,8	8
5	3,888	0,8	4,5	3,5	9
6	4,610	1	5,5	5	11
8	6,264	1,25	6,5	6	14
10	7,916	1,5	8	7	17
12	9,570	1,75	11	9	22
14	11,222	2	11	9	22
16	13,222	2	13	11	27
20	16,528	2,5	16	13	32
24	19,832	3	18	16	36
30	25,138	3,5	22	20	46
36	30,444	4	28	24	55
42	35,750	4,5	32	30	65
48	41,054	5	38	34	75

Tafel 9.

Metrisches Feingewinde nach Din 243.

Außen ⌀ mm	1 1,2; 1,4 1,7; 2	2,3 2,6	3 3,5 4	4,5 5 5,5	6 7 8	9 10 11	12—52 von mm zu mm steigend	53—100 von mm zu mm steigend	102—190 Endziffern 2, 5, 8, 0	192—300 Endziffern 2, 5, 8, 0
Steigung . . . . mm	0,2	0,25	0,35	0,5	0,75	1	1,5	2	3	4
Spiel . . . . . mm	0,009	0,011	0,016	0,023	0,034	0,045	0,068	0,090	0,135	0,180
Gewindetiefe. . . mm	0,139	0,174	0,243	0,347	0,521	0,695	1,042	1,389	2,084	2,778

Tafel 10. **Trapezgewinde eingängig.** D. I.-Norm 103, Bl. 1.

$t = 1{,}866\ h$
$t_1 = 0{,}5\ h + {}^2/_3\ b$
$t_2 = 0{,}5\ (h - a)$
$T = 0{,}5\ (h + a)$

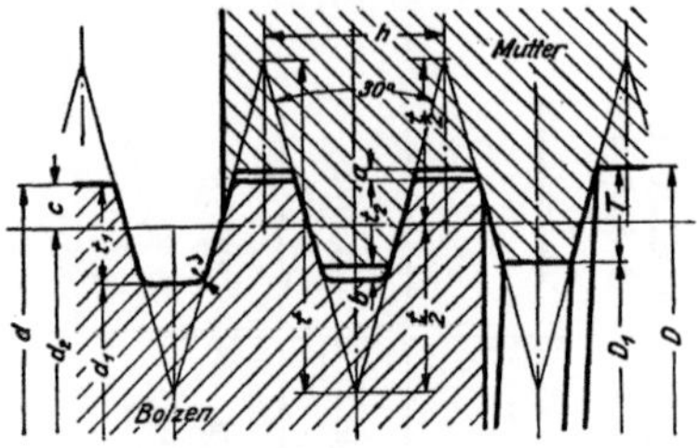

Abb. 493.

$a = 0{,}25$ mm
$b = 0{,}375$ mm
$c = 0{,}25\ h$
$r = 0{,}25$ mm

Maße in mm.

Bolzen				Flanken-durch-messer	Stei-gung	Trag-tiefe	Mutter		
Gewinde-durch-messer d	Kern-durch-messer d_1	Kern-quer-schnitt qcm	Gewinde-tiefe t_1	d_2	h	t_2	Gewinde-durch-messer D	Kern-durch-messer D_1	Gewinde-tiefe T
10	6,5	0,33	1,75	8,5	3	1,375	10,5	7,25	1,625
12	8,5	0,57	1,75	10,5	3	1,375	12,5	9,25	1,625
14	9,5	0,71	2,25	12	4	1,875	14,5	10,25	2,125
16	11,5	1,04	2,25	14	4	1,875	16,5	12,25	2,125
18	13,5	1,43	2,25	16	4	1,875	18,5	14,25	2,125
20	15,5	1,89	2,25	18	4	1,875	20,5	16,25	2,125
22	16,5	2,14	2,75	19,5	5	2,375	22,5	17,25	2,625
24	18,5	2,69	2,75	21,5	5	2,375	24,5	19,25	2,625
26	20,5	3,30	2,75	23,5	5	2,375	26,5	21,25	2,625
28	22,5	3,98	2,75	25,5	5	2,375	28,5	23,25	2,625
30	23,5	4,34	3,25	27	6	2,875	30,5	24,25	3,125
32	25,5	5,11	3,25	29	6	2,875	32,5	26,25	3,125
(34)	27,5	5,94	3,25	31	6	2,875	34,5	28,25	3,125
36	29,5	6,83	3,25	33	6	2,875	36,5	30,25	3,125
(38)	30,5	7,31	3,75	34,5	7	3,375	38,5	31,25	3,625
40	32,5	8,30	3,75	36,5	7	3,375	40,5	33,25	3,625
(42)	34,5	9,35	3,75	38,5	7	3,375	42,5	35,25	3,625
44	36,5	10,46	3,75	40,5	7	3,375	44,5	37,25	3,625
(46)	37,5	11,04	4,25	42	8	3,875	46,5	38,25	4,125
48	39,5	12,25	4,25	44	8	3,875	48,5	40,25	4,125
(50)	41,5	13,53	4,25	46	8	3,875	50,5	42,25	4,125
52	43,5	14,86	4,25	48	8	3,875	52,5	44,25	4,125
55	45,5	16,26	4,75	50,5	9	4,375	55,5	46,25	4,625
(58)	48,5	18,47	4,75	53,5	9	4,375	58,5	49,25	4,625
60	50,5	20,03	4,75	55,5	9	4,375	60,5	51,25	4,625
(62)	52,5	21,65	4,75	57,5	9	4,375	62,5	53,25	4,625
65	54,5	23,33	5,25	60	10	4,875	65,5	55,25	5,125
(68)	57,5	25,97	5,25	63	10	4,875	68,5	58,25	5,125
70	59,5	27,81	5,25	65	10	4,875	70,5	60,25	5,125
(72)	61,5	29,71	5,25	67	10	4,875	72,5	62,25	5,125
75	64,5	32,67	5,25	70	10	4,875	75,5	65,25	5,125
(78)	67,5	35,78	5,25	73	10	4,875	78,5	68,25	5,125
80	69,5	37,94	5,25	75	10	4,875	80,5	70,25	5,125
(82)	71,5	40,15	5,25	77	10	4,875	82,5	72,25	5,125
85	72,5	41,28	6,25	79	12	5,875	85,5	73,25	6,125
(88)	75,5	44,77	6,25	82	12	5,875	88,5	76,25	6,125
90	77,5	47,17	6,25	84	12	5,875	90,5	78,25	6,125
(92)	79,5	49,64	6,25	86	12	5,875	92,5	80,25	6,125
95	82,5	53,46	6,25	89	12	5,875	95,5	83,25	6,125
(98)	85,5	57,41	6,25	92	12	5,875	98,5	86,25	6,125
100	87,5	60,13	6,25	94	12	5,875	100,5	88,25	6,125
(105)	92,5	67,20	6,25	99	12	5,875	105,5	93,25	6,125
110	97,5	74,66	6,25	104	12	5,875	110,5	98,25	6,125

Die eingeklammerten Gewinde sind möglichst nicht zu verwenden.

Tafel 11.

Treibkeile Einlegekeile Nasenkeile Anwendung	DIN 141

Treibkeil Maße in mm Einlegekeil

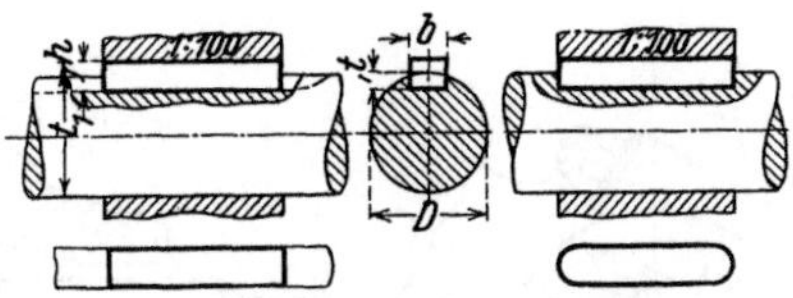

Abb. 494.

Nasenkeil

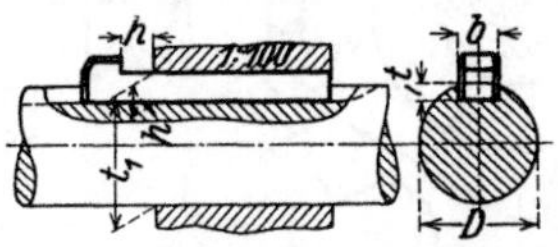

Abb. 495.

Für Wellendurchmesser[1] D	Keil Breite b × Höhe h Nennmaß	Wellen-nuttiefe t	Naben-nuttiefe t_1
10 bis 12	4× 4	2,5	D + 1,5
über 12 bis 17	5× 5	3	D + 2
über 17 bis 22	6× 6	3,5	D + 2,5
über 22 bis 30	8× 7	4	D + 3
über 30 bis 38	10× 8	4,5	D + 3,5
über 38 bis 44	12× 8	4,5	D + 3,5
über 44 bis 50	14× 9	5	D + 4
über 50 bis 58	16×10	5	D + 5
über 58 bis 68	18×11	6	D + 5
über 68 bis 78	20×12	6	D + 6
über 78 bis 92	24×14	7	D + 7
über 92 bis 110	28×16	8	D + 8
über 110 bis 130	32×18	9	D + 9
über 130 bis 150	36×20	10	D + 10
über 150 bis 170	40×22	11	D + 11
über 170 bis 200	45×25	13	D + 12
über 200 bis 230	50×28	14	D + 14
über 230 bis 260	55×30	15	D + 15
über 260 bis 290	60×32	16	D + 16
über 290 bis 330	70×36	18	D + 18
über 330 bis 380	80×40	20	D + 20
über 380 bis 440	90×45	23	D + 22
über 440 bis 500	100×50	25	D + 25

[1] Für die Bestimmung des Keilquerschnittes ist das Nennmaß des Wellendurchmessers maßgebend.

Treib-, Einlege- und Nasenkeile erhalten einen Anzug 1 : 100.

Die angegebenen Maße gelten für den eingepaßten Keil.

Das Maß für Keilhöhe bezieht sich bei Treib- und Einlegekeilen auf das dicke Ende des Keiles.

Die Kanten der Keile können abgeschrägt, die Nuten ausgeschrägt oder ausgerundet werden, falls dieses für erforderlich erachtet wird.

Die Bemessung der Ab- oder Ausschrägung bzw. Ausrundung bleibt den Herstellern überlassen

Bei stoßweisem Betrieb und wechselnder Drehrichtung können zwei unter 120° versetzte Keile verwendet werden, um eine sichere Dreipunktauflage zu erreichen.

Treib- und Einlegekeile nach DIN 490.

Nasenkeile nach DIN 493.

Tafel 12.

Tangentkeilnuten	DIN 271

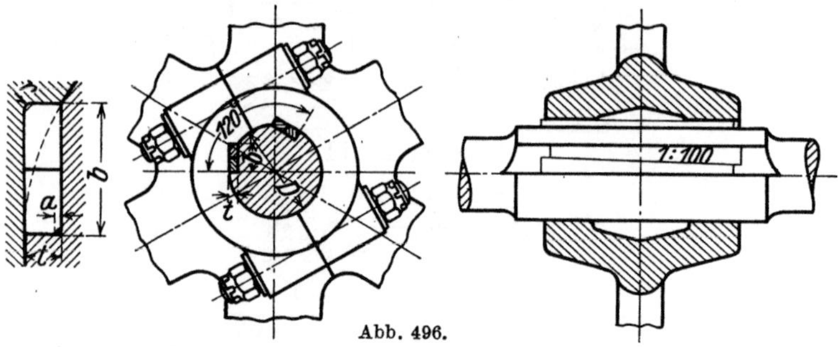

Abb. 496.

mm

Wellen-durchmesser	Nut			Keil
	Tiefe	errechnete Breite	Rundung	Abschrägung
D	t	b	r	a
60	7	19,3	1	1,5
70	7	21,0	1	1,5
80	8	24,0	1	1,5
90	8	25,6	1	1,5
100	9	28,6	1	1,5
110	9	30,1	1	1,5
120	10	33,2	1	1,5
130	10	34,6	1	1,5
140	11	37,7	1	1,5
150	11	39,1	1	1,5
160	12	42,1	1,5	2
170	12	43,5	1,5	2
180	12	44,9	1,5	2
190	14	49,6	1,5	2
200	14	51,0	1,5	2
210	14	52,4	1,5	2
220	16	57,1	1,5	2
230	16	58,5	1,5	2
240	16	59,9	1,5	2
250	18	64,6	2	2,5

Wellen-durchmesser	Nut			Keil
	Tiefe	errechnete Breite	Rundung	Abschrägung
D	t	b	r	a
260	18	66,0	2	2,5
270	18	67,4	2	2,5
280	20	72,1	2	2,5
290	20	73,5	2	2,5
300	20	74,8	2	2,5
320	22	81,0	2	2,5
340	22	83,6	2	2,5
360	26	93,2	2,5	3
380	26	95,9	2,5	3
400	26	98,6	2,5	3
420	30	108,2	2,5	3
440	30	110,9	2,5	3
460	30	113,6	2,5	3
480	34	123,1	3	4
500	34	125,9	3	4
520	34	128,5	3	4
540	38	138,1	3	4
560	38	140,8	3	4
580	38	143,5	3	4
600	42	153,1	3	4

Wellen-durchmesser	Nut			Keil
	Tiefe	errechnete Breite	Rundung	Abschrägung
D	t	b	r	a
620	42	155,8	3	4
640	42	158,5	3	4
660	46	168,1	3	4
680	46	170,8	3	4
700	46	173,4	4	5
720	50	183,0	4	5
740	50	185,7	4	5
760	50	188,4	4	5
780	54	198,0	4	5
800	54	200,7	4	5
820	54	203,4	4	5
840	58	213,0	4	5
860	58	215,7	4	5
880	58	218,4	4	5
900	62	227,9	4	5
920	62	230,6	4	5
940	62	233,2	4	5
960	66	242,9	4	5
980	66	245,6	4	5
1000	66	248,3	4	5

Für Wellendurchmesser, die in der Zahlentafel nicht aufgeführt sind, sind die Nuttiefen des nächst größeren aufgeführten Wellendurchmessers zu wählen. Die Breite dieser Nuten ist nach der Formel $b = \sqrt{t\,(D-t)}$ zu berechnen.

Die Tangentkeilpaare können um 180° versetzt werden, falls ein Versatz um 120° Schwierigkeiten bei der Montage ergeben würde.

Für stoßartigen Wechseldruck gelten Tangentkeilnuten nach DIN 268.

Tafel 13.

Paßfedern Gleitfedern Anwendungsblatt	DIN 269

Maße in mm

Paßfeder Gleitfeder

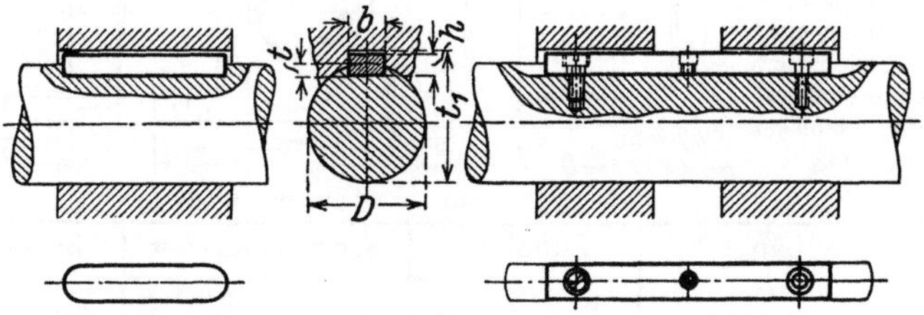

Abb. 497 u. 498.

Für Wellendurchmesser D	Feder Breite b × Höhe h Nennmaß	Wellen-nuttiefe t	Naben-nuttiefe Kleinstmaß t_1
10 bis 12	4× 4	2,5	D + 1,7
über 12 bis 17	5× 5	3	D + 2,2
über 17 bis 22	6× 6	3,5	D + 2,7
über 22 bis 30	8× 7	4	D + 3,2
über 30 bis 38	10× 8	4,5	D + 3,7
über 38 bis 44	12× 8	4,5	D + 3,7
über 44 bis 50	14× 9	5	D + 4,2
über 50 bis 58	16×10	5	D + 5,2
über 58 bis 68	18×11	6	D + 5,3
über 68 bis 78	20×12	6	D + 6,3
über 78 bis 92	24×14	7	D + 7,3
über 92 bis 110	28×16	8	D + 8,3
über 110 bis 130	32×18	9	D + 9,3
über 130 bis 150	36×20	10	D + 10,3
über 150 bis 170	40×22	11	D + 11,3
über 170 bis 200	45×25	13	D + 12,3
über 200 bis 230	50×28	14	D + 14,3
über 230 bis 260	55×30	15	D + 15,3
über 260 bis 290	60×32	16	D + 16,4
über 290 bis 330	70×36	18	D + 18,4
über 330 bis 380	80×40	20	D + 20,4
über 380 bis 440	90×45	23	D + 22,4
über 440 bis 500	100×50	25	D + 25,4

Die Kanten der Federn können abgeschrägt, die Nuten ausgeschrägt oder ausgerundet werden, falls dieses für erforderlich erachtet wird.

Die Bemessung der Ab- oder Ausschrägung bzw. Ausrundung bleibt den Herstellern überlassen.

Paßfedern und Gleitfedern nach DIN 496.

Bohrungen für Halte- und Abdrückschrauben zu Gleitfedern mit Querschnitt 14×9 und darüber nach DIN 145.

Tafel 14.

Stehlager für Transmissionen — DIN 118

Für 25 bis 100 mm Wellendurchmesser — Für 160 bis 500 mm Wellendurchmesser

A Langes Gleitstehlager (Sellerslager) B Kurzes Gleitstehlager (Weißmetallager) C Kugelstehlager. Bezeichnung eines langen Gleitstehlagers für Wellendurchmesser D = 80 mm: Stehlager A 80 DIN 118.

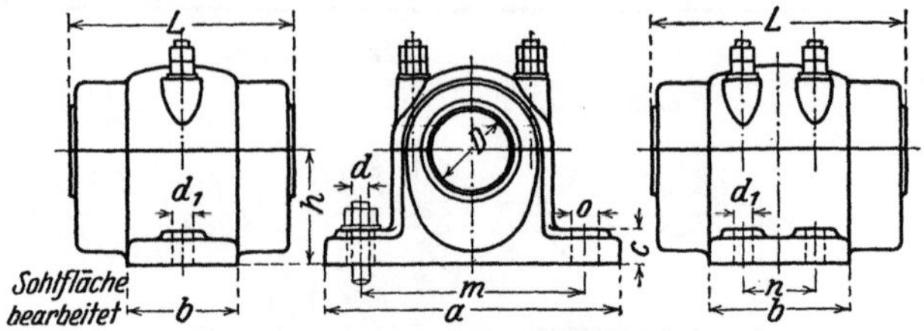

Abb. 499 u. 500.

mm

Wellen-durch-messer D	Lager-höhe h	Länge L höchstens Form A	Form B	Form C	Fußplatte Länge m	Breite b	Dicke c	Schraubenlöcher Abstand m	n	Länge höchst. o	Breite d_1	Schrauben Gewinde-durchmesser d	Anzahl
25, 30	65	140	120	100	200	55	25	150	—	20	17	½″	2
35, 40	75	180	150	110	220	65		170					
45, 50	90	220	180	120	260	75	30	200	—	25	20	⁵/₈″	
55, 60	100	260	210	130	290	85		230					
70	110	300	240	140	330	95	35	260	—	30	23	¾″	
80	125	340	270	150	370	110		290					
90	140	380	300	170	410	125	40	320	—	34	26	⁷/₈″	
100, 110	165	460	360	190	470	150	50	370	—	39	30	1″	
125, 140	200	550	450	—	560	195	60	450	—	48	36	1¼″	
160, 180	250	670	550	—	660	250	70	540	130	44	33	1¹/₈″	4
200, 220	300	790	650	—	760	310	80	630	170	52	40	1³/₈″	
240, 260	350	910	750	—	860	370	95	720	210	58	44	1½″	
280, 300	400	1030	850	—	960	440	110	810	250	66	50	1¾″	
320, 340	450	—	950	—	1070	510	125	900	300	75	58	2″	
360, 380	500	—	1050	—	1190	580	140	990	350	82	64	W56×¼″	
400, 420	550	—	1150	—	1310	650	155	1080	400	92	72	W64×¼″	
440, 460	600	—	1250	—	1430	720	170	1170	450	105	80	W72×¼″	
480, 500	650	—	1350	—	1550	800	185	1260	500	115	90	W80×¼″	

Fehlende Abmessungen sind freie Konstruktionsmaße. Hammerschrauben nach DIN 188 sind besonders zu bestellen. Werkstoff: Gußeisen für Lagerkörper und Lagerdeckel.

Tafel 15.

Hängelager für Transmissionen | DIN 119

A mit Gleitlagereinsatz B mit Wälzlagereinsatz

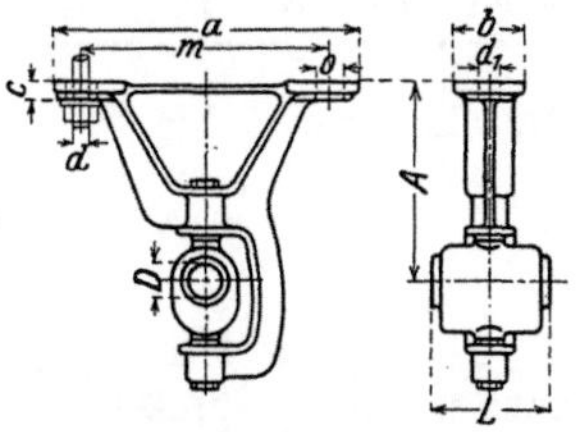

Abb. 501.

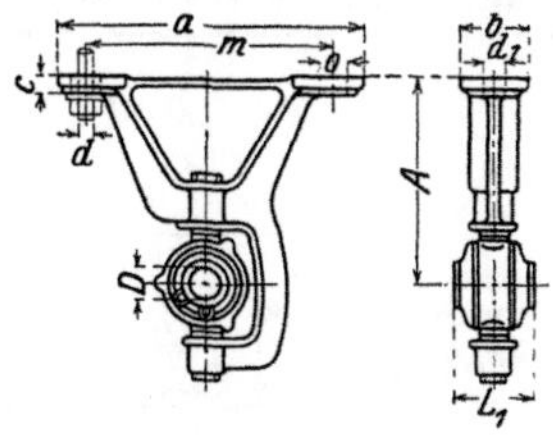

Abb. 502.

Bezeichnung eines Hängelagers mit Gleitlagereinsatz für 55 mm Wellendurchmesser und 500 mm Ausladung: H ä n g e l a g e r A 55 × 500 D I N 119.

mm

Wellendurchmesser D	Länge L Größtmaß	Länge L_1 Richtmaß	Ausladung A	Fußplatte Länge a Größtmaß	Fußplatte Breite b	Fußplatte Dicke c	Schraubenlöcher Abstand m	Schraubenlöcher Länge o Größtmaß	Schraubenlöcher Breite d_1	Schrauben Gewindedurchmesser d
25 30	140	100	200	340	110	25	240	25	20	5/8″
			300	420			320			
			400	500			400			
35 40	180	110	300	420	120	25	320	25	20	5/8″
			400	500			400			
			500	580			480			
45 50	220	120	300	430	130	30	320	30	23	3/4″
			400	510			400			
			500	590			480			
			600	670			560			
55 60	260	130	300	430	140	30	320	30	23	3/4″
			400	510			400			
			500	590			480			
			600	670			560			
70	300	140	400	520	160	35	400	34	26	7/8″
			500	600			480			
			600	680			560			
			700	760			640			
80	340	150	400	540	180	40	400	39	30	1″
			500	620			480			
			600	700			560			
			700	780			640			
90	380	170	400	550	200	45	400	44	33	1 1/8″
			500	630			480			
			600	710			560			
			700	790			640			
100 110	460	190	500	640	240	50	480	48	36	1 1/4″
			600	720			560			
			700	800			640			

Fehlende Abmessungen sind freie Konstruktionsmaße.

Wird Mitlieferung der Verschraubung gewünscht, so sind Angaben über die Deckenkonstruktion, nötigenfalls mit Maßskizze, zu machen.

Werkstoff: Gußeisen.

Tafel 16.

Sohlplatten **zu Stehlagern für Transmissionen nach DIN 118**	**DIN** **189 Bl. 1**

Für 20÷90 mm Durchmesser

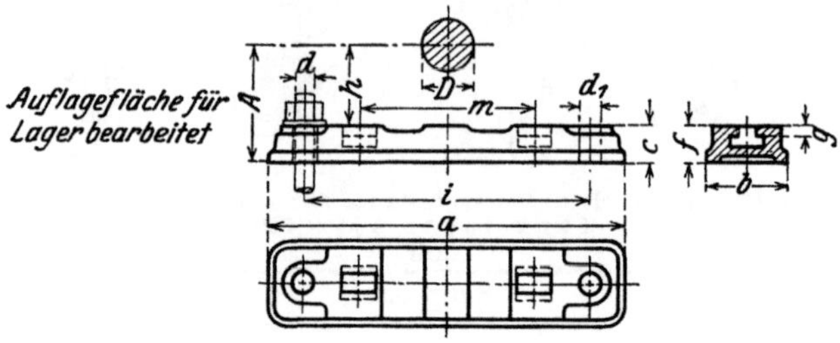

Abb. 503.

Für 100÷140 mm Durchmesser

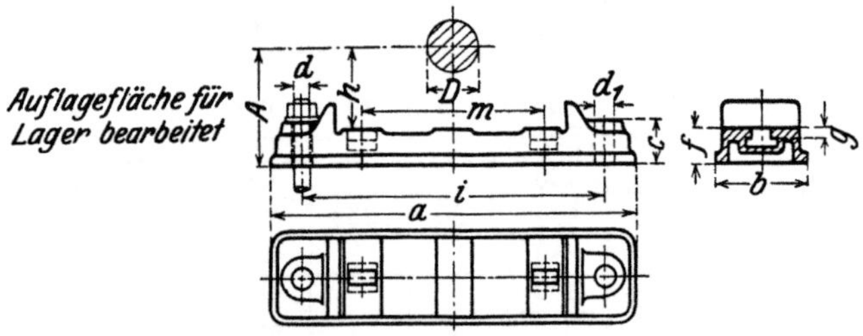

Abb. 504.

Bezeichnung einer Sohlplatte zum Stehlager für 60 mm Wellendurchmesser:

Sohlplatte 55/60 DIN 189

mm

Für Wellendurchmesser	Höhe		Länge	Breite	Stärke	Sohlenabstand	Fußschrauben-Entfernung	Leistenstärke	Schraubenlöcher		Schraubendurchmesser
D	A	h	a	b	e	f	m	g	i	d_1	d
25 und 30	100	65	330	65	35	35	150	13	260	20	5/8″
35 und 40	115	75	360	75	40	40	170	13	290	20	5/8″
45 und 50	135	90	410	85	45	45	200	15	330	23	3/4″
55 und 60	150	100	450	95	50	50	230	15	360	23	3/4″
70	165	110	510	110	55	55	260	17	410	26	7/8″
80	185	125	570	125	60	60	290	17	460	30	1″
90	205	140	650	145	65	65	320	19	520	33	1 1/8″
100 und 110	240	165	790	180	90	75	370	21	650	36	1 1/4″
125 und 140	290	200	910	230	110	90	450	25	750	40	1 3/8″

Fehlende Abmessungen sind freie Konstruktionsmaße.

Die Schlitze für die Lagerfußschrauben sind passend zu den Hammerschrauben nach DIN 188 zu bemessen.

Hammerschrauben nach DID 261 zur Verankerung sind besonders zu bestellen.

Werkstoff: Gußeisen.

Tafel 17.

Wandarme

zu Stehlagern für Transmissionen nach DIN 118

DIN 117

Bezeichnung eines Wandarmes von 300 bis 400 mm Ausladung zum Stehlager für 55 mm Wellendurchmesser:

Wandarm 55/60×300/400 DIN 117

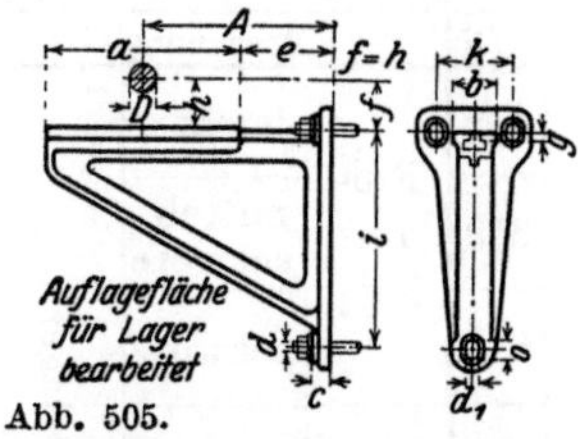

Abb. 505.

mm

Für Wellendurchmesser	Lagerhöhe	Auflagefläche Länge	Auflagefläche Breite	Entfernung	Leistendicke	Ausladung	Schraubenlöcher Abstand		Schraubenlöcher Länge o Größtmaß	Schraubenlöcher Breite	Schrauben Gewindedurchmesser	Schrauben Dicke
D	h	a	b	e	g	A	i	k		d_1	d	c
25 30	65	310	60	95 195	13	200÷300 300÷400	300 400	120	25	20	5/8″	25
35 40	75	330	70	85 185 285 385	13	200÷300 300÷400 400÷500 500÷600	300 400 500 600	120	25	20	5/8″	25
45 50	90	370	80	65 165 265 365 465	15	200÷300 300÷400 400÷500 500÷600 600÷700	300 400 500 600 700	140	30	23	3/4″	30
55 60	100	400	90	150 250 350 450 550	15	300÷400 400÷500 500÷600 600÷700 700÷800	400 500 600 700 800	140	30	23	3/4″	30
70	110	440	100	130 230 330 430 530	17	300÷400 400—500 500÷600 600÷700 700÷800	400 500 600 700 800	160	34	26	7/8″	35
80	125	480	115	110 210 310 410 510	17	300÷400 400÷500 500÷600 600÷700 700÷800	400 500 600 700 800	180	39	30	1″	40
90	140	520	130	190 290 390 490	19	400÷500 500÷600 600÷700 700÷800	500 600 700 800	200	44	33	1 1/8″	45
100 110	165	590	160	155 255 355 455	21	400÷500 500÷600 600÷700 700÷800	500 600 700 800	220	48	36	1 1/4″	50
125 140	200	680	205	210 310 410	25	500÷600 600÷700 700÷800	600 700 800	240	52	40	1 3/8″	55

Fehlende Abmessungen sind freie Konstruktionsmaße.

Hammerschrauben nach DIN 261 zur Verankerung sind besonders zu bestellen.

Werkstoff: Gußeisen.

Tafel 18.

Kugellager		**Übersicht**				**DIN 619**	
Kugellager						Einzelteile	
	DIN	Benennung			Bild	Benennung	Bild
Querlager	612	Einreihige	leichte	Querlager	ohne | mit Einstellring 	Innenring	
	613		mittelschwere			Kegeliger Innenring	
	614		schwere			Zweireihiger Innenring	
	622	Zweireihige	leichte		ohne | mit Einstellring 	Zweireihiger kegeliger Innenring	
	623		mittelschwere			Außenring	
	624		schwere			Balliger Außenring	
	632	Einreihige	leichte	Spannhülsenlager	ohne | mit Einstellring 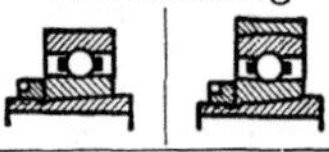	Zweireihiger Außenring	
	633		mittelschwere			Zweireihiger balliger Außenring	
	642	Zweireihige	leichte		ohne | mit Einstellring 	Einstellring	
						Spannhülse mit Mutter	
						Ringkäfig [1]	
		Pendellager				Pendellager-Innenring	
						Pendellager-Außenring	
		Schulterlager				Schulterlager-Außenring	
Längslager		Längslager				Enge Scheibe	
		Ballige Längslager				Weite Scheibe	
		Längslager mit Einstellscheibe				Ballige Scheibe	
		Wechsellager				Einstellscheibe	
		Ballige Wechsellager				Mittelscheibe	
		Wechsellager mit Einstellscheiben				Scheibenkäfig [1]	
		Einreihige Wechsellager				Kugel	

[1] Außer den abgebildeten bestehen noch weitere Bauarten von Käfigen.

Tafel 19.

Rollenketten.

Von Stolzenberg & Co., Berlin. Normale Ausführung. (Vgl. Abb. 275.)

Teilung	Breite innen	Breite außen	Rollen-durchmesser	Bruchlast minimal	Gewicht pro Meter
	mm	mm	mm	etwa kg	etwa kg
9,52 mm 3/8″	3,2	8,8	6,0	750	0,255
12,7 mm 1/2″	3,2 4,8 6,35	9,6 11,2 12,6	7,8	850	0,330 0,370 0,410
15,87 mm 5/8″	3,2 4,8 6,35	9,6 11,2 12,6	8,5	900	0,320 0,360 0,400
19,05 mm 3/4″	4,8 6,35 9,5	12,8 14,2 17,6	10,2	1150	0,470 0,530 0,670
22,22 mm 7/8″	8,1 11,2	17,5 20,6	12,1	1450	0,700 0,830
25,4 mm 1″	9,5 12,7	22,6 25,8	14,0	1800	1,210 1,350
31,75 mm 1 1/4″	9,5 12,7 17,0	26,6 29,8 34,2	15,9	3200	1,840 2,020 2,150
38,1 mm 1 1/2″	15,9 22,1	37,0 43,2	21,6	6350	3,820 4,000
44,45 mm 1 3/4″	19,05 25,4 25,4	44,4 50,9 48,8	25,4	9750	5,900 6,250 5,800
50,8 mm 2″	22,2 31,0	53,4 62,2	29,2	14950	8,200 9,070
57,15 mm 2 1/4″	25,4 34,3	59,5 69,0	34,3	20000	10,800 11,700
63,5 mm 2 1/2″	28,5 38,1	67,0 76,5	39,4	26000	14,500 16,000
69,85 mm 2 3/4″	31,8 42,0	77,2 87,4	44,5	32000	19,700 21,500
76,2 mm 3″	34,9 45,7	85,0 96,0	48,3	40000	24,500 27,000

Tafel 20.

Dimensionen der geräuschlosen Zahnketten mit Außenführung.

Von Stolzenberg & Co., Berlin. (Vgl. Abb. 277 und 278.)

Teilung	Laschen-Kombination	Kettenbreite über Glieder	Kettenbreite über Bolzen	Radbreite	Bruchbelastung	Gewicht pro Meter
		mm	mm	mm	kg	kg
	1× 2	7,1	13,3	6,9	375	0,500
	2× 2	9,4	15,7	9,2	375	0,600
	2× 3	11,8	18,0	11,6	570	0,710
8 mm	3× 4	16,5	22,7	16,3	755	0,920
	4× 5	21,2	27,4	21,0	940	1,130
	5× 6	25,9	32,1	25,6	1125	1,340
	6× 7	30,6	36,8	30,3	1320	1,760
	7× 8	35,3	41,5	35,0	1520	1,760
	1× 2	9,3	15,1	9,1	460	0,610
	2× 2	12,4	18,3	12,2	460	0,770
	2× 3	15,5	21,4	15,3	680	0,920
	3× 4	21,7	27,7	21,4	920	1,240
10 mm	4× 5	27,9	33,9	27,0	1150	1,550
	5× 6	34,3	40,3	33,8	1390	1,880
	6× 7	40,3	46,6	40,0	1620	2,190
	7× 8	46,5	53,0	46,1	1850	2,500
	8× 9	52,7	59,2	52,3	2080	2,810
	1× 2	9,4	16,8	9,2	760	0,980
	2× 2	12,6	20,0	12,4	760	1,180
	2× 3	15,8	23,2	15,6	950	1,400
12,7 mm	3× 4	22,7	29,5	21,8	1340	1,820
1/2″	4× 5	28,5	35,9	28,1	1720	2,220
	5× 6	34,8	42,2	34,4	2100	2,640
	6× 7	41,3	48,6	40,8	2500	3,060
	7× 8	47,6	54,9	47,0	3150	3,470
	8× 9	53,8	61,1	53,0	3700	3,890
	2× 3	18,6	27,2	18,2	1120	1,630
	3× 4	26,3	34,6	25,9	1560	2,180
	4× 5	33,9	42,1	33,4	2080	2,680
15,87 mm	5× 6	41,5	49,7	41,0	2600	3,180
5/8″	6× 7	49,0	57,2	48,4	3120	3,680
	7× 8	56,5	64,7	55,8	3640	4,170
	8× 9	64,1	72,3	63,3	4160	4,680
	10×11	79,3	87,5	78,4	5200	5,680
	12×13	94,4	102,7	93,4	6240	6,670
	3× 4	29,9	39,4	29,3	2380	2,960
	4× 5	37,5	48,3	36,8	3170	3,625
	5× 6	47,1	56,8	46,1	3960	4,260
19,05 mm	6× 7	55,7	65,4	54,6	4750	4,920
3/4″	7× 8	64,3	74,0	63,1	5550	5,480
	9×10	81,4	90,1	80,1	7150	6,870
	11×12	98,7	108,4	97,4	8700	8,160
	13×14	116,0	125,6	114,5	10300	9,490

Fortsetzung von Tafel 20.

Teilung	Laschen-Kombination	Kettenbreite über Glieder	Kettenbreite über Bolzen	Radbreite	Bruchbelastung	Gewicht pro Meter
		mm	mm	mm	kg	kg
25,4 mm 1″	4× 5	34,2	45,3	33,2	2670	4,550
	5× 6	41,7	52,9	40,5	3350	5,360
	6× 7	49,4	60,5	48,0	3980	6,150
	5× 6	57,0	68,2	55,5	4700	7,000
	6× 7	67,3	78,6	65,7	5650	8,070
	7× 8	77,7	88,9	76,0	6600	9,140
	9×10	98,5	109,7	96,7	8500	11,300
	12×13	129,5	140,7	127,6	11350	14,550
	15×16	160,4	171,7	158,4	14200	17,810
31,75 mm $1^1/_4$″	3× 4	43,8	57,7	42,3	4100	7,450
	4× 5	56,2	70,1	54,5	5450	9,170
	5× 6	68,6	82,5	66,7	6800	10,840
	7× 8	93,7	107,6	91,6	9500	14,180
	9×10	118,6	132,5	116,3	12250	17,570
	12×13	156,3	170,1	153,9	16350	22,640
	15×16	193,8	207,7	191,3	20450	27,310
38,1 mm $1^1/_2$″	3× 4	46,9	62,3	44,9	5600	9,630
	4× 5	60,5	75,9	58,4	7300	11,750
	5× 6	74,1	89,5	71,9	9000	13,900
	7× 8	101,2	116,6	98,8	12800	18,180
	9×10	127,9	143,3	125,3	16600	22,500
	12×13	168,3	183,7	165,5	22150	28,850
	15×16	208,5	223,9	205,5	27770	35,250
44,45 mm $1^3/_4$″	4× 5	69,5	86,9	67,0	9200	15,550
	5× 6	85,0	102,4	82,3	11500	18,560
	7× 8	115,9	133,3	113,0	16100	24,350
	9×10	146,9	164,3	143,9	20700	30,120
	12×13	192,2	210,6	189,0	27750	38,840
	14×15	224,0	241,4	220,7	34600	44,680
	17×18	270,3	287,7	226,9	41500	53,720
	20×21	316,9	334,3	313,4	48400	62,100

Tafel 21. **Hanf- und Baumwollseile für Transmissionen.**
v. Felten und Guilleaume, Köln a. Rh. (Runde Seile).

Seildurchmesser mm		20	25	30	35	40	45	50	55
Badischer Schleißhanf	Gewicht in kg/m. . .	0,32	0,51	0,71	1,00	1,30	1,60	1,90	2,24
	kleinst. Scheiben ⌀ mm	500	625	750	875	1000	1125	1250	1375
Manilahanf	Gewicht in kg/m . . .	0,28	0,45	0,63	0,83	1,10	1,35	1,75	2,04
	kleinst. Scheiben ⌀ mm	600	750	900	1050	1200	1350	1500	1650
Baumwolle	Gewicht in kg/m . . .	0,28	0,47	0,67	0,93	1,20	1,50	1,85	2,10
	kleinst. Scheiben ⌀ mm	400	500	600	700	800	900	1000	1100

Fortsetzung von Tafel 21.

Quadrat-Seile der A.-G. für Seilindustrie, vorm F. Wolff, Mannheim-Neckarau.

Seildurchmesser mm	25	30	35	40	45	50	55
Gewicht in kg/m	0,55	0,90	1,10	1,45	1,75	2,15	2,70
kleinster Scheiben ⌀ mm . .	375	450	700	800	900	1100	1400

Rillenmaße nach Dinorm 121. (Vgl. Abb. 301.)

Rundseil-durch-messer	Quadrat-seil-stärke	Teilung t mm	Rille a mm	c mm	e mm	r mm	Steg b mm
25	23	36	28	12,5	21	3	8
30	27	41	33	15,0	25	3	8
35	32	47	39	17,5	30	3	8
40	36	54	44	20,0	34	3	10
45	40	60	50	22,5	38	3	10
50	45	65	55	25,0	42	3	10
55	50	73	61	27,5	46	3	12

Tafel 22.

Drahtseile.

Felten & Guilleaume, Carlswerk, A.-G., Köln-Mülheim a. Rh.

Transmissions-Drahtseile (mit Hanf in den Litzen).

Kleinster zulässiger Durchm. der Seilscheiben mm	Seildurchmesser mm	Anzahl der Drähte	Drahtstärke mm	Ungefähres Gewicht für 1 m kg
Für kleine Scheibendurchmesser.				
1000	11	48	1,0	0,36
1000	12	54	1,0	0,40
1000	13	60	1,0	0,45
1000	14	64	1,0	0,48
1000	15	72	1,0	0,55
1200	16	64	1,2	0,69
1200	18	72	1,2	0,79
1200	20	80	1,2	0,88
1400	22	80	1,4	1,20
1500	24	88	1,4	1,33
1600	26	80	1,6	1,56
1750	28	88	1,6	1,73
1900	30	80	1,8	1,98
2000	32	88	1,8	2,19
2250	34	96	1,8	2,41

Fortsetzung von Tafel 22.

Kleinster zulässiger Durchm. der Seilscheiben mm	Seildurchmesser mm	Anzahl der Drähte	Drahtstärke mm	Ungefähres Gewicht für 1 m kg
Für normale Scheibendurchmesser.				
1000	9	36	1,0	0,26
1000	10	42	1,0	0,31
1200	11	36	1,2	0,38
1200	12	42	1,2	0,45
1400	13	36	1,4	0,51
1400	14	42	1,4	0,61
1500	15	48	1,4	0,70
1600	16	42	1,6	0,79
1600	18	48	1,6	0,91
1800	20	48	1,8	1,15
1800	22	54	1,8	1,30
2000	24	60	1,8	1,46
2250	26	60	2,0	1,80

Tafel 23.

Huhns Patent-Metallpackung.

Für Naßdampf 15 atü.

Abb. 506.

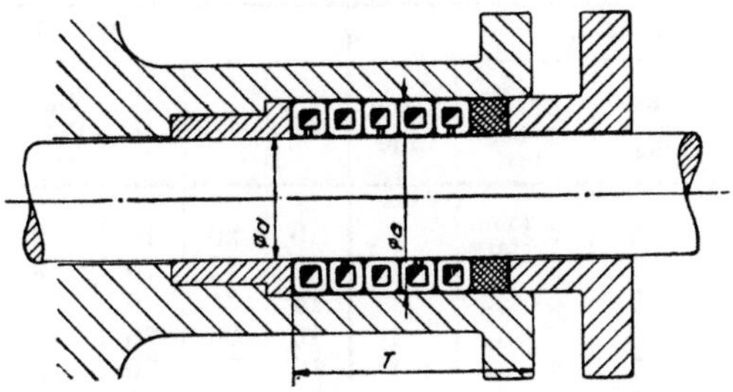

Stangen Ø	Außen Ø	Tiefe	Anzahl der Ringe	
d	*a*	*T*	Dichtungsr.	Zopf
25	40	50	5	1
30	46	55	5	1
35	52	60	5	1
40	58	65	5	1
45	65	70	5	1
50	75	80	5	1
55	80	80	5	1
60	85	80	5	1
65	90	95	6	1
70	100	110	6	1
75	105	110	6	1
80	110	110	6	1
85	115	110	6	1
90	125	130	6	1
95	130	130	6	1
100	140	145	6	1

Tafel 24.
Huhns Patent-Metallpackung für Pumpen.

Abb. 507.

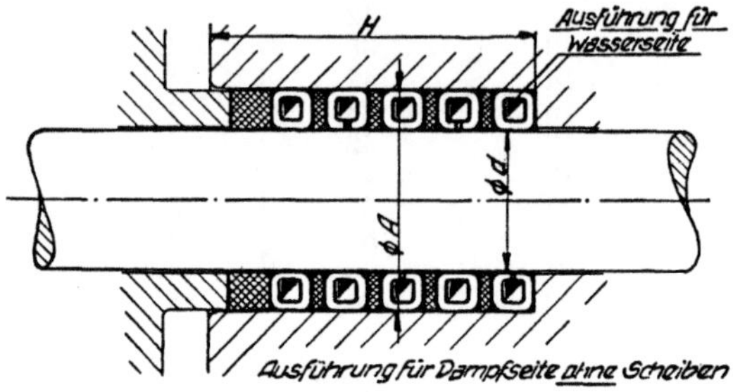

Bis 18 atü.						Bis 35 atü.					
ø*d*	ø*A*	*H*	Dichtungsringe	Zwischen-Scheiben	Schlußzopf	ø*d*	ø*A*	*H*	Dichtungs-Ringe	Zwischen-Scheiben	Schlußzopf
10	20	40	5	4 2 mm stark	1	10	20	70	9	8 2 mm stark	1
12	22	40	5	4 ,,	1	12	22	70	9	8 ,,	1
14	24	40	5	4 ,,	1	14	24	70	9	8 ,,	1
16	26	40	5	4 ,,	1	16	26	70	9	8 ,,	1
18	30	45	5	4 ,,	1	18	30	80	9	8 ,,	1
20	34	50	5	4 ,,	1	20	34	90	9	8 ,,	1
22	36	50	5	4 ,,	1	22	36	90	9	8 ,,	1
24	40	60	5	4 3 mm stark	1	24	40	105	9	8 3 mm stark	1
26	42	75	6	5 ,,	1	26	42	105	9	8 ,,	1
28	46	80	6	5 ,,	1	28	46	115	9	8 ,,	1
30	48	80	6	5 ,,	1	30	48	115	9	8 ,,	1
32	52	85	6	5 ,,	1	32	52	125	9	8 ,,	1
36	58	95	6	5 ,,	1	36	58	135	8	8 ,,	1
40	62	95	6	5 ,,	1	40	62	135	9	8 ,,	1
44	68	115	7	6 ,,	1	44	68	160	10	9 ,,	1
48	72	115	7	6 ,,	1	48	72	160	10	9 ,,	1
50	75	120	7	6 ,,	1	50	75	165	10	9 ,,	1
55	80	120	7	6 ,,	1	55	80	165	10	9 ,,	1
60	88	135	7	6 ,,	1	60	88	185	10	9 ,,	1
65	95	135	7	6 ,,	1	65	95	185	10	9 ,,	1

Tafel 25.

Huhns Patent-Metallpackung für Ammoniak-Kompressoren.

Abb. 508.

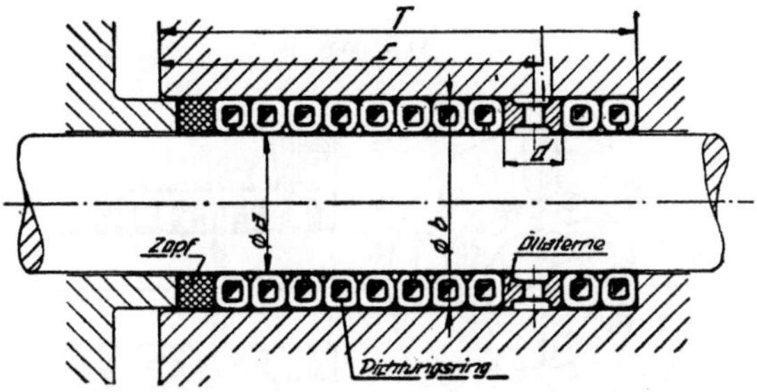

⌀ *a*	⌀ *b*	*T*	*c*	*d*	Anzahl d. Di.-Ringe	Zopf
20	40	130	105	15	10	1
25	45	130	110	20	10	1
30	50	130	110	20	10	1
35	60	160	125	20	10	1
40	65	165	130	25	10	1
45	70	165	130	25	10	1
50	75	165	130	25	10	1
55	80	165	130	25	10	1
60	90	195	155	25	10	1
65	95	195	155	25	10	1
70	100	200	155	30	10	1
75	105	215	160	30	11	1
80	115	235	170	30	11	1
85	120	235	170	30	11	1
90	125	260	195	30	12	1
95	130	260	195	30	12	1
100	140	295	225	30	12	1

Tafel 26.

Huhns Patent-Federpackung.
für Schiffsmaschinen bis 20 atm.

Abb. 509.

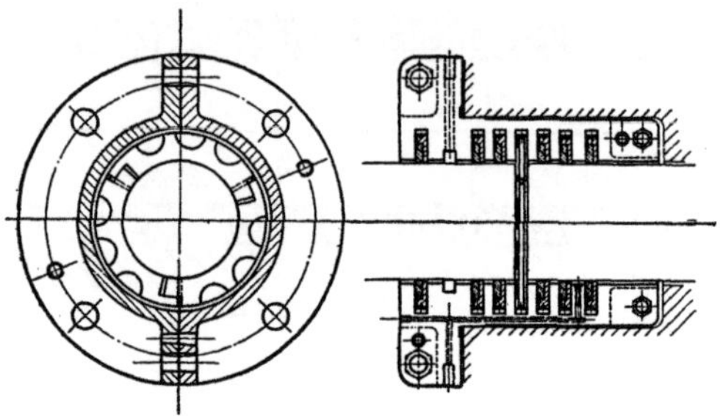

Durchmesser der Stange	Durchmesser d. Packungsraums	Tiefe des Packungsraums	Anzahl der Kammern
50	125	140	4
60	135	140	4
70	145	140	4
80	155	165	5
90	170	165	5
100	180	165	5
110	190	200	6
120	200	200	6
130	210	200	6
140	220	200	6
150	230	220	6
160	240	220	6
170	250	220	6
180	260	220	6
190	270	220	6
200	280	220	6

Tafel 27.
Huhns Patent-Kohlefederpackung.

Abb. 510.

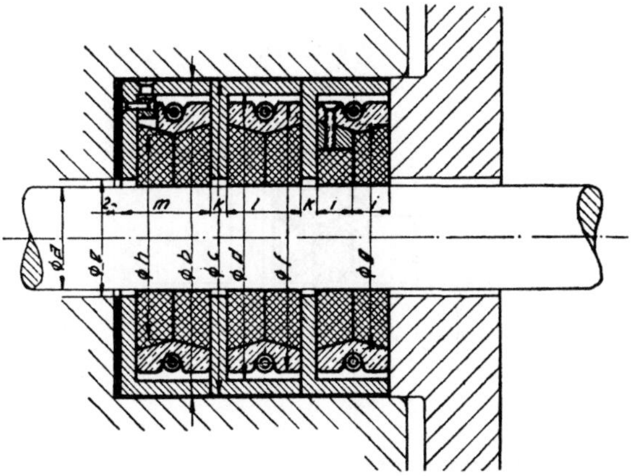

Øa	Øb	Øc	Ød	Øe	Øf	Øg	Øh	i	k	l	m	Kammerzahl bei Atm. Druck von: 2	3	4	5	6
25	85	84,7	75	29	70	60,1	55	9,5	4,5	19	23,5	3	3	4	5	5
30	90	89,7	80	34	75	65,4	60	10	5	20	25	3	3	4	5	5
35	95	94,7	85	39	80	70,4	65	10	5	20	25	3	3	4	5	5
40	105	104,7	95	44	90	76,6	71	10,5	5	21	26	3	3	4	5	5
45	110	109,7	98	49	93	81,6	76	10,5	6	21	27	3	3	4	5	5
50	115	114,7	103	54	98	88,9	83	11	6	22	28	3	3	4	5	5
55	125	124,7	113	60	107	93,9	88	11	6	22	28	3	3	4	5	5
60	130	129,7	116	65	110	101,2	95	11,5	7	23	30	3	3	4	5	5
65	135	134,7	121	70	115	106,2	100	11,5	7	23	30	3	3	4	5	5
70	145	144,7	131	75	125	112,4	106	12	7	24	31	3	3	4	5	5
75	150	149,7	136	80	130	118,7	112	12,5	7	25	32	3	3	4	5	5
80	160	159,7	146	85	140	125	118	13	7	26	33	3	3	4	5	5
85	165	164,7	149	90	143	131	124	13	8	26	34	3	3	4	5	5
90	170	169,7	154	96	147	136,2	129	13,5	8	27	35	3	3	4	5	5
95	180	179,7	164	101	157	142,2	135	13,5	8	27	35	3	3	4	5	5
100	185	184,7	169	106	162	147,5	140	14	8	28	36	3	3	4	5	5

Tafel 28.
Huhns Patent-Kohlewellfederpackung.

Abb. 511.

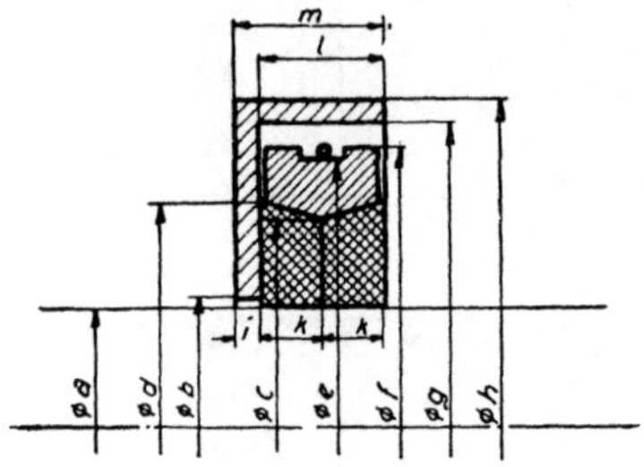

∅ a	∅ b	∅ c	∅ d	∅ e	∅ f	∅ g	∅ h	i	k	l	m	Anzahl der Kammern bei atm.				
30	33	59	64,6	75	79	87	95	4	10	20	24					
40	43	70	75,4	90	94	102	110	4	10,5	21	25					
50	53	82	87,9	105	109	117	125	4	11	22	26					
60	63	94	100,2	113	117	125	135	5	11,5	23	28					
70	74	106	112,4	123	127	140	150	5	12	24	29					
80	84	117	123,7	136	140	153	165	6	12,5	25	31					
90	94	129	136	151	155	168	180	6	13	26	32					
100	104	141	148,2	164	168	181	195	7	13,5	27	34					
110	114	152	159,5	179	183	196	210	7	14	28	35					
120	124	164	171,8	189	193	206	220	7	14,5	29	36					
130	134	176	184	209	213	216	230	7	15	30	37					
140	145	188	196,3	218	222	236	250	7	15,5	31	38					
150	155	199	207,6	226	230	244	260	8	16	32	40					
160	165	211	219,8	246	250	264	280	8	16,5	33	41					
170	175	223	232,1	256	260	274	290	8	17	34	42					
180	185	235	244,4	264	268	282	300	9	17,5	35	44					
190	195	246	255,6	284	288	302	320	9	18	36	45					
200	205	258	267,9	292	296	310	330	10	18,5	37	47					
210	216	270	280,2	311	315	330	350	10	19	38	48					
220	226	282	292,4	321	325	340	360	10	19,5	39	49					
230	236	293	303,7	329	333	348	370	11	20	40	51					
240	246	305	316	349	353	368	390	11	20,5	41	52					
250	256	317	328,3	359	363	378	400	12	21	42	54					

Tafel 29.

Druckstufen — Nenndruck, Betriebsdruck, Probedruck. Rohrleitungen. | **DIN 2401**

kg/cm²

Nenndruck ND	Größter zulässiger Betriebsdruck für: Wasser bis 100° W Flansche und Rohre	Gas und Dampf unterhalb 300° G Flansche und Rohre	Heißdampf 300° bis 400° H Flansche	Heißdampf 300° bis 400° H Rohre	Probedruck
1	1	1	—	—	2
—	—	—	—	—	—
—	—	—	—	—	—
2	—	—	—	—	—
2,5	2,5	2	—	—	4
—	—	—	—	—	—
—	—	—	—	—	—
5	—	—	—	—	—
6	6	5	—	—	10
8	—	—	—	—	—
10	10	8	—	—	16

Nenndruck ND	Größter zulässiger Betriebsdruck für: Wasser bis 100° W Flansche und Rohre	Gas und Dampf unterhalb 300° G Flansche und Rohre	Heißdampf 300° bis 400° H Flansche	Heißdampf 300° bis 400° H Rohre	Probedruck
10	10	8	—	—	16
12,5	—	—	—	—	—
16	16	13	13[2])	10	25
20[1])	20	16	—	13	32
25	25	20	20	16	40
32[1])	32	25	—	20	50
40	40	32	32	25	60
50[1])	50	40	—	32	70
64	64	50	40	40	80
80[1])	80	64	—	50	100
100	100	80	64	64	125

Nenndruck ND	Größter zulässiger Betriebsdruck für: Wasser bis 100° W Flansche und Rohre	Gas und Dampf unterhalb 300° G Flansche und Rohre	Heißdampf 300° bis 400° H Flansche	Heißdampf 300° bis 400° H Rohre	Probedruck
100	100	80	64	64	125
125	125	100	80	80	160
160	160	125	100	100	200
200	200	160	125	125	250
250	250	200	160	160	320
320	320	250	200	200	400
400	400	320	250	250	500
500	500	400	—	—	640
640	640	500	—	—	800
800	800	640	—	—	1000
1000	1000	800	—	—	1250

Fortsetzung von Tafel 29.

Sämtliche Drücke sind Überdrücke.

W Die Betriebsdrücke für „Wasser“ gelten für Wasser unterhalb 100° und für andere ungefährliche Flüssigkeiten unterhalb ihrer Siedetemperatur bei Atmosphärendruck.

G Die Betriebsdrücke für „Gas und Dampf“ gelten für Gase unterhalb 300° sowie für anderen expansionsfähigen Leitungsinhalt wie Luft und Dämpfe, im besonderen auch für gesättigten oder mäßig überhitzten Dampf unterhalb dieser Temperatur, ferner für Flüssigkeiten, die mit Rücksicht auf ihre physikalischen oder chemischen Eigenschaften oder aus anderen Gründen eine erhöhte Sicherheit erfordern.

H Die Betriebsdrücke für „Heißdampf“ gelten insbesondere für überhitzten Wasserdampf bei Temperaturen von 300° bis 400°, ferner für Gase und Flüssigkeiten bei diesen Temperaturen.

Im Temperaturbereich von 400 bis 450° C und von 450 bis 500° C kommt eine je um 25% höhere Druckstufe in Frage, vorausgesetzt, daß nicht ein Qualitätsstahl gewählt ist, der bei diesen Temperaturen mindestens die gleichen Sicherheiten gewährt wie der übliche Stahl bei Temperaturen bis 400° C.

Für Betriebsdrücke unter 1 kg/cm^2 beträgt der Probedruck 1 kg/cm^2 mehr als der Betriebsdruck.

Die festgelegten Probedrücke gelten nur für die Festigkeitsprüfung, nicht für die Prüfung der Dichtigkeit des Abschlusses von Armaturen. Hierfür wird im allgemeinen der Betriebsdruck als Prüfungsdruck gewählt.

Für Teile zu Vakuumleitungen beträgt der Probedruck 1,5 kg/cm^2.

---

[1] Für diese Nenndrücke sind nur Rohre festgelegt.

[2] Für Heißdampfbetriebsdruck 13 sind Armaturen und Formstücke nicht genormt. Empfohlen werden dafür solche für Nenndruck 25.

Tafel 30.

Nennweiten Rohrleitungen	DIN 2402

Maße in mm.

1	10	100	1000
		110	1100
1,2		(120)*	1200
		125	
	13	(130)*	
		(140)	1400
1,5		150	
	16	(160)	1600
		175	1800
2	20	200	2000
		225	2200
2,5	25	250	2400
		275	2600
3		300	2800
	32	(325)	3000
		350	3200
		(375)	(3400)
4	40	400	3600
		450	(3800)
5	50	500	4000
		550	
6	60	600	
	70	700	
8	80	800	
	90	900	
10	100	1000	

Abgekürzte Bezeichnung: Nennweite 250 = NW 250

*Nur für Heizungsindustrie und Lokomotivbau.

Die eingeklammerten Nennweiten sind möglichst zu vermeiden.

Die lichten Durchmesser entsprechen im allgemeinen den Nennweiten. Eine völlige Übereinstimmung ist nicht in allen Fällen möglich. Da die Außenabmessungen der Rohre, Formstücke und Armaturen aus Rücksicht auf die Herstellung festliegen, können die lichten Durchmesser je nach den zur Ausführung gelangenden Wanddicken geringe Unterschiede gegenüber den Nennweiten aufweisen.

Tafel 31.

Rohre — Übersicht — Rohrleitungen

DIN 2410

Werkstoff	Rohrart	Benennung	Werkstoffangabe	für Nenndruck	Verwendungsbereich Betriebsdruck in kg/cm² W	G	H	für Nennweite mm	Dinorm
Gußeisen	Flanschenrohre	gußeiserne Flanschenrohre	—	10	10	—	—	40 bis 1200	2422
	Muffenrohre	gußeiserne Muffendruckrohre	—	10	10	—	—	40 bis 1200	2432
	Rippenheizrohre	gußeiserne Rippenheizrohre	—	6	6	5	—	70 bis 100	2480
Flußstahl	Gewinderohre	Gasrohre	St 00 · 29	Kaltwasserprobedruck 15 kg/cm²				6 bis 150 1/8″ bis 6″	Vornorm 2440
		Dampfrohre	St 00 · 29	Kaltwasserprobedruck 25 kg/cm²				6 bis 150 1/8″ bis 6″	Vornorm 2441
		nahtlos	St 34 · 29	1 bis 100	1 bis 100	1 bis 80	10 bis 64	10 bis 150 3/8″ bis 6″	2442

Fortsetzung von Tafel 31.

Flußstahl	glatte Rohre	nahtlos	St 00 · 29	1 bis 25	1 bis 25	1 bis 20	—	4 bis 400	2449
			St 34 · 29	1 bis 100	1 bis 100	1 bis 80	10 bis 64	4 bis 400	2450
			St 45 · 29	1 bis 100	1 bis 100	1 bis 80	10 bis 64	4 bis 400	2451
			St 55 · 29	1 bis 100	1 bis 100	1 bis 80	10 bis 64	4 bis 400	2456
		patent geschweißt	Festigkeit 34-41 kg/mm²	1 bis 50	1 bis 50	1 bis 40	10 bis 32	60 bis 400	2452
		wassergas geschweißt	Mindest-festigkeit 34 kg/mm²	1 bis 6	1 bis 6	1 bis 5	—	250 bis 2000	2453
				10	10	8	—	250 bis 1200	
				16 bis 32	16 bis 32	13 bis 25	10 bis 20	250 bis 500	
				40 bis 50	40 bis 50	32 bis 40	25 bis 32	250 bis 400	
		autogen geschweißt	Mindest-festigkeit 34 kg/mm²	1 bis 2,5	1 bis 2,5	1 bis 2	—	50 bis 2000	2454
				6	6	5	—	50 bis 1200	
		genietet	Mindest-festigkeit 34 kg/mm²	1 bis 2,5	1 bis 2,5	1 bis 2	—	600 bis 2000	2455
				6	6	5	—	600 bis 1200	

Druckstufen nach Dinorm 2401.
Nennweiten nach Dinorm 2402.

Tafel 32. **Gußeiserne Flanschenrohre** für Nenndruck 10 nach Dinorm 2422. (s. Abb. 418).

Lichter Durchmesser	Wanddicke s	Übergang s_1	Übliche Baulänge	Flanschen						Dichtungsleiste		Gewicht	
				Durchmesser D	Dicke b	Lochkreisdurchmesser k	Schrauben- Anzahl	Schrauben- Gewinde	Schrauben- Loch ∅	Breite	Höhe	von 1 m Rohr ohne Flansch	eines Flanschenrohres von der Lagerlänge L = 3000 mm
mm			mm	mm				engl. Zoll	mm	mm		kg/m	kg
40	7,5	14		150	18	110	4	$^5/_8''$	18	24	3	8,11	27,9
50	7,5	15		165	20	125	4	$^5/_8''$	18	26	3	9,82	34,4
(60)	8	15		175	20	135	4	$^5/_8''$	18	26	3	12,4	42,4
70	8	15		185	20	145	4	$^5/_8''$	18	26	3	14,2	48,4
80	8,5	17	2000	200	22	160	4	$^5/_8''$	18	29	3	17,1	58,9
(90)	8,5	17	u.	210	22	170	8	$^5/_8''$	18	29	3	19,1	65,0
100	9	17	3000	220	22	180	8	$^5/_8''$	18	29	3	22,3	75,2
125	9,5	18		250	24	210	8	$^5/_8''$	18	31,5	3	29,1	98,5
150	10	18		285	24	240	8	$^3/_4''$	22	31	3	36,4	122
(175)	11	20		315	26	270	8	$^3/_4''$	22	33,5	3	46,6	157
200	11	20		340	26	295	12	$^3/_4''$	22	34	3	52,9	177
(225)	12	20		370	26	325	12	$^3/_4''$	22	35	3	64,8	215
250	12	21		395	28	350	12	$^3/_4''$	22	35	3	71,6	240
(275)	12	21		420	28	375	12	$^3/_4''$	22	35	3	78,4	262
300	13	21		445	28	400	12	$^3/_4''$	22	35	3	92,7	305
350	14	23		505	30	460	16	$^3/_4''$	22	40	4	116	385
400	14	24		565	32	515	16	$^7/_8''$	25	41	4	132	443
450	15	24	3000	615	32	565	16	$^7/_8''$	25	41	4	159	527
500	16	26		670	34	620	20	$^7/_8''$	25	42,5	4	188	625
(550)	16	27	u.	730	36	675	20	1″	30	42,5	4	206	694
600	17	27		780	36	725	20	1″	30	42,5	5	239	795
700	19	30	4000	895	40	840	24	1″	30	50	5	311	1043
800	21	33		1015	44	950	24	$1^1/_8''$	33	52,5	5	393	1330
900	23	35		1115	46	1050	28	$1^1/_8''$	33	52,5	5	484	1622
1000	24	38		1230	50	1160	28	$1^1/_4''$	36	55	5	560	1906
1100	26	39		1340	52	1270	32	$1^1/_4''$	36	60	5	667	2262
1200	28	42		1455	56	1380	32	$1^3/_8''$	40	65	5	783	2674

Tafel 33. **Gußeiserne Muffenrohre** (vgl. Abb. 425).

Lichter Durchmesser	Normalwanddicke	Äußerer Rohrdurchmesser	Übliche Baulänge	Muffen: Muffentiefe	Muffen: Bleifugendicke	Muffen: Lichte Weite	Muffen: Wanddicke	Muffen: Äußerer Durchmesser	Muffen: Wulst: Dicke und Breite	Muffen: Wulst: Durchmesser	Gewicht: der Muffe	Gewicht: pro lfd. m Baulänge exkl. Muffe	Gewicht: pro lfd. m Baulänge inkl. Muffe	Gewicht: des Bleiringes
mm	mm	mm	m	mm	mm	mm	mm	mm	mm	mm	kg	kg	kg	kg
40	8	56	2	74	7	70	11	92	23	116	2,68	8,75	10	0,56
50	8	66	2	77	7,5	81	11	103	23	127	3,14	10,57	12	0,61
60	8,5	77	2	80	7,5	92	12	116	24	140	3,89	13,26	15	0,73
70	8,5	87	3	82	7,5	102	12	126	24	150	4,35	15,20	16,5	0,84
80	9	98	3	84	7,5	113	12,5	138	25	163	5,09	18,24	20	1,05
90	9	108	3	86	7,5	123	12,5	148	25	173	5,07	20,29	22	1,15
110	9	118	3	88	7,5	133	13	159	25	183	6,20	22,34	24	1,35
125	9,5	144	3	91	7,5	159	13,5	186	26	211	7,64	29,10	32	1,70
150	10	176	3	94	7,5	185	14	213	27	239	9,89	36,44	40	2,14
175	10,5	196	3	96	7,5	211	14,5	240	28	267	12,00	44,36	48	2,46
200	11	222	3	100	8	238	15	268	29	296	14,41	52,76	58	2,97
225	11,5	248	3	100	8	264	16	296	30	324	16,89	61,95	68	3,67
250	12	274	4	103	8,5	291	17	325	31	353	19,61	71,61	77	4,30
275	12,5	300	4	103	8,5	317	17,5	352	32	381	22,51	81,85	87	4,69
300	13	326	4	105	8,5	343	18	379	33	409	25,78	92,68	99	5,09
350	14	378	4	107	8,5	395	19,5	434	35	465	32,23	116,07	124	5,33
400	14,5	429	4	110	9,5	448	20,5	489	36	520	39,15	136,89	147	7,46
450	15	480	4	112	9,5	499	21	541	37	573	44,90	158,87	170	8,33
500	16	532	4	115	10	552	22,5	597	39	630	54,48	188,04	202	10,1
550	16,5	583	4	117	10	603	23	649	40	683	62,34	212,90	228	11,7
600	17	634	4	120	10,5	655	24	703	41	737	71,15	238,90	257	13,3
650	18	686	4	122	10,5	707	25	757	43	793	83,10	273,86	295	14,4
700	19	738	4	125	11	760	26,5	813	45	850	98,04	311,15	336	15,5
750	20	790	4	127	11	812	28	868	47	906	111,20	350,76	379	17,4

Tafel 34. **Gewicht gezogener Messingröhren.**

Dicke Millimeter	Wandstärke in Millimeter						
	1	1,25	1,5	1,75	2	2,5	3
25	0,719	0,912	1,105	1,300	1,492	1,908	2,322
30	0,857	1,085	1,313	1,541	1,769	2,254	2,737
35	0,995	1,258	1,520	1,783	2,045	2,599	3,151
40	1,134	1,431	1,728	2,025	2,322	2,944	3,566
45	1,272	1,604	1,935	2,267	2,598	3,289	3,981
50	1,410	1,776	2,143	2,509	2,878	3,634	4,396
55		1,949	2,350	2,751	3,151	3,979	4,810
60		2,122	2,577	2,993	3,428	4,324	5,225
65		2,295	2,765	3,235	3,704	4,669	5,640
70		2,468	2,972	3,477	3,981	5,015	6,055
75			3,180	3,719	4,257	5,361	6,469
80			3,387	3,961	4,534	5,707	6,884
85			3,595	4,203	4,810	6,053	7,299
90			3,802	4,445	5,087	6,399	7,714
95			4,010	4,887	5,363	6,745	8,128
100			4,217	5,129	5,640	7,091	8,543
105					5,916	7,437	8,958
110					6,193	7,783	9,373
115					6,469	8,129	9,787
120					6,746	8,475	10,200

Quellenverzeichnis.

Bach, C.: Die Maschinenelemente. 12. u. 13. Aufl. Leipzig 1921/22. A. Kröner.

Keller, K.: Berechnung und Konstruktion der Triebwerke. 4. Aufl. München 1904, Bassermann.

Laudien, K.: Maschinenelemente. 4. Aufl. Leipzig 1925/27, Dr. M. Jänecke.

Lindner, G.: Maschinenelemente. Stuttgart 1910, Deutsche Verlagsanstalt.

Reuleaux, F.: Der Konstrukteur. 4. Aufl. Braunschweig 1899, F. Vieweg & Sohn.

Rötscher, F.: Die Maschinenelemente. 2 Bde. Berlin 1927 u. 29, J. Springer

Volk, C.: Einzelkonstruktionen aus dem Maschinenbau. Berlin, J. Springer.

Din-Bücher, Beuth-Verlag, Berlin.

Din-Taschenbücher, Beuth-Verlag, Berlin.

Dubbel, H.: Taschenbuch f. d. Maschinenbau. 5. Aufl. Berlin 1929, J. Springer.

Freytag, F.: Hilfsbuch f. d. Maschinenbau. 7. Aufl. Berlin 1924, J. Springer.

„Hütte", Des Ingenieurs Taschenbuch. 25. Aufl. Berlin 1926, W. Ernst & Sohn.

Uhlands Ingenieurkalender. 30. Aufl. 1930. Leipzig, A. Kröner.

Enßlin, M.: Elastizitätslehre für Ingenieure. Sammlung Göschen 1921. 2 Bände.

Zeitschrift des Vereins Deutscher Ingenieure.

Zeitschrift „Der Maschinenbau".

Zeitschrift „Werkstatttechnik".

Mitteilungen über Forschungsarbeiten.

Aufsätze der im Text angegebenen Verfasser.

Druckschriften der im Text angeführten Firmen.

Sachverzeichnis.

GPSR Compliance

The European Union's (EU) General Product Safety Regulation (GPSR) is a set of rules that requires consumer products to be safe and our obligations to ensure this.

If you have any concerns about our products, you can contact us on ProductSafety@springernature.com

In case Publisher is established outside the EU, the EU authorized representative is:

Springer Nature Customer Service Center GmbH
Europaplatz 3
69115 Heidelberg, Germany

Batch number: 10620143

Printed by Printforce, the Netherlands